Atomphysik

von
Prof. Dr. Christopher J. Foot

Oldenbourg Verlag München

Prof. Dr. Christopher J. Foot promovierte an der Universität Oxford und verbrachte im Anschluss daran mehrere Jahre an der Stanford Universität in Kalifornien. Seit 1991 lehrt und forscht er am St. Peter's College der Universität Oxford.

Autorisierte Übersetzung der englischsprachigen Originalausgabe, erschienen 2005 im Verlag Oxford University Press unter dem Titel „Atomic Physics". Korrekturen der 1. Auflage wurden bereits berücksichtigt.

"Atomic Physics" was originally published in English in 2005. This translation is published by arrangement with Oxford University Press.

Übersetzung
Dr. Karen Lippert, Leipzig

Bibliografische Information der Deutschen Nationalbibliothek

Die Deutsche Nationalbibliothek verzeichnet diese Publikation in der Deutschen Nationalbibliografie; detaillierte bibliografische Daten sind im Internet über http://dnb.d-nb.de abrufbar.

© 2011 Oldenbourg Wissenschaftsverlag GmbH
Rosenheimer Straße 145, D-81671 München
Telefon: (089) 45051-0
www.oldenbourg-verlag.de

Lektorat: Kristin Berber-Nerlinger
Herstellung: Constanze Müller
Einbandgestaltung: hauser lacour
Gesamtherstellung: Grafik + Druck, München

Dieses Papier ist alterungsbeständig nach DIN/ISO 9706.

ISBN 978-3-486-70546-1

Vorwort

Dieses Buch ist in erster Linie als Begleitlektüre zur Grundvorlesung über Atomphysik gedacht. Es deckt den Standardstoff ab und bietet außerdem eine Auswahl an avancierteren Themen, die die aktuelle Forschung auf dem Gebiet illustrieren. Die ersten sechs Kapitel beschreiben die grundlegenden Prinzipien der atomaren Struktur, beginnend mit einer Übersicht über klassische Vorstellungen vom Aufbau des Atoms (Kapitel 1). Bei der Behandlung der Struktur des Wasserstoffatoms und des Heliumatoms kommt es unvermeidlich zu einer gewissen Überlappung mit Einführungsvorlesungen zur Quantenmechanik. Das Verständnis dieser einfachen Systeme bildet die Basis für die Behandlung komplexerer Atome in späteren Kapiteln. Die Wechselwirkung von Strahlung mit Atomen wird in Kapitel 7 behandelt. Dies stellt das Bindeglied dar zwischen den vorderen Kapiteln über die Struktur und der zweiten Hälfte des Buches, in der Themen wie Laserspektroskopie, Laserkühlung, Bose-Einstein-Kondensation von verdünnten atomaren Dämpfen, Materiewelleninterferometrie und Ionenfallen behandelt werden. Die aufregenden neuen Entwicklungen im Zusammenhang mit der Laserkühlung und dem Einfangen von Atomen sowie bei der Bose-Einstein-Kondensation wurden 1997 und 2001 mit dem Nobelpreis belohnt. Andere ausgewählte Themen demonstrieren die unglaubliche Präzision, die durch Messungen in atomphysikalischen Experimenten erreicht wurde. Dieses Thema wird im letzten Kapitel noch einmal aufgegriffen, um die Quanteninformationsverarbeitung aus der Perspektive der Atomphysik zu betrachten. Die Methoden, die für Präzisionsmessungen an Atomen und Ionen entwickelt wurden, liefern eine ausgezeichnete Möglichkeit, diese Systeme zu steuern und die eleganten neuen Ideen der Quanteninformatik physikalisch zu implementieren.

Das Buch setzt Kenntnisse der Quantenmechanik auf dem Niveau einer Einführungsvorlesung voraus, so etwa die Lösung der Schrödinger-Gleichung in drei Dimensionen und die Störungstheorie. Diese Grundkenntnisse werden in diesem Buch durch zahlreiche Beispiele aufgefrischt. Grundsätzlich wird Stoff, der für Studenten im Grundstudium als schwierig anzunehmen ist (beispielsweise die Störungstheorie für entartete Zustände), relativ ausführlich erklärt. Die hierarchische Struktur von Atomen lässt sich gut über Störungstheorie erklären, da die verschiedenen Schichten der Struktur innerhalb von Atomen durch beträchtliche Unterschiede in den mit ihnen verbundenen Energien gekennzeichnet sind, was sich in Bezeichnungen wie Feinstruktur und Hyperfeinstruktur widerspiegelt. In den vorderen Kapiteln des Buches mag die Atomphysik einfach als angewandte Quantenmechanik erscheinen – wir schreiben für eine gegebene Wechselwirkung den Hamilton-Operator auf und lösen mithilfe geeigneter Approximationen die Schrödinger-Gleichung. Ich hoffe, dass das Studium der avancierteren Themen in den hinteren Kapiteln zu einem umfassenderen und tieferen Verständnis der Atomphysik führen wird. Überall in diesem Buch werden die experimentellen Grundlagen der Atomphysik herausgestellt und der Leser wird dabei hoffentlich einiges Faktenwissen über Atomspektren erwerben.

Die Auswahl der Themen aus dem breiten Spektrum der modernen Atomphysik ist zwangsläufig subjektiv. Ich habe mich auf Experimente bei niedrigen Energien und mit hoher Präzision konzentriert, was in gewisser Weise die lokalen Forschungsschwerpunkte widerspiegelt, die an der Universität Oxford natürlich auch in den Grundvorlesungen für Demonstrationsbeispiele genutzt werden. Eines der Auswahlkriterien war, dass der Stoff noch nicht vollständig in anderen Lehrbüchern enthalten war, als dieses Buch geschrieben wurde. Wichtige Themen, die ausgelassen wurden, sind unter anderem Röntgenspektren. Diese werden nur im Zusammenhang mit der historisch bedeutenden Arbeit von Moseley kurz diskutiert, obwohl sie tatsächlich ein wichtiges Thema auch in der aktuellen Forschung sind. Des Weiteren fehlen die Behandlung von Atomen in starken Laserfeldern und Plasmen, von Rydberg-Atomen und Atomen in doppelt und mehrfach angeregten Zuständen (angeregt beispielsweise durch neuartige Synchrotronfreie-Elektron-Laserquellen) sowie die Struktur und die Spektren von Molekülen.

Bedanken möchte ich mich bei Geoffrey Brooker für seine außerordentlich wertvollen Ratschläge zur Physik (insbesondere Anhang B) und zu technischen Details, die das Schreiben eines Lehrbuches in der Oxford Master Series betreffen. Keith Burnett, Jonathan Jones und Andrew Steane haben mir bei der Klärung bestimmter Punkte geholfen – zumindest in meinem Kopf und wie ich hoffe auch in diesem Buch. Die Vorlesungsreihe über Laserkühlung, die William Phillips während seiner Gastprofessur in Oxford gehalten hat, war extrem nützlich für das Verfassen des Kapitels über dieses spezielle Thema. Die folgenden Personen lieferten sehr hilfreiche Kommentare zum Entwurf des Manuskripts: Rachel Godun, David Lucas, Mark Lee, Matthew McDonnell, Martin Shotter, Claes-Göran Wahlström (Lund University) und die (anonymen) Gutachter. Ohne die Ermutigung durch Sönke Adlung beim Verlag OUP wäre dieses Projekt nicht zu einem guten Ende gekommen. Irmgard Smith zeichnete einige der Diagramme. Sehr dankbar für ich für die Diagramme und Daten, die mir von Kollegen zur Verfügung gestellt wurden, sowie für die Erlaubnis bereits veröffentlichtes Material wiedergeben zu dürfen. In letzterem Fall ist der Urheber jeweils in der Bildunterschrift genannt. Viele der im Buch enthaltenen Übungsaufgaben zur Struktur von Atomen wurden aus den Prüfungsunterlagen der Oxford University abgeleitet, und es war mir nicht möglich jeweils den Prüfer zu identifizieren, auf den eine bestimmte Aufgabe zurückgeht – einige dieser Prüfungsfragen sind womöglich selbst aus Quellen abgeleitet, von denen ich gar keine Kenntnis habe.

Zum Schluss möchte ich mich bei den Herren Professoren Derek Stacey, Joshua Silver and Patrick Sandars bedanken, die mich als Student in Oxford Atomphysik gelehrt haben. Sehr viel verdanke ich auch dem Buch über elementare Atomstruktur von Gordon Kemble Woodgate, der mein Vorgänger als Dozent am St. Peter's College in Oxford war. Beim Schreiben dieses neuen Buches und vor allem beim Einführen der neuen Beispiele und Verfahren aus der Laserphysik habe ich versucht, die gleichen hohen Standards bezüglich Klarheit und Genauigkeit in der Formulierung zu erreichen.

Zusätzliche Literatur

Es ist auch [..] keineswegs merkwürdig, daß unsere Sprache bei der Beschreibung atomarer Prozesse versagt; denn ihre Begriffe gehen auf die Erfahrungen des täglichen Lebens zurück, in denen wir es stets mit großen Mengen von Atomen zu tun haben, jedoch nie einzelne Atome beobachten. Für atomare Prozesse haben wir also keine Anschauung. Für die mathematische Ordnung der Phänomene ist glücklicherweise eine solche Anschauung auch gar nicht nötig; wir besitzen ein mathematisches Schema der Quantentheorie, das allen Experimenten der Atomphysik gerecht wird.
Aus *Die physikalischen Prinzipien der Quantentheorie*, Werner Heisenberg (1930).

Der entscheidende Punkt, den ich mit diesem Zitat deutlich machen will, ist, dass die Quantenmechanik wesentlich ist für eine korrekte Beschreibung der Atomphysik. Es gibt viele Bücher über Quantenmechanik, die als wertvolle Grundlage für das vorliegende dienen können. Die folgende kurze Aufzählung umfasst jene, die der Autor selbst als besonders relevant empfindet: Mandl (1992), Rae (1992) und Griffiths (1995). Das Buch *Atomic Spectra* von Softlay (1994) liefert eine konzentrierte Einführung in das Gebiet. Die Bücher von Cohen-Tannoudji *et al.* (1977), Atkins (1983) und Basdevant und Dalibard (2000) sind sehr nützlich als Referenz und enthalten viele ausführlich diskutierte Beispiele. Die Drehimpulstheorie ist sehr wichtig bei der Behandlung komplizierter atomarer Strukturen, doch ihre Darstellung geht über das anvisierte Niveau dieses Buches hinaus. Das klassische Buch von Dirac (1981) bietet noch immer eine sehr gut lesbare Darstellung der Problematik. Avanciertere Abhandlungen zur Struktur des Atoms bieten die Bücher von Condon und Odabasi (1980), Cowan (1981) und Sobelman (1996).

Oxford C. J. F.

Weblink:

Unter `http://www.oldenbourg-verlag.de/foot` finden Sie Lösungen zu einem Teil der im Buch gestellten Aufgaben.

Inhaltsverzeichnis

1 Frühe Atomphysik

1.1 Einführung

Die Ursprünge der Atomphysik sind unmittelbar mit der Entwicklung der Quantenmechanik verknüpft, denn für beide grundlegend war die Aufstellung des ersten Modells für das Wasserstoffatom durch Niels Bohr. Dieses Einführungskapitel gibt einen Überblick über die frühen Konzepte, darunter Einsteins Behandlung der Wechselwirkung von Atomen mit Strahlung und eine klassische Behandlung des Zeeman-Effekts. Die dabei verwendeten Methoden, die vor der Einführung der Schrödinger-Gleichung entwickelt wurden, sind nach wie vor von Nutzen, um ein intuitives Verständnis vom Aufbau des Atoms und den Übergängen zwischen den Energieniveaus zu gewinnen. Die „richtige" Beschreibung unter Verwendung atomarer Wellenfunktionen ist Gegenstand nachfolgender Kapitel.

Bevor die Theorie eines Atoms mit einem Elektron vorgestellt wird, sollen zunächst einige experimentelle Fakten präsentiert werden. Diese Reihenfolge von Experiment und Erklärung spiegelt die Ansicht des Autors wider, dass Atomphysik nicht als angewandte Quantenmechanik präsentiert werden sollte – die Motivation ist vielmehr das Bestreben, Experimente zu verstehen und zu erklären. Denn genau dieses Wechselspiel zwischen Theorie und Experiment ist es, was Fortschritte in der Wissenschaft möglich macht.

1.2 Das Spektrum des Wasserstoffatoms

Schon sehr lange ist bekannt, dass das von einem Element emittierte Lichtspektrum charakteristisch für dieses Element ist. So produzieren beispielsweise Natriumdampflampen oder brennende Kerzen ein markantes gelbes Licht. Diese simple Form der Spektroskopie, bei der die Farbe per Augenschein beurteilt wird, bildete die Basis für eine einfache chemische Analyse. Bei einer ausgefeilteren Herangehensweise werden Prismen oder Beugungsgitter verwendet, um das Licht im Spektrographen aufzuspalten. Dabei zeigt sich, dass das charakteristische Spektrum für Atome aus diskreten Linien zusammengesetzt ist, die den „Fingerabdruck" des jeweiligen Elements bilden. Bereits Anfang des 19. Jahrhunderts verwendete Fraunhofer einen Spektrographen, um die Wellenlängen bisher nicht beobachteter Linien aus dem Licht der Sonne zu messen. Aus seiner Analyse schloss er auf die Existenz eines neuen Elements, das Helium genannt wurde. Im Unterschied zu Atomspektren enthalten die Spektren von Molekülen (selbst die einfachsten zweiatomigen) viele dicht benachbarte Linien, die charakteristische Banden bilden. Große Moleküle und Festkörper haben gewöhnlich nahezu kontinuierliche Spektren mit nur wenigen scharfen Linien. 1888 entdeckte der schwedische Physiker J. Rydberg, dass die Spektrallinien von Wasserstoff der folgenden Gleichung genügen:

$$\frac{1}{\lambda} = R \left(\frac{1}{n^2} - \frac{1}{n'^2} \right) \tag{1.1}$$

Dabei sind n und n' ganze Zahlen und R ist eine Konstante, die heute Rydberg-Konstante genannt wird. Die Serie der Spektrallinien mit $n = 2$ und $n' = 3, 4, \ldots$ wird heute Balmer-Serie genannt und liegt im sichtbaren Bereich des Spektrums.[1] Die erste Linie (bei $656\,\text{nm}$) wird als Balmer-α- oder H_α-Linie bezeichnet und ist die Ursache für die markante rote Farbe bei einer Wasserstoffentladung – ein kräftiges rotes Leuchten zeigt, dass die meisten H_2-Moleküle infolge Bombardierung durch Elektronen in Atome dissoziiert wurden. Die nächste Linie in der Balmer-Serie ist die Balmer-β-Linie bei $486\,\text{nm}$ im blauen Bereich, und die nächsten Linien mit kürzeren Wellenlängen nähern sich einer Grenze im violetten Bereich. Um eine solche Serie von Linien zu beschreiben, ist es praktisch, mit der **Wellenzahl**

$$\tilde{\nu} = \frac{1}{\lambda} \tag{1.2}$$

zu arbeiten. Als Kehrwert der Übergangswellenlänge hat sie die Einheit m^{-1}. Wellenzahlen wirken vielleicht etwas altmodisch, doch sie sind in der Atomphysik sehr nützlich, da sie ohne Umrechnungsfaktor direkt aus den gemessenen Wellenlängen berechnet werden können. In der Praxis hängen die für eine gegebene Größe verwendeten Einheiten von der für ihre Messung verwendeten Methode ab. So sind beispielsweise Spektroskope und Spektrographen nach Wellenlängen kalibriert. [2] Ein Photon mit der Wellenzahl $\tilde{\nu}$ hat die Energie $E = hc\tilde{\nu}$. Die Balmer-Formel enthält implizit ein allgemeineres empirisches Gesetz, welches als Ritzsches Kombinationsprinzip bezeichnet wird. Es besagt, dass die Wellenzahlen bestimmter Linien des Spektrums als Summen (oder Differenzen) anderer Linien ausgedrückt werden können: $\tilde{\nu}_3 = \tilde{\nu}_1 \pm \tilde{\nu}_2$. So ist beispielsweise die Wellenzahl der Balmer-β-Linie ($n = 2$ nach $n' = 4$) die Summe aus der Wellenzahl der Balmer-α-Linie ($n = 2$ nach $n' = 3$) und der Wellenzahl der ersten Linie aus der Paschen-Serie ($n = 3$ nach $n' = 4$). Heute erscheint uns dies ganz offensichtlich, da wir die zugrunde liegende Struktur der Energieniveaus von Atomen kennen; trotzdem ist dieses Prinzip bei der Analyse von Spektren noch immer nützlich. Die Untersuchung von Summen und Differenzen der Wellenzahlen der Übergänge liefert Hinweise, die Rückschlüsse auf die zugrunde liegende Struktur gestatten, ganz ähnlich wie bei einem Kreuzworträtsel. Einige Beispiele hierfür finden sich in den folgenden Kapiteln. Wie in Abbildung 1.1 zu sehen ist, können die beobachteten Linien von Wasserstoff alle als Differenzen zwischen den Energieniveaus ausgedrückt werden, wobei die Energien proportional zu $1/n^2$ sind. Für andere durch (1.1) vorhergesagte Serien war die experimentelle Beobachtung schwieriger als im Falle der Balmer-Serie. Die Übergänge nach $n = 1$ ergeben die Lyman-Serie, die im Vakuum-Ultraviolettbereich des Spektrums liegt.[3] Die Serie von Linien,

---

[1] Einige Jahre bevor Johannes („Janne") Rydberg die allgemeine Formel (1.1) fand, notierte der schweizer Mathematiker Johann Balmer einen Ausdruck für den Spezialfall $n = 2$.

[2] In diesem Buch werden Übergänge auch durch ihre Frequenzen spezifiziert (bezeichnet mit f, sodass $f = c\tilde{\nu}$). Wo es sich anbietet, werden sie auch in Elektronenvolt (eV) angegeben.

[3] Luft absorbiert Strahlung mit Wellenlängen, die kleiner sind als etwa $200\,\text{nm}$. Deshalb werden Spektrographen evakuiert und außerdem mit Spezialoptik ausgerüstet.

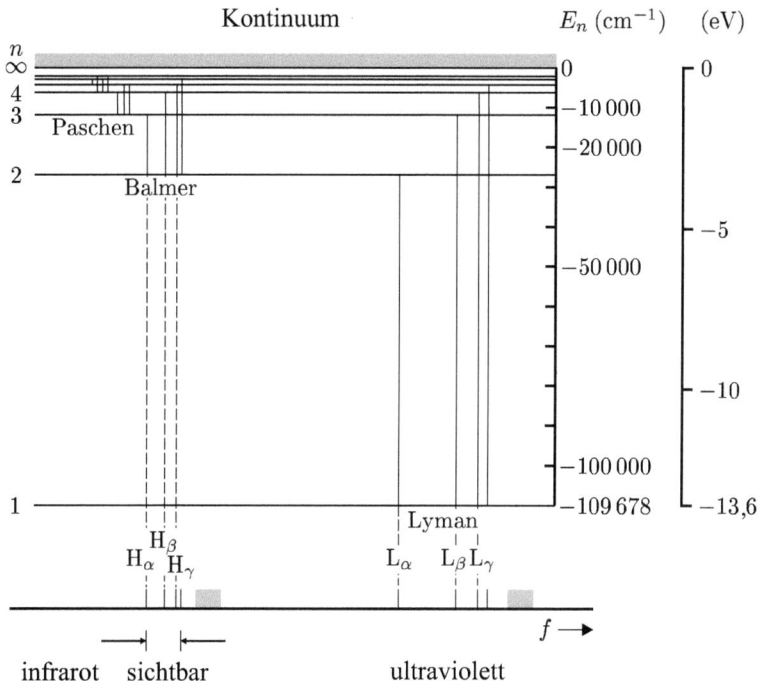

Abbildung 1.1: *Die Energieniveaus des Wasserstoffatoms. Die Übergänge von den höheren Schalen $n' = 2, 3, 4, \ldots$ in die niedrigere Schale $n = 1$ liefern die Linien der Lyman-Serie. Übergänge in andere Schalen bilden die Balmer-Serie ($n = 2$), die Paschen-Serie ($n = 3$), die Brackett-Serie ($n = 4$) und die Pfund-Serie ($n = 5$). (Die beiden letzten sind in der Abbildung nicht markiert. Innerhalb jeder Serie werden die Linien durch fortlaufende griechische Buchstaben gekennzeichnet, also etwa L_α für $n = 2$ nach $n = 1$ oder H_β für $n = 4$ nach $n = 2$.)*

deren Wellenlängen größer sind als die der Balmer-Serie, liegen im Infrarotbereich (d. h. sie sind nicht sichtbar für das menschliche Auge und auch nicht ohne weiteres fotografisch nachzuweisen, was die wichtigsten Methoden der frühen Spektroskopie waren). Der folgende Abschnitt beschäftigt sich mit der theoretischen Erklärung dieser Spektren.

1.3 Die bohrsche Theorie

Im Jahr 1913 stellte Niels Bohr ein radikal neues Modell des Wasserstoffatoms vor, das auf der Quantenmechanik basiert. Aus den Versuchen von Rutherford war bekannt, dass es innerhalb der Atome einen sehr kleinen, dichten Kern mit einer positiven Ladung gibt. Im Falle von Wasserstoff besteht dieser aus nur einem Proton, an das über die Coulomb-Kraft ein einziges Elektron gebunden ist. Da die Kraft wie bei der Gravitation proportional zu $1/r^2$ ist, kann das Atom klassisch als eine Art Miniatur-Sonnensystem aufgefasst werden, in dem das Elektron das Proton umläuft, ähnlich wie ein Planet die Sonne. Allerdings genügen kleine Systeme – wie das Atom – den Gesetzen der Quantenmechanik, sodass nur bestimmte Elektronenbahnen erlaubt sind. Dies folgt aus der Beobachtung, dass Wasserstoffatome nur Licht bestimmter Wellenlängen emittieren, die den Übergängen zwischen den diskreten Energien entsprechen. Bohr konnte das beobachtete Spektrum erklären, indem er das damals neue Konzept der Quantisierung heranzog und damit sämtliche klassischen Theorien hinter sich ließ. Er ging von den in der klassischen Mechanik auftretenden Bahnen aus und unterwarf sie bestimmten Quantisierungsregeln.

Bohr nahm an, dass jedes Elektron den Kern auf einer kreisförmigen Bahn umläuft, deren Radius r durch die Balance zwischen der Zentripetalbeschleunigung und der Coulomb-Anziehung durch das Proton bestimmt ist. Für Elektronen der Masse m_e und der Geschwindigkeit v ergibt dies

$$\frac{m_e v^2}{r} = \frac{e^2}{4\pi\epsilon_0 r^2} \tag{1.3}$$

In SI-Einheiten ist die Stärke der elektrostatischen Wechselwirkung zwischen zwei Ladungen vom Betrag e gegeben durch die Kombination $e^2/4\pi\epsilon_0$ aus fundamentalen Konstanten.[4] Dies führt auf die folgende Beziehung zwischen der Winkelfrequenz $\omega = v/r$ und dem Radius:

$$\omega^2 = \frac{e^2/4\pi\epsilon_0}{m_e r^3} \tag{1.4}$$

Diese Bezeichnung ist äquivalent zum dritten Keplerschen Gesetz für die Planetenbahnen, welches das Quadrat der Periode $2\pi/\omega$ mit der dritten Potenz des Radius' in Beziehung setzt. (Diese Äquivalenz war zu erwarten, da die bisherige Argumentation der klassischen Mechanik folgt.) Die Gesamtenergie eines Elektrons auf einer solchen Bahn ist die Summe aus kinetischer und potentieller Energie:

$$E = \frac{1}{2}m_e v^2 - \frac{e^2/4\pi\epsilon_0}{r} \tag{1.5}$$

Unter Verwendung von Gleichung (1.3) finden wir, dass der Betrag der kinetischen Energie halb so groß ist wie die potentielle Energie (ein Beispiel für den Virialsatz). Berücksichtigen wir die entgegengesetzten Vorzeichen von kinetischer und potentieller Energie, dann erhalten wir

$$E = -\frac{e^2/4\pi\epsilon_0}{2r} \tag{1.6}$$

Diese Gesamtenergie ist negativ, da das Elektron an das Proton gebunden ist und Energie aufgewendet werden muss, um es zu entfernen. Weiter machte Bohr die folgende Annahme.

Annahme I Es gibt bestimmte erlaubte Bahnen, auf denen das Elektron eine konstante Energie hat. Das Elektron verliert nur dadurch Energie, dass es von einer erlaubten

---

[4] Ältere Einheitensysteme liefern Gleichungen ohne den Faktor $4\pi\epsilon_0$. Teilweise lässt sich die Reinheit dieser Darstellung erhalten, indem man den Term $e^2/4\pi\epsilon_0$ beisammen hält.

Bahn zu einer anderen springt, und das Atom emittiert diese Energie in Form von Licht einer bestimmten Wellenlänge.

Diese Elektronen in den erlaubten Bahnen strahlen nach Bohrs Theorie keine Energie ab. Dies steht im Gegensatz zur klassischen Elektrodynamik, wo ein sich kreisförmig bewegendes geladenes Teilchen einer Beschleunigung unterliegt und folglich elektromagnetische Wellen aussendet. Bohrs Modell erklärt nicht, warum Elektronen nicht strahlen, vielmehr wird dies im Modell vorausgesetzt, was sich als gut vereinbar mit den experimentellen Daten erweist. Nun gilt es herauszufinden, welche der klassischen Bahnen die erlaubten sind. Hierfür gibt es verschiedene Möglichkeiten. Wir werden hier der Standardmethode folgen, die in vielen einführenden Lehrbüchern verwendet wird. Dabei wird angenommen, dass der Drehimpuls in ganzzahlige Vielfache von $\hbar$ (dem planckschen Wirkungsquantum geteilt durch 2π) quantisiert ist:

$$m_e vr = n\hbar \qquad (n \text{ ganzzahlig}) \tag{1.7}$$

Kombinieren wir dies mit (1.3), so erhalten wir die Radien der erlaubten Bahnen als

$$r = a_0 n^2 \tag{1.8}$$

mit dem bohrschen Radius a_0, der durch

$$a_0 = \frac{\hbar}{(e^2/4\pi\epsilon_0)m_e} \tag{1.9}$$

definiert ist. Dies ist die natürliche Längenskala in der Atomphysik. Die Gleichungen (1.6) und (1.8) ergeben zusammen die berühmte bohrsche Formel

$$E = -\frac{e^2/4\pi\epsilon_0}{2a_0}\frac{1}{n^2} \tag{1.10}$$

Die positive ganze Zahl n wird **Hauptquantenzahl** genannt.[5]

Bohrs Formel sagt vorher, dass die Atome bei den Übergängen zwischen diesen Energieniveaus Licht der Wellenzahl

$$\tilde{\nu} = R_\infty \left(\frac{1}{n^2} - \frac{1}{n'^2} \right) \tag{1.11}$$

emittieren. Diese Gleichung zeigt eine sehr gute Übereinstimmung mit dem beobachteten Spektrum von atomarem Wasserstoff, welches durch (1.1) beschrieben wird. Die in (1.11) auftretende Konstante R_∞ ist die durch

$$hcR_\infty = \frac{(e^2/4\pi\epsilon_0)^2\,m_e}{2\hbar^2} \tag{1.12}$$

---

[5] Der aufmerksame Leser wird sich vielleicht wundern, warum dies so ist, da wir doch n in Verbindung mit dem Drehimpuls gemäß (1.7) eingeführt haben und (wie später gezeigt wird) Elektronen den Drehimpuls null haben können. Tatsächlich folgt dies aus der Vereinfachung der bohrschen Theorie. In Aufgabe 1.12 wird eine zufriedenstellendere, aber längere und raffiniertere Herleitung diskutiert, die sich enger an Bohrs Originalarbeiten hält. Wie auch immer: das Wichtigste, was Sie aus dieser Einführung mitnehmen sollten, ist nicht der Formalismus, sondern die Größenordnungen der atomaren Energien und Ausdehnungen.

definierte Rydberg-Konstante. Der Faktor hc vor der Rydberg-Konstante ist der Umrechnungsfaktor zwischen Energie und Wellenzahl, denn der Wert von R_∞ wird in m^{-1} (oder cm^{-1}) angegeben. Messungen des Spektrums von atomarem Wasserstoff mittels Laser-Verfahren haben den äußerst genauen Wert von $R_\infty = 10\,973\,731{,}568\,525\,m^{-1}$ für die Rydberg-Konstante ergeben.[6] Es gibt allerdings einen feinen Unterschied zwischen der Rydberg-Konstante R_∞, die für ein Elektron berechnet wird, welches einen festen Kern umkreist, und der in (1.1) auftretenden Konstante für reale Wasserstoffatome. (Wir haben dort einfach R geschrieben, obwohl wir die Konstante genau genommen als R_H für Wasserstoff hätten kennzeichnen müssen.) Der Grund für den Index ∞ ist, dass bei der obigen theoretischen Behandlung ein Kern mit unendlicher Masse vorausgesetzt wurde. In der Realität bewegen sich Elektron *und* Proton um das Massezentrum des Systems. Für einen Kern mit endlicher Masse M werden die Gleichungen modifiziert, indem die Masse des Elektrons m_e durch die reduzierte Masse

$$m = \frac{m_e M}{m_e + M} \tag{1.13}$$

ersetzt wird. Für Wasserstoff ist die Konstante

$$R_H = R_\infty \frac{M_p}{m_e + M_p} \simeq R_\infty \left(1 - \frac{m_e}{M_p}\right) \tag{1.14}$$

wobei das Masseverhältnis von Elektron zu Proton $m_e/M_p \simeq 1/1836$ ist. Diese Korrektur aufgrund der reduzierten Masse fällt für verschiedene Isotope eines Elements, etwa Wasserstoff und Deuterium, unterschiedlich aus. Hieraus ergeben sich kleine, aber beobachtbare Unterschiede in der Frequenz des von unterschiedlichen Isotopen emittierten Lichts. Dies ist die sogenannte **Isotopenverschiebung** (siehe Aufgaben 1.1 und 1.2).

1.4   Relativistische Effekte

Bohrs Theorie war ein großer Durchbruch. Sie war so radikal neu, dass die grundlegenden Ideen bezüglich der Quantisierung der Bahnen zunächst nur zögernd aufgenommen wurden – viele Physiker fragten sich, wie die Elektronen „wissen" können, in welche Bahnen sie springen sollen. Bald erkannte man außerdem, dass die Annahme kreisförmiger Bahnen eine zu grobe Vereinfachung ist. Arnold Sommerfeld stellte eine Quantentheorie für Elektronen auf elliptischen Bahnen auf, die konsistent mit der speziellen Relativitätstheorie ist. Er führte eine allgemeine Quantisierungsregel ein, wonach das über eine Periode der Bewegung genommene Integral über den Impuls einer Koordinate ein ganzzahliges Vielfaches des planckschen Wirkungsquantums ist. Dieses Argument kann auf beliebige physikalische Systeme angewendet werden, für die die entsprechende klassische Bewegung periodisch ist. Die Anwendung dieser Quantisierungsregel auf den Impuls entlang einer kreisförmigen Bahn liefert das Analogon zu Gleichung (1.7):[7]

$$m_e v \times 2\pi r = nh \tag{1.15}$$

---

[6] Dies ist der 2002 von CODATA empfohlene Wert. Die aktuell anerkannten Werte der physikalischen Konstanten finden Sie auf der Website des NIST (National Institute of Science and Technology).

[7] Hierfür gibt es eine einfache Interpretation, die die mit einem Elektron verbundene de-Broglie-Wellenlänge $\lambda_{dB} = h/m_e v$ verwendet. Die erlaubten Bahnen sind diejenigen, auf die ein ganzzah-

Zusätzlich zur Quantisierung der Bewegung in der Koordinate θ führte Sommerfeld eine Quantisierung des radialen Freiheitsgrades r ein. Er fand, dass einige der für ein $1/r$-Potential zu erwartenden elliptischen Bahnen auch stationäre Zustände sind. (Einige der erlaubten Bahnen haben eine hohe Exzentrizität und ähneln insofern eher Kometen als Planeten). Durch sorgfältig aufgestellte, komplizierte Schemata auf der Basis klassischer Bahnen plus Quantisierung und unter Berücksichtigung der speziellen Relativitätstheorie konnte Sommerfeld mit dieser „alten Quantentheorie" die Feinstruktur von Spektrallinien sehr genau erklären. Die Details seiner Arbeit sind heute vor allem von historischem Interesse, doch es ist lohnenswert, sie für eine einfache Abschätzung der relativistischen Effekte heranzuziehen. In der speziellen Relativitätstheorie hat ein Teilchen mit der Ruhemasse m und der Geschwindigkeit v die Energie

$$E(v) = \gamma m c^2 \tag{1.16}$$

mit $\gamma = 1/\sqrt{1 - v^2/c^2}$. Die kinetische Energie des sich bewegenden Teilchens ist $\Delta E = E(v) - E(0) = (\gamma - 1) m_e c^2$. Somit bewirken relativistische Effekte eine relative Änderung der Energie gemäß[8]

$$\frac{\Delta E}{E} \simeq \frac{v^2}{c^2} \tag{1.17}$$

Dies führt zu Energiedifferenzen zwischen den verschiedenen elliptischen Bahnen gleicher Gesamtenergie aber unterschiedlicher Exzentrizität, da die Geschwindigkeit entlang dieser Bahnen in unterschiedlicher Weise variiert. Aus (1.3) und (1.7) erhalten wir für das Verhältnis von Bahngeschwindigkeit und Lichtgeschwindigkeit

$$\frac{v}{c} = \frac{\alpha}{n} \tag{1.18}$$

Die hierin auftretende Konstante α ist die **Feinstrukturkonstante**, die definiert ist als

$$\alpha = \frac{e^2/4\pi\epsilon_0}{\hbar c} \tag{1.19}$$

Diese fundamentale Konstante spielt für der gesamte Atomphysik eine wichtige Rolle.[9] Ihr numerischer Wert ist näherungsweise $\alpha \simeq 1/137$. (Auf der hinteren Innenseite des Buches finden Sie eine Liste mit den Konstanten, die in der Atomphysik von Bedeutung sind.) Die Relation (1.17) besagt, dass relativistische Effekte zu Energiedifferenzen führen, die von der Ordnung α^2 mal Gesamtenergie sind. (Diese grobe Abschätzung ignoriert, dass es eine gewisse Abhängigkeit von der Hauptquantenzahl gibt. In Kapitel 2 folgt eine genauere quantitative Behandlung der Feinstruktur). Die Sommerfeldsche relativistische Theorie lieferte mit großer Exaktheit die Energieniveaus von Wasserstoff,

---

liges Vielfaches der de-Broglie-Wellenlänge passt, also $2\pi r = n\lambda_{\text{dB}}$. Mit anderen Worten, sie sind stehende Materiewellen. Interessanterweise findet diese Idee einen gewissen Widerhall in Konzepten der modernen Stringtheorie.

[8] Wir vernachlässigen einen Faktor $\frac{1}{2}$ in der Binomialentwicklung des Ausdrucks für γ bei kleinen Geschwindigkeiten ($v^2/c^2 \ll 1$).

[9] Ein Elektron in der bohrschen Bahn mit $n = 1$ hat die Geschwindigkeit αc. Folglich hat es den linearen Impuls $m_e \alpha c$ und den Drehimpuls $m_e \alpha c a_0 = \hbar$.

indem sie Quantisierungsregeln auf klassische Bahnen anwendete. Dennoch verzichten
wir hier darauf, diese Theorie in all ihren Feinheiten darzulegen. Die Methodik hat sich
durch die Einführung der Schrödinger-Gleichung und das Konzept der Wellenfunktionen
überholt, doch die Idee der elliptischen Bahnen stellt eine Verbindung mit unserer auf
der klassischen Mechanik fußenden Intuition her, und nicht selten halten wir in unserer
Vorstellung an diesem einfachen Bild der Elektronenbahnen fest. Schon für Helium und
generell für Atome mit mehr als einem Elektron funktionieren klassische Modelle nicht
mehr, und wir müssen notwendigerweise mit Wellenfunktionen arbeiten.

1.5   Moseleysches Gesetz und Ordnungszahl

Zur selben Zeit, als Bohr an seinem Modell des Wasserstoffatoms arbeitete, führte Henry
Moseley an vielen Elementen Messungen des Röntgenspektrums durch. Dabei entdeckte
er eine später nach ihm benannte Gesetzmäßigkeit zwischen der Frequenz der Emissionslinien und der Ordnungszahl Z des Elements (die er als die Position des Atoms im
Periodensystem definierte, beginnend mit $Z = 1$ für Wasserstoff). Moseleys Ergebnisse
zeigten, dass das Quadrat der Frequenz proportional ist zur Ordnungszahl, oder

$$\sqrt{f} \propto Z \qquad\qquad\qquad\qquad (1.20)$$

Moseleys Originalzeichnung ist in Abbildung 1.2 zu sehen.[10] Wie sich herausstellen
wird, ist das Moseleysche Gesetz eine Vereinfachung der tatsächlichen Situation, doch
seinerzeit war es extrem nützlich. Vor allem konnten verschiedene Inkonsistenzen im
damals verwendeten Periodensystem beseitigt werden, indem man die Elemente auf der
Grundlage von Z anordnete, anstatt – wie zuvor üblich – anhand der relativen Atommasse. Das Periodensystem wies damals noch etliche Lücken auf, die später durch neu
entdeckte Elemente gefüllt werden konnten. Ein besonderes Problem hatten lange Zeit
die Seltenerdmetalle bereitet, die einander ähnelnde chemische Eigenschaften haben
und deshalb schwer zu unterscheiden sind. Mit seinen Messergebnissen konnte Moseley „innerhalb eines Nachmittags ein Problem lösen, das die Chemiker Jahrzehnte lang
verwirrt hatte, und auf die tatsächliche Zahl der möglichen Seltenerdmetalle schließen"
(Segrè 1980). Moseleys Beobachtungen lassen sich durch ein relativ einfaches Atommodell erklären, das das bohrsche Modell für das Wasserstoffatom verallgemeinert.[11]

Ein natürlicher Weg, das bohrsche Atommodell auf den Fall schwererer Atome auszudehnen, führt über die Annahme, dass die Elektronen von unten beginnend die erlaubten
Bahnen auffüllen. Jedes Energieniveau bietet nur einer bestimmten Anzahl von Elektronen Platz, sodass sie sich nicht alle im niedrigsten Niveau aufhalten können, sondern
sich in Schalen um den Kern anordnen, die durch die Hauptquantenzahl indiziert sind.
Diese Schalenstruktur ergibt sich aus dem Pauli-Prinzip (Ausschließungsprinzip) und
dem Spin des Elektrons, doch für den Moment wollen wir es einfach als eine empirische Tatsache betrachten, dass die maximale Zahl der Elektronen in der ersten Schale

---

[10] Die handschriftliche Notiz in der rechten unteren Ecke besagt, dass es sich bei diesem Diagramm
um die Originalvorlage für Moseleys berühmten Aufsatz handelt (*Phil. Mag.*, **27**, 703 (1914).)

[11] Tragischerweise ist Henry Moseley im Alter von nur 27 Jahren im Ersten Weltkrieg gefallen. Siehe
die Biografie von John Heilbron (1974, englisch).

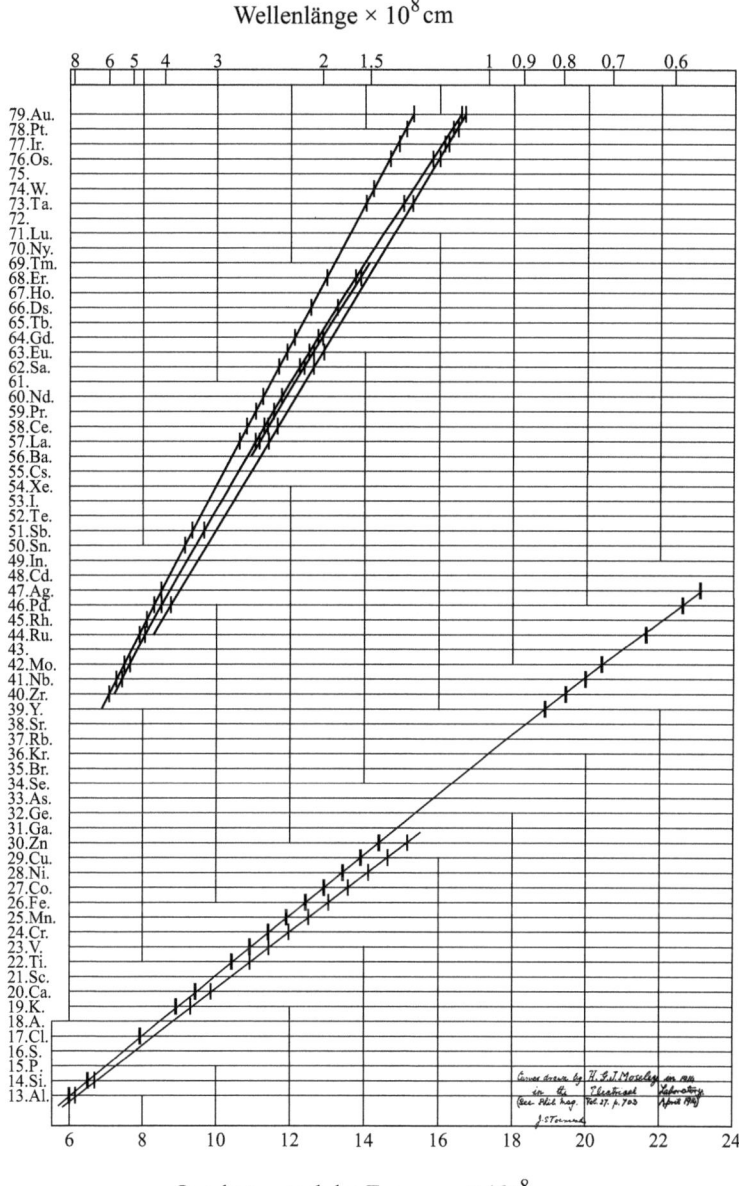

Abbildung 1.2: *Moseleys Skizze zeigt die Quadratwurzel der Frequenz der Röntgenlinien von Elementen, aufgetragen über der Ordnungszahl. Durch Moseleys Arbeit wurde klar, dass die Ordnungszahl Z eine fundamentalere Größe ist als das „Atomgewicht" (heute relative Atommasse genannt). Nach moderner Konvention würde man für die horizontalen Skalen die Einheiten $10^8 \sqrt{Hz}$ (unten) bzw. 10^{-10} m (für die logarithmische Skala oben) wählen. (Archives of the Clarendon Laboratory, Oxford).*

2 ist, in der zweiten Schale 8, in der dritten Schale 18 usw. Aus historischen Gründen werden in der Röntgenspektroskopie nicht die Hauptquantenzahlen zur Kennzeichnung der Schalen verwendet, sondern die Buchstaben K für $n = 1$, L für $n = 2$, M für $n = 3$ und weiter in alphabetischer Reihenfolge.[12] Dieses Konzept der Elektronenschalen bietet eine Erklärung für die Emission von Röntgenstrahlen durch Atome. Moseley erzeugte die Röntgenstrahlung, indem er Proben des jeweiligen Elements mit Elektronen beschoss, die durch eine starke Spannung in einer Vakuumröhre beschleunigt wurden. Diese schnellen Elektronen schlagen einzelne Elektronen aus den Atomen der Probe heraus, wodurch Fehlstellen oder Löcher in den Schalen entstehen. In ein solches Loch kann ein Elektron aus eine höher liegenden Schale „herunterfallen" und dabei Strahlung emittieren, deren Wellenlänge der Energiedifferenz zwischen den Schalen entspricht.

Um Moseleys Ergebnisse quantitativ zu erklären, müssen wir die Gleichungen der bohrschen Theorie (Abschnitt 1.3) so modifizieren, dass sie den Effekt eines Kerns mit einer größeren Ladung als $+1e$ (ein Proton) beschreiben. Für eine Kernladung Ze ersetzen wir daher in allen Gleichungen $e^2/4\pi\epsilon_0$ durch $Ze^2/4\pi\epsilon_0$, was auf eine Formel für die Energien wie die Balmer-Formel führt, nur das hier zusätzlich ein Faktor Z^2 auftritt. Diese Abhängigkeit vom Quadrat der Ordnungszahl bedeutet, dass für alle Elemente außer dem leichtesten Übergänge zwischen den tiefen Energieschalen mit der Emission von Strahlung im Röntgenbereich des Spektrums verbunden sind. Die Skalierung des bohrschen Modells ist genau für die Ionen des Wasserstoffs, d. h. für Systeme, in denen ein Kern der Ladung Ze von einem Elektron umlaufen wird. In neutralen Atomen sind die anderen Elektronen (also jene, die nicht springen) nicht einfach „passive Beobachter", sondern sie schirmen die Kernladung partiell ab. Für eine bestimmte Linie, beispielsweise den Übergang von der K- in die L-Schale, sieht eine genauere Formel folgendermaßen aus:

$$\frac{1}{\lambda} = R_\infty \left\{ \frac{(Z - \sigma_\mathrm{K})^2}{1^2} - \frac{(Z - \sigma_\mathrm{L})^2}{2^2} \right\} \tag{1.21}$$

Die Abschirmfaktoren σ_K und σ_L sind nicht völlig unabhängig von Z und die Werte sind für die verschiedenen Elektronenschalen leicht unterschiedlich (siehe die Aufgaben zu diesem Kapitel). Mit diesem einfachen Ansatz lässt sich nicht erklären, warum der Abschirmfaktor für eine bestimmte Schale die Anzahl der Elektronen in dieser Schale übersteigen kann. So hat beispielsweise $Z = 74$ den Abschirmfaktor $\sigma_\mathrm{K} = 2$, obwohl nur ein Elektron verbleibt, wenn ein Loch gebildet wird. In einem klassischen Modell, nach dem Elektronen um den Kern kreisen, ergibt dies keinen Sinn, doch mithilfe atomarer Wellenfunktionen ist eine Erklärung möglich: Ein Elektron mit einer hohen Hauptquantenzahl (und kleinem Drehimpuls) wird mit einer von null verschiedene Wahrscheinlichkeit bei kleinen radialen Abständen vorgefunden.

Die Untersuchung von Röntgenstrahlen hat sich zu einem eigenständigen Gebiet innerhalb der Atomphysik entwickelt (wie auch der Astrophysik und der Physik der kondensierten Materie), doch können hier nur einige wenige Fakten Erwähnung finden. Wenn

---

[12] Die chemischen Eigenschaften der Elemente hängen von dieser chemischen Struktur ab. Beispielsweise haben Edelgase voll besetzte Elektronenschalen, und diese stabile Konfiguration hat keine Neigung, chemische Bindungen einzugehen. Die dem Periodensystem der Elemente zugrunde liegende atomare Struktur wird in Abschnitt 4.1 ausführlicher diskutiert. Siehe auch Atkins (1994) sowie Grant und Phillips (2001).

ein Elektron aus der K-Schale entfernt wird, dann hat das Atom einen Energiebetrag, der gleich seiner Bindungsenergie ist, also einen positiven Energiebetrag, und es ist daher üblich, das Diagramm mit der K-Schale oben zu zeichnen (siehe Abbildung 1.3). Dort sieht man die Energieniveaus des Lochs in den Elektronenschalen. Das Diagramm zeigt, warum die Erzeugung eines Lochs in einer tiefen Schale zu einer Kaskade von Übergängen führt, während das Loch seinen Weg durch die Schalen nach außen nimmt. Das Loch (oder äquivalent das fallende Elektron) kann zu einem gegebenen Zeitpunkt in mehr als eine Schale springen. Die Linien einer Serie für eine gegebene Schale sind durch griechische Buchstaben indiziert (wie die Wasserstoff-Serien), z. B. K_α, K_β, ... Die in Abbildung 1.3 skizzierten Niveaus weisen eine Substruktur auf, was zu Übergängen mit leicht unterschiedlichen Wellenlängen führt, wie sie auch in Moseleys Zeichnung zu sehen sind. Dies ist die durch relativistische Effekte verursachte Feinstruktur, die wir im Zusammenhang mit Sommerfelds Theorie betrachtet hatten. Die Substitution $e^2/4\pi\epsilon_0 \rightarrow Ze^2/4\pi\epsilon_0$ (oder äquivalent $\alpha \rightarrow Z\alpha$) zeigt, dass die Feinstruktur von der Ordnung $(Z\alpha)^2$ mal Grobstruktur ist, welche selbst proportional zu Z^2 ist. Damit wachsen die relativistischen Effekte wie Z^4 und werden für die inneren Elektronen schwerer Atome sehr bedeutsam. Hieraus resultiert die in Abbildung 1.3 zu sehende Feinstruktur für die L- und die M-Schale. Die relativistische Aufspaltung der Schalen erklärt, warum es in Moseley Diagramm (Abbildung 1.2) zwei dicht benachbarte Kurven für die K_α-Linie und mehrere Kurven für die L-Serie gibt.

Heute wird ein großer Teil der Forschung zur Röntgenstrahlung innerhalb der Atomphysik mithilfe von Quellen wie Synchrotronbeschleunigern betrieben. In diesen Geräten werden Elektronen durch Verfahren beschleunigt, wie sie in Teilchenbeschleunigern verwendet werden. Ein Strahl hochenergetischer Elektronen zirkuliert dabei in einem Ring, und die kreisförmige Bewegung bewirkt, dass die Elektronen Röntgenstrahlung emittieren. Eine solche Quelle kann verwendet werden, um ein Röntgenabsorptionsspektrum zu erzeugen.[13] Röntgenstrahlen besitzen viele weitere Anwendungen, beispielsweise in der Fusionsforschung zur Untersuchung von Prozessen, die in Plasmen auftreten, oder in der Astrophysik. Viele interessante Phänomene der Atomphysik treten bei „hohen Energien" auf, doch in diesem Buch liegt der Fokus auf niedrigen Energien.

1.6 Strahlungsübergänge

Ein elektrisches Dipolmoment $-ex_0$, das mit der Winkelfrequenz ω oszilliert, strahlt eine Leistung[14]

$$P = \frac{e^2 x_0^2 \omega^4}{12\pi\epsilon_0 c^3} \tag{1.22}$$

---

[13] Die Absorption ist leichter zu interpretieren als die Emission, da im ersten Fall nur einer der beiden Terme der rechten Seite von (1.21) wichtig ist, beispielsweise ist $E_K = hcR_\infty(Z - \sigma_K^2)$.

[14] Diese Gesamtleistung ist gleich dem Integral des Poynting-Vektors über eine geschlossene Oberfläche im Fernfeld der Strahlung eines Dipols. Sie wird berechnet aus den oszillierenden elektrischen und magnetischen Feldern in dieser Region. Genaueres hierzu finden Sie in Büchern zum Elektromagnetismus oder in Corney (2000).

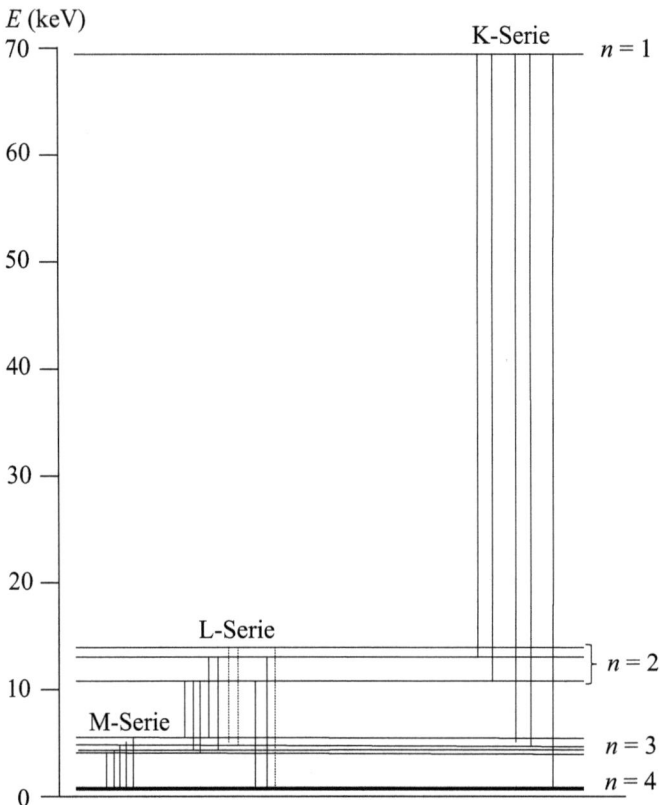

Abbildung 1.3: *Die Energieniveaus der inneren Schalen des Wolframatoms (Z = 74) und die zwischen diesen erfolgenden Übergänge, bei denen Röntgenstrahlen emittiert werden. Das Schema zeigt mehrere wichtige Unterschiede zum Schema für das Wasserstoffatom (Abbildung 1.1). Erstens liegen die Energien im Bereich von Zehnfachen der Einheit keV, wohingegen für Z = 1 die angemessene Einheit eV ist. Der Grund ist, dass die Energien näherungsweise wie Z^2 skalieren. Zweitens sind die Energieniveaus hier so gezeichnet, dass n = 1 oben liegt, denn wenn ein Elektron aus der K-Schale entfernt wird, hat das System eine höhere Energie als das neutrale Atom; die gezeigten Energien gelten für ein Atom mit einem leeren Platz in der K-, L-, M- und N-Schale. Das Atom emittiert Röntgenstrahlung, wenn ein Elektron aus einer höheren Schale fällt, um einen leeren Platz in einer tieferen Schale zu besetzen – dieser Prozess ist äquivalent damit, dass ein leerer Platz seinen Weg nach außen nimmt. Diese Art, die Energien des Systems zu zeichnen, zeigt deutlich, dass das Entfernen eines Elektrons aus der K-Schale zu einer Kaskade von Röntgenübergängen führt. So liefert beispielsweise ein Übergang von n = 1 nach 2 eine Linie der K-Serie, gefolgt von einer Linie in einer weiteren Serie (L, M, usw.). Wenn der leere Platz die äußersten Elektronenschalen erreicht, die nur schwach mit Valenzelektronen gefüllt sind, deren Bindungsenergie nur wenige eV beträgt, dann werden die Übergangsenergien vernachlässigbar klein gegenüber jenen für die inneren Schalen. Dieses Niveauschema ist typisch für mittelschwere Atome, beispielsweise solche mit gefüllter K-, L-, M- und N-Schale. (Die als Punktlinien gezeichneten Linien der L-Serie stellen erlaubte Röntgenübergänge dar, die jedoch nicht auf eine K_α-Emission folgend vorkommen.)*

ab. Ein Elektron in harmonischer Bewegung hat die Gesamtenergie[15] $E = m_e \omega^2 x_0^2/2$, wobei x_0 die Amplitude der Bewegung ist. Diese Energie verringert sich mit einer Rate, die gleich der abgestrahlten Leistung ist:

$$\frac{\mathrm{d}E}{\mathrm{d}t} = -\frac{e^2\omega^2}{6\pi\epsilon_0 m_e c^3} E = -\frac{E}{\tau} \tag{1.23}$$

Dabei ist τ die klassische Lebensdauer, die gegeben ist durch

$$\frac{1}{\tau} = \frac{e^2\omega^2}{6\pi\epsilon_0 m_e c^3} \tag{1.24}$$

Für den Übergang in Natrium bei einer Wellenlänge von 589 nm (gelbes Licht) sagt diese Gleichung einen Wert von $\tau = 16\,\mathrm{ns} \simeq 10^{-8}\,\mathrm{s}$ vorher. Dies ist sehr nahe an dem experimentell gemessenen Wert und typisch für erlaubte Übergänge, die sichtbares Licht emittieren. Atomare Lebensdauern variieren allerdings über einen sehr großen Bereich.[16] Beispielsweise hat der Lyman-α-Übergang (dargestellt in Abbildung 1.1) eine Lebensdauer von nur wenigen Nanosekunden.[17,18]

Der klassische Wert für die Lebensdauer liefert die kürzeste Zeit, innerhalb der das Atom über einen gegebenen Strahlungsübergang zerfallen kann, und dieser liegt oft nahe bei den beobachteten Lebensdauern für starke Übergänge. Atome zerfallen nicht schneller als ein mit der gleichen Wellenlänge strahlender klassischer Dipol, aber sie können tatsächlich viel langsamer zerfallen (im Falle von verbotenen Übergängen um viele Größenordnungen langsamer).[19]

1.7   Die Einstein-Koeffizienten

Die Weiterentwicklung der Ideen zur Struktur des Atoms war eng mit Experimenten zur Emission und Absorption von Strahlung durch Atome (u. a. Röntgenstrahlen, Licht) verbunden. Die Emission von Strahlung wurde als etwas betrachtet, das schlicht passieren muss, um die Energie fortzutragen, wenn ein Elektron von einer erlaubten Bahn zu einer anderen springt. Der Mechanismus war jedoch zunächst unklar.[20] Mit einem

---

[15] Die Summe aus kinetischer und potentieller Energie.

[16] Die klassische Halbwertszeit skaliert wie $1/\omega^2$. Wir werden jedoch sehen, dass das quantenmechanische Ergebnis hiervon abweicht (siehe Aufgabe 1.8).

[17] Höhere Niveaus, wie beispielsweise $n = 30$, haben eine Lebensdauer von etlichen Mikrosekunden (Gallagher 1994).

[18] Mithilfe von Lasern können Atome in Konfigurationen mit hohen Hauptquantenzahlen angeregt werden. Solche Systeme werden Rydberg-Atome genannt. Die Intervalle zwischen den einzelnen Energieniveaus sind klein. Wegen des Korrespondenzprinzips sind diese Rydberg-Atome geeignet, den Übergangsbereich zwischen klassischer Mechanik und Quantenmechanik zu untersuchen.

[19] Mithilfe von Ionenfallen (siehe Kapitel 12) können Übergänge mit spontanen Zerfallsraten von weniger als $1\,\mathrm{s}^{-1}$ untersucht werden. Dabei werden einzelne Ionen durch elektrische und magnetische Felder „gefangen gehalten" – eine Technik, die für Bohr und die anderen Begründer der Quantentheorie ein reines Gedankenexperiment war. Insbesondere kann man in Ionenfallen individuelle Quantensprünge zwischen den atomaren Energieniveaus beobachten. Die Strahlung erinnert an den radioaktiven Zerfall, da einzelne Atome zu einer gegebenen Zeit spontan ein Photon emittieren, wobei die Mittelung über ein Ensemble von Atomen einen exponentiellen Zerfall ergibt.

[20] Eine vollständige Erklärung der spontanen Emission ist erst im Rahmen der Quantenelektrodynamik möglich.

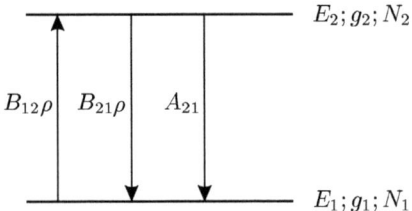

Abbildung 1.4: *Die Wechselwirkung zwischen einem Atom mit zwei Niveaus und Strahlung führt zu stimulierten Übergängen, die zusätzlich zum spontanen Zerfall des oberen Niveaus auftreten.*

seiner zahlreichen genialen Gedanken wies Albert Einstein den Weg zu einer erfolgreichen quantitativen Behandlung des Phänomens der spontanen Emission, die auf einem intuitiven Verständnis des Prozesses basiert.[21]

Einstein betrachtete Atome mit zwei Energieniveaus, E_1 und E_2 (siehe Abbildung 1.4). Jedes der beiden Niveaus kann mehr als einen Zustand haben, und die Anzahl der Zustände mit der gleichen Energie wird **Entartung** dieses Niveaus genannt, bezeichnet mit g_1 bzw. g_2. Einstein fragte sich, was mit einem Atom passiert, das mit Strahlung der Energiedichte $\rho(\omega)$ pro Einheit der Kreisfrequenz wechselwirkt. Die Strahlung verursacht Übergänge vom tieferen zum höheren Niveau, wobei die Rate proportional zu $\rho(\omega_{12})$ ist. Der hierbei auftretende Proportionalitätsfaktor wird mit B_{12} bezeichnet. Das Atom wechselwirkt nur mit jenem Teil der Verteilung $\rho(\omega)$ stark, dessen Frequenz nahe bei $\omega_{12} = (E_2 - E_1)/\hbar$, der Resonanzfrequenz des Atoms, liegt.[22] Aus Symmetriegründen ist außerdem zu erwarten, dass die Strahlung Übergänge vom höheren zum tieferen Energieniveau verursacht, wobei die Rate wieder proportional zur Energiedichte ist, jedoch mit einer Proportionalitätskonstanten B_{21} (man beachte die umgekehrte Reihenfolge der Indizes). Dies ist ein Prozess der stimulierten Emission, bei dem die Strahlung mit der Kreisfrequenz ω bewirkt, dass das Atom Strahlung derselben Frequenz emittiert. Diese Verstärkung des Lichts für die Einfallsfrequenz ist das grundlegende Prinzip des Lasers.[23] Die Symmetrie zwischen aufwärts und abwärts wird durch den Prozess der spontanen Emission gebrochen, bei dem ein Atom auch ohne externe Strahlung in das niedrigere Niveau fällt. Der von Einstein eingeführte Koeffizient A_{21} repräsentiert die Rate für diesen Prozess. Damit lauten die **Ratengleichungen** für die Populationen in den Niveaus N_1 und N_2

$$\frac{\mathrm{d}N_2}{\mathrm{d}t} = N_1 B_{12} \rho(\omega_{12}) - N_2 B_{21} \rho(\omega_{12}) - N_2 A_{21} \tag{1.25}$$

und

$$\frac{\mathrm{d}N_1}{\mathrm{d}t} = -\frac{\mathrm{d}N_2}{\mathrm{d}t} \tag{1.26}$$

Die erste Gleichung beschreibt die Änderungsrate von N_2, die durch Absorption, stimulierte Emission und spontane Emission bestimmt wird. Die zweite Gleichung ist einfach

---

[21] Diese Behandlung der Wechselwirkung zwischen Atomen und Strahlung bildet die Grundlage für die Theorie des Lasers und wird immer dann gebraucht, wenn Strahlung mit Materie wechselwirkt (siehe Fox 2001). Eine historische Darstellung von Einsteins Arbeit und ihren weitreichenden Schlussfolgerungen finden Sie in Pais (1982).

[22] Die Frequenzabhängigkeit der Wechselwirkung wird in Kapitel 7 betrachtet.

[23] Das Wort Laser ist ein Akronym für engl. „**l**ight **a**mplification by **s**timulated **e**mission of **r**adiation (dt. Lichtverstärkung durch stimulierte Emission von Strahlung).

eine Konsequenz daraus, dass es nur zwei Niveaus gibt – Atome, die das Niveau 2 verlassen müssen zwangsläufig in das Niveaus 1 gehen. Dies ist äquivalent zu der Bedingung $N_1 + N_2 = \text{const}$. Wenn $\rho(\omega) = 0$ gilt und einige Atome anfangs im oberen Niveau sind ($N_2(0) \neq 0$), dann haben die Gleichungen die exponentiell fallende Lösung

$$N_2(t) = N_2(0)\exp(-A_{21}t) \tag{1.27}$$

mit der mittleren Lebensdauer[24]

$$\frac{1}{\tau} = A_{21} \tag{1.28}$$

Einstein gelang es mit einer raffinierten Argumentation, um die Beziehung zwischen den Koeffizienten A_{21} und B herauszufinden, und dies erlaubt eine Behandlung von Atomen in Wechselwirkung mit Strahlung. Einstein stellte sich vor, was mit einem solchen Atom in einer Region mit Schwarzkörperstrahlung passieren würde, also beispielsweise innerhalb eines Kastens, dessen Oberfläche wie ein schwarzer Strahler wirkt. Die Energiedichte der Strahlung $\rho(\omega)\,d\omega$ im Frequenzintervall zwischen ω und $\omega + d\omega$ hängt nur von der Temperatur T der emittierenden (oder absorbierenden) Oberflächen des Kastens ab. Diese Funktion ist durch die plancksche Strahlungsformel

$$\rho(\omega) = \frac{\hbar\omega^3}{\pi^2 c^3}\frac{1}{\exp(\hbar\omega/k_{\mathrm{B}}T) - 1} \tag{1.29}$$

gegeben.[25] Betrachten wir nun die Populationen in den Niveaus eines Atoms in dieser Schwarzkörperstrahlung. Im Gleichgewicht sind die Änderungsraten von N_1 und N_2 (in Gleichung (1.26)) beide null, und aus Gleichung (1.25) ergibt sich in diesem Fall

$$\rho(\omega_{12}) = \frac{A_{21}}{B_{21}}\frac{1}{(N_1/N_2)(B_{12}/B_{21}) - 1} \tag{1.30}$$

Im thermischen Gleichgewicht sind die Populationen in den Zuständen innerhalb der Niveaus durch den Boltzmann-Faktor gegeben:

$$\frac{N_2}{g_2} = \frac{N_1}{g_1}\exp\left(-\frac{\hbar\omega}{k_{\mathrm{B}}T}\right) \tag{1.31}$$

(Die Population in jedem Zustand ist die gleiche wie im zugehörigen Energieniveau geteilt durch den Entartungsfaktor.) Durch Kombination der letzten drei Gleichungen erhalten wir[26]

$$A_{21} = \frac{\hbar\omega^3}{\pi^2 c^3}B_{21} \tag{1.32}$$

---

[24] Diese Lebensdauer wurde im letzten Abschnitt im Rahmen einer klassischen Betrachtung geschätzt.

[25] Planck war der Erste, der Strahlung als quantisiert betrachtete, also in Energiequanten (oder „Photonen") von $\hbar\omega$ auftretend. Siehe Pais (1986).

[26] Diese Gleichungen gelten für alle T, sodass wir einerseits die Terme mit $\exp(\hbar\omega/k_{\mathrm{B}}T)$ zusammenfassen können und andererseits die temperaturunabhängigen Faktoren. Auf diese Weise erhalten wir die beiden folgenden Gleichungen.

und

$$B_{12} = \frac{g_2}{g_1} B_{21} \tag{1.33}$$

Die Einstein-Koeffizienten sind Eigenschaften des Atoms.[27] Daher gelten die Beziehungen zwischen ihnen für jede Art von Strahlung, von der schmalbandigen Strahlung eines Lasers bis zu breitbandigem Licht. Eine wichtige Folgerung aus (1.32) ist, dass starke Absorption mit starker Emission verbunden ist. Wie für viele andere Themen, die in diesem Kapitel behandelt werden, gilt auch für die Einstein-Koeffizienten, dass die grundlegende Physik dahinter erfasst wurde (in diesem Fall von Einstein), lange bevor die Details der zugrunde liegenden Quantenmechanik ausgearbeitet waren.[28]

1.8   Der Zeeman-Effekt

In diesem einführenden Überblick über die frühe Atomphysik dürfen die wichtigen Arbeiten von Pieter Zeeman nicht fehlen, der den Einfluss eines Magnetfeldes auf Atome untersuchte. Die Beobachtung des Phänomens, das heute unter den Namen Zeeman-Effekt bekannt ist, sowie drei weitere bahnbrechende Experimente, die gegen Ende des 19. Jahrhunderts durchgeführt wurden, markieren zusammen so etwas wie die Wasserscheide zwischen klassischer und Quantenphysik.[29] Bevor wir uns mit Zeemans Arbeit im Detail befassen, seien kurz die drei anderen großen Entdeckungen und ihre Bedeutung für die Atomphysik erwähnt. Konrad Röntgen entdeckte die mysteriösen „X-Strahlen" (die später nach ihm benannten Röntgenstrahlen), die von Ladungen emittiert werden, und Funken, die Materie durchdringen und einen fotografischen Film schwärzen können.[30] Etwa zur gleichen Zeit entstand infolge der Entdeckung der Radioaktivität durch Antoine Henri Becquerel ein neues Teilgebiete der Physik, die Kernphysik.[31] Ein weiterer großer Durchbruch war der durch Joseph John Thomson erbrachte Nachweis, dass die Kathodenstrahlen in elektrischen Entladungsröhren aus geladenen Teilchen bestehen, wobei das Verhältnis von Ladung und Masse unabhängig von dem in der Röhre enthaltenen Gas ist. Fast zur selben Zeit wurde durch den in einem Magnetfeld beobachteten Zeeman-Effekt klar, dass es in Atomen Teilchen mit dem gleichen Verhältnis von Ladung und Masse gibt. Dies sind die Teilchen, die wir heute als Elektronen kennen. Die

---

[27] Dies wird in Kapitel 7 durch eine zeitabhängige Störungsrechnung für B_{12} gezeigt.

[28] Um einen signifikanten Anteil der Population in das höhere Niveau eines sichtbaren Übergangs anzuregen, ist Schwarzkörperstrahlung mit einer Temperatur nötig, die mit der der Sonne vergleichbar ist. Diese Methode ist in der Praxis natürlich völlig unüblich – solche Übergänge werden leicht bei einer elektrischen Entladung angeregt, in denen die Elektronen Energie auf die Außenelektronen des Atoms übertragen. (Die zur Anregung schwach gebundener Außenelektronen notwendige Energie ist wesentlich kleiner als für die Erzeugung von Röntgenstrahlen.)

[29] Wissenschaftshistorische Betrachtungen hierzu finden Sie in Pais (1986) und Segrè (1980).

[30] Dies motivierte Moseley zur Messung atomarer Röntgenspektren (siehe Abschnitt 1.5).

[31] Die Kernphysik wurde später von Rutherford und anderen entwickelt. Es zeigte sich, dass Atome einen sehr kleinen dichten Kern haben, in dem fast die gesamte atomare Masse vereinigt ist. Für die meisten Probleme der Kernphysik genügt es, sich den Kern als eine positive Ladung $+Ze$ im Zentrum eines Atoms vorzustellen. Allerdings ist ein gewisses Verständnis von Größe, Gestalt und magnetischen Momenten des Kerns notwendig, um die Hyperfeinstruktur und die Isoptopenverschiebung zu erklären (Kapitel 6).

Vorstellung, dass Atome Elektronen enthalten, ist für uns heute völlig selbstverständlich, doch damals war sie ein ganz wesentliches Teil in dem Puzzle, das Bohr schließlich zu seinem Atommodell zusammenfügte. Abgesehen von seiner historischen Bedeutung ist der Zeeman-Effekt auch heute noch ein wichtiges Hilfsmittel zur Untersuchung der Struktur von Atomen, wie sich an verschiedenen Stellen in diesem Buch zeigen wird. Es ist vielleicht etwas überraschend, dass es möglich ist, diesen Effekt mit Argumenten aus der klassischen Mechanik zu erklären (jedenfalls für bestimmte Spezialfälle).

Ein Atom im Magnetfeld kann durch einen einfachen harmonischen Oszillator modelliert werden. Die auf das Elektron wirkende Rückstellkraft ist in allen Verschiebungsrichtungen gleich, und der Oszillator hat in x-, y- und z-Richtung die gleiche Resonanzfrequenz ω_0 (ohne Magnetfeld). Wenn ein Magnetfeld $\mathbf{B}$ angelegt ist, lautet die Bewegungsgleichung für ein Elektron mit der Ladung $-e$, dem Ort $\mathbf{r}$ und der Geschwindigkeit $\mathbf{v} = \dot{\mathbf{r}}$

$$m_{\mathrm{e}} \frac{\mathrm{d}\mathbf{v}}{\mathrm{d}t} = -m_{\mathrm{e}}\omega_0^2 \mathbf{r} - e\mathbf{v} \times \mathbf{B} \tag{1.34}$$

Zusätzlich zur Rückstellkraft (die ohne weitere Erklärung als existent vorausgesetzt wird), wirkt hier die Lorentz-Kraft, die allgemein für geladene Teilchen auftritt, die sich in einem Magnetfeld bewegen.[32] Wenn das Feld in Richtung der z-Achse verläuft (also $\mathbf{B} = B\,\hat{\mathbf{e}}_z$), dann lautet die Bewegungsgleichung

$$\ddot{\mathbf{r}} + 2\Omega_{\mathrm{L}}\dot{\mathbf{r}} \times \hat{\mathbf{e}}_z + \omega_0^2 \mathbf{r} = 0 \tag{1.35}$$

Hierbei tritt die durch

$$\Omega_{\mathrm{L}} = \frac{eB}{2m_{\mathrm{e}}} \tag{1.36}$$

definierte Larmor-Frequenz auf. Wir können diese Gleichung mit einem Matrixverfahren lösen. Wir interessieren uns für Lösungen, die mit der Frequenz ω oszillieren:

$$\mathbf{r} = \mathrm{Re}\left\{ \begin{pmatrix} x \\ y \\ z \end{pmatrix} \exp(-\mathrm{i}\omega t) \right\} \tag{1.37}$$

Damit lautet Gleichung (1.35)

$$\begin{pmatrix} \omega_0^2 & -2\mathrm{i}\omega\Omega_{\mathrm{L}} & 0 \\ 2\mathrm{i}\omega\Omega_{\mathrm{L}} & \omega_0^2 & 0 \\ 0 & 0 & \omega_0^2 \end{pmatrix} \begin{pmatrix} x \\ y \\ z \end{pmatrix} = \omega^2 \begin{pmatrix} x \\ y \\ z \end{pmatrix} \tag{1.38}$$

Die Eigenwerte ω^2 erhalten wir aus der Determinantengleichung

$$\begin{vmatrix} \omega_0^2 - \omega & -2\mathrm{i}\omega\Omega_{\mathrm{L}} & 0 \\ 2\mathrm{i}\omega\Omega_{\mathrm{L}} & \omega_0^2 - \omega^2 & 0 \\ 0 & 0 & \omega_0^2 - \omega^2 \end{vmatrix} = 0 \tag{1.39}$$

---

[32] Dies ist die gleiche Kraft, die Thomson verwendete, um freie Elektronen auf gekrümmte Bahnen abzulenken und so e/m_e zu messen. Heute werden solche Kathodenstrahlröhren vielfach zu Demonstrationszwecken verwendet.

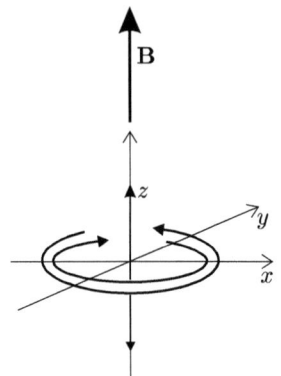

Abbildung 1.5: Ein einfaches Modell für ein Atom mit einem Elektron, das einfache harmonische Bewegungen ausführt. Es erklärt den normalen Zeeman-Effekt für die Bewegung in einem Magnetfeld in Richtung der z-Achse. Die drei Eigenvektoren der Bewegung sind $\hat{\mathbf{e}}_z \cos \omega_0 t$ und $\cos(\{\omega_0 \pm \Omega_{\mathrm{L}}\} t)\,\hat{\mathbf{e}}_x \pm \sin(\{\omega_0 \pm \Omega_{\mathrm{L}}\} t)\,\hat{\mathbf{e}}_y$.

oder $\{\omega^4 - (2\omega_0^2 + 4\Omega_{\mathrm{L}}^2)\,\omega^2 + \omega_0^4\}\,(\omega^2 - \omega_0^2) = 0$, woraus die Lösung $\omega = \omega_0$ leicht abzulesen ist. Die anderen beiden Eigenwerte finden wir durch Lösen der quadratischen Gleichung für ω^2 in der geschweiften Klammer. Für einen optischen Übergang gilt immer $\Omega_{\mathrm{L}} \ll \omega_0$, sodass die Eigenfrequenzen näherungsweise $\omega \simeq \omega_0 \pm \Omega_{\mathrm{L}}$ sind. Setzen wir diese Werte in Gleichung (1.38) ein, so erhalten wir die Eigenvektoren zu den Eigenwerten $\omega = \omega_0 - \Omega_{\mathrm{L}}$, ω_0 und $\omega_0 + \Omega_{\mathrm{L}}$

$$\mathbf{r} = \begin{pmatrix} \cos(\omega_0 - \Omega_{\mathrm{L}})\,t \\ -\sin(\omega_0 - \Omega_{\mathrm{L}})\,t \\ 0 \end{pmatrix}, \quad \begin{pmatrix} 0 \\ 0 \\ \cos \omega_0 t \end{pmatrix} \quad \text{und} \quad \begin{pmatrix} \cos(\omega_0 + \Omega_{\mathrm{L}})\,t \\ \sin(\omega_0 + \Omega_{\mathrm{L}})\,t \\ 0 \end{pmatrix}$$

Das Magnetfeld hat keinen Einfluss auf die Bewegung in Richtung der z-Achse, und die Winkelfrequenz der Oszillation bleibt ω_0. Die Wechselwirkung mit dem Magnetfeld bewirkt, dass die Bewegung in x-Richtung mit der Bewegung in y-Richtung gekoppelt ist (wegen der Nebendiagonal-Elemente $\pm 2i\omega\Omega_{\mathrm{L}}$ der Matrix in Gleichung (1.38)).[33] Das Ergebnis sind zwei gegenläufige kreisförmigen Bewegungen in der x-y-Ebene (siehe Abbildung 1.5). Diese kreisförmigen Bewegungen haben Frequenzen, die um die Larmor-Frequenz von ω_0 nach oben oder unten verschoben sind. Dies bedeutet, dass das externe Feld die ursprüngliche Oszillation mit einer einzelnen Frequenz (genauer gesagt drei unabhängige Oszillationen, die alle die gleiche Frequenz ω_0 haben) in drei separate Frequenzen aufspaltet. Ein oszillierendes Elektron wirkt wie ein klassischer Dipol, der elektromagnetische Wellen aussendet, und Zeeman beobachtete die Frequenzaufspaltung Ω_{L} in dem vom Atom emittierten Licht.

Dieses klassische Modell des Zeeman-Effekts erklärt die Polarisierung von Licht sowie die Aufspaltung der Linien in drei Komponenten. Die Berechnung der Polarisierung der Strahlung für jede der drei verschiedenen Frequenzen und für eine allgemeine Beobachtungsrichtung ist einfache Vektorrechnung.[34] Hier werden jedoch nur die Spezialfälle betrachtet, in denen die Strahlung parallel bzw. senkrecht zum Magnetfeld propagiert,

---

[33] Da die Matrixelemente in der letzten Spalte bzw. der untersten Zeile null sind, sind die x- und die y-Komponente der Bewegung nicht mit der z-Komponente gekoppelt. Aus diesem Grund reduziert sich das Problem effektiv auf ein 2×2-Gleichungssystem.

[34] Weitere Details sind in Abschnitt 2.2 ausgeführt; siehe auch Woodgate (1980).

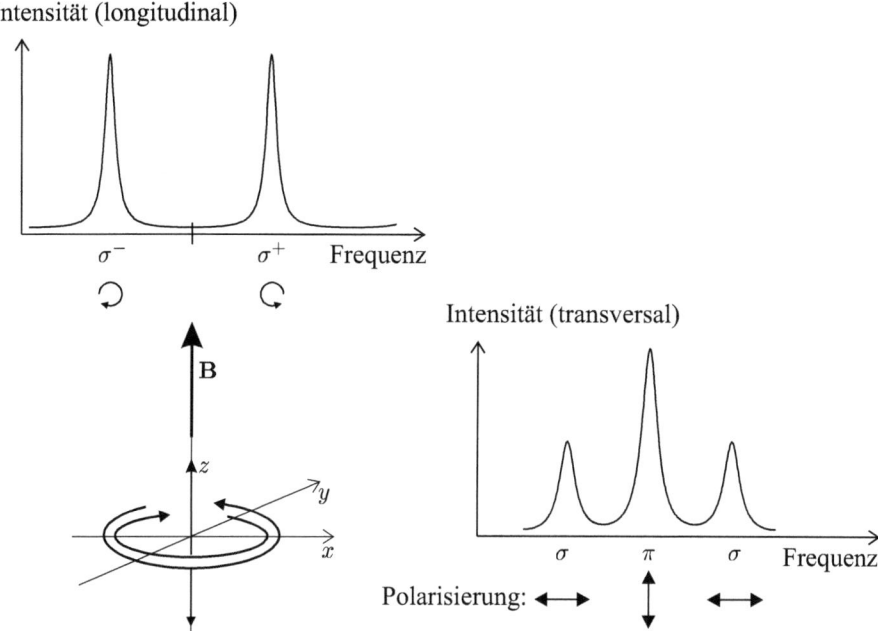

Abbildung 1.6: *Für den normalen Zeeman-Effekt erklärt ein einfaches Modell des Atoms (wie in Abbildung 1.5) die Frequenz des emittierten Lichts sowie seine Polarisierung (gekennzeichnet durch die Pfeile für eine transversale bzw. eine longitudinale Beobachtung.*

also longitudinal bzw. transversal zur Beobachtungsrichtung. Ein parallel zu **B** oszillierendes Elektron strahlt eine elektromagnetische Welle mit linearer Polarisierung und der Winkelfrequenz ω_0 ab. Diese π-Komponente der Linie wird in allen Richtungen beobachtet, *außer* in Richtung des Magnetfeldes.[35] Im Spezialfall der transversalen Beobachtung (d. h. in der x-y-Ebene) zeigt die Polarisierung der π-Komponente in die Richtung von $\hat{\mathbf{e}}_z$. Die kreisförmige Bewegung des oszillierenden Elektrons in der x-y-Ebene mit den Winkelfrequenzen $\omega_0 + \Omega_L$ und $\omega_0 - \Omega_L$ erzeugt Strahlung mit eben diesen Frequenzen. Bei transversaler Betrachtung (also parallel zur Ebene der Bewegung) sieht man diese kreisförmige Bewegung als eine lineare Oszillation (beispielsweise sieht man, wenn man in x-Richtung schaut, nur die y-Komponente), und die Strahlung ist senkrecht zum Magnetfeld linear polarisiert. Dargestellt ist dies in Abbildung 1.6. Dies sind die sogenannten σ-Komponenten, und im Gegensatz zur π-Komponente sieht man sie auch bei longitudinaler Beobachtung, also wenn man in Richtung der z-Achse schaut. Dann sieht man eine kreisförmige Bewegung des Elektrons und folglich zirkular polarisiertes Licht. Wenn die Beobachtungsrichtung entgegengesetzt zum Magnetfeld ist (also in positive z-Richtung, was in Polarkoordinaten $\theta = 0$ bedeutet), dann verläuft die kreisförmige Bewegung entgegen dem Uhrzeigersinn und ist mit der Winkelfrequenz

---

[35] Ein oszillierender elektrischer Dipol proportional zu $\hat{\mathbf{e}}_z \cos\omega_0 t$ strahlt nicht in Richtung der z-Achse. Die Beobachtung in dieser Richtung liefert einen Blick entlang der Dipolachse, sodass effektiv die Bewegung des Elektrons nicht zu sehen ist.

$\omega_0 + \Omega_L$ verbunden.[36] Durch die Messung des Verhältnisses e/m_e von Ladung zu Masse zeigte Zeeman nicht nur, das Atome Elektronen enthalten, sondern er schloss auch auf das Vorzeichen der Ladung, indem er die Polarisierung des emittierten Lichts betrachtete. Wenn das Vorzeichen nicht – wie wir vorausgesetzt hatten – negativ wäre, müsste Licht bei $\omega_0 + \Omega_L$ die entgegengesetzte Händigkeit haben. Aus diesem Argument konnte Zeeman das Vorzeichen der Ladung des Elektrons bestimmen.

Für Situationen, in denen nur der Bahndrehimpuls (und kein Spin) eine Rolle spielt, entsprechen die Vorhersagen dieses klassischen Modells exakt denen der Quantenmechanik (einschließlich der richtigen Polarisierung), und die aus diesem Modell gewonnene Intuition liefert wertvolle Hilfestellung für kompliziertere Fälle. Ein anderer Grund für die Beschäftigung mit der klassischen Betrachtungsweise für den Zeeman-Effekt ist der, dass er als Beispiel für die entartete Störungsrechnung in der klassischen Mechanik dienen kann. Wir werden an mehreren Stellen in diesem Buch der entarteten Störungsrechnung in der Quantenmechanik begegnen. Ein Verständnis der entsprechenden Vorgehensweise in der klassischen Mechanik ist dabei sehr nützlich.

1.8.1   Experimentelle Beobachtung des Zeeman-Effekts

Abbildung 1.7(a) zeigt eine Versuchsanordnung zur experimentellen Beobachtung des Zeeman-Effektes, während in Abbildung 1.7(b-e) einige typische Messergebnisse zu sehen sind. Eine Niederdruck-Entladungslampe, die das zu untersuchende Element (z. B. Helium oder Cadmium) enthält, wird zwischen den beiden Polen eines Elektromagneten platziert, der in der Lage ist, Felder von bis zu etwa 1 T zu erzeugen. In der gezeigten Versuchsanordnung sammelt eine Linse Licht, das senkrecht zum Feld emittiert wird (transversale Beobachtung) und schickt es durch ein Fabry-Pérot-Interferometer. Die Arbeitsweise dieser Geräte wird im Detail in Brooker (2003) beschrieben. An dieser Stelle soll lediglich das Prinzip kurz skizziert werden.

- Das Licht aus der Lampe wird von einer Linse gesammelt und auf ein Interferenzfilter gerichtet, das nur ein schmales Band von Wellenlängen durchlässt, was einer einzelnen Spektrallinie entspricht.

- Das Interferometer erzeugt ein Interferenzmuster in Form konzentrischer Ringe. Diese Ringe werden auf einem Schirm abgebildet, der in der Brennebene der Linse hinter dem Interferometer platziert ist. Der Schirm hat im Zentrum des Musters ein kleines Loch, sodass das Licht im Bereich des zentralen Interferenzstreifens auf einen Detektor fällt (z. B. eine Fotodiode). Alternativ können Linse und Schirm durch eine Kamera ersetzt werden, die das Ringmuster auf Film aufnimmt.

- Die effektive optische Weglänge zwischen den beiden ebenen, hochreflektierenden Spiegeln wird durch Änderung des Luftdrucks im Hohlraum reguliert. Dadurch wird das Interferometer über mehrere freie Spektralbereiche abgetastet, während die Intensität der Interferenzstreifen aufgenommen wird, was Muster wie die in Abbildung 1.7 gezeigten liefert.

---

[36] Dies ist links-zirkular polarisiertes Licht (Corney 2000).

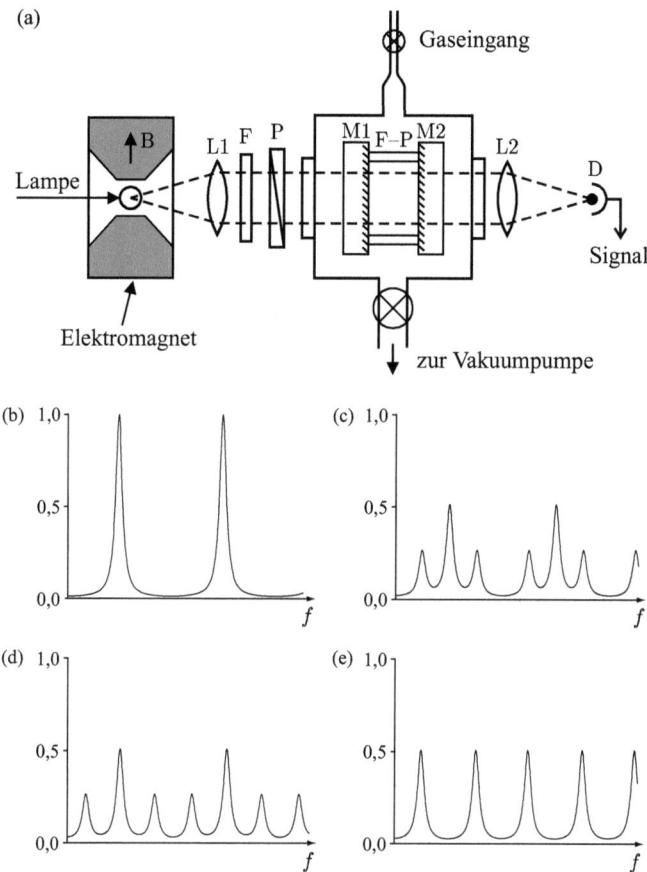

Abbildung 1.7: *Versuchsanordnung zur experimentellen Beobachtung des Zeeman-Effektes. Das von einer Entladungslampe emittierte Licht fällt durch ein Schmalbandfilter und ein Fabry-Pérot-Interferometer. Bezeichnungen: L1, L2 – Linsen; F – Filter; P – Polarisator zur Unterscheidung zwischen π- und σ-Polarisierung (optisch); Fabry-Pérot-Interferometer bestehend aus einem festen Zwischenraum zwischen zwei hochreflektierenden Schichten (M1 und M2); D – Detektor; weitere Einzelheiten in Brooker (2003). Eine geeignete Methode besteht darin, die Resonatorkammer (partiell) zu evakuieren und dann Luft (oder ein Gas mit höherem Brechungsindex, etwa Kohlendioxid) durch ein Ventil mit konstanter Rate einströmen zu lassen, um ein sauberes Muster zu erhalten. Die Teile (b) bis (e) zeigen die Intensität des durch den Fabry-Pérot-Interferometer übertragenen Lichts. Im Einzelnen: (b) zeigt das Muster für zwei freie Spektralbereiche ohne Magnetfeld. (c) und (d) zeigen Zeeman-Muster, die senkrecht zum angelegten Feld beobachtet wurden. Der Abstand zwischen der π- und den σ-Komponenten beträgt bei diesen Mustern ein Viertel bzw. drei Viertel des freien Spektralbereichs. In (c) ist das Magnetfeld schwächer als in (d). Teil (e) zeigt das Ergebnis einer longitudinalen Beobachtung, bei der nur die σ-Komponenten zu sehen sind. Dieses Muster wurde mit demselben Feld aufgenommen wie bei Teil (c), und die σ-Komponenten haben in beiden die gleiche Position.*

1.9   Zusammenstellung der atomaren Einheiten

In diesem Kapitel wurden auf der Basis der klassischen Mechanik und unter Verwendung elementarer Ideen der Quantenphysik wichtige Skalen der Atomphysik eingeführt: die Längenskala a_0 und die Energieskala hcR_∞. Die natürliche Einheit der Energie ist $e^2/4\pi\epsilon_0 a_0$, was als die Hartree-Energie bezeichnet wird.[37] In diesem Buch werden wir jedoch die Energie durch die Rydberg-Energie (13,6 eV) ausdrücken. Diese ist gleich der Bindungsenergie in der ersten bohrschen Bahn des Wasserstoffatoms oder 1/2-mal die Hartree-Energie. Diese Größen haben die folgenden Werte:

$$a_0 = \frac{\hbar^2}{(e^2/4\pi\epsilon_0)m_e} = 5,29 \times 10^{-11}\,\text{m} \tag{1.40}$$

$$hcR_\infty = \frac{m_e(e^2/4\pi\epsilon_0)^2}{2\hbar^2} = 13,6\,\text{eV} \tag{1.41}$$

Die Verwendung dieser atomaren Einheiten erleichtert die Berechnung anderer Größen. Beispielsweise ist das elektrische Feld in einem Wasserstoffatom vom Radius $r = a_0$ gleich $e/(4\pi\epsilon_0 a_0^2)$. Dies entspricht einer Potentialdifferenz von 27,2 V über die Distanz a_0 bzw. einem Feld von $5 \times 10^{11}\,\text{V\,m}^{-1}$.

Relativistische Effekte hängen von der dimensionslosen Feinstrukturkonstante α ab:

$$\alpha = \frac{(e^2/4\pi\epsilon_0)}{\hbar c} \simeq \frac{1}{137} \tag{1.42}$$

Der infolge eines magnetischen Feldes auf Atome wirkende Zeeman-Effekt führt zu einer Frequenzverschiebung von Ω_L in (1.36).[38] In bequemen Einheiten hat diese Frequenzverschiebung die Größe

$$\frac{\Omega_L}{2\pi B} = \frac{e}{4\pi m_e} = 14\,\text{GHz}\,\text{T}^{-1} \tag{1.43}$$

Durch Gleichsetzen der magnetischen Energie $\hbar\Omega_L$ mit $\mu_B B$, dem Maß der Energie für ein magnetisches Moment μ_B bei einer magnetischen Flussdichte B, folgt als Einheit des atomaren magnetischen Moments das bohrsche Magneton

$$\mu_B = \frac{e\hbar}{2m_e} = 9,27 \times 10^{-24}\,\text{JT}^{-1} \tag{1.44}$$

Dieses magnetische Moment hängt von den Eigenschaften des ungepaarten Elektrons (oder der Elektronen) im Atom ab und hat für alle Atome ähnliche Werte. Im Gegensatz dazu skalieren andere atomare Eigenschaften sehr stark mit der Kernladung. Wasserstoffähnliche Systeme haben Energien proportional zu Z^2, und ihre Größe ist proportional zu $1/Z$ (siehe (1.40) und (1.41)). In Beschleunigern wurde beispielsweise wasserstoffähnliches Uran U^{+91} hergestellt, indem aus einem Uranatom 91 Elektronen herausgelöst wurden, sodass nur ein einziges Elektron mit einer Bindungsenergie von

---

[37] Diese Energie ist gleich der potentiellen Energie des Elektrons in der ersten bohrschen Bahn.

[38] Diese Larmor-Frequenz entspricht der Aufspaltung zwischen der π- und der σ-Komponente beim normalen Zeeman-Effekt.

$92^2 \times 13,6\,\mathrm{eV} = 115\,\mathrm{keV}$ (für $n = 1$) und einem Bahnradius von $a_0/92 = 5,75 \times 10^{-13}\mathrm{m} \equiv$ 575 fm übrig blieb. Die Übergänge zwischen den tiefsten Energieniveau dieses Systems haben kurze Wellenlängen im Röntgenbereich.[39]

Der Leser könnte es für eine gute Idee halten, die gleichen Einheit in der gesamten Atomphysik zu verwenden. In der Praxis spiegeln jedoch die Einheiten die in den jeweiligen Frequenzbereichen tatsächlich verwendeten experimentellen Methoden wider. So sind beispielsweise Radiofrequenz-Messgeräte oder Mikrowellen-Synthesizer in Hz (kHz, MHz und GHZ) kalibriert, die Gleichung für den Beugungswinkel an einem optischen Gitter wird in Wellenlängen ausgedrückt, und für Röntgenstrahlen, die in einer Röhre durch Beschleunigung von Elektronen mithilfe hoher Spannungen erzeugt werden, ist die Einheit keV eine natürliche Wahl.[40] Eine Tabelle mit nützlichen Umrechnungsfaktoren befindet sich auf der hinteren Innenseite.

Die in diesem Kapitel gebotene Zusammenfassung der klassischen Ansätze zur Erklärung des Atoms sollte als historischer Blick auf die Ursprünge der Atomphysik betrachtet werden. Es ist jedoch nicht notwendig – oder in manchen Fällen sogar eher verwirrend – eine detaillierte klassische Behandlung tatsächlich nachzuvollziehen. Die Physik auf atomarer Skala kann nur mithilfe der Wellenmechanik korrekt beschrieben werden, und dies ist der Ansatz, den wir in den folgenden Kapiteln verfolgen werden.[41]

Aufgaben

1.1 *Isotopenverschiebung*

Das Deuteron hat etwa die doppelte Masse des Protons. Berechnen Sie die Differenz der Wellenlängen der Balmer-α-Linien von Wasserstoff und Deuterium.

1.2 *Die Energieniveaus von Atomen mit einem Elektron*

H (nm)	He$^+$ (nm)
656,28	656,01
486,13	541,16
434,05	485,93
410,17	454,16
	433,87
	419,99
	410,00

Die obige Tabelle enthält die Wellenlängen[42] von Linien, die in den Spektren des

---

[39] Energien können relativ zur Ruhemasseenergie des Elektrons $m_e c^2 = 0,511\,\mathrm{MeV}$ ausgedrückt werden. Die Gesamtenergie ist $(Z\alpha)^2 \frac{1}{2} m_e c^2$ und die Feinstruktur ist von der Ordnung $(Z\alpha)^4 \frac{1}{2} m_e c^2$.

[40] Mit Lasern kann man Übergangsfrequenzen von etwa 10^{15} Hz direkt messen, um einen genauen Wert der Rydberg-Konstante zu erhalten. Es gibt keine allgemeingültigen Regeln, ob ein Übergang durch seine Energie, seine Wellenlänge oder seine Frequenz spezifiziert werden sollte.

[41] Röntgenspektren werden in diesem Buch nicht weiter diskutiert. Genaueres hierzu finden Sie in Kuhn (1969) und in anderen Büchern zur Atomphysik.

[42] Dies sind die Wellenlängen in Luft mit einem Brechungsindex von 1,0003 im sichtbaren Bereich.

Wasserstoffatoms und von einfach ionisiertem Helium gefunden wurden. Erläutern Sie möglichst ausführlich die Unterschiede und Gemeinsamkeiten der beiden Spektren.

1.3 *Relativistische Effekte*
Berechnen Sie die Größe der relativistischen Effekte im Energieniveau $n = 2$ von Wasserstoff. Wie hoch muss das Auflösungsvermögen $\lambda/(\Delta\lambda)_{min}$ eines Instrumentes sein, dass diese Effekte in der Balmer-α-Linie messen kann?

1.4 *Röntgenstrahlen*
Zeigen Sie, dass (1.21) gegen (1.20) geht, wenn die Ordnungszahl Z sehr viel größer ist als die Abschirmfaktoren.

1.5 *Röntgenstrahlen*
Angenommen, Mangan ($Z = 25$) ist in einer Legierung sehr schwach mit Eisen ($Z = 26$) vermischt. Schätzen Sie die Energien für die K-Absorptionslinien dieser Elemente ab und bestimmen Sie eine geeignete Photonenenergie für Röntgenstrahlen, die eine Aufnahme mit gutem Kontrast (zwischen Bereichen mit unterschiedlicher Konzentration) von der Probe liefern.

1.6 *Röntgenexperimente*
Skizzieren Sie einen Versuchsaufbau der sich zur Röntgenspektroskopie von Elementen eignet, etwa wie in Moseleys Experiment. Erläutern Sie das Arbeitsprinzip dieses Versuchsaufbaus und die Methode zur Messung der Energie bzw. der Wellenlänge der Röntgenstrahlen.

1.7 *Feinstruktur bei Röntgenübergängen*
Finden Sie eine Abschätzung (in keV) für die Größenordnung der relativistischen Effekte in der L-Schale von Blei ($Z = 82$). Welchen Anteil haben diese Effekte am K_α-Übergang?

1.8 *Lebensdauer*
Für ein Elektron auf einer kreisförmigen Bahn vom Radius r hat das elektrische Dipolmoment die Größe $D = -er$, und es strahlt Energie mit der durch (1.22) gegebenen Rate ab. Bestimmen Sie die Zeit, die vergeht, bis der Energiebetrag $\hbar\omega$ verloren gegangen ist.

Verwenden Sie den erhaltenen Ausdruck, um die Rate für den Übergang von $n = 3$ nach $n = 2$ in Wassesrstoff abzuschätzen, bei dem Licht der Wellenlänge 656 nm emittiert wird.

Anmerkung. Diese Methode liefert das Ergebnis $1/\tau \propto (er)^2\,\omega^3$, was sehr dicht an dem quantenmechanischen Ergebnis liegt, welches durch (7.23) gegeben ist.

1.9 *Schwarzkörperstrahlung*
Angenommen, Zwei-Niveau-Atome mit einem Übergang bei der Wellenlänge $\lambda = 600$ nm zwischen den Niveaus mit den Entartungen $g_1 = 1$ und $g_2 = 3$ werden einer Schwarzkörperstrahlung ausgesetzt. Der Anteil im angeregten Zustand ist 0,1. Wie groß ist die Temperatur des schwarzen Körpers und wie groß ist die Energiedichte $\rho(\omega_{12})$ pro Frequenzintervall der Strahlung bei der Übergangsfrequenz?

1.10 *Zeeman-Effekt*
Wie groß ist die Zeeman-Verschiebung für ein Atom (a) im Magnetfeld der Erde
und (b) bei einer magnetischen Flussdichte von 1 T? Drücken Sie Ihr Ergebnis
zum einen in MHz aus und zum anderen durch den Anteil $\Delta f/f$ der Übergangsfrequenz für eine Spektrallinie im sichtbaren Bereich.

1.11 *Relative Intensitäten beim Zeeman-Effekt*
Ohne äußeres Feld hat ein Atom keine Vorzugsrichtung und die Quantisierungsachse kann beliebig gewählt werden. Unter diesen Umständen kann das emittierte
Licht nicht polarisiert sein (denn dadurch wäre eine Vorzugsrichtung festgelegt).
Wenn nun allmählich ein Magnetfeld hochgefahren wird, erwarten wir nicht, das
sich die Intensitäten der verschiedenen Komponenten diskontinuierlich ändern, da
das Feld nur einen geringen Einfluss auf die Übergangsraten hat. Dieses physikalische Argument impliziert, dass entgegengesetzt polarisierte Komponenten, die in
Feldrichtung emittiert werden, gleiche Intensitäten haben müssen, also $I_{\sigma+} = I_{\sigma-}$
(zur Notation siehe Abbildung 1.6). Was schließen Sie hieraus:

(a) über die relativen Intensitäten der senkrecht zum Feld emittierten Komponenten und

(b) über das Verhältnis der Gesamtintensitäten des parallel und senkrecht zum
Feld emittierten Lichts?

1.12 *Die bohrsche Theorie und das Korrespondenzprinzip*
In dieser Aufgabe wird ein Ansatz zur Behandlung des Wasserstoffatoms diskutiert, der eine Alternative zu der in Abschnitt 1.3 vorgestellten Theorie darstellt. Er ist etwas subtiler als der in den meisten einführenden Texten gewählte
und illustriert Bohrs großartige Intuition. Anstatt der *ad hoc* Annahme, dass der
Drehimpuls ein ganzzahliges Vielfaches von $\hbar$ ist (siehe (1.7)), stützte sich Bohr
auf das Korrespondenzprinzip, welches das Verhalten eines Systems gemäß den
bekannten Gesetzen der klassischen Mechanik mit seinen quantenmechanischen
Eigenschaften in Beziehung setzt.

Annahme II Das Korrespondenzprinzip besagt, dass ein Quantensystem im
Limes großer Quantenzahlen gegen das gleiche System konvergiert wie das zugehörige klassische System.

Bohr formulierte dieses Prinzip in den frühen Tagen der Quantentheorie. Um dieses Prinzip auf Wasserstoff anzuwenden, berechnen wir zunächst die Energielücke
zwischen benachbarten Elektronenbahnen der Radien r und r'. Für große Radien
ist die Differenz $\Delta r = r' - r$ klein gegen r.

(a) Zeigen Sie, dass für den Drehimpuls $\omega = \Delta E/\hbar$ der Strahlung, die bei einem Quantensprung des Elektrons zwischen diesen Niveaus emittiert wird,
näherungsweise gilt

$$\omega \simeq \frac{e^2/4\pi\epsilon_0}{2\hbar} \frac{\Delta r}{r^2}$$

(b) Ein Elektron, das sich auf einer kreisförmigen Bahn vom Radius r bewegt,
wirkt wie ein elektrischer Dipol, der Energie einer Kreisfrequenz ω abstrahlt,

die durch (1.4) gegeben ist. Verifizieren Sie, dass diese Gleichung aus (1.3) folgt.

(c) Im Limes großer Quantenzahlen liefern der quantenmechanische und der klassische Ausdruck die gleiche Frequenz ω. Zeigen Sie, dass das Gleichsetzen der jeweiligen Ausdrücke aus den vorherigen Aufgabenteilen $\Delta r = 2(a_0 r)^{1/2}$ liefert.

(d) Die Differenzen der Radien benachbarter Bahnen können durch eine Differenzengleichung[43] ausgedrückt werden. In diesem Fall ist $\Delta n = 1$ und

$$\frac{\Delta r}{\Delta n} \propto r^{1/2}$$

Diese Gleichung kann gelöst werden, indem man annimmt, dass der Radius wie eine Potenz x der Quantenzahl n variiert, sodass also beispielsweise für zwei aufeinanderfolgende Bahnen n und $n+1$ die Beziehungen $r = an^x$ und $r' = a(n+1)^x$ gelten. Zeigen Sie, dass dann für die Differenz der Radien $\Delta r = axn^{x-1} \propto n^{x/2}$ gilt. Bestimmen Sie die Potenz x und die Konstante α.
Anmerkung. Die Beziehung (1.8) haben wir aus dem Korrespondenzprinzip erhalten, ohne den Drehimpuls zu betrachten. Die erlaubten Energieniveaus sind aus dieser Gleichung leicht abzuleiten, wie wir es in Abschnitt 1.3 getan haben. Das Bemerkenswerte an diesem Ergebnis ist, dass es für kleine Quantenzahlen bis hinab zu $n = 1$ gilt, obwohl die Herleitung für große Werte der Hauptquantenzahl erfolgte.

1.13 *Rydberg-Atome*

(a) Zeigen Sie, dass die Energie der Übergänge zwischen zwei Schalen mit den Hauptquantenzahlen n und $n' = n + 1$ für große n proportional zu $1/n^3$ ist.

(b) Berechnen Sie die Frequenz des Übergangs zwischen den Schalen $n' = 51$ und $n = 50$ eines neutralen Atoms.

(c) Wie ist die Größe eines Atoms in diesen *Rydberg-Zuständen*? Drücken Sie Ihre Antwort in atomaren Einheiten und in Metern aus.

Lösungen finden Sie unter http://www.oldenbourg-verlag.de/foot/.

---

[43] Differenzengleichungen sind das diskrete Analogon zu Differenzialgleichungen. Der Unterschied besteht darin, dass die Differenzen nicht infinitesimal klein gemacht werden.

2 Das Wasserstoffatom

Das einfache Wasserstoffatom hatte großen Einfluss auf die Entwicklung der Quantentheorie, besonders in der ersten Hälfte des 20. Jahrhunderts, als die Grundlagen für die Quantenmechanik geschaffen wurden. Mit der Verbesserung der Messmethoden konnten auch immer feinere Details im Spektrum des Wasserstoffatoms aufgelöst werden, bis man schließlich Aufspaltungen der Linien sah, die selbst im Rahmen der relativistischen Formulierung der Quantenmechanik nicht erklärt werden konnten. Was benötigt wurde, war eine verbesserte Theorie der Quantenelektrodynamik. Im ersten Kapitel haben wir das Bohr-Sommerfeld-Modell für Wasserstoff betrachtet, in dem die klassischen Elektronenbahnen zugrunde gelegt und bestimmten Quantisierungsregeln unterworfen werden. Diese Theorie erklärt viele Eigenschaften des Wasserstoffatoms, doch es versagt, wenn es um eine realistische Beschreibung von Systemen mit mehr als einem Elektron – beispielsweise des Heliumatoms – geht. Das einfache Bild der Elektronen, die den Kern umlaufen wie Planeten die Sonne, kann zwar einige Phänomene erklären, doch mit dem Konzept der Schrödinger-Gleichung und der Wellenfunktionen wurde es überflüssig. Dieses Kapitel befasst sich mit der Lösung der Schrödinger-Gleichung für das Wasserstoffatom. Dabei erhalten wir die gleichen Energieniveaus wie aus dem bohrschen Modell, doch die Wellenfunktionen liefern noch weitere Informationen. So erlauben sie zum Beispiel die Berechnung der Übergangsraten zwischen den Niveaus (siehe Kapitel 7). Außerdem werden wir in diesem Kapitel sehen, wie aus den Störungen aufgrund relativistischer Effekte die Feinstruktur resultiert.

2.1 Die Schrödinger-Gleichung

Die Lösung der Schrödinger-Gleichung für ein Coulomb-Potential wird in jedem Buch über Quantenmechanik behandelt, weshalb hier nur eine kurze Skizze des Lösungsweges gegeben werden soll.[1] Die Schrödinger-Gleichung für ein Elektron der Masse m_e in einem kugelsymmetrischen Potential lautet

$$\left\{ \frac{-\hbar^2}{2m_e} \nabla^2 + V(r) \right\} \psi = E\psi \tag{2.1}$$

Dies ist die quantenmechanische Entsprechung der klassischen Gleichung für die Erhaltung der Gesamtenergie, ausgedrückt als Summe von kinetischer und potentieller

---

[1] Die Betonung liegt hier auf den Eigenschaften der Wellenfunktionen und nicht auf den Methoden, mit denen man die entsprechenden Differentialgleichungen lösen kann.

Energie.[2] In Kugelkoordinaten ist

$$\nabla^2 = \frac{1}{r^2} \frac{\partial}{\partial r} \left(r^2 \frac{\partial}{\partial r} \right) - \frac{1}{r^2} l^2 \tag{2.2}$$

wobei der Operator l^2 die von θ und ϕ abhängigen Terme enthält, nämlich

$$l^2 = - \left\{ \frac{1}{\sin\theta} \frac{\partial}{\partial \theta} \left(\sin\theta \frac{\partial}{\partial \theta} \right) + \frac{1}{\sin^2\theta} \frac{\partial^2}{\partial \phi^2} \right\} \tag{2.3}$$

und $\hbar^2 l^2$ ist der Operator für den quadrierten Bahndrehimpuls. Nach dem üblichen Vorgehen beim Lösen von partiellen Differentialgleichungen suchen wir nach einer Lösung in Form eines Produkts von Funktionen $\psi = R(r)\, Y(\theta, \phi)$. Für diesen Ansatz zerfällt die Gleichung in einen radialen und einen angularen Teil:

$$\frac{1}{R} \frac{\partial}{\partial r} \left(r^2 \frac{\partial R}{\partial r} \right) - \frac{2 m_e r^2}{\hbar^2} \{ V(r) - E \} = \frac{1}{Y} l^2 Y \tag{2.4}$$

In dieser Gleichung hängt jede Seite von anderen Variablen ab, sodass sie nur erfüllt werden kann, wenn beide Seiten gleich einer Konstante sind, die wir mit b bezeichnen. Es gilt also

$$l^2 Y = b\, Y \tag{2.5}$$

Dies ist eine Eigenwertgleichung, und wir werden die Quantentheorie für den Bahndrehimpulsoperator verwenden, um die möglichen Werte von b und die zugehörigen Eigenfunktionen $Y(\theta, \phi)$ zu bestimmen.

2.1.1   Lösung der angularen Gleichung

Wir fahren fort mit der Separation der Variablen und setzen $Y = \Theta(\theta)\Phi(\phi)$ in Gleichung ein. Damit erhalten wir

$$\frac{\sin\theta}{\Theta} \frac{\partial}{\partial \theta} \left(\sin\theta \frac{\partial \Theta}{\partial \theta} \right) - b \sin^2\theta = -\frac{1}{\Phi} \frac{\partial^2 \Phi}{\partial \phi^2} = \text{const.} \tag{2.6}$$

Die Gleichung für $\Phi(\phi)$ ist die gleiche wie bei einer einfachen harmonischen Bewegung. Es gilt also[3]

$$\Phi = A e^{im\phi} + B e^{-im\phi} \tag{2.7}$$

Die Konstante auf der rechten Seite von Gleichung (2.6) hat den Wert m^2. Physikalisch realistische Wellenfunktionen haben in jedem Punkt einen eindeutigen Wert. Dies erlegt die Bedingung $\Phi(\phi + 2\pi) = \Phi(\phi)$ auf, weshalb m eine ganze Zahl sein muss. Die

---

[2] Der Operator für den linearen Impuls ist $\mathbf{p} = -i\hbar\nabla$ und der Operator für den Drehimpuls ist $\hbar l = \mathbf{r} \times \mathbf{p}$. Diese Notation unterscheidet sich in zweierlei Hinsicht von der, die üblicherweise in Büchern zur Quantenmechanik benutzt wird. Zum einen ist $\hbar$ aus dem Drehimpulsoperator herausgezogen und zum anderen schreiben wir die Operatoren ohne „Dach".

[3] A und B sind beliebige Konstanten. Alternativ können wir die Lösungen durch relle Funktionen ausdrücken, beispielsweise $A' \sin(m\phi) + B' \cos(m\phi)$.

Funktion $\Phi(\phi)$ ist die Summe der Eigenfunktionen des Operators für die z-Komponente des Bandrehimpulses

$$\hbar l_z = -i\hbar \frac{\partial}{\partial \phi} \tag{2.8}$$

Die Funktion $e^{im\phi}$ hat die magnetische Quantenzahl m und ihre komplexe Konjugierte $e^{-im\phi}$ hat die magnetische Quantenzahl $-m$.[4]

Eine bequeme Möglichkeit zur Bestimmung der Funktion $Y(\theta, \phi)$ und des dazugehörigen Eigenwertes b gemäß Gleichung[5] führt über die Verwendung der **Leiteroperatoren** $l_+ = l_x + il_y$ und $l_- = l_x - il_y$. Diese Operatoren kommutieren mit $\mathbf{l}^2$, dem quadrierten Operator für den Gesamtbahndrehimpuls (weil l_x und l_y mit $\mathbf{l}^2$ kommutieren). Daher sind die drei Funktionen Y, $l_+ Y$ und $l_- Y$ alle Eigenfunktionen von $\mathbf{l}^2$ mit dem gleichen Eigenwert b (falls sie von null verschieden sind, was weiter unten noch diskutiert wird). Die Leiteroperatoren können wie folgt in Polarkoordinaten geschrieben werden:

$$
\begin{aligned}
l_+ &= e^{i\phi}\left(\frac{\partial}{\partial \theta} + i \cot\theta\,\frac{\partial}{\partial \phi}\right) \\
l_- &= e^{-i\phi}\left(-\frac{\partial}{\partial \theta} + i \cot\theta\,\frac{\partial}{\partial \phi}\right)
\end{aligned}
\tag{2.9}
$$

Der Operator l_+ überführt eine Funktion mit der magnetischen Quantenzahl m in eine andere Drehimpulseigenfunktion, die den Eigenwert $m + 1$ hat. Aus diesem Grund wird l_+ **Aufsteigeoperator** genannt.[6] Der **Absteigeoperator** ändert die magnetische Quantenzahl in die andere Richtung, $m \to m - 1$. Es ist nicht schwierig, diese Aussagen und andere Eigenschaften dieser Operatoren zu beweisen.[7] Der Zweck dieses Abschnitts ist es jedoch nicht, die allgemeine Theorie für den Drehimpuls darzulegen, sondern den grundsätzlichen Weg zu skizzieren, wie man die Eigenfunktionen (des angularen Teils) der Schrödinger-Gleichung findet.

Das wiederholte Anwenden des Aufsteigeoperators erhöht m nicht unbeschränkt. Für jeden Eigenwert b gibt es einen maximalen Wert der magnetischen Quantenzahl[8], den wir mit l bezeichnen, also $m_{\max} = l$. Der auf eine Eigenfunktion mit $m_{\max}$ wirkende Aufsteigeoperator liefert null, da es per Definition keine Eigenfunktionen mit $m > m_{\max}$ gibt. Durch Lösen der Gleichung $l_+ Y = 0$ (Aufgabe 2.11) schlussfolgern wir daher, dass

---

4 Für den Operator gilt $-\partial^2/\partial\phi^2 \equiv l_z^2$ und folglich ist $\Phi(\phi)$ eine Eigenfunktion von l_z^2 mit dem Eigenwert m^2.

5 Die Lösung der Gleichungen, die den angularen Teil von ∇^2 enthalten, kommt in vielen Situationen mit sphärischer Symmetrie vor (beispielsweise in der Elektrostatik). Die gleichen mathematischen Werkzeuge könnten hier verwendet werden, um die Eigenschaften der Kugelfunktionen zu bestimmen. Im Zusammenhang mit Atomen ermöglichen jedoch Drehimpulsmethoden ein besseres physikalisches Verständnis.

6 Der Aufsteigeoperator enthält den Faktor $e^{i\phi}$. Angewendet auf eine Eigenfunktion der Form $Y \propto \Theta(\theta)\, e^{im\phi}$ wird daher die resultierende Funktion $l_+ Y$ den Faktor $e^{i(m+1)\phi}$ enthalten. Der von θ abhängige Teil dieser Funktion folgt weiter unten.

7 Dies folgt aus den Vertauschungsregeln für Drehimpulsoperatoren (siehe Aufgabe 2.1).

8 Diese Aussage kann unter Verwendung von Drehimpulsoperatoren streng bewiesen werden, was in Büchern zur Quantenmechanik gezeigt wird.

die Eigenfunktionen mit $m_{\max} = l$ die Form

$$Y \propto \sin^l \theta \, e^{il\phi} \tag{2.10}$$

haben. Setzen wir dies wieder in Gleichung (2.5) ein, dann sehen wir, dass diese Funktionen Eigenfunktionen von $\mathbf{l}^2$ mit den Eigenwerten $b = l(l+1)$ sind, und l ist die Quantenzahl für den Bahndrehimpuls. Die Funktionen $Y_{l,m}(\theta, \phi)$ sind in der üblichen Weise durch ihre Eigenwerte indiziert.[9] Für $l = 0$ existiert nur $m = 0$, und $Y_{0,0}$ ist eine Konstante, also vom Winkel unabhängig. Für $l = 1$ können wir, mit $l = 1 = m$ startend (in (2.10)), durch Anwendung des Absteigeoperators die anderen Eigenfunktionen bestimmen:

$$Y_{1,1} \propto \sin \theta \, e^{i\phi}$$
$$Y_{1,0} \propto l_- Y_{1,1} \propto \cos \theta$$
$$Y_{1,-1} \propto l_- Y_{1,0} \propto \sin \theta \, e^{-i\phi}$$

Dies liefert alle drei Eigenfunktionen für $l = 1$.[10] Für $l = 2$ ergibt diese Prozedur

$$Y_{2,2} \propto \sin^2 \theta \, e^{i2\phi}$$
$$\vdots$$
$$Y_{2,-2} \propto \sin^2 \theta \, e^{-i2\phi}$$

Dies sind die fünf Eigenfunktionen mit $m = 2, 1, 0 - 1, -2$.[11] Normierte angulare Funktionen sind in Tabelle 2.1 gegeben. Jeder Drehimpulseigenzustand kann aus (2.10) durch wiederholte Anwendung des Absteigeoperators ermittelt werden:[12]

$$Y_{l,m} \propto (l_-)^{l-m} \sin^l \theta \, e^{il\phi} \tag{2.11}$$

Um die Eigenschaften von Atomen zu verstehen, ist es wichtig zu wissen, wie ihre Wellenfunktionen aussehen. Die angulare Verteilung muss mit der radialen Verteilung multipliziert werden, die im nächsten Abschnitt berechnet wird. Für das Quadrat der Wellenfunktion ergibt sich

$$|\psi(r, \theta, \phi)|^2 = R_{n,l}^2(r) |Y_{l,m}(\theta, \phi)|^2 \tag{2.12}$$

---

[9] Der misstrauische Leser kann leicht überprüfen, dass $l_+ Y_{l,l} = 0$ gilt. Offensichtlich ist für diese Funktion $l_z Y_{l,l} = l Y_{l,l}$.

[10] Es gilt $l_- Y_{1,-1} = 0$ und $m = -1$ ist der niedrigste Eigenwert von l_z. Wir haben hier das Proportionalitätszeichen verwendet, um Verwirrungen aufgrund der Normierung zu vermeiden. Dies bringt eine Mehrdeutigkeit bezüglich der relativen Phasen der Eigenfunktionen mit sich, die wir aber hier entsprechend der üblichen Konvention wählen werden.

[11] Die Relation $Y_{l,-m} = Y_{l,m}^*$ zeigt, dass $m_{\min} = -l$, falls $m_{\max} = l$. Für jedes l gibt es zwischen diesen beiden Extremen $2l + 1$ mögliche Werte der magnetischen Quantenzahl m. Beachten Sie, dass die *Bahndrehimpulsquantenzahl* l nicht das gleiche ist wie die Länge des Drehimpulsvektors (in Einheiten von $\hbar$). Aus der Quantenmechanik wissen wir nur, dass der Erwartungswert des Quadrats des Bahndrehimpulses $l(l+1)$ ist (in Einheiten von $\hbar^2$). Die Länge selbst hat in der Quantenmechanik keinen wohldefinierten Wert, sodass es keinen Sinn macht, sich darauf zu beziehen. Wenn man sagt, dass ein Atom einen Bahndrehimpuls eins, zwei usw. hat, dann ist damit genau genommen die Quantenzahl des Bahndrehimpulses gemeint.

[12] Diese Eigenfunktion hat die magnetische Quantenzahl $l - (l - m) = m$.

Tabelle 2.1: *Eigenfunktionen für den Bahndrehimpuls.*

$$Y_{0,0} = \sqrt{\frac{1}{4\pi}}$$

$$Y_{1,0} = \sqrt{\frac{3}{4\pi}} \cos\theta$$

$$Y_{1,\pm 1} = \mp\sqrt{\frac{3}{8\pi}} \sin\theta \, e^{\pm i\phi}$$

$$Y_{2,0} = \sqrt{\frac{5}{16\pi}} \left(3\cos^2\theta - 1\right)$$

$$Y_{2,\pm 1} = \mp\sqrt{\frac{15}{8\pi}} \sin\theta \cos\theta \, e^{\pm i\phi}$$

$$Y_{2,\pm 2} = \sqrt{\frac{15}{32}} \sin^2\theta \, e^{\pm 2i\phi}$$

Normierung: $\displaystyle \int_0^{2\pi} \int_0^{\pi} |Y_{l,m}|^2 \sin\theta \, d\theta \, d\phi = 1$

Dies ist die Wahrscheinlichkeitsverteilung für das Elektron, oder analog formuliert: $-e|\psi|^2$ kann als die elektronische Ladungsverteilung interpretiert werden. Viele Eigenschaften des Atoms hängen hauptsächlich von der angularen Verteilung ab. Abbildung 2.1 zeigt einige Graphen $|Y_{l,m}|^2$. Die Funktion $|Y_{0,0}|^2$ ist kugelsymmetrisch. Die Funktion $|Y_{1,0}|^2$ hat zwei Flügel, die sich in Richtung der z-Achse erstrecken. Die Betragsquadrate der beiden anderen Funktionen mit $l = 1$ sind proportional zu $\sin^2\theta$. Wie in Abbildung 2.1c dargestellt, gibt es eine Entsprechung zwischen diesen Verteilungen und den kreisförmigen Bewegungen des Elektrons um die z-Achse, die wir als die Normalmoden in der klassischen Theorie des Zeeman-Effektes gefunden haben (Kapitel 1).[13] Dies wird deutlich, wenn wir kartesische Koordinaten verwenden:

$$Y_{1,0} \propto \frac{z}{r}$$
$$Y_{1,1} \propto \frac{x + iy}{r} \tag{2.13}$$
$$Y_{1,-1} \propto \frac{x - iy}{r}$$

Jede Linearkombination dieser Funktionen ist ebenfalls eine Eigenfunktion von $\mathbf{l}^2$, zum

---

[13] Stationäre Zustände in der Quantenmechanik entsprechen der zeitlich gemittelten klassischen Bewegung. In diesem Fall liefern bei Umlaufrichtungen der Kreisbewegung um die z-Achse die gleiche Verteilung.

Beispiel

$$Y_{1,-1} + Y_{1,1} \propto \frac{x}{r} = \sin\theta\,\cos\phi \tag{2.14}$$

$$Y_{1,-1} - Y_{1,1} \propto \frac{y}{r} = \sin\theta\,\sin\phi \tag{2.15}$$

Diese beiden reellen Funktionen haben die gleiche Gestalt wie $Y_{1,0} \propto z/r$, allerdings sind sie nach der x- bzw. der y-Achse ausgerichtet.[14] In der Chemie werden diese Verteilungen für $l = 1$ als p-Orbitale bezeichnet. Mithilfe von Computerprogrammen können die Graphen solcher Funktionen für jeden gewünschten Winkel ausgegeben werden (siehe Blundell 2001, Abbildung 3.1), was nützlich ist für die Visualisierung der Funktionen mit $l > 1$. (Für $l = 0$ und $l = 1$ genügt ein Schnitt der Funktionen in einer Ebene, die die Symmetrieachsen enthält.)

2.1.2 Lösung der radialen Gleichung

Eine Gleichung für $R(r)$ erhält man, indem man (2.4) gleich $b = l(l+1)$ setzt und das Coulomb-Potential $V(r) = -e^2/4\pi\epsilon_0 r$ einsetzt. Durch die Substitution $P(r) = r\,R(r)$ kann diese Gleichung in eine bequeme Form überführt werden:

$$-\frac{\hbar^2}{2m_e}\frac{d^2 P}{dr^2} + \left\{\frac{\hbar^2}{2m_e}\frac{l(l+1)}{r^2} - \frac{e^2/4\pi\epsilon_0}{r} - E\right\} P = 0 \tag{2.16}$$

Der zu $l(l+1)/r^2$ proportionale Term ist die mit den Winkelfreiheitsgraden verbundene kinetische Energie. Sie erscheint in dieser radialen Gleichung als ein effektives Potential, das die Wellenfunktionen mit $l \neq 0$ vom Ursprung fern zu halten sucht. Wir teilen diese Gleichung durch $E = -|E|$ (der Wert ist negativ, da es sich um einen gebundenen Zustand handelt) und substituieren

$$\rho^2 = \frac{2m_e\,|E|\,r^2}{\hbar^2} \tag{2.17}$$

Damit reduziert sich die Gleichung auf die dimensionslose Form

$$\frac{d^2 P}{d\rho^2} + \left\{-\frac{l(l+1)}{\rho^2} + \frac{\lambda}{\rho} - 1\right\} P = 0 \tag{2.18}$$

Die Konstante, die die Stärke der Coulomb-Wechselwirkung charakterisiert, ist

$$\lambda = \frac{e^2}{4\pi\epsilon_0}\sqrt{\frac{2m_e}{\hbar^2|E|}} \tag{2.19}$$

Die Standardmethode zur Lösung solcher Differenzialgleichungen ist ein Reihenansatz. Die Lösungen in Form einer Reihe haben eine endliche Zahl von Termen und divergieren

---

[14] Ohne externes Feld, welches die Kugelsymmetrie brechen würde, sind alle Achsen äquivalent, d. h., das Atom hat keine bevorzugte Richtung. In einem externen Feld sind die Zustände mit verschiedenen Werten von m (aber mit dem gleichen l) nicht entartet, weshalb Linearkombinationen von ihnen keine Eigenzustände des Systems sind.

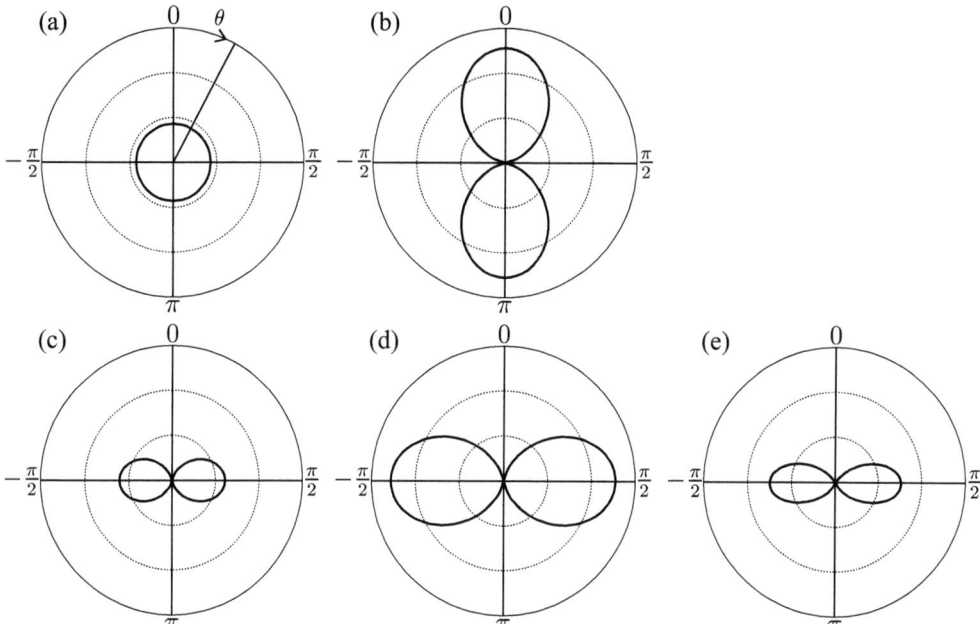

Abbildung 2.1: *Graphen für die Betragsquadrate der angularen Wellenfunktionen für das Wasserstoffatom mit $l = 0$ und 1 (in Polarkoordinaten). Für jeden Wert des Polarwinkels θ wird ein Punkt im Abstand $|Y(\theta,\phi)|^2$ vom Ursprung gezeichnet. Außer dem in Teil (d) gezeigten sind alle Graphen rotationssymmetrisch um die z-Achse und sehen für jeden Wert von ϕ gleich aus. Die Graphen im Einzelnen: (a) $|Y_{0,0}|^2$ ist kugelsymmetrisch. (b) $|Y_{1,0}|^2 \propto \cos^2\theta$ hat zwei Flügel in Richtung der z-Achse. (c) $|Y_{1,1}|^2 \propto \sin^2\theta$ hat eine „nahezu" toroidale Gestalt – diese Funktion ist null für $\theta = 0$. ($|Y_{1,-1}|^2$ sieht identisch aus.) (d) $|Y_{1,1} - Y_{1,-1}|^2 \propto |x/r|^2$ ist rotationssymmetrisch um die x-Achse und diese Polardarstellung ist für $\phi = 0$ gezeichnet; sie sieht aus wie (b), jedoch um den Winkel $\pi/2$ gedreht. (e) $|Y_{2,2}|^2 \propto \sin^4\theta$.*

nicht für $\lambda = 2n$, wobei n eine ganze Zahl ist.[15] Wegen (2.19) haben diese Wellenfunktionen daher die Eigenenergien[16]

$$E = -\frac{2m_e(e^2/4\pi\epsilon_0)^2}{\hbar^2}\frac{1}{\lambda^2} = -hcR_\infty\frac{1}{n^2} \qquad (2.20)$$

Dies zeigt, dass die Schrödinger-Gleichung für die durch die bohrsche Formel gegebenen Energien stationäre Lösungen hat. Die Energie hängt nicht von l ab; diese *zufällige Entartung* von Wellenfuntionen mit unterschiedlichen l ist eine spezielle Eigenschaft des Coulomb-Potentials. Im Unterschied dazu tritt die Entartung bezüglich der magnetischen Quantenzahl m_l aufgrund der Symmetrie des Systems auf, d. h., in Abwesenheit externer Felder sind die Eigenschaften eines Atoms unabhängig von seiner räumlichen

---

[15] Die Lösung hat die allgemeine Form $P(\rho) = Ce^{-\rho}v(\rho)$, wobei $v(\rho)$ eine andere Funktion der radialen Koordinate ist, für die es eine polynomiale Lösung gibt (siehe Woodgate 1980 sowie Rae 1992).
[16] Hierbei wird (1.41) verwendet.

Orientierung.[17] Die Lösung der Schrödinger-Gleichung liefert viel mehr Informationen als nur die Energien. Aus den Wellenfunktionen können wir weitere Eigenschaften des Atoms berechnen, was mit der Bohr-Sommerfeld-Theorie nicht möglich gewesen wäre.

Wir haben uns die anstrengenden Details der Lösung über den Reihenansatz erspart, doch wir sollten uns zumindest ein paar Beispiele radialer Wellenfunktionen ansehen (siehe Tabelle 2.1). Während die Energie nur von n abhängt, hängt die Gestalt der Wellenfunktionen sowohl von n als auch von l ab. Diese beiden Quantenzahlen werden als Indizes für die radialen Funktionen $R_{n,l}(r)$ benutzt. Für $n = 1$ gibt es nur die ($l=0$)-Lösung, nämlich $R_{1,0} \propto e^{-\rho}$. Für $n = 2$ nimmt die Quantenzahl l für den Bahndrehimpuls die Werte 0 oder 1 an. Daher gilt

$$R_{2,0} \propto (1 - \rho)\, e^{-p}$$

$$R_{2,1} \propto \rho\, e^{-\rho}$$

Diese Funktionen zeigen eine allgemeine Eigenschaft der Wasserstoff-Wellenfunktionen,

Tabelle 2.2: *Radiale Wellenfunktionen $R_{n,l}$ für Wasserstoff ausgedrückt durch die Variable $\rho = Zr/(na_0)$, was eine Skalierung liefert, die mit m variiert. Der bohrsche Radius a_0 ist in (1.40) definiert.*

$$R_{1,0} = \left(\frac{Z}{a_0}\right)^{3/2} 2\, e^{-\rho}$$

$$R_{2,0} = \left(\frac{Z}{2a_0}\right)^{3/2} 2\,(1 - \rho)\, e^{-\rho}$$

$$R_{2,1} = \left(\frac{Z}{2a_0}\right)^{3/2} \frac{2}{\sqrt{3}}\, \rho\, e^{-\rho}$$

$$R_{3,0} = \left(\frac{Z}{3a_0}\right)^{3/2} 2\left(1 - 2\rho + \frac{2}{3}\rho^2\right) e^{-\rho}$$

$$R_{3,1} = \left(\frac{Z}{3a_0}\right)^{3/2} \frac{4\sqrt{2}}{3}\, \rho\left(1 - \frac{1}{2}\rho\right) e^{-\rho}$$

$$R_{3,2} = \left(\frac{Z}{3a_0}\right)^{3/2} \frac{2\sqrt{2}}{3\sqrt{5}}\, \rho^2\, e^{-\rho}$$

$$\text{Normierung:}\quad \int_0^\infty R_{n,l}^2\, r^2\, \mathrm{d}r = 1$$

nämlich dass die radialen Funktionen für $l = 0$ im Ursprung einen von null verschiedenen Wert haben; die Potenzreihen in ρ starten also mit der nullten Potenz. Daraus folgt, dass Elektronen mit $l = 0$ (s-Elektronen genannt) mit einer von null verschiedenen

---

[17] Dies gilt für jedes kugelsymmetrische Potential $V(r)$.

Wahrscheinlichkeit an der Position des Kerns angetroffen werden, und diese Tatsache hat weitreichende Konsequenzen für die Atomphysik.

Wenn wir den Ausdruck für $|E|$ aus (2.20) in Gleichung (2.17) einsetzen, erhalten wir die skalierte Koordinate

$$\rho = \frac{Z}{n} \frac{r}{a_0} \tag{2.21}$$

wobei infolge der Ersetzung $e^2/4\pi\epsilon_0 \to Z\,e^2/4\pi\epsilon_0$ (wie in Kapitel 1) die Ordnungszahl ins Spiel kommt. Es gibt ein paar wichtige Eigenschaften der radialen Wellenfunktionen, die eine bestimmte allgemeine Form der Lösung erfordern, und für den zukünftigen Gebrauch wollen wir diese Ergebnisse hier zusammenstellen. Die Wahrscheinlichkeitsdichte von Elektronen mit $l = 0$ im Ursprung ist

$$|\psi_{n,l=0}(0)|^2 = \frac{1}{\pi} \left(\frac{Z}{na_0} \right)^3 \tag{2.22}$$

Für Elektronen mit $l \neq 0$ ist der Erwartungswert von $1/r^3$

$$\left\langle \frac{1}{r^3} \right\rangle = \int_0^\infty \frac{1}{r^3} R_{n,l}^2(r)\, r^2\, \mathrm{d}r = \frac{1}{l \left(l + \frac{1}{2} \right)(l+1)} \left(\frac{Z}{na_0} \right)^2 \tag{2.23}$$

Diese Ergebnisse sind in einer Form notiert, die leicht zu merken ist. Beide Größen müssen von $1/a_0^3$ abhängen, damit sie die richtigen Dimensionen haben, und die Abhängigkeit von Z folgt aus der Skalierung der Schrödinger-Gleichung. Ebenfalls aus (2.21) zu folgen scheint die Abhängigkeit von der Hauptquantenzahl n, doch das ist nur Zufall – ein Gegenbeispiel ist[18]

$$\left\langle \frac{1}{r} \right\rangle = \frac{1}{n^2} \left(\frac{Z}{a_0} \right) \tag{2.24}$$

2.2 Übergänge

Die Wellenfunktionslösungen der Schrödinger-Gleichung für bestimmte Energien sind stehende Wellen. Sie ergeben eine zeitlich konstante Verteilung der Elektronenladung $-e|\psi(r)|^2$. Wir befassen uns nun mit den Übergängen zwischen diesen stationären Zuständen infolge der Wechselwirkung des Atoms mit elektromagnetischer Strahlung bzw. einem damit verbundenen oszillierenden elektrischen Feld[19]

$$\mathbf{E}(t) = |\mathbf{E}_0|\, \mathrm{Re}\left(\mathrm{e}^{-i\omega t}\, \widehat{\mathbf{e}}_{\mathrm{rad}} \right) \tag{2.25}$$

---

[18] Diese Größe hängt mit dem quantenmechanischen Erwartungswert der potentiellen Energie $\langle \text{p.E.} \rangle$ zusammen; wie im bohrschen Modell ist die Gesamtenergie $E = \langle \text{p.E.} \rangle / 2$.

[19] Die Wechselwirkung der Atome mit dem oszillierenden Magnetfeld in einer solchen Welle ist erheblich schwächer; siehe Anhang C.

mit der konstanten Amplitude $|\mathbf{E}_0|$ und dem Polarisierungsvektor $\widehat{\mathbf{e}}_{\text{rad}}$.[20] Wenn ω dicht bei der atomaren Resonanzfrequenz liegt, dann versetzt das elektrische Störfeld das Atom in eine Superposition aus verschiedenen Zuständen und induziert ein oszillierendes elektrisches Dipolmoment, das auf das Atom wirkt (siehe Aufgabe 2.10). Die Berechnung der stimulierten Übergangsrate macht eine zeitabhängige Störungsrechnung notwendig, wie sie in Kapitel 7 beschrieben wird. Eine *ab initio* Rechnung ist allerdings recht lang, und wir wollen daher einige Ergebnisse vorwegnehmen um zu sehen, wie die Spektren mit der Struktur der atomaren Energieniveaus zusammenhängen. Hierzu ist keine exakte Berechnung der Energieniveaus notwendig, sondern wir müssen lediglich herausfinden, ob die Übergangsrate einen von null verschiedenen Wert hat oder (in erster Näherung) null ist. Oder anders formuliert, wir müssen herausfinden, ob der Übergang erlaubt ist und eine scharfe Spektrallinie liefert oder ob er verboten ist.

Das Ergebnis der zeitabhängigen Störungsrechnung ist in „Fermis goldene Regel" gefasst.[21] Danach ist die Übergangsrate proportional zum Quadrat des Matrixelementes der Störung. Der Hamilton-Operator, der die zeitabhängige Wechselwirkung mit dem Feld in (2.25) beschreibt, ist $H' = e\mathbf{r} \cdot \mathbf{E}(t)$, wobei $-e\mathbf{r}$ der elektrische Dipoloperator ist.[22] Diese Wechselwirkung mit der Strahlung regt Übergänge vom Zustand 1 in den Zustand 2 an. Die Übergangsrate ist dabei proportional zu[23]

$$|e\mathbf{E}_0|^2 \left| \int \psi_2^*(\mathbf{r} \cdot \widehat{\mathbf{e}}_{\text{rad}})\,\psi_1 \, \mathrm{d}^3\mathbf{r} \right|^2 \equiv |e\mathbf{E}_0|^2 \times |\langle 2|\mathbf{r} \cdot \widehat{\mathbf{e}}_{\text{rad}}|1\rangle|^2 \qquad (2.26)$$

Die knappe Formulierung mithilfe der Dirac-Notation wird sich für den späteren Gebrauch als günstig erweisen. Bei dieser Behandlung wird angenommen, dass die Amplitude des elektrischen Feldes über das Atom homogen verteilt ist, d. h. $\mathbf{E}_0$ hängt nicht von $\mathbf{r}$ ab.[24] Wir schreiben das Dipolmatrixelement als Produkt:

$$\langle 2|\mathbf{r} \cdot \widehat{\mathbf{e}}_{\text{rad}}|1\rangle = D_{12}\,\mathcal{I}_{\text{ang}} \qquad (2.27)$$

Das radiale Integral ist[25]

$$D_{12} = \int_0^\infty R_{n_2,l_2}(r)\, r\, R_{n_1,l_1}(r)\, r^2 \, \mathrm{d}r \qquad (2.28)$$

---

[20] Der Einheitsvektor $\widehat{\mathbf{e}}_{\text{rad}}$ bestimmt die Richtung des oszillierenden elektrischen Feldes. Beispielsweise gilt für den einfachen Fall einer linearen Polarisierung entlang der x-Achse $\widehat{\mathbf{e}}_{\text{rad}} = \widehat{\mathbf{e}}_x$ und der Realteil von $\mathrm{e}^{-\mathrm{i}\omega t}$ ist $\cos(\omega t)$; somit gilt $\mathbf{E}(t) = |\mathbf{E}_0|\cos(\omega t)\,\widehat{\mathbf{e}}_x$.

[21] Näheres hierzu finden Sie in Büchern zur Quantenmechanik wie Mandl (1992).

[22] Dies ist analog zur Wechselwirkung eines klassischen Dipols mit einem elektrischen Feld. Atome haben kein permanentes Dipolmoment, doch durch das oszillierende elektrische Feld wird ein solches induziert. Eine strenge Herleitung finden Sie in Woodgate (1980) oder Loudon (2000).

[23] Die maximale Übergangsrate tritt auf, wenn die Strahlungsfrequenz ω mit der Übergangsfrequenz ω_{12} zusammenfällt (siehe Kapitel 7). Im Zusammenhang mit der goldenen Regel werden wir jedoch nicht von der „Dichte der Zustände" sprechen, da dies für monochromatische Strahlung nicht zielführend ist.

[24] In (2.25) ist die Phase der Welle tatsächlich $(\omega t - \mathbf{k} \cdot \mathbf{r})$. Dabei ist $\mathbf{r}$ die Koordinate relativ zum Massezentrum des Atoms (welches in den Ursprung gelegt ist) und $\mathbf{k}$ der Wellenvektor. Wir nehmen an, dass die Phase $\mathbf{k} \cdot \mathbf{r}$ innerhalb des Atoms nur schwach variiert ($ka_0 \ll 2\pi$). Dies ist äquivalent zu $\lambda \gg a_0$, d. h., die Wellenlänge der Strahlung ist sehr groß im Verhältnis zur Ausdehnung des Atoms. Das ist die sogenannte Dipolnäherung.

[25] Beachten Sie, dass $D_{12} = D_{21}$ gilt.

Das angulare Integral ist

$$\mathcal{I}_{\text{ang}} = \int_0^{2\pi} \int_0^\pi Y_{l_2,m_2}^*(\theta,\phi)\, \widehat{\mathbf{r}} \cdot \widehat{\mathbf{e}}_{\text{rad}}\, Y_{l_1,m_1}(\theta,\phi)\, \sin\theta \,\mathrm{d}\theta \,\mathrm{d}\phi \tag{2.29}$$

mit $\widehat{\mathbf{r}} = \mathbf{r}/r$. Das radiale Integral ist normalerweise nicht null, kann aber sehr klein sein für Übergänge zwischen Zuständen, deren Wellenfunktionen sich leicht überlappen. Dies ist beispielsweise der Fall, wenn n_1 klein und n_2 groß ist (oder umgekehrt). Im Gegensatz dazu gilt $\mathcal{I}_{\text{ang}} = 0$, außer wenn strikte Kriterien erfüllt sind. Dies sind die sogenannten Auswahlregeln.

2.2.1 Auswahlregeln

Die Auswahlregeln, welche die erlaubten Übergänge bestimmen, ergeben sich aus dem angularen Integral (siehe (2.29)), das die Winkelabhängigkeit der Wechselwirkung $\widehat{\mathbf{r}} \cdot \widehat{\mathbf{e}}_{\text{rad}}$ für eine gegebene Polarisierung der Strahlung enthält. Die Mathematik verlangt die Berechnung von $\mathcal{I}_{\text{ang}}$ für ein Atom mit wohldefinierter Quantisierungsachse (wir wählen die z-Achse) und Strahlung mit wohldefinierter Polarisierung und Propagationsrichtung. Dies entspricht der physikalischen Situation eines Atoms, das aufgrund eines äußeren Magnetfeldes eine Zeeman-Aufspaltung erfährt, wie sie in Abschnitt 1.8 beschrieben ist. Die dort dargelegte Behandlung des Elektrons als klassischer Oszillator hat gezeigt, dass die Komponenten der einzelnen Frequenzen des Zeeman-Musters unterschiedliche Polarisierungen haben. Wir verwenden hier die gleiche Nomenklatur der π- und σ-Übergänge. Transversale Beobachtungen beziehen sich auf senkrecht zum Magnetfeld emittierte Strahlung, und longitudinale Beobachtungen sind Beobachtungen in Richtung der z-Achse.[26]

Um $\mathcal{I}_{\text{ang}}$ zu berechnen, notieren wir zunächst den Einheitsvektor $\widehat{\mathbf{r}}$ in Richtung des induzierten Dipols:

$$\begin{aligned} \widehat{\mathbf{r}} &= \frac{1}{r}(x\widehat{\mathbf{e}}_x + y\widehat{\mathbf{e}}_y + z\widehat{\mathbf{e}}_z) \\ &= \sin\theta\cos\phi\,\widehat{\mathbf{e}}_x + \sin\theta\sin\phi\,\widehat{\mathbf{e}}_y + \cos\theta\,\widehat{\mathbf{e}}_z \end{aligned} \tag{2.30}$$

Die Funktionen von θ und ϕ drücken wir durch Kugelfunktionen aus:

$$\begin{aligned} \sin\theta\cos\phi &= \sqrt{\tfrac{2\pi}{3}}\,(Y_{1,-1} - Y_{1,1}) \\ \sin\theta\sin\phi &= \mathrm{i}\sqrt{\tfrac{2\pi}{3}}\,(Y_{1,-1} + Y_{1,1}) \\ \cos\theta &= \sqrt{\tfrac{4\pi}{3}}\,Y_{1,0} \end{aligned} \tag{2.31}$$

und erhalten damit

$$\widehat{\mathbf{r}} \propto Y_{1,-1}\frac{\widehat{\mathbf{e}}_x + \mathrm{i}\widehat{\mathbf{e}}_y}{\sqrt{2}} + Y_{1,0}\,\widehat{\mathbf{e}}_z + Y_{1,1}\frac{-\widehat{\mathbf{e}}_x + \mathrm{i}\widehat{\mathbf{e}}_y}{\sqrt{2}} \tag{2.32}$$

---

[26] Falls die Atome zufällige Orientierungen haben (zum Beispiel weil es kein elektrisches Feld gibt) oder die Strahlung nicht polarisiert ist (oder beides), dann muss am Ende der Rechnung über alle Winkel gemittelt werden.

Den allgemeinen Vektor für die Polarisierung schreiben wir als

$$\widehat{\mathbf{e}}_{\mathrm{rad}} = A_{\sigma-} \frac{\widehat{\mathbf{e}}_x - \mathrm{i}\widehat{\mathbf{e}}_y}{\sqrt{2}} + A_\pi \widehat{\mathbf{e}}_z + A_{\sigma+} \left(-\frac{\widehat{\mathbf{e}}_x + \mathrm{i}\widehat{\mathbf{e}}_y}{\sqrt{2}} \right) \qquad (2.33)$$

Dabei hängt A_π von der Komponente des elektrischen Feldes in Richtung der z-Achse ab, und die in der x-y-Ebene liegende Komponente wird als Superposition zweier zirkularer Polarisierungen mit den Amplituden $A_{\sigma+}$ und $A_{\sigma-}$ geschrieben (anstatt sie durch lineare Polarisierungen in kartesischen Koordinaten auszudrücken).[27] Dies ähnelt dem Vorgehen, wie wir in Abschnitt 1.8 die klassische Bewegung des Elektrons durch drei Eigenvektoren beschrieben hatten: eine Oszillation entlang der z-Achse und kreisförmige Bewegungen (im Uhrzeigersinn und gegenläufig) in der x-y-Ebene.

Aus dem Ausdruck für $\widehat{\mathbf{r}}$ durch Kugelfunktionen $Y_{l,m}(\theta, \phi)$ mit $l = 1$ sehen wir, dass der auf das Atom wirkende induzierte Dipol proportional ist zu[28]

$$\widehat{\mathbf{r}} \cdot \widehat{\mathbf{e}}_{\mathrm{rad}} \propto A_{\sigma-} Y_{1,-1} + A_z Y_{1,0} + A_{\sigma+} Y_{1,+1} \qquad (2.34)$$

Im Folgenden betrachten wir die Übergänge, die aus diesen drei Termen resultieren.[29]

π-Übergänge

Die z-Komponente des elektrischen Feldes induziert ein auf das Atom wirkendes Dipolmoment proportional zu $\widehat{\mathbf{e}}_{\mathrm{rad}} \cdot \widehat{\mathbf{e}}_z = \cos\theta$ und das Integral über die angularen Anteile der Wellenfunktion ist

$$\mathcal{I}_{\mathrm{ang}}^\pi = \int_0^{2\pi} \int_0^\pi Y_{l_2,m_2}^*(\theta, \phi) \cos\theta\, Y_{l_1,m_1}(\theta, \phi) \sin\theta\, \mathrm{d}\theta\, \mathrm{d}\phi \qquad (2.35)$$

Um dieses Integral auszuwerten, nutzen wir die Rotationssymmetrie um die z-Achse aus.[30] Da das System zylindersymmetrisch ist, bleibt der Wert des Integrals bei einer

---

[27] Wir werden sehen, dass sich die Indizes π, σ^+ und σ^- auf den Übergang beziehen, der durch die Strahlung angeregt wird; hierfür ist es nur wichtig zu wissen, wie sich das elektrische Feld an der Position des Atoms verhält. Der mit diesem elektrischen Feld verbundene Polarisierungszustand (etwa, ob es sich um rechts- oder linkshändig polarisierte Strahlung handelt) hängt auch von der Propagationsrichtung (Wellenvektor) ab, doch wir werden versuchen, eine detaillierte Behandlung der Polarisierungskonventionen bei unserer Diskussion der Prinzipien zu vermeiden. Selbstverständlich ist es aber wichtig, beim Aufbau konkreter Experimente die korrekte Polarisierung zu haben.

[28] Für die Eigenvektoren gilt

$$\frac{\widehat{\mathbf{e}}_x + \mathrm{i}\widehat{\mathbf{e}}_y}{\sqrt{2}} \cdot \frac{\widehat{\mathbf{e}}_x - \mathrm{i}\widehat{\mathbf{e}}_y}{\sqrt{2}} = 1$$

und

$$\frac{\widehat{\mathbf{e}}_x \pm \mathrm{i}\widehat{\mathbf{e}}_y}{\sqrt{2}} \cdot \frac{\widehat{\mathbf{e}}_x \pm \mathrm{i}\widehat{\mathbf{e}}_y}{\sqrt{2}} = 0$$

[29] In sphärischer Tensornotation (Woodgate 1980) werden die drei Vektorkomponenten als A_{-1}, A_0 und A_{+1} geschrieben, was für den allgemeinen Gebrauch bequem ist. So, wie wir (2.34) geschrieben haben, wird allerdings stärker betont, dass die Amplituden A die unterschiedlichen Polarisierungen der Strahlung repräsentieren und die Kugelfunktionen aus der Antwort des Atoms resultieren (induziertes Dipolmoment).

[30] Alternative Methoden werden weiter unten sowie in Aufgabe 2.9 vorgestellt.

Drehung um den Winkel ϕ_0 um die z-Achse unverändert:

$$\mathcal{I}_{\text{ang}}^{\pi} = e^{i(m_1 - m_2)\phi_0}\,\mathcal{I}_{\text{ang}}^{\pi} \tag{2.36}$$

Diese Gleichung ist erfüllt, wenn entweder $\mathcal{I}_{\text{ang}}^{\pi} = 0$ gilt oder wenn $m_{l_1} = m_{l_2}$. Für diese Polarisierung ändert sich die magnetische Quantenzahl nicht, $\Delta m_l = 0$.[31]

σ-Übergänge

Die Komponente des oszillierenden elektrischen Feldes in der x-y-Ebene regt σ-Übergänge an. Die Relation (2.34) zeigt, dass die zirkular polarisierte Strahlung mit der Amplitude A_{σ^+} ein oszillierendes Dipolmoment auf das Atom anregt, das proportional zu $Y_{1,1} \propto \sin\theta\,e^{i\phi}$ ist. Hierfür ist das angulare Integral

$$\mathcal{I}_{\text{ang}}^{\sigma^+} = \int_0^{2\pi}\int_0^{\pi} Y_{l_2,m_2}^*(\theta,\phi)\,\sin\theta\,e^{i\phi}\,Y_{l_1,m_1}(\theta,\phi)\,\sin\theta\,d\theta\,d\phi \tag{2.37}$$

Wieder folgt aus der Invarianz bei Drehungen um die z-Achse um beliebige Winkel, dass $\mathcal{I}_{\text{ang}}^{\sigma^+} = 0$ außer für $m_{l_1} - m_{l_2} + 1 = 0$. Die Wechselwirkung eines Atoms mit gegenläufig zirkular polarisierter Strahlung führt auf ein ähnliches Integral, jedoch mit der Ersetzung $e^{i\phi} \to e^{-i\phi}$. Für dieses Integral gilt $\mathcal{I}_{\text{ang}}^{\sigma^-} = 0$ außer für $m_{l_1} - m_{l_2} - 1 = 0$. Daraus folgt die Auswahlregel $\Delta m_l = \pm 1$ für σ-Übergänge.

Damit haben wir die Auswahlregeln gefunden, die Δm_l für jede der drei möglichen Polarisierungen einzeln festlegen. Diese Regeln sind anwendbar, wenn das polarisierte Licht mit einem Atom wechselwirkt, das eine wohldefinierte Orientierung hat, also beispielsweise für ein Atom in einem externen Magnetfeld. Wenn das Licht nicht polarisiert ist oder wenn es keine definierte Quantisierungsachse gibt (oder beides), dann gilt $\Delta m_l = 0, \pm 1$.

Beispiel 2.1 *Longitudinale Beobachtung*
Elektromagnetische Strahlung ist eine transversale Welle, deren oszillierendes elektrisches Feld senkrecht zur Propagationsrichtung zeigt, d. h. $\hat{\mathbf{e}}_{\text{rad}} \cdot \mathbf{k} = 0$. Für Strahlung mit Wellenvektoren $\mathbf{k} = k\,\hat{\mathbf{e}}_z$ gilt daher $A_z = 0$ und es treten keine π-Übergänge auf.[32] Zirkular polarisierte Strahlung (in z-Richtung propagierend) ist ein Spezialfall, in dem Übergänge auftreten, für die entweder $\Delta m_l = +1$ oder $\Delta m_l = -1$ gilt (je nach Händigkeit), aber niemals beides.

2.2.2   Integration bezüglich θ

Das angulare Integral der Kugelfunktionen mit $l = 1$ (aus (2.34)) steht zwischen den Drehimpulswellenfunktionen von Anfangs- und Endzustand, sodass

$$\mathcal{I}_{\text{ang}} \propto \int_0^{2\pi}\int_0^{\pi} Y_{l_2,m_2}^* Y_{1,m} Y_{l_1,m_1}\,\sin\theta\,d\theta\,d\phi \tag{2.38}$$

---

[31] Wir verwenden m_l, um diese Quantenzahl von der Spinquantenzahl m_s zu unterscheiden, die wir später einführen werden. Bei speziellen Funktionen der räumlichen Variablen wie $Y_{l,m}$ und $e^{-im\phi}$ brauchen wir diesen zusätzlichen Index nicht.

[32] Ein ähnliches Verhalten tritt im klassischen Modell für den normalen Zeeman-Effekt auf (siehe Abschnitt 1.8). Die quantenmechanische Behandlung in diesem Abschnitt zeigt jedoch, dass es sich um ein allgemeines Merkmal der longitudinalen Beobachtung handelt, also nicht nur beim Zeeman-Effekt auftritt.

Um dieses angulare Integral zu berechnen, benutzen wir die folgende Formel:[33]

$$Y_{1,m}Y_{l_1,m_1} = A\,Y_{l_1+1,m_1+m} + B\,Y_{l_1-1,m_1+m} \tag{2.39}$$

Dabei sind A und B Konstanten, um deren exakte Werte wir uns nicht kümmern. Mit dieser Formel und aus der Orthogonalität der Kugelfunktionen[34] erhalten wir

$$\mathcal{I}_{\mathrm{ang}} \propto A\,\delta_{l_2,l_1+1}\delta_{m_2,m_1+m} + B\,\delta_{l_2,l_1-1}\delta_{m_2,m_1+m}$$

Die Deltafunktionen liefern die bereits zuvor gefundene Auswahlregel $\Delta m_l = m$ mit $m = 0, \pm 1$, je nachdem wie die Polarisierung. Außerdem gilt $\Delta l = \pm 1$. In den mathematischen Ausdrücken sind die Funktionen mit $l = 1$, die die Wechselwirkung mit der Strahlung repräsentieren, zwischen den Bahndrehimpuls-Eigenfunktionen von Anfangs- und Endzustand eingeschlossen. Daher kann die Regel $\Delta l = \pm 1$ als Erhaltung des Drehimpulses für ein Photon interpretiert werden, welches eine Einheit $\hbar$ des Drehimpulses trägt (Abbildung 2.8 illustriert diese Argumentation für den Gesamtdrehimpuls).[35] Die Änderungen in der magnetischen Quantenzahl sind ebenfalls mit diesem Bild konsistent – die Drehimpulskomponente des Photons in Richtung der z-Achse ist $\Delta m_l = 0, \pm 1$. Die Erhaltung des Drehimpulses erklärt nicht, warum Δl ungleich null ist – dafür müssen wir die Parität betrachten.

2.2.3   Parität

Die Parität ist eine Eigenschaft, die in der gesamten Atom- und Molekülphysik von Bedeutung ist. Wir wollen kurz ihre allgemeine Verwendung erläutern, bevor wir sie auf die Auswahlregeln anwenden. Eine Paritätstransformation ist eine Punktspiegelung am Ursprung, also $\mathbf{r} \to -\mathbf{r}$. Ausgedrückt in Polarkoordinaten entspricht dies der folgenden Transformation

$$\theta \longrightarrow \pi - \theta : \quad \text{eine Reflexion}$$
$$\phi \longrightarrow \phi + \pi : \quad \text{eine Rotation}$$

Die Reflexion erzeugt ein Spiegelbild des ursprünglichen Systems, weshalb die Parität auch als Spiegelsymmetrie bezeichnet wird. Das Spiegelbild eines Wasserstoffatoms hat die gleichen Energieniveaus wie das originale Atom, da das Coulomb-Potential unter Reflexion gleich bleibt. Es zeigt sich, dass alle elektrischen und magnetischen Wechselwirkungen nach einer Reflexion „gleich aussehen", und alle Atome besitzen die Paritätssymmetrie.[36] Bei der Bestimmung der Eigenwerte des Paritätsoperators verwenden wir

---

[33] Siehe die Hinweise zum Bahndrehimpuls in der Quantenmechanik; der Grund für die Linearität der magnetischen Quantenzahlen wird aus $\Phi(\phi)$ offensichtlich.

[34] Es gilt $\int_0^{2\pi}\int_0^{\pi} Y_{l',m'}Y_{l,m}\sin\theta\,\mathrm{d}\theta\,\mathrm{d}\phi = \delta_{l',l}\delta_{m',m}$. Für $l' = l$ und $m' = m$ reduziert sich dies auf die Normierungskonstante in Tabelle 2.1.

[35] Das Argument ist nur für elektrische Dipolstrahlung anwendbar. Terme höherer Ordnung wie zum Beispiel Quadrupolstrahlung können zu $\Delta l > 1$ führen.

[36] Dies lässt sich mithilfe der Quantenmechanik formal beweisen, indem man zeigt, das die Hamilton-Operatoren für diese Wechselwirkungen mit dem Paritätsoperator vertauschen. Die schwache Wechselwirkung aus der Kernphysik hat keine Spiegelsymmetrie und verletzt die Paritätserhaltung. Der extrem kleine Effekt der schwachen Wechselwirkung auf Atome wurde in außerordentlich akribischen und genauen Experimenten gemessen.

die vollständige quantenmechanische Notation (mit $\frown$), sodass wir den Operator $\widehat{P}$ von seinem Eigenwert P unterscheiden können. Aus der Eigenwertgleichung

$$\widehat{P}\,\psi = P^2\,\psi \tag{2.40}$$

folgt $\widehat{P}^2\,\psi = P^2\,\psi$. Zwei aufeinanderfolgende Paritätsoperationen bewirken das Gleiche wie der Identitätsoperator, nämlich keine Änderung: $\mathbf{r} \to -\mathbf{r} \to \mathbf{r}$. Demzufolge ist $P^2 = 1$. Der Paritätsoperator hat also die Eigenwerte $P = \pm1$ und entsprechend Wellenfunktionen gerader und ungerader Parität:

$$\widehat{P}\,\psi = \psi \qquad \text{oder} \qquad \widehat{P}\,\psi = -\psi$$

Beide Eigenwerte treten für die Kugelfunktionen auf

$$\widehat{P}\,Y_{l,m} = (-1)^l\,Y_{l,m} \tag{2.41}$$

Der Wert des angularen Integrals ändert sich bei einer Paritätstransformation nicht[37], sodass

$$\mathcal{I}_{\mathrm{ang}} = (-1)^{l_2+l_1+1}\,\mathcal{I}_{\mathrm{ang}} \tag{2.42}$$

Somit ist das Integral null, außer wenn Anfangs- und Endzustand entgegengesetzte Parität haben (siehe Aufgabe 2.12). Insbesondere erfordern elektrische Dipolübergänge eine ungerade Änderung der Bahndrehimpuls-Quantenzahl ($\Delta l \neq 0$).[38]

Die obige Behandlung des auf eine Wellenfunktion wirkenden Paritätsoperators ist sehr allgemeingültig, und selbst für komplexe Atome haben die Wellenfunktionen eine wohldefinierte Parität. Die in diesem Abschnitt diskutierten Auswahlregeln sind zusammen mit anderen in Anhang C aufgelistet. Wenn das Matrixelement für den elektrischen Dipol zwischen zwei Zuständen null ist, können weitere Übergänge auftreten, aber die Raten dieser Übergänge sind um viele Größenordnungen kleiner als für die erlaubten Übergänge.

Als Beispiel für die Auswahlregeln sind in Abbildung 2.2 die erlaubten Übergänge zwischen den Schalen $n = 1, 2, 3$ dargestellt. Die 2s-Konfiguration hat keine erlaubten Übergänge nach unten, was sie metastabil macht, d. h., sie hat eine sehr lange Lebenszeit von etwa 0,125 s.[39]

Abschließend eine Anmerkung zur spektroskopischen Notation. Wie man in Abbildung sieht, führen die erlaubten Übergänge zu verschiedenen Serien von Linien. Die Serie für die Grundkonfiguration wird als p-Serie bezeichnet, wobei p für Prinzipalserie (= Hauptserie) steht. Dies ist die einzige Serie, die bei der Absorption beobachtet wird[40], folglich wird p für Konfigurationen mit $l = 1$ verwendet. Die s-Serie erstreckt sich über die ($l=0$)-Konfigurationen und die d-Serie über die ($l=2$)-Konfigurationen; s und d stehen für scharfe bzw. diffuse Nebenserie.[41]

---

[37] Siehe zum Beispiel Mandl (1992).

[38] Das radiale Integral wird durch die Paritätstransformation nicht verändert.

[39] Diese spezielle Eigenschaft wird in dem in Abschnitt 2.3.4 beschriebenen Experiment ausgenutzt.

[40] Für Wasserstoff ist dies die Lyman-Serie (vgl. Abbildung 1.1); die Bezeichnung p-Serie ist dagegen allgemeingültig.

[41] Diese Bezeichnungen widerspiegeln das Erscheinungsbild der Linien in den ersten experimentellen Beobachtungen.

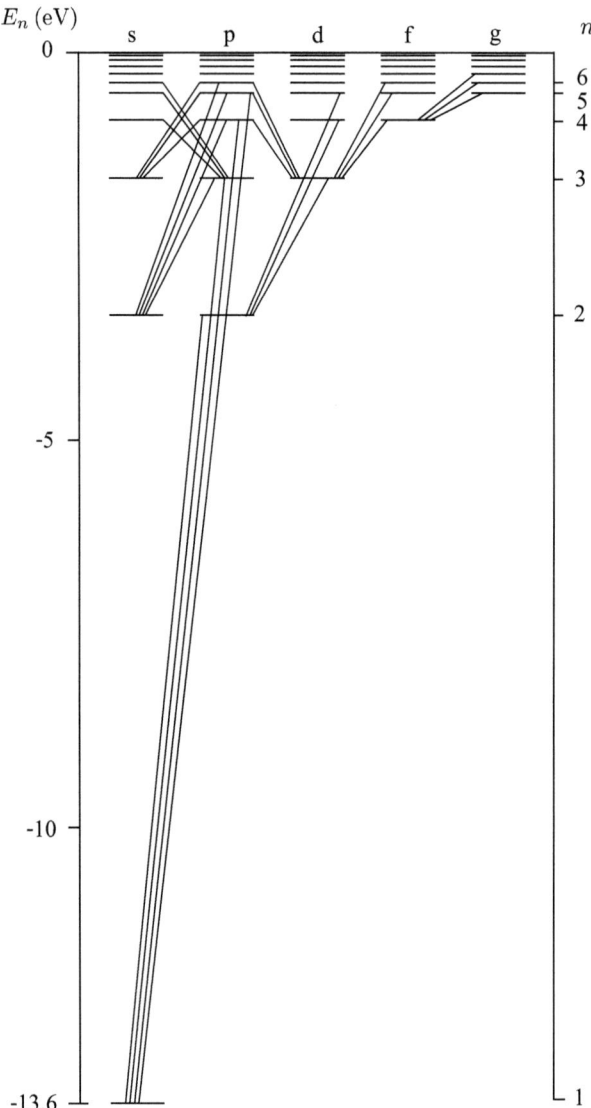

Abbildung 2.2: *Die erlaubten Übergänge zwischen den Konfigurationen von Wasserstoff erfüllen die Auswahlregel $\Delta l = \pm 1$. Die Konfigurationen mit $l = 0, 1, 2, 3, 4, \ldots$ werden mit s, p, d, f, g und weiter in alphabetischer Reihenfolge indiziert (entsprechend der üblichen Konvention). Im speziellen Fall von Wasserstoff hängt die Energie nicht von der Quantenzahl l ab.*

2.3   Feinstruktur

Relativistische Effekte führen zu feinen Aufspaltungen der atomaren Energieniveaus, die als Feinstruktur bezeichnet werden. In Abschnitt 1.4 haben wir die Größe dieser Struktur geschätzt, indem wir die Geschwindigkeit von Elektronen auf klassischen Bahnen mit der Lichtgeschwindigkeit verglichen haben.[42] In diesem Abschnitt werden wir die Feinstruktur berechnen, indem wir die relativistischen Effekte als Störungen an den Lösungen der Schrödinger-Gleichung behandeln. Dieser Ansatz macht Gebrauch von der Vorstellung, dass Elektronen einen Spin besitzen.

2.3.1   Der Spin des Elektrons

Abgesehen von den Hinweisen, die sich aus der Beobachtung der Feinstruktur selbst ergaben, hatten zwei andere Experimente gezeigt, dass das Elektron neben dem Bahndrehimpuls eine spezifisch quantenmechanische Eigenschaft den Spin, besitzt. Einer dieser experimentellen Hinweise auf den Spin ist der anomale Zeeman-Effekt. Für viele Atome, beispielsweise für Wasserstoff und Natrium, zeigt die Aufspaltung ihrer Spektrallininen in einem Magnetfeld nicht das durch den normalen Zeeman-Effekt vorhergesagte Muster (welches wir in Abschnitt 1.8 durch klassische Überlegungen gefunden hatten). Dieser anomale Zeeman-Effekt lässt bei Berücksichtigung des Elektronenspins auf natürliche Weise erklären (siehe Abschnitt 5.5). Das zweite Experimente ist der berühmte Stern-Gerlach-Versuch, der in Abschnitt 6.4.1 beschrieben wird.[43]

Im Unterschied zum Bahndrehimpuls hat der Spin keine Eigenzustände, die Funktionen der angularen Koordinaten sind. Der Spin ist ein eher abstraktes Konzept, und es ist zweckmäßig, seine Eigenzustände in der von Dirac eingeführten Bracket-Notation als $|s\,m_s\rangle$ zu schreiben. Die vollständige Wellenfunktion für ein Atom mit einem Elektron ist das Produkt aus der angularen, der radialen und der Spin-Wellenfunktion: $\Psi = R_{n,l}(r)\,Y_{l,m}(\theta,\phi)\,|s\,m_s\rangle$. Oder, wenn wir die Ket-Notation für den gesamten Drehimpuls (also nicht nur für den Spin) verwenden:

$$\Psi = R_{n,l}(r)\,|l\;m_l\;s\;m_s\rangle \qquad (2.43)$$

Diese atomaren Wellenfunktionen bilden eine Basis, in der der Einfluss von Störungen auf das Atom berechnet werden kann. Für einige Probleme ist es jedoch gar nicht nötig, die vollständige Maschinerie der (entarteten) Störungstheorie auszufahren. Für den Moment soll es genügen, den Bahndrehimpuls und den Spin wie klassische Vektoren zu behandeln. Dieses **Vektormodell** ist weitestgehend intuitiv verständlich, weshalb wir es einfach ohne formale Herleitung verwenden. Beachten Sie jedoch die folgende

---

[42] Indem er elliptische Bahnen anstatt der einfachen kreisförmigen betrachtete, konnte Sommerfeld die bohrsche Theorie verfeinern. Er erhielt einen relativistischen Ausdruck für die Energieniveaus in Wasserstoff, aus dem sehr genaue Vorhersagen der Feinstruktur folgten. Auf die Details für diesen Ansatz wollen wir hier verzichten.

[43] Für die Feinstruktur, den anomalen Zeeman-Effekt und den Stern-Gerlach-Versuch spielt die Wechselwirkung zwischen dem magnetischen Moment des Elektrons und dem magnetischen Feld (im Falle der Feinstruktur das innere Feld des Atoms) eine Rolle. Die magnetische Wechselwirkung wurde von Stern und Gerlach aufgrund ihres Einflusses auf die Bewegung des Atoms entdeckt. Der Zeeman-Effekt und die Feinstruktur wurden durch die Spektroskopie entdeckt.

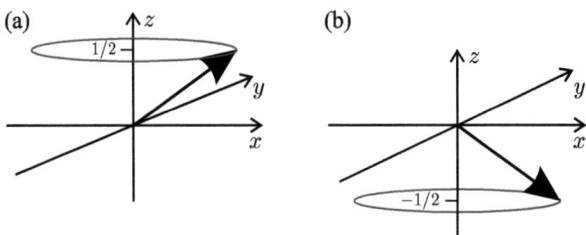

Abbildung 2.3: *Darstellung (a) eines Spin-up- und (b) eines Spin-down-Zustands durch Vektoren, die um die z-Achse präzedieren.*

Anmerkung. Eine oft benutzte Abkürzung für die Spineigenfunktionen ist „Spin-up":

$$|s = \tfrac{1}{2},\, m_s = \tfrac{1}{2}\rangle \equiv |\uparrow\rangle \tag{2.44}$$

und entsprechend $|\downarrow\rangle$ für den Spin-down-Zustand ($m_s = -\tfrac{1}{2}$). Doch in der Quantenmechanik kann der Drehimpuls nicht vollständig „abwärts" oder „aufwärts" gerichtet sein (bezogen auf die z-Achse), denn dann wären die x- und die y-Komponente null und wir würden alle drei Komponenten gleichzeitig kennen.[44] Das Vektormodell beschreibt diese Eigenschaft mit klassischen Vektoren der Länge $|\mathbf{s}| = \sqrt{s(s+1)} = \sqrt{3}/2$. (In der Quantenmechanik hat nur der Erwartungswert des Quadrats des Drehimpulses eine Bedeutung.) Der Spin-up- und der Spin-down-Zustand sind in Abbildung 2.3 illustriert. Wie man sieht, ist die Komponente in z-Richtung $\pm\tfrac{1}{2}$. Wir können uns den Vektor als um die z-Achse rotierend vorstellen, oder einfach als einen Vektor, dessen Richtung in der x-y-Ebene undefiniert ist, entsprechend der Unkenntnis der x- und der y-Komponente (siehe auch Grant und Phillips 2001).

Die Bezeichnung „Spin" weckt eine Analogievorstellung mit einem klassischen System, das eine Drehbewegung um die eigene Achse ausübt; beispielsweise könnt man sich eine Kugel vorstellen, die um eine Achse durch ihren Massemittelpunkt rotiert. Doch dieses anschauliche Bild ist mit Vorsicht zu betrachten. Der Spin kann nicht gleich der Summe der Bahndrehimpulse der Konstituenten sein, denn dies ist immer ein ganzzahliges Vielfaches von $\hbar$. In jedem Falle ist das Elektron ein strukturloses Elementarteilchen ohne messbare Größe. Was bleibt, ist die experimentelle Tatsache, dass das Elektron einen intrinsischen Spin der Größe $\hbar/2$ besitzt, und diese halbzahligen Werte sind mit der allgemeinen quantenmechanischen Theorie des Drehimpulses bestens vereinbar.

2.3.2   Die Spin-Bahn-Wechselwirkung

Die Schrödinger-Gleichung ist nicht-relativistisch, was unmittelbar ersichtlich ist, wenn man den Operator für die kinetische Energie betrachtet, der äquivalent zu dem nicht-relativistischen Ausdruck $p^2/2m_e$ ist. Einige der relativistischen Effekte können wie folgt in das Modell integriert werden. Auf ein Elektron, welches sich in einem elektrischen

---

[44] Dies ist nicht möglich, weil die Operatoren für die x-, y- und z-Komponente des Drehimpulses nicht vertauschen (abgesehen von wenigen Spezialfällen; wir wissen zum Beispiel, dass $s_x = s_y = s_z = 0$ wenn $s = 0$).

Feld **E** bewegt, wirkt ein effektives Magnetfeld **B**, das durch

$$\mathbf{B} = -\frac{1}{c^2} \mathbf{v} \times \mathbf{E} \tag{2.45}$$

gegeben ist. Dies folgt aus dem Verhalten eines elektrischen Feldes unter einer Lorentz-Transformation, durch die im Rahmen der speziellen Relativitätstheorie von einem stationären zu einem bewegten Bezugssystem übergegangen wird. Auch wenn eine Herleitung dieser Gleichung hier nicht gegeben wird, ist sie doch zumindest plausibel, da die spezielle Relativitätstheorie und der Elektromagnetismus über die Lichtgeschwindigkeit $c = 1/\sqrt{\epsilon_0 \mu_0}$ eng miteinander verbunden sind. Diese Gleichung für die Geschwindigkeit elektromagnetischer Wellen in einem Vakuum ergibt sich aus den Maxwell-Gleichungen, wobei ϵ_0 mit dem elektrischen Feld verbunden ist und μ_0 mit dem Magnetfeld. Der durch Umstellung erhaltene Ausdruck $\mu_0 = 1/(\epsilon_0 c^2)$ legt nahe, dass das Magnetfeld eine Konsequenz aus Elektrodynamik und Relativität ist.[45]

Wir wollen nun Gleichung (2.45) in eine komfortable Form bringen und drücken dazu das elektrische Feld durch den Gradienten der potentiellen Energie V und den Einheitsvektor in radialer Richtung aus:

$$\mathbf{E} = \frac{1}{e} \frac{\partial V}{\partial r} \frac{\mathbf{r}}{r} \tag{2.46}$$

Der Faktor e kommt ins Spiel, weil die potentielle Energie V des Elektrons gleich seiner Ladung $-e$ mal dem elektrostatischen Potential ist. Aus (2.45) erhalten wir

$$\mathbf{B} = \frac{1}{m_e c^2} \left(\frac{1}{er} \frac{\partial V}{\partial r} \right) \mathbf{r} \times m_e \mathbf{v} = \frac{\hbar}{m_e c^2} \left(\frac{1}{er} \frac{\partial V}{\partial r} \right) \mathbf{l} \tag{2.47}$$

wobei der Bahndrehimpuls $\hbar \mathbf{l} = \mathbf{r} \times m_e \mathbf{v}$ ist. Das Elektron hat ein intrinsisches magnetisches Element $\boldsymbol{\mu} = -g_s \mu_B \mathbf{s}$, welches in die entgegengesetzte Richtung wie der Spin zeigt. Des Weiteren gilt $g_s \simeq 2$, sodass das Moment einen Betrag in der Größenordnung eines bohrschen Magnetons ($\mu_B = e\hbar/2m_e$) hat. Die Wechselwirkung des magnetischen Moments des Elektrons mit dem Bahnfeld ergibt den Hamilton-Operator

$$\begin{aligned} H &= -\boldsymbol{\mu} \cdot \mathbf{B} \\ &= g_s \mu_B \mathbf{s} \cdot \frac{\hbar}{m_e c^2} \left(\frac{1}{er} \frac{\partial V}{\partial r} \right) \mathbf{l} \end{aligned} \tag{2.48}$$

Dieser Operator liefert jedoch Energieaufspaltungen, die etwa doppelt so groß sind wie die beobachteten. Diese Diskrepanz resultiert aus der **Thomas-Präzession**, einem relativistischen Effekt, der dadurch zustande kommt, dass wir das magnetische Moment in einem Bezugssystem berechnen, das nicht stationär ist, sondern sich mit der Bewegung des Elektrons um den Kern dreht. Der Effekt wird berücksichtigt, indem wir g_s durch

---

[45] Das Biot-Savart-Gesetz für das Magnetfeld eines geraden, stromdurchflossenen Leiters kann über die Lorentz-Transformation und das Coulomb-Gesetz „wiederentdeckt" werden (siehe Griffiths 1999). Allerdings lässt sich diese Verbindung nur in einer Richtung und auch nur für einfache Fälle herstellen. Im Allgemeinen kann das Phänomen des Magnetismus nicht auf diese Weise „hergeleitet" werden.

$g_s - 1 \simeq 1$ ersetzen.[46] Wir finden schließlich die Spin-Bahn-Wechselwirkung inklusive des Thomas-Präzessionsfaktors[47]

$$H_{s-o} = (g_s - 1) \frac{\hbar^2}{2m_e^2 c^2} \left(\frac{1}{r} \frac{\partial V}{\partial r} \right) \mathbf{s} \cdot \mathbf{l} \tag{2.49}$$

Für das Coulomb-Potential in Wasserstoff gilt

$$\frac{1}{r} \frac{\partial V}{\partial r} = \frac{e^2/4\pi\epsilon_0}{r^3} \tag{2.50}$$

Der Erwartungswert dieses Hamilton-Operators liefert eine Energieänderung von[48]

$$E_{s-o} = \frac{\hbar^2}{2m_e^2 c^2} \frac{e^2}{4\pi\epsilon_0} \left\langle \frac{1}{r^3} \right\rangle \langle \mathbf{s} \cdot \mathbf{l} \rangle \tag{2.51}$$

Die Aufspaltung in ein Produkt aus dem radialen und dem angularen Erwartungswert folgt aus der entsprechenden Separation der Wellenfunktion. Das Integral $\langle 1/r^3 \rangle$ ist in (2.23) gegeben. Allerdings haben wir uns noch nicht darum gekümmert, wie mit den Wechselwirkungen umzugehen ist, die die Form eines Skalarprodukts aus zwei angularen Momenten haben. Beginnen wir also damit, den Gesamtdrehimpuls als die Summe aus Bahndrehimpuls und Spin zu definieren:

$$\mathbf{j} = \mathbf{l} + \mathbf{s} \tag{2.52}$$

Für ein System, auf das kein äußeres Drehmoment wirkt – beispielsweise für ein Atom in einer feldfreien Region –, ist dies eine Erhaltungsgröße. Dies gilt sowohl in der klassischen Mechanik als auch in der Quantenmechanik, doch wir wollen uns in diesem Abschnitt auf die klassische Erklärung konzentrieren. Die Spin-Bahn-Wechselwirkung zwischen $\mathbf{l}$ und $\mathbf{s}$ bewirkt, dass diese Vektoren ihre Richtung ändern, und da ihre Summe der Nebenbedingung unterliegt, dass sie gleich $\mathbf{j}$ sein muss, bewegen sie sich so, wie in Abbildung 2.4 skizziert.[49] Durch Quadrieren und Umstellen von (2.52) erhalten wir $2\,\mathbf{s} \cdot \mathbf{l} = \mathbf{j}^2 - \mathbf{l}^2 - \mathbf{s}^2$. Damit können wir den Erwartungswert durch die bekannten Werte für $\langle \mathbf{j}^2 \rangle$, $\langle \mathbf{l}^2 \rangle$ und $\langle \mathbf{s}^2 \rangle$ ausdrücken:

$$\langle \mathbf{s} \cdot \mathbf{l} \rangle = \frac{1}{2} \{ j(j+1) - l(l+1) - s(s+1) \} \tag{2.53}$$

---

[46] Dies ist nahezu gleichbedeutend damit, $g_s/2 \simeq 1$ zu verwenden, aber $g_s - 1$ ist in diesem Fall genauer, da kleine Abweichungen von g_s von 2 von Bedeutung sind (Haar und Curtis 1987). Mehr zur Thomas-Präzession finden Sie in Cowan (1981), Eisberg und Resnick (1985) sowie Munoz (2001).

[47] Wir haben dies klassisch hergeleitet, u. a. indem wir $\hbar \mathbf{l} = \mathbf{r} \times m_e \mathbf{v}$ verwendet haben. Jedoch erhalten wir das gleiche Ergebnis aus der vollständig relativistischen Dirac-Gleichung für ein Elektron im Coulomb-Potential, indem wir eine Näherung für kleine Geschwindigkeiten machen (siehe Sakurai 1967). Dieser quantenmechanische Ansatz zeigt, dass es gerechtfertigt ist, $\mathbf{l}$ und $\mathbf{s}$ als Operatoren zu betrachten.

[48] Dabei wird die Näherung $g_s - 1 \simeq 1$ verwendet.

[49] Bei dieser Präzession um $\mathbf{j}$ bleiben die Beträge von $\mathbf{l}$ und $\mathbf{s}$ konstant. Das magnetische Moment (proportional zu $\mathbf{s}$) wird durch eine Wechselwirkung mit dem Magnetfeld nicht geändert, und wegen der symmetrischen Form der Wechselwirkung gemäß (2.49) erwarten wir nicht, dass sich $\mathbf{l}$ anders verhält. Siehe auch Blundell (2001) und Abschnitt 5.1.

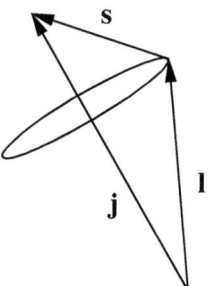

Abbildung 2.4: *Der Bahndrehimpuls und der Spin addieren sich zum Gesamtdrehimpuls* **j**.

Die Spin-Bahn-Wechselwirkung bewirkt demnach eine Energieverschiebung von

$$E_{s-o} = \frac{\beta}{2}\{j(j+1) - l(l+1) - s(s+1)\} \tag{2.54}$$

mit der Spin-Bahn-Konstante β

$$\beta = \frac{\hbar^2}{2m_e^2 c^2} \frac{e^2}{4\pi\epsilon_0} \frac{1}{(na_0)^3 \, l \left(l + \frac{1}{2}\right)(l+1)} \tag{2.55}$$

(Der Ausdruck für β folgt aus den Gleichungen (2.51) und (2.23)). Für ein einzelnes Elektron ist $s = \frac{1}{2}$ bei jedem l, sodass seine Gesamt-Drehimpulsquantenzahl j zwei mögliche Werte besitzt, nämlich

$$j = l + \frac{1}{2} \quad \text{und} \quad j = l - \frac{1}{2}$$

Aus (2.54) folgt, dass das Energieintervall $\Delta E_{s-o} = E_{j=l+\frac{1}{2}} - E_{j=l-\frac{1}{2}}$ zwischen diesen Niveaus durch

$$\Delta E_{s-o} = \beta\left(l + \tfrac{1}{2}\right) = \frac{\alpha^2 h c R_\infty}{n^3 l(l+1)} \tag{2.56}$$

gegeben ist. Oder, ausgedrückt durch die Gesamtenergie $E(n)$ gemäß (1.10):[50]

$$\Delta E_{s-o} = \frac{\alpha^2}{n\, l(l+1)} E(n) \tag{2.57}$$

Dies steht im Einklang mit der qualitativen Diskussion in Abschnitt 1.4, wo wir gezeigt hatten, dass relativistische Effekte Energieänderungen der Ordnung α^2 mal der Grobstruktur verursachen. Der vollständigere Ausdruck oben zeigt, dass die Energieintervalle zwischen den Niveaus mit n fallen und mit l wachsen. Das größte Intervall für Wasserstoff tritt auf für $n = 2$ und $l = 1$. Für diese Konfiguration führt die Spin-Bahn-Wechselwirkung zu Niveaus mit $j = \frac{1}{2}$ und $j = \frac{3}{2}$. In der Notation, die für das LS-Kopplungsschema eingeführt wird, lautet die vollständige Bezeichnung dieser Niveaus 2p ^{2}P$_{1/2}$ und 2p ^{2}P$_{3/2}$. Einige der Quantenzahlen (die in Kapitel 5 eingeführt

---

[50] Wie in Abschnitt 1.9 gezeigt wurde, gilt $m_e \alpha c a_0 = \hbar$ und $h c R_\infty = (e^2/4\pi\epsilon_0)/(2a_0)$.

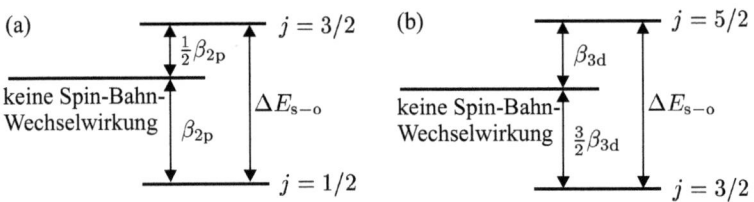

Abbildung 2.5: *Die Feinstruktur von Wasserstoff. Teil (a) zeigt die Feinstruktur der 2p-Konfiguration und Teil (b) die der 3d-Konfiguration. Beachten Sie die unterschiedlichen Skalen:* β_{2p} *ist wesentlich größer als* β_{3d}. *Alle p- und d-Konfigurationen sehen (abgesehen von einem Skalierungsfaktor) ähnlich aus.*

werden) sind jedoch für ein Atom mit einem einzigen Valenzelektron überflüssig, und eine geeignete Kurzschreibweise besteht darin, die beiden Niveaus mit $2\,P_{1/2}$ und $2\,P_{3/2}$ zu bezeichnen. Diese entsprechen $n\,P_j$, wobei P den (Gesamt-)Bahndrehimpuls für diesen Fall repräsentiert. (Den Gebrauch der Großbuchstaben werden wir im Folgenden so beibehalten.) Entsprechend schreiben wir $2\,S_{1/2}$ für das Niveau $2s\,{}^2S_{1/2}$, $3\,D_{3/2}$ und $3\,D_{5/2}$ für die Niveaus $j = 3/2$ bzw. $5/2$, die sich aus der 3d-Konfiguration ableiten.[51] Falls es jedoch zu Mehrdeutigkeiten kommen kann, muss immer die vollständige Notation verwendet werden.

2.3.3   Die Feinstruktur von Wasserstoff

Als Beispiel für die Feinstruktur wollen wir uns die Niveaus genauer anschauen, die für die Schalen mit $n = 2$ und $n = 3$ von Wasserstoff auftreten. Nach (2.54) haben die Feinstrukturniveaus für die 2p-Konfiguration die Energien

$$E_{\text{s-o}}(2\,P_{1/2}) = -\beta_{2p}$$
$$E_{\text{s-o}}(2\,P_{3/2}) = \tfrac{1}{2}\beta_{2p}$$

was in Abbildung 2.5(a) skizziert ist. Für die 3d-Konfiguration gilt

$$E_{\text{s-o}}(3\,D_{3/2}) = -\tfrac{3}{2}\beta_{3d}$$
$$E_{\text{s-o}}(3\,D_{5/2}) = \beta_{3d}$$

(siehe Abbildung 2.5(b)). Wie man für beide Konfigurationen leicht sieht, bewirkt die Spin-Bahn-Wechselwirkung keine Verschiebung der mittleren Energie

$$\overline{E} = \{(2j + 1)\,E_j(n, l) + (2j' + 1)\,E_{j'}(n, l)\} \,/\, (2j + 2j' + 2) \tag{2.58}$$

wobei $j' = l - 1/2$ und $j = l + 1/2$ die beiden Niveaus bezeichnen. Diese „Schwerpunktrechnung" für sämtliche Zustände berücksichtigt die Entartung in jedem Niveau.

Da die Spin-Bahn-Wechselwirkung $2\,S_{1/2}$ und $3\,S_{1/2}$ nicht beeinflusst, könnte man annehmen, dass diese Niveaus nahe am Massezentrum der Konfigurationen mit $l > 0$ liegen. Dies ist jedoch nicht der Fall. Abbildung 2.6 zeigt die Energien der Niveaus für

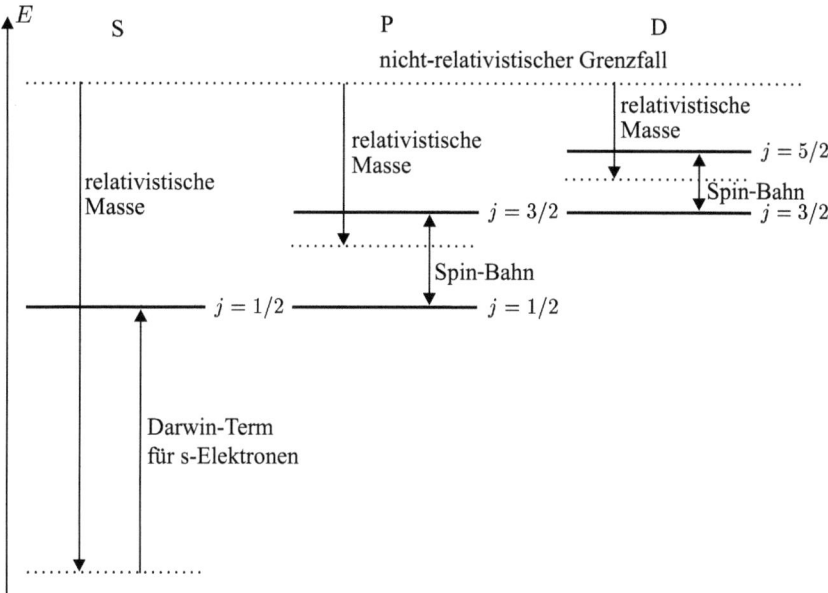

Abbildung 2.6: *Die theoretisch vorhergesagten Positionen der Energieniveaus von Wasserstoff, berechnet nach der vollständigen relativistischen Theorie von Dirac. Wie man in dieser Abbildung für die Schale $n = 3$ sieht, hängen sie nur von n und j (nicht aber von l) ab. Neben der Spin-Bahn-Wechselwirkung haben weitere Effekte Einfluss auf die Energien dieser Niveaus: zum einen die relativistische Massekorrektur und zum anderen (nur für s-Elektronen) der Darwin-Term. Letzterer ist für relativistische Effekte bei kleinen r verantwortlich, wo der Impuls des Elektrons in die Größenordnung von $m_e c$ kommt.*

die Schale $n = 3$, die sich aus einer vollständig relativistischen Rechnung ergeben. Dort sehen wir, dass es weitere Effekte von ähnlicher Größenordnung gibt, die sich auf diese Niveaus von Wasserstoff auswirken. Bemerkenswert ist, dass diese zusätzlichen relativistischen Effekte die Niveaus genau um den richtigen Betrag verschieben, damit die $n\,\mathrm{P}_{1/2}$-Niveaus mit den $n\,\mathrm{S}_{1/2}$-Niveaus zusammenfallen, ebenso die $n\,\mathrm{P}_{3/2}$-Niveaus mit den $n\,\mathrm{D}_{3/2}$-Niveaus. Das Auftreten dieser Struktur ist kein Zufall, sondern verweist auf eine tiefer liegende Ursache. Eine vollständige Erklärung für diese Beobachtungen erfordert relativistische Quantenmechanik und die technischen Details würden den Rahmen des vorliegenden Buches sprengen.[52] Wir werden hier einfach ohne Beweis die bekannte Lösung der Dirac-Gleichung für ein Elektron im Coulomb-Potential verwenden. Dies führt auf eine Formel für die Energie $E_{\mathrm{Dirac}}(n, j)$, die nur von n und j abhängt, d. h., sie liefert wie in den oben betrachteten Fällen die gleiche Energie für Niveaus mit gleichem n und j, aber unterschiedlichen Werten für l. Ein Vergleich der exakten relativistischen Lösung der Dirac-Gleichung mit den nicht-relativistischen Energieniveaus zeigt, dass es drei verschiedene relativistische Effekte gibt:

---

[51] Eine andere Kurzschreibweise, die man in der Literatur findet, ist $2\,^2\mathrm{P}_{1/2}$ und $2\,^2\mathrm{P}_{3/2}$.

[52] Behandelt wird dies in Quantenmechanik-Büchern für Fortgeschrittene; siehe zum Beispiel Sakurai (1967) und Series (1988).

(a) Es gibt eine offensichtliche relativistische Verschiebung der Energie (oder äquivalent der Masse), die mit der Binomialentwicklung von $\gamma = (1 - v^2/c^2)^{-1/2}$ in (1.16) zusammenhängt. Der Term der Ordnung v^2/c^2 liefert die nicht-relativistische kinetische Energie $p^2/2m_e$. Der nächste Term der Reihenentwicklung ist proportional zu v^4/c^4 und liefert eine Energieverschiebung der Ordnung v^2/c^2 mal der Grobstruktur – dies ist der Effekt, den wir in Abschnitt 1.4 abgeschätzt hatten.

(b) Für Elektronen mit $l \neq 0$ zeigt der Vergleich zwischen Dirac- und Schrödinger-Gleichung, dass es eine Spin-Bahn-Wechselwirkung in der oben angegebenen Form gibt, wobei der Faktor für die Thomas-Präzession auf natürliche Weise mit eingeschlossen ist.[53]

(c) Für Elektronen mit $l = 0$ gibt es einen **Darwin-Term** proportional zu $|\psi(r = 0)|^2$, der kein klassisches Analogon besitzt. Für weitere Details siehe Woodgate (1980).

Von einem nicht-relativistischen Standpunkt betrachtet, scheint es unwahrscheinlich, dass diese unterschiedlichen Beiträge so zusammenwirken, dass die Energieniveaus für gleiche n und j in dieser Weise entarten. Es sei noch einmal an die obige Aussage erinnert, dass diese Struktur aus der relativistischen Dirac-Gleichung resultiert. Mit einer Näherung für kleine v^2/c^2 sieht man, dass diese drei Korrekturen – und keine anderen – auf die aus der (nicht-relativistischen) Schrödinger-Gleichung sich ergebenden Energien angewendet werden müssen.

2.3.4   Die Lamb-Verschiebung

Abbildung 2.7 zeigt die tatsächlichen Energieniveaus für die Schalen $n = 2$ und $n = 3$. Nach der relativistischen Quantentheorie sollte das Niveau $2\,S_{1/2}$ exakt mit $2\,P_{1/2}$ zusammenfallen, denn für beide ist $n = 2$ und $j = 1/2$. Tatsächlich jedoch liegt zwischen ihnen ein Energieintervall von $E(2\,S_{1/2}) - E(2\,P_{1/2}) \simeq 1\,\mathrm{GHz}$. Die Verschiebung des Niveaus $2\,S_{1/2}$ zu einer höheren Energie (geringere Bindungsenergie) gegenüber $E_{\mathrm{Dirac}}(n = 2, j = 1/2)$ beträgt etwa ein Zehntel des Intervalls $E(2\,P_{3/2}) - E(2\,P_{1/2}) \simeq 11\,\mathrm{GHz}$ zwischen den beiden Feinstruktur-Niveaus. Trotz ihrer geringen Größe war diese Diskrepanz bei Wasserstoff historisch gesehen von großer Bedeutung für die Physik. Für dieses einfache Atom mit nur einem Elektron sind die Vorhersagen der Dirac-Gleichung sehr genau, und diese Theorie kann nicht herangezogen werden, um die experimentellen Ergebnisse von Lamb und Retherford zu erklären, wonach das Niveau $2\,S_{1/2}$ tatsächlich höher liegt als das Niveau $2\,P_{1/2}$.[54] Die Erklärung für diese **Lamb-Verschiebung** liegt jenseits der relativistischen Quantenmechanik und erfordert eine Quantenelektrodynamik (QED) – eine Quantenfeldtheorie zur Beschreibung der elektromagnetischen Wechselwirkungen. Tatsächlich war die experimentelle Beobachtung der Lamb-Verschiebung ein Antrieb für die Entwicklung dieser Theorie.[55] Ein faszinierendes Konzept der Quantenfeldtheorie

---

[53] Die Dirac-Gleichung sagt vorher, dass für das Elektron exakt $g_s = 2$ gilt.

[54] Lamb und Retherford benutzten eine Radiofrequenz, um den Übergang $2\,S_{1/2} - 2\,P_{1/2}$ direkt anzustoßen. Dieses kleine Energieintervall, das heute unter dem Namen Lamb-Verschiebung bekannt ist, kann bei der konventionellen Spektroskopie wegen der Doppler-Verbreiterung nicht aufgelöst werden. Wie in Abbildung 8.7 gezeigt wird, kann es jedoch durch Verwendung Doppler-freier Methoden sichtbar gemacht werden.

[55] Die QED-Berechnung der Lamb-Verschiebung wird in Sakurai (1967) beschrieben.

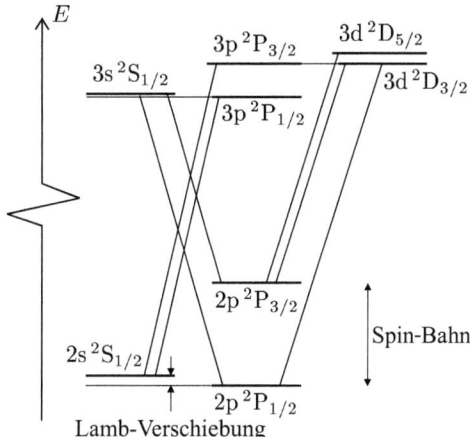

Abbildung 2.7: *Feinstruktur der Schalen $n = 2$ und $n = 3$ von Wasserstoff mit den erlaubten Übergängen zwischen den Niveaus. Nach der Dirac-Gleichung sollten die Niveaus $2\,S_{1/2}$ und $2\,P_{1/2}$ entartet sein, doch sie sind es nicht. Die gemessenen Positionen zeigen, dass das Niveau $2s\,^2S_{1/2}$ relativ zu $E_{\text{Dirac}}(n = 2, j = 1/2)$ nach oben verschoben ist und daher nicht mit dem Niveau $2p\,^2P_{1/2}$ zusammenfällt. Eine solche Verschiebung tritt für alle s-Elektronen auf. (Allerdings nimmt die Größe der Energieverschiebung mit wachsendem n ab.) Die Erklärung für diese Verschiebung führt über die relativistische Quantenmechanik hinaus in das Gebiet der Quantenelektrodynamik (QED), die Quantenfeldtheorie, die die elektromagnetischen Wechselwirkungen beschreibt.*

sind die sogenannten Vakuumfluktuationen – sie beschreiben Regionen des freien Raumes, die nicht völlig leer sind, sondern von fluktuierenden elektromagnetischen Feldern durchdrungen.[56] Die Effekte der QED führen zu einer signifikanten Energieverschiebung für Elektronen mit $l = 0$ und heben folglich die Entartung von $2\,S_{1/2}$ und $2\,P_{1/2}$ auf.[57] Die größte QED-Verschiebung tritt für das $1\,S_{1/2}$-Grundniveau von Wasserstoff auf, doch da es in dessen Umgebung kein anderes Niveau gibt, erfordert die Bestimmung seiner Energie eine sehr genaue Messung einer großen Frequenz. Heute kann man dies mittels Laserspektroskopie (Kapitel 8) erreichen, doch die beinahe-Entartung der beiden ($j=1/2$)-Niveaus mit $n = 2$ war wesentlich für Lambs Experiment.[58] Eine andere wichtige Beobachtung bei diesem Experiment war die Metastabilität des $2\,S_{1/2}$-Niveaus, dessen Lebensdauer in Abschnitt 2.2.3 angegeben wurde. Das Niveau zerfällt 10^8-mal langsamer als $2\,P_{1/2}$. In einem Strahl aus Wasserstoffatomen (bei Raumtemperatur) haben die Atome typischerweise Geschwindigkeiten von etwa $3000\,\text{m s}^{-1}$, und Atome, die in die 2p-Konfiguration angeregt werden, bewegen sich über eine mittlere Distanz von

---

[56] Vereinfacht gesagt, entsprechen diese Vakuumfluktuationen bei einer mathematischen Behandlung der Nullpunktsenergie des quantenmechanischen harmonischen Oszillators, d. h., die niedrigste Energie der Moden des Systems ist nicht null, sondern $\hbar\omega/2$.

[57] Die QED erklärt auch, warum der g-Faktor des Elektrons nicht exakt 2 ist. Genaue Messungen haben den Wert $g_s = 2{,}002\,319\,304\,371\,8$ ergeben (die aktuellen Wert der fundamentalen physikalischen Konstanten findet man u. a. auf der Website des NIST). Siehe hierzu auch Kapitel 12.

[58] Höhere Schalen haben kleinere Verschiebungen zwischen den ($j=1/2$)-Niveaus.

nur 5×10^{-6} m, bevor sie unter Emission von Lyman-α-Strahlung zerfallen. Im Gegensatz dazu bewegen sich metastabile Atome über die volle Länge der Versuchsanordnung ($\simeq 1$ m) und verlassen den angeregten Zustand wieder, wenn sie mit einem Detektor (oder der Wand der Vakuumkammer) kollidieren. Wasserstoffatome und wasserstoffähnliche Systeme werden noch immer zur experimentellen Überprüfung der fundamentalen Theorie verwendet, da ihre Einfachheit sehr genaue Vorhersagen gestattet.

2.3.5   Übergänge zwischen Feinstruktur-Niveaus

Die Übergänge in Wasserstoff zwischen den Feinstrukturniveaus mit den Hauptquantenzahlen $n = 2$ und $n = 3$ liefern die Komponenten der Balmer-α-Linie (siehe Abbildung 2.7). In der Reihenfolge zunehmender Energie sind die erlaubten Übergänge zwischen den Niveaus mit verschiedenen j die folgenden:

$$2\,P_{3/2} - 3\,S_{1/2}$$
$$2\,P_{3/2} - 3\,D_{3/2}$$
$$2\,P_{3/2} - 3\,D_{5/2}$$
$$2\,S_{1/2} - 3\,P_{1/2}$$
$$2\,P_{1/2} - 3\,S_{1/2}$$
$$2\,S_{1/2} - 3\,P_{3/2}$$
$$2\,P_{1/2} - 3\,D_{3/2}$$

Diese Übergänge genügen der Auswahlregel $\Delta l = \pm 1$, aber eine zusätzliche Regel verhindert einen Übergang zwischen $2\,P_{1/2}$ und $3\,D_{5/2}$. Und zwar erfüllt die Änderung der Gesamt-Drehimpulsquantenzahl bei einem elektrischen Dipolübergang die Bedingung

$$\Delta j = 0, \pm 1 \tag{2.59}$$

Diese Auswahlregel kann (wie in Abschnitt 2.2.2 erwähnt) aus der Drehimpulserhaltung erklärt werden. Die Regel kann in Form einer Vektoraddition ausgedrückt werden, was in Abbildung 2.8 illustriert ist. Die Erhaltungsbedingung ist äquivalent dazu, dass es möglich ist, aus den folgenden drei Vektoren ein Dreieck zu bilden: dem Vektor, der **j** im Anfangszustand repräsentiert, dem Vektor, der **j** im Endzustand repräsentiert und einem Einheitsvektor für den Drehimpuls eines Photons. Aus diesem Grund wird diese Regel manchmal auch Dreiecksregel genannt. Die Projektion von **j** auf die z-Achse kann sich um $\Delta m_i = 0, \pm 1$ ändern. (In Anhang C sind alle Auswahlregeln zusammengestellt.)

Weiterführende Literatur

Ein großer Teil des in diesem Kapitel behandelten Stoffs findet sich in den einführenden Büchern zur Quantenmechanik und zur Atomphysik, die in der Referenzenliste aufgeführt sind. Für spezielle Themen empfehlen sich die Werke von Segré (1980) und Series (1988). Das erstgenannte bietet einen Überblick über die historische Entwicklung, während das zweite die Arbeiten zu Wasserstoff zusammenfasst, einschließlich des wichtigen Experiments zur Lamb-Verschiebung.

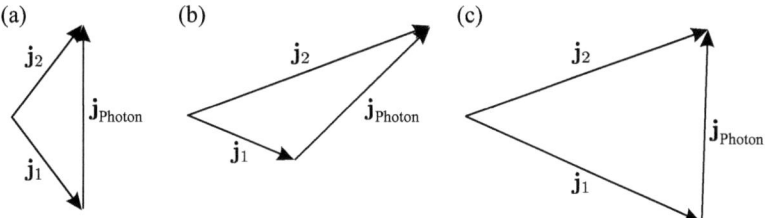

Abbildung 2.8: *Die Erhaltung des Gesamtdrehimpulses bei elektrischen Dipolübergängen, aus der sich die Auswahlregel (2.59) ergibt, kann durch eine Vektoraddition dargestellt werden. Das Photon trägt eine Einheit des Drehimpulses, und um von j_1 zu j_2 zu gelangen, müssen die Vektoren ein Dreieck wie dargestellt bilden; (a) für $j_1 = 1/2$ nach $j_2 = 1/2$, (b) für $j_1 = 1/2$ nach $j_2 = 3/2$ und (c) für $j_1 = 3/2$ nach $j_2 = 3/2$.*

Aufgaben

2.1 Drehimpulseigenfunktionen

(a) Verifizieren Sie, dass alle Eigenfunktionen mit $l = 1$ orthogonal zu $Y_{0,0}$ sind.

(b) Verifizieren Sie, dass alle Eigenfunktionen mit $l = 1$ orthogonal zu denen mit $l = 2$ sind.

2.2 Drehimpulseigenfunktionen

(a) Bestimmen Sie die Eigenfunktion mit der Bahndrehimpuls-Quantenzahl l und der magnetischen Quantenzahl $m = l - 1$.

(b) Verifizieren Sie, dass $Y_{l,l-1}$ orthogonal zu $Y_{l-1,l-1}$ ist.

2.3 Radiale Wellenfunktionen
Verifizieren Sie (2.23) für $n = 2, l = 1$ durch Berechnung des radialen Integrals (für $Z = 1$).

2.4 Wasserstoff
Für ein Wasserstoffatom lautet die normierte Wellenfunktion eines Elektrons im 1s-Zustand bei Annahme eines punktförmigen Kerns

$$\psi(r) = \left(\frac{1}{\pi a_0^3}\right)^{1/2} e^{-r/a_0}$$

wobei a_0 der bohrsche Radius ist. Leiten Sie eine Näherung für die Wahrscheinlichkeit her, das Elektron in einem kleinen kugelförmigen Volumen vom Radius $r_b \ll a_0$ (zentriert am Proton) zu finden. Wie lautet die Elektronenladungsdichte in dieser Region?

2.5 Wasserstoff
Die Balmer-α-Linie wird bei einer (schwachen) Entladung in einer Lampe beobachtet, die eine Mischung aus Wasserstoff und Deuterium bei Raumtemperatur

enthält. Wie denken Sie über Realisierbarkeit eines Experimentes, welches mithilfe eines Fabry-Pérot-Interferometers (a) die Isotopenverschiebung, (b) die Feinstruktur und (c) die Lamb-Verschiebung auflöst?

2.6 *Übergänge*

Schätzen Sie die Lebensdauer des angeregten Zustands in einem Zwei-Niveau-Atom ab, wenn die Übergangswellenlänge (a) 100 nm und (b) 1000 nm beträgt. In welchen Spektralbereichen liegen diese Wellenlängen?

2.7 *Auswahlregeln*

Verifizieren Sie durch explizite Berechnung der Integrale über θ (nur für den Fall der π-Polarisation), dass Übergänge von p nach d erlaubt sind, nicht aber von s nach d.

2.8 *Spin-Bahn-Wechselwirkung*

Die Spin-Bahn-Wechselwirkung spaltet eine Ein-Elektron-Konfiguration in zwei Niveaus mit den Drehimpulsquantenzahlen $j = l + 1/2$ und $j' = l - 1/2$ auf. Zeigen Sie, dass diese Wechselwirkung die mittlere Energie (Schwerpunktenergie) aller durch $(2j + 1)E_j + (2j' + 1)E_{j'}$ gegebenen Zustände nicht ändert.

2.9 *Auswahlregel für die magnetische Quantenzahl*

Zeigen Sie, dass die angularen Integrale für σ-Übergänge den Faktor

$$\int_0^{2\pi} e^{i(m_{l_1} - m_{l_2} \pm 1)\phi} \, d\phi$$

enthalten. Leiten Sie daraus die Auswahlregel $\Delta m_l = \pm 1$ für diese Polarisierung her. Leiten Sie auf ähnliche Weise die Auswahlregel für die π-Übergänge her.

2.10 *Übergänge*

Ein Atom in einer Superposition aus zwei Zuständen hat die Wellenfunktion

$$\Psi(t) = A\psi_1(\mathbf{r}) \, e^{-iE_1 t/\hbar} + B\psi_2(\mathbf{r}) \, e^{-iE_2 t/\hbar}$$

Die Verteilung der Elektronenladung ist gegeben durch

$$-e|\Psi(t)|^2 = -e \left\{ |A\psi_1|^2 + |B\psi_2|^2 + |2A^* B\psi_1^* \psi_2| \cos(\omega_{12} t - \phi) \right\}$$

Ein Teil davon oszilliert mit der (angularen) Frequenz des Übergangs $\omega_{12} = \omega_2 - \omega_1 = (E_2 - E_1)/\hbar$.

(a) Ein Wasserstoffatom befindet sich in einem Superpositionszustand aus dem 1s-Grundzustand, $\psi_1 = R_{1,0}(r)Y_{0,0}(\theta, \phi)$, und dem $m_l = 0$ Zustand der 2p-Konfiguration, $\psi_2 = R_{2,1}(r)Y_{1,0}(\theta, \phi)$; dabei ist $A \simeq 0{,}995$ und $B = 0{,}1$ (sodass der Term mit B^2 vernachlässigt werden kann). Skizzieren Sie die Form der Ladungsverteilung für eine Periode der Oszillation.

(b) Das Atom im Superpositionszustand kann ein oszillierendes elektrisches Dipolmoment

$$-e\mathbf{D}(t) = -e \left\langle \Psi^*(t) \, \mathbf{r}\Psi(t) \right\rangle$$

haben. Welche Bedingungen müssen ψ_1 und ψ_2 erfüllen, damit $\mathbf{D}(t) \neq 0$ gilt?

(c) Zeigen Sie, dass ein Atom in einem Superpositionszustand aus den gleichen Zuständen wie in Teil (a) ein Dipolmoment

$$-e\mathbf{D}(t) = -e|2A^* B|\mathcal{I}_{\text{ang}} \times \left\{ \int r R_{2,1}(r) R_{1,0}(r) r^2 \, \mathrm{d}r \right\} \cos(\omega_{12}t)\widehat{\mathbf{e}}_z$$

hat, wobei $\mathcal{I}_{\text{ang}}$ ein Integral über θ und ϕ ist. Berechnen Sie die Amplitude dieses Dipols und verwenden Sie dabei Einheiten von ea_0 und $A = B = 1/\sqrt{2}$.

(d) Ein Wasserstoffatom befindet sich in einem Superpositionszustand aus dem 1s-Grundzustand und dem $(m_l=1)$-Zustand der 2p-Konfiguration, $\psi_2 = R_{2,1}(r) Y_{1,1}(\theta, \phi)$. Skizzieren Sie die Form der Ladungsverteilung an verschiedenen Punkten im Verlaufe einer Periode der Oszillation.

(e) Erläutern Sie die Beziehung zwischen der Zeitabhängigkeit der Ladungsverteilungen, die in dieser Aufgabe skizziert wurden, und der Bewegung des Elektrons im klassischen Modell des Zeeman-Effektes (Abschnitt 1.8).

2.11 *Angulare Eigenfunktionen*

Wir wollen unter Verwendung der Leiteroperatoren die Drehimpulseigenfunktionen finden, indem wir annehmen, dass es für einen bestimmten Wert l ein Maximum m_{max} der magnetischen Quantenzahl gibt. Dann gilt $Y_{l,m_{\text{max}}} \propto \Theta(\theta)e^{im_{\text{max}}\phi}$, und die Funktion $\Theta(\theta)$ ergibt sich aus

$$l_+\Theta(\theta) \exp(im_{\text{max}}\phi) = 0$$

(a) Zeigen Sie, dass $\Theta(\theta)$ die Gleichung

$$\frac{1}{\Theta(\theta)} \frac{\partial \Theta(\theta)}{\partial \theta} = m_{\text{max}} \frac{\cos\theta}{\sin\theta}$$

erfüllt.

(b) Bestimmen Sie die Lösung der Gleichung für $\Theta(\theta)$. (Beide Seiten haben die Form $f'(\theta)/f(\theta)$, wofür das Integral $\ln\{f(\theta)\}$ ist. Zeigen Sie durch Einsetzen dieser Lösung in (2.5), dass $b = m_{\text{max}}(m_{\text{max}} + 1)$, oder anders formuliert: reproduzieren Sie (2.10).

2.12 *Parität und Auswahlregeln*

Zeigen Sie, dass aus Gleichung (2.42) folgt, dass $l_2 - l_1$ ungerade ist. Beweisen Sie auf diese Weise, dass $\mathcal{I}_{\text{ang}}$ null ist, außer wenn Anfangs- und Endzustand entgegengesetzte Parität haben.

2.13 *Auswahlregeln für Wasserstoff*

Wasserstoffatome werden (durch einen Laserpuls, der einen Multi-Photon-Prozess anstößt) in eine spezielle Konfiguration angeregt und die darauffolgende spontane Emission wird durch einen Spektrographen aufgelöst. Spektrallinien im infraroten und im sichtbaren Bereich werden *nur* bei den Wellenlängen 4,05 μm, 1,87 μm und 0,656 μm detektiert. Erklären Sie diese Beobachtung und geben Sie für die Konfigurationen, die an diesen Übergängen beteiligt sind, die Werte von n und l an.

Lösungen finden Sie unter http://www.oldenbourg-verlag.de/foot/.

3 Helium

Das Heliumatom besitzt nur zwei Elektronen, doch diese Einfachheit ist nur eine schein-
bare. Die Behandlung von Systemen mit zwei Teilchen erfordert neue Konzepte, die in
vielen Zweigen der Physik und auch für Mehrteilchensysteme anwendbar sind, weshalb
es sehr hilfreich ist, diese am Beispiel von Helium zu studieren. Es liegt eine große
Wahrheit in dem Spruch, dass Atomphysiker „eins, zwei, viele" zählen, und ein genaues
Verständnis des Systems aus zwei Elektronen ist für einen großen Teil des in diesem
Buch behandelten Stoffes ausreichend.[1]

3.1 Der Grundzustand von Helium

Zwei Elektronen im Coulomb-Potential einer Ladung Ze (beispielsweise eines Atom-
kerns) genügen einer Schrödinger-Gleichung der Form

$$\left\{\frac{-\hbar^2}{2m}\nabla_1^2 + \frac{-\hbar^2}{2m}\nabla_2^2 + \frac{e^2}{4\pi\epsilon_0}\left(-\frac{Z}{r_1} - \frac{Z}{r_2} + \frac{1}{r_{12}}\right)\right\}\psi = E\psi \tag{3.1}$$

Hierbei ist $r_{12} = |\mathbf{r}_1 - \mathbf{r}_2|$ der Abstand zwischen Elektron 1 und Elektron 2, und die
elektrostatische Abstoßung der Elektronen ist proportional zu $1/r_{12}$. Wenn wir zunächst
einmal diese gegenseitige Abstoßung vernachlässigen, können wir die Gleichung in der
Form

$$(H_1 + H_2)\psi = E^{(0)}\psi \tag{3.2}$$

schreiben. Dabei ist

$$H_1 \equiv \frac{-\hbar^2}{2m}\nabla_1^2 - \frac{Z\,e^2}{4\pi\epsilon_0 r_1} \tag{3.3}$$

und H_2 ist der entsprechende Ausdruck für Elektron 2. Wir schreiben die Wellenfunktion
des Atoms als Produkt der Wellenfunktionen der beiden Elektronen, $\psi = \psi(1)\psi(2)$,
was es uns erlaubt, Gleichung (3.2) in zwei Schrödinger-Gleichungen für ein einzelnes
Elektron zu separieren. Wir betrachten also

$$H_1\psi(1) = E_1\psi(1) \tag{3.4}$$

sowie die entsprechende Gleichung für $\psi(2)$ mit der Energie E_2. Die Lösungen dieser Gleichungen sind Wasserstoff-Wellenfunktionen, deren Energien durch die Rydberg-
Formel gegeben sind. Helium hat die Ordnungszahl $Z = 2$ und im Grundzustand haben

---

[1] In diesem Buch werden nur solche Mehrelektronensysteme betrachtet, bei denen es ein oder zwei
Valenzelektronen „außerhalb" des kugelsymmetrischen Ladungskerns gibt.

beide Elektronen die Energie $E_1 = E_2 = -4hcR_\infty = -54{,}4\,\text{eV}$. Somit ist die Gesamtenergie des Atoms (unter Vernachlässigung der Abstoßung)

$$E^{(0)} = E_1 + E_2 = -109\,\text{eV} \tag{3.5}$$

Nun müssen wir noch die Störung berechnen, die aus der Abstoßung zwischen den
beiden Elektronen resultiert. Das System hat die räumliche Wellenfunktion

$$\psi_{1s^2} = R_{1s}^{Z=2}(r_1)\, R_{1s}^{Z=2}(r_2) \times \frac{1}{4\pi} \tag{3.6}$$

mit den in Tabelle 2.2 gegebenen radialen Wellenfunktionen.[2] Der Erwartungswert der
Abstoßung ist (siehe Abschnitt 3.3)

$$\frac{e^2}{4\pi\epsilon_0} \int_0^\infty \int_0^\infty \left[R_{1s}^{Z=2}(r_1)\, R_{1s}^{Z=2}(r_2) \right]^2 \frac{1}{r_{12}} r_1^2\,\mathrm{d}r_1^2\, r_2^2\,\mathrm{d}r_2^2 = 34\,\text{eV} \tag{3.7}$$

Addieren wir dies zu der Schätzung (nullter Ordnung) $E^{(0)}$, so erhalten wir die Energie $E(1s^2) = -109 + 34 = -75\,\text{eV}$. Es ist also eine Energie von $75\,\text{eV}$ erforderlich, um
beide Elektronen aus einem Heliumatom zu entfernen, wobei ein nackter Heliumkern
He^{++} zurückbleibt. Dies ist die zweite Ionisierungsenergie. Da $54{,}4\,\text{eV}$ nötig sind, um
von He$^+$ zu He^{++} zu gelangen, legt unsere Schätzung nahe, dass die erste Ionisierungsenergie (welche erforderlich ist, um aus He ein Elektron zu entfernen und auf diese
Weise He$^+$ zu erzeugen) näherungsweise IE(He) $\simeq 75 - 54 \simeq 21\,\text{eV}$ ist. Doch der Erwartungswert in (3.7) ist nicht klein im Vergleich zur Bindungsenergie, und daher hat
die Störung einen signifikanten Effekt auf die Wellenfunktionen. Die notwendige Korrektur der Wellenfunktionen kann durch die Variationsmethode erreicht werden.[3] Diese
Methode liefert einen Wert, der in der Nähe der gemessenen Ionisierungsenergie von
$24{,}6\,\text{eV}$ liegt. Helium hat wegen seiner geschlossenen ($n=1$)-Schale von allen Elementen
die höchste erste Ionisierungsenergie.

Nach dem Pauli-Prinzip können zwei Elektronen nicht den gleichen Satz von Quantenzahlen haben. Demzufolge muss es eine zusätzliche Quantenzahl geben, die mit den
beiden 1s-Elektronen im Grundzustand von Helium verbunden ist. Diese Quantenzahl
ist der **Spin,** der in Abschnitt 2.3.1 eingeführt wurde. Das beobachtete Auffüllen der
(Unter-)Schalen im Periodensystem bedeutet, dass es für jeden Satz räumlicher Quantenzahlen n, l, m_l zwei Spinzustände gibt.[4] Da jedoch die elektrostatischen Energien
nicht vom Spin abhängen, können wir die räumlichen Wellenfunktionen separat von
den Spin-Eigenfunktionen bestimmen.

---

[2] $1/\sqrt{4\pi}$ ist der angulare Teil einer s-Elektron-Wellenwellenfunktion.
[3] Dies ist ein Standardverfahren der Quantenmechanik, dessen Details in den entsprechenden Lehr-
    büchern nachzulesen sind. Die Grundidee besteht darin, die Energie durch einen Parameter auszu-
    drücken – im Falle von Helium einer effektiven Ordnungszahl – und diesen Ausdruck dann bezüglich
    des Parameters zu minimieren oder anders formuliert, die Variation der Energie als Funktion des
    gewählten Parameters zu untersuchen.
[4] Häufig wird die Formulierung verwendet, dass sich ein Elektron in einem Spin-up-Zustand und ein
    anderes in einem Spin-down-Zustand befindet. Was dies genau bedeutet, wird bei der Diskussion
    des Spins für die angeregten Zustände von Helium erklärt.

3.2   Die angeregten Zustände von Helium

Um die Energien der angeregten Zustände zu bestimmen, gehen wir genau so vor wie im Falle des Grundzustands. Zunächst vernachlässigen wir den Abstoßungsterm und separieren (3.1) in zwei Gleichungen für jeweils ein einzelnes Elektron. Diese haben die Lösungen[5]

$$u_{1s}(1) = R_{1s}(r_1) \times \frac{1}{\sqrt{4\pi}}$$
$$u_{nl}(2) = R_{nl}(r_2)Y_{l,m}(\theta_2, \phi_2)$$

für die Konfiguration $1snl$. Der räumliche Teil der Wellenfunktion des Atoms ist das Produkt

$$\psi_{\text{Raum}} = u_{1s}(1)u_{nl}(2) \tag{3.8}$$

Eine andere Wellenfunktion hat die gleiche Energie, nämlich

$$\psi_{\text{Raum}} = u_{1s}(2)u_{nl}(1) \tag{3.9}$$

Diese beiden Zustände stehen über eine Permutation der Elektronenindizes ($1 \leftrightarrow 2$) miteinander in Beziehung. Da die Energie nicht von der Indizierung identischer Teilchen abhängen kann, gibt es eine **Austauschentartung.** Um den Effekt des abstoßenden Terms auf dieses Paar von Wellenfunktionen mit gleicher Energie (entartete Zustände) zu untersuchen, müssen wir eine Störungsrechnung für entartete Zustände durchführen. Hierfür gibt es zwei Ansätze. Der eine besteht darin, zunächst Eigenzustände der Störung durch Linearkombination der Anfangszustände zu bilden.[6] In dieser neuen Basis ist die Bestimmung der Eigenenergien der Zustände einfach. Trotzdem ist es instruktiv, wenigstens einmal die vollständige Rechnung auszuführen.[7]

Wir schreiben die Schrödinger-Gleichung (3.1) in der Form

$$(H_0 + H')\psi = E\psi \tag{3.10}$$

mit $H_0 = H_1 + H_2$, und betrachten die gegenseitige Abstoßung der Elektronen $H' = e^2/4\pi\epsilon_0 r_{12}$ als Störung. Außerdem schreiben wir (3.2) in der Form

$$H_0\psi = E^{(0)}\psi \tag{3.11}$$

wobei $E^{(0)} = E_1 + E_2$ die ungestörte Energie ist. Indem wir (3.11) von (3.10) subtrahieren, erhalten wir für die durch die Störung bewirkte Energieänderung $\Delta E = E - E^{(0)}$

$$H'\psi = \Delta E\,\psi \tag{3.12}$$

---

[5] Die räumliche Wellenfunktion u enthält den radialen und den angularen Teil, doch die Energie hängt nicht von der magnetischen Quantenzahl ab. Deshalb lassen wir m als Index von u weg. Die Abstoßung von einer kugelsymmetrischen Wellenfunktion hängt nicht von der Orientierung des anderen Elektrons ab. Um dies mathematisch zu zeigen, könnten wir m durch die gesamte Rechnung mitführen und die resultierenden angularen Integrale untersuchen, was jedoch mühsam ist.

[6] Gesucht werden Eigenzustände von Symmetrieoperatoren, die mit dem Hamiltonoperator für die Wechselwirkung kommutieren (siehe Abschnitt 4.5).

[7] Im Lichte dieser Erfahrung können wir in Zukunft die Abkürzung nehmen.

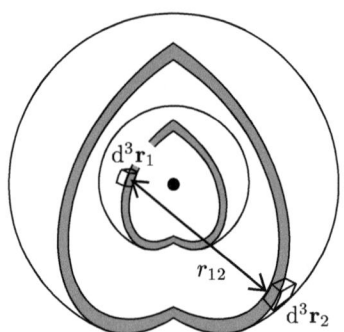

Abbildung 3.1: *Das direkte Integral in einer 1sns-Konfiguration von Helium entspricht einer Coulomb-Abstoßung zwischen zwei kugelsymmetrischen Ladungswolken, die von Schalen mit Ladungen wie den gezeigten gebildet werden.*

Ein allgemeiner Ausdruck erster Ordnung für die Wellenfunktion mit der Energie $E^{(0)}$ ist eine Linearkombination der Ausdrücke (3.8) und (3.9) mit beliebigen Konstanten a und b:

$$\psi = a\, u_{1s}(1)u_{nl}(2) + b\, u_{1s}(2)u_{nl}(1) \tag{3.13}$$

Einsetzen in (3.12), Multiplikation entweder mit $u_{1s}^*(1)u_{nl}^*(2)$ oder mit $u_{1s}^*(2)u_{nl}^*(1)$ und anschließende Integration über die räumlichen Koordinaten der beiden Elektronen (also r_1, θ_1, ϕ_1 und r_2, θ_2, ϕ_2) führt auf zwei gekoppelte Gleichungen, die wir in der Form

$$\begin{pmatrix} J & K \\ K & J \end{pmatrix} \begin{pmatrix} a \\ b \end{pmatrix} = \Delta E \begin{pmatrix} a \\ b \end{pmatrix} \tag{3.14}$$

schreiben können. Dies ist Gleichung (3.12) in Matrixform. Das **direkte Integral** ist

$$\begin{aligned} J &= \frac{1}{4\pi\epsilon_0} \int\int |u_{1s}(1)|^2 \frac{e^2}{r_{12}} |u_{nl}(2)|^2 \, \mathrm{d}\mathbf{r}_1^3 \, \mathrm{d}\mathbf{r}_2^3 \\ &= \frac{1}{4\pi\epsilon_0} \int\int \frac{\rho_{1s}(r_1)\rho_{nl}(r_2)}{r_{12}} \, \mathrm{d}\mathbf{r}_1^3 \, \mathrm{d}\mathbf{r}_2^3 \end{aligned} \tag{3.15}$$

wobei $\rho_{1s}(1) = -e|u_{1s}(1)|^2$ die Ladungsverteilung von Elektron 1 ist und entsprechend $\rho_{nl}(2)$ die von Elektron 2. Dieses direkte Integral repräsentiert die Coulomb-Abstoßung dieser Ladungswolken (Abbildung 3.1). Das **Austauschintegral** ist

$$K = \frac{1}{4\pi\epsilon_0} \int\int u_{1s}^*(1)u_{nl}^*(2) \frac{e^2}{r_{12}} u_{1s}(2)u_{nl}(1) \, \mathrm{d}\mathbf{r}_1^3 \, \mathrm{d}\mathbf{r}_2^3 \tag{3.16}$$

Anders als das direkte Integral hat dieses keine einfache klassische Interpretation, die mit Ladungsverteilungen (oder Wahrscheinlichkeitsverteilungen) operiert, denn das Austauschintegral hängt von der Interferenz der Amplituden ab. Die Kugelsymmetrie der 1s-Wellenfunktion erleichtert jedoch das Auswerten der Integrale (siehe Aufgaben 3.6 und 3.7).

Die Eigenwerte ΔE in (3.14) ergeben sich aus der Gleichung

$$\begin{vmatrix} J - \Delta E & K \\ K & J - \Delta E \end{vmatrix} = 0 \tag{3.17}$$

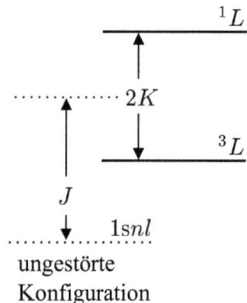

Abbildung 3.2: *Der Effekt des direkten und des Austauschintegrals auf eine 1snl-Konfiguration in Helium. Der Singulett- und der Triplettterm erfahren eine Energieaufspaltung, die doppelt so groß ist wie das Austauschintegral (2K).*

Die Lösungen dieser Determinantengleichung sind $\Delta E = J \pm K$. Das direkte Integral verschiebt beide Niveaus gemeinsam, während das Austauschintegral zu einer Energieaufspaltung von $2K$ führt (siehe Abbildung 3.2). Setzen wir dies wieder in Gleichung (3.14) ein, so erhalten wir die beiden Eigenvektoren, für die $b = a$ bzw. $b = -a$ gilt. Diese entsprechen symmetrischen (S) und antisymmetrischen (A) Wellenfunktionen:

$$\psi_{\text{Raum}}^{\text{S}} = \frac{1}{\sqrt{2}} \left\{ u_{1\text{s}}(1)u_{nl}(2) + u_{1\text{s}}(2)u_{nl}(1) \right\}$$

$$\psi_{\text{Raum}}^{\text{A}} = \frac{1}{\sqrt{2}} \left\{ u_{1\text{s}}(1)u_{nl}(2) - u_{1\text{s}}(2)u_{nl}(1) \right\}$$

Die Wellenfunktion $\psi_{\text{Raum}}^{\text{A}}$ hat eine Eigenenergie von $E^{(0)} + J - K$, und diese liegt unter der Energie $E^{(0)} + J + K$ für $\psi_{\text{Raum}}^{\text{S}}$. (Für die 1snl-Konfigurationen in Helium ist K positiv.)[8] Dies wird häufig so interpretiert, dass die Elektronen einander „meiden", also $\psi_{\text{Raum}}^{\text{A}} = 0$ für $r_1 = r_2$, und für diese Wellenfunktion ist die Wahrscheinlichkeit klein, Elektron 1 in der Nähe von Elektron 2 zu finden (siehe Aufgabe 3.3). Diese Antikorrelation der beiden Elektronen macht den Erwartungswert der Coulomb-Abstoßung zwischen den Elektronen kleiner als für $\psi_{\text{Raum}}^{\text{S}}$.

Für das Auftreten symmetrischer und antisymmetrischer Wellenfunktionen gibt es ein klassisches Analogon, das in Abbildung 3.3 illustriert ist. Ein System aus zwei miteinander wechselwirkenden Oszillatoren (beispielsweise verbunden durch eine Feder) mit der gleichen Resonanzfrequenz hat symmetrische und antisymmetrische Normalmoden wie in Abbildung 3.3(b) und (c). Diese Moden und ihre Frequenzen werden in Anhang A als Beispiel für die Anwendung der entarteten Störungstheorie in der *Newtonschen Mechanik* hergeleitet.[9]

Das Austauschintegral fällt mit wachsendem n und l, da sich dabei die Überlappung zwischen den Wellenfunktionen des angeregten Elektrons und des 1s-Elektrons reduziert. Diese Trends sind eine offensichtliche Konsequenz aus der Form der Wellenfunktionen: der mittlere Bahnradius des angeregten Elektrons wächst mit der Energie und folglich mit n; die Variation mit l tritt auf, weil das effektive Potential, welches vom

---

[8] Durch Einsetzen in die Ausgangsgleichung kann man leicht überprüfen, welche Wellenfunktion zu welchem Eigenwert gehört.

[9] Ein anderes Beispiel ist die klassische Behandlung des normalen Zeeman-Effekts.

(a)

(b)

(c)

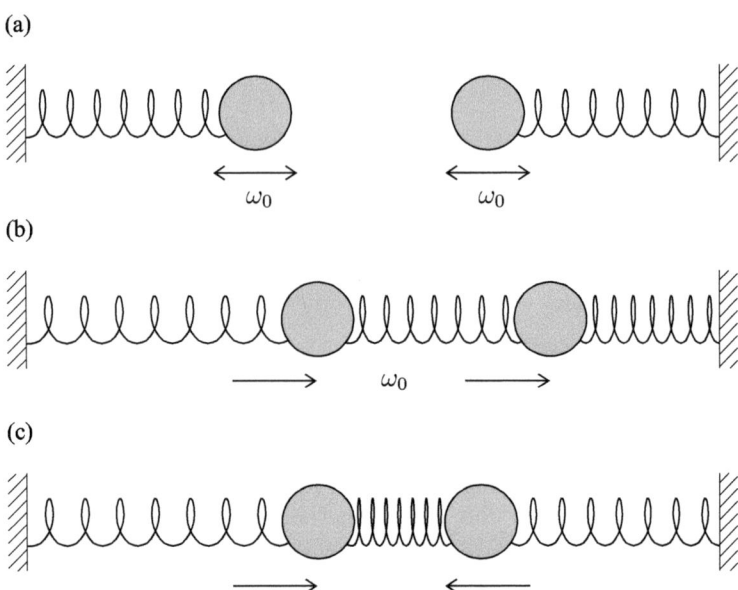

Abbildung 3.3: *Illustration zur entarteten Störungstheorie in einem klassischen System. (a) Zwei harmonische Oszillatoren mit der gleichen Frequenz ω_0. An jeder Feder ist an einem Ende eine Masse befestigt, während das andere Ende an einem festen Träger befestigt ist. Eine Wechselwirkung, die hier durch eine dritte Feder repräsentiert wird, welche die beiden Massen verbindet, koppelt die Bewegungen der beiden Massen. Die Normalmoden des Systems sind (b) eine phasengleiche Oszillation mit ω_0, bei der die mittlere Feder ihre Länge nicht ändert, und (c) eine phasenverschobene Oszillation mit einer höheren Frequenz. In Anhang A sind die Gleichungen für dieses System aus zwei Massen und drei Federn angegeben, außerdem die Gleichungen für das äquivalente System aus drei Massen, die durch zwei Federn verbunden sind. Letzteres modelliert ein Molekül mit drei Atomen (wie beispielsweise Kohlendioxid).*

Drehimpuls herrührt („Zentrifugalbarriere") dazu führt, dass die Wellenfunktion des angeregten Elektrons bei kleinem r klein ist. Allerdings geht das direkte Integral in der oben beschriebenen Behandlung nicht gegen null, wenn n und l wachsen, wie das folgende physikalische Argument zeigt. Das angeregte Elektron „sieht" die Kernladung von $+2e$, die von der Ladungsverteilung der 1s-Elektronen umgeben ist. Weit weg vom Kern, wo die Wellenfunktion des nl-Elektrons einen signifikanten Wert hat, spürt es ein Coulomb-Potential von $+1e$. Somit hat das angeregte Elektron eine Energie, die in der Größenordnung der Energie eines Elektrons im Wasserstoffatom liegt (siehe Abbildung 3.4). Allerdings sind wir von der Annahme ausgegangen, dass die Energien der 1s- und nl-Elektronen durch die Rydberg-Formel mit $Z = 2$ gegeben sind. Das direkte Integral J ist gleich der Differenz zwischen diesen Energien.[10] Diese Entdeckung war

---

[10] Dies sieht man auch an Gleichung (3.15). Die Integration über r_1, θ_1 und ϕ_1 führt auf ein abstoßendes Coulomb-Potential $\simeq e/4\pi\epsilon_0 r_2$, das einen Teil des anziehenden Potentials des Kerns aufhebt, wenn dort, wo ψ_1 signifikant ist, r_2 größer ist als r_1.

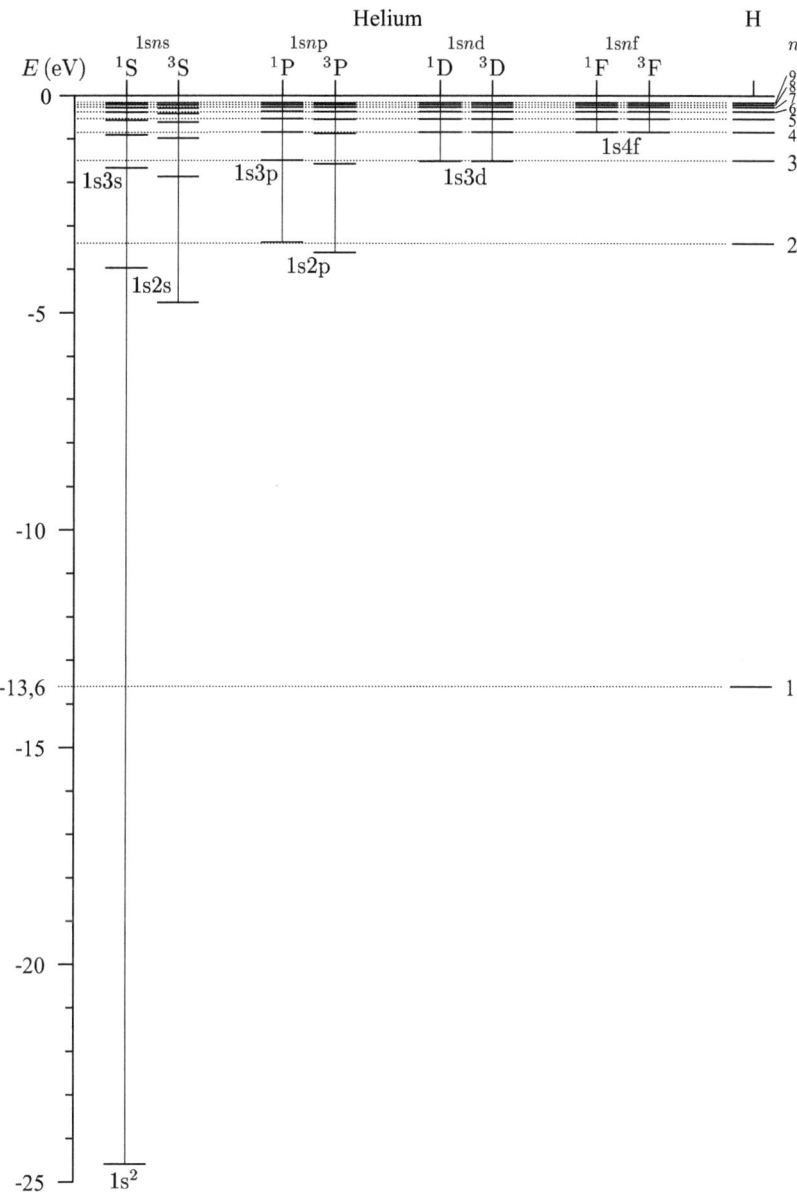

Abbildung 3.4: *Die Energieniveaus des Heliumatoms im Vergleich zu Wasserstoff. Die $1s^2$-Grundkonfiguration ist stark gebunden. Für angeregte Konfigurationen von Helium schirmt das 1s-Elektron das äußere Elektron von der Kernladung ab, sodass die 1snl-Konfigurationen in Helium eine ähnliche Energie haben wie die Schale mit der Hauptquantenzahl n in Wasserstoff. Die Wasserstoffniveaus sind auf der rechten Seite aufgetragen. Das Intervall zwischen dem ^{1}L- und dem ^{3}L-Term (doppelt so groß wie das Austauschintegral) ist für die Konfigurationen 1s2s, 1s2p, 1s3s, 1s3p und 1s4s deutlich zu erkennen, während es für größere n und l zu klein ist.*

ein früher Triumph der Wellenmechanik, denn zuvor war es nicht möglich gewesen, die Struktur von Helium zu berechnen.[11]

In diesem Abschnitt haben wir die Wellenfunktionen und die Energieniveaus von Helium durch direkte Berechnung gefunden. Im Nachhinein stellen wir jedoch fest, dass sich die Antwort aufgrund von Symmetrieüberlegungen vorwegnehmen lässt. Der Hamilton-Operator für die elektrostatische Abstoßung, der proportional ist zu $1/r_{12} \equiv 1/|\mathbf{r}_1 - \mathbf{r}_2|$, kommutiert mit dem Operator, der die Teilchenindizes 1 und 2 vertauscht (die Operation $1 \leftrightarrow 2$). (Es ist offensichtlich, dass dieser Operator den Wert von $1/r_{12}$ unverändert lässt.) Kommutierende Operatoren besitzen gemeinsame Eigenfunktionen. Diese Tatsache legt es nahe, die symmetrisierten Wellenfunktionen $\psi_{\text{Raum}}^{\text{A}}$ und $\psi_{\text{Raum}}^{\text{S}}$ einzuführen.[12] In dieser Basis von Eigenzustände ist es einfach, den Effekt der elektrostatischen Abstoßung zu berechnen.

3.2.1   Spin-Eigenzustände

Die elektrostatische Abstoßung zwischen zwei Elektronen führt zu den Wellenfunktionen $\psi_{\text{Raum}}^{\text{S}}$ und $\psi_{\text{Raum}}^{\text{A}}$ in den angeregten Zuständen des Heliumatoms. Der Grundzustand ist ein Spezialfall, in dem beide Elektronen die gleiche räumliche Wellenfunktion haben. Deshalb existiert dort nur die symmetrische Lösung. Den Spin haben wir nicht betrachtet, weil elektrostatische Wechselwirkungen von der Ladung der Teilchen abhängen und nicht von ihrem Spin. Weder H_0 noch H' enthalten irgendeinen Bezug zum Spin des Elektrons. Dennoch hat der Spin einen Effekt auf die Wellenfunktionen von Atomen. Die Ursache ist eine tiefe Verbindung zwischen dem Spin und der *Symmetrie* der Wellenfunktionen ununterscheidbarer Teilchen.[13] Beachten Sie, dass wir hier die Wellenfunktion des Gesamtsystems betrachten, in der sowohl der räumliche Teil (den wir im vorherigen Abschnitt bestimmt haben) und der Spinanteil enthalten ist. Fermionen haben Wellenfunktionen, die antisymmetrisch bezüglich Vertauschung von Teilchenindizes sind, während Bosonen diesbezüglich symmetrische Wellenfunktionen haben. Infolge dieser unterschiedlichen Symmetrien füllen Fermionen und Bosonen die Niveaus eines Systems auf unterschiedliche Weise auf, oder anders formuliert: sie genügen unterschiedlichen Quantenstatistiken.

Elektronen sind Fermionen, und somit haben Atome Gesamtwellenfunktionen, die antisymmetrisch in Bezug auf Permutationen der Elektronenindizes sind. Das bedeutet, dass zu $\psi_{\text{Raum}}^{\text{S}}$ eine antisymmetrische Spinfunktion $\psi_{\text{Spin}}^{\text{A}}$ gehören muss und umgekehrt:

$$\psi = \psi_{\text{Raum}}^{\text{S}}\,\psi_{\text{Spin}}^{\text{A}} \qquad \text{oder} \qquad \psi_{\text{Raum}}^{\text{A}}\,\psi_{\text{Spin}}^{\text{S}} \tag{3.18}$$

---

[11] Für Wasserstoff reproduziert die Lösung der Schrödinger-Gleichung die aus der Theorie von Bohr und Sommerfeld berechneten Energieniveaus. Allerdings liefert die Wellenmechanik mehr Informationen über Wasserstoff als die alte Quantentheorie, beispielsweise gestattet sie eine detaillierte Berechnung der Übergangsraten.

[12] Für zwei Teilchen führt zweimaliges Vertauschen der Teilchendizes wieder zur Ausgangssituation zurück, sodass $\psi(1,2) = \pm\psi(2,1)$. Die beiden möglichen Eigenwerte sind daher 1 für $\psi_{\text{Raum}}^{\text{S}}$ und -1 für $\psi_{\text{Raum}}^{\text{A}}$.

[13] Ununterscheidbarkeit bedeutet, dass die Teilchen identisch sind und die Freiheit haben, ihre Positionen zu tauschen. Beispiele sind die Atome eines idealen Gases, die in Abhängigkeit von ihrem Spin der Fermi-Dirac-Statistik oder der Bose-Einstein-Statistik genügen. Im Gegensatz dazu können Atome in einem Festkörper als unterscheidbar betrachtet werden, und zwar selbst dann, wenn sie identisch sind. Der Grund ist, dass sie im Festkörper feste Positionen haben – wir könnten Atom 1, 2 usw. markieren und wüssten zu einem späteren Zeitpunkt welches Atom welches ist.

Die so konstruierten **antisymmetrisierten** Wellenfunktionen erfüllen die Forderung nach einer bestimmten Symmetrie beim Vertauschen ununterscheidbarer Teilchen. Wir wollen nun die Spin-Eigenfunktionen explizit bestimmen. Dabei verwenden wir die Kurzschreibweise $\uparrow$ und $\downarrow$ für die Spinzustände $m_s = 1/2$ und $m_s = -1/2$. Bei zwei Elektronen gibt es vier mögliche Kombinationen: die drei symmetrischen Funktionen

$$\psi_{\text{Spin}}^{\text{S}} = \begin{cases} |\uparrow\uparrow\rangle \\ \frac{1}{\sqrt{2}}\{|\uparrow\downarrow\rangle + |\downarrow\uparrow\rangle\} \\ |\downarrow\downarrow\rangle \end{cases} \tag{3.19}$$

entsprechend $S = 1$ und $M_S = +1, 0, -1$ und eine antisymmetrische Funktion

$$\psi_{\text{Spin}}^{\text{A}} = \frac{1}{\sqrt{2}}\{|\uparrow\downarrow\rangle - |\downarrow\uparrow\rangle\} \tag{3.20}$$

entsprechend $S = 0$ (mit $M_S = 0$).[14] In der Spektroskopie werden die Eigenzustände der elektrostatischen Wechselwirkungen mit dem Symbol ^{2S+1}L gekennzeichnet, wobei S und L die Quantenzahlen für den Gesamtspin und den Bahndrehimpuls sind. Für die $1snl$-Konfigurationen in Helium ist $L = l$, daher sind die erlaubten Terme ^1L und ^3L. Beispielsweise treten für die Konfiguration $1s2s$ in Helium die Terme ^{1}S und ^{3}S auf, wobei S für $L = 0$ steht.[15]

Zusammengefasst können wir sagen, dass wir die Struktur von Helium in zwei verschiedenen Zuständen berechnet haben.

(1) **Energie** Die entartete Störungstheorie liefert die räumlichen Wellenfunktionen $\psi_{\text{Raum}}^{\text{S}}$ und $\psi_{\text{Raum}}^{\text{A}}$, deren Energien um einen Betrag aufgespalten sind, der doppelt so groß ist wie das Austauschintegral. In Helium tritt die Entartung (die der Aufspaltung vorausgeht) auf, weil die beiden Elektronen gleiche Ladung und Masse haben und es daher eine Austauschentartung gibt. Die Behandlung dieses Systems ist jedoch ähnlich wie für Systeme, in denen eine Entartung zufällig auftritt.

(2) **Spin** Wir haben den mit jedem Energieniveau verbundenen Spin bestimmt, indem wir antisymmetrisierte Wellenfunktionen konstruiert haben. Das Produkt der räumlichen Funktionen und der Spin-Eigenzustände liefert die Wellenfunktion für das gesamte Atom. Diese muss antisymmetrisch bezüglich der Vertauschung der Teilchenindizes sein.

Austauschentartung, Austauschintegrale, entartete Störungstheorie und symmetrisierte Wellenfunktionen – all dies kommt in Helium vor, und die Beziehungen dieser Konzepte untereinander sind nicht ganz trivial, was leicht zur Verwirrung führen kann.

---

[14] Diese Aussagen über das Ergebnis der Addition von zwei $(s=1/2)$-Drehimpulsen kann mithilfe formaler Drehimpulstheorie bewiesen werden. Bei einer vereinfachten Behandlung wird $S = 0$ so beschrieben, dass eines der Elektronen einen „Spin-up" und das andere „Spin-down" hat. Beide $(M_S=0)$-Zustände sind Linearkombinationen der Zustände $|m_{s1} = +1/2, m_{s2} = -1/2\rangle$ und $|m_{s1} = -1/2, m_{s2} = +1/2\rangle$.

[15] Der Buchstabe S scheint in dieser etablierten Notation etwas überstrapaziert, doch in der Praxis treten dabei keine Mehrdeutigkeiten auf. Das Symbol S für den Gesamtspin ist kursiv gesetzt, da es sich um eine Variable handelt. Die Symbole S für $L = 0$ und s für $l = 0$ sind dagegen nicht kursiv.

Eine häufig vorkommende Fehlinterpretation ist es, aus der Tatsache, dass Niveaus mit unterschiedlichem Gesamtspin $S = 0$ und 1 unterschiedliche Energien haben, auf eine spinabhängige Wechselwirkung zu schließen. Dies ist *nicht* korrekt, aber manchmal ist es in der Physik der kondensierten Materie hilfreich, so zu tun, als wäre dem so! (Siehe Blundell 2001.) Die Wechselwirkungen, welche die Grobstruktur von Helium bestimmen, sind vollkommen elektrostatisch und hängen nur von den Ladung und den Positionen der Teilchen ab. Die entartete Störungstheorie wird manchmal als ein mysteriöses Quantenkonzept betrachtet. In Anhang A gibt es hierzu eine etwas ausführlichere Diskussion, wobei anhand eines Beispiels gezeigt wird, dass symmetrische und antisymmetrische Normalmoden auftreten, wenn zwei klassische Systeme mit vergleichbaren Energien wechselwirken, also beispielsweise zwei gekoppelte Oszillatoren.

3.2.2   Übergänge in Helium

Um herauszufinden, welche Übergänge zwischen den Energieniveaus von Helium erlaubt sind, benötigen wir eine Auswahlregel für den Spin: Die Quantenzahl für den Gesamtspin ändert sich bei elektrischen Dipolübergängen nicht. In dem Matrixelement $\langle \psi_{\text{end}} | r | \psi_{\text{anfang}} \rangle$ wirkt der Operator r nicht auf den Spin. Wenn daher ψ_{end} und ψ_{anfang} nicht den gleichen Wert von S haben, sind ihre Spinfunktionen orthogonal und das Matrixelement ist gleich null.[16] Diese Auswahlregel liefert die in Abbildung 3.5 gezeigten Übergänge.

3.3   Auswertung der Integrale für Helium

In diesem Abschnitt werden wir das direkte und das Austauschintegral berechnen, um quantitative Vorhersagen für einige der Energieniveaus im Heliumatom treffen zu können. Dabei stützen wir uns auf die in den vorherigen Abschnitten erläuterte Theorie. Auf diese Weise bekommen wir ein Beispiel für die Verwendung von atomaren Wellenfunktionen beim Ausführen von Berechnungen in Situationen, wo es keine zugehörigen klassischen Bahnen gibt – und außerdem bekommen wir eine Ahnung von der Komplexität, die in Systemen mit mehr als einem Elektron auftritt. Das Auswerten der Integrale erfordert einige Sorgfalt. Weitere Einzelheiten der Rechnung sind in Anhang B gegeben. Das Wichtigste, was dieser Abschnitt vermitteln soll, sind jedoch nicht die mathematischen Methoden, sondern ein Verständnis, wie die Integrale aus der quantenmechanischen Behandlung der Coulomb-Wechselwirkung zwischen Elektronen resultieren.

3.3.1   Grundzustand

Um die Energie der $1s^2$-Konfiguration zu bestimmen, benötigen wir den Erwartungswert von $e^2/4\pi\epsilon_0 r_{12}$ in (3.1) – diese Rechnung ist die gleiche wie bei der gegenseitigen Abstoßung zwischen zwei Ladungsverteilungen in der klassischen Elektrostatik, wie in Gleichung (3.15) mit $\rho_{1s}(r_1)$ und $\rho_{nl}(r_2) = \rho_{1s}(r_2)$. Das Integral kann auf zwei unterschiedliche Weisen betrachtet werden. Wir können entweder die Ladungsverteilung

---

[16] Dies ist ein Vorgriff auf eine allgemeinere Diskussion dieser und anderer Auswahlregeln für das LS-Kopplungsschema, das in einem späteren Kapitel folgt.

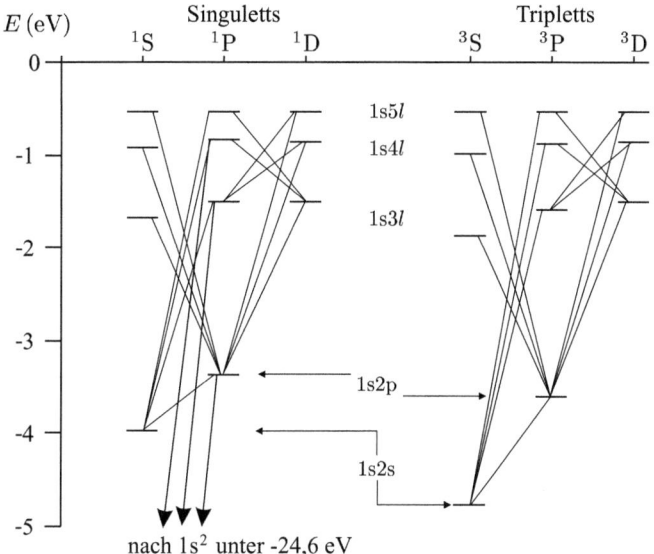

Abbildung 3.5: *Die erlaubten Übergänge zwischen den Termen von Helium werden außer durch die bereits gefundene Regel $\Delta l = \pm 1$ durch die Auswahlregel $\Delta S = 0$ bestimmt. Da es keine Übergänge zwischen Singuletts und Tripletts gibt, ist es zweckmäßig, sie als zwei separate Systeme zu zeichnen. Beachten Sie, dass beim Strahlungszerfall von Heliumatomen aus hohen Energieniveaus die metastabilen Terme 1s2s ^{1}S und 1s2s ^{3}S eine Art Flaschenhals darstellen.*

von Elektron 1 in dem von Elektron 2 erzeugten Potential berechnen oder umgekehrt. In diesem Abschnitt wird ein anderer Weg gewählt, nämlich eine Methode, die jedes Elektron symmetrisch behandelt (wie in Anhang B), wobei natürlich jeder Weg zum gleichen numerischen Ergebnis führt. Elektron 1 erzeugt ein elektrostatisches Potential im radialen Abstand r_2, das durch

$$V_{12}(r_2) = \int_0^{r_2} \frac{1}{4\pi\epsilon_0 r_{12}} \, \rho(r_1) \, \mathrm{d}^3\mathbf{r}_1 \tag{3.21}$$

gegeben ist. Wegen der Kugelsymmetrie der s-Elektronen wirkt die Ladung in der Region $r_1 < r_2$ wie eine Punktladung im Ursprung, sodass

$$V_{12}(r_2) = \frac{Q(r_2)}{4\pi\epsilon_0 r_2}$$

wobei $Q(r_2)$ die Ladung innerhalb einer Kugel vom Radius r_2 ist. Diese ist gegeben durch[17]

$$Q(r_2) = \int_0^{r_2} \rho(r_1) \, 4\pi r_1^2 \, \mathrm{d}r_1 \tag{3.22}$$

---

[17] Hier ist $Q(\infty) = -e$.

Die aus der Abstoßung resultierende elektrostatische Energie ist gleich

$$E_{12} = \int_0^\infty V_{12}(r_2)\rho(r_2)\, 4\pi r_2^2\, \mathrm{d}r_2 \tag{3.23}$$

Für die $1s^2$-Konfiguration gibt es einen identischen Betrag zur Energie, der von $V_{21}(r_1)$ herrührt, dem (partiellen) Potential bei r_1, das vom Elektron 2 erzeugt wird. Somit ist die Gesamtenergie der Abstoßung zwischen den Elektronen doppelt so groß wie die durch (3.23) gegebene.[18] Unter Verwendung der radialen Wellenfunktion für ein 1s-Elektron finden wir

$$J_{1s^2} = 2 \cdot \frac{e^2}{4\pi\epsilon_0} \int_0^\infty \left\{ \int_0^{r_2} \frac{1}{r_1}\, 4Z^3\, \mathrm{e}^{-(Z/a_0)2r_1}\, r_1^2\, \mathrm{d}r_1 \right\} 4Z^3\, \mathrm{e}^{-(Z/a_0)2r_2}\, r_2^2\, \mathrm{d}r_2$$

$$= \frac{e^2/4\pi\epsilon_0}{2a_0}\, \frac{5}{4}\, Z = (13{,}6\,\mathrm{eV}) \cdot \frac{5}{4}\, Z \tag{3.24}$$

Für Helium folgt hieraus $J_{1s^2}^{Z=2} = 34\,\mathrm{eV}$.

3.3.2 Angeregte Zustände: Das direkte Integral

Die Energie einer $1snl$-Konfiguration von Helium liegt nahe bei der eines nl-Elektrons in Wasserstoff. Beispielsweise hat das 2p-Elektron in der 1s2p-Konfiguration eine ähnliche Bindungsenergie wie zur $(n=2)$-Schale von Wasserstoff. Die nach dem bohrschen Modell offensichtliche Erklärung ist die, dass das 2p-Elektron außerhalb der 1s-Bahn liegt, sodass das innere Elektron das äußere von der Kernladung abschirmt. Die Übertragung dieses Arguments auf die quantenmechanische Behandlung von Helium führt auf den Hamilton-Operator $H = H_{0a} + H_a'$ mit[19]

$$H_{0a} = -\frac{\hbar^2}{2m}\left(\nabla_1^2 + \nabla_2^2\right) - \frac{e^2}{4\pi\epsilon_0}\left(\frac{2}{r_1} + \frac{1}{r_2}\right) \tag{3.25}$$

und

$$H_a' = \frac{e^2}{4\pi\epsilon_0}\left(\frac{1}{r_{12}} - \frac{1}{r_2}\right) \tag{3.26}$$

In dem Ausdruck für H_{0a} spürt Elektron 2 die Coulomb-Anziehung einer Ladung $+1e$. In dem Ausdruck für H_a' bedeutet die Subtraktion von $e^2/4\pi\epsilon_0 r_2$ von dem Abstoßungsterm, dass die Störung für große Abstände vom Kern gegen null geht (was plausibel

---

[18] Wie üblich bei Berechnungen der Wechselwirkung zwischen elektrischen Ladungsverteilungen muss man darauf achten, doppelte Zählungen zu vermeiden. Diese Methode umgeht diese Klippe, wie durch das allgemeine Argument in Anhang B gezeigt wird. Eine alternative Methode wird in Woodgate (1980), Problem 5.5, verwendet.

[19] Der Effekt der Abstoßung proportional zu $1/r_{12}$ kann mithilfe von Potentialen wie (3.21) (und Anhang B) betrachtet werden. Das Potential an der Stelle des äußeren Atoms (r_2), das aus der Ladungsverteilung von Elektron 1 resultiert, ist für einen großen Teil der Gesamtabstoßung verantwortlich: in der Region, wo $\rho_{nl}(r_2)$ einen nennenswerten Beitrag hat, gilt $V_{12}(r_2) \simeq e^2/4\pi\epsilon_0 r_2$. Folglich ist es sinnvoll, den Term $e^2/4\pi\epsilon_0 r_2$ im Hamilton-Operator nullter Ordnung H_{0a} zu berücksichtigen und den (kleinen) verbleibenden Teil als eine Störung H_a' zu behandeln.

erscheint). Diese Zerlegung unterscheidet sich von der in Abschnitt 3.1. Die unterschied-
liche Behandlung der beiden Elektronen macht die Störungsrechnung etwas knifflig.
Heisenberg gelang die Berechnung, was in Bethe und Salpeter (1957) oder Bethe und
Salpeter (1977) beschrieben ist. Er fand das direkte Integral

$$J_{1snl} = \frac{e^2}{4\pi\epsilon_0} \int \int \left(\frac{1}{r_{12}} - \frac{1}{r_2}\right) |u_{1s}(1)|^2 \, |u_{nlm}(2)|^2 \, d^3\mathbf{r}_1 \, d\mathbf{r}_2 \tag{3.27}$$

Dies muss mit den richtigen Wellenfunktionen ausgewertet werden, also $u_{nlm}^{Z=1}$ anstatt
$u_{nlm}^{Z=2}$, und $u_{1s}^{Z=2}$ wie zuvor.[20] Für das angeregte Elektron gilt $u_{nlm} = R_{nl}(r)Y_{lm}(\theta, \phi)$,
wobei $R_{nl}(r)$ die radiale Funktion für $Z = 1$ ist. Wir schreiben das radiale Integral in
der Form

$$J_{1snl} = \frac{e^2}{4\pi\epsilon_0} \int_0^\infty \int_0^\infty J(r_1, r_2) \, R_{10}^2(r_1) R_{nl}^2(r_2) r_1^2 \, dr_1 \, r_2^2 \, dr_2 \tag{3.28}$$

wobei die angularen Teile in der Funktion[21]

$$J(r_1, r_2) = \int_0^{2\pi} \int_0^\pi \int_0^{2\pi} \int_0^\pi \left(\frac{1}{r_{12}} - \frac{1}{r_2}\right) \frac{1}{4\pi} |Y_{lm}(\theta_2, \phi_2)|^2$$
$$\times \sin\theta_1 \, d\theta_1 d\phi_1 \, \sin\theta_2 \, d\theta_2 \, d\phi_2 \tag{3.29}$$

enthalten sind. Die Berechnung dieses Integrals erfordert die Entwicklung von $1/r_{12}$
nach Kugelfunktionen:[22]

$$\frac{1}{r_{12}} = \frac{1}{r_2} \sum_{k=0}^\infty \left(\frac{r_1}{r_2}\right)^k \frac{4\pi}{2k+1} \sum_{q=-k}^k Y_{k,q}^*(\theta_1, \phi_1) \, Y_{k,q}(\theta_2, \phi_2) \tag{3.30}$$

Hierbei ist $r_2 > r_1$ (bzw. $r_1 \leftrightarrow r_2$ falls $r_1 > r_2$). Bei der Integration über die Winkel
in (3.29) bleibt nur der Term für $k = 0$ übrig, sodass[23]

$$J(r_1, r_2) = \begin{cases} 0 & \text{für } r_1 < r_2 \\ 1/r_1 - 1/r_2 & \text{für } r_1 > r_2 \end{cases}$$

Für $r_1 < r_2$ können wir das ursprüngliche Abschirmargument anwenden, sodass (3.25)
eine gute Beschreibung liefert. Für $r_1 > r_2$ ist das Potential proportional zu $-2/r_2 - 1/r_1$
und $J(r_1, r_2)$ ist verantwortlich für den Unterschied zwischen diesem Ausdruck und dem
in H_{0a} verwendeten $-2/r_1 - 1/r_2$. Wir erhalten also

$$J_{1snl} = \frac{e^2}{4\pi\epsilon_0} \int_0^\infty \left\{ \int_{r_2}^\infty \left(\frac{1}{r_1} - \frac{1}{r_2}\right) R_{10}^2(r_2) \, r_1^2 \, dr_1 \right\} R_{nl}^2(r_2) \, r_2^2 \, dr_2 \tag{3.31}$$

---

[20] Wir haben dieses Integral nicht rigoros hergeleitet, doch scheint seine Form plausibel.
[21] $Y_{00}(\theta_1, \phi_1) = 1/\sqrt{4\pi}$
[22] $Y_{k,q}^*(\theta_1, \phi_1) = (-1)^q Y_{k,-q}(\theta_1, \phi_1)$
[23] Für $k \neq 0$ ist das Integral der Funktion $Y_{k,q}^*(\theta_1, \phi_1)$ über θ_1 und ϕ_1 gleich null.

Die Auswertung dieses Integrals für die 1s2p-Konfiguration (siehe Aufgabe 3.6) liefert $J_{1s2p} = -2{,}8 \times 10^{-2}\,\text{eV}$, was um drei Größenordnungen kleiner ist als $J_{1s^2}^{Z=2}$ in (3.7) (was aus (3.24) berechnet ist). Die Energie der ungestörten Wellenfunktion für $Z = 1$ ist gleich der des entsprechenden Niveaus in Wasserstoff und das kleine negative direkte Integral widerspiegelt die Unvollkommenheit der Abschirmung des nl-Elektrons durch das innere Elektron.

3.3.3   Angeregte Zustände: Das Austauschintegral

Das Austauschintegral hat die gleiche Form wie in (3.16), jedoch mit $u_{nlm}^{Z=1}$ anstatt mit $u_{nlm}^{Z=2}$ (und $u_{1s}^{Z=2}$ wie zuvor). In der räumlichen Wellenfunktion $z_{nlm} = R_{nl}(r)Y_{lm}(\theta, \phi)$ hängt nur der radiale Teil von Z ab. Wir schreiben das Austauschintegral als

$$K_{1snl} = \frac{e^2}{4\pi\epsilon_0} \iint K(r_1, r_2)\, R_{1s}(r_1)R_{nl}(r_1)R_{1s}(r_2)R_{nl}(r_2)\, r_1^2\,\mathrm{d}r_1\, r_2^2\,\mathrm{d}r_2$$

(3.32)

(vgl. (3.28)). Die Funktion $K(r_1, r_2)$, die die angularen Integrale enthält, ist (vgl. (3.29))

$$K(r_1, r_2) = \iiiint \frac{1}{r_{12}} Y_{lm}^*(\theta_1, \phi_1)\, \frac{1}{4\pi} Y_{lm}(\theta_2, \phi_2)$$
$$\times \sin\theta_1\,\mathrm{d}\theta_1\,\mathrm{d}\phi_1\,\sin\theta_2\,\mathrm{d}\theta_2\,\mathrm{d}\phi_2 \quad (3.33)$$

Für die 1snp-Konfiguration bleibt wegen der Orthogonalität der Kugelfunktionen bei der Integration nur der zweite Term der Entwicklung in (3.30) übrig (siehe Aufgabe 3.7). Wir erhalten

$$K(r_1.r_2) = \begin{cases} r_1/3r_2^2 & \text{für } r_1 < r_2 \\ r_2/3r_1^2 & \text{für } r_2 < r_1 \end{cases}$$

(3.34)

Die Integration über die radialen Wellenfunktionen für die 1s2p-Konfiguration in (3.32) ergibt eine Aufspaltung zwischen ^{3}P und ^{1}P wie $2\,K_{1s2p} \simeq 0{,}21\,\text{eV}$ (also nahe dem gemessenen Wert von $0{,}25\,\text{eV}$).

Die Annahme, dass das angeregte Elektron außerhalb der 1s-Wellenfunktion liegt, bringt für 1sns-Konfigurationen nicht sehr viel, da $\psi_{ns}(0)$ einen endlichen Wert hat und das obige Verfahren zur Berechnung von J und K weniger genau ist.[24] Die 1s2s-Konfiguration von Helium hat eine Singulett-Triplett-Aufspaltung von $E(^1\text{S}) - E(^3\text{S}) = 2K_{1s2s} \simeq 0{,}80\,\text{eV}$ und das direkte Integral ist ebenfalls größer als das für 1s2p. Diese Trends sind in Abbildung 3.4 klar zu erkennen (siehe auch Aufgabe 3.7).[25]

---

[24] Für kleine r weicht die Wellenfunktion eines ns-Elektrons signifikant von $u_{ns}^{Z=1}$ ab. Aus diesem Grund wurde oben 1s2p als Beispiel genommen.

[25] Die Überlappung der 1s und der nl-Wellenfunktion wird mit wachsenden n und l kleiner. In Heisenbergs Behandlung, die die Abschirmung berücksichtigt, liefert das direkte Integral die Abweichung von den Wasserstoff-Niveaus (die durch einen Quantendefekt wie bei den Alkalimetallen charakterisiert werden können; siehe Kapitel 4). Für Elektronen mit $l \neq 0$ bewirkt der Term $\hbar^2 l(l+1)/2mr^2$ in der Schrödinger-Gleichung, dass die Wellenfunktion fast vollständig außerhalb des Bereichs liegt, in dem $u_{1s}^{Z=2} = R_{1s}(r)/\sqrt{4\pi}$ einen signifikanten Wert hat.

Helium ist in mancherlei Hinsicht ein typischeres Atom als Wasserstoff. Die Schrödinger- und die Dirac-Gleichung können für Systeme mit einem Elektron exakt gelöst werden, was jedoch für Helium und andere Atome mit mehreren Elektronen nicht möglich ist. Bei einer sorgfältigen Behandlung des Heliumatoms begegnen wir somit jenen Approximationen, die wir auch für Mehrelektronensysteme benötigen werden. In diesem Sinne ist das Heliumatom sehr wichtig für das Verständnis der Struktur von Atomen überhaupt. Außerdem ist Helium ein gutes Beispiel für die Besetzung der Zustände von Quantensystemen durch identische Teilchen. Die Energieniveaus des Heliumatoms (und die Existenz des Austauschintegrals) hängen nicht davon ab, dass die beiden Elektronen identisch sind, was in den Aufgaben 3.3 und 3.4 demonstriert wird. Dies ist allerdings ein Punkt, der häufig zu Verwirrungen führt. Die im Folgenden empfohlenen Bücher zur vertiefenden Lektüre bieten klare und exakte Beschreibungen des Heliumatoms.

Weiterführende Literatur

Die empfohlenen Bücher lassen sich entsprechend den beiden Hauptthemen dieses Kapitels zwei verschiedenen Kategorien zuordnen. Zur ersten Kategorie gehören Bücher, in denen beschrieben wird, wie man die elektrostatische Energie in Atomen mit mehr als einem Elektron berechnet. Dabei werden Prinzipien eingeführt, die allgemein in Atomen mit mehreren Elektronen verwendet werden können. Die zweite Kategorie bilden Bücher, in denen der Einfluss identischer Teilchen auf die Statistik von Quantensystemen diskutiert wird, ein Thema, das für die gesamte Physik von Bedeutung ist. Der Einfluss identischer Teilchen auf die Besetzung der Quantenzustände eines Systems mit vielen Teilchen, also die Bose-Einstein- und die Fermi-Dirac-Statistik, werden in Büchern zur statistischen Mechanik behandelt. Gute Beschreibungen von Helium findet man zum Beispiel in Cohen-Tannoudji *et al.* (1977), Woodgate (1980) und Mandl (1992). Die Berechnung des direkten Integrals und des Austauschintegrals in Abschnitt 3.3 basiert auf der maßgeblichen Arbeit von Bethe und Salpeter (1957); siehe auch Bethe und Jackiw (1986).

Ein sehr instruktiver Vergleich lässt sich zwischen den Eigenschaften der beiden Elektronen in Helium und der Kernspin-Statistik von Molekülen aus zwei Atomen mit gleichem Kern ziehen, was in Atkins (1983, 1994) beschrieben wird.[26] Es gibt zweiatomige Moleküle, deren Kerne identische Bosonen oder identische Fermionen sind, außerdem Fälle mit ähnlichen, aber nicht identischen Teilchen. Die Untersuchung dieser Systeme eröffnet eine breitere Perspektive als das Studium von Helium allein. Die Kerne der beiden Atome eines Wasserstoffmoleküls sind Protonen und somit Fermionen (wie die beiden Elektronen in Helium).[27] Aus Gründen, die in den oben genannten Referenzen dargelegt werden, ist es möglich, nur diejenigen Anteile der molekularen Wellenfunktion zu betrachten, die die Rotation und die Kernspin-Zustände beschreiben (ψ_{rot} und ψ_I, die räumliche bzw. Spinwellenfunktion). Für H_2 muss die Wellenfunktion insgesamt antisymmetrisch bezüglich der Vertauschung von Teilchenindizes sein, da die Kerne

---

[26] Diese Bücher bieten auch einen Überblick über das Heliumatom. Die Quantenmechanik dieser Molekülsysteme ist sehr eng verwandt mit der Atomphysik.

[27] Die Wellenfunktion des Wasserstoffmoleküls ist austauschsymmetrisch – vereinfacht gesagt, sieht das Molekül gleich aus, nachdem es um 180° gedreht wurde.

Protonen sind, die jeweils den Spin 1/2 haben. Dies bedeutet, dass eine Rotations-
wellenfunktion immer mit einer Spinwellenfunktion der entgegengesetzten Symmetrie
gepaart sein muss, also

$$\psi_{\text{Molekül}} = \psi_{\text{rot}}^{\text{S}} \psi_I^{\text{A}} \qquad \text{oder} \qquad \psi_{\text{rot}}^{\text{A}} \psi_I^{\text{S}} \tag{3.35}$$

Dies ist analog zu den Wellenfunktionen für Helium (siehe 3.18). Wie in Abschnitt 3.2.1
beschrieben, liefern die beiden Spin-1/2-Kerne in einem Wasserstoffmolekül einen Ge-
samt-(-kern-)spin von 0 oder 1 mit einem bzw. drei Zuständen. Das 1:3-Verhältnis der
Anzahl der mit den Energieniveaus verbundenen Kernspinzustände für $\psi_{\text{rot}}^{\text{S}}$ und $\psi_{\text{rot}}^{\text{A}}$
beeinflusst die Populationen in diesen Energieniveaus in einer Weise, die in Molekül-
spektren unmittelbar beobachtet werden kann (die Intensität der Linien im Spektrum
hängt von der Population im Anfangsniveau ab). Das aus Wasserstoff und Deuterium
gebildete Molekül HD hat keine identischen Kerne, sodass es keine überall zu erfül-
lende Symmetrie gibt. Es hat jedoch, abgesehen von der Masseabhängigkeit, ähnliche
Energieniveaus wie H_2. Dies liefert ein reales physikalisches Beispiel, in dem die Statistik davon abhängt, ob die Teilchen identisch sind, nicht aber die Energie des Systems.
Aufgabe 3.4 befasst sich mit einem konstruierten Beispiel: einem heliumähnlichen System, welches die gleichen Energieniveaus hat wie ein Heliumatom und folglich auch das
gleiche direkte und das gleiche Austauschintegral, obwohl die konstituierenden Teilchen
nicht identisch sind.

Aufgaben

Schwierige Aufgaben sind mit einem * gekennzeichnet.

3.1 *Abschätzung der Bindungsenergie von Helium*

(a) Schreiben Sie die Schrödinger-Gleichung für das Heliumatom auf und erläutern Sie für jeden Term dessen physikalische Bedeutung.

(b) Schätzen Sie die Gleichgewichtsenergie eines Elektrons ab, das an eine Ladung $+Ze$ gebunden ist. Minimieren Sie zu diesem Zweck

$$E(r) = \frac{\hbar^2}{2mr^2} - \frac{Ze^2}{4\pi\epsilon_0 r}$$

(c) Berechnen Sie die Abstoßungsenergie zwischen den beiden Elektronen eines
Heliumatoms unter der Annahme $r_{12} \sim r$. Schätzen Sie ausgehend davon die
Ionisierungsenergie von Helium ab.

(d) Schätzen Sie die Energie ab, die erforderlich ist, um ein weiteres Elektron
aus dem heliumähnlichen Ion Si^{12+} zu entfernen. Berücksichtigen Sie dabei
die Skalierung der Energieniveaus mit Z und den Erwartungswert für die
elektrostatische Abstoßung. Der experimentelle Wert liegt bei 2400 eV. Vergleichen Sie die Genauigkeiten Ihrer Schätzungen für Si^{12+} und Helium. (Die
Ionisierungsenergie von Helium ist 24,6 eV.)

3.2 *Direktes Integral und Austauschintegral für beliebige Systeme*

    (a) Verifizieren Sie, dass der Erwartungswert $\langle \psi^A | H' | \psi^A \rangle$ für

$$\psi^A(r_1, r_2) = \frac{1}{\sqrt{2}} \left\{ u_\alpha(r_1) u_\beta(r_2) - u_\alpha(r_2) u_\beta(r_1) \right\}$$

    und $H' = e^2/4\pi\epsilon_0 r_{12}$ die Form $J - K$ hat und geben Sie die Ausdrücke für J und K an.

    (b) Schreiben Sie die Wellenfunktion für ψ^S auf, die orthogonal zu ψ^A ist.

    (c) Zeigen Sie, dass H' in dieser Basis diagonal ist, also $\langle \psi^A | H' | \psi^S \rangle = 0$.

3.3 *Austauschintegrale für eine deltaförmige Wechselwirkung*
Ein Teilchen in einem Kastenpotential ($V(x) = 0$ für $0 < x < \ell$ und $V(x) = \infty$ sonst) hat die normierten Eigenfunktionen $u_0(x) = \sqrt{2/\ell}\,\sin(\pi x/\ell)$ und $u_1(x) = \sqrt{2/\ell}\,\sin(2\pi x/\ell)$.

    (a) Wie lauten die Eigenenergien E_0 und E_1 dieser beiden Wellenfunktionen für ein Teilchen der Masse m?

    (b) Die beiden Teilchen mit der gleichen Masse m seien beide im Grundzustand, sodass die Energie des Gesamtsystems $2E_0$ ist. Berechnen Sie die von einer punktförmigen Wechselwirkung (beschrieben durch das Potential $a\,\delta(x_1 - x_2)$ mit einer Konstante a) ausgehende Störung.

    (c) Angenommen, die beiden wechselwirkenden Teilchen besetzen den Grundzustand und den ersten angeregten Zustand. Zeigen Sie, dass dann das direkte Integral und das Austauschintegral gleich sind. Zeigen Sie außerdem, dass die deltaförmige Wechselwirkung zu keiner Energieverschiebung der antisymmetrischen räumlichen Wellenfunktion führt und erklären Sie diese Tatsache anhand von Teilchenkorrelationen. Berechnen Sie die Energie des anderen Niveaus des gestörten Systems.

    (d) Skizzieren Sie für die beiden in Teil (c) gefundenen Energieniveaus die räumliche Wellenfunktion als Funktion der Koordinaten der beiden Teilchen x_1 und x_2. Die Teilchen bewegen sich in einer Dimension, doch die Zweiteilchen-Wellenfunktion existiert in einem zweidimensionalen Hilbert-Raum. Zeichnen Sie entweder einen Konturplot in der x_1-x_2-Ebene oder versuchen Sie eine dreidimensionale Darstellung (von Hand oder mit dem Computer).

    (e) Die beiden Teilchen sind identisch und haben den Spin $1/2$. Wie lautet die Quantenzahl S des Gesamtspins, der mit den in Teil (c) gefundenen Energieniveaus verbunden ist?

    *(f) Diskutieren Sie qualitativ die Energieniveaus dieses Systems für zwei Teilchen, die leicht unterschiedliche Massen $m_1 \neq m_2$ haben und somit unterscheidbar sind. [*Hinweis.* Der Spin ist nicht angegeben, da er für nicht identische Teilchen unwichtig ist.]

Anmerkung. Die antisymmetrische räumliche Wellenfunktion in Teil (c) hat offensichtlich andere Eigenschaften als das Produkt $u_0 u_1$. Im Austauschintegral manifestiert sich die Verschränkung des Mehrteilchensystems.

3.4 *Ein heliumähnliches System mit nicht identischen Teilchen*
Angenommen, es existiert ein exotisches Teilchen mit gleicher Masse und Ladung wie das Elektron, jedoch mit Spin $3/2$ (sodass es also nicht mit dem Elektron identisch ist). Dieses Teilchen und ein Elektron bilden einen gebundenes System mit einem Heliumkern. Vergleichen Sie die Energieniveaus dieses Systems mit denen des Heliumatoms. Beschreiben Sie die Energieniveaus eines Systems mit zwei dieser exotischen Teilchen, die an einen Heliumkern gebunden sind (ohne Elektron). [*Hinweis.* Es ist nicht notwendig, die Werte der mit den Niveaus verbundenen Gesamtspins zu spezifizieren.]

3.5 *Die Integrale in Helium*

   (a) Zeigen Sie, dass das Integral in (3.24) den durch 3.7 gegebenen Wert liefert.

   (b) Schätzen Sie unter Verwendung des Variationsprinzips die Grundzustandsenergie von Helium ab. (Die Details dieser Methode sind in diesem Buch nicht ausgeführt; beachten Sie aber die Hinweise im Abschnitt Weiterführende Literatur.)

3.6 *Berechnung der Integrale für die 1s2p-Konfiguration*

   (a) Zeichnen Sie ein Skalendiagramm von $R_{1s}^{Z=2}(r)$, $R_{2s}^{Z=1}(r)$ und $R_{2p}^{Z=1}(r)$. (Siehe Tabelle 2.2.)

   (b) Berechnen Sie das direkte Integral in (3.31) und zeigen Sie, dass es

$$J_{1s2p} = -\frac{e^2/4\pi\epsilon_0}{2a_0} \frac{13}{2 \times 5^5}$$

   liefert. Geben Sie den numerischen Wert in eV an und vergleichen Sie diesen mit dem im Text angegebenen.

3.7 *Entwicklung von $1/r_{12}$*
Für $r_1 < r_2$ lautet die Binomialentwicklung von

$$\frac{1}{r_{12}} = \left(r_1^2 + r_2^2 - 2r_1r_2\cos\theta_{12}\right)^{-1/2}$$

$$\frac{1}{r_{12}} = \frac{1}{r_2}\left\{1 - 2\frac{r_1}{r_2}\cos\theta_{12} + \left(\frac{r_1}{r_2}\right)^2\right\}^{-1/2}$$

$$\simeq \frac{1}{r_2}\left\{1 + \frac{r_1}{r_2}\cos\theta_{12} + \ldots\right\}$$

(Im Falle $r_1 > r_2$ müssen r_1 und r_2 vertauscht werden, damit die Reihe konvergiert.) Der Kosinus des Winkels zwischen $\mathbf{r}_1$ und $\mathbf{r}_2$ ist

$$\cos\theta_{12} = \hat{\mathbf{r}}_1 \cdot \hat{\mathbf{r}}_2 = \cos\theta_1\cos\theta_2 + \sin\theta_1\sin\theta_2\cos(\phi_1 - \phi_2)$$

   (a) Zeigen Sie, dass die ersten beiden Terme der Binomialentwicklung mit den Termen für $k = 0$ und $k = 1$ gemäß (3.30) übereinstimmen.

(b) Die Abstoßung zwischen einem 1s- und einem nl-Elektron ist unabhängig von m. Erklären Sie mit physikalischen oder mathematischen Argumenten warum dies so ist.

(c) Zeigen Sie, dass Gleichung (3.32) für $l = 1$ auf Gleichung (3.34) führt.

(d) Für eine 1snl-Konfiguration ist die Größe $K(r_1, r_2)$ in (3.34) proportional zu r_1^l / r_2^{l+1} mit $r_1 < r_2$. Erklären Sie, wie sich dies aus den mathematischen Eigenschaften der Funktionen $Y_{l,m}$ ergibt.

Lösungen finden Sie unter `http://www.oldenbourg-verlag.de/foot/`.

4 Alkalimetalle

4.1 Schalenstruktur und das Periodensystem der Elemente

Für Atome mit mehreren Elektronen können wir die Schrödinger-Gleichung nicht mehr analytisch lösen. Durch geeignete Approximationen ist es jedoch möglich, ihre Struktur in physikalisch sinnvoller Weise zu erklären. Wir wollen uns diesem Problem nähern, indem wir uns zunächst mit den grundlegenden Ideen zur Struktur von Atomen befassen, die dem Periodensystem der Elemente zugrunde liegen. In den Grundzuständen der Atome minimieren die Elektronenkonfigurationen die Energie des Gesamtsystems. Die Elektronen können sich nicht alle im niedrigsten Orbital mit $n = 1$ (der K-Schale) aufhalten, da das Pauli-Prinzip (Ausschließungsprinzip) die Anzahl der Elektronen in einer gegebenen (Unter-)Schale limitiert – zwei Elektronen können niemals den gleichen Satz von Quantenzahlen haben. Dies führt zum „Aufbauprinzip": die Elektronen füllen mit wachsender Ordnungszahl Z immer höhere Schalen auf.[1] Volle Schalen gibt es für die Ordnungszahlen $Z = 2, 10, \ldots$, also für Helium und die anderen Edelgase. Diese Elemente stehen in der letzten Spalte des Periodensystems der Elemente (siehe vordere Innenseite dieses Buches). Ursprünglich waren sie wegen ihrer ähnlichen chemischen Eigenschaften zusammengefasst worden. Diese beruhen darauf, dass es sehr schwer ist, ein Elektron aus einer abgeschlossenen Schale zu entfernen, sodass diese Elemente sehr reaktionsträge sind.[2] Dennoch können Edelgase in höhere Konfigurationen angeregt werden, wenn sie bei einer Gasentladung mit Elektronen beschossen werden. Solche Prozesse sind in der Atomphysik und der Laserphysik sehr wichtig, zum Beispiel beim Helium-Neon-Laser.

Die Grundzustände der Alkalimetalle haben die folgenden Elektronenkonfigurationen:[3]

---

[1] Eine ausführliche Diskussion der Struktur der Atome, die dem Periodensystem der Elemente zugrunde liegt, findet man in Lehrbüchern der Chemie wie Atkins (1994).

[2] Die Anordnung im Periodensystem wurde für die meisten Elemente im 19. Jahrhundert von Chemikern bestimmt, insbesondere von Mendelejew. Einige wenige Inkonsistenzen in der Reihenfolge konnten durch die von Moseley vorgenommenen Messungen der Röntgenspektren beseitigt werden (siehe Kapitel 1).

[3] Spezifiziert wird die Konfiguration eines Atoms durch eine Liste der nl, wobei die jeweilige Besetzungszahl als Exponent auftritt. Im Allgemeinen ist es nicht nötig, die vollständige Konfiguration aufzulisten; so genügt es beispielsweise zu sagen, dass ein Natriumatom im Grundzustand die Konfiguration 3s hat. Ein „Natriumatom" mit einem Elektron im 3s-Niveau (und keinen weiteren) ist ein angeregter Zustand des stark geladenen Na^{+10}-Ions – ein solches exotisches System lässt sich zwar im Labor herstellen, doch eine Verwechslung mit dem gewöhnlichen Natriumatom ist unwahrscheinlich.

Lithium	Li	$1s^2\, 2s$
Natrium	Na	$1s^2\, 2s^2\, 2p^6\, 3s$
Kalium	K	$1s^2\, 2s^2\, 2p^6\, 3s^2\, 3p^6\, 4s$
Rubidium	Rb	$1s^2\, 2s^2\, 2p^6\, 3s^2\, 3p^6\, 3d^{10}\, 4s^2\, 4p^6\, 5s$
Caesium	Cs	$1s^2\, 2s^2\, 2p^6\, 3s^2\, 3p^6\, 3d^{10}\, 4s^2\, 4p^6\, 4d^{10}\, 5s^2\, 5p^6\, 6s$

Der aufmerksame Leser wird feststellen, dass die Unterschalen der schwereren Alkalimetalle nicht in der gleichen Reihenfolge aufgefüllt werden wie die Energieniveaus von Wasserstoff, beispielsweise besetzen Elektronen das 4s-Niveau in Kalium vor dem 3d-Niveau (über die Gründe wird in diesem Kapitel noch zu sprechen sein). Wir müssten daher streng genommen sagen, dass die Edelgase vollständig besetzte Unterschalen haben. So hat zum Beispiel Argon die Elektronenkonfiguration $1s^2\, 2s^2\, 2p^6\, 3s^2\, 3p^6$, wobei die 3d-Schale unbesetzt ist.[4]

Jedes Alkalimetall folgt im Periodensystem der Elemente auf ein Edelgas, und die Chemie der Alkalimetalle lässt sich zu einem großen Teil aus dem einfachen Bild erklären, wonach ihre Atome ein einzelnes ungepaartes Elektron außerhalb eines Rumpfes von vollständigen Unterschalen um den Kern haben. Das Valenzelektron bestimmt die chemischen Bindungseigenschaften. Da es weniger Energie erfordert, dieses Außenelektron zu entfernen, als ein Elektron aus einer abgeschlossenen Schale herauszuziehen (siehe Tabelle 4.1), können die Alkalimetalle einfach positiv geladene Ionen bilden und sind chemisch reaktionsfreudig.[5] Für ein genaues Verständnis der Spektren der Alkalimetalle genügt dieses einfache Bild allerdings nicht. Im Folgenden werden wir daher die Wellenfunktionen betrachten.

Tabelle 4.1: *Die Ionisierungsenergie (IE) von Edelgasen und Alkalimetallen.*

Element	Z	IE [eV]
He	2	24,6
Li	3	5,4
Ne	10	21,6
Na	11	5,1
Ar	18	15,8
K	19	4,3
Kr	36	14,0
Rb	37	4,2
Xe	54	12,1
Cs	55	3,9

---

[4] In diesem Buch bezeichnet eine **Schale** die Menge aller Energieniveaus mit der gleichen Hauptquantenzahl n, doch die Begriffe *Schale* und *Unterschale* werden an anderer Stelle zum Teil anders gebraucht. Als Unterschale bezeichnen wir alle Energieniveaus mit festgelegten Werten von n und l (innerhalb einer Schale mit einem festen Wert von n). Wir haben diese Definitionen bereits in Kapitel 1 verwendet; die inneren atomaren Elektronen, die an Röntgenübergängen beteiligt sind, folgen der Wasserstoffreihenfolge.

[5] Eine graphische Darstellung der Ionisierungsenergien aller Elemente finden Sie in Grant und Phillips (2001, Kapitel 11, Abbildung 18).

(a)

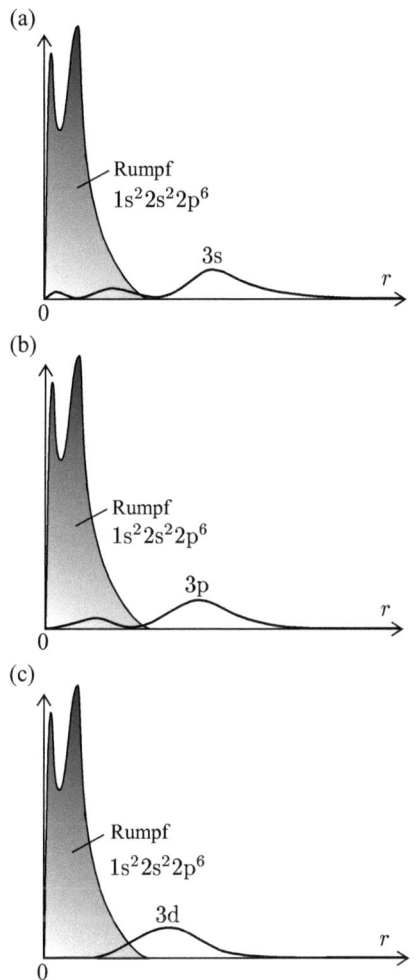

(b)

(c)

Abbildung 4.1: *Die Wahrscheinlichkeitsdichte der Elektronen in einem Natriumatom als Funktion von r. Die Elektronen in den Schalen n = 1 und n = 2 bilden den Rumpf. Dargestellt ist die Wahrscheinlichkeitsdichte der ungepaarten Außenelektronen für die Schale n = 3 mit l = 0, 1, 2. Die Wahrscheinlichkeit ist proportional zu $|P(r)|^2 = r^2|R(r)|^2$. Der Faktor r^2 trägt der Tatsache Rechnung, dass das Volumen der Kugelschale zwischen r und r + dr mit dem radialen Abstand wächst (also $4\pi r^2\,dr$). Wie deutlich zu sehen ist, lässt das Eindringen in den Rumpf mit wachsendem l nach – das 3d-Elektron liegt größtenteils außerhalb des Rumpfes, wobei Wellenfunktion und Bindungsenergie sehr ähnlich derjenigen der 3d-Konfiguration von Wasserstoff sind. Diese Wellenfunktionen können durch das einfache in Aufgabe 4.10 beschriebene numerische Verfahren berechnet werden. Dabei wird die „Frozen-Core-Approximation" verwendet, welche auf der Annahme beruht, dass die Verteilung der Elektronen im Rumpf durch das Außenelektron nicht beeinflusst wird. Dies liefert für die Illustration der qualitativen Eigenschaften eine ausreichende Genauigkeit. (Das in Abschnitt 4.4 beschriebene iterative Verfahren kann verwendet werden, um eine genauere numerische Wellenfunktion zu erhalten.*

4.2 Der Quantendefekt

Die Energie eines Elektrons in einem Potential proportional zu $1/r$ hängt nur von seiner Hauptquantenzahl n ab. So haben zum Beispiel in Wasserstoff die Konfigurationen 3s, 3p und 3d alle die gleiche Gesamtenergie. Diese drei Niveaus sind in Natrium – und in keinem anderen Atom mit mehr als einem Elektron – nicht entartet, und dieser Abschnitt erklärt warum. Abbildung 4.1 zeigt die Wahrscheinlichkeitsdichten von 3s-, 3p- und 3d-Elektronen in Natrium. Die Wellenfunktionen von Natrium haben eine ähnliche Form (Anzahl von Knoten) wie die von Wasserstoff. Die 3d-Wellenfunktion hat einen einzigen Buckel außerhalb des Rumpfes, sodass sie nahezu das gleiche Potential spürt wie bei einem Wasserstoffatom. Daher haben dieses Elektron und andere d-Konfigurationen mit $n > 3$ in Natrium ähnliche Bindungsenergien wie in Wasserstoff, was in Abbildung 4.2 zu sehen ist. Im Gegensatz dazu haben die Wellenfunktionen für

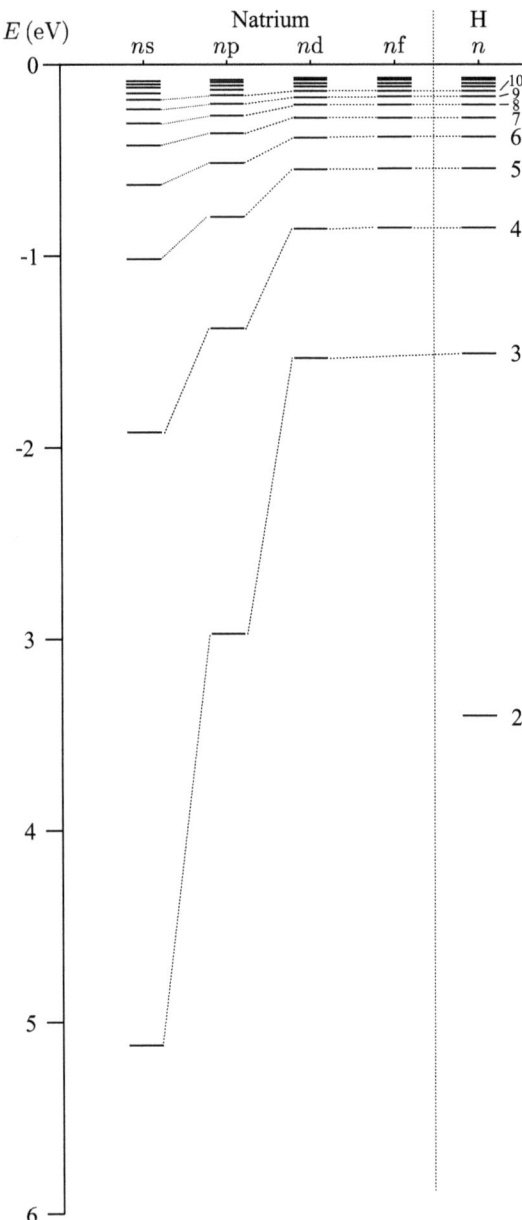

Abbildung 4.2: *Die Energien der s-, p-, d- und f-Konfiguration in Natrium; zum Vergleich rechts die Energieniveaus von Wasserstoff. Die Hilfslinien verbinden Konfigurationen mit gleichem n, um zu verdeutlichen, wie sich die Energien mit wachsendem l den Wasserstoffwerten nähern. Die Quanteneffekte nehmen also mit wachsendem l ab, sodass für f-Elektronen $\delta_l \simeq 0$ gilt (und ebenso für die Konfigurationen mit l > 3, die nicht gezeichnet wurden.)*

die s-Elektronen für kleine r signifikante Werte – sie dringen in den Rumpf ein und „sehen" mehr von der Kernladung. Die Abschirmung durch die anderen Elektronen des Atoms ist also für ns-Konfigurationen weniger effektiv als für nd-Konfigurationen, und s-Elektronen haben eine niedrigere Energie als d-Elektronen mit der gleichen Hauptquantenzahl. (Die np-Elektronen liegen dazwischen.[6]) Die folgende modifizierte Form der bohrschen Formel funktioniert für die Energieniveaus der Alkalimetalle erstaunlich erstaunlich gut:

$$E(n, l) = -hc \frac{R_\infty}{(n - \delta_l)^2} \tag{4.1}$$

Hierbei wird eine Größe δ_l, der sogenannte **Quantendefekt**, von der Hauptquantenzahl subtrahiert, was eine effektive Hauptquantenzahl $n^* = n - \delta_l$ ergibt.[7] Diese Werte des Quantendefektes für alle l können durch eine genaue Betrachtung der Energieniveaus in Abbildung 4.2 abgeschätzt werden. Die d-Elektronen haben einen sehr kleinen Quantendefekt ($\delta_d \simeq 0$), da ihre Energien nahe bei den entsprechenden Werten von Wasserstoff liegen. In der Abbildung sehen wir, dass die 3p-Konfiguration in Natrium eine ähnliche Energie hat wie die ($n=2$)-Schale in Wasserstoff. Entsprechendes gilt für 4p und $n = 3$ usw. Somit ist $\delta_p \sim 1$. Außerdem ist klar, dass der Quantendefekt für s-Elektronen größer ist als für p-Elektronen. Eine genauere Analyse zeigt, dass die Energieniveaus von Natrium durch die obige Formel und nur drei Quantendefekte parametrisiert werden können:

$$\delta_s = 1{,}35, \quad \delta_p = 0{,}86, \quad \delta_l = 0{,}01, \quad \delta_l \simeq 0{,}00 \quad \text{für } l > 2$$

Es gibt eine kleine Variation von δ_l mit n (siehe Aufgabe 4.3). Nun, da wir die Variation der Quantendefekte mit der Bahndrehimpuls-Quantenzahl untersucht haben, wollen wir die Quantendefekte unterschiedlicher Alkalimetalle vergleichen. Die Daten in Tabelle 4.1 zeigen, dass die Alkalimetalle unabhängig von der Ordnungszahl alle recht ähnliche Ionisierungsenergien haben. Deshalb weisen die effektiven Hauptquantenzahlen $n^* = (13{,}6\,\text{eV}/\text{IE})^{1/2}$ (gemäß (4.1)) für alle Grundkonfigurationen der Alkalimetalle eine bemerkenswerte Ähnlichkeit auf (siehe Tabelle 4.2).

In Kalium führt die Verringerung der Energie für die s-Elektronen dazu, dass die 4s-Unterschale vor der 3d-Schale gefüllt wird. Für Caesium hat die 6s-Konfiguration eine niedrigere Energie als 4f (für Cs ist $\delta_f \simeq 0$). In den Übungsaufgaben zu diesem Kapitel gibt es weitere Beispiele. Tabelliert sind die Quantendefekte unter anderem in Kuhn (1969) und Woodgate (1980).

---

[6] Diese Abhängigkeit der Energie von der Quantenzahl l kann auch mithilfe der elliptischen Bahnen der Quantentheorie von Bohr und Sommerfeld erklärt werden anstatt durch Wellenfunktionen als Lösungen der Schrödinger-Gleichung. Wir wollen jedoch hier nur die „richtige" Beschreibung durch Wellenfunktionen benutzen, da das genaue Verhältnis zwischen klassischen elliptischen Bahnen und den *radialen* Wellenfunktionen verwirrend sein kann.

[7] Dies unterscheidet sich von der Modifikation, die in Kapitel 1 für Röntgenübergänge vorgenommen wurde – was kaum überraschen dürfte, da die physikalische Situation für innere und äußere Elektronen völlig unterschiedlich ist.

Tabelle 4.2: *Die effektiven Hauptquantenzahlen und Quantendefekte für die Grundkonfiguration der Alkalimetalle. Beachten Sie, dass die Quantendefekte geringfügig von n abhängen (siehe Aufgabe 4.3), weshalb der in der Tabelle angegebene Wert für das 3s-Elektron in Natrium leicht von dem im Text angegebenen Wert ($\delta_s = 1{,}35$) abweicht. Letzterer gilt für $n > 5$.*

Element	Konfiguration	n^*	δ_s
Li	2s	1,59	0,41
Na	3s	1,63	1,37
K	4s	1,77	2,23
Rb	5s	1,81	3,19
Cs	6s	1,87	4,13

4.3   Die Zentralfeldnäherung

Im letzten Abschnitt haben wir gezeigt, dass die um die Quantendefekte modifizierte bohrsche Formel für die Energieniveaus der Alkalimetalle Werte von akzeptabler Genauigkeit liefert. Wir haben ein Alkaliatom effektiv durch ein einzelnes Elektron beschrieben, welches einen Rumpf mit einer Nettoladung $+1e$ umläuft (nämlich den von $N - 1$ Elektronen umgebenen Kern). Dies ist ein top-down-Ansatz, bei dem wir nur die Energie betrachten, die erforderlich ist, um das Valenzelektron vom Rest des Atoms zu entfernen. Diese Bindungsenergie ist identisch mit der Ionisierungsenergie des Atoms. In diesem Abschnitt verfolgen wir einen bottom-up-Ansatz und betrachten die Energie aller Elektronen. Der Hamilton-Operator für N Elektronen im Coulomb-Potential einer Ladung $+Ze$ ist

$$H = \sum_{i=1}^{N} \left\{ -\frac{\hbar^2}{2m}\nabla_i^2 - \frac{Z\,e^2/4\pi\epsilon_0}{r_i} + \sum_{j>i}^{N} \frac{e^2/4\pi\epsilon_0}{r_{ij}} \right\} \tag{4.2}$$

Die ersten beiden Terme sind die kinetische und die potentielle Energie für jedes Elektron im Coulomb-Feld eines Kerns der Ladung Z. Der Term mit $r_{ij} = |\mathbf{r}_i - \mathbf{r}_j|$ im Nenner ist die elektrostatische Abstoßung zwischen den beiden Elektronen an den Positionen $\mathbf{r}_i$ und $\mathbf{r}_j$. Die Summe wird über alle Elektronen mit $j > i$ gebildet, um doppelte Zählungen zu vermeiden.[8] Diese elektrostatische Abstoßung ist zu groß, um sie als eine Störung zu behandeln – für große Abstände macht die Abstoßung den größten Teil der Anziehung durch den Kern zunichte. Weiter treffen wir die physikalisch sinnvolle Annahme, dass ein großer Teil der Abstoßung zwischen den Elektronen als ein Zentralpotential $S(r)$ angesehen werden kann. Dies folgt aus der kugelsymmetrischen Ladungsverteilung der abgeschlossenen Kugelschalen innerhalb des Rumpfes, und aus diesem Grund sind auch die Wechselwirkungen zwischen den verschiedenen Schalen und zwischen Schalen und dem Valenzelektron kugelsymmetrisch. Bei dieser **Zentralfeldnäherung** hängt die

---

[8] Beispielsweise gibt es für Lithium drei Wechselwirkungen zwischen den drei Elektronen, die umgekehrt proportional sind zu r_{12}, r_{13} und r_{23}. Die Summation über alle j für jeden festen Wert von i ergibt sechs Terme.

potentielle Energie nur von der radialen Koordinate ab:

$$V_{\mathrm{ZF}}(r) = -\frac{Z\,e^2/4\pi\epsilon_0}{r} + S(r) \tag{4.3}$$

In dieser Näherung wird der Hamilton-Operator zu

$$H_{\mathrm{ZF}} = \sum_{i=1}^{N}\left\{-\frac{\hbar^2}{2m}\nabla_i^2 + V_{\mathrm{ZF}}(r_i)\right\} \tag{4.4}$$

Für diese Form des Potentials kann die Schrödinger-Gleichung $H\psi = E_{\mathrm{Atom}}\psi$ für N Elektronen in N Gleichungen für jeweils ein Elektron separiert werden. Wir schreiben also die Wellenfunktion für das Gesamtsystem als Produkt der Wellenfunktionen der einzelnen Elektronen:

$$\psi_{\mathrm{Atom}} = \psi_1\psi_2\psi_3\ldots\psi_N \tag{4.5}$$

Dies führt auf N Gleichungen der Form

$$\left\{-\frac{\hbar^2}{2m}\nabla_1^2 + V_{\mathrm{ZF}}(r_1)\right\}\psi_1 = E_1\psi_1 \tag{4.6}$$

und entsprechend für das Elektron $i = 2$ bis N. Dabei wird angenommen, dass jedes Elektron das gleiche Potential spürt, was nicht so selbstverständlich ist, wie es auf den ersten Blick scheint. Diese symmetrische Wellenfunktion ist ein guter Anfang (vgl. die Behandlung von Helium vor Berücksichtigung der Austauschsymmetrie). Wir wissen jedoch, dass die gesamte Wellenfunktion für Elektronen – also einschließlich Spin – antisymmetrisch bezüglich der Vertauschung von Teilchenindizes sein muss. (Echt antisymmetrische Wellenfunktionen werden bei der Hartree-Methode verwendet, die weiter hinten in diesem Kapitel erwähnt wird.) Die Gesamtenergie des Systems ist $E_{\mathrm{Atom}} = E_1 + E_2 + \ldots E_N$. Für jedes Elektron kann die Schrödinger-Gleichung (4.6) in die Form $\psi_1 = R(r_1)Y_{l_1,m_1}\psi_{\mathrm{Spin}}(1)$ faktorisiert werden. Der Drehimpuls bleibt bei einem Zentralfeld erhalten und die angulare Gleichung liefert die Standardwellenfunktionen für den Bahndrehimpuls wie im Falle von Wasserstoff. In der radialen Gleichung haben wir jedoch $V_{\mathrm{ZF}}(r)$ anstatt ein Potential proportional zu $1/r$, und daher lautet die Gleichung für $P(r) = rR(r)$

$$\left\{-\frac{\hbar^2}{2m}\frac{\mathrm{d}^2}{\mathrm{d}r^2} + V_{\mathrm{ZF}}(r) + \frac{\hbar^2 l(l+1)}{2mr^2}\right\}P(r) = E\,P(r) \tag{4.7}$$

Um diese Gleichung zu lösen, müssen wir die Form von $V_{\mathrm{ZF}}(r)$ kennen und die Wellenfunktionen numerisch berechnen. Wir können allerdings viel über das Verhalten des Systems lernen, wenn wir über die Form der möglichen Lösungen nachdenken ohne uns in den technischen Details beim Lösen der Gleichungen zu verlieren. Für kleine Abstände spüren die Elektronen die volle Kernladung. Dort gilt für das elektrische Zentralfeld

$$\mathbf{E}(r) \rightarrow \frac{Ze}{4\pi\epsilon_0 r^2}\,\widehat{\mathbf{r}} \tag{4.8}$$

Abbildung 4.3: Der Übergang vom Bereich kleiner Abstände zu großen Abständen wurde nicht berechnet, sondern einfach im Sinne eines plausiblen Vorschlags
skizziert. Der typische Radius der 1s-
Wellenfunktion um den Kern der Ladung
$+Ze = +11e$ ist etwa $a_0/11$, und deshalb
beginnt Z_{eff} bei diesem Abstand zu fallen.
Wir wissen, dass bei dem Abstand, für den
die 3d-Wellenfunktion eine nennenswerte
Wahrscheinlichkeit hat, $Z_{eff} \sim 1$ gilt, da
dieser Eigenzustand fast die gleiche Energie hat wie bei Wasserstoff. Die Form der
Funktion $Z_{eff}(r)$ kann quantitativ durch die
in Woodgate (1980) beschriebene Thomas-
Fermi-Methode bestimmt werden.

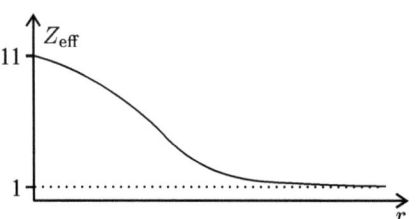

Für große Abstände schirmen die übrigen $N-1$ Elektronen den größten Teil der Kernladung ab, sodass das Feld im Wesentlichen dem der Ladung $+1e$ entspricht:

$$\mathbf{E}(r) \to \frac{e}{4\pi\epsilon_0 r^2}\,\widehat{\mathbf{r}} \tag{4.9}$$

Diese beiden Grenzfälle können durch ein Zentralfeld der Form

$$\mathbf{E}_{ZF}(r) \to \frac{Z_{eff}e}{4\pi\epsilon_0 r^2}\,\widehat{\mathbf{r}} \tag{4.10}$$

berücksichtigt werden. Die effektive Ordnungszahl $Z_{eff}(r)$ ist limitiert durch die Werte
$Z_{eff}(0) = Z$ und $Z_{eff}(r) \to 1$ für $r \to \infty$ (siehe Abbildung 4.3).[9] Die potentielle Energie
eines Elektrons im Zentralfeld erhält man durch Integration von Unendlich:

$$V_{ZF}(r) = r\int_{\infty}^{r} |\mathbf{E}_{ZF}(r')|\,\mathrm{d}r' \tag{4.11}$$

Die Form dieses Potentials ist in Abbildung 4.4 dargestellt.

Bisher haben wir bei unserer Diskussion des Natriumatoms anhand der Wellenfunktion
des Valenzelektrons in einem Zentralfeld die Tatsache vernachlässigt, dass das Zentralfeld selbst von der Elektronenkonfiguration im Atom abhängt. Um die Situation
genauer zu beschreiben, müssen wir die Wirkung des Außenelektrons auf die übrigen
Elektronen – und somit auf das Zentralfeld – berücksichtigen. Die Energie des gesamten Atoms ist die Summe der Energien der einzelnen Elektronen (gemäß (4.6)); beispielsweise hat ein Natriumatom in der 3s-Konfiguration die Energie $E\,(1s^2 2s^2 2p^6\,3s) =
2E_{1s} + 2E_{2s} + 6E_{2p} + E_{3s} = E_{Rumpf} + E_{3s}$. Dies ist die Energie des neutralen Atoms relativ
zum nackten Kern (Na^{11+}).[10] Nützlicher ist es, die Bindungsenergie relativ zum einfach

---

[9] Dies ist nicht unbedingt der beste Weg, das Problem für numerische Berechnungen zu parametrisie-
     ren, doch er ist nützlich, um die zugrunde liegenden physikalischen Prinzipien zu verstehen.
[10] Dies ist eine grobe Näherung, besonders für innere Elektronen.

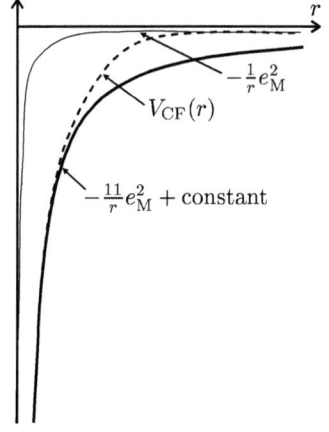

Abbildung 4.4: *Die Form der potentiellen Energie eines Elektrons in der Zentralfeldnäherung ($e_M^2 = e^2/4\pi\epsilon_0$). Die Skizze gilt für ein Natriumatom und zeigt, dass die potentielle Energie von $V_{ZF}(r) = -e_M^2/r$ für große Abstände gegen $-11e_M^2/r + V_{offset}$ geht. Die Konstante V_{offset} ergibt sich aus der Integration in (4.11) (wenn $Z_{eff}(r)$ für alle r gleich 11 wäre, wäre $V_{offset} = 0$, doch dies ist nicht der Fall). Für Elektronen mit $l > 0$ sollte das effektive Potential außerdem den Term einschließen, der sich aus dem Drehimpuls ergibt (siehe Abbildung 4.5).*

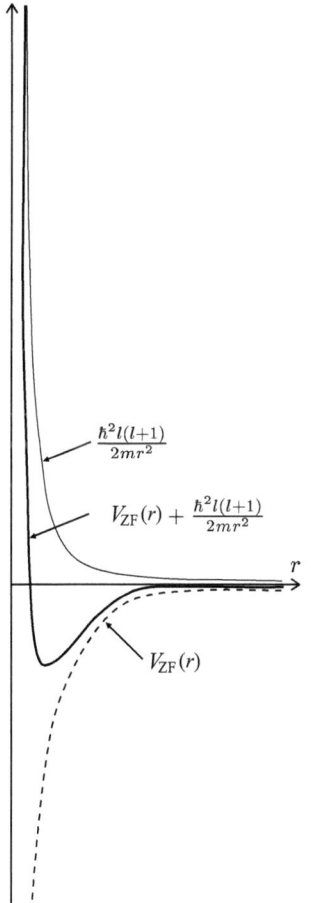

Abbildung 4.5: *Das Gesamtpotential in der Zentralfeldnäherung einschließlich des Terms, der proportional zu $l(l+1)/r^2$ ist (hier gezeichnet für $l = 2$); $V_{ZF}(r)$ ist das gleiche wie in Abbildung 4.4. Der Drehimpuls führt zu einer „Zentrifugalbarriere", die die Wellenfunktionen der Elektronen mit $l > 0$ weg von $r = 0$ hält, wo das Zentralfeldpotential am tiefsten ist.*

geladenen Ion (Na^+) mit der Energie $E(1s^2 2s^2 2p^6) = 2E'_{1s} + 2E'_{2s} + 6E'_{2p} = E'_{\text{Rumpf}}$ zu messen. Die hier verwendeten Striche sind relevant – die zehn Elektronen im Ion und die zehn Elektronen im Rumpf des Atoms haben leicht unterschiedliche Bindungsenergien, da das Zentralfeld für die beiden Fälle nicht das gleiche ist. Die Ionisierungsenergie ist $\text{IE} = E_{\text{Atom}} - E_{\text{Ion}} = (E_{\text{Rumpf}} - E'_{\text{Rumpf}}) + E_{3s}$. Aus der Perspektive der Valenzelektronen betrachtet kann die Differenz in E_{Rumpf} zwischen dem neutralen Atom und dem Ion der **Rumpfpolarisierung** zugeschrieben werden, also einer Änderung der Ladungsverteilung im Rumpf, die durch das Valenzelektron hervorgerufen wird.[11] Um die Energie von Atomen mit mehreren Elektronen korrekt zu berechnen, sollten wir die Energie des Gesamtsystems betrachten, anstatt unsere Aufmerksamkeit allein auf das Valenzelektron zu konzentrieren. Beispielsweise hat Neon die Grundkonfiguration $1s^2 2s^2 2p^6$ und das elektrische Feld ändert sich signifikant, wenn ein Elektron aus der 2p-Unterschale angeregt wird, zum Beispiel in die Konfiguration $1s^2 2s^2 2p^5 3s$.

Quantendefekte können einfach als empirische Größen betrachtet werden, die eine gute Möglichkeit bieten, die Energien der Alkalimetalle zu parametrisieren. Es gibt allerdings einen physikalischen Grund für die Form von Gleichung (4.1). In jedem Potential, das sich für große Abstände wie $1/r$ verhält, rücken die Niveaus der gebundenen Zustände zusammen, wenn die Energie zunimmt – im obersten Bereich der Potentialmulde wird der klassisch erlaubte Bereich größer und damit werden die Intervalle zwischen den Eigenenergien und den stationären Lösungen kleiner.[12] In Aufgabe 1.12 wird mithilfe des Korrespondenzprinzips gezeigt, dass ein solches Potential die Energien $E \propto 1/k^2$ hat, wobei zwischen den Energieniveaus $\Delta k = 1$ gilt; jedoch ist k selbst nicht notwendigerweise eine ganze Zahl. In dem Spezialfall, dass das Potential für *alle* Abstände proportional zu $1/r$ ist, ist, k eine ganze Zahl, die sogenannte Hauptquantenzahl n, und es zeigt sich, dass das niedrigste Energieniveau $n = 1$ ist. Für ein allgemeines Potential in Zentralfeldnäherung haben wir gesehen, dass es günstig ist, k mithilfe der ganzen Zahl n als $k = n - \delta$ zu schreiben, wobei δ nicht ganzzahlig (der Quantendefekt) ist. Um die tatsächlichen Energieniveaus eines Alkalimetalls und somit δ zu bestimmen (für einen gegebenen Wert von l), ist die numerische Berechnung der Wellenfunktionen notwendig, was im folgenden Abschnitt skizziert wird.

4.4   Numerische Lösung der Schrödinger-Gleichung

Bevor wir zur Beschreibung spezieller Lösungsverfahren kommen, wollen wir uns die allgemeinen Eigenschaften der Wellenfunktion für Teilchen in einer Potentialmulde anschauen. Die radiale Gleichung für $P(r)$ hat die Form

$$\frac{\mathrm{d}^2 P}{\mathrm{d}r^2} = -\frac{2m}{\hbar^2}\{E - V(r)\}\, P \tag{4.12}$$

---

[11] Dieser Effekt ist bei Alkalimetallen klein, und es ist vernünftig, eine **Frozen-Core-Approximation** zu verwenden. Dabei wird $E_{\text{Rumpf}} \simeq E'_{\text{Rumpf}}$ angenommen. Diese Approximation wird genauer für Valenzelektronen in höheren Niveaus, wo der Einfluss des Rumpfs kleiner wird.

[12] Dies steht im Gegensatz zu einer unendlich ausgedehnten Potentialmulde, wo die Beschränkung auf einen festen Bereich Energien proportional zu n^2 liefert (mit einer ganzen Zahl n).

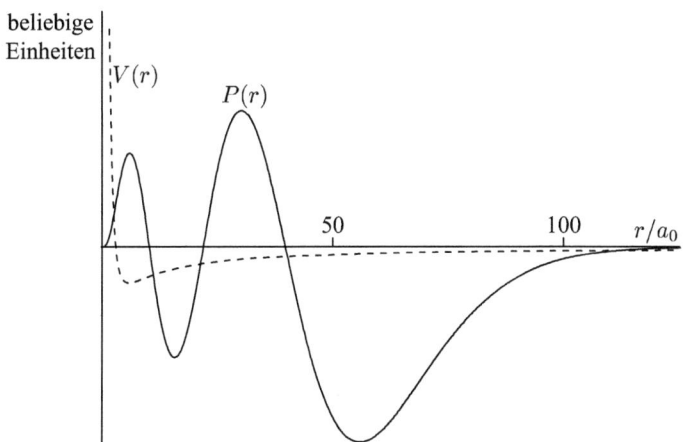

Abbildung 4.6: *Das Potential in der Zentralfeldnäherung einschließlich des Terms proportional zu $l(l+1)/r^2$, gezeichnet für $l = 2$ und das gleiche genäherte elektrostatische $V_{ZF}(r)$ wie in Abbildung 4.4. Die Funktion $P(r) = rR(r)$ ist dargestellt für $n = 6$ und $l = 2$, wobei die in Aufgabe 4.10 beschriebene Methode verwendet wurde.*

wobei das Potential $V(r)$ den Drehimpulsterm aus Gleichung (4.7) umfasst. Klassisch ist das Teilchen auf das Gebiet mit $E - V(r) > 0$ beschränkt, da die kinetische Energie positiv sein muss. Die Positionen mit $E = V(r)$ sind die klassischen Wendepunkte, an denen das Teilchen für ein infinitesimales Zeitintervall zur Ruhe kommt, also beispielsweise die beiden Endpunkte beim Schwingen eines Pendels. Die quantenmechanischen Wellenfunktionen sind im klassisch erlaubten Gebiet oszillatorisch, wobei die Krümmung und die Anzahl der Knoten mit $E - V(r)$ wachsen (siehe Abbildung 4.6). Die Wellenfunktionen dringen ein Stück weit in das klassisch verbotene Gebiet mit $E - V(r) < 0$ ein, doch in diesem Gebiet fallen die Lösungen exponentiell ab und entsprechend schnell fällt die Wahrscheinlichkeit.

Wie können wir das in Gleichung (4.12) auftretende $P(r)$ bestimmen, wenn wir das Potential $V(r)$ nicht kennen? Wir gehen so vor, dass wir zunächst die Wellenfunktionen für ein Potential $V_{ZF}(r)$ bestimmen, welches ein „vernünftiger Vorschlag" ist – konsistent mit (4.11) und den Bedingungen an das Zentralfeld, die durch die obigen Gleichungen auferlegt werden. In einem zweiten Schritt sorgen wir dafür, dass das angenommene Potential nahe bei dem tatsächlichen liegt, was im nächsten Abschnitt näher beschrieben wird. Gleichung (4.12) ist eine Differentialgleichung zweiter Ordnung, und wir können numerisch den Funktionswert $P(r)$ an der Stelle r aus zwei dicht benachbarten Werten $u(r - \delta r)$ und $u(r - 2\delta r)$ berechnen.[13] Ausgehend von einem Wert nahe $r = 0$ liefert das Verfahren also numerische Werte der Funktion an beliebig weit entfernten Stellen. Das Gebiet der Berechnung muss sich über die klassischen Wendepunkte hinaus erstrecken, und zwar um einen Betrag, der von der Energie der berechneten Wellenfunktion abhängt. Diese allgemeinen Eigenschaften sind in den im Rahmen von Aufgabe 4.10

---

[13] Die Schrittweite δr muss klein sein im Verhältnis zu der Distanz, über die die Wellenfunktion variiert. Andererseits darf die Anzahl der Schritte nicht so groß sein, dass Rundungsfehler zu dominieren beginnen.

generierten Plots deutlich zu sehen. Tatsächlich geht es in dieser Aufgabe um ein Verfahren zum Auffinden der radialen Wellenfunktion $R(r)$ anstatt von $P(r) = rR(r)$, doch gelten hierfür ähnliche Prinzipien.[14] Beim Lösen dieser Aufgabe werden Sie feststellen, dass das Verhalten bei großen r sehr empfindlich von der Energie E abhängt – die Wellenfunktion divergiert, wenn E keine Eigenenergie des Potentials ist. Hieraus ergibt sich eine Möglichkeit, diese Eigenenergien zu bestimmen. Wenn die Wellenfunktion für E' nach plus Unendlich geht und für E'' nach minus Unendlich, dann wissen wir, dass zwischen diesen beiden Werten eine Eigenenergie E_k liegt, also $E' < E_k < E''$. Durch Austesten weiterer Werte zwischen diesen beiden Schranken kann das Intervall schmaler gemacht werden. Wir erhalten somit einen genaueren Wert für E_k (wie beim Newton-Verfahren zur Bestimmung von Nullstellen). Dies ist das einfachste Verfahren zur Berechnung von Wellenfunktionen und Energien, und um die Prinzipien solcher Berechnungen zu veranschaulichen, ist es bestens geeignet. Es sollen hier keine Ergebnisse angegeben werden, denn der Leser kann diese leicht selbst berechnen und sei hiermit ermutigt, das numerische Lösungsverfahren in Form einer Tabellenkalkulation zu implementieren (siehe Aufgabe 4.10). Damit können die Wellenfunktionen für ein Elektron in einem beliebigen Potential bestimmt werden. Es bestätigt sich, dass die Energieniveaus für jedes Potential, das für große Abstände proportional zu $1/r$ ist, eine Formel für die Quantendefekte wie in (4.1) erfüllen (siehe Abbildung 4.7).

4.4.1   Selbstkonsistente Lösungen

Mithilfe des oben erwähnten numerischen Verfahrens (oder auch mit einem ausgefeilteren) können die Wellenfunktionen und die Energien für ein gegebenes Potential in der Zentralfeldnäherung bestimmt werden. Nun müssen wir überlegen, wie wir V_{ZF} selbst bestimmen können. Das Potential des Zentralfeldes in Gleichung (4.3) beinhaltet die elektrostatische Abstoßung der Elektronen. Um diese Abstoßung zu berechnen, müssen wir die Positionen der Elektronen kennen, also ihre Wellenfunktionen; aber um die Wellenfunktionen zu finden, benötigen wir das Potential. Wir drehen also gewissermaßen im Kreis, was jedoch in dem folgenden Sinne recht nützlich sein kann. Wie bereits erwähnt, startet das Verfahren mit einer vernünftigen Schätzung für V_{ZF}, um dann die Wellenfunktionen der Elektronen für dieses Potential zu berechnen. Diese Wellenfunktionen werden dann benutzt, um ein neues mittleres Potential zu berechnen (unter Verwendung der Zentralfeldnäherung), welches realistischer ist als die Anfangsfunktion. Mit dem verbesserten Potential werden dann wiederum genauere Wellenfunktionen berechnet usw. Mit fortschreitender Iteration sollten die Korrekturen des Potentials und der Wellenfunktionen kleiner werden und gegen eine **selbstkonsistente Lösung** konvergieren. Für eine solche Lösung liefern die Wellenfunktionen ein bestimmtes $V_{\mathrm{ZF}}(r)$, welches wiederum auf die gleichen Wellenfunktionen zurückführt (im Rahmen der geforderten Genauigkeit)[15], wenn man die radiale Gleichung für dieses Potential löst. Diese

---

[14] Bei einem numerischen Verfahren gibt es keinen Grund, warum wir die Wellenfunktion nicht direkt berechnen sollten; $P(r)$ wurde eingeführt, um die Gleichungen bequemer für die analytische Behandlung zu machen.

[15] Wie viele Iterationen nötig sind, bevor die Korrekturen innerhalb eines Iterationsschritts sehr klein werden, hängt davon ab, wie gut das Anfangspotential gewählt wurde. Die finale selbstkonsistente Lösung sollte jedoch nicht von dieser Wahl abhängen. Im Allgemeinen ist es besser, den Computer die Arbeit machen zu lassen, anstatt zu viel Mühe für die Verbesserung des Anfangswertes aufzuwenden.

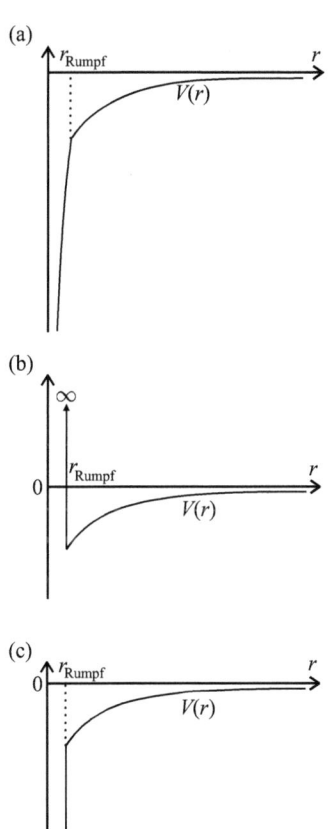

Abbildung 4.7: *Einfache Modifikationen der potentiellen Energie, die bei der numerischen Lösung der Schrödinger-Gleichung verwendet werden können. Im Bereich $r \geq r_{\text{Rumpf}}$ gilt für alle diese Potentiale $V(r) = -e^2/4\pi\epsilon_0 r$. (a) Innerhalb des radialen Abstands r_{Rumpf} ist die potentielle Energie $V(r) = -Ze^2/4\pi\epsilon_0 r + V_{\text{offset}}$. In der Abbildung ist $Z = 3$ und der Offset wurde so gewählt, dass $V(r)$ an der Stelle $r = r_{\text{Rumpf}}$ stetig ist. Dies entspricht der Situation, dass die Ladung des Rumpfes auf einer infinitesimal dünnen Schale liegt. Das tiefe Potential in der inneren Region bedeutet, dass die Wellenfunktion stark gekrümmt ist. In dieser Region muss daher bei der numerischen Berechnung eine kleine Schrittweite benutzt werden. Die hypothetischen Potentiale in (b) und (c) sind nützlich, um das numerische Verfahren zu testen und um zu zeigen, warum die Eigenenergien für jedes Potential, dass für große r proportional zu $1/r$ ist, einer Formel für den Quantendefekt (wie (4.1)) genügt. Die Form der Lösung hängt in der äußeren Region $r \geq r_{\text{Rumpf}}$ empfindlich von der Energie ab, doch in der inneren Region, wo $|E| \ll |V(r)|$ gilt, ist dies nicht der Fall; beispielsweise ändert sich die Anzahl der Knoten in dieser Region nur langsam mit der Energie E. Folglich reduziert sich das Problem allgemein gesprochen darauf, in der äußeren Region die Wellenfunktion zu finden, die bei $r = r_{\text{Rumpf}}$ Randbedingungen erfüllt, welche nahezu unabhängig von der Energie sind. Der in (b) gezeigte Kurvenverlauf für die potentielle Energie ist ein extremes Beispiel, das dabei helfen kann, das Verhalten von Wellenfunktionen für realistischere Zentralfelder zu verstehen.*

Selbstkonsistenz-Methode geht auf Hartree zurück. Allerdings sind die Wellenfunktionen von Atomen mit mehreren Elektronen nicht einfach Produkte der individuellen Wellenfunktionen gemäß (4.5). Bei unserer Behandlung der angeregten Konfigurationen in Helium haben wir festgestellt, dass Zwei-Elektron-Wellenfunktionen antisymmetrisch bezüglich Permutation der Elektronen sein müssen. Diese Symmetrieforderung für identische Fermionen wurde durch Konstruktion antisymmetrisierter Wellenfunktionen erfüllt, die Linearkombinationen der einfachen Produktzustände sind (was bedeutet, dass der räumliche Anteil dieser Funktionen $\psi_{\text{Raum}}^{\text{A}}$ und $\psi_{\text{Raum}}^{\text{S}}$ ist). Eine naheliegende Möglichkeit, diese Antisymmetrisierung auf N Teilchen auszudehnen, besteht darin, die Wellenfunktion als **Slater-Determinante** zu schreiben:

$$\Psi = \frac{1}{\sqrt{N!}} \begin{vmatrix} \psi_a(1) & \psi_a(2) & \cdots & \psi_a(N) \\ \psi_b(1) & \psi_b(2) & \cdots & \psi_b(N) \\ \psi_c(1) & \psi_c(2) & \cdots & \psi_c(N) \\ \vdots & \vdots & \ddots & \vdots \\ \psi_x(1) & \psi_x(2) & \cdots & \psi_x(N) \end{vmatrix}$$

Hierbei sind $a, b, c, \ldots, x$ die möglichen Sätze von Quantenzahlen der individuellen Elektronen,[16] und $1, 2, \ldots, N$ sind die Elektronenindizes. Die Vorzeichenänderung einer Determinante beim Vertauschen zweier Spalten macht die Wellenfunktion antisymmetrisch. Die Hartree-Fock-Methode verwendet solche antisymmetrisierten Wellenfunktionen für selbstkonsistente Berechnungen. Heute ist dies die Standardmethode zur Berechnung von Wellenfunktionen, was beispielsweise in Bransden und Joachain (2003) beschrieben wird. In der Praxis müssen numerische Verfahren an das konkret betrachtete Problem angepasst werden; beispielsweise kann es sein, dass die numerischen Werte der radialen Wellenfunktionen, die genaue Energien liefern, keinen guten Wert für eine Größe wie den Erwartungswert $\langle 1/r^3 \rangle$ ergeben, der sehr empfindlich vom Verhalten bei kleinen Abständen abhängt.

4.5   Die Spin-Bahn-Wechselwirkung: Ein quantenmechanischer Ansatz

Die Spin-Bahn-Wechselwirkung $\beta \mathbf{s} \cdot \mathbf{l}$ (siehe (2.49)) spaltet die Energieniveaus in die Feinstruktur auf. Für das einzelne Valenzelektron in einem Alkaliatom könnten wir diese Wechselwirkung in genau der gleichen Weise behandeln wie in Kapitel 2 für Wasserstoff. Wir verwenden also das Vektormodell und behandeln die Drehimpulse als Vektoren, die den Gesetzen der klassischen Mechanik genügen (ergänzt durch Regeln wie die Beschränkung des Drehimpulses auf ganzzahlige oder halbzahlige Werte). In diesem Kapitel wollen wir jedoch eine quantenmechanische Behandlung verwenden und betrachten deshalb das Vektormodell lediglich als instruktives physikalisches Bild, um das Verhalten der quantenmechanischen Operatoren zu veranschaulichen. Die obige Diskussion der Feinstruktur anhand des Vektormodells enthielt zwei Schritte, die der näheren Begründung bedürfen.

---

[16] Sowohl räumliche als auch Spin-Quantenzahlen.

(a) Die möglichen Werte des Gesamt-Drehimpulses wurden durch Addition der Spins der Elektronen $s = 1/2$ erhalten und ihr Bahndrehimpuls ist $j = l + 1/2$ bzw. $l - 1/2$. Dies ist eine Konsequenz aus den Regeln für die Addition von Drehimpulsen in der Quantenmechanik (Vektoraddition, aber mit quantisiertem Ergebnis).

(b) Die Vektoren haben quadrierte Beträge, die durch $\mathbf{j}^2 = j(j + 1)$, $\mathbf{l}^2 = l(l + 1)$ und $\mathbf{s}^2 = 3/4$ gegeben sind (hierbei sind j und l die relevanten Drehimpuls-Quantenzahlen).

Schritt (b) ergibt sich aus der Bildung der Erwartungswerte der Operatoren, die im Hamilton-Operator für die Spin-Bahn-Wechselwirkung auftreten. Dies ist nicht ganz simpel, da die atomaren Wellenfunktionen $R(r)|l\,m_l\,s\,m_s\rangle$ keine Eigenfunktionen dieses Operators sind[17], was bedeutet, dass wir uns auf die Schwierigkeiten der entarteten Störungstheorie einlassen müssen. Diese Situation tritt in der Atomphysik häufig auf und verdient eine sorgfältige Erläuterung.

Bestimmen wollen wir den Einfluss einer Wechselwirkung der Form $\mathbf{s} \cdot \mathbf{l}$ auf die angularen Eigenfunktionen $|l\,m_l\,s\,m_s\rangle$. Diese sind Eigenzustände der Operatoren $\mathbf{l}^2, l_z, \mathbf{s}^2$ und s_z und werden mit den jeweiligen Eigenwerten indiziert.[18] Es gibt $2(2l + 1)$ entartete Eigenzustände für jeden Wert von l, da die Energie nicht von der räumlichen Orientierung des Atoms oder der Spinrichtung abhängt. Die Energie ist also unabhängig von m_l und m_s. Die Zustände $|l\,m_l\,s\,m_s\rangle$ sind keine Eigenzustände von $\mathbf{s} \cdot \mathbf{l}$, da diese Operatoren nicht mit l_z und s_z kommutieren: $[\mathbf{s} \cdot \mathbf{l}, l_z] \neq 0$ und $[\mathbf{s} \cdot \mathbf{l}, s_z] \neq 0$.[19] Quantenoperatoren haben nur dann simultane Eigenfunktionen, wenn sie kommutieren. Da $|l\,m_l\,s\,m_s\rangle$ ein Eigenzustand von l_z ist, kann er nicht gleichzeitig ein Eigenzustand von $\mathbf{s} \cdot \mathbf{l}$ sein. Das Gleiche gilt für s_z. Allerdings kommutiert $\mathbf{s} \cdot \mathbf{l}$ mit $\mathbf{l}^2$ und $\mathbf{s}^2$: es gilt $[\mathbf{s} \cdot \mathbf{l}, \mathbf{l}^2] = 0$ und $[\mathbf{s} \cdot \mathbf{l}, \mathbf{s}^2] = 0$ (was leicht zu beweisen ist, da s_x, s_y, s_z, l_x, l_y und l_z sämtlich mit $\mathbf{s}^2$ und $\mathbf{l}^2$ kommutieren). Somit sind l und s gute Quantenzahlen in der Feinstruktur. Gute Quantenzahlen entsprechen den Erhaltungsgrößen der klassischen Mechanik – die Beträge von $\mathbf{l}$ und $\mathbf{s}$ sind konstant, doch die Orientierungen dieser Vektoren ändern sich aufgrund ihrer gegenseitigen Wechselwirkung (siehe Abbildung 4.8). Wenn wir versuchen, den Erwartungswert unter Verwendung der Wellenfunktionen zu berechnen, die keine Eigenzustände des Operators sind, dann werden die Dinge kompliziert. Wir würden feststellen, dass die Wellenfunktionen infolge der Störung gemischt werden, d. h., in der Matrixdarstellung der Quantenmechanik hat die Spin-Bahn-Wechselwirkung in dieser Darstellung von null verschiedene *Nebendiagonalelemente*. Man kann die Matrix mithilfe von Standardverfahren zur Bestimmung von Eigenwerten und Eigenvektoren diagonalisieren.[20] Allerdings liefert ein p-Elektron sechs entartete Zustände, sodass dieser direkte Weg die Diagonalisierung einer 6×6-Matrix erfordern würde. Viel besser ist

---

[17] Die Wellenfunktion für ein Alkaliatom ist in der Zentralfeldnäherung ein Produkt aus einer radialen Wellenfunktion (die keinen analytischen Ausdruck hat) und den Drehimpuls-Eigenfunktionen (wie bei Wasserstoff).

[18] Genauer gilt $|l\,m_l\,s\,m_s\rangle \equiv Y_{l,m_l}\psi_{\text{Spin}}$ mit $\psi_{\text{Spin}} = |m_s = \pm 1/2\rangle$.

[19] Beweisen Sie die folgenden Vertauschungsrelationen: $[s_x l_x + s_y l_y + s_z l_z, l_z] = s_x[l_x, l_z] + s_y[l_y, l_z] = -\mathrm{i}s_x l_y + \mathrm{i}s_y l_x \neq 0$. Entsprechend gilt $[s_x l_x + s_y l_y + s_z l_z, s_z] = -\mathrm{i}s_y l_x + \mathrm{i}s_x l_y \neq 0$. Beachten Sie, dass $[\mathbf{s} \cdot \mathbf{l}, l_z] = -[\mathbf{s} \cdot \mathbf{l}, s_z]$ und dass folglich $\mathbf{s} \cdot \mathbf{l}$ mit $l_z + s_z$ kommutiert.

[20] Wie für Helium (Abschnitt 3.2) und bei der klassischen Behandlung des normalen Zeeman-Effektes in Abschnitt 1.8.

Abbildung 4.8: *Der Gesamtdre-himpuls* $\mathbf{j} = \mathbf{l} + \mathbf{s}$ *des Atoms ist in Abwesenheit eines externen Moments eine konstante Größe. Daher bewirkt eine Wechselwirkung* $\beta\mathbf{s} \cdot \mathbf{l}$ *zwischen Spin und Bahndrehimpuls, dass diese Vektoren wie angedeutet um* $\mathbf{j}$ *rotieren (präzedieren).*

es, zuerst die Eigenfunktionen zu bestimmen und mit der passenden Basis zu arbeiten. Dieser „vorausschauende" Ansatz erfordert etwas Vorüberlegung.

Wir definieren den Operator für den Gesamtdrehimpuls als $\mathbf{j} = \mathbf{l} + \mathbf{s}$. Der Operator $\mathbf{j}^2$ kommutiert mit der Wechselwirkung, ebenso seine Komponente j_z: es gilt $[\mathbf{s} \cdot \mathbf{l}, \mathbf{j}^2] = 0$ und $[\mathbf{s} \cdot \mathbf{l}, j_z] = 0$. Somit sind j und m_j gute Quantenzahlen.[21] Geeignete Eigenwerte für die Berechnung des Erwartungswertes von $\mathbf{s} \cdot \mathbf{l}$ sind demzufolge $|l\,s\,j\,m_j\rangle$. Mathematisch können diese neuen Eigenfunktionen als Kombinationen der alten Basisfunktionen ausgedrückt werden:

$$|l\,s\,j\,m_j\rangle = \sum_{m_l, m_s} C(l\,s\,j\,m_j; m_l, m_s)|l\,m_l\,s\,m_s\rangle$$

Jede durch l, s, j und m_j indizierte Eigenfunktion ist eine Linearkombination der Eigenfunktion mit den gleichen Werten von l und s, aber unterschiedlichen Werten von m_l und m_s. Die Koeffizienten C sind die **Clebsch-Gordan-Koeffizienten**. Ihre Werte sind für viele mögliche Kombinationen in Büchern tabelliert. Für die in diesem Buch behandelten Probleme werden keine speziellen Werte der Clebsch-Gordan-Koeffizienten benötigt, doch es ist wichtig zu wissen, dass – im Prinzip – ein Satz von Funktionen durch einen anderen vollständigen Satz ausgedrückt werden kann, wobei die Anzahl der Eigenfunktionen in jeder Basis gleich ist.

Schließlich verwenden wir die Identität[22] $\mathbf{j}^2 = \mathbf{l}^2 + \mathbf{s}^2 + 2\mathbf{s} \cdot \mathbf{l}$, um den Erwartungswert der Spin-Bahn-Wechselwirkung auszudrücken:

$$\langle l\,s\,j\,m_j|\mathbf{s} \cdot \mathbf{l}|l\,s\,j\,m_j\rangle = \tfrac{1}{2}\langle l\,s\,j\,m_j|\mathbf{j}^2 - \mathbf{l}^2 - \mathbf{s}^2|l\,s\,j\,m_j\rangle$$
$$= \tfrac{1}{2}\{j(j+1) - l(l+1) - s(s+1)\}$$

Die Zustände $|l\,s\,j\,m_j\rangle$ sind Eigenzustände der Operatoren $\mathbf{j}^2$, $\mathbf{l}^2$ und $\mathbf{s}^2$. Die Bedeutung der korrekten quantenmechanischen Behandlung ist vielleicht nicht offensichtlich, denn scheinbar haben wir gegenüber dem Vektormodell nicht mehr gewonnen, als die Wellenfunktionen symbolisch als $|l\,s\,j\,m_j\rangle$ schreiben zu können. Jedoch werden wir die quantenmechanische Behandlung benötigen, wenn wir weitere Wechselwirkungen betrachten, die diese Wellenfunktionen stören.

---

[21] Diesen Vertauschungsregeln für die Operatoren entspricht die Erhaltung des Gesamtdrehimpulses und von dessen Komponente in z-Richtung. Nur ein externes Drehmoment auf das Atom beeinflusst diese Größen. Die Spin-Bahn-Wechselwirkung ist eine interne Wechselwirkung.

[22] Dies gilt sowohl für Vektoroperatoren, wo $\mathbf{j}^2 = j_x^2 + j_y^2 + j_z^2$, als auch für klassische Vektoren, wo dies einfach $\mathbf{j}^2 = |\mathbf{j}|^2$ ist.

4.6 Die Feinstruktur der Alkaliatome

Die Feinstruktur der Alkaliatome lässt sich in guter Näherung durch eine empirisch begründete Modifikation von (2.56) beschreiben, die als Landé-Formel bezeichnet wird:

$$\Delta E_{\mathrm{FS}} = \frac{Z_{\mathrm{i}}^2 Z_{\mathrm{o}}^2}{(n^*)^3 l(l+1)} \, \alpha^2 hcR_\infty \qquad (4.13)$$

Im Nenner ersetzt die dritte Potenz der effektiven Hauptquantenzahl, $(n^*)^3$ (definiert in Abschnitt 4.2) den Term n^3. Die effektive Ordnungszahl Z_{eff}, die wir im Zusammenhang mit der Zentralfeldnäherung definiert hatten, strebt für $r \to 0$ (wo das Elektron den größten Teil der Kernladung spürt) gegen die innere Ordnungszahl $Z_{\mathrm{i}} \sim Z$; außerhalb des Rumpfes entspricht das Feld einer äußeren Ordnungszahl $Z_{\mathrm{o}} \simeq 1$ (für neutrale Atome). Dass die Landeé-Formel vernünftig ist, sehen wir daran, wie die Zentralfeldnäherung die Berechnung der Feinstruktur in Wasserstoff (Abschnitt 2.3.1) modifiziert. Die Spin-Bahn-Wechselwirkung hängt von dem elektrischen Feld ab, durch welches sich das Elektron bewegt. In Alkaliatomen ist dieses Feld proportional zu $Z_{\mathrm{eff}}(r)\mathbf{r}/r^3$ anstatt zu $\mathbf{r}/r^3$ wie bei Wasserstoff.[23] Demzufolge ist der Erwartungswert der Spin-Bahn-Wechselwirkung abhängig von

$$\left\langle \frac{Z_{\mathrm{eff}}(r)}{r^3} \right\rangle \equiv \left\langle \frac{1}{er} \frac{\partial V_{\mathrm{ZF}}(r)}{\partial r} \right\rangle$$

anstatt von $\langle 1/r^3 \rangle$ wie im Falle von Wasserstoff (Gleichung (2.51)). Dies führt für die Alkaliatome zu einer Feinstruktur – gegeben durch die Landé-Formel –, die wie Z^2 skaliert. Damit liegt sie zwischen der für Wasserstoffionen geltenden Abhängigkeit von Z^4 (keine Abschirmung) und dem anderen, bei vollständiger Abschirmung auftretenden Extrem, dass es keine Abhängigkeit von der Ordnungszahl gibt. Wie bereits in Abschnitt 4.2 angemerkt, ähneln sich die effektiven Hauptquantenzahlen n^* für alle Alkalimetalle untereinander stark.

Als numerisches Beispiel für das Skalenverhalten betrachten wir die Feinstruktur von Natrium ($Z = 11$) und Caesium ($Z = 55$). Die 3p-Konfiguration von Natrium hat eine Feinstrukturaufspaltung von $1700\,\mathrm{m}^{-1}$, sodass für die Feinstruktur der 6p-Konfiguration von Caesium bei einer Z^2-Abhängigkeit

$$1{,}7 \times 10^3 \times \left(\frac{55}{11}\right)^2 \times \left(\frac{2{,}1}{2{,}4}\right)^3 = 28{,}5 \times 10^3\,\mathrm{m}^{-1}$$

gelten sollte (n^* wurde aus Tabelle 4.2 entnommen). Diese Schätzung liefert nur die Hälfte des tatsächlichen Wertes von $55{,}4 \times 10^3\,\mathrm{m}^{-1}$, doch ist die Vorhersage wesentlich besser, als wir sie bei Zugrundelegung einer Z^4-Abhängigkeit erhalten hätten. (Eine logarithmische Darstellung der Energien der Grob- und der Feinstruktur in Abhängigkeit von der Ordnungszahl ist in Abbildung 5.7 gegeben. Diese Abbildung zeigt, dass der tatsächliche Trend der Feinstruktur nahe an der vorhergesagten Z^2-Abhängigkeit liegt.)

---

[23] Diese Modifikation ist äquivalent damit, V_{ZF} anstelle des Wasserstoffpotentials proportional zu $1/r$ zu verwenden.

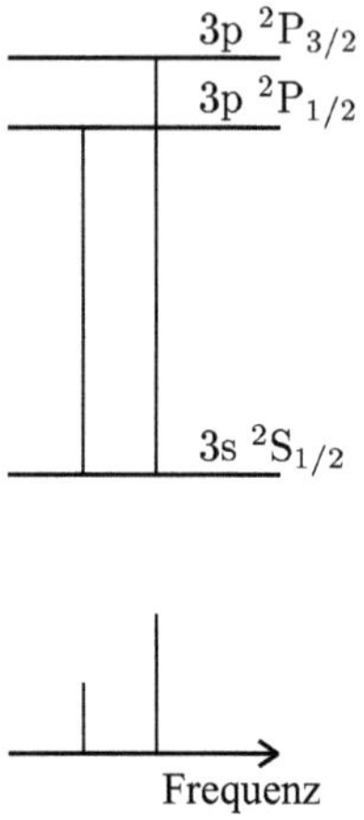

$$3p\ ^2P_{3/2}$$

$$3p\ ^2P_{1/2}$$

$$3s\ ^2S_{1/2}$$

Abbildung 4.9: *Die Feinstrukturkompo-*
nenten für einen p-s-Übergang, beispiels-
weise für die Übergänge $3\,S_{1/2}$–$3\,P_{1/2}$ oder
$3\,S_{1/2}$–$3\,P_{3/2}$ in Natrium (nicht maßstabs-
gerecht). Die statistischen Gewichte der
oberen Niveaus führen auf ein Intensitäts-
verhältnis von $1:2$.

Frequenz

Die Feinstruktur ist die Ursache für die Aufspaltung der bekannten gelben Linie in die Wellenlängen $\lambda = 589{,}0\,\text{nm}$ und $589{,}6\,\text{nm}$. Dieses und andere Liniendubletts im Emissionsspektrum von Natrium kann mithilfe von Standardspektrographen aufgelöst werden. In Caesium liefern die Übergänge zwischen den niedrigsten Energiekonfigurationen (6s – 6p) Spektrallinien bei $\lambda = 852\,\text{nm}$ und $894\,\text{nm}$ – diese „Feinstruktur" ist nicht wirklich fein.

4.6.1   Relative Intensitäten der Feinstrukturübergänge

Die Übergänge zwischen den Feinstrukturniveaus der Alkaliatome genügen den gleichen Auswahlregeln wie bei Wasserstoff, da die Drehimpulsfunktionen für beide Fälle die gleichen sind. Es erfordert einen beträchtlichen Rechenaufwand, die absoluten Werte der Übergangsraten zu bestimmen[24], doch die relativen Intensitäten der Übergänge zwischen unterschiedlichen Feinstrukturniveaus finden wir durch ein einfaches physikalisches Argument. Als Beispiel betrachten wir Übergänge von p nach s in Natrium (siehe Abbildung 4.9). Der Übergang $3\,S_{1/2}$–$3\,P_{1/2}$ hat eine halb so große Intensität wie der Übergang $3\,S_{1/2}$–$3\,P_{3/2}$.[25] Dieses Intensitätsverhältnis von $1:2$ tritt auf, weil die Stärke jeder Komponente proportional zum statistischen Gewicht der Niveaus $(2j+1)$ ist, was für $j = 1/2$ und $j = 3/2$ auf $2:4$ führt. Um eine Erklärung hierfür zu finden, betrachten wir zunächst die Situation ohne Feinstruktur. Für die 3p-Konfiguration haben die Wellenfunktionen die Form $R_{3\text{p}}(r)|l\,m_l\,s\,m_s\rangle$, und die Zerfallsrate dieser Zustände (nach 3s) ist unabhängig von den Werten von m_l und m_s.[26] Linearkombinationen der

---

[24] Die Raten der erlaubten Übergänge hängen von Integralen ab, in denen die radialen Wellenfunktionen vorkommen (für Alkalimetalle werden diese numerisch ausgeführt). Außerdem hängen sie ab von den Integralen über den angularen Teil der Wellenfunktion, den wir in Abschnitt 2.2.1 im Zusammenhang mit der Herleitung der Auswahlregeln behandelt haben.

[25] Diese verkürzte Form der vollständigen Notation für das *LS*-Kopplungsschema enthält alle nötigen Informationen für ein einzelnes Elektron, vgl. $3\text{s}\,^2S_{1/2} - 3\text{p}\,^2P_{3/2}$.

[26] Der physikalische Grund hierfür ist, dass die Zerfallsrate unabhängig von der räumlichen Orientierung des Atoms ist. Das Gleiche gilt für die Spinzustände. All die verschiedenen angularen Zustände haben das gleiche radiale Integral, also das der radialen Wellenfunktion zwischen 3p und 3s.

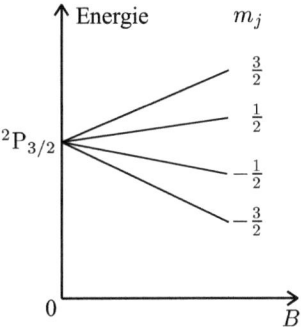

Abbildung 4.10: *Wenn ein Magnet-feld der Stärke B angelegt ist, haben die vier Zustände des Niveaus $^2P_{3/2}$ mit unterschiedlichen m_j die Energien $E_{\text{Zeeman}} = g_j \nu_B B m_j$. Der Faktor g_j er-gibt sich aus der Projektion der Beiträ-ge zum magnetischen Moment von $\mathbf{l}$ und $\mathbf{s}$ auf $\mathbf{j}$ (siehe auch Aufgabe 5.13).*

Zustände $R(r)|l\, m_l\, s\, m_s\rangle$ mit unterschiedlichen Werten von m_l und m_s (aber gleichen Werten von n, l und s und demzufolge mit der gleichen Lebensdauer) bilden die Eigen-zustände $|l\, s\, j\, m_j\rangle$ der Feinstruktur. Ein Alkaliatom hat also für beide Werte von j die gleiche Lebensdauer.[27]

Falls jeder Zustand die gleiche Anregungsrate hat, was beispielsweise in einer Gas-entladungslampe der Fall ist, dann haben alle Zustände gleiche Populationen und die Intensität einer gegebenen Komponente einer Linie ist proportional zur Anzahl der bei-tragenden m_j-Zustände. Entsprechend hat die Feinstruktur der Übergänge von s nach p-Konfigurationen (beispielsweise $3\,P_{3/2}$–$5\,S_{1/2}$ oder $3\,P_{1/2}$–$5\,S_{1/2}$) ein Intensitätsver-hältnis von $2:1$ – in diesem Fall hat die Komponente mit der kleineren Frequenz ei-ne doppelt so große Intensität wie die Komponente mit der höheren Frequenz, d. h., hier haben wir das gegenteilige Verhältnis wie für den in Abbildung 4.9 gezeigten p-s-Übergang. (Informationen wie diese können außerdem benutzt werden, um die Linien in einem beobachteten Spektrum zu identifizieren.) Allgemeiner kann man sagen, dass es eine Summenregel für Intensitäten gibt: Die Summe der Intensitäten bis zu einem oder von einem gegebenen Niveau ist proportional zu dessen Entartung. Dieses Ar-gument kann angewendet werden, wenn die obere und die untere Konfiguration eine Feinstruktur hat (siehe Aufgabe 4.8).

Die Diskussion der Feinstruktur hat gezeigt, dass der Spin für ein gegebenes n zu einer Aufspaltung der Energieniveaus führt, von denen l Niveaus unterschiedliche j haben. Diese Feinstrukturniveaus sind bezüglich m_j entartet, aber durch ein externes Magnet-feld kann diese Entartung aufgehoben werden. Der Einfluss eines externen Magnetfeldes wurde in Kapitel 1 klassisch berechnet, was auf den normalen Zeeman-Effekt führte. Dies beschreibt jedoch nicht genau, was für Atome mit einem Valenzelektron passiert, denn der Beitrag des Spins führt zu einem **anomalen Zeeman-Effekt**. Die Aufspal-tung des Feinstrukturniveaus in $2j + 1$ Zustände (oder Zeeman-Unterniveaus) infolge eines angelegten Feldes ist in Abbildung 4.10 dargestellt. Es ist nicht weiter schwie-rig, die Zeeman-Energie für ein Atom mit einem einzigen Valenzelektron zu berechnen. Dies wird in Büchern zur Quantenmechanik gezeigt, und um eine Wiederholung zu vermeiden, wollen wir die Standardmethode hier nicht ausführen. Im nächsten Kapitel

---

[27] Diese normale Situation für die Feinstruktur kann in einem Fall wie Caesium leicht modifiziert sein. Dort bedeutet der große Abstand der Komponenten, dass die Frequenzabhängigkeit der Lebensdauer (Gleichung 1.24) zu Unterschieden führt, auch wenn die Matrixelemente ähnlich sind.

werden wir eine allgemeine Formel für den Zeeman-Effekt herleiten, die für Atome mit beliebig vielen Valenzelektronen gilt und auch den Spezialfall eines einzigen Elektrons abdeckt (siehe Aufgabe 5.13). Außerdem werden wir uns im Zusammenhang mit der Hyperfeinstruktur (Kapitel 6) noch einmal mit dem Zeeman-Effekt beschäftigen.

Weiterführende Literatur

In diesem Kapitel lag der Fokus auf den Alkalimetallen. Außerdem wurden die im Periodensystem benachbarten Edelgase erwähnt. Umfassend behandelt wird das Periodensystem der Elemente unter anderem in *Physical Chemistry* (Atkins, 1994).

Die selbstkonsistente Berechnung von atomaren Wellenfunktionen wird in den Büchern von Hartree (1957), Slater (1960), Cowan (1981) sowie in dem Buch von Bransden und Joachain (2003) behandelt.

Die numerische Lösung der Schrödinger-Gleichung für die gebundenen Zustände in einem Zentralfeld gemäß Aufgabe 4.10 wird in French und Taylor (1978), Eisberg uns Resnick (1985) sowie Rioux (1991) diskutiert. Solche numerischen Verfahren können auch auf Teilchen mit positiven Energien im Potential angewendet werden, um die Streuung in der Quantenmechanik zu modellieren. Dies wird in Greenshow (1990) beschrieben. Das in diesem Buch benutzte numerische Verfahren wurde bewusst einfach gehalten, um eine schnelle Implementierung zu gestatten. Das Verfahren von Numerov ist jedoch für diesen Problemtyp genauer.

Aufgaben

4.1 *Elektronenkonfiguration in Francium*
Schreiben Sie die vollständige Elektronenkonfiguration von Francium auf (Ordnungszahl $Z = 87$). Dieses Element folgt im Periodensystem auf Caesium.

4.2 *Seriengrenze für Natrium*
Acht ultraviolette Absorptionslinien in Natrium haben Wellenzahlen von

$$38\,541,\quad 39\,299,\quad 39\,795,\quad 40\,137$$
$$40\,383,\quad 40\,566,\quad 40\,706,\quad 40\,814$$

in der Einheit cm^{-1}. Entwerfen Sie ein Extrapolationsverfahren, um mit einer im Rahmen der Daten möglichen Genauigkeit die Ionisierungsgrenze von Natrium zu finden. Rechnen Sie das Ergebnis in Elektronenvolt um. (Zur Manipulation der Zahlenwerte kann ein Tabellenkalkulationsprogramm hilfreich sein.) Wie lautet die effektive Hauptquantenzahl n^* des Valenzelektrons in der Grundkonfiguration?

4.3 *Quantendefekte für Natrium*
Die Bindungsenergien der Konfigurationen 3s, 4s, 5s und 6s in Natrium sind 5,14 eV, 1,92 eV, 1,01 eV bzw. 0,63 eV. Berechnen Sie die Quantendefekte für diese Konfigurationen und erläutern Sie Ihre Ergebnisse.
Schätzen Sie die Bindungsenergie der 8s-Konfiguration ab und vergleichen Sie diese mit dem Wert für die Schale $n = 8$ von Wasserstoff.

4.4 *Quantendefekt*

Schätzen Sie die Wellenlänge der Laserstrahlung ab, die durch simultane Absorption zweier Photonen mit der gleichen Frequenz (IE(Rb) = 4,17 Rb) den Übergang $5s\,^2S_{1/2}$–$7s\,^2S_{1/2}$ in Rubidium anregen. (Die Zwei-Photonen-Spektroskopie wird in Abschnitt 8.4 beschrieben, doch an dieser Stelle sind keine Detailkenntnisse darüber notwendig.)

4.5 *Quantendefekte bei Helium und heliumähnlichen Atomen*

Konfiguration	Bindungsenergie (cm^{-1})
1s2s	35 250
1s2p	28 206
1s3s	14 266
1s3p	12 430
1s3d	12 214

(a) Berechnen Sie die Wellenlänge der 1s2p–1s3d-Linie in Helium und vergleichen Sie diese mit der Balmer-α-Linie in Wasserstoff.

(b) Berechnen Sie die Quantendefekte für die in der Tabelle angegebenen Konfigurationen von Helium. Schätzen Sie die Bindungsenergien der 1s4l-Konfigurationen ab.

(c) Die zur 1s4f-Konfiguration des Li^+-Ions gehörenden Niveaus liegen alle bei einer Energie von 72,24 eV über dem Grundzustand des Ions. Schätzen Sie die zweite Ionisierungsenergie für dieses Ion ab. (Das Ergebnis ist 75,64 eV.)

4.6 *Quantendefekte und Feinstruktur in Kalium*

Ein Dampf aus Kaliumatomen absorbiert Licht der Wellenlängen 769,9, 766,5, 404,7 404,4, 344,7 und 344,6 (in nm). Diese Wellenlängen entsprechen den Übergängen aus der Grundkonfiguration 4s. Erklären Sie diese Beobachtungen möglichst ausführlich und schätzen Sie die mittlere Wellenlänge des nächsten Dubletts in der Serie sowie dessen Aufspaltung. (Kalium hat die Ionisierungsenergie 4,34 eV.)[28]

4.7 *Die Z-Abhängigkeit der Feinstruktur*

Berechnen Sie die Feinstrukturaufspaltung der 3p-Konfiguration des wasserstoffähnlichen Ions Na^{+10} (in eV). Erklären Sie, warum sie größer ist als die Feinstruktur der gleichen Konfiguration in neutralem Natrium (0,002 eV) und Wasserstoff ($1,3 \times 10^{-5}$ eV).

4.8 *Relative Intensitäten der Feinstrukturkomponenten*

(a) Eine Emissionslinie im Spektrum eines Alkaliatoms hat drei Feinstrukturkomponenten entsprechend den Übergängen $^2P_{3/2}$–$^2D_{3/2}$, $^2P_{3/2}$–$^2D_{5/2}$ und $^2P_{1/2}$–$^2D_{3/2}$. Diese Komponenten haben Intensitäten a, b und c, die im Verhältnis 1 : 9 : 5 stehen. Zeigen Sie, dass diese Intensitäten die Regel erfüllen,

---

[28] Eine Erläuterung, wie man den Quantendefekt für eine Linienserie mithilfe eines iterativen Verfahrens bestimmen kann, finden Sie in Softley (1994).

dass die Summe der Intensitäten der Übergänge zu oder von einem gegebenen Niveau proportional zu ihrem statistischen Gewicht $(2J + 1)$ ist.

(b) Skizzieren Sie ein Energieniveauschema für die Feinstrukturniveaus der beiden Terme $nd\,^2\mathrm{D}$ und $n'f\,^2\mathrm{F}$ (für $n' > n$). Markieren Sie die drei erlaubten elektrischen Dipolübergänge und bestimmen Sie ihre relativen Intensitäten.

4.9 *Kugelsymmetrie einer vollen Unterschale*
Die Summe $\sum_{m=-l}^{i} |Y_{l,m}|^2$ ist kugelsymmetrisch. Zeigen Sie dies für den Spezialfall $l = 1$ und erläutern Sie die Bedeutung des allgemeinen, für alle Werte von l geltenden Ausdrucks für die Zentralfeldnäherung.

4.10 *Numerische Lösung der Schrödinger-Gleichung*
Diese Aufgabe befasst sich mit einem Verfahren zur Bestimmung der Wellenfunktionen und ihrer Energien für ein Potential (in der Zentralfeldnäherung). Dabei wird deutlich, wie numerische Berechnungen in einfachen Fällen ausgeführt werden, die sich leicht durch Tabellenkalkulationsprogramme implementieren lassen.[29] Natürlich sind die Eigenschaften wasserstoffähnlicher Atome gut bekannt, sodass dieser erste Schritt lediglich dazu dient, das numerische Verfahren zu testen (und zu überprüfen, dass die angegebene Formel korrekt ist). Es ist nicht weiter schwierig, das numerische Verfahren auf andere Fälle anzuwenden, beispielsweise auf die Potentiale in der Zentralfeldnäherung, die in Abbildung 4.7 skizziert sind.[30]

(a) *Herleitung der Gleichungen*
Zeigen Sie ausgehend von (2.4) und weiteren Gleichungen aus Kapitel 2, dass

$$\frac{\mathrm{d}^2 R}{\mathrm{d}x^2} + \frac{2}{x}\frac{\mathrm{d}R}{\mathrm{d}x} + \left(\widetilde{E} - \widetilde{V}(x)\right) R(x) = 0 \tag{4.14}$$

wobei Ort und Energie in dimensionslose Variablen transformiert wurden: $x = r/a_0$ und $\widetilde{E}$ ist die Energie in Einheiten von $e^2/8\pi\epsilon_0 a_0 = 13{,}6\,\mathrm{eV}$ (gleich der Hälfte der atomaren Energieeinheit, die in einigen der Referenzen verwendet wird).[31] In diesen Einheiten ist das effektive Potential

$$\widetilde{V}(x) = \frac{l(l+1)}{x^2} - \frac{2}{x} \tag{4.15}$$

mit der Bahndrehimpuls-Quantenzahl l.
Die Ableitungen einer Funktion $f(x)$ können durch folgende Ausdrücke mit einer kleinen Schrittweite δ approximiert werden:[32]

$$\frac{\mathrm{d}f}{\mathrm{d}x} = \frac{f(x + \delta/2) + f(x - \delta/2)}{\delta}$$

$$\frac{\mathrm{d}^2 f}{\mathrm{d}x^2} = \frac{f(x + \delta) + f(x - \delta) - 2f(x)}{\delta^2}$$

---

[29] Mithilfe einer Tabellenkalkulation lassen sich Änderungen sehr einfach umsetzen, beispielsweise wenn man herausfinden will, welchen Einfluss verschiedene Potentiale auf die Eigenenergien und die Wellenfunktionen haben.

[30] Mehr Details finden Sie auf der Website zu diesem Buch: `www.oldenbourg-verlag.de/foot/`.

[31] Die Elektronenmasse ist in diesen Einheiten $m_e = 1$ (genauer gesagt, die reduzierte Masse).

[32] Diese Bezeichnung darf nicht mit dem Quantendefekt verwechselt werden.

Zeigen Sie, dass man die zweite Ableitung erhält, indem man das Verfahren, mit dem wir die erste Ableitung erhalten haben, zweimal anwendet. Zeigen Sie außerdem, dass man durch Substitution in Gleichung (4.14) den folgenden Ausdruck für den Wert der Funktion bei $x + \delta$ erhält:

$$R(x + \delta) = \left\{ 2R(x) + \left(\widetilde{V}(x) - \widetilde{E} \right) R(x)\delta^2 - \left(1 - \frac{\delta}{x} \right) R(x - \delta) \right\} \Big/ \left(1 + \frac{\delta}{x} \right)$$

$$(4.16)$$

Wenn wir unsere Rechnung am Ursprung beginnen, dann erhalten wir

$$R(2\delta) = \frac{1}{2} \left\{ 2 + \left(\widetilde{V}(\delta) - \widetilde{E} \right) \delta^2 \right\} R(\delta)$$

$$R(3\delta) = \frac{1}{3} \left\{ 2R(2\delta) + \left(\widetilde{V}(2\delta) - \widetilde{E} \right) R(2\delta)\delta^2 + R(\delta) \right\}$$

usw. Beachten Sie, dass in der ersten Gleichung der Wert von $R(x)$ an der Stelle $x = 2\delta$ nur von $R(\delta)$ abhängt – wenn Sie sich Gleichung (4.16) für den Wert $x = \delta$ anschauen, dann erkennen Sie, warum dies so ist (für diesen Wert von x ist der Koeffizient von $R(0)$ gleich null). Die Rechnung beginnt also bei $x = \delta$ und arbeitet sich von dort nach außen vor.[33] An allen anderen Stellen ($x > \delta$) hängt der Wert der Funktion von zwei Werten an davor liegenden Stellen ab. Aus dieser Rekursionsbeziehung kann die Funktion sukzessive an allen Stellen berechnet werden.

Die berechneten Funktionen werden nicht normiert und die Anfangsbedingungen können mit einer beliebigen Konstante multipliziert werden ohne die Eigenenergien zu beeinflussen, was bei Betrachtung der Ergebnisse klar wird. Im Folgenden ist $R(\delta) = 1$ die empfohlene Wahl, doch es funktioniert ebenso mit einem anderen Startwert.

(b) *Implementierung des numerischen Verfahrens mittels Tabellenkalkulation*
Gehen Sie wie folgt vor:

(1) Legen Sie folgende Tabelle an:

	A	B	C	D	E	F
1	x	V(x)	psi	0,02	-0,25	1
2				step	energie	dreh.imp

Spalte A enthält die x-Koordinaten, das Potential steht in Spalte B und die Funktion in Spalte C. Die Zellen D1, E1 und F1 enthalten die Schrittweite, die Energie und die Bahndrehimpuls-Quantenzahl ($l = 1$).

(2) Füllen Sie A2 mit 0 und A3 mit der Formel =A2+D1 aus. Kopieren Sie den Inhalt der Zelle A3 in den Block A4:A1002. (Oder starten Sie mit einer kleineren Anzahl von Schritten und passen Sie D1 entsprechend an.)

---

[33] Dieses Beispiel ist eine Ausnahme von der allgemeinen Forderung, dass die Lösung einer Differentialgleichung zweiter Ordnung, wie beispielsweise die für einen harmonischen Oszillator, die Kenntnis der Funktion in zwei Punkten voraussetzt, um sowohl den Wert der Funktion als auch ihrer Ableitung berechnen zu können.

(3) Das Potential divergiert bei $x = 0$. Schreiben Sie deshalb `inf.` in die Zelle B2 (oder lassen Sie sie frei und achten Sie darauf, sie nicht zu referenzieren).
Schreiben Sie die Formel

$$\texttt{=-2/A3+\$F\$1*(\$F\$1+1)/(A3*A3)}$$

in die Zelle B3 (dies entspricht Gleichung (4.15)). Kopieren Sie den Inhalt von Zelle B3 in den Block `B4:B1002`.

(4) Dies ist der wesentliche Schritt, in dem die Funktion berechnet wird. Schreiben Sie die Ziffer 1 in die Zelle C3. (Wir lassen C2 leer, da wie oben erklärt der Wert der Funktion bei $x = 0$ die durch die Rekursionsbeziehung (4.16) gegebene Lösung nicht beeinflusst.) Gehen Sie nun in Zelle C4 und geben Sie die folgende Formel für die Rekursionsbeziehung ein:

$$\texttt{= (2*C3+(B3-\$E\$1)*C3*\$D\$1*\$D\$1-(1-\$D\$1/A3)*C2)/(1+\$D\$1/A3)}$$

Kopieren Sie dies in den Block `C5:C1002`. Erzeugen Sie einen x-y-Plot der Wellenfunktion (verwenden Sie als Darstellungsart am besten glatte Linien). Die x-Serie ist `A2:A1002` und die y-Serie ist `C2:C1002`. ügen Sie diesen Graphen in das Tabellenblatt ein.

(5) Spielen Sie nun ein wenig mit den Parametern herum und beobachten Sie, wie sich eine bestimmte Energie auf die Wellenfunktion auswirkt.

   i. Zeigen Sie, dass der Anfangswert der Funktion keinen Einfluss auf deren Form bzw. auf die Eigenenergie hat, indem Sie den Wert 0,1 (oder irgendeinen anderen Wert) in die Zelle C3 eintragen.

   ii. Ändern Sie die Energie. Tragen Sie zum Beispiel -0,251 in Zelle E1 ein und dann -0,249, und beobachten Sie, wie sich das Verhalten für große x ändert. (Die Divergenz ist exponentiell, sodass selbst ein kleiner Energieunterschied einen großen Effekt ergibt.) Wiederholen Sie den Versuch mit den unterschiedlichen Energien mit größeren und kleineren Schrittweiten (einzutragen in D1). Es ist wichtig, bei der Bestimmung der Eigenenergie mit einem geeigneten Bereich für x zu arbeiten. Die Eigenenergie liegt zwischen den beiden Versuchswerten, die zu entgegengesetzten Divergenzen (also aufwärts bzw. abwärts auf dem Graphen) führen.

   iii. Ändern Sie den Inhalt von F1 in 0 und bestimmen Sie eine Lösung für $l = 0$.

(6) Erzeugen Sie für die beiden Funktionen mit $n = 2$ und die beiden anderen Fälle einige Graphen, die jeweils mit der zugehörigen Versuchsenergie markiert sind und die in ihrer Gesamtheit die Prinzipien der numerischen Lösung illustrieren. Vergleichen Sie die Eigenenergien mit den Vorhersagen der bohrschen Formel.
Berechnen Sie für jede Lösung die effektive Hauptquantenzahl, etwa indem Sie `=SQRT(-1/E1)` in G1 eintragen (und den Index `n*` in G2).
(Die Suche nach den Eigenenergien kann automatisiert werden, wenn man die Fähigkeit der Tabellenkalkulation ausnutzt, die Parameter unter Nebenbedingungen zu optimieren. Veranlassen Sie das Programm,

den letzten Wert der Funktion (in Zelle C1002) durch Justierung der Energie (Zelle E1) auf null zu bringen. Sie können dieses Verfahren als Makro speichern, um zukünftig mit einem einzigen Klick die Eigenenergien bestimmen zu können.)

(7) Implementieren Sie einen oder mehrere der folgenden Verbesserungsvorschläge für das oben beschriebene Basisverfahren.

   i. Bestimmen Sie die Eigenenergien für ein Potential, welches für große Abstände gegen das Coulomb-Potential ($-2/x$ in dimensionslosen Einheiten) geht, so wie etwa die in Abbildung 4.7 skizzierten, und zeigen Sie, dass die Quantendefekte für dieses Potential von l abhängen, jedoch nur schwach von n.

   ii. Vergleichen Sie für das Potential in Abbildung 4.7(c) die Wellenfunktion in der inneren und der äußeren Region für verschiedene Energien. Erklären Sie das beobachtete Verhalten qualitativ.

   iii. Berechnen Sie die Funktion $P(r) = rR(r)$, indem Sie A3*C3 in Zelle D3 einsetzen, und kopieren Sie dies in die restlichen Zellen der Spalte. Erzeugen Sie einen Plot von $P(r)$, $R(r)$ und $V(r)$ für mindestens zwei verschiedene Werte von n und l. Justieren Sie wie unter Schritt 5)i beschrieben den Wert in Zelle C3, um die Funktionen mit geeigneten Werten zu skalieren, sodass Sie sie im gleichen Koordinatensystem wie das Potential plotten können.

   iv. Versuchen Sie eine semi-quantitative Berechnung der Quantendefekte im Lithiumatom. Modellieren Sie beispielsweise $V_{ZF}(r)$ wie in Abbildung 4.7(a) für eine wohl überlegte Wahl von r_{Rumpf}.[34]

   v. Berechnen Sie numerisch die Summe von $r^2 R^2(r)\delta$ für alle Werte der Funktion und dividieren Sie diese durch ihre Quadratwurzel, um die Wellenfunktion zu normieren. Mit den normierten Wellenfunktionen (gespeichert in einer Tabellenspalte) können Sie die Matrixelemente für den elektrischen Dipol berechnen (wie auch ihre Verhältnisse). Beispielsweise ist $|\langle 3p|\,r\,|2s\rangle|^2 / |\langle 3p|\,r\,|1s\rangle|^2 = 36$, wie in Aufgabe 7.6 (vergessen Sie nicht den Faktor ω^3 aus Gleichung (7.23)).

   vi. Schätzen Sie die Genauigkeit dieses numerischen Verfahrens ab, indem Sie unter Verwendung unterschiedlicher Schrittweiten einige Eigenenergien berechnen. (Ausgefeiltere Verfahren zur numerischen Integration, die in mathematischen Software-Paketen enthalten sind, können, falls gewünscht, diesem einfachen Verfahren gegenübergestellt werden; allerdings liegt hier der Fokus auf der Atomphysik und nicht auf der numerischen Berechnung. Bedenken Sie auch, dass Verfahren, die höhere Ableitungen der Funktion verwenden, nicht mit den Unstetigkeiten im Potential umgehen können.)

Lösungen finden Sie unter http://www.oldenbourg-verlag.de/foot/.

---

[34] Dieses einfache Modell entspricht der Situation, dass die gesamte Ladung des inneren Elektrons auf einer Kugelschale konzentriert ist. Ob man den Übergang von der inneren zur äußeren Region glatter macht, hat keinen großen Einfluss auf das Verhalten, was Sie mit dem Programm leicht überprüfen.

5   Das *LS*-Kopplungsschema

Dieses Kapitel beschäftigt sich mit Atomen, die zwei Valenzelektronen haben. Hierzu gehören Seltenerdmetalle wie Mg und Ca. Die Strukturen dieser Elemente haben Ähnlichkeiten mit denen von Helium, weshalb wir wieder die im letzten Kapitel für die Alkalimetalle eingeführte Zentralfeldnäherung verwenden. Wir beginnen mit dem Hamilton-Operator (4.2) für N Elektronen und setzen den Ausdruck (4.3) für das Zentralpotential $V_{\mathrm{ZF}}(r)$ ein:

$$H = \sum_{i=1}^{N} \left[-\frac{\hbar^2}{2m}\nabla_i^2 + V_{\mathrm{ZF}}\left(r_i\right) + \left\{ \sum_{j>i}^{N} \frac{e^2/4\pi\epsilon_0}{r_{ij}} - S(r_i) \right\} \right].$$

Dieser Hamilton-Operator kann in der Form $H = H_{\mathrm{ZF}} + H_{\mathrm{re}}$ geschrieben werden, wobei H_{ZF}, definiert durch (4.4), der Hamilton-Operator für das Zentralfeld ist und

$$H_{\mathrm{re}} = \sum_{i=1}^{N} \left\{ \sum_{j>i}^{N} \frac{e^2/4\pi\epsilon_0}{r_{ij}} - S(r_i) \right\} \tag{5.1}$$

die **elektrostatische Restwechselwirkung**. Diese repräsentiert jenen Teil der Abstoßung, der nicht durch das Zentralfeld berücksichtigt ist. Man könnte meinen, dass dieses Restfeld in irgendeiner Weise nicht-zentral ist. Dies muss jedoch nicht unbedingt so sein. Bei Konfigurationen wie 1s2s in He oder 3s4s in Mg haben beide Elektronen kugelsymmetrische Verteilungen, aber trotzdem kann durch ein Zentralfeld die Abstoßung zwischen ihnen nicht vollständig erfasst werden – ein Potential V_{ZF} beschreibt nicht den Effekt der Korrelation der Elektronenpositionen, der zum Austauschintegral führt.[1] Die elektrostatische Restwechselwirkung stört die Elektronenkonfigurationen $n_1 l_1 n_2 l_2$, die Eigenzustände des Zentralfeldes sind. Diese Drehimpuls-Eigenzustände für die beiden Elektronen sind Produkte aus ihren jeweiligen Bahn- und Spinfunktionen $|l_1 m_{l_1} s_1 m_{s_1}\rangle |l_2 m_{l_2} s_2 m_{s_2}\rangle$ und ihre Energie hängt von der Orientierung des Atoms ab, sodass alle unterschiedlichen m_l-Zustände entartet sind. Die Konfiguration 3p4p

---

[1] Wenn $S(r)$ so gewählt wird, dass es die gesamte Abstoßung zwischen dem kugelsymmetrischen Rumpf und den Elektronen außerhalb der abgeschlossenen Schalen umfasst, dann bleibt die Abstoßung zwischen den beiden Valenzelektronen übrig, d. h. $H_{\mathrm{re}} \simeq e^2/4\pi\epsilon_0 r_{12}$. Diese Näherung unterstreicht die Ähnlichkeit mit Helium (obwohl der Erwartungswert mit unterschiedlichen Wellenfunktionen berechnet wird). Aber auch wenn sich dadurch die Gleichungen erfreulich vereinfachen, ist dies nicht die beste Näherung für genaue Berechnungen – $S(r)$ kann so gewählt werden, dass der größte Teil des direkten Integrals enthalten ist (siehe Abschnitt 3.3.2). Für die im letzten Kapitel behandelten Alkaliatome ergibt die Abstoßung zwischen den Elektronen ein kugelsymmetrisches Potential, sodass $H_{\mathrm{re}} = 0$ gilt.

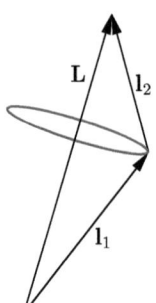

Abbildung 5.1: *Die elektrostati-*
sche Restwechselwirkung bewirkt,
dass l₁ *und* l₂ *um ihren Summen-*
vektor **L** = l₁ + l₂ *präzedieren.*

zum Beispiel hat $(2l_1 + 1)(2l_2 + 1) = 9$ entartete Kombinationen von $Y_{l_1,m_1} Y_{l_2,m_2}$.[2] Jeder dieser räumlichen Zustände ist mit vier Spinfunktionen verbunden, doch wir müssen keine 36 entarteten Zustände betrachten, da sich das Problem wie bei Helium in zwei separate Probleme für die räumlichen Anteile und die Spinanteile zerlegen lässt. Allerdings erfordert der direkte Zugang die Diagonalisierung von Matrizen höherer Dimensionen als der einfachen 2×2-Matrix, deren Determinate durch (3.17) gegeben ist. Wir wollen daher anstelle eines Brute-Force-Ansatzes einen raffinierten Lösungsweg verfolgen, der mit der Bestimmung der Eigenzustände von H_{re} beginnt. In dieser Darstellung ist H_{re} eine Diagonalmatrix, in deren Diagonale die Eigenwerte stehen.

Die aus der elektrostatischen Abstoßung resultierende Wechselwirkung zwischen den Elektronen bewirkt eine Änderung ihres Bahndrehimpulses. Im Vektormodell bedeutet dies, dass l₁ und l₂ ihre Richtung ändern, während ihre Beträge konstant bleiben. Diese interne Wechselwirkung ändert nichts am Gesamt-Bahndrehimpuls **L** = l₁ + l₂, sodass l₁ und l₂ wie in Abbildung 5.1 gezeigt um diesen Vektor präzedieren. Wenn kein äußeres Moment auf das Atom wirkt, hat **L** eine feste Orientierung im Raum, sodass seine z-Komponente M_L ebenfalls eine Erhaltungsgröße ist (m_{l_1} und m_{l_2} sind keine guten Quantenzahlen). Dieses klassische Bild der Erhaltung des Gesamtdrehimpulses entspricht dem quantenmechanischen Ergebnis, dass die Operatoren L^2 und L_z beide mit H_{re} kommutieren:[3]

$$\left[L^2, H_{re}\right] = 0 \qquad \text{und} \qquad \left[L_z, H_{re}\right] = 0 \tag{5.2}$$

Da H_{re} nicht vom Spin abhängt, gilt außerdem:

$$\left[S^2, H_{re}\right] = 0 \qquad \text{und} \qquad \left[S_z, H_{re}\right] = 0 \tag{5.3}$$

Tatsächlich kommutiert H_{re} auch mit den individuellen Spins s₁ und s₂, doch wir wählen Eigenfunktionen von **S**, um die Wellenfunktionen wie bei Helium zu antisymmetrisieren. Die Spineigenzustände für zwei Elektronen sind ψ_{Spin}^A und ψ_{Spin}^S für $S = 0$

---

[2] Für zwei p-Elektronen können wir m_l nicht vernachlässigen, wie wir es bei der Behandlung der 1snl-Konfiguration in Helium getan haben. Konfigurationen mit einem oder mehreren s-Elektronen können so behandelt werden, wie wir es für Helium beschrieben haben, wobei allerdings die radialen Wellenfunktionen numerisch berechnet werden müssen.

[3] Der Beweis ist nicht schwierig: es gilt $L_z = l_{1z} + l_{2z}$, da in (3.30) $m_{l_1} = q$ immer zusammen mit $m_{l_2} = -q$ auftritt.

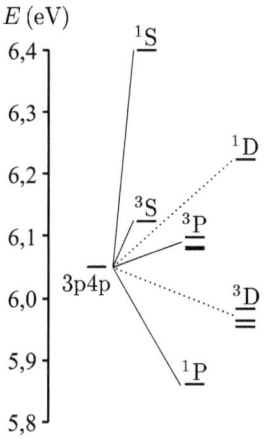

Abbildung 5.2: *Die Terme der* 3p4p-*Konfiguration in Silicium liegen alle um 6 eV über dem Grundzustand. Die elektrostatische Restwechselwirkung führt zu Energiedifferenzen zwischen den Termen von etwa 0,2 eV, und die Feinstruktur-Aufspaltung ist um eine Größenordnung geringer, wie man an den Termen ³P und ³D sieht. Diese Struktur wird durch das LS-Kopplungsschema gut beschrieben.*

bzw. 1.[4] Die Quantenzahlen L, M_L, S und M_S haben in diesem **Russell-Saunders-** oder *LS*-**Kopplungsschema** wohldefinierte Werte. Die Eigenzustände von H_{re} sind somit $|LM_LSM_S\rangle$. Im *LS*-Kopplungsschema werden die mit L und S bezeichneten Energieniveaus **Terme** genannt (und es gibt eine Entartung bezüglich M_L und M_S). Wir haben Beispiele von ^1L- und ^3L-Termen für die 1snl-Konfigurationen in Helium gesehen, wo das *LS*-Kopplungsschema eine sehr gute Näherung ist. Ein komplexeres Beispiel ist eine npn'p-Konfiguration, beispielsweise 3p4p in Silicium, bei der es die folgenden sechs Terme gibt:

$$l_1 = 1, \quad l_2 = 1 \quad \Rightarrow \quad L = 0,\ 1 \text{ oder } 2$$

$$s_1 = \frac{1}{2}, \quad s_2 = \frac{1}{2} \quad \Rightarrow \quad S = 0 \text{ oder } 1$$

Terme: $\qquad ^{2S+1}L = {}^1\text{S}, {}^1\text{P}, {}^1\text{D}, {}^3\text{S}, {}^3\text{P}, {}^3\text{D}.$

Das direkte und das Austauschintegral, welche die Energien dieser Terme bestimmen, sind kompliziert zu berechnen (Näheres siehe Woodgate (1980)). Wir beschränken uns hier darauf, einige einfache empirische Tatsachen zu konstatieren, die auf den Termschemata in Abbildung 5.2 und 5.3 beruhen. Die $(2l_1 + 1)(2l_2 + 1) = 9$ entarteten Zustände des Bahndrehimpulses werden zu den $1 + 3 + 5 = 9$ Zuständen von M_L, die mit den Termen S, P bzw. D verbunden sind. Wie in Helium führen Linearkombinationen der vier entarteten Spinzustände zu Tripletttermen und einem Singuletterm, doch im Unterschied zu Helium liegen die Tripletts nicht notwendigerweise unter den Singuletts. Außerdem hat wegen des Pauli-Prinzips die 3p^2-Konfiguration weniger Terme als die entsprechende 3p4p-Konfiguration (siehe Aufgabe 5.6).

In dem Spezialfall der *Grundkonfigurationen* von *äquivalenten Elektronen* folgen der

---

[4] Der Hamilton-Operator H kommutiert mit dem Vertauschungsoperator X_{ij}, der die Teilchenindizes $i \leftrightarrow j$ tauscht; folglich existieren Zustände, die simultane Eigenfunktionen der beiden Operatoren sind. Dies ist offensichtlich der Fall für den in (3.1) gegebenen Hamilton-Operator des Heliumatoms (der nach $1 \leftrightarrow 2$ wieder genau so aussieht), aber auch für (5.1). Allgemein ändert das Vertauschen von Teilchen mit der gleichen Masse und Ladung nichts am Hamilton-Operator für die elektrostatischen Wechselwirkungen eines Systems.

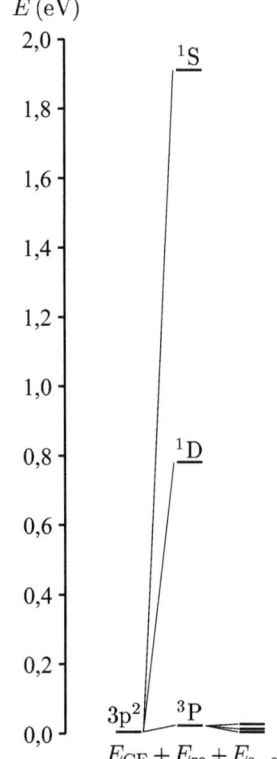

Abbildung 5.3: *Die Energien für die Ter-*
me der $3p^2$-*Konfiguration von Silicium.*
Für äquivalente Elektronen schränkt das
Pauli-Prinzip die Anzahl der Terme ein –
es gibt nur drei anstatt sechs wie in Ab-
bildung 5.2. Der Term niedrigster Energie
ist ^{3}P, *was im Einklang mit den Hundschen*
Regeln steht, und dies ist der Grundzustand
von Siliciumatomen.

Spin und der Bahndrehimpuls des Terms niedrigster Energie einigen empirischen Regeln, die als **Hundsche Regeln** bezeichnet werden. Der Term niedrigster Energie hat den größten Wert von S, der mit dem Pauli-Prinzip verträglich ist.[5] Falls es mehrere solche terme gibt, ist derjenige mit dem größten L der niedrigste. Der niedrigste Term in Abbildung 5.3 ist konsistent mit diesen Regeln;[6] über die anderen Terme (oder über irgendeinen der Terme aus Abbildung 5.2) sagt die Regel nichts. Konfigurationen von äquivalenten Elektronen sind besonders wichtig, da sie in der Grundkonfiguration der Elemente des Periodensystems auftreten. Für die $3d^6$-Konfiguration in Eisen liefern die Hundschen Regeln beispielsweise als niedrigsten Term ^{5}D (siehe Aufgabe 5.6).[7]

---

[5] Zwei Elektronen können niemals den gleichen Satz von Quantenzahlen haben.

[6] Die Hundschen Regeln werden leider häufig falsch angewendet. Deshalb scheint der Hinweis angebracht, dass sie nur für den *niedrigsten Term* der *Grundkonfiguration* in Fällen mit nur einer unvollständig gefüllten Unterschale gelten.

[7] Der große Gesamtspin hat wichtige Konsequenzen für den Magnetismus (Blundell 2001).

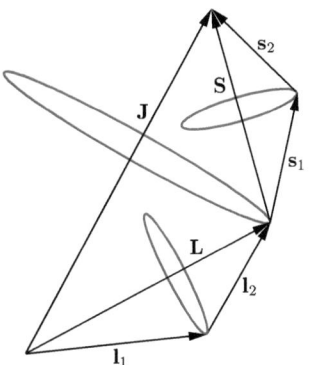

Abbildung 5.4: *Im LS-Kopplungsschema koppeln die Bahndrehimpulse der beiden Elektronen und ergeben den Gesamt-Bahndrehimpuls* $\mathbf{L} = \mathbf{l}_1 + \mathbf{l}_2$. *Im Vektormodell präzedieren* $\mathbf{l}_1$ *und* $\mathbf{l}_2$ *um* $\mathbf{L}$ *und entsprechend präzedieren* $\mathbf{s}_1$ *und* $\mathbf{s}_2$ *um* $\mathbf{S}$. $\mathbf{L}$ *und* $\mathbf{S}$ *präzedieren um den Gesamtdrehimpuls* $\mathbf{J}$, *allerdings langsamer als* $\mathbf{l}_1$ *und* $\mathbf{l}_2$ *um* $\mathbf{L}$, *da die Spin-Bahn-Wechselwirkung „schwächer" ist als die elektrostatische Restwechselwirkung.*

5.1 Feinstruktur im *LS*-Kopplungsschema

Die Feinstruktur resultiert aus der Spin-Bahn-Wechselwirkung für die ungepaarten Elektronen. Sie wird durch den Hamilton-Operator

$$H_{\mathrm{s-o}} = \beta_1 \mathbf{s}_1 \cdot \mathbf{l}_1 + \beta_2 \mathbf{s}_2 \cdot \mathbf{l}_2$$

beschrieben. Für Atome mit zwei Elektronen wirkt $H_{\mathrm{s-o}}$ wie eine Störung auf die Zustände $|L\,M_L\,S\,M_S\rangle$. Im Vektormodell bewirkt diese Wechselwirkung zwischen dem Spin und dem Bahndrehimpuls, dass $\mathbf{L}$ und $\mathbf{S}$ ihre Richtung ändern, sodass weder L_z noch S_z konstant bleiben. Jedoch sind der Gesamtdrehimpuls $\mathbf{J} = \mathbf{L} + \mathbf{S}$ und dessen z-Komponente J_z Konstanten, da auf das Atom kein äußeres Moment wirkt. Wir wollen nun den Effekt der Störung $H_{\mathrm{s-o}}$ im Rahmen des Vektormodells auswerten. In dieser Beschreibung des *LS*-Kopplungsschemas präzedieren $\mathbf{l}_1$ und $\mathbf{l}_2$ um $\mathbf{L}$ (siehe Abbildung 5.4). Die Komponenten senkrecht dazu mitteln sich (zeitlich) heraus, sodass nur die Komponenten in Richtung von $\mathbf{L}$ betrachtet werden müssen, zum Beispiel $\mathbf{l}_1 \rightarrow \left\{ \overline{(\mathbf{l}_1 \cdot \mathbf{L})} \,/\, |\mathbf{L}|^2 \right\} \mathbf{L}$. Dem zeitlichen Mittel $\overline{\mathbf{l}_1 \cdot \mathbf{L}}$ im Vektormodell entspricht in der Quantenmechanik der Erwartungswert $\langle \mathbf{l}_1 \cdot \mathbf{L} \rangle$; außerdem müssen wir $L(L+1)$ für das Betragsquadrat des Vektors verwenden. Die Anwendung des gleichen Projektionsverfahrens auf die Spins ergibt

$$\begin{aligned}
H_{\mathrm{s-o}} &= \beta_1 \frac{\langle \mathbf{s}_1 \cdot \mathbf{S} \rangle}{S(S+1)} \mathbf{S} \cdot \frac{\langle \mathbf{l}_1 \cdot \mathbf{L} \rangle}{L(L+1)} \mathbf{L} + \beta_2 \frac{\langle \mathbf{s}_2 \cdot \mathbf{S} \rangle}{S(S+1)} \mathbf{S} \cdot \frac{\langle \mathbf{l}_2 \cdot \mathbf{L} \rangle}{L(L+1)} \mathbf{L} \\
&= \beta_{LS}\, \mathbf{S} \cdot \mathbf{L}
\end{aligned} \tag{5.4}$$

Die Herleitung dieser Gleichung mithilfe des Vektormodells, das mit der Analogie zu klassischen Vektoren argumentiert, kann vollständig durch den Hinweis auf die Theorie des Drehimpulses abgesichert werden. Man kann zeigen, dass in der Basis $|J\,M_J\rangle$ der Eigenzustände eines allgemeinen Drehimpulsoperators $\mathbf{J}$ und seiner Komponente J_z die Matrixelemente jedes Vektoroperators $\mathbf{V}$ proportional zu denen von $\mathbf{J}$ sind, also $\langle J\,M_J|\, \mathbf{V}\, |J\,M_J\rangle = c \,\langle J\,M_J|\, \mathbf{J}\, |J\,M_J\rangle$.[8] Abbildung 5.5 illustriert, warum nur die in Rich-

---

[8] Dies ist ein Spezialfall eines allgemeinen Ergebnisses, welches als Wigner-Eckhart-Theorem bezeichnet wird. Dieses mächtige Theorem gilt auch für Nichtdiagonalelemente wie $\langle J\,M_J| \mathbf{V} |J\,M_J'\rangle$ sowie für kompliziertere Operatoren, etwa jene für die Quadropolmomente. Es wird in der fortgeschrittenen Atomphysik sehr häufig verwendet (siehe die Literaturhinweise zu diesem Kapitel).

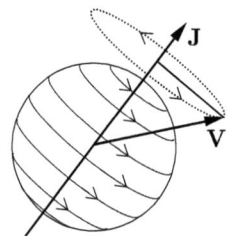

Abbildung 5.5: *Illustration des Projektionstheorems für ein Atom.* **J** *definiert die Achse des Systems.*

tung von **J** zeigende Komponente von **V** wohldefiniert ist. Wir wollen dieses Ergebnis auf den Fall anwenden, dass $\mathbf{V} = \mathbf{l}_1$ oder $\mathbf{V} = \mathbf{l}_2$ in der Basis der Eigenzustände $|L\,M_L\rangle$ gilt und das Entsprechende für die Spins. Für $\langle L\,M_L|\,\mathbf{l}_1\,|L\,M_L\rangle = c\,\langle L\,M_L|\,\mathbf{L}\,|L\,M_L\rangle$ wird die Konstante c bestimmt, indem man auf beiden Seiten das Skalarprodukt mit **L** bildet. Das ergibt

$$c = \frac{\langle L\,M_L|\,\mathbf{l}_1 \cdot \mathbf{L}\,|L\,M_L\rangle}{\langle L\,M_L|\,\mathbf{L} \cdot \mathbf{L}\,|L\,M_L\rangle}$$

und folglich gilt

$$\langle L\,M_L|\,\mathbf{l}_1\,|L\,M_L\rangle = \frac{\langle \mathbf{l}_1 \cdot \mathbf{L}\rangle}{L(L+1)}\,\langle L\,M_L|\,\mathbf{L}\,|L\,M_L\rangle \tag{5.5}$$

Dies ist ein Beispiel für das Projektionstheorem, das ebenso auf $\mathbf{l}_2$ angewendet werden kann, sowie auf $\mathbf{s}_1$ und $\mathbf{s}_2$ in der Basis der Eigenzustände $|S\,M_S\rangle$. Es ist offensichtlich, dass diese quantenmechanischen Ergebnisse für die Diagonalelemente das gleiche Ergebnis liefern wie das Vektormodell.

Gleichung (5.4) hat die gleiche Form wie die Spin-Bahn-Wechselwirkung für den Ein-Elektron-Fall mit dem Unterschied, dass hier Großbuchstaben anstatt $\mathbf{l} \cdot \mathbf{s}$ auftreten. Die Konstante β_{LS}, die die Spin-Bahn-Wechselwirkung für jeden einzelnen Term angibt, hängt mit derjenigen für die individuellen Elektronen zusammen (siehe Aufgabe 5.2). Die Energieverschiebung ist

$$E_{\text{s}-\text{o}} = \beta_{LS}\langle \mathbf{S} \cdot \mathbf{L}\rangle \tag{5.6}$$

Um diese Energie zu bestimmen, müssen wir den Erwartungswert des Operators $\mathbf{L} \cdot \mathbf{S} = (\mathbf{J} \cdot \mathbf{J} - \mathbf{L} \cdot \mathbf{L} - \mathbf{S} \cdot \mathbf{S})/2$ für jeden Term ^{2S+1}L auswerten. Jeder Term hat $(2S+1)(2L+1)$ entartete Zustände. Jede Linearkombination dieser Zustände ist ebenfalls ein Eigenzustand mit der gleichen elektrostatischen Energie und wir können diese Freiheit ausnutzen, um geeignete Zustände auszuwählen, mit denen die Berechnung der (magnetischen) Spin-Bahn-Wechselwirkung möglichst einfach wird. Wir werden die Zustände $|L\,S\,J\,M_J\rangle$ verwenden. Diese sind Linearkombinationen der Basiszustände $|L\,M_L\,S\,M_S\rangle$, doch ihre genaue Form müssen wir nicht festlegen, um die Eigenenergien zu bestimmen.[9] Auswertung von Gleichung (5.6) mit den Zuständen $|L\,S\,J\,M_J\rangle$ ergibt

$$E_{\text{s}-\text{o}} = \frac{\beta_{LS}}{2}\left\{ J(J+1) - L(L+1) - S(S+1) \right\} \tag{5.7}$$

---

[9] Entsprechend haben wir im Falle eines einzelnen Elektrons die Feinstruktur gefunden ohne explizit die Eigenzustände $|l\,s\,j\,m_j\rangle$, ausgedrückt durch $Y_{l,m}$ und Spinwellenfunktionen, zu bestimmen.

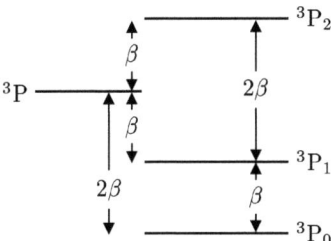

Abbildung 5.6: *Die Feinstruktur eines ^{3}P-Terms genügt der Intervallregel.*

Damit ist das Energieintervall zwischen benachbarten J-Niveaus

$$\Delta E_{FS} = E_J - E_{J-1} = \beta_{LS}\, J \tag{5.8}$$

Dieses Ergebnis wird als die **Intervallregel** bezeichnet. Beispielsweise hat ein ^{3}P-Term ($L = 1 = S$) drei J-Niveaus: $^{2S+1}L_J = {}^3P_0, {}^3P_1, {}^3P_2$ (siehe Abbildung 5.6), und die Separation zwischen $J = 2$ und $J = 1$ ist doppelt so groß wie die zwischen $J = 1$ und $J = 0$. Die Existenz einer Intervallregel in der Feinstruktur eines Zweielektronensystems weist im Allgemeinen darauf hin, dass das LS-Kopplungsschema eine gute Näherung darstellt (siehe hierzu die Aufgaben zu diesem Kapitel).

Die LS-Kopplung (oder Russell-Saunders-Kopplung) darf nicht mit der Wechselwirkung zwischen $\mathbf{L}$ und $\mathbf{S}$ verwechselt werden, die durch $\beta_{LS}\mathbf{S} \cdot \mathbf{L}$ gegeben ist. In diesem Buch wird das Wort *Wechselwirkung* für reale physikalische Effekte verwendet, die durch einen Hamilton-Operator beschrieben werden. Das Wort *Kopplung* hingegen bezieht sich auf das Bilden von Linearkombinationen von Wellenfunktionen, die Eigenfunktionen des Drehimpulsoperators sind, beispielsweise Eigenzustände von $\mathbf{L}$ und $\mathbf{S}$. Das LS-Kopplungsschema wird unbrauchbar, wenn die Stärke der Wechselwirkung $\beta_{LS}\mathbf{S} \cdot \mathbf{L}$ relativ zu der von H_{re} überhand nimmt.[10]

5.2 Das jj-Kopplungsschema

Bei der Berechnung der Feinstruktur im LS-Kopplungsschema haben wir die Spin-Bahn-Wechselwirkung als eine Störung betrachtet, die auf den Term ^{2S+1}L wirkt. Diese Auffassung ist zutreffend für $E_{re} \gg E_{s-o}$, was in leichten Atomen allgemein der Fall ist.[11] Die Spin-Bahn-Wechselwirkung wächst mit der Ordnungszahl (siehe (4.13)) und kann daher für schwere Atome in die Größenordnung von E_{re} kommen (siehe Abbildung 5.7). Dass E_{s-o} den Wert E_{re} erreicht, kommt jedoch nur in Fällen mit besonders kleinen Austauschintegralen vor. Wenn der Operator H_{s-o} direkt auf eine Konfiguration wirkt, werden $\mathbf{l}$ und $\mathbf{s}$ für jedes individuelle Atom miteinander zu $\mathbf{j}_1 = \mathbf{l}_1 + \mathbf{s}_1$ und $\mathbf{j}_2 = \mathbf{l}_2 + \mathbf{s}_2$ gekoppelt. Im Vektormodell entspricht dies der Präzession von $\mathbf{l}$ und $\mathbf{s}$ um

---

[10] In der klassischen Mechanik wird das Wort „Kopplung" häufiger und weniger streng gebraucht, etwa in Begriffen wie „gekoppelte Pendel" oder „gekoppelte Oszillatoren". Kopplung bedeutet dort, dass die Wechselwirkung zwischen den Bestandteilen dazu führt, dass ihre jeweiligen Bewegungen gekoppelt sind. (Diese Kopplung kann die Form einer physischen Verbindung (beispielsweise Stab oder Feder) zwischen den beiden Teilsystemen haben.)

[11] Es gilt $E_{s-o} \sim \beta_{LS}$ und E_{re} ist vergleichbar mit dem Austauschintegral.

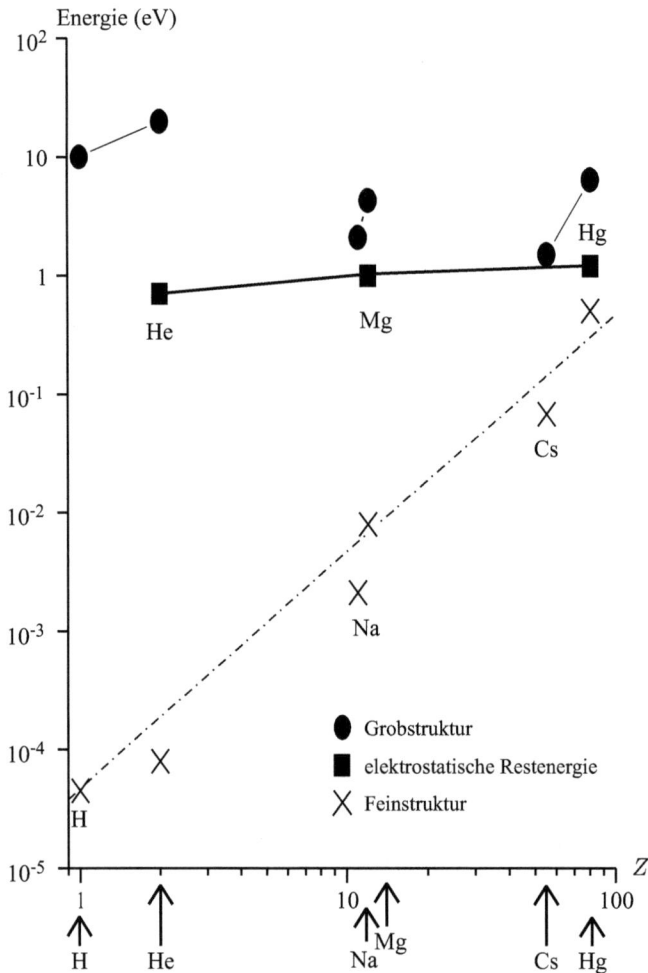

Abbildung 5.7: *Schematische Darstellung typischer Energien als Funktion der Ordnungszahl Z (logarithmische Skalen). Als charakteristische Energie für die Grobstruktur wird die Energie genommen, die erforderlich ist, um ein Elektron aus dem Grundzustand in den ersten angeregten Zustand zu versetzen. Diese Energie liegt unter der Ionisierungsenergie, zeigt aber eine ähnliche Abhängigkeit von Z wie diese. Die elektrostatische Restwechselwirkung ist die Singulett-Triplett-Separation der niedrigsten angeregten Konfiguration in manchen Atomen mit zwei Valenzelektronen. Die Feinstruktur ist die Aufspaltung der niedrigsten p-Konfiguration. In allen Fällen liegen die eingezeichneten Energien sehr dicht am Maximum für den jeweiligen Strukturtyp in neutralen Atomen. Höher liegende Konfigurationen haben kleinere Werte.*

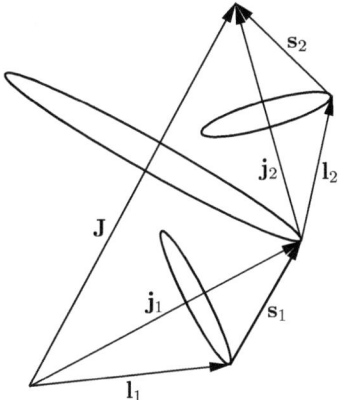

Abbildung 5.8: *Das jj-Kopplungsschema. Die Energie der Spin-Bahn-Wechselwirkung ist groß im Vergleich zu E_{re}. (Vgl. die entsprechende Abbildung 5.4 für das LS-Kopplungsschema.)*

$\mathbf{j}$, unabhängig von den anderen Elektronen. In diesem jj-Kopplungsschema wirkt jedes Valenzelektron für sich allein, wie in Alkaliatomen. Für eine sp-Konfiguration kann für das s-Elektron nur $j_1 = 1/2$ gelten und für das p-Elektron $j_2 = 1/2$ oder $3/2$, sodass es zwei Niveaus gibt, die mit $(j_1, j_2) = (1/2, 1/2)$ und $(1/2, 3/2)$ bezeichnet werden. Die elektrostatische Restwechselwirkung wirkt als Störung auf die jj-gekoppelten Niveaus. Dies führt dazu, dass die Drehimpulse der Elektronen zu dem Gesamtdrehimpuls $\mathbf{J} = \mathbf{j}_1 + \mathbf{j}_2$ gekoppelt sind (siehe Abbildung 5.8). Da kein äußeres Moment auf das Atom wirkt, ist M_J auch eine gute Quantenzahl. Im Falle einer sp-Konfiguration gibt es Paare von J-Niveaus für jedes der beiden ursprünglichen jj-gekoppelten Niveaus, beispielsweise $(j_1, j_2)_J = (1/2, 1/2)_0$, $(1/2, 1/2)_1$ und $(1/2, 3/2)_1$, $(1/2, 3/2)_2$. Diese Dublettstruktur, dargestellt in Abbildung 5.9, steht im Gegensatz zu den Singuletts und Tripletts, die beim LS-Kopplungsschema auftreten.

Zusammenfassend lauten die Bedingungen für LS- und jj-Kopplung[12]

$$LS\text{-Kopplungsschema:} \quad E_{\mathrm{re}} \gg E_{\mathrm{s-o}}$$
$$jj\text{-Kopplungsschema:} \quad E_{\mathrm{s-o}} \gg E_{\mathrm{re}}$$

5.3 Mittlere Kopplung: Übergänge zwischen den Kopplungsschemen

In diesem Abschnitt betrachten wir Beispiele für Kopplungsschemata für den Drehimpuls in Zwei-Elektron-Systemen. Abbildung 5.10 zeigt Energieniveau-Diagramme von Mg und Hg. Das darauffolgende Beispiel befasst sich mit der Struktur dieser Atome.

---

[12] In beiden Fällen setzen wir eine isolierte Konfiguration voraus, sodass die Energieseparation der unterschiedlichen Konfigurationen im Zentralfeld größer ist als die durch $E_{\mathrm{s-o}}$ oder E_{re} erzeugte Störung.

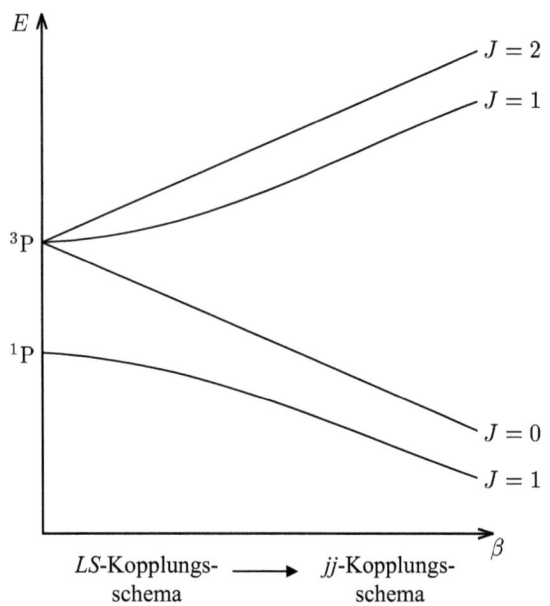

Abbildung 5.9: *Theoretischer Verlauf der Energieniveaus, der sich aus einer sp-Konfiguration ergibt; gezeichnet als Funktion des Parameters β (des p-Elektrons, vgl. (2.55)), der die Stärke der Wechselwirkung beschreibt. Für $\beta = 0$ haben die beiden Terme ^{3}P und ^{1}P eine Energiedifferenz, die doppelt so groß ist wie das Austauschintegral. Diese elektrostatische Restenergie wird als konstant angenommen, sodass in dieser Skizze nur β variiert. Mit größer werdendem β wird die Feinstruktur beobachtbar. Wenn β noch größer wird, erreichen die Spin-Bahn-Wechselwirkung und die elektrostatische Restwechselwirkung die gleiche Größenordnung und das LS-Kopplungsschema hört auf, eine gute Näherung zu sein: die Intervallregel und die Auswahlregeln (für LS-Kopplung) verlieren ihre Gültigkeit (wie im Falle von Quecksilber, vgl. Abbildung 5.10). Für große β ist das jj-Kopplungsschema angemessen. Der Operator $\mathbf{J}$ kommutiert mit H_{s-o} (und H_{re}); daher mischt H_{s-o} nur Niveaus mit dem gleichen J, in diesem Fall zum Beispiel die beiden $J=1$-Niveaus. Die Energien der Niveaus $J = 0$ und 2 sind Geraden, da sich ihre Wellenfunktionen nicht ändern.) Aufgabe 5.8 zeigt ein Beispiel für diesen Übergang zwischen den beiden Kopplungsschemata für $np(n+1)s$-Konfigurationen für $n = 3$ nach 5 (diese haben kleine Austauschintegrale).*

Beispiel 5.1

3s3p, Mg	6s6p, Hg
2,1850	3,76
2,1870	3,94
2,1911	4,40
3,5051	5,40

Die Tabelle gibt für die 3s3p-Konfiguration in Magnesium ($Z = 12$) und die 6s6p-Konfiguration in Quecksilber ($Z = 80$) die Energieniveaus in Einheiten von $10^6\,\mathrm{m}^{-1}$ an, gemessen vom Grundzustand. Wir werden diese Daten verwenden, um die Niveaus zu

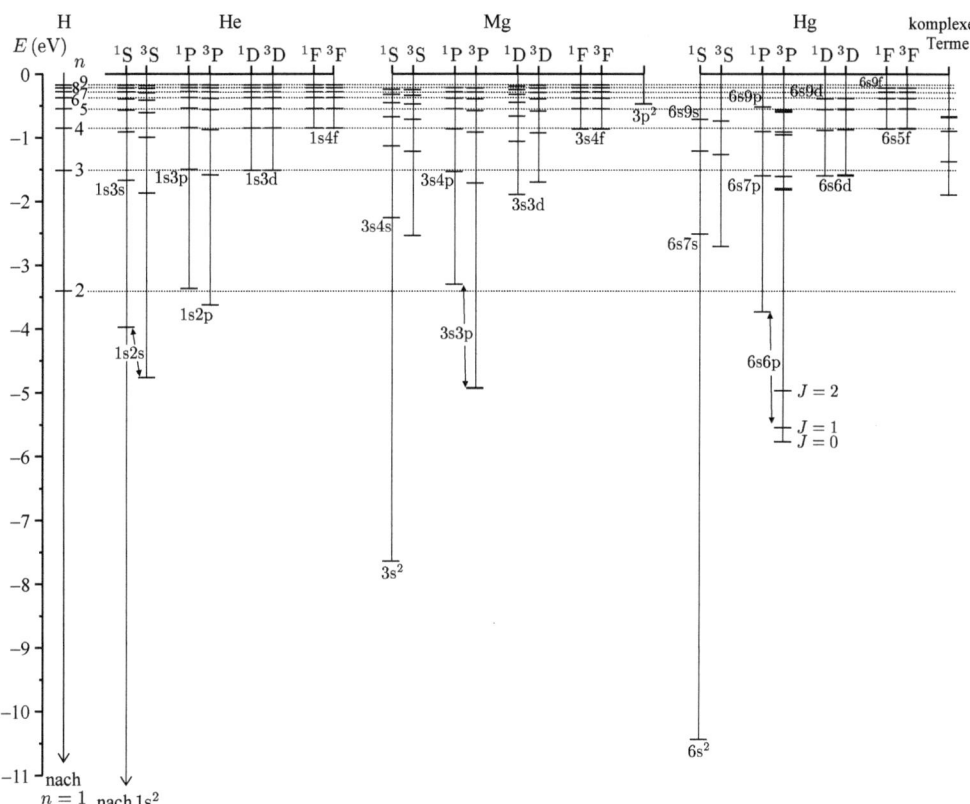

Abbildung 5.10: *Die Terme von Helium, Magnesium und Quecksilber, aufgetragen über der gleichen Energieskala (ganz links zum Vergleich Wasserstoff). Die Feinstruktur der leichteren Atome ist zu klein, um auf dieser Skala sichtbar zu sein, und das LS-Kopplungsschema liefert eine sehr genaue Beschreibung. Dieses Schema gibt eine näherungsweise Beschreibung für die tief liegenden Terme von Quecksilber, obwohl es eine viel größere Feinstruktur hat. Beispielsweise gilt für die 6s6p-Konfiguration $E_{\mathrm{re}} > E_{\mathrm{s-o}}$, aber die Intervallregel ist nicht erfüllt, da die Spin-Bahn-Wechselwirkung nicht klein ist im Vergleich zur elektrostatischen Restwechselwirkung. Die $1s^2$-Konfiguration von Helium ist nicht dargestellt; sie hat eine Bindungsenergie von $-24{,}6$ eV (siehe Abbildung 3.4). Die 1s2s- und die 1s2p-Konfiguration von Helium liegen dicht an der (n=2)-Schale von Wasserstoff, und entsprechend liegen die 1s3l-Konfigurationen dicht an der (n=3)-Schale. In Magnesium haben die Terme der 3snf-Konfigurationen ähnliche Energien wie die in Wasserstoff, doch die Unterschiede sind umso größer je kleiner l ist. Die Energien der Terme von Quecksilber weisen große Differenzen zu den Energieniveaus von Wasserstoff auf. Aus diesem Termschema lässt sich bei sorgfältiger Betrachtung einiges lernen. Zum Beispiel gibt es einen ^{1}P-Term, der in den drei Konfigurationen eine ähnliche Energie hat, nämlich 1s2p in He, 3s3p in Mg und 6s6p in Hg. Dies bedeutet, dass die effektiven Quantenzahlen n^* ungeachtet der Zunahme von n ähnlich sind. Komplexe Terme treten auf, wenn beide Valenzelektronen in Mg angeregt sind, beispielsweise die $3p^2$-Konfiguration in Mg oder die $5d^9 6s^2 6p$ in Hg.*

Tabelle 5.1: *Auswahlregeln für elektrische Dipolübergänge (E1) im LS-Kopplungsschema. Die Regeln 1 bis 4 gelten für alle elektrischen Dipolübergänge, während die Regeln 5 und 6 nur dann erfüllt sind, wenn L und S gute Quantenzahlen sind. Die Spalte ganz rechts gibt die Struktur an, für die die Regel gilt.*

1	$\Delta J = 0, \pm 1$	$(J = 0 \nleftrightarrow J' = 0)$	Niveau
2	$\Delta M_J = 0, \pm 1$	$(M_J = 0 \nleftrightarrow M_{J'} = 0 \text{ falls } \Delta J = 0)$	Zustand
3	Parität wechselt		Konfiguration
4	$\Delta l = \pm 1$	ein Elektronensprung	Konfiguration
5	$\Delta L = 0, \pm 1$	$(L = 0 \nleftrightarrow L' = 0)$	Term
6	$\Delta S = 0$		Term

identifizieren und weitere Quantenzahlen zuzuordnen.

Für eine sp-Konfiguration erwarten wir ^{1}P- und ^{3}P-Terme. Im Falle von Magnesium sehen wir, dass die Abstände zwischen den drei niedrigsten Niveaus $2000\,\mathrm{m}^{-1}$ und $4100\,\mathrm{m}^{-1}$ betragen. Diese liegen dicht an dem Verhältnis 1 : 2, das wir nach der Intervallregel für die Niveaus mit $J = 0, 1, 2$ für das Triplett erwarten. Das LS-Kopplungsschema liefert eine genaue Beschreibung, da die Feinstruktur wesentlich kleiner ist als die Energieseparation ($E_{\mathrm{re}} \sim 1,3 \times 10^6\,\mathrm{m}^{-1}$) zwischen dem ^{3}P-Term bei $2,2 \times 10^6\,\mathrm{m}^{-1}$ und dem ^{1}P$_1$-Niveau bei $3,5 \times 10^6\,\mathrm{m}^{-1}$. Für Quecksilber sind die Abstände gemäß der Tabelle $0,18$, $0,46$ und $1,0$ (in Einheiten von $10^6\,\mathrm{m}^{-1}$); diese Niveaus sind nicht so deutlich in ein Singulett und ein Triplett separiert. Wenn wir als die niedrigsten drei Niveaus ^{3}P$_0$, ^{3}P$_1$ und ^{3}P$_2$ annehmen, dann sehen wir, dass die Intervallregel mit $0,46/0,18 = 2,6$ (anstatt 2) nicht gut erfüllt ist.[13] Diese Abweichung vom LS-Kopplungsschema ist kaum überraschend, da diese Konfiguration eine Spin-Bahn-Wechselwirkung hat, die nur wenig kleiner ist als der Singulett-Triplett-Abstand. Aber auch für dieses schwere Atom liefert das LS-Kopplungsschema eine bessere Näherung als das jj-Kopplungsschema.

Beispiel 5.2 *Die 1s2p-Konfiguration in Helium*

J	$E\ (\mathrm{m}^{-1})$
2	$16\,908\,687$
1	$16\,908\,694$
0	$16\,908\,793$
1	$17\,113\,500$

Die Tabelle gibt für die 1s2p-Konfiguration von Helium die Werte von J und die Energie in m^{-1} an. Der ^{3}P-Term hat eine Feinstrukturaufspaltung von etwa $100\,\mathrm{m}^{-1}$, was viel kleiner ist als die Singulett/Triplett-Separation von $10^6\,\mathrm{m}^{-1}$ aus der elektrostatischen Wechselwirkung (das Doppelte des Austauschintegrals). Das LS-Kopplungsschema liefert also eine hervorragende Beschreibung für das Heliumatom und die Auswahlregeln in Tabelle 5.1 sind bestens erfüllt. Die Intervallregel dagegen ist nicht erfüllt – die Intervalle zwischen den J-Niveaus sind $7\,\mathrm{m}^{-1}$ und $99\,\mathrm{m}^{-1}$ und die Feinstruktur ist invertiert. Dies

---

[13] Diese Identifizierung der Niveaus wird durch weitere Informationen gestützt, zum Beispiel die Bestimmung von J aus dem Zeeman-Effekt und das theoretisch vorhergesagte Verhalten einer sp-Konfiguration wie sie in Abbildung 5.9 gezeigt ist.

ist für Helium der Fall, da die Spin-Spin- und die Spin-andere-Bahn-Wechselwirkungen Energien haben, die vergleichbar sind mit denen der Spin-Bahn-Wechselwirkung.[14] Für andere Atome als Helium ist jedoch durch das schnelle Anwachsen der Stärke der Spin-Bahn-Wechselwirkung mit Z sichergestellt, dass $H_{\mathrm{s-o}}$ dominiert. Deshalb führt die Feinstruktur der Atome im LS-Kopplungsschema gewöhnlich zu einer Intervallregel.

Weitere Beispiele für Energieniveaus sind in den Aufgaben enthalten. Abbildung 5.9 zeigt einen theoretischen Kurvenverlauf des Übergangs vom LS- zum jj-Kopplungsschema für eine sp-Konfiguration. Wegen der Erhaltung des Gesamtdrehimpulses ist J auch im mittleren Kopplungsregime eine gute Quantenzahl und kann immer zum Indizieren der Niveaus verwendet werden. Die Notation $^{2S+1}L_J$ für das LS-Kopplungsschema wird oft auch für Systeme im mittleren Regime verwendet, ebenso für Ein-Elektron-Systeme, also beispielsweise 1s $^2\mathrm{S}_{1/2}$ für den Grundzustand von Wasserstoff.

5.4   Auswahlregeln im LS-Kopplungsschema

In Tabelle 5.1 sind die Auswahlregeln für elektrische Dipolübergänge im LS-Kopplungsschema angegeben, wobei die Reihenfolge in etwa ihrer Striktheit entspricht. Die Regel für J spiegelt die Erhaltung dieser Größe wider und wird streng erfüllt. Sie beinhaltet die Regel 2.59 für Δj, allerdings mit der zusätzlichen Einschränkung $J = 0 \leftrightarrow J' = 0$. Dies betrifft diejenigen Niveaus mit $J = 0$, die in Atomen mit mehr als einem Valenzelektron auftreten. Die Regel für ΔM_J folgt aus der für ΔJ: die Emission oder Absorption eines Photons kann die Komponente in z-Richtung um mehr als die Änderung des Gesamtdrehimpulses ändern. (Diese Regel ist relevant, wenn die Zustände aufgelöst sind, wie es beim Zeeman-Effekt der Fall ist, der im nächsten Kapitel behandelt wird.)[15] Die Forderung nach einer insgesamt gültigen Änderung der Parität und die Auswahlregel für den Bahndrehimpuls wurde in Abschnitt 2.2 diskutiert. In eine Konfiguration $n_1 l_1\, n_2 l_2\, n_3 l_3 \cdots n_x l_x$ ändert nur ein Elektron seinen Wert l (und kann auch n ändern). Die Regel für ΔL erlaubt Übergänge wie 3p4s $^3\mathrm{P}_1$–3p4p $^3\mathrm{P}_1$. Die Auswahlregel $\Delta S = 0$ ergibt sich aus der Tatsache, dass der elektrische Dipoloperator nicht auf den Spin wirkt, wie in Kapitel 3 im Zusammenhang mit Helium festgestellt wurde. Folglich bilden Singuletts und Tripletts zwei nicht miteinander verbundene Mengen von Energieniveaus, wie in Abbildung 3.5 zu sehen ist. Entsprechend können die in Abbildung 5.10 gezeigten Singulett- und Triplettterme von Magnesium umgeordnet werden. In einem Quecksilberatom treten jedoch Übergänge mit $\Delta S = 1$ auf, so etwa 6s^2 $^1\mathrm{S}_0$–6s6p $^3\mathrm{P}_1$, was eine sogenannte Interkombinationslinie mit einer Wellenlänge von 254 nm liefert.[16] Der Grund hierfür ist, dass dieses schwere Atom durch das LS-Kopplungsschema nicht exakt beschrieben wird und die Spin-Bahn-Wechselwirkung eine $^1\mathrm{P}_1$-Wellenfunktion

---

[14] Die Spin-Spin-Wechselwirkung ergibt sich aus der Wechselwirkung zwischen zwei magnetischen Dipolen (unabhängig von irgendeiner relativen Bewegung). Siehe auch Gleichung (6.12) und die dortigen Erläuterungen).

[15] Es gibt keine einfache physikalische Erklärung, warum es für $J = J'$ keinen Übergang von $M_J = 0$ nach $M_{J'} = 0$ gibt. Diese Tatsache hängt mit dem Dipolmatrixelement $\langle \gamma\, J\, M_J = 0|r|\gamma'\, J\, M_J = 0\rangle$ zusammen (γ und γ' stehen für die anderen Quantenzahlen). Der Spezialfall $J = J' = 1$ und $\Delta M_J = 0$ wird in Brudker $et\ al.$ (2003) diskutiert.

[16] Diese Linie resultiert aus dem zweiten Niveau in der Tabelle zu Aufgabe 5.1, da $0{,}254\,\mu\mathrm{m} = 1/(3{,}941 \times 10^6\,\mathrm{m}^{-1})$.

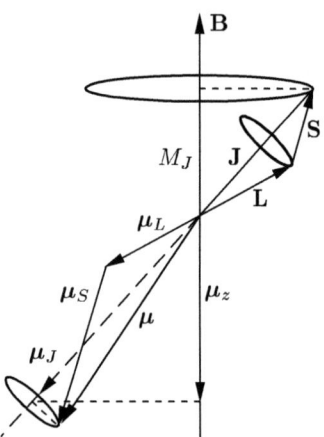

Abbildung 5.11: *Die Beiträge der Bahn-bewegung und des Spins zum magneti-schen Moment projiziert auf* **J**.

in die Wellenfunktion für den Term $^3P_1$ (die Hauptkomponente) einbringt. Zwar ist ein solcher Übergang nicht völlig verboten, doch ist die zugehörige Rate beträchtlich kleiner als sie für einen vollständig erlaubten Übergang bei gleicher Wellenlänge wäre. Die für eine Quecksilberlampe auftretende Interkombinationslinie ist jedenfalls stark, da viele der in Triplettterme angeregten Atome über diesen Übergang zurück in den Grundzustand fallen (siehe Abbildung 5.10).[17]

5.5   Der Zeeman-Effekt

Der Zeeman-Effekt für Atome mit einem einzelnen Valenzelektron wurde in den vorangegangenen Kapiteln nicht behandelt, um eine Wiederholung zu vermeiden. Dieser Fall wird durch den allgemeinen Ausdruck abgedeckt, der hier für das *LS*-Kopplungsschema hergeleitet wurde.[18] Das magnetische Moment des Atoms hat Bahn- und Spinanteile (siehe Blundell 2001, Kapitel 2):

$$\boldsymbol{\mu} = -\mu_{\mathrm{B}}\mathbf{L} - g_s\mu_{\mathrm{B}}\mathbf{S} \tag{5.9}$$

Die Wechselwirkung des Atoms mit einem äußeren Magnetfeld wird durch $H_{\mathrm{ZE}} = -\boldsymbol{\mu}\cdot\mathbf{B}$ beschrieben. Der Eigenwert dieses Hamilton-Operators kann in der Basis $|L\,S\,J\,M_J\rangle$ berechnet werden, vorausgesetzt, es gilt $E_{\mathrm{ZE}} \ll E_{\mathrm{s-o}} \ll E_{\mathrm{re}}$, also wenn die Wechselwirkung als eine Störung der Feinstrukturniveaus der Terme im *LS*-Kopplungsschema behandelt werden kann. Im Vektormodell projizieren wir das magnetische Moment auf **J** (siehe Abbildung 5.11), wobei wir den gleichen Regeln folgen wie bei der Behandlung der Feinstruktur im *LS*-Kopplungsschema. (Außerdem setzen wir $\mathbf{B} = B\hat{\mathbf{e}}_z$.) Hieraus erhalten wir

---

[17] In Magnesium und Helium werden keine Interkombinationslinien beobachtet. Die relative Stärke von Interkombinationslinien und die erlaubten Übergänge sind in Kuhn (1969) tabelliert.

[18] In den meisten Büchern zur Quantenmechanik ist der anomale Zeeman-Effekt für ein einzelnes Valenzelektron beschrieben, was auf Alkaliatome und das Wasserstoffatom anwendbar ist.

$$H_{\mathrm{ZE}} = -\frac{\langle \boldsymbol{\mu} \cdot \mathbf{J} \rangle}{J(J+1)} \mathbf{J} \cdot \mathbf{B} = \frac{\langle \mathbf{L} \cdot \mathbf{J} \rangle + g_s \langle \mathbf{S} \cdot \mathbf{J} \rangle}{J(J+1)} \mu_{\mathrm{B}} B J_z \qquad (5.10)$$

Im Vektormodell sind die Größen in eckigen Klammern zeitliche Mittelwerte.[19] Bei einer quantenmechanischen Behandlung sind diese Größen Erwartungswerte der Form $\langle J\,M_J | \cdots | J\,M_J \rangle$.[20] Im Vektormodell gilt

$$E_{\mathrm{ZE}} = g_J \mu_{\mathrm{B}} B M_J \qquad (5.11)$$

mit dem Landé-Faktor $g_J = \{ \langle \mathbf{L} \cdot \mathbf{J} \rangle + g_s \langle \mathbf{S} \cdot \mathbf{J} \rangle \} / \{ J(J+1) \}$. Mit der Annahme $g_s \simeq 2$ (siehe Abschnitt 2.3.4) erhalten wir

$$g_J = \frac{3}{2} + \frac{S(S+1) - L(L+1)}{2J(J+1)} \qquad (5.12)$$

Für Singuletterme ist $S = 0$ und somit $\mathbf{J} = \mathbf{L}$ und $g_J = 1$ (es ist keine Projektion notwendig). Singuletts haben also alle die gleiche Zeeman-Aufspaltung der M_J-Zustände, und Übergänge zwischen Singuletttermen zeigen den normalen Zeeman-Effekt (siehe Abbildung 5.12). Die Übergänge mit $\Delta M_J = \pm 1$ haben Frequenzen, die um $\pm \mu_{\mathrm{B}} B / h$ bezüglich den Übergängen mit $\Delta M_J = 0$ verschoben sind.

In Atomen mit zwei Valenzelektronen zeigen die Übergänge zwischen Tripletttermen den anomalen Zeeman-Effekt. Das beobachtete Muster hängt von den Werten von g_J und J für die oberen und unteren Niveaus ab, wie in Abbildung 5.13 zu sehen ist. Sowohl beim normalen als auch beim anomalen Zeeman-Effekt haben die π-Übergänge ($\Delta M_J = 0$) und die σ-Übergänge ($\Delta M_J = \pm 1$) die gleichen Polarisierungen wie im klassischen Modell in Abschnitt 1.8. Weitere Beispiel, die in den Aufgaben 5.10 und (5.12) betrachtet werden, zeigen, wie aus dem Zeeman-Muster Informationen über die Drehimpulskopplung im Atom abgeleitet werden können. (Der für die Übergänge $^2\mathrm{P}_{1/2} - {}^2\mathrm{S}_{1/2}$ und $^2\mathrm{P}_{3/2} - {}^2\mathrm{S}_{1/2}$ beobachtete Zeeman-Effekt, der für die Feinstrukturkomponenten der Alkalimetalle auftritt, wird in Aufgabe 5.13 behandelt.) In Aufgabe 5.14 geht es um den Paschen-Back-Effekt, für starke äußere Magnetfelder auftritt (siehe Abbildung 5.14).

5.6 Zusammenfassung

Abbildung 5.15 zeigt die verschiedenen Schichten der Struktur für den Fall, dass das L-Kopplungsschema eine gute Näherung ist, d. h. in dem die elektrostatische Restwechselwirkung die beiden magnetischen Wechselwirkungen (Spin-Bahn und äußeres Magnetfeld) dominiert. Die Spin-Bahn-Wechselwirkung spaltet die Terme in unterschiedliche J-Niveaus auf. Der Zeeman-Effekt für ein schwaches Magnetfeld spaltet die Niveaus in Zustände mit unterschiedlichen M_J auf, die ebenfalls als Zeeman-Unterniveaus bezeichnet werden.

Es gibt mehrere Gründe, warum dieses einfache Modell an seine Grenzen stoßen kann.

---

[19] Komponenten senkrecht zu $\mathbf{J}$ mitteln sich zeitlich heraus.

[20] Diese Aussage wird durch das Projektionstheorem bestätigt (Abschnitt 5.1), welches aus dem allgemeineren Wigner-Eckhart-Theorem abgeleitet ist. Das Theorem zeigt, dass der Erwartungswert des Vektoroperators $\mathbf{L}$ in der Basis der Eigenzustände $|J\,M_J\rangle$ proportional zu dem von $\mathbf{J}$ ist, also

$$\langle J\,M_J | \mathbf{L} | J\,M_J \rangle \propto \langle J\,M_J | \mathbf{J} | J\,M_J \rangle$$

Abbildung 5.12: *Der normale Zeeman-Effekt auf der Linie* 1s2p ^{1}P$_1$ – 1s3d ^{1}D$_2$ *in Helium. Diese Zustände spalten sich in drei bzw. fünf M_J-Zustände auf. Für beide Niveaus ist $S = 0$ und $g_J = 1$, sodass die erlaubten Übergänge zwischen den Zuständen das gleiche Muster der drei Komponenten ergeben wie das klassische Modell (in Abschnitt 1.8). Aus diesem Grund spricht man vom normalen Zeeman-Effekt. In der Spektroskopie wird jedes andere Muster als anomaler Zeeman-Effekt bezeichnet, obwohl solche Muster im Rahmen der Quantenmechanik eine offensichtliche Erklärung haben und immer auftreten, wenn $S \neq 0$ gilt. Beispielsweise gilt für alle Atome mit einem Valenzelektron $S = 1/2$. Die π- und σ-Komponenten resultieren aus Übergängen mit $\Delta M_J = 0$ bzw. $\Delta M_J = \pm 1$. (In diesem Beispiel des normalen Zeeman-Effektes entspricht jede Komponente drei erlaubten elektrischen Dipolübergängen mit der gleichen Frequenz, doch sind sie zwecks Verdeutlichung mit kleinen horizontalen Abständen gezeichnet.)*

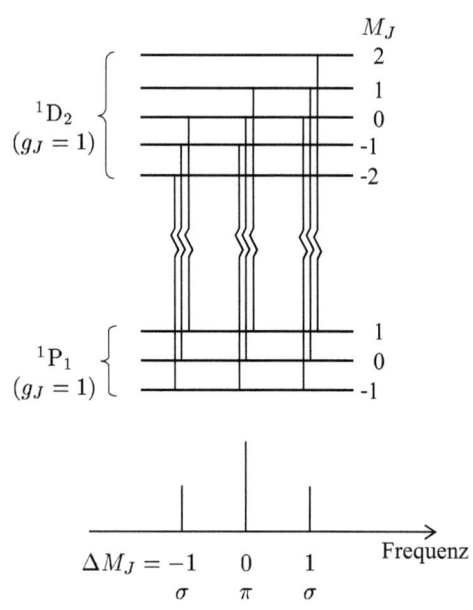

Abbildung 5.13: *Der anomale Zeeman-Effekt für den Übergang* 6s6p ^{3}P$_2$ – 6s7s ^{3}S$_1$ *in Quecksilber. Die oberen und die unteren Niveaus haben jeweils die gleiche Anzahl von Zeeman-Unterniveaus (oder M_J-Zustände) wie die Niveaus in Abbildung 5.12, doch sie liefern neun einzelne Komponenten, da die Niveaus unterschiedliche Werte von g_J haben. (Die 6s7s-Konfiguration hat eine höhere Konfiguration als 6s6p, wie man in Abbildung 5.10 sieht, doch das Zeeman-Muster hängt nicht von der relativen Energie der Niveaus ab.)*

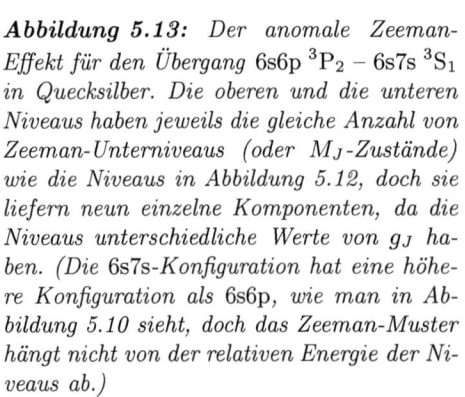

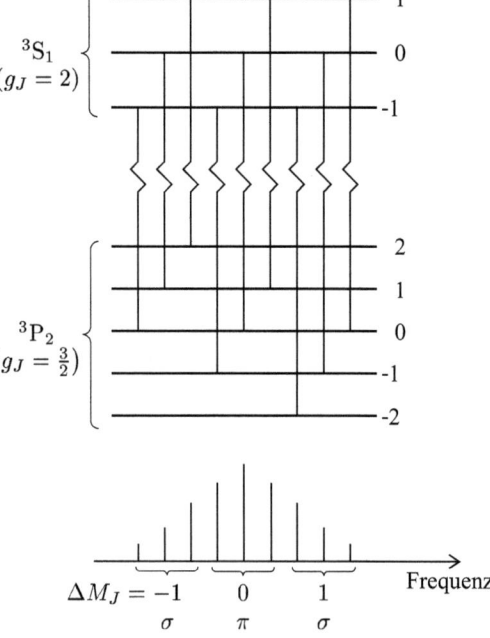

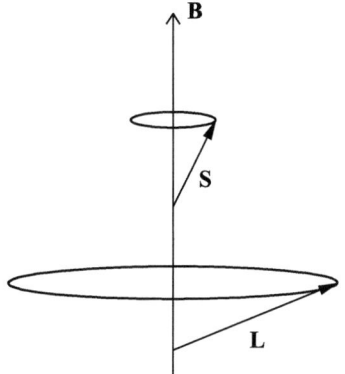

Abbildung 5.14: *Der Paschen-Back-Effekt tritt in einem starken äußeren Magnetfeld auf. Spin und Bahndrehimpuls präzedieren unabhängig um die Richtung des Magnetfeldes. Die Energien der Zustände sind durch $E_{PB} = \mu_B B(M_L + 2M_S)$ gegeben.*

(a) Eine Mischung der Konfiguration tritt auf, wenn die elektrostatische Restwechselwirkung nicht klein ist im Vergleich zu der Energielücke zwischen den Konfigurationen. Dies ist häufig der Fall in Atomen mit komplexer Elektronenstruktur.

(b) Das jj-Kopplunsschema ist eine bessere Näherung als das LS-Kopplungsschema (oder Russell-Saunders-Kopplung), wenn die Spin-Bahn-Wechselwirkung größer ist als die elektrostatische Restwechselwirkung.

(c) Der Paschen-Back-Effekt tritt auf, wenn die Wechselwirkung mit einem externen Magnetfeld stärker ist als die Spin-Bahn-Wechselwirkung (mit dem internen Feld). Diese Bedingung ist schwierig zu erfüllen, außer für Atome mit kleiner Ordnungszahl und folglich schwacher Feinstruktur. Ähnliches beobachtet man bei der Untersuchung des Zeeman-Effekts im Zusammenhang mit der Hyperfeinstruktur, wo der Übergang zwischen dem Regime mit kleinem Feld und dem Regime mit großem Feld bei Werten des Magnetfeldes auftritt, die im Experiment leicht zu erreichen sind (siehe Abschnitt 6.3).

Weiterführende Literatur

Die mathematischen Methoden zur Beschreibung der Kopplung von Drehimpulsen bilden das Rückgrat der Theorie der Struktur der Atome. In diesem Kapitel wurden die quantenmechanischen Operatoren analog zu klassischen Vektoren behandelt (Vektormodell), und es wurde das Wigner-Eckhart-Theorem bemüht, um das Projektionstheorem zu begründen. Avanciertere Texte bieten eine umfassendere Diskussion der Quantentheorie des Drehimpulses; siehe zum Beispiel Cowan (1981), Brink und Satchler (1993) sowie Sobelman (1996).

---

und das Entsprechende gilt für den Erwartungswert von **S**. Die Komponente in Richtung des magnetischen Feldes findet man durch Bilden des Skalarproduktes mit **B**:

$$\langle J\, M_J | \mathbf{L} \cdot \mathbf{B} | J\, M_J \rangle \propto \langle J\, M_J | \mathbf{J} \cdot \mathbf{B} | J\, M_J \rangle \propto \langle J\, M_J | J_z | J\, M_J \rangle = M_J$$

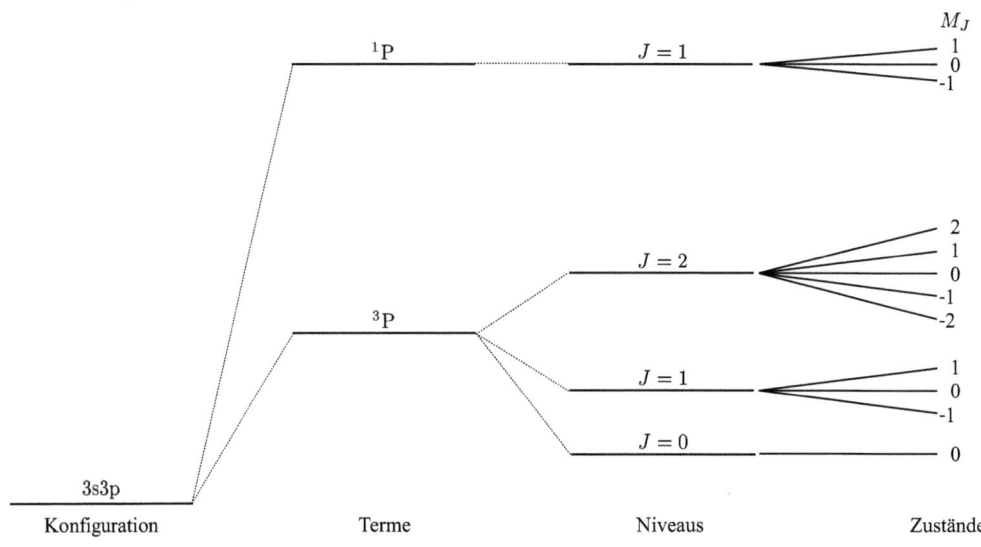

Abbildung 5.15: *Die Hierarchie der atomaren Struktur für die* 3s3p-*Konfiguration eines Erdalkaliatoms.*

Aufgaben

5.1 *Beschreibung des LS-Kopplungsschemas*

Erläutern Sie, was mit Zentralfeldnäherung gemeint ist, und zeigen Sie, wie aus dieser das Konzept der Elektronenkonfigurationen folgt. Erklären Sie, wie Störungen, die (a) aus der elektrostatischen Restwechselwirkung und (b) aus den magnetischen Spin-Bahn-Wechselwirkungen resultieren, die Struktur einer isolierten Mehrelektronenkonfiguration im Grenzfall der *LS*-Kopplung modifizieren.

5.2 *Feinstruktur im LS-Kopplungsschema*

Zeigen Sie ausgehend von (5.4), dass die *J*-Niveaus des ^{3}P-Terms in der 3s4p-Konfiguration eine Separation haben, die durch (5.8) mit $\beta_{LS} = \beta_{4p}/2$ gegeben ist (wobei $\beta_{4p}\mathbf{s} \cdot \mathbf{l}$ die Spin-Bahn-Wechselwirkung des 4p-Elektrons ist.)

5.3 *LS-Kopplungsschema und Intervallregel in Calcium*

Schreiben Sie die Grundzustandskonfiguration von Calcium ($Z = 20$) auf. Die Linie bei 610 nm im Spektrum von neutralem Calcium besteht aus drei Komponenten mit den relativen Positionen 0, 106 und 158 (in Einheiten von cm^{-1}). Identifizieren Sie die an diesen Übergängen beteiligten Terme und Niveaus.

Das Spektrum enthält außerdem ein Multiplett von sechs Linien mit den Wellenzahlen 5019, 5033, 5055, 5125, 5139 und 5177 (in Einheiten von cm^{-1}). Identifizieren Sie die beteiligten Terme und Niveaus. Zeichnen Sie ein Diagramm mit den relevanten Energieniveaus sowie mit den Übergängen zwischen ihnen. Schlagen Sie ein weiteres Experiment vor, um die Anordnung von Quantenzahlen zu überprüfen.

5.4 *LS-Kopplungsschema in Zink*

Die Grundzustandskonfiguration von Zink ist $4s^2$. Die sieben niedrigsten Energieniveaus von Zink sind 0, 32 311, 32 501, 32 890, 46 745, 53 672 und 55 789 (in Einheiten von cm^{-1}). Zeichnen Sie für diese Niveaus ein Energieniveau-Diagramm mit geeigneten Quantenzahlen. Welchen Hinweise liefern diese Niveaus darauf, dass dieses Atom durch das *LS*-Kopplungsschema beschrieben werden kann? Welche elektrischen Dipolübergänge sind zwischen diesen Niveaus erlaubt?

5.5 *Das LS-Kopplungsschema*

3s3p, Mg	3s3p, Fe^{14+}
2,1850	23,386
2,1870	23,966
2,1911	25,378
3,5051	35,193

Die Tabelle gibt (in Einheiten von $10^6\,m^{-1}$ gemessen vom Grundzustand) die Energieniveaus der 3s3p-Konfiguration in neutralem Magnesium ($Z = 12$) und dem magnesiumähnlichen Ion Fe^{14+} an. Schlagen Sie (mit Begründung) weitere Quantenzahlen zur Identifizierung dieser Niveaus vor. Berechnen Sie das Verhältnis der Energien der Spin-Bahn-Wechselwirkung in der 3s3p-Konfiguration von Mg und Fe^{14+} und erläutern Sie Ihr Ergebnis. Diskutieren Sie das Auftreten einer scharfen Linie bei 41,726 nm im Spektrum der Sonne, die aus Fe^{14+} herrührt. Erwarten Sie einen entsprechenden Übergang in neutralem Mg?

5.6 *LS-Kopplungsschema für Konfigurationen mit äquivalenten Elektronen*

(a) Notieren Sie die Werte der magnetischen Quantenzahlen m_{l_1}, m_{s_1}, m_{l_2} und m_{s_2} für die beiden Elektronen in einer np^2-Konfiguration um zu zeigen, dass im Rahmen der Zentralfeldnäherung fünfzehn entartete Zustände existieren. Schreiben Sie die mit diesen Zuständen verbundenen Werte von $M_L = m_{l_1} + m_{l_2}$ und $M_S = m_{s_1} + m_{s_2}$ auf und zeigen Sie damit, dass die einzigen möglichen Terme im *LS*-Kopplungsschema ^1S, ^3P und ^1D sind.

(b) Die $1s^2 2s^2 2p^2$-Konfiguration von doppelt ionisiertem Sauerstoff hat Niveaus an den relativen Positionen 0, 113, 307, 20 271 und 43 184 (in Einheiten von cm^{-1}) über dem Grundzustand. Das Spektrum enthält schwache Emissionslinien bei 19 964 cm^{-1} und 20 158 cm^{-1}. Identifizieren Sie für jedes Niveau die Quantenzahlen und diskutieren Sie, inwieweit das *LS*-Kopplungsschema dieses Multiplett beschreibt.

(c) Erstellen Sie für sechs d-Elektronen in der gleichen Unterschale eine Liste der Werte von m_s und m_l für die individuellen Elektronen, die zu $M_S = 2$ und $M_L = 2$ gehören. Erläutern Sie kurz, warum dies der maximale Wert von M_S ist und warum für diesen speziellen Wert von M_S die Relation $M_L \leq 2$ gilt. (Folglich hat nach den Hundschen Regeln der ^5D-Term die niedrigste Energie.) Spezifizieren Sie für jede der fünf Konfigurationen nd, nd^2, nd^3, nd^4 und nd^5 den Term niedrigster Energie.

5.7 *Übergang vom LS- zum jj-Kopplungsschema*

	3p4s, Silicium		3p7s, Silicium
J	Energie $(10^6\,\mathrm{m}^{-1})$	J	Energie $(10^6\,\mathrm{m}^{-1})$
0	3,968	0	6,154
1	3,976	1	6,160
2	3,996	2	6,182
1	4,099	1	6,188

Die Tabelle enthält die J-Werte und Energien (in Einheiten von $10^6\,\mathrm{m}^{-1}$ gemessen vom Grundzustand) der Niveaus in den Konfigurationen 3p4s und 3p7s von Silicium. Welche weiteren Quantenzahlen schlagen Sie zur Identifizierung der Niveaus vor?

Warum haben die beiden Konfigurationen nahezu den gleichen Wert von $E_{J=2} - E_{J=0}$, jedoch ganz unterschiedliche Energieabstände zwischen den beiden $(J{=}1)$-Zuständen?

5.8 *Kopplungsschemata für den Drehimpuls*

	4p5s, Germanium		5p6s, Zinn
J	Energie $(10^6\,\mathrm{m}^{-1})$	J	Energie $(10^6\,\mathrm{m}^{-1})$
0	3,75	0	3,47
1	3,77	1	3,49
2	3,91	2	3,86
1	4,00	1	3,93

Die Tabelle enthält die J-Werte und Energien (in Einheiten von $10^6\,\mathrm{m}^{-1}$ gemessen vom Grundzustand) der Niveaus in den Konfigurationen 4p5s in Germanium und 5p6s in Zinn. Die Daten für die 3p4s-Konfiguration in Silicium sind in der vorherigen Aufgabe angegeben. Wie gut beschreibt das *LS*-Kopplungsschema die Energieniveaus der $np(n+1)$s-Konfigurationen mit $n = 3, 4$ bzw. 5? Geben Sie eine physikalische Begründung für die beobachteten Trends in den Energieniveaus. Eines der $(J{=}1)$-Niveaus in Germanium hat einen Landé-Faktor von $g_J = 1{,}06$. Um welches Niveau handelt es sich dabei? Begründen Sie Ihre Antwort.

5.9 *Auswahlregeln im LS-Kopplungsschema*
Wie lauten die Auswahlregeln, die die Konfigurationen, Terme und Niveaus bestimmen, welche über einen elektrischen Dipolübergang in der Näherung des *LS*-Kopplungsschemas erreicht werden können? Erläutern Sie, welche Regeln streng sind und welche von der Gültigkeit des Kopplungsschemas abhängen. Geben Sie für drei dieser Regeln eine physikalische Begründung an.

Welche der folgenden elektrischen Dipolübergänge sind im *LS*-Kopplungsschema erlaubt:

(a) 1s2s ^{3}S$_1$ – 1s3d ^{3}D$_1$

(b) 1s2p ^{3}P$_1$ – 1s3d ^{3}D$_3$

(c) 2s2p $^3P_1$ – 2p^2 $^3P_1$

(d) 3p^2 $^3P_1$ – 3p^2 $^3P_2$

(e) 3p^6 $^1S_0$ – 3p^{5}3d $^1D_2$

Der Übergang 4d^{9}5s^2 D$_{5/2}$ – 4d^{10}5p $^2P_{3/2}$ erfüllt die Auswahlregeln für L, S und J, doch sie scheint zwei Elektronensprünge gleichzeitig zu beinhalten. Dies resultiert aus der Konfigurationsmischung – die elektrostatische Restenergie kann Konfigurationen mischen.[21] Aus den Vertauschungsregeln (5.2) und (5.3) folgt, dass H_{re} nur Terme mit gleichem L, S und J mischt. Schlagen Sie eine geeignete Konfiguration vor, die zu einem $^2P_{3/2}$-Niveau führt, welches sich mit der 4d^{10}5p-Konfiguration mischt und so den fraglichen Übergang herbeiführt.

5.10 *Der anomale Zeeman-Effekt*
Welche Auswahlregel bestimmt ΔM_J in elektrischen Dipolübergängen? Verifizieren Sie, dass der Übergang $^3S_1$–$^3P_2$, senkrecht zu einem schwachen Magnetfeld betrachtet, auf ein Muster von neun äquidistanten Linien führt, wie es in Abbildung 5.13 dargestellt ist. Bestimmen Sie den Abstand für eine magnetische Flussdichte von 1 T.

5.11 *Der anomale Zeeman-Effekt*
Zeichnen Sie ein Energieniveau-Diagramm für die Zustände von $^3S_1$- und $^3P_1$-Niveaus in einem schwachen Magnetfeld. Kennzeichnen Sie die erlaubten elektrischen Dipolübergänge zwischen den Zeeman-Zuständen. Zeichnen Sie das senkrecht zum Feld beobachtete Muster über einer Frequenzskala (in Einheiten von $\mu_B B/h$).

5.12 *Der anomale Zeeman-Effekt*

Das hier gezeigte Zeeman-Muster wird für eine Spektrallinie beobachtet, die von einem der Niveaus des ^3P-Terms im Spektrum eines Zwei-Elektronen-Systems ausgeht. Die Zahlen kennzeichnen die relativen Abstände der Linien, die senkrecht zur Richtung des angelegten Magnetfeldes beobachtet werden. Identifizieren Sie L, S und J für die beiden Niveaus des Übergangs.[22]

5.13 *Der anomale Zeeman-Effekt in Alkalimetallen*
Wie Sie sicher bemerkt haben, werden Atome mit einem Valenzelektron hier nicht explizit diskutiert.

---

[21] Bei der Behandlung des LS-Kopplungsschemas haben wir H_{re} als eine Störung der Konfiguration aufgefasst und angenommen, dass E_{re} klein ist im Vergleich zur Energieseparation zwischen den Konfigurationen im Zentralfeld. Für höher liegende Konfigurationen komplexer Atome trifft dies kaum zu.

[22] Die relativen Intensitäten der Komponenten sind nicht angegeben.

(a) Geben Sie den Wert von g_J für die Ein-Elektron-Niveaus $^2S_{1/2}$, $^2P_{1/2}$ und $^2P_{3/2}$ an.

(b) Zeigen Sie, dass das senkrecht zu einem schwachen Magnetfeld betrachtete Zeeman-Muster für den Übergang 3s $^2S_{1/2}$ – 3p $^2P_{3/2}$ in Natrium sechs äquidistante Linien hat. Bestimmen Sie den Abstand (in GHz) für den Fall, dass die magnetische Flussdichte 1 T beträgt. Skizzieren Sie das senkrecht zum Magnetfeld betrachtete Zeeman-Muster.

(c) Skizzieren Sie das senkrecht zum Magnetfeld betrachtete Zeeman-Muster für den Übergang 3s $^2S_{1/2}$ – 3p $^2P_{1/2}$ in Natrium.

(d) Die beiden Feinstrukturkomponenten des Übergangs 3s – 3p in Natrium (siehe Teil (b) und (c)) haben Wellenlängen von 589,6 nm bzw. 589,0 nm. Wie groß muss die magnetische Flussdichte sein, um eine Zeeman-Aufspaltung zu erzeugen, die mit der Feinstruktur vergleichbar ist?[23]

5.14 *Der Paschen-Back-Effekt*

In einem starken Magnetfeld präzedieren **L** und **S** unabhängig um eine Achse in Feldrichtung (wie in Abbildung 5.14), sodass J und M_J keine guten Quantenzahlen und $|L\,M_L\,S\,M_S\rangle$ geeignete Eigenzustände sind. Das ist der sogenannte Paschen-Back-Effekt. In diesem Regime lauten die Auswahlregeln des *LS*-Kopplungsschemas $\Delta M_L = 0, \pm 1$ und $\Delta M_S = 0$ (da der elektrische Dipoloperator nicht auf den Spin wirkt).[24] Zeigen Sie, dass der Paschen-Back-Effekt zu einem Muster führt, welches aus drei Linien mit dem gleichen Abstand wie beim Zeeman-Effekt besteht (also das gleiche Muster, das wir erhalten, wenn wir den Spin vollständig ignorieren).[25]

Lösungen finden Sie unter `http://www.oldenbourg-verlag.de/foot/`.

---

[23] Dieser Wert ist größer als 1 T, sodass die in Teil (b) zugrunde gelegte Annahme eines schwachen Feldes zutrifft.

[24] Die Regeln für J und M sind in diesem Regime nicht relevant.

[25] Der Paschen-Back-Effekt tritt auf, wenn die Valenzelektronen stärker mit dem äußeren Magnetfeld wechselwirken als mit dem Bahnfeld in H_{s-o}. Das *LS*-Kopplungsschema beschreibt dieses System immer noch, d. h., L und S bleiben gute Quantenzahlen.

6 Hyperfeinstruktur und Isotopenverschiebung

6.1 Hyperfeinstruktur

Bislang haben wir den Kern als ein Objekt mit der Ladung $+Ze$ und der Masse M_N betrachtet. Ein Kern hat jedoch außerdem ein magnetisches Moment $\boldsymbol{\mu}_I$, der über die Beziehung

$$\boldsymbol{\mu}_I = g_I \, \mu_N \, \mathbf{I} \tag{6.1}$$

mit dem Kernspin $\mathbf{I}$ zusammenhängt. Vergleichen wir dies mit dem magnetischen Moment $-g_s \, \mu_B \, \mathbf{s}$, dann fällt uns der Unterschied im Vorzeichen auf.[1] Kerne haben wesentlich kleinere magnetische Momente als Elektronen. Das Kernmagneton μ_N hängt mit dem bohrschen Magneton μ_B über das Masseverhältnis von Elektron und Proton zusammen:

$$\mu_N = \mu_B \frac{m_e}{M_p} \simeq \frac{\mu_B}{1836} \tag{6.2}$$

Die Wechselwirkung von μ_I mit der magnetischen Flussdichte $\mathbf{B}_e$, die von den Elektronen des Atoms erzeugt wird, liefert den Hamilton-Operator

$$H_{\text{HFS}} = -\boldsymbol{\mu}_I \cdot \mathbf{B}_e. \tag{6.3}$$

Dies führt zur **Hyperfeinstruktur**, die, wie der Name schon sagt, auf kleinerer Skala liegt als die Feinstruktur. Nichtsdestotrotz ist sie für Isotope, die einen Kernspin haben ($I \neq 0$), klar zu beobachten.

Am größten ist das magnetische Feld im Kern für s-Elektronen. Diesen Fall wollen wir zuerst durchrechnen. Der Vollständigkeit halber wird auch die Hyperfeinstruktur für Elektronen mit $l \neq 0$ kurz diskutiert, ebenso weitere Effekte, die ähnliche Größenordnungen aufweisen können.

---

[1] Magnetische Momente von Kernen können parallel oder antiparallel zu $\mathbf{I}$ sein, d. h, g_I kann im Prinzip beide Vorzeichen haben, je nachdem, wie Spin und Bahndrehimpuls der Protonen und Neutronen miteinander gekoppelt sind. Für den Kern eines Protons (welches den Kern eines Wasserstoffatoms bildet) gilt wegen der positiven Ladung $g_P > 0$. Allgemein können magnetische Momente von Atomkernen aus dem Schalenmodell des Kerns vorhergesagt werden.

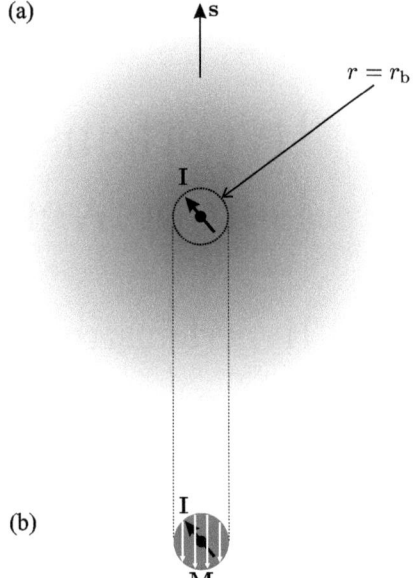

Abbildung 6.1: (a) Illustration des Kerns mit Spin **I**, umgeben von einer kugelsymmetrischen Wahrscheinlichkeits-verteilung eines s-Elektrons. (b) Dieser Teil der Verteilung des s-Elektrons, der im Gebiet $r < r_b$ liegt, entspricht einer Kugel, deren Magnetisierung **M** antiparallel zum Spin **s** gerichtet ist.

6.1.1   Hyperfeinstruktur für s-Elektronen

Bisher haben wir angenommen, dass die Elektronen des Atoms eine Ladungsvertei-lung mit der Dichte $-e\,|\psi(r)|^2$ haben, beispielsweise bei der Interpretation des direkten Integrals (3.15) für Helium (siehe auch (6.22)). Um magnetische Wechselwirkungen zu berechnen, müssen wir ein s-Elektron als eine Verteilung der Magnetisierung betrachten, die durch

$$\mathbf{M} = -g_s\mu_B\mathbf{s}\,|\psi(r)|^2 \tag{6.4}$$

gegeben ist. Dies entspricht der Vorstellung, dass das gesamte magnetische Moment des Elektrons $-g_s\mu_B\mathbf{s}$ verschmiert ist, sodass in jedem Volumenelement $d^3\mathbf{r}$ der Anteil $|\psi(r)|^2\,d^3\mathbf{r}$ enthalten ist. Für s-Elektronen ist diese Verteilung kugelsymmetrisch um den Kern (siehe Abbildung 6.1). Um das Feld bei $r = 0$ zu berechnen, verwenden wir das aus der klassischen Elektrodynamik[2] bekannte Resultat, dass die magnetische Flussdichte innerhalb einer *homogen* magnetisierten Kugel durch

$$\mathbf{B}_e = \frac{2}{3}\mu_0\,\mathbf{M} \tag{6.5}$$

gegeben ist. Mit der Anwendung dieses Resultats müssen wir allerdings vorsichtig sein, da die in (6.4) gegebene Verteilung nicht homogen ist – sie ist vielmehr eine Funktion von r. Die kugelsymmetrische Verteilung kann in zwei Gebiete separiert werden.

(a) Eine Kugel vom Radius $r = r_b$ mit $r_b \ll a_0$, sodass die quadrierte Wellenfunktion des Elektrons überall im inneren Gebiet einen konstanten Wert $|\psi(0)|^2$ hat (siehe

---

[2] Siehe Blundell (2001) oder Bücher zum Elektromagnetismus.

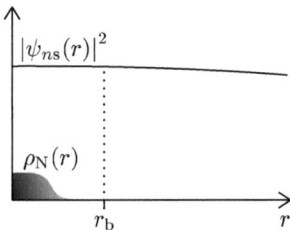

Abbildung 6.2: *Die Wahrscheinlichkeitsdichte* $|\psi(r)|^2$ *eines s-Elektrons ist für kleine Abstände* ($r \ll a_0$) *näherungsweise konstant. Die Verteilung der Kernmaterie* $\rho_N(r)$ *gibt einen Hinweis auf den Kernradius* r_N. *Um die Wechselwirkung des magnetischen Moments des Kerns mit einem s-Elektron zu berechnen, wird das Gebiet durch eine Grenzfläche vom Radius* $r = r_b \ll r_N$ *in zwei Teile geteilt (siehe auch Abbildung 6.1). Das innere Gebiet entspricht einer Kugel mit homogener Magnetisierung, die bei* $r = 0$ *eine magnetische Flussdichte* $\mathbf{B}_e$ *erzeugt. Das magnetische Moment des Kerns wechselwirkt mit diesem Feld.*

Abbildung 6.2).[3] Nach (6.5) ist das Feld innerhalb dieser homogen magnetisierten Kugel

$$\mathbf{B}_e = -\frac{2}{3}\mu_0 g_s \mu_B \left|\psi_{ns}(0)\right|^2 \mathbf{s} \tag{6.6}$$

(b) Der außerhalb der Kugel ($r > r_b$) liegende Teil der Verteilung erzeugt bei $r = 0$ kein Feld, wie durch das folgende Argument gezeigt werden kann. Gleichung (6.5) für das Feld innerhalb einer Kugel hängt nicht vom Radius dieser Kugel ab – es liefert für eine Kugel vom Radius r das gleiche Feld wie für eine Kugel vom Radius $r + \mathrm{d}r$. Daher ist der Beitrag von jeder Schale der Dicke $\mathrm{d}r$ gleich null. Der Bereich $r > r_b$ kann aus vielen solchen Schalen zusammengesetzt betrachtet werden, die alle keinen zusätzlichen Beitrag zum Feld liefern.[4]

Setzen wir dieses Feld und das $\boldsymbol{\mu}_I$ aus (6.1) in (6.3) ein, so erhalten wir

$$H_{\mathrm{HFS}} = g_I \mu_N \, \mathbf{I} \cdot \frac{2}{3}\mu_0 \, g_s \mu_B \left|\psi_{ns}(0)\right|^2 \mathbf{s} = A\mathbf{I} \cdot \mathbf{s} \tag{6.7}$$

Diese Größe wird als **Fermi-Kontakt-Wechselwirkung** bezeichnet, da sie davon abhängt, dass $|\psi_{ns}(0)|^2$ endlich ist. Sie kann auch in der Form

$$H_{\mathrm{HFS}} = A\mathbf{I} \cdot \mathbf{J} \tag{6.8}$$

---

[3] Diese sphärische Randbedingung bei $r = r_b$ hat keine physikalische Entsprechung im Atom, sondern wird aus Gründen der mathematischen Bequemlichkeit gewählt. Der Radius r_b sollte größer sein als der Radius r_N des Kerns, und es ist leicht, die Bedingungen $r_N \ll r_b \ll a_0$ zu erfüllen, da typische Kerne eine Größe von wenigen Fermi (10^{-15} m) haben, also fünf Größenordnungen unter typischen Atomradien.

[4] Die Magnetisierung ist eine Funktion, die nur von r abhängt. Daher hat jede Schale zwischen r und $r + \mathrm{d}r$ eine homogene Magnetisierung $\mathbf{M}(r)$. Für den Beweis, dass diese Schalen bei $r = 0$ keine magnetische Flussdichte erzeugen, ist es nicht erforderlich, dass $\mathbf{M}(r)$ für alle Schalen gleich ist, und dies ist offensichtlich auch nicht der Fall. Alternativ erhält man dieses Ergebnis, indem man die aus den magnetischen Momenten $\mathbf{M}(r)\,\mathrm{d}^3\mathbf{r}$ im Ursprung stammenden Beiträge über alle Winkel integriert.

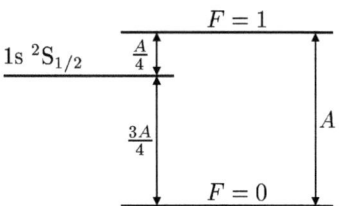

Abbildung 6.3: *Die Aufspaltung zwischen den Hyperfeinniveaus im Grundzustand von Wasserstoff,* ^{1}H.

geschrieben werden, denn für $l = 0$ gilt $\mathbf{J} = \mathbf{s}$. Es ist hilfreich, diese allgemeinere Form bereits am Anfang aufzuschreiben, da, wie sich herausstellen wird, auch für $l \neq 0$ das Wechselwirkungspotential proportional zu $\mathbf{I} \cdot \mathbf{J}$ ist.

Mit dem Effekt einer Wechselwirkung, die proportional zu einem Skalarprodukt zweier Drehimpulse ist, hatten wir uns bereits im Zusammenhang mit der Spin-Bahn-Wechselwirkung $\beta \mathbf{S} \cdot \mathbf{L}$ befasst (siehe (5.4)). In der gleichen Weise bewirkt die Hyperfeinwechselwirkung in Gleichung (6.8), dass $\mathbf{I}$ und $\mathbf{J}$ ihre Richtung ändern, während der Gesamtdrehimpuls $\mathbf{F} = \mathbf{I} + \mathbf{J}$ konstant bleibt. Die Größen $\mathbf{I} \cdot \mathbf{B}$ und $\mathbf{J} \cdot \mathbf{B}$ sind bei dieser Präzession von $\mathbf{I}$ und $\mathbf{J}$ um $\mathbf{F}$ keine Konstanten. Deshalb sind M_I und M_J keine guten Quantenzahlen. Wir verwenden stattdessen F und M_F, und die Eigenzustände von H_{HFS} sind $|I\,J\,F\,M_F\rangle$.[5] Der Erwartungswert von (6.8) ist

$$E_{\mathrm{HFS}} = A\langle\mathbf{I} \cdot \mathbf{J}\rangle = \frac{A}{2}\{F(F+1) - I(I+1) - J(J+1)\} \tag{6.9}$$

Beispiel 6.1 *Hyperfeinstruktur des* $1\mathrm{s}\,^2\mathrm{S}_{1/2}$-*Grundzustands von Wasserstoff*
Das niedrigste Niveau des Wasserstoffatoms ist $1\mathrm{s}\,^2\mathrm{S}_{1/2}$. Es gilt also $J = \frac{1}{2}$ und das Proton hat den Spin $I = 1/2$, sodass F die Werte 0 und 1 hat. Diese Hyperfeinniveaus haben die Energien

$$E_{\mathrm{HFS}} = \frac{A}{2}\{F(F+1) - I(I+1) - J(J+1)\} = \begin{cases} A/4 & \text{für} \quad F = 1 \\ -3A/4 & \text{für} \quad F = 0 \end{cases}$$

Die Aufspaltung zwischen den Hyperfeinniveaus ist $\Delta E_{\mathrm{HFS}} = A$ (siehe Abbildung 6.3). Substituieren wir $|\psi_{ns}(0)|^2$ gemäß Gleichung (2.22), so erhalten wir

$$A = \frac{2}{3}\mu_0 g_s \mu_B\, g_I \mu_N \frac{Z^3}{\pi a_0^3 n^3} \tag{6.10}$$

Da das Proton einen g-Faktor von $g_I = 5{,}6$ hat, gilt für $n = 1 = Z$

$$\frac{\Delta E_{\mathrm{HFS}}}{h} = 1{,}42\,\mathrm{GHz}$$

---

[5] Dies sollte verglichen werden mit dem LS-Kopplungsschema, bei dem Kombinationen von Eigenzuständen $|L\,M_L\,S\,M_S\rangle$ Eigenzustände der Spin-Bahn-Wechselwirkung $|L\,S\,J\,M_J\rangle$ bilden. Der gleiche Hinweis, der für die LS-Kopplung und die Spin-Bahn-Wechselwirkung $\beta \mathbf{S} \cdot \mathbf{L}$ formuliert wurde, gilt auch hier. Die IJ-Kopplung darf nicht mit der *Wechselwirkung* $A\mathbf{I} \cdot \mathbf{J}$ verwechselt werden. Im IJ-Kopplungsschema sind I und J gute Quantenzahlen und die Zustände sind $|I\,J\,M_I\,M_J\rangle$ oder $|I\,J\,F\,M_F\rangle$. Letztere sind Eigenzustände der Wechselwirkung $A\mathbf{I} \cdot \mathbf{J}$.

Dies liegt sehr nahe bei dem gemessenen Wert von 1 420 405 751,7667 ± 0,0009 Hz. Diese Frequenz wurde mit einer solch extrem hohen Genauigkeit gemessen, weil sie die Basis des im folgenden Abschnitt beschriebenen Wasserstoffmasers bildet.[6]

6.1.2 Wasserstoffmaser

Das Wort Maser steht für engl. microwave amplification by stimulated emission of radiation (Mikrowellenverstärkung durch stimulierte Strahlungsemission). Maser waren Vorläufer der Laser, die mit Licht anstatt mit Mikrowellen arbeiten. Tatsächlich werden Laser gewöhnlich als Oszillatoren und nicht als Verstärker (amplifier) betrieben, aber es wäre sicher keine gute Idee, im Akronym ein „o" anstelle des „a" zu verwenden. Abbildung (6.4) zeigt eine schematische Darstellung des Wasserstoffmasers. Seine Arbeitsweise ist im Folgenden beschrieben.

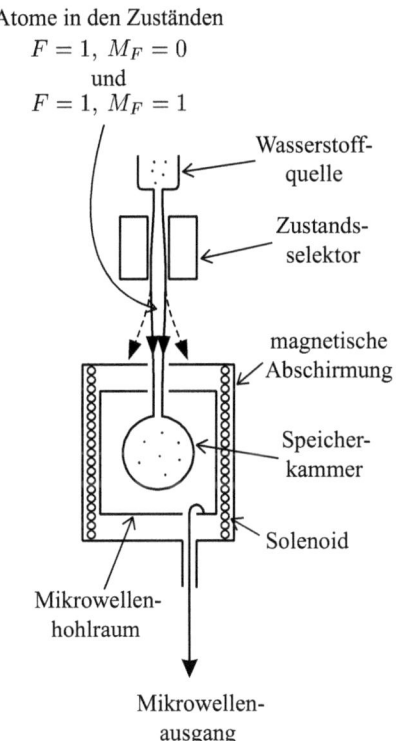

Atome in den Zuständen
$F = 1$, $M_F = 0$
und
$F = 1$, $M_F = 1$

Wasserstoffquelle

Zustandsselektor

magnetische Abschirmung

Speicherkammer

Solenoid

Mikrowellenhohlraum

Mikrowellenausgang

Abbildung 6.4: *Der Wasserstoffmaser. Ein Magnetschild dient zur Abschirmung externer Felder und die Spule erzeugt ein kleines stabiles Magnetfeld. Auf diese Weise kann man die Frequenzverschiebung steuern, die der Zeeman-Effekt an der Hyperfeinstruktur erzeugt. (Dies ist das gleiche Prinzip wie bei der Atomuhr, siehe Abschnitt 6.4.2).*

---

[6] Dieser Hyperfeinübergang in Wasserstoff ist derjenige, der in der Radioastronomie entdeckt wurde. In diesem Zusammenhang wird er gewöhnlich unter Bezugnahme auf die zugehörige Wellenlänge als 21 cm-Linie bezeichnet.

- Molekularer Wasserstoff wird durch eine elektrische Ladung dissoziiert.

- Atome strömen aus der Quelle und bilden in einer evakuierten Kammer einen Strahl.

- Die Atome durchdringen einen Bereich mit einem starken Magnetfeld-Gradienten (erzeugt durch einen Hexapolmagneten), wodurch die Atome im oberen Hyperfein-niveau ($F = 1$) in einen Glaskolben fokussiert werden. Der Atomstrahl enthält Atome in beiden Hyperfeinniveaus, doch die Selektion des Zustands durch den Magneten[7] führt zu einer Populationsumkehr im Kolben, sodass die Population in $F = 1$ die in $F = 0$ übersteigt. Dies bedeutet, dass die Emission stärker ist als die Absorption, also eine Ausbeute oder eine Verstärkung der Strahlung für die Übergangsfrequenz.

- Die Atome prallen an der Innenwand des Kolbens ab. Diese hat eine Antihaftbe-schichtung aus Teflon, sodass Stöße das Hyperfeinniveau nicht ändern.

- Der umgebende Mikrowellenhohlraum ist auf die 1,42-GHz-Hyperfeinfrequenz ge-stimmt. Die Maserwirkung tritt auf, wenn es eine ausreichende Zahl von Atomen im oberen Niveau gibt. Im Mikrowellenhohlraum baut sich Leistung auf, von der ein Teil durch ein Loch in der Wand des Hohlraums nach außen dringt.

Die Maserfrequenz ist sehr stabil, viel stabiler als in jedem Quartzkristall, wie er in Uhren verwendet wird. Allerdings ist die Ausgangsfrequenz wegen der Stöße mit den Wänden nicht exakt die gleiche wie die Hyperfeinfrequenz des Wasserstoffatoms (siehe Abschnitt 6.4).

6.1.3   Hyperfeinstruktur für $l \neq 0$

Elektronen mit $l \neq 0$, die den Kern umlaufen, liefern ein Magnetfeld

$$\mathbf{B}_{\mathrm{e}} = \frac{\mu_0}{4\pi} \left\{ \frac{-e\mathbf{v} \times (-\mathbf{r})}{r^3} - \frac{\boldsymbol{\mu}_{\mathrm{e}} - 3\left(\boldsymbol{\mu}_{\mathrm{e}} \cdot \hat{\mathbf{r}}\right)\hat{\mathbf{r}}}{r^3} \right\} \tag{6.11}$$

Hierbei ist $-\mathbf{r}$ die Position des Kerns relativ zum umlaufenden Elektron. Der erste Term resultiert aus der Bahnbewegung.[8] Er enthält das Kreuzprodukt von $-e\mathbf{v}$ mit $-\mathbf{r}$, dem

---

[7] Hierbei wird das gleiche Prinzip genutzt wie beim Stern-Gerlach-Versuch (siehe Abschnitt 6.4).

[8] Dies erinnert an das aus der Elektrodynamik bekannte Biot-Savart-Gesetz

$$\mathbf{B} = \frac{\mu_0}{4\pi} \frac{I\,\mathrm{d}\mathbf{s} \times \mathbf{r}}{r^3}$$

Grob gesprochen setzt dieses Gesetz die Verschiebung in Richtung des Stroms in Beziehung zur Geschwindigkeit des Elektrons: es gilt $\mathrm{d}\mathbf{s} = \mathbf{v}\mathrm{d}t$ mit einem kleines Zeitintervall $\mathrm{d}t$. Der Strom steht über $I\,\mathrm{d}t = Q$ mit der Ladung in Beziehung. Die Spin-Bahn-Wechselwirkung kann in ähnlicher Weise durch ein grobes Argument begründet werden. Demnach „sieht" das Elektron den Kern der Ladung $+Z\,e$, den es umläuft. Für ein Wasserstoffsystem liefert dieses simple Argument

$$\mathbf{B}_{\mathrm{orbital}} = -2Z \frac{\mu_0}{4\pi} \frac{\mu_{\mathrm{B}}}{r^3} \mathbf{l}$$

Der Thomas-Präzessionsfaktor tritt bei der Hyperfeinstruktur nicht auf, da das Bezugssystem nicht rotiert.

Ortsvektor des Kerns relativ zum Elektron, und $-e\mathbf{r} \times \mathbf{v} = -2\mu_B\mathbf{l}$. Der zweite Term ist einfach das magnetische Feld, welches durch das Spin-Dipolmoment $\boldsymbol{\mu}_e = -2\mu_B\mathbf{s}$ (wir setzen $g_s = 2$) des Elektrons an einem Ort $-\mathbf{r}$ erzeugt wird.[9] Somit können wir schreiben

$$\mathbf{B}_e = -2\frac{\mu_0}{4\pi}\frac{\mu_B}{r^3}\left\{\mathbf{l} - \mathbf{s} + \frac{3\,(\mathbf{s}\cdot\mathbf{r})\,\mathbf{r}}{r^2}\right\} \tag{6.12}$$

Diese Kombination von Bahn- und Spinfeldern hat eine komplizierte Vektorform.[10] Wir können jedoch das Argument verwenden (vergleiche Abschnitt 5.1), dass es im Vektormodell eine schnelle Präzession um $\mathbf{J}$ gibt und sich deshalb alle Komponenten senkrecht zu dieser Quantisierungsachse herausmitteln. Demnach haben nur Komponenten in Richtung von $\mathbf{J}$ einen von null verschiedenen zeitlichen Mittelwert.[11] Der Projektionsfaktor kann exakt ausgewertet werden (Woodgate 1980), doch wir wollen hier annehmen, dass er näherungsweise eins ist, sodass

$$\mathbf{B}_e \sim -2\frac{\mu_0}{4\pi}\left\langle\frac{\mu_B}{r^3}\right\rangle\mathbf{J} \tag{6.13}$$

Damit folgt aus den Gleichungen (6.1) und (6.3), dass die Hyperfeinwechselwirkung für Elektronen mit $l \neq 0$ die gleiche Form wie in (6.8) hat, nämlich $A\mathbf{I}\cdot\mathbf{J}$. Diese Form der Wechselwirkung führt auf die folgende Intervallregel für die Hyperfeinstruktur:

$$E_F - E_{F-1} = A\,F \tag{6.14}$$

Diese Intervallregel lässt sich auf die gleiche Weise herleiten wie Gleichung (5.8) für die Feinstruktur, wobei hier I, J und F anstelle von L, S und J stehen (siehe hierzu Aufgabe 6.5). Diese Aufgabe zeigt auch, wie diese Regel angewendet werden kann, um aus einer gegebenen Hyperfeinstruktur auf F und somit auf den Kernspin I zu schließen.[12]

Die Hyperfeinstruktur-Konstante $A(n, l, j)$ ist bei gleichem n für $l > 0$ kleiner als im Fall $l = 0$. Die exakte Berechnung zeigt, dass die Hyperfeinstruktur-Konstanten für die Wasserstoffniveaus $np\,^2\mathrm{P}_{1/2}$ und $ns\,^2\mathrm{S}_{1/2}$ im Verhältnis

$$\frac{A(n\,^2\mathrm{P}_{1/2})}{A(n\,^2\mathrm{S}_{1/2})} = \frac{1}{3} \tag{6.15}$$

---

[9] Siehe Blundell (2001).

[10] Diese beiden Beiträge treten auch bei der Feinstruktur von Helium auf. Das durch die Bahnbewegung des einen Elektrons erzeugte Feld an der Position des anderen Elektrons wird als Spin-Bahn-Wechselwirkung bezeichnet. Außerdem entsteht eine Spin-Spin-Wechselwirkung durch das Feld, welches der magnetische Dipol des einen Elektrons an dem anderen hervorruft.

[11] In der Quantenmechanik entspricht dies der Aussage, dass die Matrixelemente eines beliebigen Vektoroperators in der Eigenbasis $|J\,M_J\rangle$ proportional zu $\mathbf{J}$ sind, also $\langle J\,M_J|\mathbf{B}_e|J\,M_J\rangle \propto \langle J\,M_J|\mathbf{J}|J\,M_J\rangle$. Dies ist eine Konsequenz aus dem Wigner-Eckart-Theorem (siehe Abschnitt 5.1).

[12] Diese Intervallregel für die Hyperfeinstruktur des magnetischen Dipols kann durch die Quadrupolwechselwirkung aufgehoben werden. Manche Kerne sind nicht kugelförmig und ihre Ladungsverteilung hat ein Quadrupolmoment, das mit dem Gradienten des elektrischen Feldes des Kerns wechselwirkt. Es zeigt sich, dass die Energie dieser elektrischen Quadrupolwechselwirkung vergleichbar ist mit der Wechselwirkung zwischen den magnetischen Dipolmomenten μ_I und $\mathbf{B}_e$. Kerne und Atome haben keine statischen elektrischen Dipolmomente (für Zustände festgelegter Parität).

Tabelle 6.1: *Vergleich zwischen Fein- und Hyperfeinstrukturen.*

	Feinstruktur im LS-Kopplungsschema	Hyperfeinstruktur im IJ-Kopplungsschema
Wechselwirkung	$\beta\,\mathbf{L}\cdot\mathbf{S}$	$A\mathbf{I}\cdot\mathbf{J}$
Gesamtdrehimpuls	$\mathbf{J}=\mathbf{L}+\mathbf{S}$	$\mathbf{F}=\mathbf{I}+\mathbf{J}$
Eigenzustände	$\lvert LSJM_J\rangle$	$\lvert IJFM_F\rangle$
Energie, E	$\frac{\beta}{2}\{J(J+1)-L(L+1)-S(S+1)\}$	$\frac{A}{2}\{F(F+1)-I(I+1)-J(J+1)\}$
Intervallregel	$E_J - E_{J-1} = \beta J$ (falls $E_{\text{s--o}} \ll E_{\text{re}}$)	$E_F - E_{F-1} = AF$ (falls $A \gg \Delta E_{\text{Quadrupol}}$)

stehen. Dieses Verhältnis ist bei den Alkalimetallen kleiner, etwa $\sim 1/10$ in den weiter unten folgenden Beispielen. Dies liegt an den abgeschlossenen Elektronenschalen, die die Kernladung für p-Elektronen effektiver abschirmen als für s-Elektronen.

6.1.4 Vergleich von Feinstruktur und Hyperfeinstruktur

Die Analogien zwischen Hyperfein- und Feinstruktur sind in Tabelle 6.1 zusammengefasst.

Für die Feinstruktur der Alkalimetalle hatten wir die Landé-Formel (4.13)

$$E_{\text{FS}} \sim \frac{Z_i^2 Z_o^2}{(n^*)^3}\, \alpha^2 hcR_\infty \tag{6.16}$$

gefunden. Die Z^4-Skalierung für ein wasserstoffähnliches System reduziert sich auf $E_{\text{FS}} \propto Z^2$ für neutrale Atome, da die effektive äußere Ordnungszahl Z_o gleich 1 ist, und $Z_i \sim Z$ liefert eine akzeptable Näherung für die innere Region. Wenden wir ähnliche Betrachtungen auf die Hyperfeinstruktur an, dann sehen wir, dass sich die Abhängigkeit von Z^3 in Gleichung (6.10) auf

$$E_{\text{HFS}} \sim \frac{Z_i Z_o^2}{(n^*)^3}\, \frac{m_e}{M_p}\, \alpha^2\, hc\, R_\infty \tag{6.17}$$

reduziert. Das Massenverhältnis ergibt sich aus $\mu_N/\mu_B = m_e/M_p$. Die Hyperfeinstruktur skaliert wie Z, die Feinstruktur dagegen wie Z^2. Aus diesem Grund variiert E_{HFS} weitaus weniger als E_{FS}, wie der folgende Vergleich der Aufspaltungen für Na und Cs zeigt.

Na, $Z = 11$	Cs, $Z = 55$
$E(3p\,^2P_{3/2}) - E(3p\,^2P_{1/2})$	$E(6p\,^2P_{3/2}) - E(6p\,^2P_{1/2})$
$\Delta f_{\mathrm{FS}} = 510\,\mathrm{GHz}$	$\Delta f_{\mathrm{FS}} = 16\,600\,\mathrm{GHz}$
für den Grundzustand $3s\,^2S_{1/2}$	für den Grundzustand $6s\,^2S_{1/2}$
$\Delta f_{\mathrm{HFS}} = 1{,}8\,\mathrm{GHz}$	$\Delta f_{\mathrm{HFS}} = 9{,}2\,\mathrm{GHz}$
für $3p\,^2P_{1/2}$	für $6p\,^2P_{1/2}$
$\Delta f_{\mathrm{HFS}} = 0{,}18\,\mathrm{GHz}$	$\Delta f_{\mathrm{HFS}} = 1{,}2\,\mathrm{GHz}$

Die Hyperfeinaufspaltungen der Grundzustände und die Feinaufspaltungen der ersten angeregten Zustände sind in Abbildung (6.5) dargestellt. Die eingezeichneten Werte geben nur eine Orientierung; beispielsweise haben unterschiedliche Isotope des gleichen Elements unterschiedliche Hyperfeinaufspaltungen, da das magnetische Moment μ_I von der Struktur des Kerns abhängt. Der Grundzustand von Wasserstoff hat eine besonders große Hyperfeinstruktur. Sie ist größer als die von Lithium ($Z = 3$), siehe Aufgabe 6.3.

Beispiel 6.2 *Hyperfeinstruktur von Europium*
Abbildung (6.6) zeigt ein experimentelles Ergebnis für den Übergang $4f^7\,6s^2\,^8S_{7/2}$ – $4f^7\,6s6d\,^8D_{11/2}$ in Europium. Es wurde 1991 von Kronfeldt und Weber mittels dopplerfreier Laserspektroskopie erhalten.[13] Das Grundniveau ($4f^7\,6s^2\,^8S_{7/2}$) hat eine kleine Hyperfeinstruktur aufgrund der ungepaarten f-Elektronen. Diese verursachen die schmale Aufspaltung der mit 3, 4, 5, 6 und 7 markierten Peaks (bei 3 ist die Aufspaltung kaum aufzulösen). Bei der folgenden Analyse wird dieses Detail jedoch nicht weiter beachtet[14]; wir konzentrieren uns vielmehr auf die wesentlich größere Hyperfeinstruktur des Niveaus $4f^7\,6s6d\,^8D_{11/2}$, die hauptsächlich aus dem ungepaarten s-Elektron resultiert. Das Spektrum hat zwölf Hauptpeaks. Wegen $J = 11/2$ könnten wir aus einer naiven Überlegung schlussfolgern, dass $I \geq J$, und somit, dass die beobachteten Peaks aus den Übergängen in die $2J + 1 = 12$ Hyperfeinniveaus resultieren, die in diesem Fall zu erwarten sind, nämlich $F = I + J, I + J - 1, \ldots, I - J + 1$ und $I - J$. Aus mehreren Gründen ist dies offensichtlich falsch. Wie deutlich zu sehen ist, folgt das Muster der zwölf Peaks keiner einfachen Regel, und außerdem hat dieses Element zwei stabile Isotope, ^{151}Eu und ^{153}Eu. Wie ihre ähnliche Form vermuten lässt, gehören die Peaks 3, 4, 5, 6 und 7 alle zum gleichen Isotop (^{151}Eu). Das kann durch die Intervallregel verifiziert werden, wie die folgende Tabelle zeigt.

Peak	Position (GHz)	$\frac{E_{F-1} - E_F}{h}$ (GHz)	Verhältnis der Differenzen, x	$\frac{x}{x-1}$
3	21,96	–	–	–
4	19,14	2,82	–	–
5	15,61	3,53	1,252	5,0
6	11,37	4,24	1,201	6,0
7	6,42	4,95	1,167	7,0
g	0,77	5,65	1,141	8,1

---

[13] Die Zwei-Photonen-Spektroskopie wird in Abschnitt 8.4 erklärt.
[14] Die Gültigkeit der Intervallregel lässt sich unmittelbar auf den Fall erweitern, dass sowohl das untere als auch das obere Niveau eine Feinstruktur hat.

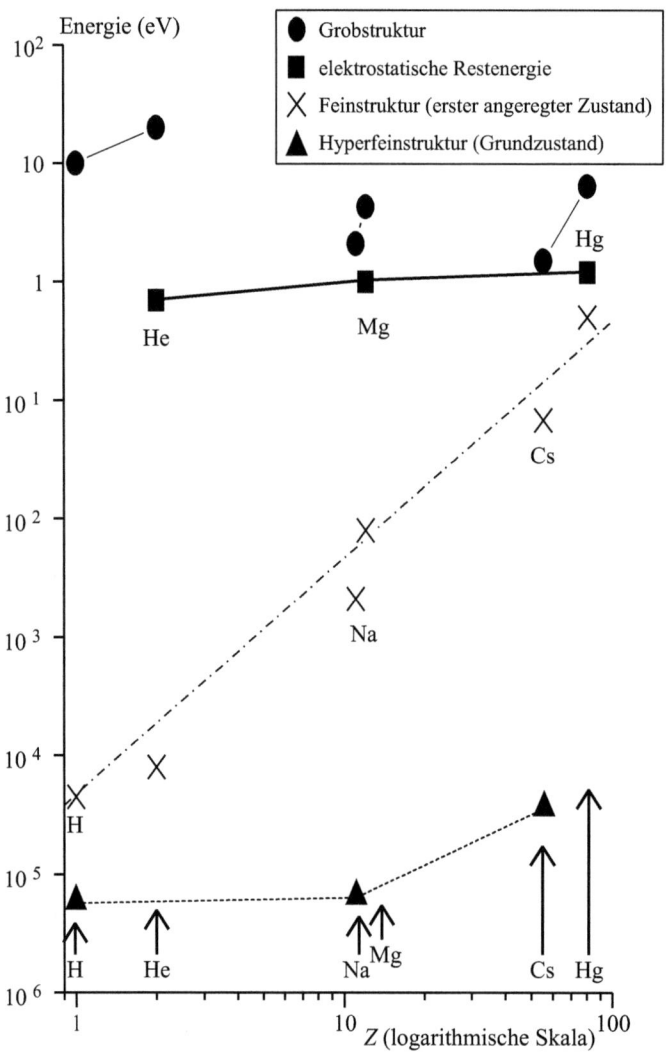

Abbildung 6.5: *Logarithmische Darstellung der Energien verschiedener Strukturen; aufgetragen gegen die Ordnungszahl Z. Die Hyperfeinaufspaltung des Grundzustands ist mit den Daten aus Abbildung 5.7 gezeichnet. Alle Punkte liegen nahe bei den maximalen Werten der entsprechenden Größe für tief liegende Konfigurationen, Terme, Niveaus und Hyperfeinniveaus (je nachdem) von neutralen Atomen mit einem oder zwei Valenzelektronen. Dies illustriert, wie diese Größen mit Z variieren. Die Abbildung liefert lediglich eine grobe Orientierung für Spezialfälle; höher liegende Konfigurationen in neutralen Atomen haben kleinere Werte und in stark ionisierten Systemen haben die Strukturen höhere Energien.*

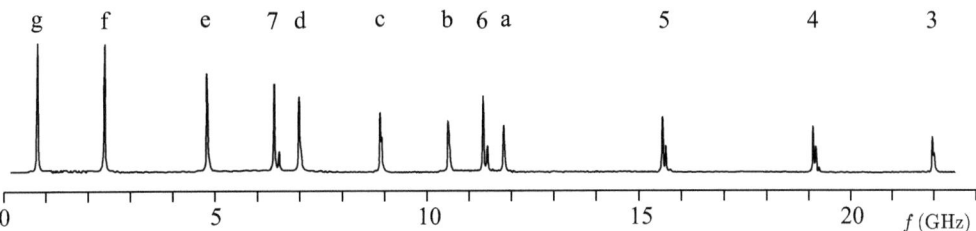

Abbildung 6.6: *Experimentelle Aufzeichnung eines* $4f^7 6s^2\,{}^8S_{7/2} - 4f^7 6s6d\,{}^8D_{11/2}$ *Übergangs in Europium; erhalten durch dopplerfreie Laserspektroskopie (Kronfeldt und Weber 1991).* © *American Physical Society.*

Die zweite Spalte dieser Tabelle gibt die Positionen der Peaks an (Werte gemäß Abbildung 6.6).[15] In der dritten Spalte stehen die Differenzen zwischen den Frequenzen aus Spalte 2 (also die Intervalllängen zwischen den Peaks), zum Beispiel $21,96 - 19,14 = 2,82$. Die vierte Spalte zeigt das Verhältnis der Intervalle in Spalte 3, etwa $3,53/2,82 = 1,252$. Nach der Intervallregel für die Hyperfeinstruktur in Gleichung (6.14) ist

$$x = \frac{E_F - E_{F-1}}{E_{F-1} - E_{F-2}} = \frac{AF}{A(F-1)} = \frac{F}{F-1} \tag{6.18}$$

Durch Umstellung erhalten wir den Gesamtdrehimpuls F, ausgedrückt durch x:

$$F = \frac{x}{x-1} \tag{6.19}$$

Die numerischen Werte dieser Größe stehen in der fünften Spalte (berechnet nach den Daten mithilfe des oben beschriebenen Verfahrens). Sie entsprechen den Werten, die zur Bezeichnung der Peaks verwendet wurden. Außerdem stellen wir fest, dass der Peak g der Intervallregel mit $F = 8$ genügt. Da für dieses Niveau $J = 11/2$ gilt, muss dieses Isotop (^{151}Eu) demnach einen Kernspin von $I = 5/2$ haben. Dies folgt aus den Regeln für die Addition von Drehimpulsen, die für F Werte zwischen $F_{\max} = I + J = 8$ und $F_{\min} = |I - J| = 3$ erlauben.[16] In Aufgabe 6.5 wird gezeigt, dass die anderen sechs Peaks (a bis f) ebenfalls einer Intervallregel genügen und dass sie alle zu einem anderen Isotop (^{153}Eu) gehören.

6.2 Isotopenverschiebung

Zusätzlich zur Hyperfeinwechselwirkung (magnetischer Dipol) in (6.8) gibt es verschiedene andere Effekte, die eine vergleichbare Größe erreichen (oder darüber hinausgehen)

---

[15] Der höchste Peak im Fall der dicht benachbarten Paare.

[16] Der Beweis für dieses Ergebnis mithilfe von Operatoren kann in Büchern zur Quantenmechanik nachgelesen werden. Das folgende Analogieargument aus der Vektoraddition macht es zumindest plausibel: Der maximale Wert tritt dann auf, wenn die beiden Drehimpulsvektoren in die gleiche Richtung zeigen, und der minimale Wert tritt auf, wenn sie antiparallel sind.

können.[17] In diesem Abschnitt werden zwei Effekte beschrieben, die zu einer Differenz in der Frequenz der von unterschiedlichen Isotopen eines Elements emittierten Spektrallinien führen kann.

6.2.1   Masseneffekte

In Kapitel 1 haben wir im Zusammenhang mit dem bohrschen Modell gesehen, dass Energien proportional zur reduzierten Masse des Elektrons sind (siehe (1.13)) und dass diese Skalierung ebenso für die Lösungen der Schrödinger-Gleichung gilt. Somit hat ein Übergang zwischen zwei Niveaus mit den Energien E_1 und E_2 eine Wellenzahl $\tilde{\nu} = (E_2 - E_1)/hc$, die mit $\tilde{\nu}_\infty$, dem Wert für ein „theoretisches" Atom mit einem unendlich schweren Kern, über die Beziehung

$$\tilde{\nu} = \tilde{\nu}_\infty \times \frac{M_N}{m_e + M_N} \tag{6.20}$$

zusammenhängt. M_N ist hierbei die Masse des Kerns. Allerdings kann $\tilde{\nu}_\infty$ nicht gemessen werden. Was beobachtbar ist, ist die Differenz zwischen den Wellenzahlen zweier Isotope eines Elements, zum Beispiel Wasserstoff und Deuterium mit der Ordnungszahl $Z = 1$. Allgemein können wir für zwei Isotope mit den Atommassen A' und A'' die Näherungen $M_N = A' M_p$ und $M_N = A'' M_p$ verwenden, sodass[18]

$$\Delta\tilde{\nu}_{\text{Masse}} = \tilde{\nu}_{A''} - \tilde{\nu}_{A'} = \frac{\tilde{\nu}_\infty}{1 + m_e/A'' M_p} - \frac{\tilde{\nu}_\infty}{1 + m_e/A' M_p}$$

$$\simeq \tilde{\nu}\left\{1 - \frac{m_e}{A'' M_p} - \left(1 - \frac{m_e}{A' M_p}\right)\right\} \tag{6.21}$$

$$\simeq \frac{m_e}{M_p}\frac{\delta A}{A'\,A''}\,\tilde{\nu}_\infty$$

Dies ist die sogenannte **normale Massenverschiebung.** Die Energiedifferenz $hc\Delta\tilde{\nu}_{\text{Masse}}$ ist in Abbildung 6.7 dargestellt, wobei angenommen wird, dass $\delta A = 1$, $A \simeq A' \simeq 2Z$ und $E_2 - E_1 \simeq 2\,\text{eV}$, um einen sichtbaren Übergang zu haben. Am größten ist die Massenverschiebung für Wasserstoff und Deuterium, wo $A'' = 2A' \simeq 2M_p$ (siehe Aufgabe 1.1) – sie ist in diesem Fall größer als die Feinstruktur. Für Atome mit mehr als einem Elektron gibt es außerdem eine **spezifische Massenverschiebung** die von der gleichen Größenordnung ist wie der normale Masseneffekt, jedoch viel schwieriger zu berechnen.[19] Gleichung (6.20) zeigt, dass die Massenverschiebung immer dazu führt, dass das schwerere Isotop eine höhere Wellenzahl hat, denn per Definition ist die reduzierte Masse des Elektrons kleiner als m_e, und mit wachsender Atommasse rücken die Energieniveaus dichter an die eines theoretischen Atoms mit einem Kern unendlicher Masse.

---

[17] Die Quadrupolwechselwirkung ist in Tabelle 6.1 angegeben, wird hier aber nicht weiter diskutiert.

[18] Streng genommen sollten atomare Masseeinheiten anstelle von M_p verwendet werden. Die Differenz zwischen der Masse eines Atoms und seines Kerns ist gleich der Masse der Elektronen einschließlich des Beitrags, der aus ihrer Bindungsenergie resultiert. Für die hier vorgenommene Abschätzung benötigen wir jedoch den exakten Wert von M_N nicht.

[19] Siehe Aufgabe 6.12 sowie Woodgate (1980).

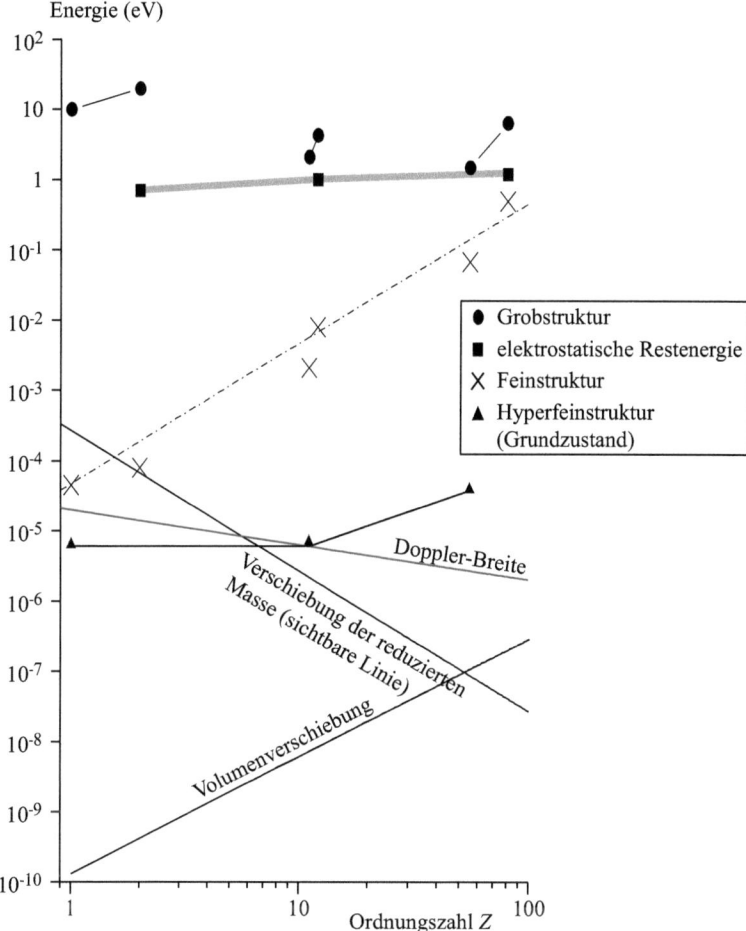

Abbildung 6.7: *Energien verschiedener Strukturen, aufgetragen über der Ordnungszahl Z. Enthalten sind auch die Daten aus Abbildung 6.5, allerdings mit veränderter Skala, sodass die Effekte bei kleinen Energien gut zu erkennen sind. Eingezeichnet sind die Beiträge von Massen- und Volumeneffekten zur Isotopenverschiebung (siehe (6.21) und (6.26)). Obwohl diese Beiträge aus ganz unterschiedlichen physikalischen Effekten resultieren, haben sie für mittelschwere Elemente vergleichbare Größenordnung. Die Doppler-Breite für einen sichtbaren Übergang mit der Energie 2 eV ist eingezeichnet, um die typische experimentelle Schranke auszuweisen, die für spektroskopische Messungen mit Licht gilt. Diese Linie hat einen Anstieg von −1/2, da $\Delta f_D \propto 1/\sqrt{M}$ und die Atommasse $A \sim 2Z$, sodass $\Delta f_D \propto Z^{-1/2}$ (siehe (8.7)). Für Wasserstoff ist die Doppler-Breite etwa so groß wie die Feinstrukturaufspaltung (und viel größer als die Hyperfeinstruktur). In Natrium ist die Doppler-Verbreiterung der sichtbaren Linien vergleichbar mit seiner Hyperfeinstruktur. Für schwerere Elemente kann die Hyperfeinstruktur des Grundzustands in einem Dampf bei Raumtemperatur aufgelöst werden. Dies liefert einen Hinweis auf die Bedeutung der in Kapitel 8 beschriebenen dopplerfreien Methoden. Der Zeeman-Effekt einer Flussdichte von $B = 1$ T entspricht einer Frequenzverschiebung von 14 GHz.*

6.2.2   Volumenverschiebung

Auch wenn Kernradien klein sein im Vergleich zur Längenskala der Wellenfunktionen der Elektronen ($r_N \ll a_0$), haben sie doch einen messbaren Effekt auf Spektrallinien. Die endliche Größe des Kerns kann auf zwei unterschiedliche Weisen als Störung behandelt werden. Eine einfache Methode verwendet den gaußschen Satz um zu bestimmen, wie stark das elektrische Feld der Ladungsverteilung des Kerns für $r \lesssim r_N$ von $-Ze/4\pi\epsilon_0 r^2$ abweicht (siehe Woodgate 1980).

Anstatt die elektrostatische Wechselwirkung zweier überlappender Ladungsverteilungen zu berechnen (wie beispielsweise in (3.15)), können wir ebenso gut die Energie des Kerns in dem Potential bestimmen, das durch die Ladungsverteilung der Elektronen erzeugt wird (ähnlich wie in Abschnitt 6.1.1 bei der Berechnung des Magnetfelds um den Kern, welches von s-Elektronen erzeugt wird). Die Ladungsverteilungen für ein s-Elektron und einen typischen Kern erinnern stark an die in Abbildung 6.2 gezeigten.[20] In dem Bereich dicht um den Kern haben die Elektronen eine homogene Ladungsdichte

$$\rho_e = -e\,|\psi(0)|^2 \tag{6.22}$$

Mithilfe des gaußschen Satzes bestimmen wir das elektrische Feld an der Oberfläche einer Kugel vom Radius r in einem Bereich mit homogenen Ladungsdichte. Es zeigt sich, dass das elektrische Feld proportional zu r ist. Durch Integration erhalten wir das elektrostatische Potential

$$\phi_e(c) = -\frac{\rho_e\, r^2}{6\epsilon_0} \tag{6.23}$$

Die Nullstelle des Potentials ist so gewählt, dass $\phi_e(0) = 0$ gilt. Dies ist zwar nicht die übliche Konvention, doch die von uns berechnete Energiedifferenz hängt nicht von dieser Wahl ab.[21] Mit dieser Festlegung hat ein punktförmiger Kern die potentielle Energie null, und die potentielle Energie einer Kernladungsverteilung $\rho_N(r)$ ist

$$
\begin{aligned}
E_{\text{Vol}} &= \iiint \rho_N\, \phi_e\, d^3\mathbf{r} = \frac{e}{6\epsilon_0}\,|\psi(0)|^2 \iiint \rho_N\, r^2\, d^3\mathbf{r} \\
&= \frac{Z\,e^2}{6\,\epsilon_0}\,|\psi(0)|^2\,\langle r_N^2 \rangle
\end{aligned}
\tag{6.24}
$$

Das Integral liefert das quadratische Mittel des Radius' der Ladung um den Kern, $\langle r_N^2 \rangle$, mal die Ladung $Z\,e$. Dieser Volumeneffekt tritt nur für Konfigurationen mit s-Elektronen auf. Das Flüssigkeitstropfenmodell liefert für den Kernradius die Formel

$$r_N \simeq 1{,}2 \times A^{1/3}\,\text{fm} \tag{6.25}$$

---

[20] Für die Untersuchung der Hyperfeinstruktur mussten wir uns mit dem magnetischen Moment des Kerns befassen, das aus dessen Protonen und Neutronen resultiert. Um jedoch den elektrostatischen Effekt einer endlichen Kerngröße zu berechnen, müssen wir die Ladungsverteilung des Kerns betrachten, also die Verteilung der Protonen. Deren Form ist ähnlich – aber nicht gleich – der Verteilung der Kernmaterie (mehr hierzu in Büchern über Kernphysik). Der entscheidende Punkt für die Struktur von Atomen ist der, dass sich jegliche Kernverteilung über Distanzen erstreckt, die klein sind im Vergleich zu den Skalen der Elektronen-Wellenfunktionen (siehe Abbildung 6.2).

[21] Wenn Sie dies verwirrend finden, dann setzen Sie eine beliebige Konstante ϕ_0 in die Gleichung ein, die sich aus der Integration über das elektrische Feld ergibt und das elektrostatische Potential liefert. Zeigen Sie dann, dass das Ergebnis nicht von ϕ_0 abhängt.

Mithilfe dieser Gleichung und der gleichen Näherung für die quadrierte Wellenfunktion wie bei der Hyperfeinstruktur (Gleichung (6.17)) können wir die durch den Volumeneffekt verursachte Isotopenverschiebung in der Form

$$\Delta\tilde{\nu}_{\text{Vol}} = \frac{\Delta E_{\text{Vol}}}{hc} \simeq \frac{\langle r_{\text{N}}^2\rangle}{a_0^2}\frac{\delta A}{A}\frac{Z^2}{(n^*)^3}R_\infty \tag{6.26}$$

schreiben. Diese Beziehung mit den Werten $\delta A = 1$, $A \sim 2Z$ und $n^* \sim 2$ wurde in Abbildung 6.7 verwendet, um ΔE_{Vol} als Funktion von Z zu zeichnen.[22]

Dieser Volumeneffekt führt zu einer Verringerung der Bindungsenergie eines gegebenen Niveaus im Vergleich zu der eines „theoretischen" Atoms mit einer Punktladung. Die daraus resultierende Änderung für den Übergang hängt davon ab, ob der Effekt im oberen oder im unteren Niveau auftritt (siehe Aufgabe 6.9).[23]

6.2.3 Information aus Atomkernen

Wie wir gesehen haben, hat der Kern einen beobachtbaren Effekt auf das Atomspektrum. Wenn man die Hyperfeinstruktur misst, dann erkennt man sofort, dass der Kern einen Spin hat, und die Zahl der Hyperfeinkomponenten legt eine untere Schranke an I fest (siehe Beispiel 6.1). Die Werte von F und folglich von I lassen sich durch Anwendung der Intervallregel und aus der Summenregel (ähnlich der Summenregel für die Feinstruktur in Abschnitt 4.6.1) für die relativen Intensitäten ableiten. Im Prinzip kann das magnetische Moment μ_I aus der Hyperfeinstrukturkonstante A abgeleitet werden; beispielsweise sind Berechnungen wie in Abschnitt 6.1.1 für leichte Atome exakt. Für Atome mit größeren Ordnungszahlen sind relativistische Effekte für die Elektron-Wellenfunktion in der Nähe des Kerns von Bedeutung, und es kann schwieriger werden, $|\psi(0)|^2$ zu berechnen. Jedoch kürzen sich die Beiträge der Elektronen heraus, wenn man Verhältnisse von Hyperfeinstrukturkonstanten von Isotopen des gleichen Elements betrachtet, sodass sich genaue Verhältnisse ihrer magnetischen Momente ergeben. Wenn also μ_I für das eine Isotop bekannt ist, dann kann der Wert für das andere Isotop daraus abgeleitet werden werden (siehe Aufgabe 6.4).

Entsprechend liefern Isotopenverschiebungen die Differenz $\Delta\langle r_{\text{N}}^2\rangle$ aus den Kerngrößen unterschiedlicher Isotope, wenn man voraussetzt, dass Masseneffekte berechenbar

---

[22] Genauere Berechnungen lassen sich für spezielle Fälle direkt aus Gleichung (6.24) ableiten. Beispielsweise ist für die 1s-Konfiguration in Wasserstoff

$$E_{\text{Vol}} = \frac{4}{3}\frac{\langle r_{\text{N}}^2\rangle}{a_0^2}hcR_\infty \simeq 5 \times 10^{-9}\,\text{eV}$$

Das Proton hat einen Ladungsradius (Wurzel aus dem quadratischen Mittel) von $\langle r_{\text{N}}^2\rangle^{1/2} = 0{,}875\,\text{fm}$ (aktueller CODATA-Wert).

[23] Die Größe des Kerns $\langle r_{\text{N}}^2\rangle$ wächst allgemein mit A gemäß (6.25). Es gibt allerdings Ausnahmen. Beispielsweise kann ein Kern, der aufgrund seiner abgeschlossenen Schalen besonders stabil ist, kleiner sein als ein leichterer Kern. Durch experimentelle Messungen der Isotopenverschiebung und die hieraus abgeleiteten Werte für den Volumeneffekt kann dieses Verhalten näher untersucht werden. (Ein ähnliches Phänomen gibt es bei Atomen: die Schalenstruktur bewirkt, dass die Atome der Edelgase außerordentlich klein sind. Allgemeiner kann man sagen, dass die Atomgröße mit der Atommasse in der entgegengesetzten Richtung variiert wie die Ionisierungsenergie – Alkaliatome sind größer als die im Periodensystem benachbarten Atome.)

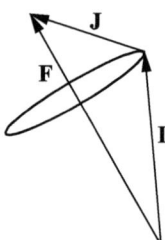

Abbildung 6.8: *Das I J-Kopplungsschema.*

sind.[24] Um diese Information auswerten zu können ist es notwendig, sich mithilfe einer anderen Methode (zum Beispiel mittels myonischer Röntgenstrahlung) den Absolutwert des Ladungsradius' für eines der Isotope zu beschaffen. Die Übergänge zwischen den Energieniveaus eines Myons, das an einen Atomkern gebunden ist, haben einen sehr großen Volumeneffekt, aus dem $\langle r_N^2 \rangle$ abgeleitet werden kann (siehe Aufgabe 6.13).[25]

6.3 Zeeman-Effekt und Hyperfeinstruktur

Die Behandlung des Zeeman-Effektes im Zusammenhang mit der Hyperfeinstruktur (im IJ-Kopplungsschema) hat starke Ähnlichkeiten mit dem in Abschnitt 5.5 beschriebenen Vorgehen beim LS-Kopplungsschema. Auf eine detaillierte Erläuterung der einzelnen Schritte wird deshalb an dieser Stelle verzichtet. Das gesamte magnetische Moment des Atoms ist die Summe aus den Momenten von Elektronen und Kern (vgl. (5.9)):

$$\boldsymbol{\mu}_{\text{Atom}} = -g_J \mu_{\text{B}} \mathbf{J} + g_I \, \mu_{\text{N}} \mathbf{I} \simeq g_J \mu_{\text{B}} \mathbf{J} \tag{6.27}$$

Wegen $\mu_{\text{N}} \ll \mu_{\text{B}}$ können wir den Beitrag des Kerns vernachlässigen (außer für genaueste Messungen), sodass der Hamilton-Operator für die Wechselwirkung mit einem äußeren Feld $\mathbf{B}$ durch

$$H = g_J \mu_{\text{B}} \mathbf{J} \cdot \mathbf{B} \tag{6.28}$$

gegeben ist. Diese Wechselwirkung ist unabhängig vom Kernspin. Allerdings hängt der Erwartungswert von der Hyperfeinstruktur ab. Wir betrachten zunächst des Regime des schwachen Feldes. Dort ist die Wechselwirkung mit dem äußeren Feld schwächer als $A\,\mathbf{I}\cdot\mathbf{J}$, sodass sie als eine Störung der Hyperfeinstruktur betrachtet werden kann. Anschließend behandeln wir das Regime des starken Feldes sowie das mittlere Regime.

6.3.1 Zeeman-Effekt bei schwachem Feld, $\mu_{\text{B}} B < A$

Wenn die Wechselwirkung mit dem externen Feld in Gleichung (6.28) schwächer ist als die Hyperfeinwechselwirkung $A\,\mathbf{I}\cdot\mathbf{J}$, dann bewegen sich $\mathbf{J}$ und $\mathbf{I}$ schnell um ihren Summenvektor $\mathbf{F}$ (siehe Abbildung 6.8), während $\mathbf{F}$ selbst langsamer um die Richtung des

---

[24] In Woodgate (1980) finden Sie weitere Einzelheiten.
[25] Streuversuche mit hochenergetischen Elektronen dienen auch der Erforschung der Ladungsverteilung von Kernen.

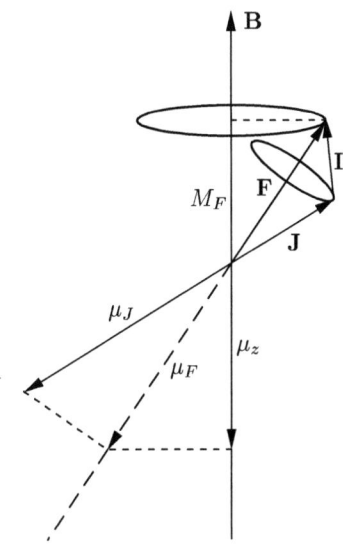

Abbildung 6.9: *Die Projektion der Beiträge zum magnetischen Moment der atomaren Elektronen auf* **F**. *Im Vergleich dazu ist das magnetische Moment des Kerns
vernachlässigbar.*

Magnetfeldes (also um die z-Achse) präzediert. In diesem Regime sind F und M_F gute
Quantenzahlen, M_I und M_J dagegen nicht. Die Projektion der magnetischen Momente
auf **F** liefert den effektiven Hamilton-Operator

$$H = g_J \mu_\mathrm{B} \frac{\langle \mathbf{J} \cdot \mathbf{F} \rangle}{F(F+1)} \mathbf{F} \cdot \mathbf{B} = g_F \mu_\mathrm{B} \mathbf{F} \cdot \mathbf{B} = g_F \mu_\mathrm{B} B \, F_z \qquad (6.29)$$

mit

$$g_F = \frac{F(F+1) + J(J+1) - I(I+1)}{2F(F+1)} \, g_J \qquad (6.30)$$

Der Faktor g_F ergibt sich aus der Projektion von **J** auf **F**, was in Abbildung 6.9 illustriert
ist. Analog dazu hatten wir g_J in Abschnitt 5.5 durch Projektion von **L** und **S** auf **J**
erhalten. Die Zeeman-Energie ist

$$E = g_F \mu_\mathrm{B} B \, M_F \qquad (6.31)$$

Als Beispiel betrachten wir die Hyperfeinniveaus des Grundzustands von Wasserstoff
($I = J = 1/2$ und $g_J = g_s \simeq 2$). Für $F = 1$ finden wir $g_F = 1$, sodass die drei
Zustände $M_F = -1, 0$ und 1 um den Betrag $\mu_\mathrm{B} B$ separiert sind. Der Zustand mit
$F = 0, M_F = 0$ hat keine Zeeman-Verschiebung erster Ordnung (siehe Abbildung 6.10).
Zusammengefasst können wir sagen, dass die Berechnung des Zeeman-Effekts für die
Hyperfeinstruktur im Fall eines schwachen Magnetfelds einfach ist, da hier nur das
magnetische Moment des Elektrons (bzw. der Elektronen) in Richtung von **J** beiträgt,
während es beim LS-Kopplungsschema Komponenten sowohl in Richtung von **L** als
auch in Richtung von **S** gibt. Allerdings hat I Einfluss auf g_F, da I, der Drehimpuls des
Kerns, nicht klein ist. Somit hat I einen großen Einfluss auf das Dreieck IJF (wenn
wir im Bild der Vektoren bleiben wie in Abbildung 6.9), auch wenn das magnetische
Moment des Kerns vernachlässigbar ist.

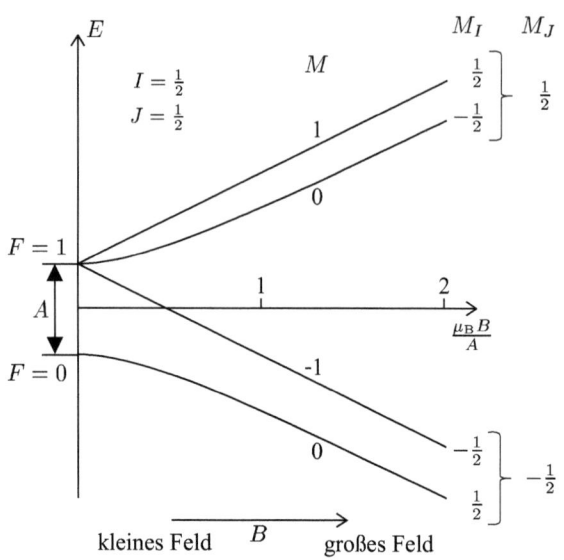

Abbildung 6.10: *Der Zeeman-Effekt für die Hyperfeinstruktur des Grundniveaus von Wasserstoff,* $1s\,^2S_{1/2}$. *Das Intervall zwischen den Niveaus* $F = 0$ *und* $F = 1$ *ist* A *(siehe Abbildung 6.3). Der Wert null für die Energieskala wurde in die Mitte zwischen die Niveaus beim Feld null gelegt, was sich für die Berechnungen als komfortabel erweisen wird. (Die beiden Zustände mit* $M_F = 0$ *im Regime des schwachen Feldes sind aufgrund der Störung gemischt und bewegen sich dann mit zunehmender magnetischer Flussdichte auseinander.) Die Größe* $x = \mu_B B/A$ *bildet die horizontale Achse. Dem Regime des schwachen Feldes entspricht* $x \ll 1$ *und dem des starken Feldes* $x \gg 1$.*

6.3.2　　Zeeman-Effekt bei starkem Feld

Ein starkes Feld ist eines, bei dem die Wechselwirkung mit dem externen Feld gemäß (6.28) größer ist als $A\,\mathbf{I}\cdot\mathbf{J}$. Dies lässt sich für Hyperfeinstrukturen leicht erreichen, da die Zeeman-Energie $\mu_B B$ in einem Feld der Stärke 1 T etwa 6×10^{-5} eV beträgt (was einer Frequenz von 14 GHz entspricht). Größer sind nur die größten Hyperfeinstrukturen in den Grundkonfigurationen schwerer Elemente (siehe Abbildung 6.7).[26] In diesem Regime ist F keine gute Quantenzahl und $\mathbf{J}$ präzediert um $\mathbf{B}$.[27] Der Effekt der Hyperfeinwechselwirkung kann als Störung an den Eigenzuständen $|I\,M_I\,J\,M_J\rangle$ berechnet

---

[26] Sie sind allerdings kleiner als die Feinstruktur des ersten angeregten Zustands, außer für die leichtesten Elemente. Höher liegende Niveaus haben jedenfalls eine kleinere Feinstruktur.

[27] Der Drehimpuls des Kerns $\mathbf{I}$ präzediert nicht um $\mathbf{B}$, da $-\boldsymbol{\mu}_I \cdot \mathbf{B}$ verschwindend klein ist. In diesem Regime lässt die Wechselwirkung $A\mathbf{I} \cdot \mathbf{J}$ den Drehimpuls $\mathbf{I}$ um die mittlere Richtung $\mathbf{J}$ präzedieren. Diese ist parallel zu $\mathbf{B}$. Effektiv präzediert $\mathbf{I}$ also um die durch $\mathbf{B}$ definierte Achse (aber nicht wegen $-\boldsymbol{\mu}_I \cdot \mathbf{B}$). Bei der Verwendung des Vektormodell ist etwas Vorsicht geboten, da es aufgrund des Paschen-Back-Effekts (Abbildung 5.14) feine Unterschiede gibt. Bei der quantenmechanischen Behandlung ist dies dadurch berücksichtigt, dass die relativen Größen der Störungen in die Beschreibung eingehen: es gilt $|\boldsymbol{\mu}_e \cdot \mathbf{B}| > |A\mathbf{I} \cdot \mathbf{J}| > |\boldsymbol{\mu}_I \cdot \mathbf{B}|$, wobei $\boldsymbol{\mu}_e$ das magnetische Moment der Elektronen des Atoms ist (Gleichung (5.9)).

werden, also

$$E_{ZE} = g_J \mu_B \, B \, M_J + \langle I \, M_I \, J \, M_J | \, A \, \mathbf{I} \cdot \mathbf{J} | I \, M_I \, J \, M_J \rangle \tag{6.32}$$

$$= g_J \mu_B \, B \, M_J + A \, M_I \, M_J \tag{6.33}$$

Der erste Term ist der gleiche wie in Gleichung (5.11). Im zweiten Term haben wir $\mathbf{I} \cdot \mathbf{J} = I_x J_x + I_y J_y + I_z J_z$, wobei sich die x- und die y-Komponente bei der Präzession um das Feld in z-Richtung herausmitteln.[28]

Ein Beispiel für die Energieniveaus in einem starken Feld ist in Abbildung 6.10 für den Grundzustand von Wasserstoff gezeigt. Die beiden Energieniveaus mit $M_J = \pm 1/2$ sind wegen der Hyperfeinwechselwirkung beide in zwei Unterniveaus mit $M_I = \pm 1/2$ aufgespalten. Gleichung (6.33) zeigt, dass diese Unterniveaus (unabhängig von der Feldstärke) eine Separation von von $A/2$ haben.

6.3.3 Mittlere Feldstärken

In Abbildung 6.10 folgen die Energieniveaus für kleine wie auch für große Feldstärken der Regel, dass sich zwei Zustände niemals kreuzen, wenn sie den gleichen Wert für M haben. Dabei gilt für kleine Felder $M = M_F$ und für große $M = M_I + M_J$. Hieraus folgt

$$
\begin{array}{ccc}
 & M_J & M_I \\
F = 1, \, M_F = 0 \rightarrow & +1/2, & -1/2 \\
F = 0, \, M_F = 0 \rightarrow & -1/2, & +1/2
\end{array}
$$

Diese Regel kann verifiziert werden, indem man zeigt, dass der Kommutator $I_z + J_z$ mit allen Wechselwirkungen vertauscht. Sie gestattet in komplexeren Fällen die eindeutige Zuordnung von Zuständen.[29] Für den einfachen Fall von Wasserstoff können die Energieniveaus für alle Feldstärken durch einfache Störungsrechnung bestimmt werden, wie weiter unten gezeigt wird.

---

[28] Mit den Leiteroperatoren

$$I_+ \equiv I_x + \mathrm{i} I_y$$
$$I_- \equiv I_x - \mathrm{i} I_y$$

und den entsprechenden Definitionen für J_+ und J_- kann dies rigoros gezeigt werden. Diese Leiteroperatoren ändern die magnetischen Quantenzahlen, beispielsweise gilt

$$I_+ | I \, M_I \rangle \propto | I \, M_I + 1 \rangle$$

Wegen

$$I_x J_x + I_y J_y = \frac{1}{2} (I_+ J_- + I_- J_+)$$

ist der Erwartungswert dieses Teils von $\mathbf{I} \cdot \mathbf{J}$ null (für Zustände mit gegebenem M_J und M_I wie in Gleichung (6.32)).

[29] Für schwache Felder ist $I_z + J_z \equiv F_z$, was offensichtlich mit der Wechselwirkung gemäß (6.29) kommutiert. Für starke Felder sind die Wechselwirkungen proportional zu J_z und $I_x J_x + I_y J_y + I_z J_z$, was beides mit $I_z + J_z$ kommutiert.

Beispiel 6.3 *Zeeman-Effekt und Hyperfeinstruktur von Wasserstoff für beliebige Feld-stärken*

Abbildung 6.10 zeigt die Energieniveaus für alle Feldstärken. Die Zeeman-Energien der $(M=\pm 1)$-Zustände sind für alle Feldstärken $\pm\mu_B B$, da ihre Wellenfunktionen nicht ge-mischt sind (es gilt $g_F = 1$ wegen Gleichung (6.30)). Die $(M_F=0)$-Zustände haben keine Verschiebung erster Ordnung, aber das magnetische Feld mischt diese beiden Zustände in die Niveaus $F = 0$ und $F = 1$. Das zugehörige Matrixelement ist

$$ - \langle F = 1, M_F = 0| \, \boldsymbol{\mu} \cdot \mathbf{B} \, |F = 0, M_F = 0\rangle = \zeta\mu_B B $$

Solche (Nichtdiagonal-)Elemente können mittels Drehimpulstheorie berechnet werden, aber in diesem einfachen Fall kommen wir ohne Clebsch-Gordan-Koeffizienten aus (wo-bei wir vorerst eine unbestimmte Konstante ζ in Kauf nehmen). Der Hamilton-Operator des Zwei-Niveau-Systems ist

$$ H = \begin{pmatrix} A/2 & \zeta\mu_B B \\ \zeta\mu_B B & -A/2 \end{pmatrix} \tag{6.34} $$

Die Energien sind für den Mittelpunkt zwischen den Hyperfeinniveaus berechnet, um die Rechnung einfach zu halten.[30] Die Energieeigenwerte sind

$$ E = \pm\sqrt{(A/2)^2 + (\zeta\mu_B B)^2} \tag{6.35} $$

Diese für alle Feldstärken exakte Lösung ist in Abbildung 6.10 skizziert. Die Näherungs-lösung für schwache Felder ist

$$ E_{\text{schwach}} \simeq \pm\left\{ \frac{A}{2} + \frac{(\zeta\mu_B B)^2}{A} \right\} \tag{6.36} $$

Im Falle $B = 0$ haben die beiden ungestörten Niveaus die Energien $\pm A/2$. Der Term proportional zu B^2 ist der übliche Ausdruck aus der Störungstheorie zweiter Art, der bewirkt, dass die beiden Niveaus einander *meiden* (deswegen die Regel, dass sich Zu-stände mit dem gleichen M nicht schneiden).[31]

Für starke Felder mit $\mu_B B \gg A$ liefert Gleichung (6.35) für die Energie der $(M=0)$-Zustände

$$ E \simeq \pm\zeta\mu_B B \tag{6.37} $$

In einem starken Feld sind die Energieniveaus des Systems gegeben durch $g_J\mu_B B \, M_J$ und die beiden $(M_J = \pm 1/2)$-Zustände haben Zeeman-Energien von $g\mu_B B \, M_J = \pm\mu_B$. Ein Vergleich mit (6.37) zeigt, dass die Konstante ζ gleich eins sein muss. Damit haben wir die Energien für alle Feldstärken bestimmt. Die anderen beiden Zustände haben für alle Werte von B die Energien $E(M = \pm 1) = \frac{1}{2}A \pm \mu_B B$.

---

[30] Jede Wahl eines Punktes mit $E = 0$ führt auf das gleiche Ergebnis, zum Beispiel können wir die ungestörten Energien als $A/4$ und $-3A/4$ wie in Abbildung 6.3 nehmen.

[31] Überschneidungen von sich mischenden Zuständen zu vermeiden, ist ein generelles Merkmal der Störungstheorie.

Ähnlich können wir vorgehen, wenn $J = 1/2$ für beliebige Werte von gilt. Die trifft für die Grundzustände der Alkalimetalle zu. Für $I > 1/2$ sind mehr Zustände zu betrachten als für Wasserstoff (wo $I = 1/2$ gilt), sodass der Hamilton-Operator mehr Dimensionen haben wird als in Gleichung (6.34). Eigentlich hätten wir für Wasserstoff vier Zustände betrachten müssen, aber da die Störung nur zwei von ihnen mischt, war es lediglich notwendig, eine 2×2-Matrix zu diagonalisieren.

6.4 Messung der Hyperfeinstruktur

Eine ähnliche Versuchsanordnung wie sie zur Messung des Zeeman-Effektes verwendet wird (siehe Abbildung 1.7(a)), kann auch für die Beobachtung der Hyperfeinstruktur verwendet werden. Ein Magnet ist hier nicht erforderlich, da die Hyperfeinstruktur aus aus einem inneren magnetischen Feld des Atoms resultiert. Abbildung 6.11 zeigt ein typisches Ergebnis, das durch ein Experiment mit einem druckgesteuerten Fabry-Pérot-Interferometer für die 5s5p $^3P_0$–5s6s $^3S_1$-Linie in Cadmium erhalten wurde. Das $^3P_0$-Niveau hat keine Hyperfeinstruktur (wegen $J = 0$), und die beobachtete Aufspaltung resultiert allein aus dem 5s6s $^3S_1$-Niveau. Beide s-Elektronen tragen zum Feld um den Kern bei,[32] sodass dieses Niveau eine außerordentlich große Hyperfeinaufspaltung hat, die sogar größer ist als die Doppler-Verbreiterung.

Aus der Tatsache, dass das $(J{=}1)$-Niveau nur zwei Hyperfeinniveaus ergibt, folgt $I = 1/2$. Für $I \geq 1$ gäbe es drei Niveaus (aufgrund der Regeln für die Addition von Drehimpulsen). Könnte einer dieser Peaks eventuell hinter dem großen zentralen Peak versteckt sein? Dass dies hier nicht der Fall ist, lässt sich überprüfen, indem man verifiziert, dass die beobachteten Peaks die erwarteten Verschiebungen aus ihrem Schwerpunkt aufweisen (dieser liegt näherungsweise an der Stelle der geraden Isotope).[33]

Wie man in Abbildung 6.11 sieht, ist die optische Spektroskopie für eine Messung des Zeeman-Effekts auf die Hyperfeinstruktur nicht generell geeignet, da die Spektrallinien eine Doppler-Verbreiterung haben, die mit der Hyperfeinaufspaltung vergleichbar sein kann. Im Regime kleiner Feldstärken ($\mu_B B < A$) ist die Zeeman-Aufspaltung nicht mehr auflösbar. Um dies quantitativ zu zeigen, betrachten wir die Doppler-Breite Δf_D einer Linie mit der Wellenlänge λ. Es gilt

$$\Delta f_D \simeq \frac{2u}{\lambda} \tag{6.38}$$

wobei u eine charakteristische atomare Geschwindigkeit ist. Der Faktor 2 tritt auf, weil sich Atome zum Beobachter hin und von ihm weg bewegen können. Für diese Abschätzung wollen wir die wahrscheinlichste Geschwindigkeit $u = \sqrt{2k_B T/m}$ verwenden.[34]

---

[32] Die beiden Spins sind in einem Triplettzustand angeordnet, sodass 5s- und 6s-Elektronen Felder in der gleichen Richtung erzeugen.

[33] In diesem Beispiel ist es wegen der Überlappung der Linien nicht ganz offensichtlich, wie dies zu bewerkstelligen ist. Möglich wäre die Verwendung eines Computerprogramms zum Fitten von Kurven. Darüber hinaus gibt es eine Summenregel für die Intensitäten wie bei einer Feinstruktur.

[34] Dies liefert einen Wert von Δf_D, der nur um $\sqrt{\ln 2} = 0,8$ vom exakten Ergebnis für die Halbwertsbreite abweicht, welches in Kapitel 8 abgeleitet wird.

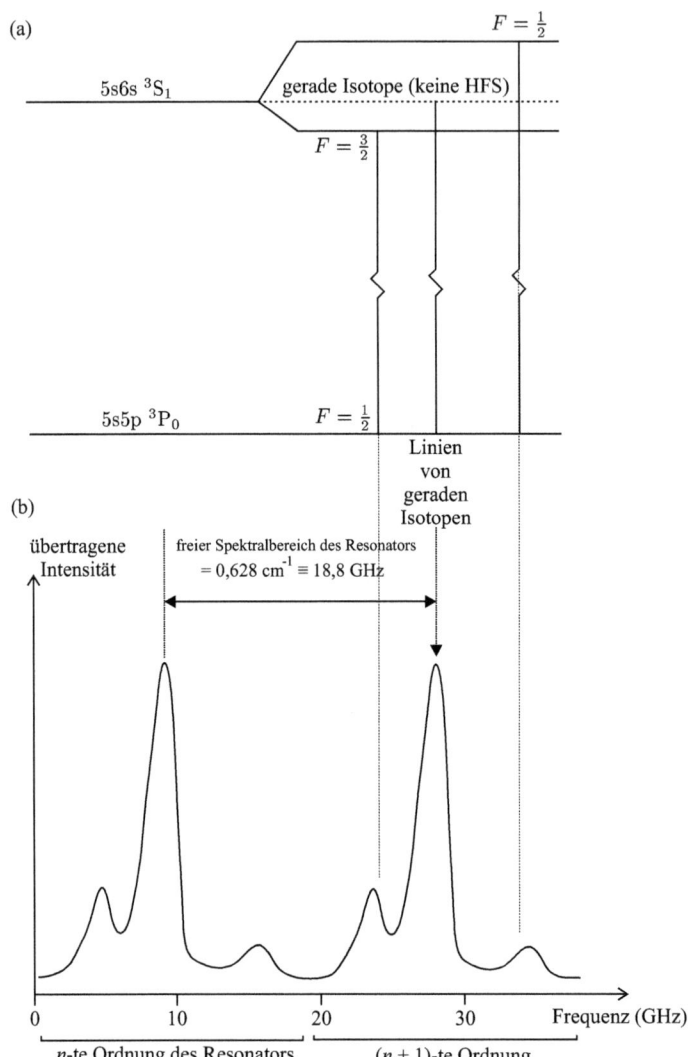

Abbildung 6.11: *(a) Das* 5s6s ^{3}S$_1$*-Niveau in den ungeraden Isotopen von Cadmium (*^{111}*Cd und* ^{113}*Cd) hat eine große Hyperfeinstruktur. Das (F=3/2)-Hyperfeinniveau liegt unterhalb von (F = 1/2), da der g-Faktor des Kerns negativ ist und für beide gerade Isotope etwa die gleiche Größe hat. (b) Ein experimentelles Ergebnis für die Hyperfeinstruktur der* 5s5p ^{3}P$_0$*–*5s6s ^{3}S$_1$*-Linie bei einer Wellenlänge von 468 nm; aufgenommen mit einem druckgesteuerten Fabry-Pérot-Interferometer (ähnlich wie in Abbildung 1.7). In jeder Ordnung des Interferometers gibt es drei Peaks: einen großen von den Isotopen mit dem Kernspin I = 0 und folglich ohne Hyperfeinstruktur (allgemein Isotope mit einer geraden Anzahl von Nukleonen, sodass es keine ungepaarten Spins innerhalb des Kerns gibt) sowie zwei kleinere Peaks, deren Separation gleich der Hyperfeinaufspaltung des* 5s6s ^{3}S$_{1/2}$*-Niveaus ist. (Die Daten stammen aus dem Oxford Physics Teaching Labroratory; weitere Einzelheiten finden Sie in Lewis (1977)).*

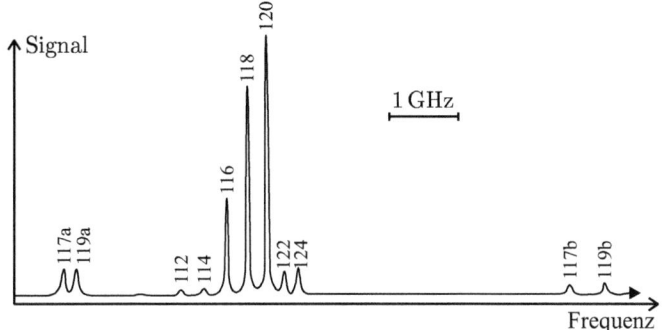

Abbildung 6.12: *Dopplerfreie Laserspektroskopie der* $5p^2\,^3P_0$–$5p6s\,^3P_1$-*Linie von Zinn. Die Reduzierung der Doppler-Verbreiterung (vgl. Abbildung 6.11) macht die Isotopenverschiebungen zwischen den geraden Isotopen deutlich, die zusätzlich zur Hyperfeinaufspaltung der ungeraden Isotope auftritt. An jedem Peak ist die relative Atommasse vermerkt. Für alle ungeraden Isotope gibt es wegen der Hyperfeinstruktur zwei Peaks (wie in Abbildung 6.11). Weitere Einzelheiten finden Sie in Baird et al. (1983).*

Für Cadmium bei $T = 300\,\mathrm{K}$ ist $u \simeq 200\,\mathrm{m\,s^{-1}}$. Somit haben Linien der Wellenlänge $\lambda = 468\,\mathrm{nm}$ eine Doppler-Breite von $\Delta f_\mathrm{D} = 2u/\lambda = 0{,}9\,\mathrm{GHz}$, während für das $5s6s\,^3S_1$-Niveau $A = 7{,}9\,\mathrm{GHz}$ gilt. In Abbildung 6.7 ist die Doppler-Breite allgemein für einen sichtbaren Übergang als Funktion der Ordnungszahl skizziert. Bei Raumtemperatur haben die optischen Übergänge von Wasserstoff, dem leichtesten Element, eine Doppler-Breite, die etwas kleiner ist als die Feinstrukturaufspaltung des ersten angeregten Zustands. Daher kann in diesem Fall für kleine Felder der Zeeman-Effekt selbst bei der Feinstruktur nicht beobachtet werden.[35] Abbildung 6.12 zeigt die Ergebnisse einer experimentellen Beobachtung der Hyperfeinstruktur und der Isotopenverschiebung für Zinn. Verwendet wurde ein Verfahren der dopplerfreien Laserspektroskopie (diese wird in Abschnitt 8.2 behandelt).

Bei direkten Messungen des Abstands zwischen den Hyperfeinniveaus mithilfe von Mikrowellentechniken (bei Frequenzen im GHz-Bereich) ist die Doppler-Verbreiterung kein großes Problem, auch nicht für die noch feinere Aufspaltung der Zeeman-Unterniveaus, die Radiofrequenzübergängen entsprechen. Ein Beispiel für ein Verfahren der Radiofrequenz- und Mikrowellenspektroskopie wird im nächsten Abschnitt vorgestellt.

6.4.1 Das Atomstrahlverfahren

Eine Atomstrahlanordnung kann als Erweiterung der originalen Stern-Gerlach-Anordnung aufgefasst werden, die in Abbildung 6.13 illustriert ist. Beim originalen Stern-Gerlach-Versuch wurde ein Strahl von Silberatomen durch einen Bereich mit einem starken Magnetfeldgradienten geschickt. Weiter hinten schlagen sich die Atome auf einer Glasplatte nieder. Beim Auswerten der Platte stellten Stern und Gerlach fest, dass die

---

[35] Die Zeeman-Aufspaltung einer Spektrallinie kann nur dann aufgelöst werden, wenn das Feld stark genug ist, um den Paschen-Back-Effekt hervorzurufen.

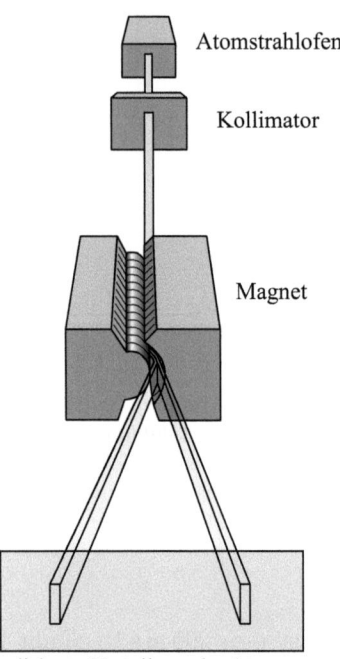

Atomstrahlofen

Kollimator

Magnet

diskrete Verteilung der Atome

Abbildung 6.13: *In der originalen Stern-Gerlach-Anordnung wurde ein Strahl von Silber-atomen durch einen Bereich mit einem starken Magnetfeldgradienten geschickt. Weiter hin-ten schlagen sich die Atome auf einer Glasplatte nieder. Dieses einfache Experiment war von großer Bedeutung für die Entwicklung von Quantenvorstellungen und liefert eine sehr nützliche Illustration des Konzepts der Quantisierung (Feynman et al. 1963–1965).*

Atome an zwei verschiedenen Stellen aufgetroffen waren. Dies bedeutete, dass sich der Atomstrahl in zwei Teile mit unterschiedlichen Richtungen aufgespaltet haben musste. Daraus schlossen Stern und Gerlach, dass der Drehimpuls quantisiert ist und nur Werte annehmen kann, die halbzahlige Vielfache von $\hbar$ sind. (Der Bahndrehimpuls würde $2l+1$ Komponenten liefern, wobei l eine ganze Zahl ist.) Zur Interpretation des Experiments betrachten wir ein Atom in einem Magnetfeld $\mathbf{B}$ mit einem Gradienten in Richtung der z-Achse.[36] Die auf das Atom wirkende Kraft ist

$$\text{Kraft} = -\frac{dE_{\text{ZE}}}{dz} = g_J\mu_B\frac{dB}{dz}M_J \tag{6.39}$$

(Hierbei wurde Gleichung (5.11) verwendet.) Für das Grundniveau von Silber, $5s\,^2S_{1/2}$, ist $l = 0$ und $J = s = 1/2$. Damit kann die Kraft auf Atome, welche durch den Stern-Gerlach-Magneten gehen, die beiden Werte $F = \pm\mu_B\,dB/dz$ annehmen, denn es gilt

---

[36] Wegen $\nabla\cdot\mathbf{B} = 0$ kann es keinen Gradienten entlang der z-Achse geben, ohne dass es einen Gradienten in einer anderen Richtung gibt. Der Effekt eines Gradienten senkrecht zu $\mathbf{B}$ mittelt sich jedoch heraus, wenn das magnetische Moment um die z-Achse präzediert. Eine genauere Diskussion folgt in Kapitel 10.

$m_s = M_J = \pm\frac{1}{2}$. Dies erklärt die Aufspaltung des Atomstrahls in zwei Komponenten und liefert einen direkt beobachtbaren Nachweis für die Quantisierung, da die beiden entstehenden Strahlen wohldefiniert sind. Für einen klassischen Vektor verteilt sich die z-Komponente des Drehimpulses über einen Bereich zwischen dem Maximum und dem Minimum.

Bei einer Atomstrahl-Anordnung gibt es zwei Stern-Gerlach-Magneten, die ein inhomogenes Feld in den Regionen A und B erzeugen, um die Atome entsprechend ihres M_J-Zustands abzulenken (siehe Abbildung 6.14). In den Regionen A und B herrscht ein starkes Feld ($\mu_B B \gg A$), das mit dem dort vorhandenen hohen Magnetfeldgradienten verbunden ist. Somit ist M_J eine gute Quantenzahl, und (6.39) gibt die Kraft an. Der zu messende Übergang geschieht in der Region C zwischen den beiden zustandsselektierenden Magneten, wo die Atome generell im Regime des schwachen Feldes sind. Die Arbeitsweise einer solchen Atomstrahlanordnung lässt sich wie folgt beschreiben:

- Atome treten aus einem Ofen aus und bilden in einem evakuierten Hohlraum einen Atomstrahl. Die Atome haben eine mittlere freie Weglänge, die wesentlich größer ist als die Länge der Versuchsanordnung (d. h., es gibt keine Stöße).

- Die Ablenkung der Atome in den Regionen A und B hängt von M_J ab. Wenn diese beiden Regionen Magnetfeldgradienten in der gleichen Richtung haben (siehe Abbildung 6.15), dann erreichen die Atome den Detektor nur, wenn ihre Quantenzahl M_J sich in der Region C ändert, also $M_J = +\frac{1}{2} \leftrightarrow M_J = -\frac{1}{2}$. Dies ist die sogenannte Flop-in-Anordnung.[37]

- Während sich die Atome von A in die Region C bewegen, ändert sich ihr Zustand adiabatisch in einen Zustand für schwache Magnetfelder (siehe Abbildung 6.16). (Das Entsprechende gilt für den Übergang von Region C nach B.) Die in der Region mit schwachem Feld beobachtbaren Übergänge sind diejenigen, die in den Regionen mit starkem Feld Zustände mit unterschiedlichen Werten von M_J verbinden, zum Beispiel die Übergänge

  niedrige Frequenz ($\Delta F = 0$):
  $F = 1,\ M_F = 0 \leftrightarrow F = 1,\ M_F = -1$ mit $\Delta E = g_F \mu_B B$
  höhere Frequenz ($\Delta F = \pm 1$):
  $F = 0,\ M_F = 0 \leftrightarrow F = 1,\ M_F = 0$ mit $\Delta E = A$
  $F = 0,\ M_F = 0 \leftrightarrow F = 1,\ M_F = 1$ mit $\Delta E = A + g_F \mu_B B$

In diesem Beispiel kann die Änderung $M_F = 1 \leftrightarrow M_F = 0$ zwischen den Zeeman-Unterniveaus des oberen ($F{=}1$)-Niveaus nicht detektiert werden. Dies führt aber nicht zu einem Verlust an Information, da g_F und die Hyperfeinstrukturkonstante A aus den anderen Übergängen bestimmt werden können.

Diese Übergänge bei Mikrowellen- und Radiofrequenzen sind offensichtlich keine elektrischen Dipolübergänge, da sie zwischen Unterniveaus der Grundkonfiguration auftreten

---

[37] Die Flop-out-Anordnung ist in Abbildung 6.14 dargestellt.

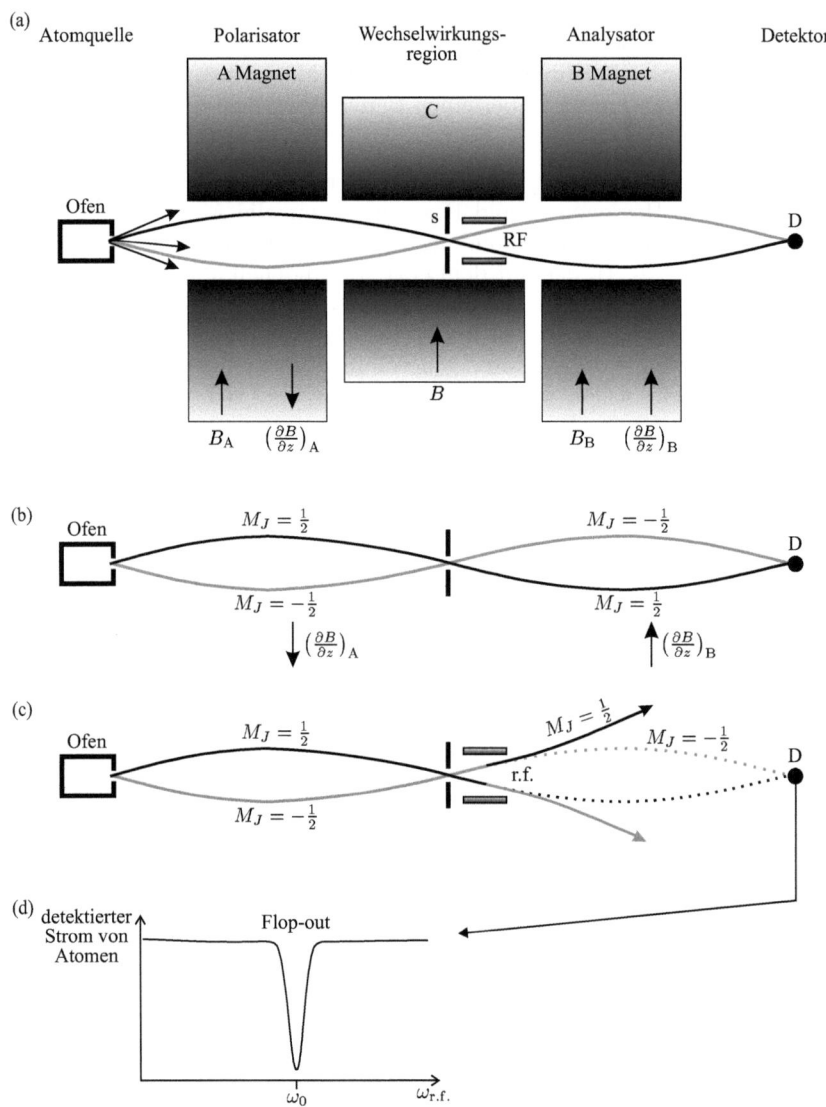

Abbildung 6.14: *(a) Magnetresonanztechnik in einem Atomstrahl. Die Atome treten aus einem Ofen aus und bewegen sich durch den Kollimatorspalt s zum Detektor. Die Ablenkung der Atome durch den Magnetfeldgradienten in den Regionen A und B hängt, wie vermerkt, von M_J ab. (b) Atome, die im gleichen M_J-Zustand verbleiben, werden auf den Detektor refokussiert, wenn die Gradienten in A und B in entgegengesetzten Richtungen verlaufen. (c) Resonante Wechselwirkung mit Radiofrequenzstrahlung in der Region C kann die Quantenzahl M_J ändern, $M_J = +\frac{1}{2} \leftrightarrow M_J = -\frac{1}{2}$, sodass die betreffenden Atome den Detektor nicht mehr erreichen. (Bei einem realen Versuchsaufbau kann die Region C mehrere Meter lang sein.) Dies ist die sogenannte Flop-out-Anordnung; sie liefert ein Signal wie das in Teil (d) dargestellte. Weitere Einzelheiten finden Sie im Text sowie in Corney (2000).*

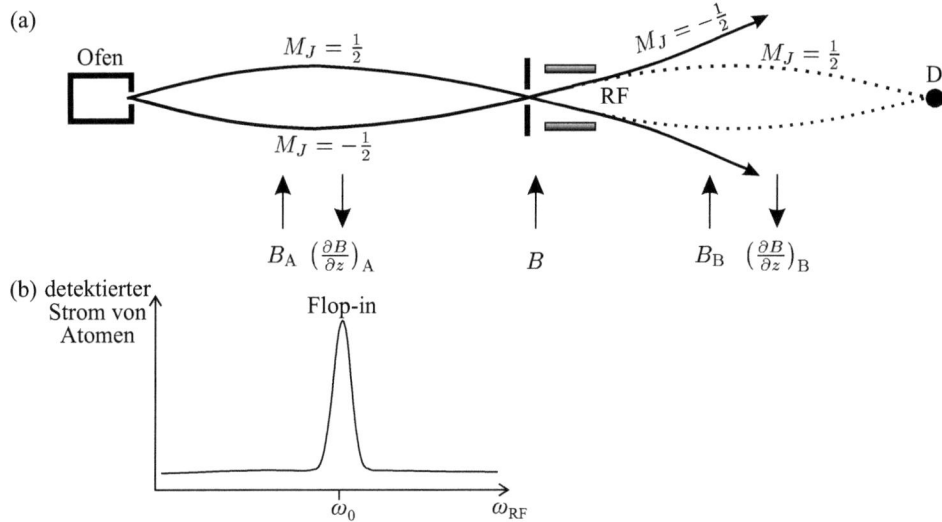

Abbildung 6.15: *(a) Trajektorien von Atomen in einer Atomstrahlanordnung ähnlich wie der in Abbildung 6.14 gezeigten, jedoch mit Magnetfeldgradienten, die für die Regionen A und B in die gleiche Richtung zeigen. Die Atome erreichen den Detektor nur, wenn ihre Quantenzahl M_J in der Region C durch die Wechselwirkung mit Radiofrequenzstrahlung geändert wird. Dies ist die sogenannte Flop-in-Anordnung; sie liefert Signale wie das in Teil (b) gezeigte.*

und $\Delta l = 0$ gilt. Sie sind magnetische Dipolübergänge, die durch die Wechselwirkung des oszillierenden Magnetfeldes der Strahlung mit dem magnetischen Dipol der Atome zustandekommt. Die Auswahlregeln für diese M1-Übergänge sind in Anhang C aufgeführt.

6.4.2 Atomuhren

Eine wichtige Anwendung der Atomstrahltechnik sind Atomuhren, die als Standard zur Zeitmessung dienen und deshalb auch primäre Uhren genannt werden. Nach internationalem Standard ist die Sekunde definiert als das 9 192 631 770-Fache der Periodendauer der Strahlung beim Übergang zwischen den beiden Hyperfeinniveaus im Grundzustand von ^{133}Cs (dem einzigen stabilen Isotop dieses Elements). Da alle stabilen Caesiumatome identisch sind, stimmen genaue Messungen dieser atomaren Frequenz in den nationalen Eichämtern auf der ganzen Welt im Rahmen der Messgenauigkeit überein.[38]

Die Definition der Sekunde beruht auf der Hyperfeinfrequenz des Caesiumübergangs $F = 3, M_F = 0 \leftrightarrow F = 4, M_F = 0$. Dieser Übergang zwischen zwei ($M_F{=}0$)-Zuständen hat keine Zeeman-Verschiebung erster Ordnung, doch auch die Verschiebung zweiter Ordnung hat einen signifikanten Effekt auf den Grad der Genauigkeit, der für eine Uhr

---

[38] Diese Quantenmetrologie wurde verwendet, um andere fundamentale Konstanten zu definieren. Eine Ausnahme ist das Kilogramm, das nach wie vor durch jenen Zylinder aus Platin definiert ist, der in einem Tresor in Paris aufbewahrt wird.

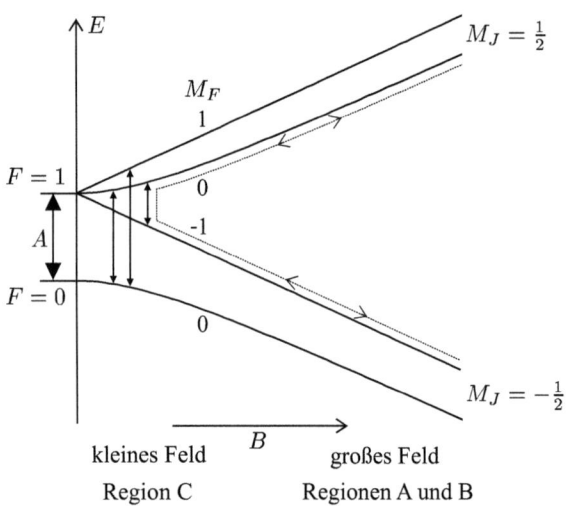

Abbildung 6.16: *Die Magnetresonanzmethode in einem Atomstrahl detektiert Übergänge bei schwachem Feld (in der Region, die in Abbildung 6.14 mit C bezeichnet ist). Ein Atom beispielsweise, das dem durch die Punktlinie beschriebenen Weg folgt, kann im Zustand $M_J = +\frac{1}{2}$ starten, in der Region C adiabatisch in den Zustand mit $F = 1, M_F = 0$ übergehen, wo es einen Übergang in den Zustand mit $M_F = -1$ erfährt, und schließlich im Zustand $M_J = -\frac{1}{2}$ in der Region B enden. (Es kann auch dem gleichen Weg in der umgekehrten Richtung folgen.) In den Regionen A und B ist ein großer Magnetfeldgradient erforderlich (was mit einem starken Feld verbunden ist), um eine beobachtbare Ablenkung für die Trajektorien der Atome zu erhalten.*

erforderlich ist. Die Messanordnung kann so gewählt werden, dass der dominierende Beitrag zur Linienbreite von der endlichen Wechselwirkungszeit τ kommt, während der die Atome die Anordnung passieren (Durchgangszeit). Mittels Fourier-Transformation ergibt sich die Linienbreite als[39]

$$\Delta f \sim \frac{1}{\tau} = \frac{v_{\text{Strahl}}}{l} \tag{6.40}$$

Dabei ist v_{Strahl} die typische Geschwindigkeit im Strahl und l die Länge des Wechselwirkungsbereichs. Daher werden die als Primärstandards verwendeten Atomstrahlen so lang wie möglich ausgelegt. Eine Wechselwirkung über einen Bereich von 2 m liefert eine Linienbreite von $\Delta f = 100\,\text{Hz}$.[40] Damit ist der Qualitätsfaktor $f/\Delta f \sim 10^8$; allerdings kann die zentrale Frequenz der Linie als ein kleiner Bruchteil der Linienbreite bestimmt werden.[41] Nach vielen Jahren sorgfältiger Arbeit in den Standardisierungslabors haben Atomuhren heute Toleranzen von weniger als 1 zu 10^{14}. Dies illustriert, wie unglaublich genau Radiofrequenz- und Mikrowellentechnik sind, doch die Verwendung von langsa-

---

[39] Im nächsten Kapitel wird die Wechselwirkung von Atomen mit Strahlung umfassend behandelt.

[40] Caesiumatome haben Geschwindigkeiten von $v_{\text{Cs}} = (3k_B T/M_{\text{Cs}})^{1/2} = 210\,\text{m\,s}^{-1}$ bei $T = 360\,\text{K}$.

[41] In einem typischen Experiment ist es schwierig, ein Linienzentrum mit besserer Messunsicherheit als einem Hundertstel der Linienbreite zu bestimmen. Dann ist die Genauigkeit also nur 1 zu 10^{10}.

men Atomen liefert noch höhere Genauigkeiten, wie wir in Kapitel 10 sehen werden.[42] Im Zusammenhang mit der Synchronisation der globalen Telekommunikationsnetze gibt es einen großen Bedarf an einer präzisen Zeittaktung, ebenso für die satellitengestützte Positionsbestimmung auf der Erde (GPS) sowie für Satelliten im Weltraum.

Das Atomstrahlverfahren wurde hier beschrieben, weil es ein gutes Beispiel für den Zeeman-Effekt bei der Hyperfeinstruktur abliefert; außerdem war es für die Entwicklung der Atomphysik von historischer Bedeutung. Die ersten Atomstrahlexperimente wurden von Isador Rabi durchgeführt, dem zahlreiche wichtige Entdeckungen zu verdanken sind. An atomarem Wasserstoff zeigte er, dass das Proton ein magnetisches Moment von $2,8\,\mu_N$ hat, was etwa dreimal so groß ist wie für ein punktförmiges Teilchen zu erwarten ist. Dies war der erste Hinweis, dass das Proton eine innere Struktur besitzt. Andere wichtige Techniken der Radiofrequenzspektroskopie wie etwa das optische Pumpen werden an anderer Stelle beschrieben, etwa in Thorne *et al.* (1999) und Corney (2000).

Weiterführende Literatur

Weitere Details zur Hyperfeinstruktur und zur Isotopenverschiebung einschließlich der elektrischen Quadrupolwechselwirkung finden Sie in Woodgate (1980). Die Diskussion der Magnetresonanztechnik in kondensierter Materie (Blundell 2001) stellt eine sinnvolle Ergänzung zu diesem Kapitel dar.

Das klassische Referenzwerk über Atomstrahlen ist *Molecular Beams* (Ramsey 1956). Mehr Informationen über primäre Uhren finden Sie auf den Webseiten der nationalen Eichämter (National Physical Labroratory für UK, NIST für die USA und PTB für Deutschland). Eine ausführliche Abhandlung über Atomuhren und Frequenzstandards finden Sie in den beiden Bänden von Vannier und Auduoin (1989).

Aufgaben

6.1 *Das Magnetfeld in der Fein- und in der Hyperfeinstruktur*
   Berechnen Sie die magnetische Flussdichte B im Mittelpunkt eines Wasserstoffatoms für die Niveaus $1s\,^2S_{1/2}$ und $2s\,^2S_{1/2}$.
   Berechnen Sie den Betrag des Bahnmagnetfeldes, das ein 2p-Elektron in Wasserstoff spürt (siehe (2.47)).

---

[42] Der Wasserstoffmaser erreicht eine lange Wechselwirkungszeit dadurch, dass die Atome für die Dauer $\tau \sim 0{,}1$ in einem Glaskolben eingesperrt sind, was auf eine Linienbreite der Größenordnung $10\,\mathrm{Hz}$ führt – die Atome prallen an den Wänden des Kolbens ab, ohne ihre Kohärenz zu verlieren. Dadurch können Maser präziser arbeiten als Atomuhren, was aber nicht bedeutet, dass sie verlässlicher sind. Die Frequenz eines gegebenen Masers kann mit mehr Dezimalstellen Genauigkeit gemessen werden als die einer Atomstrahluhr, aber die Maserfrequenz wird wegen der Stöße mit den Wänden ein wenig von der Hyperfeinfrequenz des Wasserstoffs verschoben. Diese Verschiebung führt zu einem Frequenzunterschied zwischen Masern, der von ihrer Bauweise abhängt. Im Gegensatz dazu messen Caesium-Atomuhren die ungestörte Hyperfeinfrequenz der Atome. (Die Verwendung von gekühlten Atomen verbessert die Performanz sowohl von Masern als auch von Atomuhren. Die obigen Anmerkungen gelten für ungekühlte Systeme.)

6.2 *Hyperfeinstruktur von Lithium*

Die Abbildung zeigt die Energieniveaus von Lithium, die an den 2s–2p-Übergängen für die beiden Isotope ^{6}Li und ^{7}Li beteiligt sind. (Die Abbildung ist nicht maßstabsgerecht.)

Erläutern Sie, warum die Hyperfeinaufspaltung in der 2p-Konfiguration von Lithium um die Größenordnung m_e/M_p kleiner ist als die Feinaufspaltung.

Erklären Sie anhand des Vektormodells oder auf andere Weise, warum die Hyperfeinwechselwirkung ein gegebenes J-Niveau für $J \leq I$ in $2J + 1$ Hyperfeinniveaus aufspaltet und für $I \leq J$ in $2I + 1$ Niveaus. Leiten Sie hieraus den Kernspin für ^{6}Li ab und geben Sie die Werte der Quantenzahlen L, J und F für alle Hyperfeinniveaus an. Verifizieren Sie, dass in diesem Fall die Intervallregel erfüllt ist.

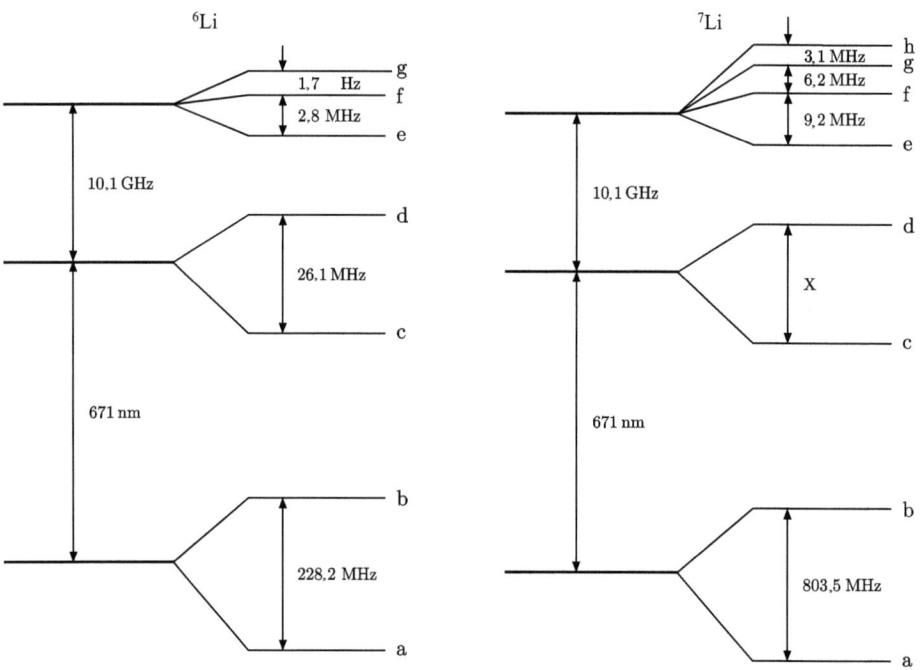

Bestimmen Sie aus den gegebenen Daten den Kernspin von ^{7}Li und geben Sie für alle in der Abbildung gezeigten Hyperfeinniveaus die Werte von L, J und F an. Berechnen Sie die Hyperfeinaufspaltung für das mit X gekennzeichnete Intervall. (Für die Hyperfeinniveaus a bis d ist der Parameter A_{nlj} für beide Isotope positiv.)

6.3 *Hyperfeinstruktur von leichten Elementen*

Verwenden Sie die Näherung (6.17), um die Hyperfeinstruktur in den Grundzuständen von atomarem Wasserstoff und Lithium abzuschätzen. Kommentieren Sie den Unterschied zwischen Ihren Schätzungen und den tatsächlichen Werten, die im Falle von Wasserstoff in Abschnitt 6.1.1 und im Falle von Li in Aufgabe 6.2 angegeben wurden.

6.4 *Verhältnis der Hyperfeinaufspaltungen*
Der Spin und das magnetische Moment des Protons sind $(1/2, 2{,}79\,\mu_N)$, die des Deuterons $(1, 0{,}857\,\mu_N)$ und die von ^{3}He $(1/2, -2{,}13\,\mu_N)$. Berechnen Sie das Verhältnis der Hyperfeinaufspaltungen des Grundzustands von (a) atomarem Wasserstoff und Deuterium sowie (b) atomarem Wasserstoff und dem wasserstoffähnlichen Ion ^{3}He$^+$.

6.5 *Intervall für die Hyperfeinstruktur*

(a) Zeigen Sie, dass eine Wechselwirkung der Form $A\,\mathbf{I}\cdot\mathbf{J}$ auf eine Intervallregel führt, d. h. dass die Aufspaltung zwischen den beiden Unterniveaus proportional ist zur gesamten Drehimpuls-Quantenzahl F des Unterniveaus mit dem größeren F.

(b) Die folgende Tabelle gibt die Positionen jener sechs Peaks des in Abbildung 6.6 gezeigten Spektrums an, denen in Beispiel 6.2 keine Quantenzahlen zugeordnet wurden.

Peak	Position (GHz)
a	11,76
b	10,51
c	8,94
d	7,06
e	4,86
f	2,35

Es ist die Hyperfeinstruktur des oberen Niveaus (^{8}D$_{11/2}$) des Übergangs im Isotop ^{153}Eu, welche die Positionen dieser sechs Peaks bestimmt. Bestimmen Sie den Kernspin I dieses Isotops. Zeigen Sie, dass die Abstände zwischen den Peaks eine Intervallregel erfüllen und bestimmen Sie für jeden Peak die Quantenzahl F.

(c) Für das Isotop ^{151}Eu, dessen Hyperfeinstruktur in Beispiel 6.2 analysiert wurde, hat das tiefere Niveau des Übergangs eine Hyperfeinstrukturkonstante von $A(^8$S$_{7/2}) = 20\,$MHz (gemessen mit NMR-Technik in einem Atomstrahl, Sandars und Woodgate, 1960). Bestimmen Sie die Hyperfeinstrukturkonstante für dieses ^{8}S$_{7/2}$-Niveau des Isotops ^{153}Eu.

6.6 *Intervall für die Hyperfeinstruktur*
Das Niveau 3d^{5}4s4p ^{6}P$_{7/2}$ von ^{55}Mn wird durch die Hyperfeinwechselwirkung in sechs Niveaus aufgespalten, die die Abstände 2599, 2146, 1696, 1258 und 838 MHz voneinander haben. Leiten Sie den Kernspin von ^{55}Mn ab und zeigen Sie, dass die angegebenen Abstände im Einklang mit dem abgeleiteten Wert liegen.

6.7 *Hyperfeinstruktur*
Bei der Untersuchung mittels hochauflösender Spektroskopie zeigt sich, dass die Resonanzlinie 4s ^{2}S$_{1/2}$ – 4p ^{2}P$_{1/2}$ von natürlich vorkommendem Kalium aus vier Komponenten besteht, deren Abstände und Intensitäten im folgenden Diagramm dargestellt sind.

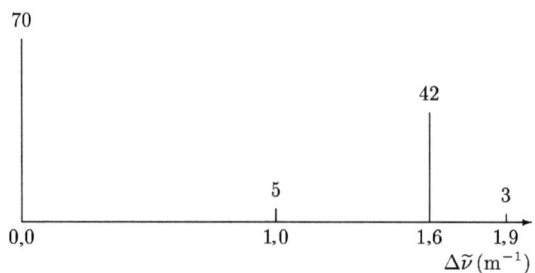

Natürlich vorkommendes Kalium ist eine Mischung aus ^{39}K und ^{41}K im Verhältnis 14:1. Erklären Sie den Ursprung der Struktur und leiten Sie die Kernspins und das Verhältnis der magnetischen Momente der beiden Isotope ab.

6.8 *Zeeman-Effekt und Hyperfeinstruktur für beliebige Feldstärken*
Die Abbildung zeigt die Hyperfeinstruktur des Grundniveaus ($5s\,^2S_{1/2}$) von $^{87}_{37}$Rb (für dieses gilt $A/h = 3,4\,$GHz) als Funktion der magnetischen Flussdichte B.

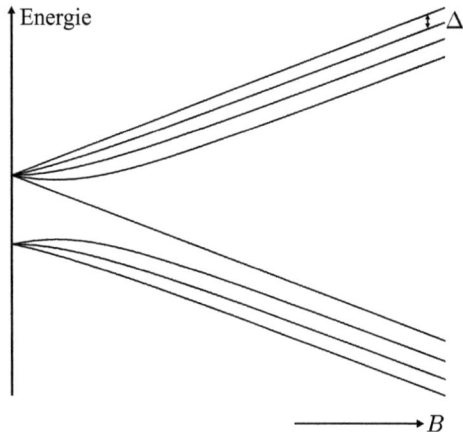

(a) Leiten Sie den Kernspin dieses Rubidiumisotops ab.

(b) Was sind die geeigneten Quantenzahlen für diese Zustände bei starkem und bei schwachem Feld?

(c) Zeigen Sie, dass im Regime des schwachen Feldes der Abstand zwischen den Zuständen im oberen und unteren Hyperfeinniveau jeweils der gleiche ist.

(d) Für den Fall eines starken Feldes ist die Energie der Zustände durch Gleichung (6.33) gegeben. Zeigen Sie, dass in diesem Regime die vier obersten Zustände die gleichen Abstände haben (in der Abbildung durch Δ gekennzeichnet) wie die vier tiefer liegenden Zustände.

(e) Definieren Sie, was im Zusammenhang mit der Hyperfeinstruktur mit der Bezeichnung „starkes Feld" gemeint ist. Geben Sie einen numerischen Näherungswert für das magnetische Feld an, bei dem in diesem Beispiel der Übergang vom Regime des schwachen Feldes zu dem des starken Feldes auftritt.

6.9 *Isotopenverschiebung*

Schätzen Sie die Beiträge zur Isotopenverschiebung zwischen $^{85}_{37}$Rb und $^{87}_{37}$Rb ab, die durch den Massen- und den Volumeneffekt bei den folgenden Übergängen auftreten:

(a) 5s – 5p bei einer Wellenlänge von $\sim 790\,$nm

(b) 5p – 7s bei einer Wellenlänge von $\sim 730\,$nm

Schätzen Sie die gesamte Isotopenverschiebung für beide Übergänge ab. Achten Sie dabei auf die Vorzeichen der jeweiligen Beiträge.

6.10 *Volumenverschiebung*

Berechnen Sie den Beitrag zur Lamb-Verschiebung zwischen den Niveaus 2p ^{2}P$_{1/2}$ und 2s ^{2}S$_{1/2}$ in atomarem Wasserstoff, der aus der von null verschiedenen Größe des Kerns resultiert. (Beachten Sie hierbei Abschnitt 6.2.2.) Der gemessene Wert für den Radius der Protonenladung hat eine Unsicherheit von 1% und die Lamb-Verschiebung beträgt etwa 1057,8 MHz. Was ist die höchste Genauigkeit (ausgedrückt in ppm), mit der die experimentelle Messung der Lamb-Verschiebung die Quantenelektrodynamik testen kann?

6.11 *Isotopenverschiebung*

Schätzen Sie die relative Atommasse A ab, für die der Volumeneffekt und der Masseneffekt ähnliche Beiträge zur Isotopenverschiebung für $n^* \sim 2$ und einen sichtbaren Übergang geben.

6.12 *Spezifische Massenverschiebung*

Ein Atom mit einem Kern der Masse M_{N} und N Elektronen hat eine kinetische Energie T von

$$T = \frac{\mathbf{p}_{\mathrm{N}}^2}{2M_{\mathrm{N}}} + \sum_{i=1}^{N} \frac{\mathbf{p}_i^2}{2m_{\mathrm{e}}}$$

Dabei ist $\mathbf{p}_{\mathrm{N}}$ der Impuls des Kerns und $\mathbf{p}_i$ der Impuls des i-ten Elektrons. Die Summe dieser Impulse ist im Schwerpunktsystem des Atoms null:

$$\mathbf{p}_{\mathrm{N}} + \sum_{i=1}^{N} \mathbf{p}_i = 0$$

Verwenden Sie diese Gleichung, um T allein durch die Impulse der Elektronen auszudrücken.

Beantworten Sie die folgenden Fragen entweder für ein Lithiumatom ($N = 3$) oder den allgemeinen Fall eines aus mehreren Elektronen bestehenden Atoms mit einem Kern endlicher Masse (also eines realen, nicht wasserstoffähnlichen Atoms). Bestimmen Sie die Terme der kinetischen Energie, die etwa $m_{\mathrm{e}}/M_{\mathrm{N}}$-mal so groß sind wie der Hauptbeitrag: ein normaler Masseneffekt (vgl. (6.21)) und ein spezifischer Masseneffekt, der von Produkten der Momente $\mathbf{p}_i \cdot \mathbf{p}_j$ abhängt.

6.13 *Myonische Atome*

Ein myonisches Atom der Masse $m_\mu = 207 \, m_e$ sei von einem Natriumatom ($Z = 11$) eingefangen. Berechnen Sie den Radius der Bahn des Myons für $n = 1$ mithilfe der bohrschen Theorie und erklären Sie, warum die Elektronen des Atoms einen geringen Einfluss auf die Energieniveaus des myonischen Atoms hat. Berechnen Sie die Bindungsenergie des Myons für $n = 1$. Bestimmen Sie den Volumeneffekt für den Übergang 1s – 2p in diesem System. Drücken Sie die Differenz zwischen der Frequenz des Übergangs für einen Kern mit einem Radius r_N und der theoretischen Frequenz für $r_N = 0$ relativ zur Übergangsfrequenz aus.

Lösungen finden Sie unter `http://www.oldenbourg-verlag.de/foot/`.

7 Wechselwirkung von Atomen mit Strahlung

Um die Wechselwirkung eines Zwei-Niveau-Atoms mit Strahlung zu beschreiben, werden wir eine *semiklassische* Behandlung verwenden. Das bedeutet, dass wir die Strahlung als klassisches elektrisches Feld beschreiben, aber zur Behandlung des Atoms die Quantenmechanik heranziehen. Wir berechnen den Effekt eines oszillierenden elektrischen Feldes auf das Atom und zeigen, dass dies äquivalent zur zeitabhängigen Störungstheorie ist, die sich durch die goldene Regel zusammenfassen lässt (siehe Abschnitt 2.2). Die goldene Regel gibt nur die Übergangsrate für die stationären Zustände an und liefert daher keine adäquate Beschreibung für spektroskopische Experimente mit stark monochromatischer Strahlung wie Radiofrequenzstrahlung, Mikrowellen oder Laserstrahlung, wo sich die Amplituden der Quantenzustände kohärent in der Zeit entwickeln. Bei solchen Experimenten kann die Dämpfungszeit kleiner sein als die gesamte Messzeit, sodass die Atome ihre stationären Zustände nicht erreichen.

Die Theorie der Wechselwirkung mit Strahlung wird uns in die Lage versetzen, die Bedingungen zu finden, unter denen sich die Gleichungen auf eine Menge von Ratengleichungen reduzieren, die die Besetzungen der atomaren Energieniveaus (mit stationären Zuständen) beschreiben. Insbesondere erlaubt uns dieser Zugang, für ein breitbandig bestrahltes Atom die Verbindung mit der in Kapitel 1 vorgestellten einsteinschen Behandlung von Strahlung herzustellen. Wir werden für den Übergang den Einstein-Koeffizienten B als Matrixelement bestimmen. Danach können wir die Beziehung zwischen A_{21} und B_{21} verwenden, um die spontane Zerfallsrate des oberen Niveaus zu berechnen. Schließlich untersuchen wir die Rolle der natürlichen Verbreiterung sowie der Doppler-Verbreiterung bei der Absorption von Strahlung durch Atome und leiten einige Ergebnisse her, die wir in späteren Kapiteln, etwa bei der AC-Stark-Verschiebung benötigen werden.

7.1 Aufstellen der Gleichungen

Wir beginnen mit der zeitabhängigen Schrödinger-Gleichung[1]

$$i\hbar\frac{\partial\Psi}{\partial t} = H\Psi \tag{7.1}$$

Der Hamilton-Operator setzt sich aus zwei Teilen zusammen,

$$H = H_0 + H_I(t) \tag{7.2}$$

---

[1] Wir schreiben die Operatoren wie zuvor ohne „Dach", also $H \equiv \hat{H}$.

Der zeitabhängige Teil des Hamilton-Operators $H_I(t)$ beschreibt die Wechselwirkung mit dem oszillierenden elektrischen Feld, das die Eigenfunktionen von H_0 stört. Die ungestörten Eigenwerte und Eigenfunktionen von H_0 sind eben die atomaren Energieniveaus und Wellenfunktionen, die wir in den vorangegangenen Kapiteln gefunden hatten. Wir schreiben die Wellenfunktion für das Niveau mit der Energie E_n in der Form

$$\Psi_n\left(\mathbf{r}, t\right) = \psi_n\left(\mathbf{r}\right) e^{-iE_n t/\hbar} \tag{7.3}$$

Für ein System mit nur zwei Niveaus erfüllen die räumlichen Wellenfunktionen die Gleichungen

$$\begin{aligned} H_0\psi_1\left(\mathbf{r}\right) &= E_1\psi_1\left(\mathbf{r}\right) \\ H_0\psi_2\left(\mathbf{r}\right) &= E_2\psi_2\left(\mathbf{r}\right) \end{aligned} \tag{7.4}$$

Diese atomaren Wellenfunktionen sind keine stationären Zustände des vollständigen Hamilton-Operators $H_0 + H_I(t)$, aber die zeitabhängige Wellenfunktion kann mit ihrer Hilfe in der Form

$$\Psi\left(\mathbf{r}, t\right) = c_1\left(t\right)\psi_1\left(\mathbf{r}\right) e^{-iE_1 t/\hbar} + c_2\left(t\right)\psi_2\left(\mathbf{r}\right) e^{-iE_2 t/\hbar} \tag{7.5}$$

geschrieben werden. In der Dirac-Notation hat sie die Form

$$\Psi\left(\mathbf{r}, t\right) = c_1\left|1\right\rangle e^{-i\omega_1 t} + c_2\left|2\right\rangle e^{-i\omega_2 t} \tag{7.6}$$

wobei die Abkürzungen c_1 für $c_1(t)$, $\omega_1 = E_1/\hbar$ usw. verwendet wurden. Aus der Normierungsforderung folgt für die beiden zeitabhängigen Koeffizienten

$$\left|c_1\right|^2 + \left|c_2\right|^2 = 1 \tag{7.7}$$

7.1.1   Störung durch ein oszillierendes elektrisches Feld

Das oszillierende elektrische Feld $\mathbf{E} = \mathbf{E}_0\cos(\omega t)$ der elektromagnetischen Strahlung erzeugt eine Störung, die durch den Hamilton-Operator

$$H_I\left(t\right) = e\mathbf{r} \cdot \mathbf{E}_0\cos\left(\omega t\right) \tag{7.8}$$

beschrieben wird. Dies entspricht der Energie eines elektrischen Dipols $-e\mathbf{r}$ im elektrischen Feld, wobei $\mathbf{r}$ der Ort des Elektrons relativ zum Massezentrum des Atoms ist.[2] Wir hatten angenommen, dass das elektrische Dipolmoment aus einem einzelnen Elektron resultiert, doch eine Verallgemeinerung ist leicht möglich, wenn wir über alle Elektronen des Atoms summieren. Die Wechselwirkung mischt die beiden Zustände mit den Energien E_1 und E_2. Durch Einsetzen von (7.6) in die zeitabhängige Schrödinger-Gleichung (7.1) erhalten wir

$$i\dot{c}_1 = \Omega\cos(\omega t)e^{-i\omega_0 t}c_2 \tag{7.9}$$

$$i\dot{c}_2 = \Omega^*\cos\left(\omega t\right)e^{i\omega_0 t}c_1 \tag{7.10}$$

---

[2] Beachten Sie, dass $\mathbf{E}_0\cos(\omega t)$ nicht durch eine komplexe Größe $\mathbf{E}_0 e^{-i\omega t}$ ersetzt wird.

mit $\omega_0 = (E_2 - E_1)/\hbar$ und der **Rabi-Frequenz**

$$\Omega = \frac{\langle 1 | e\mathbf{r} \cdot \mathbf{E}_0 | 2\rangle}{\hbar} = \frac{e}{\hbar} \int \psi_1^*(r)\, \mathbf{r} \cdot \mathbf{E}_0\, \psi_2(r)\, \mathrm{d}^3\mathbf{r} \tag{7.11}$$

Das elektrische Feld hat über die gesamte Wellenfunktion des Atoms eine nahezu homogene Amplitude, sodass wir die Amplitude $|\mathbf{E}_0|$ aus dem Integral herausziehen können.[3] Damit erhalten wir für linear in Richtung der x-Achse polarisierte Strahlung, also $\mathbf{E} = |\mathbf{E}_0|\widehat{\mathbf{e}}_x \cos(\omega t)$, die Rabi-Frequenz[4]

$$\Omega = \frac{eX_{12}|\mathbf{E}_0|}{\hbar} \tag{7.12}$$

mit

$$X_{12} = \langle 1 | x | 2 \rangle \tag{7.13}$$

Um die gekoppelten Differentialgleichungen für $c_1(t)$ und $c_2(t)$ lösen zu können, benötigen wir weitere Näherungen.

7.1.2 Näherung rotierender Wellen

Wenn die gesamte Population im unteren Niveau startet ($c_1(0) = 1, c_2(0) = 0$), dann führt die Integration von (7.9) und (7.10) auf

$$c_1(t) = 1$$
$$c_2(t) = \frac{\Omega^*}{2} \left\{ \frac{1 - \exp[\mathrm{i}(\omega_0 + \omega)t]}{\omega_0 + \omega} + \frac{1 - \exp[\mathrm{i}(\omega_0 - \omega)t]}{\omega_0 - \omega} \right\} \tag{7.14}$$

Dies liefert eine akzeptable Näherung erster Ordnung, wenn $c_2(t)$ klein bleibt. Für die meisten interessanten Fälle hat die Strahlung eine Frequenz dicht an der atomaren Resonanzfrequenz ω_0, sodass der Betrag der Verstimmung klein ist, also $|\omega_0 - \omega| \ll \omega_0$, und folglich $\omega_0 + \omega \sim 2\omega_0$. Daher können wir den Term mit dem Nenner $\omega_0 + \omega$ innerhalb der geschweiften Klammer vernachlässigen. Dies ist die **Näherung rotierender Wellen**.[5] Das Betragsquadrat des co-rotierenden Terms,

$$|c_2(t)|^2 = \left| \Omega \frac{\sin\{(\omega_0 - \omega)t/2\}}{\omega_0 - \omega} \right|^2 \tag{7.15}$$

---

[3] Diese Dipolnäherung gilt, wenn die Wellenlänge der Strahlung größer ist als das Atom, also $\lambda \gg a_0$ (siehe Abschnitt 2.2).

[4] Abschnitt 2.2 über die Auswahlregeln zeigt, wie andere Polarisierungen zu behandeln sind.

[5] Dies gilt nicht für die Wechselwirkung von Atomen mit Strahlung eines CO_2-Lasers, der eine Wellenlänge von 10,6 µm hat und somit weit von der Resonanzfrequenz der Atome entfernt liegt. Für Rubidium mit einem Resonanzübergang, der fast im Infrarotbereich (bei 780 nm) liegt, erhalten wir $\omega_0 \simeq 15\omega$ und folglich $\omega_0 + \omega \simeq \omega_0 - \omega$. Der Term mit $\omega_0 + \omega$ kann in diesem Fall also nicht weggelassen werden. Die quasi-elektrostatischen Fallen, die mit solchen langwelligen Laserstrahlen gebildet werden, sind eine Variante der Dipolfallen, die in Kapitel 9 beschrieben werden.

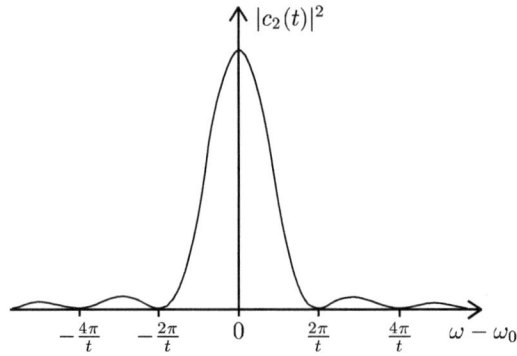

Abbildung 7.1: *Die Anregungswahrscheinlichkeit in Abhängigkeit von der Strahlungsfrequenz hat ein Maximum bei der Resonanzfrequenz des Atoms. Die Linienbreite ist umgekehrt proportional zur Wechselwirkungszeit. Die Funktion* sinc² *beschreibt auch die Fraunhofer-Beugung von Licht, das durch eine Einzelspalt geht – der Beugungswinkel wird mit breiter werdender Blendenöffnung kleiner. Indem man zur Fouriertransformierten übergeht, erhält man für die mathematische Korrespondenz zwischen diesen beiden Situationen eine natürliche Erklärung.*

liefert die Wahrscheinlichkeit dafür, das Atom zur Zeit t im oberen Zustand aufzufinden. Mit der Variable $x = (\omega - \omega_0)t/2$ können wir dies in der Form

$$|c_2(t)|^2 = \frac{1}{4}|\Omega|^2 t^2 \frac{\sin^2 x}{x^2} \tag{7.16}$$

schreiben. Die sinc-Funktion $(\sin x)/x$ hat ein Maximum bei $x = 0$ und das erste Minimum tritt bei $x = \pi$ bzw. für $\omega_0 - \omega = \pm 2\pi/t$ auf (siehe Abbildung 7.1). Die Frequenzbreite nimmt mit wachsender Wechselwirkungszeit t ab.

7.2   Die Einstein-B-Koeffizienten

Im letzten Abschnitt haben wir den Effekt eines elektrischen Feldes $\mathbf{E}_0 \cos(\omega t)$ auf das Atom bestimmt. Um dies zu Einsteins Behandlung der Wechselwirkung mit breitbandiger Strahlung in Beziehung zu setzen, schauen wir uns an, was für Strahlung der Energiedichte $\rho(\omega)$ im Frequenzintervall ω to $\omega + d\omega$ passiert. Hierdurch wird ein elektrisches Feld mit der Amplitude $E_0(\omega)$ erzeugt, das durch $\rho(\omega)\,d\omega = \epsilon_0 E_0^2(\omega)/2$ gegeben ist. Für diesen schmalen, fast monochromatischen Anteil der Verteilung liefert (7.12)

$$|\Omega|^2 = \left|\frac{eX_{12}E_0(\omega)}{\hbar}\right|^2 = \frac{e^2|X_{12}|^2}{\hbar^2}\frac{2\rho(\omega)\,d\omega}{\epsilon_0} \tag{7.17}$$

Durch Integration von (7.15) über die Frequenz erhalten wir die Anregungswahrscheinlichkeit für die breitbandige Strahlung als

$$|c_2(t)|^2 = \frac{2e^2|X_{12}|^2}{\epsilon_0 \hbar^2} \int_{\omega_0 - \Delta/2}^{\omega_0 + \Delta/2} \rho(\omega) \frac{\sin^2\{(\omega_0 - \omega)t/2\}}{(\omega_0 - \omega)^2}\,d\omega \tag{7.18}$$

Wir integrieren die Quadrate der Amplituden anstatt das Quadrat der Gesamtamplitude zu nehmen, da Beiträge aus unterschiedlichen Frequenzen nicht interferieren.[6] Der Integrationsbereich Δ muss groß sein im Vergleich zur Ausdehnung der sinc-Funktion, was allerdings leicht zu erfüllen ist, da diese Funktion mit wachsender Zeit bei ω_0 einen scharfen Peak bekommt. (Im Limes $t \to \infty$ wird sie zu einer Diracschen Deltafunktion, siehe Loudon (2000)). In dem schmalen Bereich um ω_0, wo die sinc-Funktion einen merklichen Wert hat, variiert eine glatte Funktion wie $\rho(\omega)$ nur wenig, sodass wir $\rho(\omega)$ durch $\rho(\omega_0)$ ersetzen und vor das Integral ziehen können. Die Variablentransformation $x = (\omega - \omega_0)t/2$ (wie für (7.15)) führt auf

$$|c_2(t)|^2 \simeq \frac{2e^2 |X_{12}|^2}{\epsilon_0 \hbar^2} \rho(\omega_0) \times \frac{t}{2} \int_{-\phi}^{+\phi} \frac{\sin^2 x}{x^2}\, \mathrm{d}x \tag{7.19}$$

Die Integrationsgrenzen sind $x = \pm\phi = \pm\Delta t/4 \gg \pi$, und das Integral wird durch $\int_{-\infty}^{\infty} x^{-2} \sin^2 x\, \mathrm{d}x = \pi$ gut approximiert. Wir benutzen diese Annahme einer langreichweitigen Wechselwirkung, um die Anregungsrate im stationären Zustand für breitbandige Strahlung zu finden. Die Wahrscheinlichkeit eines Übergangs vom Niveau 1 nach 2 wächst linear mit der Zeit gemäß einer Übergangsrate von

$$R_{12} = \frac{|c_2(t)|^2}{t} = \frac{\pi e^2 |X_{12}|^2}{\epsilon_0 \hbar^2} \rho(\omega_0) \tag{7.20}$$

Ein Vergleich mit der Rate $B_{12}\rho(\omega)$ in Einsteins Behandlung der Strahlung (Gleichung (1.25)) ergibt

$$B_{12} = \frac{\pi e^2 |D_{12}|^2}{3\epsilon_0 \hbar^2} \tag{7.21}$$

mit $|X_{12}|^2 \to |D_{12}|^2/3$, und D_{12} ist der Betrag des Vektors

$$\mathbf{D}_{12} = \langle 1| \mathbf{r} |2\rangle \equiv \int \psi_1^* \mathbf{r} \psi_2\, \mathrm{d}^3\mathbf{r} \tag{7.22}$$

Der Faktor $1/3$ ergibt sich aus der Mittelung von $\mathbf{D} \cdot \widehat{\mathbf{e}}_{\mathrm{rad}}$ ($\widehat{\mathbf{e}}_{\mathrm{rad}}$ ist der Einheitsvektor in Richtung des elektrischen Feldes) über alle möglichen räumlichen Orientierungen des Atoms (siehe Aufgabe 7.6). Die durch (1.32) gegebene Beziehung zwischen A_{21} und B_{12} führt auf

$$A_{21} = \frac{g_1}{g_2} \frac{4\alpha}{3c^2} \times \omega^3 |D_{12}|^2 \tag{7.23}$$

wobei $\alpha = e^2/(4\pi\epsilon_0 \hbar c)$ die Feinstrukturkonstante ist. Das Matrixelement für den Übergang in 7.22 hängt von einem Integral ab, das die Elektronen-Wellenfunktionen des Atoms enthält; somit sind die Einstein-Koeffizienten, wie wir bereits früher klargestellt hatten, Eigenschaften des Atoms. Für einen typischen erlaubten Übergang hat

---

[6] Wie bei optischen Experimenten mit breitbandigem Licht sind es die Intensitäten, die summiert werden, beispielsweise bei der Bildung von Streifen aus weißem Licht beim Michelson-Interferometer.

das Matrixelement näherungsweise den Wert $D_{12} \simeq 3a_0$ (für wasserstoffähnliche Systeme kann dies analytisch berechnet werden). Mit dieser Abschätzung für D_{12} erhalten wir für einen Übergang der Wellenlänge $\lambda = 6 \times 10^{-7}$ m und mit $g_1 = g_2 = 1$ die Rate $A_{21} \simeq 2\pi \times 10^7\,\mathrm{s}^{-1}$. Zwar haben wir keine physikalische Erklärung für die spontane Emission gegeben, doch können wir mithilfe von Einsteins Argument ihre Rate berechnen. Einstein leitete die Beziehung zwischen A_{21} und B_{21} her, und wir haben die zeitabhängige Störungstheorie verwendet, um B_{21} aus den atomaren Wellenfunktionen zu bestimmen. Für ein Zwei-Niveau-Atom mit einem erlaubten Übergang zwischen den Niveaus liegt das quantenmechanische Ergebnis sehr dicht bei dem, was die Behandlung des radioaktiven Zerfalls im Rahmen der klassischen Theorie des Elektromagnetismus ergab (siehe Abschnitt 1.6).

7.3   Wechselwirkung mit monochromatischer Strahlung

Bei der Herleitung der Gleichungen (7.14) wurde vorausgesetzt, dass die monochromatische Strahlung das Atom nur schwach stört, sodass der größte Teil der Population im Anfangszustand verbleibt. Nun wollen wir eine Lösung bestimmen, die ohne die Annahme eines schwachen Feldes auskommt. Wir schreiben Gleichung (7.9) in der Form

$$\mathrm{i}\dot{c}_1 = c_2 \left\{ \mathrm{e}^{\mathrm{i}(\omega - \omega_0)t} + \mathrm{e}^{-\mathrm{i}(\omega + \omega_0)t} \right\} \frac{\Omega}{2} \tag{7.24}$$

und denken uns das Entsprechende für (7.10). Der Term mit $(\omega + \omega_0)t$ oszilliert sehr schnell und mittelt sich daher bei hinreichend langer Wechselwirkungszeit heraus. Dies ist die Näherung rotierender Wellen (siehe Abschnitt 7.1.2) und wir erhalten daraus

$$\mathrm{i}\dot{c}_1 = c_2 \mathrm{e}^{\mathrm{i}(\omega - \omega_0)t} \frac{\Omega}{2}$$
$$\mathrm{i}\dot{c}_2 = c_1 \mathrm{e}^{-\mathrm{i}(\omega - \omega_0)t} \frac{\Omega^*}{2} \tag{7.25}$$

Zusammen ergeben diese beiden Gleichungen

$$\frac{\mathrm{d}^2 c_2}{\mathrm{d}t^2} + \mathrm{i}\,(\omega - \omega_0)\,\frac{\mathrm{d}c_2}{\mathrm{d}t} + \left| \frac{\Omega}{2} \right|^2 c_2 = 0 \tag{7.26}$$

Die Lösung dieser Differentialgleichung zweiter Ordnung für die Anfangswerte $c_1(0) = 1$ und $c_2(0) = 0$ liefert die Aufenthaltswahrscheinlichkeit im oberen Zustand als[7]

$$\left| c_2\,(t) \right|^2 = \frac{\Omega^2}{W^2} \sin^2\left(\frac{Wt}{2} \right) \tag{7.27}$$

mit

$$W^2 = \Omega^2 + (\omega - \omega_0)^2 \tag{7.28}$$

---

[7] Für Übergänge zwischen gebundenen Zuständen ist die Frequenz Ω reell, folglich gilt $|\Omega|^2 = \Omega^2$.

Im Resonanzfall ist $\omega = \omega_0$ und $W = \Omega$, und somit

$$|c_2(t)|^2 = \sin^2\left(\frac{\Omega t}{2}\right) \tag{7.29}$$

Die Population oszilliert zwischen diesen beiden Niveaus. Für $\Omega t = \pi$ ist die gesamte Population vom Niveau 1 in den oberen Zustand übergegangen, sodass $|c_2(t)|^2 = 1$, während das Atom für $\Omega t = 2\pi$ vollständig in den tieferen Zustand zurückgekehrt ist. Dieses Verhalten unterscheidet sich vollkommen von dem eines Zwei-Niveau-Systems, das von Ratengleichungen bestimmt wird, für die die Populationen mit wachsender Anregungsrate eine Gleichverteilung anstreben und keine Populationsumkehr eintritt. Diese **Rabi-Oszillationen** zwischen den beiden Niveaus sind bei der Radiofrequenzspektroskopie ganz klar zu erkennen, beispielsweise für Übergänge zwischen Zeeman- und Hyperfeinniveaus. Bei Radiofrequenz- und Mikrowellenübergängen ist die spontane Emission vernachlässigbar, sodass sich die Atome – in den meisten Fällen – kohärent verhalten.[8]

7.3.1 Die Konzepte der π-Pulse und der $\pi/2$-Pulse

Ein Puls von resonanter Strahlung, der eine Lebensdauer von $t_\pi = \pi/\Omega$ hat, wird als π-Puls bezeichnet. Gleichung (7.29) zeigt, dass $\Omega t = \pi$ zu einem vollständigen Übergang der Population aus einem Zustand in den jeweils anderen führt. So wird beispielsweise ein Atom, das anfangs in $|1\rangle$ war, nach dem Puls in $|2\rangle$ sein. Dies steht im Gegensatz zum Verhalten bei Bestrahlung mit breitbandiger Strahlung, bei der die Populationen (je Zustand) mit wachsender Energiedichte $\rho(\omega)$ eine Gleichverteilung anstreben. Genauer gesagt vertauscht ein π-Puls die Zustände in einer Superposition:[9]

$$c_1|1\rangle + c_2|2\rangle \rightarrow -\mathrm{i}\{c_1|2\rangle + c_2|1\rangle\}. \tag{7.30}$$

Diese Vertauschungsoperation wird manchmal kurz als $|1\rangle \leftrightarrow |2\rangle$ geschrieben, aber es sei darauf hingewiesen, dass der Faktor $-\mathrm{i}$ bei der Atominterferometrie wichtig ist, wie in Aufgabe 7.3 deutlich wird.

Interferometrische Experimente verwenden auch $\pi/2$-Pulse, bei denen die Pulsdauer eines π-Pulses halbiert wird (bei der gleichen Rabi-Frequenz Ω). Für ein Atom, das anfangs im Zustand $|1\rangle$ ist, versetzt der $\pi/2$-Puls dessen Wellenfunktion in eine Superposition der Zustände $|1\rangle$ und $|2\rangle$ mit gleichen Amplituden (siehe Aufgabe 7.3).

7.3.2 Der Bloch-Vektor und die Bloch-Kugel

In diesem Abschnitt bestimmen wir das strahlungsinduzierte elektrische Dipolmoment eines Atoms und führen eine sehr mächtige Methode ein, mit der das Verhalten eines

---

[8] Teilweise ist dies eine Konsequenz aus der in (7.23) auftretenden ω^3-Abhängigkeit. Es hängt aber auch damit zusammen, dass die **magnetischen Dipolübergänge** kleinere Matrixelemente haben als elektrische Dipolübergänge. Für elektrische Dipolübergänge im optischen Bereich verwischt die spontane Emission die Rabi-Oszillationen auf einer Zeitskala einigen zehn Nanosekunden ($\tau = 1/A_{21}$, vorausgesetzt, der domierende Zerfall ist der von 2 nach 1, und A_{21} haben wir oben abgeschätzt). Allerdings haben Experimentatoren kohärente Oszillationen beobachtet, indem sie den Übergang mit intensiver Laserstrahlung angetrieben haben, um eine hohe Rabi-Frequenz zu erhalten ($\Omega\tau > 1$).

[9] Dies kann man zeigen, indem man die Gleichungen (7.25) (und (7.26)) für $\omega = \omega_0$ löst.

Zwei-Niveau-Systems durch einen Bloch-Vektor beschrieben wird. Wir nehmen an, dass das elektrische Feld wie in Gleichung (7.12) in die Richtung $\hat{\mathbf{e}}_x$ zeigt. Die in diese Richtung zeigende Komponente des Dipols ist durch den Erwartungswert

$$-eD_x(t) = -\int \Psi^\dagger(t)\,ex\,\Psi(t)\,\mathrm{d}^3\mathbf{r} \tag{7.31}$$

gegeben. Unter Verwendung von Gleichung (7.5) für $\Psi(t)$ erhalten wir für das Dipolmoment des Atoms

$$
\begin{aligned}
D_x(t) &= \int \left(c_1 e^{-i\omega_1 t}\psi_1 + c_2 e^{-i\omega_2 t}\psi_2\right)^* x \left(c_1 e^{-i\omega_1 t}\psi_1 + c_2 e^{-i\omega_2 t}\psi_2\right)\mathrm{d}^3\mathbf{r} \\
&= c_2^* c_1 X_{21} e^{i\omega_0 t} + c_1^* c_2 X_{12} e^{-i\omega_0 t}
\end{aligned}
\tag{7.32}
$$

Hierbei ist $\omega_0 = \omega_2 - \omega_1$. Das Dipolmoment ist eine reelle Größe, denn wie wir aus Gleichung (7.13) sehen, gilt $X_{21} = (X_{12})^*$ sowie $X_{11} = X_{22} = 0$. Um das durch das angelegte Feld induzierte Dipolmoment berechnen zu können, benötigen wir die bilinearen Größen $c_1^* c_2$ und $c_2^* c_1$. Diese sind Elemente der **Dichtematrix**[10]

$$
|\Psi\rangle\langle\Psi| = \begin{pmatrix} c_1 \\ c_2 \end{pmatrix}\begin{pmatrix} c_1^* & c_2^* \end{pmatrix} = \begin{pmatrix} |c_1|^2 & c_1 c_2^* \\ c_2 c_1^* & |c_2|^2 \end{pmatrix} = \begin{pmatrix} \rho_{11} & \rho_{12} \\ \rho_{21} & \rho_{22} \end{pmatrix}
\tag{7.33}
$$

Die Nichtdiagonalelemente der Dichtematrix werden **Kohärenzen** genannt. Sie repräsentieren die Antwort des Systems auf die antreibende Frequenz (7.32). Die Diagonalelemente $|c_1|^2$ und $|c_2|^2$ sind die Populationen. Wir definieren die neuen Variablen

$$\widetilde{c}_1 = c_1 e^{-i\delta t/2} \tag{7.34}$$

$$\widetilde{c}_2 = c_2 e^{i\delta t/2} \tag{7.35}$$

wobei $\delta = \omega - \omega_0$ die Verstimmung der Strahlung gegenüber der Resonanzfrequenz des Atoms ist. Diese Variablentransformation beeinflusst die Populationen nicht ($\widetilde{\rho}_{11} = \rho_{11}$ und $\widetilde{\rho}_{22} = \rho_{22}$), doch die Kohärenzen werden zu $\widetilde{\rho}_{12} = \rho_{12}\exp(-i\delta t)$ und $\widetilde{\rho}_{21} = \rho_{21}\exp(i\delta t) = (\widetilde{\rho}_{12})^*$. Ausgedrückt durch diese Kohärenzen lautet das Dipolmoment[11]

$$
\begin{aligned}
-eD_x(t) &= -eX_{12}\left\{\rho_{12}e^{i\omega_0 t} + \rho_{21}e^{-i\omega_0 t}\right\} = -eX_{12}\left\{\widetilde{\rho}_{12}e^{i\omega t} + \widetilde{\rho}_{21}e^{-i\omega t}\right\} \\
&= -eX_{12}\left(u\cos\omega t - v\sin\omega t\right)
\end{aligned}
\tag{7.36}
$$

---

[10] Dies ist das äußere Produkt von $|\Psi\rangle$ und seiner hermitesch Konjugierten $\langle\Psi| \equiv |\Psi\rangle^\dagger$, der transponierten Konjugierten der Matrix, die $|\Psi\rangle$ repräsentiert. Diese Schreibweise für die Information über die beiden Niveaus ist bei der Behandlung von Quantensystemen enorm nützlich. Für unsere Betrachtungen ist es jedoch nicht nötig, in die Theorie der Dichtematrizen abzuschweifen. Gegebenenfalls werden wir sie einfach als eine bequeme Notation anwenden.

[11] Wir nehmen an, dass X_{12} reell ist. Für Übergänge zwischen zwei gebundenen Zuständen des Atoms kann dies so gewählt werden. Die radialen Wellenfunktionen sind reell und die Diskussion der Auswahlregeln zeigt, dass die Integration über die Drehimpulseigenfunktionen ebenfalls einen reellen Beitrag zum Matrixelement liefert. Das Integral über ϕ ist null, sofern nicht die Terme herausfallen, die Potenzen von $\exp(-i\phi)$ enthalten.

Die Kohärenzen $\widetilde{\rho}_{12}$ und $\widetilde{\rho}_{21}$ geben die Antwort des Atoms bei ω, der Kreisfrequenz des angelegten Feldes, an. Real- und Imaginärteil von $\widetilde{\rho}_{12}$ (multipliziert mit 2) lauten

$$u = \widetilde{\rho}_{12} + \widetilde{\rho}_{21}$$
$$v = -\mathrm{i}\left(\widetilde{\rho}_{12} - \widetilde{\rho}_{21}\right) \tag{7.37}$$

In Gleichung (7.36) sehen wir, dass u und v die Blind- und die Wirkkomponente des Dipolmoments in einem mit ω rotierenden Bezugssystem sind. Um Ausdrücke für $\widetilde{\rho}_{12}$, $\widetilde{\rho}_{21}$ und ρ_{22} und somit für u und v zu finden, drücken wir die Gleichungen (7.25) für c_1 und c_2 mithilfe von δ aus:[12]

$$\mathrm{i}\dot{c}_1 = c_2 \mathrm{e}^{\mathrm{i}\delta t}\frac{\Omega}{2} \tag{7.38}$$

$$\mathrm{i}\dot{c}_2 = c_1 \mathrm{e}^{-\mathrm{i}\delta t}\frac{\Omega}{2} \tag{7.39}$$

Differenzieren von (7.34) ergibt[13]

$$\dot{\widetilde{c}}_1 = \dot{c}_1 \mathrm{e}^{-\mathrm{i}\delta t/2} - \frac{\mathrm{i}\delta}{2}c_1 \mathrm{e}^{-\mathrm{i}\delta t/2} \tag{7.40}$$

Durch Multiplikation mit i und unter Verwendung der Gleichungen (7.38), (7.34) und (7.35) erhalten wir eine Gleichung für $\dot{\widetilde{c}}_1$:

$$\mathrm{i}\dot{\widetilde{c}}_1 = \frac{1}{2}\left(\delta\,\widetilde{c}_1 + \Omega\,\widetilde{c}_2\right),$$
$$\mathrm{i}\dot{\widetilde{c}}_2 = \frac{1}{2}\left(\Omega\,\widetilde{c}_1 - \delta\,\widetilde{c}_2\right) \tag{7.41}$$

(Aus (7.38) erhalten wir entsprechend $\dot{\widetilde{c}}_2$.) Hieraus erhalten wir für die zeitlichen Ableitungen $\dot{\widetilde{\rho}}_{12} = \widetilde{c}_1\dot{\widetilde{c}}_2^* + \dot{\widetilde{c}}_1\widetilde{c}_2^*$ usw.

$$\frac{\mathrm{d}\widetilde{\rho}_{12}}{\mathrm{d}t} = \left(\frac{\mathrm{d}\widetilde{\rho}_{21}}{\mathrm{d}t}\right)^* = -\mathrm{i}\delta\,\widetilde{\rho}_{12} + \frac{\mathrm{i}\Omega}{2}\left(\rho_{11} - \rho_{22}\right)$$
$$\frac{\mathrm{d}\rho_{22}}{\mathrm{d}t} = -\frac{\mathrm{d}\rho_{11}}{\mathrm{d}t} = \frac{\mathrm{i}\Omega}{2}\left(\widetilde{\rho}_{21} - \widetilde{\rho}_{12}\right) \tag{7.42}$$

Die letzte Gleichung ist konsistent mit der Normierung in Gleichung (7.7), d. h.

$$\rho_{22} + \rho_{11} = 1 \tag{7.43}$$

Mit u und v gemäß (7.37) werden diese Gleichungen zu

$$\dot{u} = \delta\,v,$$
$$\dot{v} = -\delta\,u + \Omega\left(\rho_{11} - \rho_{22}\right)$$
$$\dot{\rho}_{22} = \frac{\Omega v}{2} \tag{7.44}$$

---

[12] Es können hier nicht alle Schritte dieser langen Rechnung aufgeschrieben werden, doch wird dem Leser genug Information gegeben, um selbst die Lücken füllen zu können.
[13] Der spontane Zerfall wird hier ignoriert. Dieser Abschnitt beschäftigt sich ausschließlich mit der kohärenten Entwicklung von Zuständen.

Wir schreiben nun die Differenz der Popupulation, $\rho_{11} - \rho_{22}$, als[14]

$$w = \rho_{11} - \rho_{22} \tag{7.45}$$

sodass wir schließlich die folgende kompakte Menge von Gleichungen haben:

$$\begin{aligned}
\dot{u} &= \delta\,v \\
\dot{v} &= -\delta\,u + \Omega w \\
\dot{w} &= -\Omega v
\end{aligned} \tag{7.46}$$

Diese Gleichungen können wir auch in vektorieller Form schreiben:

$$\dot{\mathbf{R}} = \mathbf{R} \times (\Omega\,\hat{\mathbf{e}}_1 + \delta\,\hat{\mathbf{e}}_3) = \mathbf{R} \times \mathbf{W} \tag{7.47}$$

Dabei betrachten u, v und w als die Komponenten des **Bloch-Vektors**

$$\mathbf{R} = u\,\hat{\mathbf{e}}_1 + v\,\hat{\mathbf{e}}_2 + w\,\hat{\mathbf{e}}_3 \tag{7.48}$$

und der Vektor $\mathbf{W}$ ist definiert als

$$\mathbf{W} = \Omega\,\hat{\mathbf{e}}_1 + \delta\,\hat{\mathbf{e}}_3 \tag{7.49}$$

Er hat den Betrag $W = \sqrt{\Omega^2 + \delta^2}$, vgl. (7.28). Das Kreuzprodukt der beiden Vektoren in (7.47) ist orthogonal zu $\mathbf{R}$ wie auch zu $\mathbf{W}$. Hieraus folgt $\dot{\mathbf{R}} \cdot \mathbf{R} = 0$, sodass $|\mathbf{R}|^2$ eine Konstante ist. Man kann unschwer zeigen,[15] dass diese Konstante eins ist, also $|\mathbf{R}|^2 = |u|^2 + |v|^2 + |w|^2 = 1$. Der Bloch-Vektor entspricht dem Ortsvektor der Punkte auf der Oberfläche einer Kugel mit dem Radius eins. Diese **Bloch-Kugel** ist in Abbildung 7.2 gezeigt.

Außerdem folgt aus (7.47) $\dot{\mathbf{R}} \cdot \mathbf{W} = 0$, und somit ist $\mathbf{R} \cdot \mathbf{W} = RW \cos\theta$ konstant. Für die Anregung mit fester Rabi-Frequenz und Verstimmung ist der Betrag W konstant, und da R ebenfalls fest ist, bewegt sich der Bloch-Vektor über einen Kegel mit konstantem θ (siehe Abbildung 7.2(d)). In diesem Fall variiert ρ_{22} wie in (7.22) und es gilt

$$w = 1 - 2\rho_{22} = 1 - \frac{2\Omega^2}{W^2} \sin^2\left(\frac{Wt}{2}\right)$$

Diese Bewegung des Bloch-Vektors für den Zustand eines Atoms erinnert an die eines magnetischen Moments in einem Magnetfeld;[16] beispielsweise ist für eine adiabatische Bewegung die Energie $-\boldsymbol{\mu} \cdot \mathbf{B}$ konstant und das magnetische Moment präzediert um die Richtung des Feldes $\mathbf{B} = B\hat{\mathbf{e}}_z$. In der Blochschen Beschreibung liegt das fiktive Magnetfeld in Richtung von $\mathbf{W}$, und der Betrag W in Gleichung (7.28) bestimmt die Rate der Präzession.

---

[14] Dies ist geeignet zur Berechnung der Absorption. Alternativ könnte $\rho_{22} - \rho_{11}$ als Variable gewählt werden. Diese Populationsumkehr bestimmt den Ertrag von Lasern.

[15] Für den Zustand $u = v = 0, w = 1$ gilt $|\mathbf{R}| = 1$. Dies lässt sich auch beweisen, indem man u, v und w durch $|c_1|^2, |c_2|^2$ usw. ausdrückt.

[16] Dies ist in Blundell (2001, Appendix G) beschrieben.

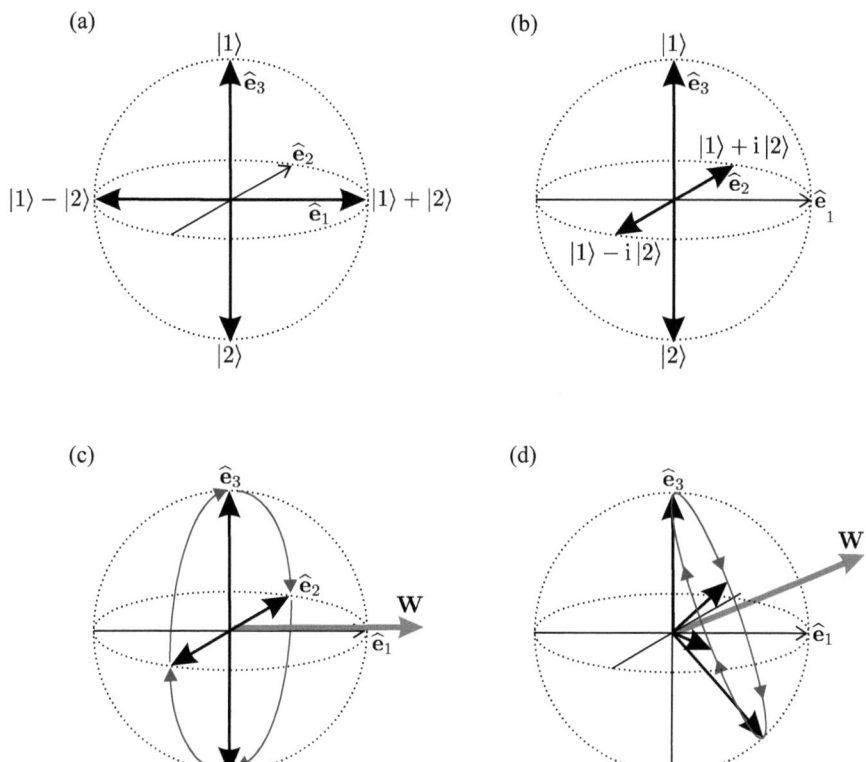

Abbildung 7.2: *Die Bloch-Kugel. Die Ortsvektoren der Punkte auf ihrer Oberfläche repräsentieren die Zustände eines Zwei-Niveau-Systems (im Hilbert-Raum). Beispiele für Zustände sind in Teil (a) und (b) gezeigt. An den Polen der Kugel ist der Bloch-Vektor $\mathbf{R} = w\,\widehat{\mathbf{e}}_3$ mit $w = \pm 1$ entsprechend den beiden Zuständen $|1\rangle$ und $|2\rangle$. Zustände auf dem Äquator der Bloch-Kugel haben die Form $\mathbf{R} = u\,\widehat{\mathbf{e}}_1 + v\,\widehat{\mathbf{e}}_2$. In (b) sind beispielsweise Zustände gezeigt, für die $\mathbf{R} = v\,\widehat{\mathbf{e}}_2$ mit $u = 0$ und $v = \pm 1$ gilt; diese Zustände korrespondieren mit $(|1\rangle \pm i\,|2\rangle)/\sqrt{2}$. (Der Übersichtlichkeit halber sind die Normierungskonstanten in der Abbildung nicht angegeben.) Diese Beispiele illustrieren eine interessante Eigenschaft dieser Darstellung von Quantenzuständen, nämlich dass Zustände, die sich auf der Bloch-Kugel diametral gegenüber liegen, orthogonal sind. (c) Die Evolution des Bloch-Vektors für ein System, das von einem resonanten Feld angetrieben wird (also $\delta = 0$), sodass in Gleichung (7.49) $\mathbf{W} = \Omega\,\widehat{\mathbf{e}}_1$ gilt. Die Evolution folgt einem Großkreis von $|1\rangle$ am Nordpol nach $|2\rangle$ am Südpol und wieder zurück (siehe Beispiel 7.1). Der Bloch-Vektor bleibt senkrecht zu $\mathbf{W}$. (d) Im Falle $\delta \neq 0$ bildet der Bloch-Vektor außerdem einen festen Winkel mit $\mathbf{W}$, da $\mathbf{R} \cdot \mathbf{W} = RW\cos\theta$ konstant ist, aber θ ist nicht gleich $\pi/2$. (Diese quantenmechanische Beschreibung des Zwei-Niveau-Atoms ist äquivalent zu der eines Spin-1/2-Systems.)*

Beispiel 7.1 Resonante Anregung ($\delta = 0$) liefert $\mathbf{W} = \Omega\,\hat{\mathbf{e}}_1$ und $\mathbf{R}$ beschreibt einen Kegel um $\hat{\mathbf{e}}_1$. Ein wichtiger Fall ist der, dass die gesamte Population im Niveau 1 startet, sodass anfangs $\mathbf{R} \cdot \hat{\mathbf{e}}_1 = 0$ gilt. In diesem Fall rotiert der Bloch-Vektor in der Ebene senkrecht zu $\hat{\mathbf{e}}_1$ und beschreibt einen Großkreis auf der Bloch-Kugel (siehe Abbildung 7.2(c)). Diese Bewegung korrespondiert mit Rabi-Oszillationen (siehe (7.29)). In diesem Bild bewirkt ein $\pi/2$-Puls, dass der Bloch-Vektor um den Winkel $\pi/2$ um die Richtung $\hat{\mathbf{e}}_1$ rotiert. Eine Sequenz von zwei $\pi/2$-Pulsen ergibt einen π-Puls, und dieser lässt den Bloch-Vektor (im Uhrzeigersinn) um den Winkel π um die gleiche Richtung rotieren, also zum Beispiel $w = 1 \rightarrow w = -1$, was einem Übergang der gesamten Population aus dem Niveau 1 in das Niveau 2 entspricht.[17] Dies ist konsistent mit der allgemeineren Aussage von (7.30).

Diese einführenden Erläuterungen zur Verwendung der Bloch-Kugel zeigen, dass die Antwort eines Atoms mit zwei Niveaus auf Strahlung nicht unbeschränkt mit dem treibenden Feld wächst. Oberhalb eines bestimmten Punkts führt ein weiterer Anstieg des angelegten Feldes (oder der Wechselwirkungszeit) nicht zu einem noch größeren Dipolmoment oder einer Veränderung der Population. Diese „Sättigung" hat wichtige Konsequenzen und unterscheidet das Zwei-Niveau-System von einem klassischen Oszillator, bei dem das Dipolmoment proportional zum angelegten Feld ist. Dies wird in Abschnitt 7.5 gezeigt.

7.4   Ramsey-Streifen

In den vorherigen Abschnitten dieses Kapitels wurde gezeigt, wie man die Antwort eines Zwei-Niveau-Atoms auf Strahlung berechnen kann. In diesem Abschnitt wollen wir diese Theorie auf die Radiofrequenzspektroskopie anwenden, beispielsweise auf das in Kapitel 6 beschriebene Verfahren der magnetischen Resonanz in einem Atomstrahl. Die gleichen Prinzipien sind überall dort von Bedeutung, wo die Linienbreite durch eine endliche Wechselwirkungsbreite beschränkt ist, also sowohl in der Atomphysik als auch in allgemeinerem Kontext. Insbesondere werden wir berechnen, was mit einem Atom passiert, welches zwei Strahlungspulsen ausgesetzt wird, denn eine solche Doppelpulsfrequenz hat vorteilhafte Eigenschaften für Präzisionsmessungen.

Ein Atom, das mit einem rechteckigen Strahlungspuls wechselwirkt, d. h. mit einem oszillierenden elektrischen Feld konstanter Amplitude von der Zeit $t = 0$ bis τ_p und $E_0 = 0$ sonst, hat eine durch (7.15) gegebene Anregungswahrscheinlichkeit.[18] Diese Anregungswahrscheinlichkeit ist in Abbildung 7.1 als Funktion der Strahlungsfrequenz, verstimmt um die Resonanzfrequenz ω_0, dargestellt. Wie unterhalb von Gleichung (7.16) ausgeführt ist, hat die durch das erste Minimum der sinc^2-Funktion gegebene Frequenz-

---

[17] In diesem speziellen Beispiel ist der Endzustand per Augenschein klar, doch gelten die gleichen Prinzipien auch für andere Anfangszustände, beispielsweise solche der Form $\left\{|1\rangle + \mathrm{e}^{\mathrm{i}\phi}\,|2\rangle\right\}/\sqrt{2}$, die auf dem Äquator der Kugel liegen. Die Bloch-Kugel ist ein unverzichtbares Hilfsmittel, wenn es um komplexere Pulssequenzen geht, wie etwa jene, die bei der NMR-Spektroskopie verwendet werden.

[18] Hierbei wird eine schwache Anregung vorausgesetzt: $|c_2|^2 \ll 1$.

verbreiterung eine Breite von[19]

$$\Delta f = \frac{\Delta \omega}{2\pi} = \frac{1}{\tau_p} \qquad (7.50)$$

Die Frequenzverbreiterung ist umgekehrt proportional zur Wechselwirkungsdauer,[20] was nach dem durch die Fouriertransformation vermittelten Zusammenhang zwischen Frequenz- und Zeitbereich zu erwarten war.

Wir wollen uns nun ansehen, was passiert, wenn ein Atom mit zwei separaten Strahlungspulsen wechselwirkt. Wir nehmen an, dass der erste Puls von $t = 0$ bis τ_p wirkt und der zweite von $t = T$ bis $T + \tau_p$. Integration von (7.10) mit der Anfangsbedingung $c_2(0) = 0$ führt auf

$$c_2(t) = \frac{\Omega^*}{2} \left\{ \frac{1 - \exp[i(\omega_0 - \omega)\tau_p]}{\omega_0 - \omega} \right. \qquad (7.51)$$
$$\left. + \exp[i(\omega_0 - \omega)T] \frac{1 - \exp[i(\omega_0 - \omega)\tau_p]}{\omega_0 - \omega} \right\}$$

Dies ist die Amplitude, die nach beiden Pulsen ($t > T + \tau_p$) in das obere Niveau angeregt wurde. Der erste Term in diesem Ausdruck ist die Amplitude, die durch den ersten Puls entsteht. Sie ist gleich demjenigen Teil von (7.14), der bei der Näherung rotierender Wellen übrig bleibt.[21] Im Rahmen dieser Näherung erzeugt die Wechselwirkung mit dem zweiten Puls einen ähnlichen Term, der mit einem Phasenfaktor von $\exp[i(\omega_0 - \omega)T]$ multipliziert wird. Jeder der beiden Pulse allein würde das System in der gleichen Weise beeinflussen, d. h. mit der gleichen Anregungswahrscheinlichkeit $|c_2|^2$ wie in (7.15). Wenn es zwei Pulse gibt, interferieren die Amplituden in den angeregten Zuständen, und wir erhalten

$$|c_2|^2 = \left| \Omega \frac{\sin\{(\omega_0 - \omega)\tau_p/2\}}{(\omega_0 - \omega)} \right|^2 \times |1 + \exp[i(\omega_0 - \omega)T]|^2$$
$$= \left| \frac{\Omega \tau_p}{2} \right|^2 \left[\frac{\sin(\delta \tau_p/2)}{\delta \tau_p/2} \right]^2 \cos^2\left(\frac{\delta T}{2} \right) \qquad (7.52)$$

mit der Verstimmung $\delta = \omega - \omega_0$. Die Doppelpulssequenz erzeugt ein Signal der Form, wie sie in Abbildung 7.3 gezeigt ist. Diese werden nach Norman Ramsey als **Ramsey-Streifen** bezeichnet. Sie zeigen eine starke Ähnlichkeit mit den Interferenzstreifen, die man im Youngschen Doppelspaltversuch in der Optik sieht. Die Fraunhofer-Beugung von Licht mit dem Wellenvektor k an zwei Spalten, die jeweils die Breite a und zueinander den Abstand d haben, führt zu einer Intensitätsverteilung, die als Funktion des Winkels θ durch

$$I = I_0 \cos^2\left(\frac{1}{2} kd \sin\theta \right) \text{sinc}^2\left(\frac{1}{2} ka \sin\theta \right) \qquad (7.53)$$

---

[19] Dies ist nicht die Halbwertsbreite, doch es liegt für unsere Zwecke dicht genug dran.
[20] Dies ist äquivalent zu dem Ausdruck (6.40), den wir zur Berechnung der Linienbreite einer Atomuhr verwendet hatten.
[21] Unter Weglassung der Terme mit $\omega_0 + \omega$ im Nenner.

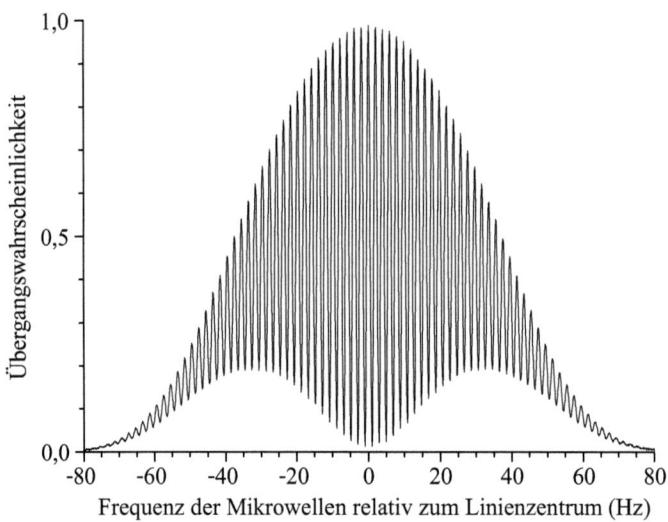

Abbildung 7.3: *Ramsey-Streifen bei einer Atomfontäne in Caesium. Aufgetragen ist die Über-gangswahrscheinlichkeit für den Übergang von $F = 3, M_F = 0$ in $F' = 4, M_{F'} = 0$ über der Frequenz der Mikrowellenstrahlung in der Wechselwirkungsregion. Die Höhe der Fontäne beträgt 31 cm, was eine Streifenbreite dicht unterhalb von 1 Hz ergibt (nämlich $\Delta f = 1/(2T) = 0{,}98$ Hz, siehe Text). Die Enveloppe der Streifen hat eine kompliziertere Form als die im Text hergelei-tete, was jedoch kaum von Bedeutung ist, da die Mikrowellen im Betrieb standardmäßig eine Frequenz sehr dicht am zentralen Wert haben, der per Definition bei $9\,192\,631\,770$ Hz liegt. Es werden hier reale experimentelle Daten gezeigt: Das Rauschen ist nicht sichtbar, weil das Signal-Rausch-Verhältnis (im zentralen Bereich) etwa bei 1000 liegt. Mit einem Signal von so extrem hoher Qualität ist die Kurzzeitstabilität einer Mikrowellenquelle bezogen auf den Caesium-Übergang etwa 1×10^{-13} für eine Mittelungsdauer von 1 s. Mit freundlicher Geneh-migung von Dale Henderson, Krzysztof Szymaniec und Chalupczak Witold, National Physical Laboratory, Teddington, UK.*

gegeben ist.[22] Die Enveloppe proportional zu sinc^2 resultiert aus der Einfachspalt-Beugung. Die $\cos^2$-Funktion bestimmt die Breite des zentralen Peaks in den beiden Gleichungen (7.53) und (7.52).[23]

Für das durch zwei Strahlungspulse angeregte Atom fällt die Anregung vom maximalen Wert $\omega = \omega_0$ auf null, wenn $\delta T/2 = \pi/2$ (oder auf die Hälfte des Maximums bei $\pi/4$). Daher hat der zentrale Peak eine Breite (Halbwertsbreite) von $\Delta\omega = \pi/T$, bzw.

$$\Delta f = \frac{1}{2T} \tag{7.54}$$

---

[22] Siehe Abschnitt 11.1 und Brooker (2003).

[23] In der Quantenmechanik wie auch in der Optik können die Amplituden von Wellen konstruktiv oder destruktiv interferieren, je nachdem, wie sich ihre Phasen relativ zueinander verhalten. Auch zeigt die Berechnung der Fraunhofer-Beugung als Fourier-Transformierte der Amplitude in der Objektebene starke Parallelen zu der über die Fourier-Transformierte vermittelte Beziehung zwischen den Pulsen im Zeitraum und der Frequenzantwort des Systems.

Dies zeigt, dass Ramsey-Streifen, die aus zwei Wechselwirkungen im Zeitabstand von T resultieren, halb so breit sind wie solche, die durch ein einzelnes Signal der Dauer T entstehen (vgl. Gleichung (7.50)). Außerdem ist es häufig von Vorteil, zwei separate Wechselwirkungsregionen zu haben, beispielsweise für Messungen in einer Atomfontäne, wie sie in Kapitel 8 beschrieben wird.[24]

In der Praxis wird bei Experimenten mit Mikrowellen mit einer starken anstatt mit (wie oben angenommen) schwacher Anregung gearbeitet, um das maximale Signal zu erhalten, d. h. $|c_2|^2 \simeq 1$. Dies ändert nichts an der Breite der Ramsey-Streifen, wie durch die Betrachtung der beiden $\pi/2$-Pulse im Abstand T gezeigt wurde. *Falls* sich zwischen den beiden Pulsen keine Phasenverschiebung akkumuliert, dann wirken sie zusammen wie ein π-Puls, der die gesamte Population in den oberen Zustand überführt – also vom Nordpol zum Südpol der Bloch-Kugel, wie in Abbildung 7.2 gezeigt ist. Wenn sich während des Zeitintervalls T jedoch eine relative Phasenverschiebung von π angesammelt hat, dann kommt es zur destruktiven Interferenz zwischen den Amplituden im oberen Zustand, die von den beiden Pulsen erzeugt wurden.[25] Somit tritt das erste Minimum aus dem zentralen Streifen für $\delta T = \pi$ auf. Dies ist die Bedingung, die auf Gleichung (7.54) führte, und somit bleibt diese Gleichung exakt.

7.5 Strahlungsdämpfung

In diesem Abschnitt wird gezeigt, wie die Dämpfung auf die kohärente Entwicklung des im letzten Abschnitt eingeführten Bloch-Vektors wirkt. Aus der Analogie mit einem klassischen Dipol können wir schlussfolgern, dass in den Gleichungen (7.46) ein Dämpfungsterm berücksichtigt werden sollte. Natürlich ersetzt ein solcher Analogieschluss keine echte Herleitung. Er kann nur ein plausibles Argument dafür sein, dass die Gleichungen die richtige Form haben, vor allem aber ist er hilfreich für das Verständnis der zugrunde liegenden Physik.

7.5.1 Dämpfung eines klassischen Dipols

Eine Dämpfung durch spontane Emission kann auf physikalisch intuitive Weise in die quantenmechanische Behandlung des Zwei-Niveau-Atoms eingeführt werden, nämlich

---

[24] Ramsey führte für ein Atomstrahlexperiment ursprünglich zwei separate Wechselwirkungen ein, um die Linienverbreiterung durch inhomogene Magnetfelder zu vermeiden. Eine kleine Phasendifferenz zwischen den beiden Wechselwirkungsregionen verursacht einfach eine Phasenverschiebung der Streifen. Wenn dagegen das Atom mit der Strahlung innerhalb einer Region mit variierendem Feld wechselwirkt, dann addieren sich die Phasen der Beiträge aus den beiden Teilen der Wechselwirkungsregion nicht. Die in der Optik häufig verwendete Zeigerdarstellung ist eine nützliche Methode, mit der man sich auch hier Klarheit verschaffen kann. Die Streifen haben einen starken Kontrast, wenn die beiden Spalte mit dem Abstand d kohärent bestrahlt werden. Um jedoch die Beugungsgrenze für einen einfachen Spalt der Breite d zu erreichen, braucht man über die gesamte Länge der Versuchsanordnung eine gute Wellenfront.

[25] Bei der Beschreibung mithilfe der Bloch-Kugel entspricht dies dem folgenden Weg: Der anfängliche $\pi/2$-Puls verursacht den Übergang $\hat{e}_3 \to \hat{e}_2$, dann bewirkt die akkumulierte Phase, dass der Zustandsvektor sich entlang des Äquators der Kugel nach $-\hat{e}_2$ bewegt, von wo der finale $\pi/2$-Puls das System zurück nach $\hat{e}_3$ führt (siehe Abbildung 7.2). Dieser Formalismus gestattet quantitative Berechnungen des Endzustands für Pulse jeden Typs.

durch Vergleich mit der Dämpfung eines klassischen Systems. Wir beginnen mit einer knappen Darstellung der Behandlung des gedämpften harmonischen Oszillators und schreiben die klassischen Gleichungen in einer für unsere Zwecke geeigneten Form. Ein harmonischer Oszillator mit der Eigenfrequenz ω_0 hat nach dem zweiten Newtonschen Gesetz die Bewegungsgleichung

$$\ddot{x} + \beta\dot{x} + \omega_0^2 x = \frac{F(t)}{m}\cos\omega t \qquad (7.55)$$

Die treibende Kraft hat die Amplitude $F(t)$. Diese variiert langsam im Vergleich zu den Oszillationen der treibenden Frequenz. (Die Reibungskraft ist $F_{\text{reib}} = -\alpha\dot{x}$ und es gilt $\beta = \alpha/m$ mit der Masse m.) Für diese Gleichung suchen wir eine Lösung der Form

$$x = \mathcal{U}(t)\cos\omega t - \mathcal{V}(t)\sin\omega t \qquad (7.56)$$

Dieser Ansatz nimmt vorweg, dass die Zeitabhängigkeit der Lösung im Wesentlichen eine Oszillation mit der Frequenz ω ist. Die Funktion $\mathcal{U}$ ist die Komponente der Verschiebung, die phasengleich ist mit der Kraft, und die Blindkomponente $\mathcal{V}$ hat einen Phasenvorlauf [26] von $\pi/2$ gegenüber $F\cos\omega t$.[27] Durch Einsetzen von (7.56) in (7.55) und Koeffizientenvergleich erhalten wir das Gleichungssystem

$$\dot{\mathcal{U}} = (\omega - \omega_0)\mathcal{V} - \frac{\beta}{2}\mathcal{U}$$
$$\dot{\mathcal{V}} = -(\omega - \omega_0)\mathcal{U} - \frac{\beta}{2}\mathcal{V} - \frac{F(t)}{2m\omega} \qquad (7.57)$$

Die Amplituden $\mathcal{U}$ und $\mathcal{V}$ ändern sich mit der Zeit bzw. mit der Amplitude der treibenden Kraft, doch wir nehmen an, dass diese Änderung langsam im Vergleich zu den schnellen Oszillationen mit ω erfolgt. Diese **Näherung der langsam variierenden Enveloppe** wurde bei der Herleitung von Gleichung (7.57) verwendet, d.h., $\ddot{\mathcal{U}}$ und $\ddot{\mathcal{V}}$ wurden weggelassen und es wurde angenommen, dass $\dot{\mathcal{V}} \ll \omega\mathcal{V}$ (siehe Allen und Eberly 1975). Indem wir die ersten Ableitungen null setzen ($\dot{\mathcal{U}} = \dot{\mathcal{V}} = 0$), finden wir die Form der Lösung, die eine gute Näherung für den Fall darstellt, dass sich die Amplituden und die Kraft nur langsam im Vergleich zur Dämpfungszeit $1/\beta$ des Systems ändern:

$$\mathcal{U} = \frac{\omega_0 - \omega}{(\omega - \omega_0)^2 + (\beta/2)^2}\frac{F}{2m\omega} \qquad (7.58)$$

$$\mathcal{V} = \frac{-\beta/2}{(\omega - \omega_0)^2 + (\beta/2)^2}\frac{F}{2m\omega} \qquad (7.59)$$

Da die Näherung $\omega^2 - \omega_0^2 = (\omega + \omega_0)(\omega - \omega_0) \simeq 2\omega(\omega - \omega_0)$ verwendet wurde, sind diese Gleichungen nur in der Nähe der Resonanz gültig[28]; sie geben jedoch ein falsches

---

[26] Ein Phasenvorlauf tritt auf, wenn $\mathcal{V}(t) > 0$, denn es gilt $-\sin\omega t = \cos(\omega t + \pi/2)$. Für $\mathcal{V}(t) < 0$ liegt eine Phasenverzögerung vor.

[27] Diese Methode zur Beschreibung der Komponenten $\mathcal{U}$ und $\mathcal{V}$ ist äquivalent mit der Zeigerdarstellung, von der in der Theorie der AC-Schaltkreise (bestehend aus Kondensatoren, Spulen und Widerständen) in starkem Maße Gebrauch gemacht wird, um den Gangunterschied zwischen dem Strom und einer angelegten Spannung in der Form $V_0\cos\omega t$ darzustellen.

[28] Dies ist eine sehr gute Näherung für optische Übergänge, denn typischerweise ist $\beta/\omega_0 \simeq 10^{-6}$. Die Annahme einer kleinen Dämpfung ist in diesen Gleichungen implizit enthalten, sodass die Resonanzfrequenz sehr dicht bei ω_0 liegt.

Ergebnis für $\omega \simeq 0$. Die Phase finden wir aus $\tan\phi = \mathcal{V}/\mathcal{U}$ (siehe Aufgabe 7.7). Für eine Kraft mit konstanter Amplitude liegt die Phase ϕ zwischen 0 und $-\pi$.[29]

Die Summe aus kinetischer Energie $\frac{1}{2}m\dot{x}^2$ und potentieller Energie $\frac{1}{2}m\omega_0^2 x^2$ liefert die Gesamtenergie $E = \frac{1}{2}m\omega^2\left(\mathcal{U}^2 + \mathcal{V}^2\right)$, wenn die Näherung $\omega_0^2 \simeq \omega^2$ verwendet wird. Die Energie ändert sich mit der Rate $\dot{E} = m\omega^2(\mathcal{U}\dot{\mathcal{U}} + \mathcal{V}\dot{\mathcal{V}})$, sodass wir unter Verwendung von (7.57) für $\dot{\mathcal{U}}$ und $\dot{\mathcal{V}}$ die Gleichung

$$\dot{E} = -\beta E - F\mathcal{V}\frac{\omega}{2} \qquad (7.60)$$

erhalten. Wenn es keine treibende Kraft gibt ($F = 0$), fällt die Energie exponentiell. Dies ist konsistent mit der komplementären Funktion nach Gleichung (7.55) (der Lösung für $F = 0$), die für die transiente Antwort des Oszillators

$$x = x_0 e^{-\beta t/2} \cos\left(\omega' t + \varphi\right) \qquad (7.61)$$

liefert.[30] Die Energie ist proportional zum Quadrat der Amplitude der Bewegung; folglich wird aus der Abhängigkeit $\sim \exp\left(-\beta t/2\right)$ in (7.61) $E \propto \exp\left(-\beta t\right)$. Der Term $F\mathcal{V}\omega/2$ in (7.60) ist die Rate, mit der die treibende Kraft auf den Oszillator wirkt. Dies kann man an dem folgenden Ausdruck für die Leistung als Kraft mal Geschwindigkeit sehen:

$$\overline{P} = \overline{F(t)\cos(\omega t)\,\dot{x}} \qquad (7.62)$$

Die Überstriche bedeuten, dass über viele Perioden der Oszillation mit ω gemittelt wurde, doch die Amplitude der Kraft $F(t)$ kann auf einer längeren Zeitskala (langsam) variieren. Differentiation von Gleichung (7.56) liefert für die Geschwindigkeit[31]

$$\dot{x} \simeq -\mathcal{U}\omega\sin\omega t - \mathcal{V}\omega\cos\omega t \qquad (7.63)$$

und nur der Kosinusterm trägt zu der über mehrere Perioden gemittelten Leistung bei:[32]

$$\overline{P} = -F(t)\mathcal{V}\frac{\omega}{2} \qquad (7.64)$$

Dies zeigt, dass die Absorption von Energie aus der Blindkomponente $\mathcal{V}$ der Antwort resultiert.

Im klassischen Modell des Atoms, bestehend aus einem Elektron, das einfache harmonische Schwingungen ausführt, übt das oszillierende elektrische Feld der einfallenden

---

[29] Aus der Behandlung des gedämpften harmonischen Oszillators ist bekannt, dass die mechanische Antwort der Ursache hinterherhinkt. Bei niedrigen Frequenzen kann das System der treibenden Kraft dicht folgen, doch oberhalb der Resonanzfrequenz liegt die Phasenverschiebung im Intervall $-\pi/2 < \varphi < -\pi$.

[30] Für schwache Dämpfung ($\beta/\omega_0 \ll 1$) ist die Frequenz der abklingenden Oszillationen $\omega' = \{\omega_0^2 - \beta^2/4\}^{1/2} \simeq \omega_0$.

[31] Wir verwenden die gleiche Näherung der langsam variierenden Enveloppe wie für das Gleichungssystem (7.57), nämlich $\dot{\mathcal{V}} \ll \omega\mathcal{V}$ usw.

[32] Dies ist wegen $r < 0$ normalerweise eine positive Größe (siehe (7.59)).

Strahlung eine Kraft $F(t) = -e|\mathbf{E}_0| \cos \omega t$ auf das Elektron aus. Jedes Atom einer Probe hat ein elektrisches Dipolmoment von $D = -ex$ (in Richtung des angelegten Feldes). Die Blindkomponente des Dipols, die zur Absorption führt, ist eine Lorentz-Funktion, deren Frequenz durch (7.59) festgelegt ist. Die phasengleiche Komponente des Dipols, die die Polarisierung des Mediums und seinen Brechungsindex bestimmt (Fox 2001), hat eine Frequenz gemäß (7.58).[33]

Wenn die Änderungen der treibenden Kraft langsam erfolgen, dann hat (7.60) die quasistationäre Lösung

$$E = \frac{|F\mathcal{V}|\omega}{2\beta} \tag{7.65}$$

Dies zeigt, dass die Energie des klassischen harmonischen Oszillators linear mit der Stärke der treibenden Kraft wächst, während es in einem Zwei-Niveau-System eine obere Schranke gibt, wenn alle Atome in das obere Niveau angeregt wurden.

7.5.2   Die optischen Bloch-Gleichungen

Die Energie eines Zwei-Niveau-Atoms ist proportional zur Population im angeregten Zustand, $E = \rho_{22}\hbar\omega_0$. Analog zu Gleichung (7.60) für die Energie des harmonischen Oszillators führen wir in (7.44) einen Dämpfungsterm ein. Wir betrachten also die Gleichung

$$\dot{\rho}_{22} = -\Gamma\rho_{22} + \frac{\Omega}{2}v \tag{7.66}$$

Ohne den treibenden Term ($\Omega = 0$) beschreibt diese Gleichung den exponentiellen Zerfall der Population im Niveau 2, nämlich $\rho_{22}(t) = \rho_{22}(0)\exp(-\Gamma t)$. In der Analogie zwischen dem quantenmechanischen System und einem klassischen Oszillator entspricht Γ der Konstante β. Aus den Gleichungen (7.57) sehen wir, dass die Kohärenzen u und v einen Dämpfungsfaktor $\Gamma/2$ haben. Die Gleichungen (7.46) werden zu **optischen Bloch-Gleichungen**[34]

$$\dot{u} = \delta v - \frac{\Gamma}{2}u \, ,$$
$$\dot{v} = -\delta u + \Omega w - \frac{\Gamma}{2}v \, , \tag{7.67}$$
$$\dot{w} = -\Omega v - \Gamma(w - 1) \, .$$

Für $\Omega = 0$ gilt für die Populationsdifferenz $w \to 1$. Diese optischen Bloch-Gleichungen beschreiben die Anregung eines Zwei-Niveau-Atoms durch Strahlung dicht an der Resonanzfrequenz für einen Übergang, der durch spontane Emission zerfällt. Es würde hier

---

[33] Siehe Abbildung 9.12.

[34] Hauptzweck dieser recht ausführlichen Diskussion des klassischen Falls war es, die Korrespondenz zwischen u, v und U, V zu beleuchten, um diesen Schritt plausibel zu machen. Daneben kann sie dem Leser als Erinnerung an das klassische Oszillatormodell des Elektrons zur Beschreibung von Absorption und Dispersion dienen (was in der Atomphysik wichtig ist).

den Rahmen sprengen, sämtliche Eigenschaften dieser Gleichungen sowie ihre vielfältigen und interessanten Anwendungen zu beleuchten. Wir wollen uns auf die stationäre Lösung konzentrieren. Diese stellt sich für Zeiten ein, die lang sind im Vergleich zur Lebensdauer des oberen Niveaus ($t \gg \Gamma^{-1}$), und sie lautet[35]

$$\begin{pmatrix} u \\ v \\ w \end{pmatrix} = \frac{1}{\delta^2 + \Omega^2/2 + \Gamma^2/4} \begin{pmatrix} \Omega\,\delta \\ \Omega\,\Gamma/2 \\ \delta^2 + \Gamma^2/4 \end{pmatrix} \tag{7.68}$$

An diesen Gleichungen sieht man, dass ein starkes treibendes Feld ($\Omega \to \infty$) die Tendenz hat, die Populationen auszugleichen, also $w \to 0$. Entsprechend hat das obere Niveau eine stationäre Population von

$$\rho_{22} = \frac{1-w}{2} = \frac{\Omega^2/4}{\delta^2 + \Omega^2/2 + \Gamma^2/4} \tag{7.69}$$

und für wachsende Intensität gilt $\rho_{22} \to 1/2$. Dieses wichtige Ergebnis wird in Kapitel 9 im Zusammenhang mit Strahlungskräften benutzt.

Bei den obigen Ausführungen wurden die optischen Bloch-Gleichungen durch eine Analogie mit dem klassischen gedämpften harmonischen Oszillator begründet. Sie sind jedoch auch eng mit den Bloch-Gleichungen verwandt, die das Verhalten eines Spin-1/2-Teilchens in einer Kombination aus statischen und oszillierenden Magnetfeldern beschreibt.[36] Für Leser, die mit der Magnetresonanztechnik vertraut sind, kann es hilfreich sein, eine Analogie mit diesem historisch wichtigen Fall herzustellen.[37] Für Zeiten, die wesentlich kürzer sind als die Dämpfungs- oder Relaxationszeit, verhalten sich das Zwei-Niveau-Atom und das Spin-1/2-System gleich, d. h., sie zeigen eine kohärente Evolution wie π- und $\pi/2$-Pulse. Es wurde eine stationäre Lösung der optischen Bloch-Gleichungen vorgestellt (und es wurde nichts gesagt über das abweichende Ergebnis für ein Spin-1/2-System).

---

[35] Die stationäre Lösung erhält man, indem man in (7.67) $\dot{u} = \dot{v} = \dot{w} = 0$ setzt.

[36] Der Zeeman-Effekt führt zu einer Aufspaltung zwischen den Zuständen mit $m_s = \pm 1/2$ und ergibt somit ein Zwei-Niveau-System. Das oszillierende Magnetfeld treibt *magnetische Dipolübergänge* zwischen diesen Niveaus an. In der Atomphysik treten solche Übergänge zwischen Zeeman-Zuständen und den Hyperfeinniveaus auf (siehe Kapitel 6).

[37] Die Bloch-Gleichungen waren aus der Magnetresonanztechnik gut bekannt, bevor es mithilfe von Lasern möglich wurde, kohärente Phänomene bei optischen Übergängen zu beobachten. Bei Radiofrequenzübergängen ist die spontane Emission vernachlässigbar und der magnetische Dipol der gesamten Probe zerfällt aufgrund anderer Mechanismen. Während die optischen Bloch-Gleichungen (7.67) Zerfallsraten von Γ bzw. $\Gamma/2$ für die Populationen bzw. die Kohärenz haben, treten bei den Bloch-Gleichungen $1/T_1$ und $1/T_2$ auf. Die Zerfallsraten $1/T_1$ und $1/T_2$ bei Magnetresonanzverfahren werden durch T_1 und T_2, die longitudinalen und transversalen Relaxationszeiten, ausgedrückt. Unter bestimmten Umständen sind die beiden Relaxationszeiten ähnlich, in anderen Fällen gilt jedoch $T_2 \ll T_1$. T_1 beschreibt die Relaxation der Komponente des magnetischen Moments, die parallel zum angelegten Feld **B** ist. Diese Relaxation erfordert den Austausch von Energie (beispielsweise mit den Phononen eines Festkörpers). T_2 resultiert aus dem Auseinanderlaufen der Phasen der einzelnen magnetischen Momente (Spins), was zum Zerfall der Magnetisierung der Probe senkrecht zu **B** führt. Weitere Einzelheiten finden Sie in Büchern zur Festkörpertheorie, zum Beispiel Kittel (2004 bzw. 2006).

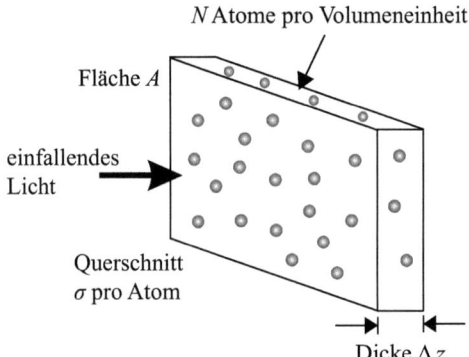

Abbildung 7.4: *Atome mit der Teilchenzahldichte N sind in einer Scheibe der Dicke Δz verteilt und absorbieren den Anteil $N\sigma\Delta z$ der einfallenden Strahlungsintensität. Die Größe σ ist dabei der Wirkungsquerschnitt (für die Absorption). $N\Delta z$ ist die Anzahl der Atome pro Einheitsfläche und σ stellt die „Zielfläche" pro Atom dar. Wir nehmen an, dass die Bewegung der Zielatome ignoriert werden kann (die Doppler-Verbreiterung wird in Aufgabe 7.9 behandelt) und außerdem, dass Atome aus der nächsten Schicht (der Dicke Δz) sich nicht hinter diesen Atomen „verstecken" können (siehe Brooker, Problem 3.26).*

7.6   Der Wirkungsquerschnitt der optischen Absorption

Wenn ein Atom monochromatischer Strahlung ausgesetzt wird, führt es Rabi-Oszillationen aus, doch wenn der Übergang gedämpft wird, begibt sich das Atom schließlich in einen stationären Zustand, in dem die Anregungsrate gleich der Zerfallsrate ist. Dies wurde oben für einen optischen Übergang mit spontaner Emission explizit gezeigt. Die gleiche Reduktion der kohärenten Entwicklung von Quantenamplituden auf eine einfache Ratengleichung für Populationen (quadrierte Amplituden) tritt auch für andere Verbreiterungsmechanismen auf, beispielsweise bei der Doppler-Verbreiterung (Kapitel 8) und durch Stöße. Die Gleichgewichtssituation für monochromatische Strahlung wird also durch Ratengleichungen beschrieben, wie sie bei Einsteins Behandlung der Anregung durch breitbandige Strahlung auftritt (siehe Gleichungen 1.25). Es ist vorteilhaft, diese Ratengleichungen über den Wirkungsquerschnitt der optischen Absorption auszudrücken, der in der üblichen Weise (siehe Abbildung 7.4) definiert ist. Betrachten wir einen Strahl von Teilchen (in diesem Fall Photonen), die durch ein Medium mit N Atomen pro Volumeneinheit gehen.[38] Eine Scheibe der Dicke Δz hat $N\Delta z$ Atome pro Flächeneinheit, und der Anteil der von den Zielatomen absorbierten Teilchen ist $N\sigma\Delta z$, wobei σ als der Wirkungsquerschnitt definiert ist; $N\sigma\Delta z$ gibt den Anteil der Zielfläche an, der mit Atomen belegt ist, und dies ist gleich der Wahrscheinlichkeit, dass ein einfallendes Teilchen ein Atom in dieser Fläche trifft (während es durch die Scheibe dringt). Der Parameter σ, der die Absorptionswahrscheinlichkeit charakterisiert, kann ebenso gut im Rahmen der Quantenmechanik definiert werden (dort sind

---

[38] N ist die Teilchendichte und hat nach der üblichen Konvention in der Laserphysik die Einheit m^{-3}.

Photonen und Teilchen keine lokalisierbaren Objekte, sondern „fuzzy"), allerdings hat dieser Wirkungsquerschnitt nur wenig mit der physikalischen Größe des Objekts zu tun (wie wir sehen werden). Die Absorptionswahrscheinlichkeit entspricht dem Intenitätsverlust, $\Delta I/I = -N\sigma\Delta z$, sodass die Abschwächung des Strahls durch

$$\frac{\mathrm{d}I}{\mathrm{d}z} = -\kappa\left(\omega\right)I = -N\sigma(\omega)I \qquad (7.70)$$

beschrieben wird. Hierbei ist $\kappa(\omega)$ der Absorptionskoeffizient bei der Frequenz ω der einfallenden Photonen. Die Integration dieser Gleichung liefert für die Intensität einen exponentiellen Abfall mit zunehmenden Abstand:

$$I\left(\omega, z\right) = I\left(\omega, 0\right)\exp\left\{-\kappa\left(\omega\right)z\right\} \qquad (7.71)$$

Diese Formel, bekannt als beersches Gesetz (siehe Fox 2001), ist gut brauchbar für die Absorption von Licht geringer Intensität, das den größten Teil der Population im Grundzustand belässt. Intensives Laserlicht beeinflusst die Populationen der atomaren Niveaus signifikant. Atome in Niveau 2 unterliegen einer stimulierten Emission und dieser Prozess führt zu einem Intensitätsgewinn (Verstärkung), der einen Teil der Absorption aufhebt. Gleichung (7.70) muss wie folgt modifiziert werden:[39]

$$\frac{\mathrm{d}I}{\mathrm{d}z} = -\kappa\left(\omega\right)I\left(\omega\right) = -\left(N_1 - N_2\right)\sigma\left(\omega\right)I\left(\omega\right) \qquad (7.72)$$

Absorption und stimulierte Emission haben den gleichen Wirkungsquerschnitt. In dem Spezialfall eines Zwei-Niveau-Atoms sieht man dies an der Vertauschungssymmetrie für die Indizes 1 und 2. Das oszillierende elektrische Feld treibt den Übergang von 1 nach 2 mit der gleichen Rate an wie den umgekehrten Prozess – nur die spontane Emission ist eine Einbahnstraße. Dies ist ein Beispiel für das allgemeine Prinzip, wonach ein guter Absorber auch ein guter Emitter ist.[40] Eine Verbindung gibt es auch mit der Gleichheit der Einstein-Koeffizienten $B_{12} = B_{21}$ für nicht entartete Niveaus. Die Populationsdichten in den beiden Niveaus erfüllen die Erhaltungsgleichung $N = N_1 + N_2$.[41] Im stationären Zustand erfordert die Energieerhaltung pro Volumeneinheit des Absorbers

$$\left(N_1 - N_2\right)\sigma(\omega)I\left(\omega\right) = N_2 A_{21}\hbar\omega \qquad (7.73)$$

Auf der linken Seite steht der Betrag, um den die Absorptionsrate die stimulierte Emission übersteigt, d. h. die Nettorate der pro Volumeneinheit absorbierten Energie. Auf

---

[39] Wir versuchen nicht, die Entartung der Niveaus mit einzuarbeiten, da die Bestrahlung mit stark polarisiertem Laserlicht gewöhnlich zu *ungleichen* Populationen in den Zuständen mit unterschiedlichen M_J bzw. M_F führt. Dies unterscheidet sich von der in der Laserphysik üblichen Situation, wo die Anregung oder der Pumpmechanismus alle Zustände eines gegebenen Niveaus mit der gleichen Rate besetzt, sodass N_1/g_1 und N_2/g_2 als die Populationsdichten der Zustände betrachtet werden können. Durch selektive Anregung des oberen Niveaus erreicht man $N_2/g_2 > N_1/g_1$, also eine Ausbeute.

[40] Die Gesetze der Thermodynamik erfordern, dass ein Objekt bei gleicher Temperatur im Gleichgewicht mit Schwarzkörperstrahlung bleibt; folglich muss es eine Balance zwischen absorbierter und emittierter Leistung geben.

[41] Vergleichen Sie dies mit den Gleichungen (1.26), (7.7) und (7.43).

der rechten Seite steht die Rate, mit der Atome Energie aus dem Strahl streuen – die Rate der spontanen Emission für Atome im angeregten Zustand mal $\hbar\omega$.[42] Die Teilchenzahldichten hängen mit den Variablen in den optischen Bloch-Gleichungen über $\rho_{22} = N_2/N$ zusammen, und es gilt

$$w = \frac{N_1 - N_2}{N} \tag{7.74}$$

Die Größen w und ρ_{22} sind durch (7.68) bzw. (7.69) gegeben. Somit gilt

$$\sigma(\omega) = \frac{\rho_{22}}{w} \frac{A_{21}\hbar\omega}{I} = \frac{\Omega^2/4}{(\omega - \omega_0)^2 + \Gamma^2/4} \times \frac{A_{21}\hbar\omega}{I} \tag{7.75}$$

Da I und Ω^2 beide proportional zu $|E_0|^2$ sind, kürzen sich diese Größen heraus, und durch weitere Umformungen erhalten wir schließlich[43]

$$\sigma(\omega) = 3 \times \frac{\pi^2 c^2}{\omega_0^2} A_{21}\, g_{\mathrm{H}}(\omega) \tag{7.76}$$

Die Frequenzabhängigkeit vom Typ einer Lorentz-Kurve kann durch die **Linienformfunktion**

$$g_{\mathrm{H}}(\omega) = \frac{1}{2\pi} \frac{\Gamma}{(\omega - \omega_0)^2 + \Gamma^2/4} \tag{7.77}$$

ausgedrückt werden. Der Index H steht hier für homogen, also etwas, das für alle Atome gleich ist, wie die hier betrachtete Strahlungsverbreiterung.[44] Der Flächeninhalt unter der Linienformfunktion ist gleich eins:

$$\int_{-\infty}^{\infty} g_{\mathrm{H}}(\omega)\, \mathrm{d}\omega = 1 \tag{7.78}$$

Anstelle des in (7.76) auftretenden Faktors 3 kann jeder beliebige Wert zwischen 0 und 3 stehen. Der maximale Wert ist 3, er tritt auf, wenn die Atome die optimale Ausrichtung haben, um einen Strahl polarisiertes Laserlicht (außer einer speziellen Richtung) zu absorbieren. Doch wenn entweder das Licht nicht polarisiert ist oder die Atome eine zufällige Ausrichtung haben (wenn sie also gleichmäßig über alle M_J-Zustände oder M_F-Zustände verteilt sind), dann ist der Faktor 1, da $|X_{12}|^2 = |D_{12}|^2/3$ wie in Gleichung (7.21) (nach der Mittelung von $\cos^2\theta$ über alle Winkel), und dieses $1/3$ hebt den Faktor 3 gerade auf.[45] Unter diesen Umständen hängt die Absorption nicht vom magnetischen Zustand (M_J oder M_F) ab, sodass ein reales Atom mit entarteten Niveaus

---

[42] Hierbei wird angenommen, dass Atome ihre Energie nicht auf andere Weise verlieren, etwa durch inelastische Stöße.

[43] Die Intensität hängt mit der Amplitude des elektrischen Feldes über $I = \epsilon_0 c\,|E_0(\omega)|^2/2$ und $\Omega^2 = e^2 X_{12}^2 |E_0|^2/\hbar^2$ zusammen (siehe (7.12)). Außerdem gilt $X_{12}^2 = |D_{12}|^2/3 \propto A_{21}$ (siehe (7.23)). Die Entartungsfaktoren für das Zwei-Niveau-Atom sind $g_1 = g_2 = 1$, doch siehe auch (7.79).

[44] Allgemein führt ein homogener Verbreiterungsmechanismus auf eine Lorentz-Kurve.

[45] Spontan emittierte Photonen haben zufällige Richtungen. Daher tritt bei der Berechnung von A_{21} immer eine Mittelung über den Winkel auf.

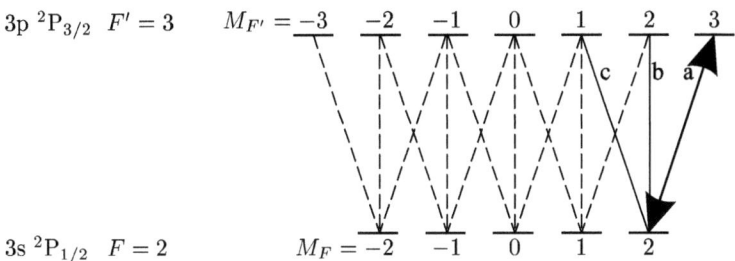

$3p\ ^2P_{3/2}\ F' = 3 \qquad M_{F'} = -3 \quad -2 \quad -1 \quad 0 \quad 1 \quad 2 \quad 3$

$3s\ ^2P_{1/2}\ F = 2 \qquad M_F = -2 \quad -1 \quad 0 \quad 1 \quad 2$

Abbildung 7.5: *Die Zeeman-Zustände der Hyperfeinniveaus* 3s $^2P_{1/2}$ F = 2 *und* 3p $^2P_{3/2}$ F' = 3 *von Natrium mit den erlaubten elektrischen Dipolübergängen. Die anderen Hyperfeinniveaus (F = 1 und F' = 0, 1, 2) sind nicht dargestellt. Die Anregung des Übergangs F = 2, M_F = 2 nach F' = 3, $M_{F'}$ = 3 (mit* a *bezeichnet) ergibt einen geschlossenen Zyklus, der ähnliche Eigenschaften hat wie ein Zwei-Niveau-Atom. Die Auswahlregeln schreiben vor, dass Atome im Zustand F' = 3, $M_{F'}$ = 3 spontan in den Anfangszustand zerfallen. (Zirkular polarisiertes Licht, das* ΔM_F = +1-*Übergänge anregt, führt zu Zyklen aus Absorption und Emission, die die Tendenz haben, die Population im (F=2)-Niveau in den Zustand mit maximalem* M_F *zu treiben. Dieser Prozess des* **optischen Pumpens** *bietet eine Möglichkeit, eine Probe von Atomen in diesem Zustand zu präparieren.) Wenn alle Atome die richtige Orientierung haben, ist Gleichung (7.76) anwendbar (hier also, wenn sie im Zustand F = 2, M_F = 2 sind). Atome in diesem Zustand liefern eine geringere Absorption für linear polarisiertes Licht (Übergang* b*) oder zirkulare Polarisierung der falschen Händigkeit (Übergang* c*).*

einen Wirkungsquerschnitt von

$$\sigma\left(\omega\right) = \frac{g_2}{g_1} \times \frac{\pi^2 c^2}{\omega_0^2}\, A_{21}g_{\mathrm{H}}(\omega) \tag{7.79}$$

hat. Diese Gleichung oder (7.76) ist in vielen experimentellen Situationen anwendbar. Das folgende Beispiel gibt eine Vorstellung der zugrunde liegenden Physik.[46]

Beispiel 7.2 *Atome in einem speziellen M_F-Zustand wechselwirken mit einem polarisierten Laserstrahl, zum Beispiel Natriumatome in einer Magnetfalle, die einen zirkular polarisierten Sondenstrahl absorbiert (Abbildung 7.5).*
Dies ergibt effektiv ein Zwei-Niveau-System, und die Polarisierung des Lichts entspricht der Orientierung des Atoms, sodass Gleichung (7.76) gilt (der Vorfaktor hat den Maximalwert 3). Um den Übergang ΔM_F = +1 anzutreiben, muss das zirkular polarisierte Licht die richtige Händigkeit haben und in Richtung der Quantisierungsachse des Atoms propagieren (in diesem Beispiel ist diese durch das Magnetfeld definiert).[47]

---

[46] Gewöhnlich wird für Atome mit wohldefinierter Orientierung die Polarisierung des Lichts so gewählt, dass der Wirkungsquerschnitt maximal wird. Andernfalls kann zur Bestimmung der Matrixelemente eine Drehimpulsrechnung nötig sein. Nur in Spezialfällen wird man die Polarisierung so wählen, dass man eine schwache Wechselwirkung erhält, also einen Vorfaktor in (7.76), der viel kleiner ist als eins.

[47] Die Richtung des elektrischen Feldes am Atom hängt sowohl von der Polarisierung als auch von der Richtung der Strahlung ab. Beispielsweise treibt zirkular polarisiertes Licht, das senkrecht zur Quantisierungsachse propagiert, die Übergänge ΔM_F = 0 und ±1 an (also π- und σ-Übergänge). Dies führt zu einem kleineren Wirkungsquerschnitt als für den Fall, dass das Licht in Richtung der Achse propagiert. Strahlung, die in alle Richtungen propagiert, erzeugt kein polarisiertes elektrisches Feld. Ein Beispiel hierfür ist isotrope Strahlung in einem Schwarzen Strahler.

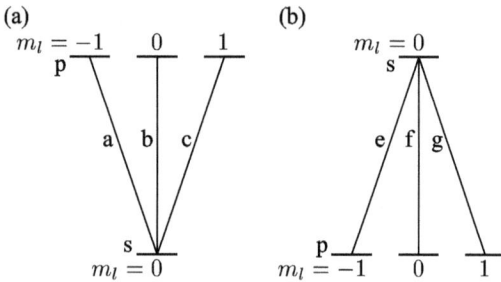

Abbildung 7.6: *Vergleich zwischen einem s–p und einem p–s-Übergang. (a) Die drei Übergänge a, b und c zwischen dem s- und dem p-Niveau haben die gleiche Stärke. Der physikalische Grund hierfür ist, dass die spontane Zerfallsrate der oberen m_l-Zustände nicht von der räumlichen Orientierung des Atoms abhängen kann. Linear polarisiertes Licht parallel zur z-Achse treibt nur den π-Übergang b an, und es tritt ein spontaner Zerfall zurück in den Anfangszustand auf, da es keine anderen erreichbaren Zustände gibt – dies liefert das Äquivalent eines Zwei-Niveau-Systems. Der s–p-Übergang ist ein Spezialfall, in dem die Absorption nicht von der Polarisierung abhängt. Beispielsweise liefert unpolarisiertes Licht für die drei Übergänge a, b und c gleiche Anregungsraten. Dies erhöht die Absorption um den Entartungsfaktor $g_2/g_1 = 3$, was den Faktor 1/3 aus der Mittelung über die Orientierung aufhebt. (b) Im Gegensatz dazu ist der Wirkungsquerschnitt des Peaks für den p–s-Übergang ein Neuntel von dem in (a).*

Beispiel 7.3 *Die Absorption von Licht bei einem s–p-Übergang, beispielsweise die 3s–3p-Resonanzlinie von Natrium*

Licht einer bestimmten Polarisierung und Richtung treibt einen Übergang in ein magnetisches Unterniveau des oberen Niveaus an (siehe Abbildung 7.6).[48] Da im unteren Niveau immer $m_l = 0$ gilt, gibt es keine Mittelung über die Orientierung und es gilt (7.76). Unpolarisiertes Licht regt in gleichem Maße Übergänge in die drei oberen m_l-Zustände an. Für jeden Übergang liefert das Mitteln einen Faktor 1/3, doch alle drei Übergänge tragen im gleichen Maß zur Absorption bei, sodass die Atome den gleichen Wirkungsquerschnitt haben wie für polarisiertes Licht (Gleichung (7.79) mit $g_2/g_1 = 3$). Somit ist der s–p-Übergang ein Spezialfall, der unabhängig von der Polarisierung des Lichts immer den gleichen Wirkungsquerschnitt für die Absorption liefert. Atome mit $m_l = 0$ haben keine bevorzugte Richtung und wechselwirken in der gleichen Weise mit Licht beliebiger Polarisation (oder Richtung). Für den in Abbildung 7.6(b) gezeigten p–s-Übergang dagegen wechselwirken Atome in einem gegebenen m_l-Zustand nur mit Licht, das die richtige Polarisierung hat, um den Übergang nach $m_l = 0$ anzutreiben.

---

[48] Der Spin wird hier vernachlässigt. Dies ist gerechtfertigt, wenn entweder die Feinstruktur nicht aufgelöst ist (zum Beispiel für den Übergang 2s–3p in Wasserstoff, wo die Feinstruktur des oberen Niveaus klein ist) oder für die Übergänge zwischen Singuletttermen, d. h. ^{1}S–^{1}P und ^{1}P–^{1}S (mit $m_l \rightarrow M_l$ in Abbildung 7.6).

7.6.1 Wirkungsquerschnitt für reine Strahlungsverbreiterung

Der durch (7.76) gegebene Wirkungsquerschnitt der Absorption bei $\omega = \omega_0$ ist

$$\sigma\left(\omega_0\right) = 3 \times \frac{2\pi c^2}{\omega_0^2} \frac{A_{21}}{\Gamma} \tag{7.80}$$

In einem Zwei-Niveau-Atom kann das obere Niveau nur in das untere Niveau 1 zerfallen, sodass $\Gamma = A_{21}$. Für einen Übergang der Wellenlänge $\lambda_0 = 2\pi c/\omega_0$ erhalten wir

$$\sigma\left(\omega_0\right) = 3 \times \frac{\lambda_0^2}{2\pi} \simeq \frac{\lambda_0^2}{2} \tag{7.81}$$

Dieser maximale Wirkungsquerschnitt übersteigt bei weitem die Größe des Atoms; beispielsweise ist für den $\lambda_0 = 589\,\text{nm}$-Übergang in Natrium $\sigma\left(\omega_0\right) = 2 \times 10^{-13}\,\text{m}^2$, während die Atome bei einem Atomdurchmesser von $d = 0{,}3\,\text{nm}$ nach der kinetischen Theorie einen Wirkungsquerschnitt von nur $\pi d^2 = 3 \times 10^{-18}\,\text{m}^{-2}$ haben – „Stöße" zwischen Atomen und Photonen haben eine große resonante Verstärkung. Der optische Wirkungsquerschnitt fällt abseits der Resonanz stark ab. Licht der Wellenlänge $600\,\text{nm}$ liefert beispielsweise für den oben diskutierten Natriumübergang $\Gamma/\left(\omega - \omega_0\right) = 10^{-6}$ und somit $\sigma\left(\omega\right) = 10^{-12} \times \sigma\left(\omega_0\right) = 2 \times 10^{-25}\,\text{m}^2$. Wie man sieht, hat die Absorption von Strahlung nur wenig mit der Größe der Elektronenorbitale zu tun.

7.6.2 Die Sättigungsintensität

Im letzten Abschnitt haben wir ausgehend von Gleichung (7.73) den Wirkungsquerschnitt der Absorption bestimmt, und wir wollen nun dieselbe Gleichung verwenden, um die Populationsdifferenz zu berechnen. Dazu schreiben wir (7.73) in der Form $\left(N_1 - N_2\right) \times r = N_2$ mit dem dimensionslosen Verhältnis $r = \sigma\left(\omega\right) I\left(\omega\right)/\left(\hbar\omega A_{21}\right)$. Diese Gleichung und $N_1 + N_2 = N$ liefern die Differenz der Populationsdichten

$$N_1 - N_2 = \frac{N}{1 + 2r} = \frac{N}{1 + I/I_s\left(\omega\right)} \tag{7.82}$$

wobei die Sättigungsintensität durch

$$I_s\left(\omega\right) = \frac{\hbar\omega A_{21}}{2\sigma\left(\omega\right)} \tag{7.83}$$

definiert ist. Es sei darauf hingewiesen, dass noch andere Definitionen der Sättigungsintensität gebräuchlich sind, so etwa der obige Ausdruck ohne die 2 im Nenner. Aus (7.72) können wir schlussfolgern, dass der Absorptionskoeffizient gemäß

$$\kappa\left(\omega, I\right) = \frac{N\sigma\left(\omega\right)}{1 + I/I_s\left(\omega\right)} \tag{7.84}$$

von der Intensität abhängt.[49] Der *minimale* Wert von $I_{sat}(\omega)$ tritt dort auf, wo der Wirkungsquerschnitt am größten ist. Dieser minimale Wert wird oft als *die* Sättigungsintensität bezeichnet. Der Wert $I_{sat} \equiv I_s(\omega_0)$ ist gegeben durch[50]

$$I_{sat} = \frac{\pi}{3} \frac{hc}{\lambda^3 \tau} \tag{7.85}$$

wobei $\tau = \Gamma^{-1}$ die Lebensdauer der Strahlungsverbreiterung ist. Beispielsweise hat der Resonanzübergang in Natrium bei $\lambda = 589\,\text{nm}$ eine Lebensdauer von $\tau = 16\,\text{ns}$ und bei geeigneter Polarisierung (wie in Abbildung 7.5) durchläuft das Atom einen effektiven Zwei-Niveau-Übergang. Dies führt zu einer Intensität von $I_{sat} = 60\,\text{W}\,\text{m}^{-2}$ oder $6\,\text{mW}\,\text{cm}^{-2}$, was mit einem stimmbaren Farbstofflaser leicht zu erreichen ist.

Es ist auch möglich, Gleichung (7.82) direkt aus dem Wert $w = (N_1 - N_2)/N$ des stationären Zustands gemäß (7.68) zu erhalten, wenn wir die Sättigungsintensität durch

$$\frac{I}{I_{sat}} = \frac{2\Omega^2}{\Gamma^2} \tag{7.86}$$

definieren. Dies ist äquivalent mit (7.85).[51] Im Sättigungsfall hat die Rabi-Frequenz einen mit Γ vergleichbaren Wert.

7.6.3   Leistungsverbreiterung

Gleichung (7.84) für $\kappa(\omega, I)$ enthält zwei Größen, die mit der Frequenz variieren: $\sigma(\omega)$ und $I_s(\omega)$.[52] Durch Umstellen dieser Gleichung und mit der Definition $\sigma_0 \equiv \sigma(\omega_0)$ für den maximalen Wirkungsquerschnitt in (7.81) erhalten wir eine Form, in der die Frequenzabhängigkeit deutlich wird:

$$\begin{aligned}
\kappa(\omega, I) &= N\sigma_0 \frac{\Gamma^2/4}{(\omega - \omega_0)^2 + \Gamma^2/4} \times \frac{1}{1 + \frac{I}{I_{sat}} \frac{\Gamma^2/4}{(\omega - \omega_0)^2 + \Gamma^2/4}} \\
&= N\sigma_0 \frac{\Gamma^2/4}{(\omega - \omega_0)^2 + \frac{1}{4}\Gamma^2(1 + I/I_{sat})}
\end{aligned} \tag{7.87}$$

---

[49] Diese Gleichung hat starke Ähnlichkeit mit der Formel für die Sättigung der Ausbeute in einem homogen verbreiternden Lasersystem, da die Ausbeute negative Absorption ist.

[50] Hierbei ist $I_{sat} = \hbar\omega A_{21}/(2\sigma(\omega_0))$, und $\sigma(\omega_0)$ ist durch (7.81) gegeben.

[51] Nach der Argumentation im Anschluss an Gleichung (7.75) hängt Ω^2/I nicht vom elektrischen Feld ab.

[52] Unter Verwendung des *minimalen* Wertes $I_{sat} = I_s(\omega_0)$ können wir Gleichung (7.83) in der Form

$$\frac{I_s(\omega)}{I_{sat}} = \frac{\sigma_0}{\sigma(\omega)}$$

schreiben. Außerdem gilt

$$\sigma(\omega) = \sigma_0 \frac{\Gamma^2/4}{(\omega - \omega_0)^2 + \Gamma^2/4}$$

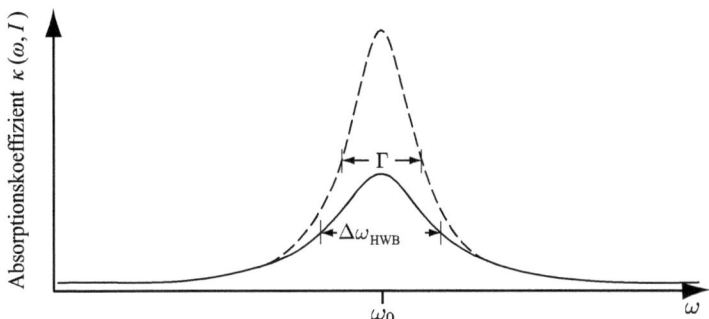

Abbildung 7.7: *Der Absorptionskoeffizient $\kappa(\omega, I)$ ist eine Lorentz-Funktion der Frequenz, die ihren Peak bei ω_0, der Resonanzfrequenz, hat. Die Sättigung bewirkt, dass sich die Form der Absorptionslinie von der Kurve für eine niedrige Intensität ($I \ll I_{\text{sat}}$, gestrichelte Linie) in eine breiter Kurve (durchgezogene Linie) mit kleinerem Peak ändert, die durch die Lorentz-Funktion (7.87) beschrieben wird.*

Dieser Ausdruck für den Absorptionskoeffizienten $\kappa(\omega, I)$ hat eine Lorentz-Form mit einer Halbwertsbreite (HWB) von

$$\Delta\omega_{\text{HWB}} = \Gamma\left(1 + \frac{I}{I_{\text{sat}}}\right)^{1/2} \tag{7.88}$$

Die Linienbreite wächst mit der Intensität. Diese **Leistungsverbreiterung** tritt auf, weil die Sättigung die Absorption in der Nähe der Resonanz reduziert, während sich die Absorption weit weg von der Resonanz nur wenig ändert (siehe Abbildung 7.7). Der Ausdruck für die Population im oberen Niveau, ρ_{22}, der in (7.69) auftritt, hat ebenfalls die durch (7.88) gegebene Linienbreite.[53] Die Beziehung zwischen dieser Absorption und den Populationen der beiden Niveaus wird in Aufgabe 7.11 diskutiert.

7.7 AC-Stark-Effekt oder Lichtverschiebung

Zusätzlich zu den Auswirkungen auf die Populationen verändert die störende Strahlung auch die Energie der Niveaus. Diese **Lichtverschiebung** wollen wir in diesem Abschnitt berechnen. Wir schreiben die Gleichungen (7.41) für $\widetilde{c}_1$ und $\widetilde{c}_2$ in Matrixform:

$$i\frac{d}{dt}\begin{pmatrix}\widetilde{c}_1\\\widetilde{c}_2\end{pmatrix} = \begin{pmatrix}\delta/2 & \Omega/2\\\Omega/2 & -\delta/2\end{pmatrix}\begin{pmatrix}\widetilde{c}_1\\\widetilde{c}_2\end{pmatrix} \tag{7.89}$$

---

[53] Dies können wir zeigen, indem wir den Nenner von (7.69) so umstellen, dass er durch die Linienbreite ausgedrückt ist:

$$\Delta\omega = \Gamma\left(1 + \frac{2\Omega^2}{\Gamma^2}\right)^{1/2}$$

$$= \Gamma\left(1 + \frac{I}{I_{\text{sat}}}\right)^{1/2}$$

Abbildung 7.8: *Die Behandlung der Wechselwirkung eines Zwei-Niveau-Atoms mit Strahlung durch zeitabhängige Störungstheorie führt auf (7.89), was ähnlich aussieht wie für eine zeitunabhängige Störung (proportional zu Ω) für zwei Energieniveaus mit einem Energieabstand von δ. Die Lichtverschiebung ist die Differenz zwischen den ungestörten Energien und Energieeigenwerten des Systems, wenn es durch Strahlung gestört wird.*

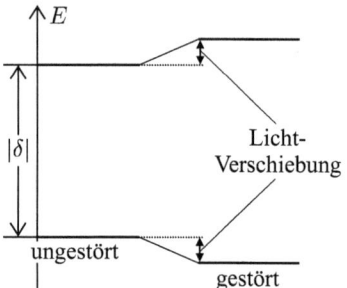

Dieses System hat eine Lösung der Form

$$\begin{pmatrix} \widetilde{c}_1 \\ \widetilde{c}_2 \end{pmatrix} = \begin{pmatrix} a \\ b \end{pmatrix} e^{-i\lambda t} \tag{7.90}$$

Die Gleichung für die Eigenwerte λ lautet

$$\begin{vmatrix} \delta/2 - \lambda & \Omega/2 \\ \Omega/2 & -\delta/2 - \lambda \end{vmatrix} = \lambda^2 - \left(\frac{\delta}{2}\right)^2 - \left(\frac{\Omega}{2}\right)^2 = 0 \tag{7.91}$$

Diese Gleichung hat die Lösungen $\lambda = \pm \left(\delta^2 + \Omega^2\right)^{1/2}/2$. Für $\Omega = 0$ sind die ungestörten Eigenwerte $\lambda = \pm \delta/2$; sie entsprechen zwei Niveaus im Abstand δ (siehe Abbildung 7.8). Dieses Ergebnis der zeitabhängigen Störungstheorie erinnert in starkem Maße an die Gleichungen für die zeitunabhängige Störung für zwei Zustände mit einem Energieabstand δ (siehe Anhang A). Die beiden Zustände sind der angeregte Zustand mit E_2 und ein Niveau mit der Energie $E_1 + \hbar\omega$, was dem Grundzustand plus einem Photon des Strahlungsfeldes entspricht (siehe Abbildung 7.9). Dieses System aus Atom plus Photon wird als „dressed Atom" bezeichnet. Eine tiefgründigere Behandlung dieses Systems finden Sie in Cohen-Tannoudji *et al.* (1992).

Die größte Bedeutung haben Lichtverschiebungen normalerweise für große Frequenzverstimmungen, wo der Effekt der Absorption vernachlässigbar ist. In diesem Fall gilt $|\delta| \gg \Omega$ und die Eigenwerte sind

$$\lambda \simeq \pm \left(\frac{\delta}{2} + \frac{\Omega^2}{4\delta}\right) \tag{7.92}$$

Die Zustände sind um die Lichtverschiebung $\pm\Omega^2/4\delta$ aus ihren ungestörten Eigenfrequenzen verschoben. Aus Gleichung (7.89) sehen wir, dass die Amplitude $\widetilde{c}_1$ mit dem Zustand verbunden ist, der die ungestörte Energie $+\delta/2$ hat, und sie liegt über der des anderen Zustands, wenn $\delta > 0$. Dieser Zustand mit der Amplitude $\widetilde{c}_1$ hat eine Lichtverschiebung von

$$\Delta\omega_{\text{Licht}} = \frac{\Omega^2}{4\delta} \tag{7.93}$$

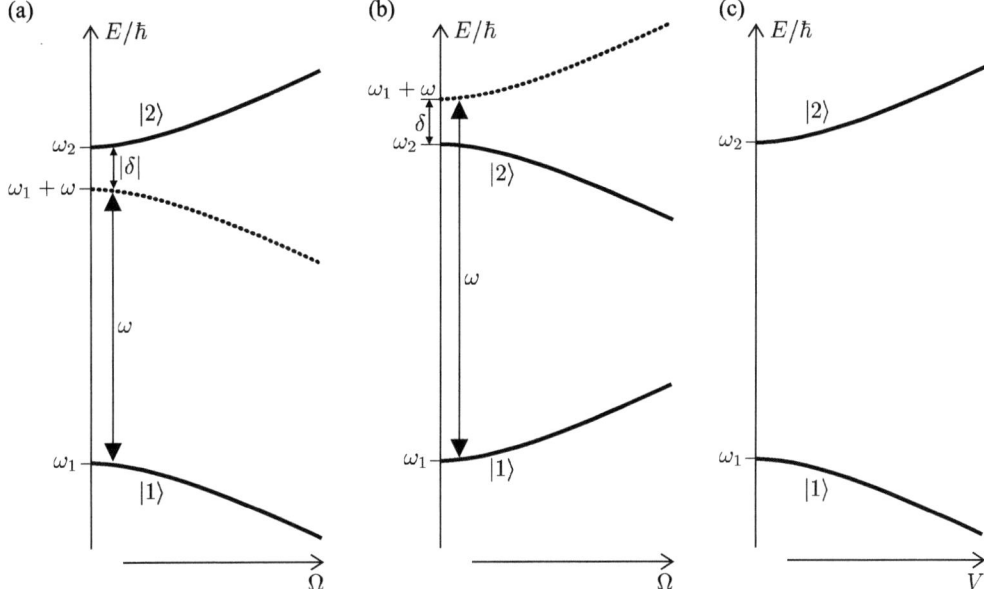

Abbildung 7.9: *Eigenenergien eines Zwei-Niveau-Atoms, das mit einem äußeren elektrischen Feld wechselwirkt. (a) und (b) zeigen den AC-Stark-Effekt (Lichtverschiebung) für positive bzw. negative Frequenzverstimmung als Funktion der Rabi-Frequenz. (c) Der DC-Stark-Effekt als Funktion der angelegten Feldstärke.*

Diese Gleichung gilt auch für negative Frequenzverstimmung ($\delta < 0$), wenn die Lichtverschiebung für diesen Zustand die Energie verringert. Die Tatsache, dass die Lichtverschiebung vom Vorzeichen von δ abhängt, hat wichtige Konsequenzen für Atomfallen, die auf der Dipolkraft beruhen (siehe Kapitel 9). Abbildung 7.9 gibt eine zusammenfassende Darstellung der Lichtverschiebung und zeigt im Vergleich die DC-Stark-Verschiebung. Die Eigenzustände der Störung werden in Anhang A diskutiert.

7.8   Anmerkung zur semiklassischen Theorie

Die in diesem Kapitel vorgestellte Behandlung der Wechselwirkung von Strahlung und Atomen ist semiklassisch – die Energie der Atome ist quantisiert, die Strahlung jedoch nicht (denn $\mathbf{E}_0 \cos \omega t$ ist ein klassisches elektrisches Feld). Es sind die individuellen Zwei-Niveau-Atome, die Energie in Päckchen von $\hbar\omega$ absorbieren; dennoch wird die Größe $I/\hbar\omega$ als die Flussdichte der Photonen bezeichnet. Außer den Übergängen zwischen zwei gebundenen Quantenzuständen des Atoms kann diese semiklassische Theorie auch die Photoionisation beschreiben. Bei diesem Effekt regt Licht ein Elektron aus einem gebundenen Zustand in einen ungebundenen Zustand über der Ionisierungsgrenze an. Bei einem solchen Übergang wird das Atom zu einem bestimmten Zeitpunkt plötzlich zu einem Ion (plus einem freien Elektron), wie bei einem Quantensprung zwischen gebundenen Zuständen. Das Mittel über viele solche Sprünge stimmt mit der semi-klassisch vorhergesagten Rate überein.[54] Die Photoionisation einzelner Atome erinnert stark an den photoelektrischen Effekt, der an der Oberfläche eines Metalls mit der Aus-trittsarbeit Φ auftritt, wenn die Fläche mit Licht der Frequenz ω bestrahlt wird. Die Oberfläche emittiert nur dann Elektronen, wenn $\hbar\omega > \Phi$ gilt. Die semiklassische Theo-rie erklärt diese Beobachtung so, dass das am schwächsten gebundene Energieniveau (oder Energieband) der Elektronen im Metall eine Bindungsenergie Φ hat (vgl. mit der Ionisierungsenergie von Atomen). Elektronen verlassen die Oberfläche mit einer maxi-malen kinetischen Energie von $\hbar\omega - \Phi$, da das oszillierende Feld resonante Übergänge antreibt, deren Frequenzen dicht an ω liegen (siehe Gleichung (7.15)); sie erfolgen aus einem tieferen Niveau im Metall in ein oberes ungebundenes „Niveau". Diese Erklärung erfordert keine Quantisierung des Lichts in Photonen. In der elementaren Quantenphy-sik wird üblicherweise argumentiert, dass eine rein klassische Theorie die vielfältigen Aspekte des photoelektrischen Effekts nicht erklären kann und dass das Licht deshalb quantisiert werden muss. Die obige Diskussion zeigt, dass dieser Effekt durch die Quan-tisierung von Atomen erklärbar ist.[55]

Es gibt jedoch Phänomene, die tatsächlich eine Quantisierung des Strahlungsfeldes er-fordern. Beispielsweise hat man für die Fluoreszenz eines einzelnen gefangenen Ions festgestellt, dass zwei Photonen eine geringere Wahrscheinlichkeit haben, gemeinsam (innerhalb der kurzen Zeitdauer der Messung) am Detektor anzukommen, als für ei-ne vollkommen zufällige Photonenquelle vorhergesagt wird. Dieses Auseinanderlaufen von Photonen oder *Anti-Bunching* tritt auf, weil es eine gewisse Zeit braucht, um das Ion nach einer spontane Emission erneut anzuregen. Solche Korrelationen zwischen den Photonen (oder in diesem Fall Antikorrelationen) können mit der hier vorgestellten se-miklassischen Theorie nicht erklärt werden. Quantitative Berechnungen der Photonen-statistik erfordern eine reine Quantentheorie, die Quantenoptik. Das Buch von Loudon (2000), das sich diesem Thema widmet, enthält weitere faszinierende Beispiele und gibt zudem eine rigorose Herleitung vieler Ergebnisse, die wir in diesem Kapitel benutzt haben.

7.9   Schlussbemerkungen

Die in diesem Kapitel dargestellte Behandlung der Wechselwirkung von Atomen mit Strahlung bildet die Grundlage der Spektroskopie, insbesondere auch der im nächsten Kapitel behandelten Laserspektroskopie (wie auch der Laserphysik). Von Bedeutung ist sie auch in der Quantenoptik. Es gibt eine ganze Reihe von Möglichkeiten, sich diesem Thema zu nähern, weshalb es sinnvoll ist, die hier gewählte Route noch einmal zusammenzufassen.

Die einführenden Abschnitte orientieren sich stark an Loudon (2000). Abschnitt 7.3 beinhaltet eine knappe Darstellung der kohärenten Evolution eines Zwei-Niveau-Sys-tems mit monofrequenter Strahlung. Das Atom führt in diesem Fall Rabi-Oszillationen

---

[54] Ähnlich zerfällt bei der Radioaktivität ein Kern sprunghaft, während eine große Probe einen glatten exponentiellen Zerfall zeigt.

[55] Die sofortige Emission von Elektronen nach dem Auftreffen des Lichts auf der Oberfläche lässt sich auch semiklassisch erklären.

aus, und wir haben gesehen, dass die Bloch-Kugel ein nützliches Hilfsmittel ist, um den Effekt von Sequenzen von π- und $\pi/2$-Pulsen zu untersuchen. In Abschnitt 7.5 wurde die Einführung von Dämpfungstermen in den Gleichungen unter Zuhilfenahme der Analogie mit einem klassischen Dipoloszillator begründet, was schließlich zu den optischen Bloch-Gleichungen führte. Diese Gleichungen geben eine vollständige Beschreibung des Systems und zeigen, wie das Kurzzeit-Verhalten, bei dem die Dämpfung vernachlässigbar ist, mit dem Langzeit-Verhalten verbunden ist.[56] Für große Zeiten (viel größer als die Dämpfungszeit) stellt sich ein stationärer Zustand ein. Wir haben festgestellt, dass das System im Falle einer Strahlungsdämpfung eine stationäre Lösung anstrebt, die durch einen Satz von Ratengleichungen für die Populationen in den Niveaus beschrieben wird. Wie sich gezeigt hat, ist dies eine allgemeine Eigenschaft für alle Verbreiterungsmechanismen.[57] Insbesondere bedeutet dies, dass es einen Zusammenhang gibt zwischen den stationären Populationen für ein Atom, das monochromatischer Strahlung (Laser) ausgesetzt wird, und dem Fall einer breitbandigen Bestrahlung und den von Einstein aufgestellten Ratengleichungen. Die Theorie der Wechselwirkung zwischen Strahlung und Materie kann auch „rückwärts" entwickelt werden: Ausgehend von Einsteins Ratengleichungen für breitbandige Strahlung kann man die Ratengleichungen für den Fall monochromatischer Strahlung ableiten, indem man plausible Annahmen über die atomare Linienform macht. Dieser Zugang kommt ohne Störungstheorie aus und wird üblicherweise in der Laserphysik angewendet; allerdings erhält man auf diese Weise keine Information über kohärente Phänomene (Rabi-Oszillationen usw.)[58]

In Abschnitt 7.6 wurde das Konzept des Wirkungsquerschnitts für die Absorption eingeführt. Demonstriert wurde die Verwendung dieses Konzepts für die Berechnung der Absorption von Strahlung, die durch ein Gas mit einer bestimmten Teilchenzahldichte propagiert.[59] Die Diskussion des Wirkungsquerschnitts stellt die Verbindung her zwischen zwei unterschiedlichen Sichtweisen auf die Wechselwirkung von Strahlung mit Materie, nämlich (a) dem Effekt der Strahlung auf einzelne Atome und (b) dem Effekt des atomaren Gases (Medium) auf die Strahlung.[60] Die Sättigung der Absorption, charakterisiert durch die Sättigungsintensität, bildet die Grundlage für ein Verfahren der dopplerfreien Spektroskopie, das in Kapitel 8 beschrieben wird. Nach Sichtweise (a) kommt es zur Sättigung, weil es eine maximale Rate gibt, mit der ein Atom Strahlung streuen kann. Dieses für einzelne Atome geltende Ergebnis ist ein wichtiger Ausgangspunkt bei der Diskussion von Strahlungskräften in Kapitel 9. Der in diesem Kapitel ent-

---

[56] Im Radiofrequenzbereich kann die Dämpfungszeit ohne weiteres länger sein als die Messzeit (selbst wenn diese mehrere Sekunden beträgt). Für erlaubte optische Übergänge dauert die kohärente Evolution nur wenige Nanosekunden, doch mithilfe von kurzen Laserpulsen kann sie beobachtet werden. Es wurden auch optische Experimente mit außerordentlich langlebigen Zwei-Photonen-Übergängen durchgeführt (Demtröder 1996).

[57] Dies gilt sowohl für homogene Mechanismen wie die Strahlungsverbreiterung als auch für inhomogene Mechanismen wie die Doppler-Verbreiterung (siehe Aufgabe 7.9).

[58] Der Einsatz der zeitabhängigen Störungstheorie zur Beschreibung des zugrunde liegenden Verhaltens des Zwei-Niveau-Atoms und die Bestimmung der zugehörigen Ratengleichungen ermöglicht ein klares Verständnis der Bedingungen, unter denen diese Ratengleichungen für die Populationen gelten.

[59] Der Kehrwert der Absorption ist die Ausbeute. Diese ist ein kritischer Parameter in Lasersystemen, welcher sich aus dem optischen Wirkungsquerschnitt in sehr ähnlicher Weise wie die Absorption berechnet. Die Ausbeute zeigt ebenfalls einen Sättigungseffekt.

[60] Ein wichtiges Ziel dieses Kapitels war es zu zeigen, dass es sich um zwei unterschiedliche Sichtweisen der gleichen Physik handelt.

wickelte Formalismus gestattete eine einfache Herleitung des AC-Stark-Effektes (auch Lichtverschiebung genannt). Dieser Effekt wird in einigen Verfahren zum Einfangen und Kühlen von Atomen mittels Laserstrahlung ausgenutzt (auch dies wird in Kapitel 9 beschrieben).

Weiterführende Literatur

Loudons Buch über Quantenoptik enthält rigorose Herleitungen für viele der in diesem Kapitel eingeführten Formeln.[61] Weitere Eigenschaften der optischen Bloch-Gleichungen werden in den Büchern von Cohen-Tannoudji *et al.* (1992) sowie von Barnett und Radmore (1997) diskutiert. Die Behandlung des Wirkungsquerschnitts für die optische Absorption in einem Gas hat starke Ähnlichkeit mit der Berechnung der Ausbeute bei einem Laser. Mehr Einzelheiten hierzu, darunter eine ausführliche Diskussion von Verbreiterungsmechanismen, sind in Büchern über Laserphysik zu finden, siehe zum Beispiel Davis (1996) und Corney (2000).

Aufgaben

7.1 *Mittelung über die räumliche Orientierung des Atoms*

    (a) Licht, das linear in Richtung der x-Achse polarisiert ist, liefert ein Dipol-Matrixelement von $X_{12} = \langle 2| \, r \, |1\rangle \cos\phi \sin\theta$. Zeigen Sie, dass die Mittelung über alle Winkel einen Faktor $1/3$ liefert (wie in (7.21)).

    (b) Zeigen Sie entweder explizit, dass der gleiche Faktor $1/3$ für Licht auftritt, das linear in Richtung der z-Achse polarisiert ist ($\mathbf{E} = E_0\hat{\mathbf{e}}_z \cos\omega t$), oder beweisen Sie dies durch ein allgemeines Argument.

7.2 *Rabi-Oszillationen*

    (a) Beweisen Sie, dass sich Gleichung (7.26) aus (7.25) ergibt und dass diese Differentialgleichung zweiter Ordnung eine mit (7.27) konsistente Lösung ist.

    (b) Zeichnen Sie $|c_2(t)|^2$ für die Fälle $\omega - \omega_0 = 0$, Ω und 3Ω.

7.3 *π- und $\pi/2$-Pulse*

    (a) Lösen Sie die Gleichungen (7.25) mit den Anfangswerten $c_1(0) = 1, c_2(0) = 0$ für den Fall, dass die Verstimmung null ist ($\omega = \omega_0$).

    (b) Beweisen Sie, dass ein π-Puls zu dem durch (7.30) beschriebenen Verhalten führt.

    (c) Was ist der Gesamteffekt von zwei π-Pulsen, die auf $|1\rangle$ wirken?

    (d) Zeigen Sie, dass ein $\pi/2$-Puls $|1\rangle \rightarrow \{|1\rangle - \mathrm{i}|2\rangle\}/\sqrt{2}$ bewirkt.

---

[61] Hier wurde eine ähnliche Notation verwendet, außer dass Γ hier für die Halbwertsbreite steht, während Loudon die Halbwertsbreite $\gamma = \Gamma/2$ benutzt.

(e) Was ist der Gesamteffekt von zwei $\pi/2$-Pulsen, die auf $|1\rangle$ wirken? Nehmen Sie an, dass der Zustand $|2\rangle$ zwischen den beiden Pulsen eine Phasenverschiebung von ϕ erfährt, und zeigen Sie, dass dann die Wahrscheinlichkeiten, in den Zuständen $|1\rangle$ und $|2\rangle$ zu enden, durch $\sin^2(\phi/2)$ und $\cos^2(\phi/2)$ gegeben sind.

(f) Berechnen Sie den Effekt der Drei-Puls-Sequenz $\pi/2$–π–$\pi/2$ mit einer Phasenverschiebung von ϕ zwischen dem zweiten und dem dritten Puls. (Die Operatoren können als 2×2-Matrizen geschrieben werden, was für diesen einfachen Fall jedoch nicht unbedingt notwendig ist.)

Anmerkung. Ohne den Faktor $-i$ sind die Signale in den Ausgabeports des Interferometers nicht komplementär. Die Tatsache, dass die Identitätsoperation ein 4π-Puls und kein 2π-Puls ist, leitet sich aus dem Isomorphismus zwischen dem Zwei-Niveau-Atom und einem Spin-1/2-System ab.

7.4 *Die Anregungsrate für den stationären Zustand mit Strahlungsverbreiterung*
Eine alternative Behandlung des Strahlungszerfalls besteht darin, in den Gleichungen (7.25) einfach Zerfallsterme einzuführen. Dies führt auf

$$i\dot{c}_1 = c_2 \frac{\Omega}{2} e^{i(\omega-\omega_0)t} + i\frac{\Gamma}{2}c_2 \tag{7.94}$$

$$i\dot{c}_2 = c_1 \frac{\Omega}{2} e^{-i(\omega-\omega_0)t} - i\frac{\Gamma}{2}c_2 \tag{7.95}$$

Dies ist ein phänomenologisches Modell, also ein Vorschlag, der funktioniert. Mit dem integrierenden Faktor $\exp(\Gamma t/2)$ kann (7.95) in der Form

$$\frac{d}{dt}\left\{c_2 \exp\left(\frac{\Gamma t}{2}\right)\right\} = -ic_1 \frac{\Omega^*}{2} \exp\left\{-i\left(\omega - \omega_0 + \frac{i\Gamma}{2}\right)t\right\}$$

geschrieben werden.

(a) Zeigen Sie, dass (7.95) für $\Omega = 0$

$$|c_2(t)|^2 = |c_2(t=0)|^2 e^{-\Gamma t}$$

vorhersagt.

(b) Für die Anfangswerte $c_1(0) = 1$ und $c_2(0) = 0$ liefert die Integration von (7.94) $c_1 \simeq 1$. Zeigen Sie für diese Anfangswerte und den Fall schwacher Anregung ($\Omega \ll \Gamma$), dass das Niveau 2 nach einer Zeit, die lang ist im Vergleich zur Strahlungslebensdauer, folgende stationäre Population hat:

$$|c_2|^2 = \frac{\Omega^2/4}{(\omega - \omega_0)^2 + \Gamma^2/4}$$

7.5 *Sättigung der Absorption*
Die 3s–3p-Resonanzlinie von Natrium hat eine Wellenlänge von $\lambda = 589\,\text{nm}$.

(a) Natriumatome in einer Magnetfalle bilden eine kugelförmige Wolke von 1 mm Durchmesser. Die Doppler-Verschiebung und der Zeeman-Effekt des Feldes sind beide klein im Vergleich zu Γ. Berechnen Sie die Anzahl der Atome, die für einen schwachen resonanten Laserstrahl einen Übergang von $e^{-1} = 0{,}37$ ergibt.

(b) Bestimmen Sie die Absorption eines Strahls mit der Intensität $I = I_{\text{sat}}$.

7.6 Eigenschaften einiger Übergänge im Wasserstoffatom
Die folgende Tabelle enthält die Werte von A_{21} für Übergänge von der (n=3)-Schale von Wasserstoff in tiefere Niveaus. (Spin und Feinstruktur werden vernachlässigt.)

Übergang	A_{21} (s^{-1})
2p–3s	$6{,}3 \times 10^6$
1s–3p	$1{,}7 \times 10^8$
2s–3p	$2{,}2 \times 10^7$
2p–3d	$6{,}5 \times 10^7$

(a) Zeichnen Sie ein Energieniveaudiagramm für die Schalen $n = 1, 2, 3$ in Wasserstoff, das die erlaubten elektrischen Dipolübergänge zwischen den Bahndrehimpuls-Niveaus zeigt. (Vernachlässigen Sie Übergänge, für die n unverändert bleibt, also zum Beispiel 2s–2p.)

(b) Berechnen Sie die Lebensdauern für die Konfigurationen 3s, 3p und 3d. Wie groß ist der Anteil der in 3p startenden Atome, der in der Konfiguration 2s endet?

(c) Ein Elektron in der 2p-Konfiguration hat eine Lebensdauer von nur 1,6 ns. Warum ist diese Lebenszeit kürzer als für die 3p-Konfiguration?

(d) Berechnen Sie die radialen Matrixelemente D_{12} in Einheiten von a_0 für die in der Tabelle angegebenen Übergänge sowie für 1s–2p.

(e) Berechnen Sie I_{sat} für die Übergänge 2p–3s und 1s–3p.

7.7 Das klassische Modell der atomaren Absorption

(a) In einem klassischen Modell der Absorption wird angenommen, dass ein (atomares) Elektron sich wie ein gedämpfter einfacher harmonischer Oszillator mit der Ladung $-e$ und der Masse m_{e} verhält, der durch das oszillierende Feld der Strahlung angetrieben wird: $E_0 \cos \omega t$. Die Bewegungsgleichung des Elektrons hat die Form von Gleichung (7.55) mit einer treibenden Kraft konstanter Amplitude $F_0 = -eE_0$. Bestimmen Sie für diese Gleichung eine Lösung der Form $x = \mathcal{U} \cos \omega t - \mathcal{V} \sin \omega t$. ($\mathcal{U}$ und $\mathcal{V}$ sind in diesem Fall keine Funktionen der Zeit.)

(b) Zeigen Sie, dass die Verschiebung des Elektrons die Amplitude

$$\sqrt{\mathcal{U}^2 + \mathcal{V}^2} = \frac{F_0/m}{\sqrt{\left(\omega^2 - \omega_0^2\right)^2 + (\beta\omega)^2}} \simeq \frac{F_0}{2m\omega} \left\{ (\omega - \omega_0)^2 + \frac{\beta^2}{4} \right\}^{-1/2}$$

hat. Zeigen Sie, dass die Kreisfrequenz ω, bei der diese Amplitude maximal ist, bei einer schmalen Resonanz sehr dicht an ω_0 liegt.

(c) Zeigen Sie, dass die Phase durch

$$\tan\phi = \frac{\mathcal{V}}{\mathcal{U}} = \frac{\beta\omega}{\omega^2 - \omega_0^2}$$

gegeben ist. Wie variiert diese Phase, wenn die Frequenz ω von $\omega \ll \omega_0$ auf $\omega \gg \omega_0$ ansteigt?

(d) Zeigen Sie, dass Ihre Ausdrücke für $\mathcal{U}$ und $\mathcal{V}$ für Frequenzen dicht an der Resonanzfrequenz des Atoms ($\omega \simeq \omega_0$) näherungsweise in einer Form geschrieben werden können, die mit den Gleichungen (7.58) und (7.59) übereinstimmt. (Diese wurden hergeleitet unter der Annahme, dass die Amplitude der treibenden Kraft zeitlich nur langsam variiert.)

(e) Zeigen Sie, dass die durch das Elektron absorbierte Leistung P im stationären Zustand eine Lorentz-Funktion von ω ist:

$$P \propto \frac{1}{(\omega - \omega_0)^2 + (\beta/2)^2}$$

7.8 Absorptionsstärke eines Oszillators

Diese Aufgabe demonstriert die Nützlichkeit eines dimensionslosen Parameters, den wir mit f_{12} bezeichnen und der die Absorptionsstärke des Oszillators beschreibt.

(a) Zeigen Sie, dass für den Wirkungsquerschnitt in (7.79)

$$\int_{-\infty}^{\infty} \sigma(\omega)\,\mathrm{d}\omega = 2\pi^2 r_0 c\, f_{12} \tag{7.96}$$

mit $r_0 = 2{,}8 \times 10^{-15}$ m und $f_{12} = 2 m_e \omega D_{12}^2/(3\hbar)$ gilt.

(b) Bestimmen Sie ausgehend von dem einfachen Atommodell aus Aufgabe 7.7 (ein oszillierendes Elektron) den klassischen Absorptionsquerschnitt $\sigma_{\mathrm{kl}}(\omega)$, ausgedrückt durch β, ω_0 und fundamentale Konstanten.

(c) Ohne das treibende elektrische Feld unterliegt der Oszillator einer gedämpften harmonischen Bewegung $x = x_0 \mathrm{e}^{-\beta t/2} \cos(\omega't - \varphi)$. Die von einem oszillierenden Dipol abgestrahlte Leistung führt zu der durch (1.23) gegebenen Zerfallsrate (nach der klassischen Theorie des Elektromagnetismus). Bestimmen Sie β.

(d) Zeigen Sie, dass die Integration von $\sigma_{\mathrm{kl}}(\omega)$ über alle Frequenzen $2\pi^2 r_0 c$ ergibt.
 Anmerkung. Dieser klassische Wert ist der maximale Wert für einen Übergang; also gilt $f_{12} \leq 1$. Die Absorptionsstärke des Oszillators ist der Anteil des integrierten Wirkungsquerschnitts, der mit einem gegebenen Übergang verbunden ist.

(e) Berechnen Sie f_{12} für den Übergang 3s–3p von Natrium. ($A_{21} = \Gamma = 2\pi \times 10^7\,\mathrm{s}^{-1}$.)

(f) Berechnen Sie die Absorptionsstärke des Oszillators für die Übergänge 1s–2p und 1s–3p in Wasserstoff unter Verwendung der Daten aus Aufgabe 7.6(d).

7.9 *Doppler-Verbreiterung*

Die Maxwell-Boltzmann-Verteilung für die Geschwindigkeiten in einem Gas ist eine Gaußsche Funktion $f(v)$ (zur Definition siehe (8.3)). Erklären Sie, warum die Population im oberen Niveau für die Anregung durch monochromatische Strahlung der Frequenz ω durch

$$|c_2(t)|^2 = \frac{e^2 X_{12}^2}{\hbar^2} |E(\omega)|^2$$
$$\times \int_{-\infty}^{\infty} \frac{\sin^2\{(\omega - \omega_0 + kv)t/2\}}{(\omega - \omega_0 + kv)^2} f(v)\,\mathrm{d}v\,.$$

gegeben ist. Nehmen Sie an, dass die sinc²-Funktion im Integranden wie eine Diracsche Deltafunktion wirkt (warum dies so ist, wird in Abschnitt 7.2 erklärt) und zeigen Sie, dass $|c_2|^2$ proprtional zu $g_{\mathrm{D}}(\omega)$ in Gleichung (8.4) ist.

Anmerkung. Die Doppler-Verbreiterung verwischt die Rabi-Oszillationen, da ihre Frequenz von der Geschwindigkeit abhängt, was auf eine Gleichung ähnlich wie für Breitbandstrahlung führt. Unabhängig davon, durch welchen Mechanismus die Verbreiterung zustande kommt, sind Rabi-Oszillationen und andere kohärente Phänomene nur auf Zeitskalen zu sehen, die kleiner sind als der Kehrwert der Linienbreite.

7.10 *Beispiel für die Verwendung von Fourier-Transformierten*

Zeigen Sie, dass ein Oszillator, dessen Amplitude exponentiell wie $x_0\mathrm{e}^{-\beta t/2}\cos(\omega t)$ zerfällt, mit einem Lorentz-Leistungsspektrum strahlt.

7.11 *Balance zwischen Absorption und spontaner Emission*

Erläutern Sie, warum die Absorption und die Population im oberen Niveau über die Beziehung

$$\kappa(\omega, I)\, I = N_2 A_{21} \hbar\omega = N\rho_{22} A_{21} \hbar\omega \tag{7.97}$$

zusammenhängen. Zeigen Sie, dass dies konsistent ist mit den Gleichungen (7.87) und (7.69) für $\kappa(\omega, I)$ bzw. ρ_{22}.

Anmerkung. Ein elektrischer Dipol strahlt nicht gleichmäßig in alle Richtungen, was hier jedoch keine Rolle spielt; nur ein winziger Bruchteil der spontanen Emission nimmt die Richtung des einfallenden Strahls. Beispielsweise wird bei einem Experiment, das die Abschwächung eines Laserstrahls misst, während dieser durch eine Gaszelle geht, ein geringer Anteil des Lichts aus dem Strahl herausgestreut und fällt auf einen Photodetektor.

7.12 *Der DC-Stark-Effekt*

Diese Aufgabe befasst sich mit dem DC-Stark-Effekt um einen Vergleich mit dem AC-Stark-Effekt zu ermöglichen.

(a) Ein Zwei-Niveau-Atom mit den Energien $E_2 > E_1$ und einem Abstand von $\epsilon = E_2 - E_1$ wird in einem *statischen* elektrischen Feld platziert. Zeigen Sie, dass der Hamilton-Operator des Systems die Form

$$\widehat{H} = \begin{pmatrix} \epsilon/2 & V \\ V & -\epsilon/2 \end{pmatrix}$$

hat. Das Matrixelement V beschreibt die Störung und ist proportional zum Betrag des elektrischen Feldes. Bestimmen Sie die Energieeigenwerte. Die beiden Niveaus bewegen sich wie in Abbildung 7.9 gezeigt auseinander. Dies ist eine allgemeine Eigenschaft von Systemen, in denen eine Störung die Wellenfunktionen mischt.

(b) Zeigen Sie, dass „schwache" Felder einen quadratischen Stark-Effekt auf das Atom haben, der äquivalenten ist zu dem gewöhnlichen störungstheoretischen Ausdruck zweiter Ordnung für eine Störung H_{I}:

$$\Delta E_1 = -\frac{|\langle 2| H_{\mathrm{I}} |1\rangle|^2}{E_2 - E_1}.$$

Einen ähnlichen Ausdruck findet man für die Energieverschiebung ΔE_2 des anderen Niveaus (in die entgegengesetzte Richtung).

(c) Schätzen Sie die Stark-Verschiebung für den Grundzustand eines Natriumatoms in einem Feld von $10^6 \,\mathrm{V\,m^{-1}}$ ab (dies entspricht beispielsweise $10^4 \,\mathrm{V}$ zwischen zwei Platten in $1\,\mathrm{cm}$ Abstand).

Lösungen finden Sie unter http://www.oldenbourg-verlag.de/foot/.

8 Dopplerfreie Laserspektroskopie

Die Doppler-Verbreiterung ist normalerweise der dominierende Beitrag zu der bei Raumtemperatur beobachteten Breite der Linien in einem atomaren Spektrum. Die Verfahren der dopplerfreien Laserspektroskopie überwinden diese Beschränkung und ermöglichen so eine viel höhere Auflösung als sie beispielsweise mit einem Fabry-Pérot-Interferometer möglich ist, wo das Licht einer Gasentladungslampe analysiert wird (siehe Abbildung 1.7(a)). Dieses Kapitel illustriert das Prinzip der dopplerfreien Verfahren anhand von drei Beispielen: das Kreuzstrahlverfahren, die Sättigungsspektroskopie und die Zwei-Photonen-Spektroskopie. Um diese hochauflösenden Verfahren zu Präzisionsmessungen atomarer Übergangsfrequenzen einsetzen zu können, müssen die Frequenzen des Lasers genau bestimmt werden. Somit ist die Kalibrierung ein wesentlicher Bestandteil von Experimenten der Laserspektroskopie. Sie wird deshalb am Ende dieses Kapitels ebenfalls kurz diskutiert. Da es grundsätzlich wichtig ist, das Problem zu verstehen, bevor man nach einer Lösung sucht, beginnen wir mit einer kurzen Darstellung der Doppler-Verbreiterung von Spektrallinien in Gasen.

8.1 Doppler-Verbreiterung von Spektrallinien

Die Beziehung zwischen der Frequenz ω von Strahlung im betrachteten Laborsystem und der Frequenz, die man in einem Bezugssystem sieht, das sich mit der Geschwindigkeit $\mathbf{v}$ bewegt (siehe Abbildung 8.1), ist

$$\omega' = \omega - kv \tag{8.1}$$

wobei der Wellenvektor der Strahlung den Betrag $k = \omega/c = 2\pi/\lambda$ hat. Es ist die Geschwindigkeitskomponente in Richtung von $\mathbf{k}$, die zum Doppler-Effekt führt, und wir nehmen hier an, dass $\mathbf{k} \cdot \mathbf{v} = kv$.[1]

In diesem Abschnitt betrachten wir den Doppler-Effekt, der bei der Absorption durch ein Gas auftritt. Jedes Atom absorbiert Strahlung der Frequenz ω_0 in seinem Ruhesystem, d. h. wenn $\omega' = \omega_0$.[2] Atome, die sich mit der Geschwindigkeit v bewegen, absorbieren also Strahlung für $\delta = \omega - \omega_0 = kv$ oder

$$\frac{\delta}{\omega_0} = \frac{v}{c} \tag{8.2}$$

---

[1] Falls notwendig können diese und andere Gleichungen in diesem Kapitel verallgemeinert werden, indem man kv durch das Skalarprodukt $\mathbf{k} \cdot \mathbf{v}$ ersetzt.

[2] In Abschnitt 8.3 wird beschrieben, was passiert, wenn die Atome zusätzlich zur Doppler-Verbreiterung einen ganzen Bereich von Frequenzen absorbieren. Wegen ihrer Bedeutung für die Laserspektroskopie wird hier die Absorption betrachtet. Die Doppler-Verbreiterung tritt jedoch in der gleichen Weise für Emissionslinien auf – Atome emittieren bei ω_0 in ihrem Ruhesystem, und wir sehen eine Frequenzverschiebung im Laborsystem.

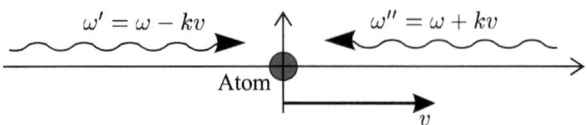

Abbildung 8.1: *Der Doppler-Effekt für die beobachtete Frequenz der Strahlung. Strahlung, die im festen Bezugssystem (Laborsystem) die Frequenz ω hat, hat in einem sich mit der Geschwindigkeit v bewegenden Bezugssystem die in der Abbildung angegebenen Frequenzen. Das bewegte Bezugssystem kann beispielsweise in einem sich bewegenden Atom ruhen. Nur die Geschwindigkeitskomponente in Richtung des Wellenvektors $\mathbf{k}$ trägt zur Doppler-Verschiebung erster Ordnung bei.*

Tabelle 8.1: *Charakteristische Geschwindigkeiten in einem Gas mit einer maxwellschen Verteilung der Geschwindigkeiten sowie in einem entweichenden Atomstrahl. Es gilt $u = \sqrt{2k_BT/M}$, wobei T die Temperatur und M die Masse ist. Der zusätzliche Faktor v, der bei der Verteilung für einen Strahl im Vergleich zu der Verteilung für ein Gas auftritt, resultiert daraus, dass Atome durch ein kleines Loch mit der Fläche A austreten. Atome mit der Geschwindigkeit v treffen mit einer Rate von $N(v)\,vA/4$ auf eine Oberfläche mit dem Inhalt A; dabei ist $N(v)$ die Teilchenzahldichte der Atome, die Geschwindigkeiten zwischen v und $v+dv$ haben – schnellere Atome haben eine größere Wahrscheinlichkeit, das Loch zu passieren. Integration über v führt auf das wohlbekannte Ergebnis aus der kinetischen Gastheorie, wonach der auf der Oberfläche auftreffende Fluss durch $N\bar{v}A/4$ gegeben ist (N ist die Gesamt-Teilchenzahldichte). Die mittlere Geschwindigkeit $\bar{v}$ hat einen Wert zwischen der wahrscheinlichsten Geschwindigkeit und dem quadratischen Mittel.*

	Gas	Strahl
Verteilung	$v^2 \exp\left(-v^2/u^2\right)$	$v^3 \exp\left(-v^2/u^2\right)$
wahrscheinlichstes v	u	$\sqrt{3/2}\,u$
quadratisches Mittel	$\sqrt{3/2}\,u$	$\sqrt{2}\,u$

In einem Gas ist der Anteil der Atome, die sich mit einer Geschwindigkeit im Intervall v bis $v + dv$ bewegen

$$f(v)\,dv = \sqrt{\frac{M}{\pi 2k_BT}} \exp\left(-\frac{Mv^2}{2k_BT}\right) dv \equiv \frac{1}{u\sqrt{\pi}} \exp\left(-\frac{v^2}{u^2}\right) dv \qquad (8.3)$$

Dabei ist $u = \sqrt{2k_BT/M}$ die wahrscheinlichste Geschwindigkeit für Atome der Masse M bei der Temperatur T.[3] Indem wir v über (8.2) mit der Frequenz in Beziehung setzen, erhalten wir das Ergebnis, dass die Absorption eine gaußsche Linienform hat:[4]

$$g_D(\omega) = \frac{c}{u\omega_0\sqrt{\pi}} \exp\left\{-\frac{c^2}{u^2}\left(\frac{\omega-\omega_0}{\omega_0}\right)^2\right\} \qquad (8.4)$$

---

[3] Dies lässt sich leicht zeigen, indem man die maxwellsche Geschwindigkeitsverteilung differenziert. Das Ergebnis ist proportional zu v^2 mal Geschwindigkeitsverteilung, siehe Tabelle 8.1.

[4] Beachten Sie $\int_{-\infty}^{\infty} g(\omega)\,d\omega = 1$.

Der maximale Wert tritt bei $\omega = \omega_0$ auf, und die Funktion nimmt bei $\omega - \omega_0 = \delta_{1/2}$ die Hälfte ihres Maximalwertes an, wobei

$$\left(\frac{c\,\delta_{1/2}}{u\,\omega_0}\right)^2 = \ln 2 \tag{8.5}$$

Die dopplerverbreiterte Linie hat eine Halbwertsbreite (HWB) $\Delta\omega_D = 2\delta_{1/2}$ mit [5]

$$\frac{\Delta\omega_D}{\omega_0} = 2\sqrt{\ln 2}\,\frac{u}{c} \simeq 1{,}7\,\frac{u}{c} \tag{8.6}$$

Die kinetische Gastheorie liefert für die wahrscheinlichste Geschwindigkeit in einem Gas

$$u = 2230\,\mathrm{m\,s^{-1}} \times \sqrt{\frac{T}{300\,\mathrm{K}} \times \frac{1\,\mathrm{a.m.u.}}{M}} \tag{8.7}$$

In dieser Formel muss die Atommasse M in atomaren Masseneinheiten ausgedrückt werden. Für Wasserstoff gilt beispielsweise $M = 1\,\mathrm{a.m.u.}$ Numerische Werte von u sind für Wasserstoff und einen Dampf aus Caesium in der folgenden Tabelle angegeben (beides bei der Temperatur $T = 300\,\mathrm{K}$).[6]

	M (a.m.u.)	$u\,(\mathrm{m\,s^{-1}})$	$\Delta\omega_D/\omega_0$	Δf_D (GHz), für 600 nm
H	1	2230	1×10^{-5}	6
Cs	133	200	1×10^{-6}	0,5

Die für die fraktionale Verschiebung $\Delta\omega_D/\omega_0$ angegebenen Werte zeigen, dass schwere Elemente eine Doppler-Breite haben, die um eine Größenordnung unter der von Wasserstoff liegt. Außerdem ist die Doppler-Verschiebung bei der Frequenz Δf_D für eine Wellenlänge von 600 nm angegeben. (Diese Wellenlänge entspricht keinen realen Übergängen.[7]) Diese Berechnungen zeigen, dass die Doppler-Verbreiterung die Auflösung bei der optischen Spektroskopie auch für schwere Elemente auf etwa $\sim 10^6$ beschränkt.[8]

Der Doppler-Effekt bei der Absorption eines Gases ist ein Beispiel für einen inhomogenen Verbreiterungsmechanismus. Jedes Atom wechselwirkt wegen der Frequenzverstimmung auf seine eigene Weise mit der Strahlung, und folglich hängen Absorption

---

[5] Die einfache Abschätzung der Halbwertsbreite als $\sim 2u/c$, die auf Gleichung (6.38) führt, erweist sich als recht ungenau.

[6] In dieser Tabelle ist $\Delta f_D = 1{,}7u/\lambda$.

[7] Die Doppler-Breite von optischen Übergängen in anderen Elementen liegt in der Regel zwischen den Werten für H und Cs. Eine nützliche Merkregel für die richtige Reihenfolge der Größen ist die folgende. Die Schallgeschwindigkeit in Luft ist $330\,\mathrm{m\,s^{-1}}$ (bei $0\,°\mathrm{C}$), was etwas weniger ist als die Geschwindigkeit der Luftmoleküle. Die Geschwindigkeit des Schalls geteilt durch die Geschwindigkeit von Licht ist etwa 10^{-6}. Multiplikation mit dem Faktor 2 ergibt eine Halbwertsbreite von $\Delta\omega_D/\omega_0 \simeq 2 \times 10^{-6}$, was eine akzeptable Abschätzung für die fraktionale Doppler-Verschiebung bei mittelschweren Elementen ist.

[8] Das Auflösungsvermögen eines Fabry-Pérot-Interferometers kann leicht 10^6 übersteigen (Brooker 2003), sodass im Allgemeinen das Messinstrument im sichtbaren Bereich keine Schranke für die Auflösung liefert.

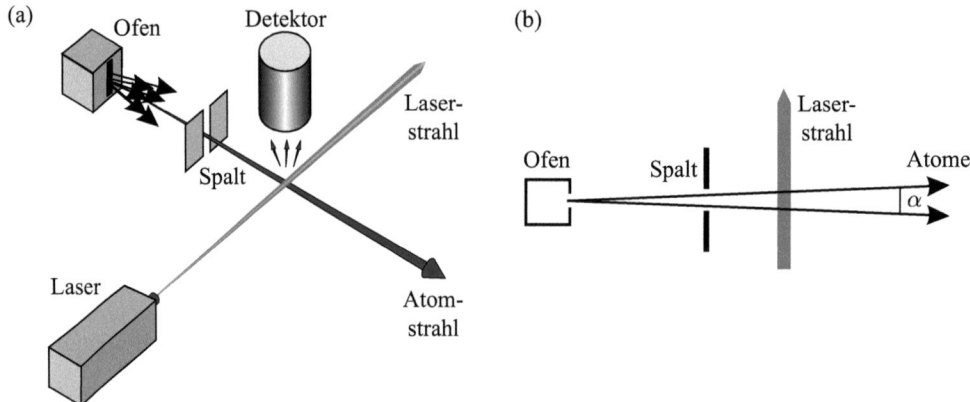

Abbildung 8.2: *Laserspektroskopie mit einem kollimierten Atomstrahl. Die Geschwindig-keitskomponente des Atoms in Richtung des Laserstrahls zeigt ein leichtes Auseinanderlaufen, αv_{Strahl}. Der Kollimationswinkel α ist in Teil (b) (Draufsicht) gezeigt.*

und Emission von der Geschwindigkeit des jeweiligen Atoms ab. Im Gegensatz dazu liefert die Strahlungsverbreiterung durch spontanen Zerfall des angeregten Niveaus für alle Atome (der gleichen Sorte) in einem Gas die gleiche natürliche Breite – dies ist ein homogener Verbreiterungsmechanismus.[9] Der Unterschied zwischen homogener und inhomogener Verbreiterung ist in der Laserphysik von großer Bedeutung. Eine ausführliche Behandlung und weitere Beispiele finden Sie in Davis (1996) und Corney (2000).[10]

8.2   Die Kreuzstrahlmethode

Abbildung 8.2 zeigt eine einfache Möglichkeit, den Doppler-Effekt auf einen Übergang zu reduzieren. Der Laserstrahl schneidet den Atomstrahl rechtwinklig. Ein schmaler senkrechter Spalt bündelt den Atomstrahl, sodass dieser in einem kleinen Winkel α auseinanderläuft. Dies führt zu einem entsprechenden Auseinanderlaufen der Geschwindigkeitskomponente des Atoms in Richtung des Lichts von etwa αv_{Strahl}. Atome im Strahl haben etwas höhere charakteristische Geschwindigkeiten als in einem Gas der gleichen Temperatur (siehe Tabelle 8.1), da schnellere Atome eine größere Wahrscheinlichkeit haben, den Ofen zu verlassen. Kollimation reduziert die Doppler-Verbreiterung auf

$$\Delta f \simeq \frac{\alpha v_{\text{Strahl}}}{\lambda} \sim \alpha \Delta f_{\text{D}} \tag{8.8}$$

wobei Δf_{D} die Doppler-Breite eines Gases mit gleicher Temperatur wie das Gas ist.[11]

---

[9] Die unterschiedlichen Eigenschaften der beiden Typen von Verbreiterungsmechanismen werden in diesem Kapitel noch weiter diskutiert, siehe zum Beispiel Abbildung 8.3.

[10] In enger Beziehung dazu steht die Behandlung der Sättigung der Ausbeute in unterschiedlichen Lasersystemen, sowohl was das Prinzip betrifft, als auch im Hinblick auf die historische Entwicklung.

[11] Ein numerischer Faktor von $0{,}7 \simeq 1{,}2/1{,}7$ wurde weggelassen. Um eine exakte Formel zu erhalten, müssten wir die Geschwindigkeitsverteilung im Strahl und seine Kollimation betrachten. Gewöhnlich haben der Ausgangsspalt des Ofens und der Kollimatorspalt vergleichbare Breiten.

Beispiel 8.1 *Berechnung des Kollimationswinkels für einen Natriumstrahl. Dieser führt zu einer Rest-Doppler-Verbreiterung, die vergleichbar ist mit der natürlichen Breite $\Delta f_N = 10\,MHz$ (für den Resonanzübergang bei $\lambda = 589\,nm$).*
Natriumdampf bei 1000 K hat eine Doppler-Breite von $\Delta f_D = 2{,}5$ GHz und die wahrscheinlichste Geschwindigkeit im Strahl ist $v_{Strahl} \simeq 1000\,\mathrm{m\,s}^{-1}$. Ein geeigneter Kollimationswinkel für einen Strahl aus Natriumatomen, die bei dieser Temperatur aus einem Ofen strömen, ist daher

$$\alpha = \frac{\Delta f_N}{\Delta f_D} = \frac{10}{2500} = 4 \times 10^{-3}\,\mathrm{rad} \tag{8.9}$$

Dieser Winkel entspricht einem Spalt von 1 mm Breite, der 0,25 m vom Ofen entfernt positioniert ist. Das Bündeln des Strahls in einem kleineren Winkel würde einfach bewirken, dass ein größerer Teil des atomaren Flusses verloren geht, was zu einem schwächeren Signal führen würde, ohne die beobachtete Linienbreite zu verringern.

Bei diesem Experiment wechselwirken Atome mit Licht während einer Zeitdauer von $\Delta t \simeq d/v_{Strahl}$, wobei d der Durchmesser des Laserstrahls ist. Die endliche Wechselwirkungszeit führt zu einem Auseinanderlaufen der Frequenzen, das als Durchgangszeit-Verbreiterung bezeichnet wird.[12] Für einen Strahl mit 1 mm Durchmesser finden wir

$$\Delta f_{DZ} = \frac{v_{Strahl}}{d} = \frac{1000}{10^{-3}} \simeq 1\,\mathrm{MHz} \tag{8.10}$$

Damit hat dieser Verbreiterungsmechanismus bei diesem Experiment keinen signifikanten Effekt im Vergleich zur natürlichen Breite des optischen Übergangs. (Die Durchgangszeit ist von Bedeutung für Radiofrequenzmessungen mit Atomstrahlen wie sie in Abschnitt 6.4.2 beschrieben wurden.) Die Stoßverbreiterung hat in dem in Abbildung 8.2 gezeigten Experiment wegen der geringen Dichte der Atome im Atomstrahl und auch im Hintergrundgas in der Vakuumkammer einen vernachlässigbaren Effekt. Eine Atomstrahl-Anordnung muss ein Hochvakuum haben, da selbst das Streifen eines Moleküls des Hintergrundgases ein Atom aus dem stark gebündelten Strahl ablenken würde.

Beispiel 8.2 Abbildung 6.12 in dem Kapitel über die Hyperfeinstruktur zeigt ein Spektrum von Zinn (Sn), das mittels Kreuzstrahltechnik erhalten wurde. Ein Vergleich mit dem dopplerverbreiterten Spektrum, das von einer Cadmiumlampe emittiert wird, zeigt deutlich die Vorteile der Kreuzstrahltechnik.[13]

Vor dem Aufkommen des Lasers haben Experimentatoren nahezu perfekte monochromatische Lichtquellen verwendet, um das Prinzip des Kreuzstrahlverfahrens zu demonstrieren. Die anderen beiden in diesem Kapitel beschriebenen Verfahren basieren hingegen auf der hohen Intensität und der schmalen Bandbreite von Laserlicht.

---

[12] Nach Gleichung (7.50) gilt $\Delta f \simeq 1/\Delta t$.

[13] Die Abstände zwischen den Linien unterschiedlicher Isotope hängen nicht vom Winkel zwischen Laserstrahl und Atomstrahl ab, aber für absolute Messungen der Übergangsfrequenzen muss der Winkel exakt 90° betragen.

8.3   Sättigungsspektroskopie

In Abschnitt 8.1 haben wir die Linienform der Doppler-Verbreiterung unter der Annahme abgeleitet, dass ein ruhendes Atom Strahlung exakt bei der Frequenz ω_0 absorbiert. In Wirklichkeit absorbieren die Atome Strahlung natürlich über einen ganzen Bereich von Frequenzen. Dieser Bereich ist durch die homogene Breite des Übergangs gegeben, beispielsweise die durch Strahlungsverbreiterung verursachte Linienbreite Γ. In diesem Abschnitt wollen wir noch einmal die Absorption monochromatischer Strahlung betrachten, und zwar in einer Weise, welche die homogene Verbreiterung zusammen mit der inhomogenen Verbreiterung aufgrund der Bewegung des Atoms einschließt. Dieser Ansatz führt auf natürliche Weise zu einer Diskussion der Sättigungsspektroskopie.

Wir betrachten einen Laserstrahl der Intensität $I(\omega)$, der wie in Abbildung 7.4 gezeigt durch eine Probe von Atomen geht. In diesem Kapitel betrachten wir die Atome als sich bewegend, während wir sie zuvor als stationär angesehen hatten.[14] Atome mit Geschwindigkeiten zwischen v und $v + dv$ spüren Strahlung mit einer effektiven Frequenz von $\omega - kv$ in ihrem Ruhesystem, und für diese Atome ist der Absorptionswirkungsquerschnitt $\sigma(\omega - kv)$, wie in (7.76) definiert. Die Teilchenzahldichte für Atome in diesem Geschwindigkeitsintervall ist $N(v) = Nf(v)$, wobei N die Gesamt-Teilchenzahldichte des Gases ist (in Einheiten von Atomen pro m^3) und $f(v)$ die durch (8.3) gegebene Verteilung. Durch Integration über die Beiträge aus allen Geschwindigkeitsintervallen erhalten wir den Absorptionskoeffizienten

$$
\begin{aligned}
\kappa(\omega) &= \int N(v)\,\sigma(\omega - kv)\,\mathrm{d}v \\[2mm]
&= \frac{g_2}{g_1}\,\frac{\pi^2 c^2}{\omega_0^2}\,A_{21} \times \int N(v)\,g_{\mathrm{H}}(\omega - kv)\,\mathrm{d}v \\[2mm]
&= \frac{g_2}{g_1}\,\frac{\pi^2 c^2}{\omega_0^2}\,A_{21} \times N \int f(v)\,\frac{\Gamma/(2\pi)}{(\omega - \omega_0 - kv)^2 + \Gamma^2/4}\,\mathrm{d}v
\end{aligned}
\tag{8.11}
$$

Das Integral ist die Faltung der Lorentz-Funktion $g_{\mathrm{H}}(\omega - kv)$ und der gaußschen Funktion $f(v)$.[15] Außer für sehr niedrige Temperaturen ist die homogene Breite wesentlich kleiner als die Doppler-Verbreiterung, $\Gamma \ll \Delta\omega_{\mathrm{D}}$, sodass die Lorentz-Kurve einen scharfen Peak hat und wie eine Deltafunktion $g_{\mathrm{H}}(\omega - kv) \equiv \delta(\omega - \omega_0 - kv)$ wirkt, die Atome mit der Geschwindigkeit

$$
v = \frac{\omega - \omega_0}{k}
\tag{8.12}
$$

auswählt. Durch Integration über v wird $f(v)$ in die gaußsche Linienformfunktion ge-

---

[14] Bei Raumtemperatur übersteigt die Doppler-Breite normalerweise natürliche und andere homogene Verbreiterungsmechanismen. Sehr kalte atomare Dämpfe, in denen die Doppler-Verschiebungen kleiner sind als die natürliche Breite erlaubter Übergänge, können durch Verfahren der Laserkühlung (siehe Kapitel 9) präpariert werden.

[15] Allgemein führt die Faltung auf eine Voigt-Funktion, die numerisch berechnet werden muss (Corney 2000 und Loudon 2000).

mäß (8.14) transformiert:[16]

$$g_D(\omega) = \int f(v)\, g_H(\omega - kv)\, dv \tag{8.13}$$

Wegen $\kappa(\omega) = N\sigma(\omega)$ (nach Gleichung (7.70)) erhalten wir also aus (8.11) als Wirkungsquerschnitt für die Doppler-verbreiterte Absorption

$$\sigma(\omega) = \frac{g_2}{g_1}\frac{\pi^2 c^2}{\omega_0^2}\, A_{21}\, g_D(\omega) \tag{8.14}$$

Integration von $g_D(\omega)$ über die Frequenz ergibt eins, wie auch in Gleichung (7.78) für homogene Verbreiterung. Somit haben beide Typen der Verbreiterung den gleichen integrierten Wirkungsquerschnitt, nämlich[17]

$$\int_0^\infty \sigma(\omega)\, d\omega = \frac{g_2}{g_1}\frac{\lambda_0^2}{4}\, A_{21} \tag{8.15}$$

Der Verbreiterungsmechanismus bewirkt, dass sich dieser integrierte Wirkungsquerschnitt über einen Bereich von Frequenzen ausdehnt, sodass der Spitzenwert der Absorption mit wachsender Frequenzbreite sinkt. Das Verhältnis der Spitzen des Wirkungsquerschnitts entspricht näherungsweise dem Verhältnis der Linienbreiten:

$$\frac{[\sigma(\omega_0)]_{\text{Doppler}}}{[\sigma(\omega_0)]_{\text{Homog}}} = \frac{g_D(\omega_0)}{g_H(\omega_0)} = \sqrt{\pi \ln 2}\,\frac{\Gamma}{\Delta\omega_D} \tag{8.16}$$

Beim Vergleich der Gauß-Kurve mit der Lorentz-Kurve tritt der numerische Faktor $\sqrt{\pi \ln 2} = 1{,}5$ auf. Für die 3s–3p-Resonanzlinie von Natrium gilt $\Gamma/2\pi = 10\,\text{MHz}$ und bei Raumtemperatur ist $\Delta\omega_D/2\pi = 1600\,\text{MHz}$. Damit ist das durch (8.16) gegebene Verhältnis der Wirkungsquerschnitte $\simeq 1/100$. Das Doppler-verbreiterte Gase führt bei gleichem N zu einer geringeren Absorption, da nur 1% der Atome mit der Strahlung am Linienzentrum wechselwirken. Dies sind die Atome, deren Geschwindigkeiten im Intervall $\Delta v \simeq \Gamma/k$ um $v = 0$ liegen. Für homogene Verbreiterung wechselwirken alle Atome per Definition in der gleichen Weise mit Licht.

8.3.1 Prinzipien der Sättigungsspektroskopie

Dieses Verfahren der Laserspektroskopie nutzt die Sättigung der Absorption aus, um ein dopplerfreies Signal zu liefern. Bei hohen Intensitäten wird die Populationsdifferenz zwischen zwei Niveaus reduziert, indem Atome in das obere Niveau angeregt werden. Wir berücksichtigen dies, indem wir (8.11) wie folgt modifizieren:

$$\kappa(\omega) = \int_{-\infty}^\infty \{N_1(v) - N_2(v)\}\, \sigma_{\text{abs}}(\omega - kv)\, dv \tag{8.17}$$

---

[16] Dies ist eine Faltung der Lösung für ein stationäres Atom mit der Geschwindigkeitsverteilung (siehe Aufgabe 7.9).

[17] Der Wirkungsquerschnitt hat nur in der Nähe von ω_0 einen signifikanten Wert. Ob wir also als untere Integrationsgrenze 0 nehmen (was realistisch ist) oder $-\infty$ (was leicht zu rechnen ist), macht keinen großen Unterschied.

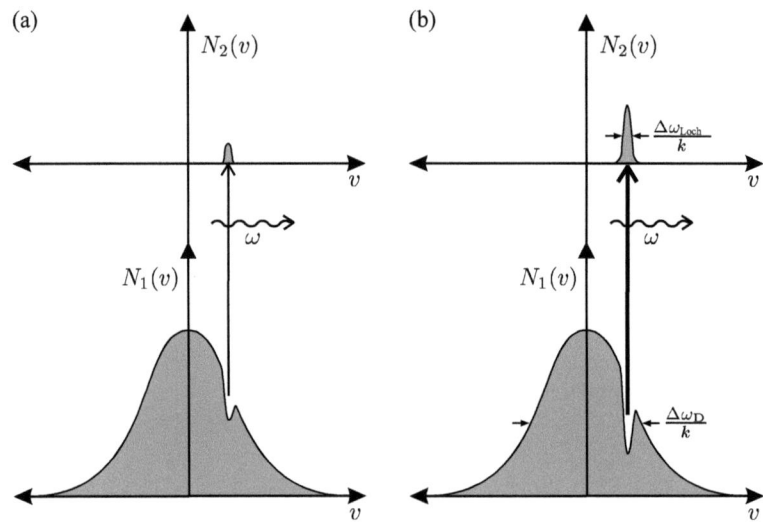

Abbildung 8.3: *Die Sättigung der Absorption. (a) Ein schwacher Strahl verändert die Teilchenzahldichten in den Niveaus nicht wesentlich. Die Teilchenzahldichte im unteren Niveau
$N_1(v)$ hat eine gaußsche Verteilung der Geschwindigkeiten, die charakteristisch ist für die
Doppler-Verbreiterung der Breite $\Delta\omega_D/k$. Die Population im oberen Niveau ist vernachlässigbar, $N_2(v) \simeq 0$. (b) Ein Laserstrahl hoher Intensität brennt ein tiefes Loch – für Atome, die
am stärksten mit dem Licht wechselwirken (jene mit der Geschwindigkeit $v = (\omega - \omega_0)/k$),
tendiert die Populationsdifferenz $N_1(v) - N_2(v)$ gegen null. Beachten Sie, dass $N_1(v)$ nicht
gegen null geht: starkes Pumpen eines Zwei-Niveau-Systems führt nie zur Populationsumkehr.
Diese Abbildung zeigt außerdem deutlich, dass die Doppler-Verbreiterung inhomogen ist, was
bedeutet, dass die Atome in unterschiedlicher Weise mit der Strahlung wechselwirken.*

Dies ist die gleiche Modifikation wie beim Übergang von (7.70) zu (7.72); allerdings haben wir sie hier auf jedes einzelne Geschwindigkeitsintervall der Verteilung angewendet.
Die Größen $N_1(v)$ und $N_2(v)$ sind die Teilchenzahldichten in den Niveaus 1 und 2; sie
zählen die Atome mit Geschwindigkeiten zwischen v und $v + dv$. Bei geringen Intensitäten bleiben fast alle Atome im Niveau 1, sodass $N_1(v) \simeq N(v)$ die gaußsche Verteilung
gemäß (8.3) hat, und für das andere Niveau gilt $N_2 \simeq 0$ (siehe Abbildung 8.3). Für alle
Intensitäten ist das Integral über die Teilchenzahldichten für die einzelnen Geschwindigkeiten gleich der Gesamt-Teilchenzahldichte in diesem Niveau, also

$$\int_{-\infty}^{\infty} N_1(v)\,dv = N_1 \tag{8.18}$$

und das Gleiche für N_2. Die Gesamt-Teilchenzahldichte ist $N = N_1 + N_2$.[18]

---

[18] Diese Behandlung der Sättigung ist auf Zwei-Niveau-Atome beschränkt. Reale Systeme mit Entartung sind komplizierter, da Atome unter Umständen, unter denen es eine signifikante Sättigung gibt,
in der Regel nicht gleichmäßig über die Unterniveaus verteilt sind (außer wenn das Licht unpolari-
siert ist). Trotzdem wird der Ausdruck $N_1(v) - g_1 N_2(v)/g_2$ für die Differenz der Populationsdichten
in einem gegebenen Geschwindigkeitsintervall häufig benutzt.

Bei der Sättigungsspektroskopie wird die Größe $N_1(v) - N_2(v)$ durch die Wechselwirkung mit einem starken Laserstrahl beeinflusst (siehe Abbildung 8.3(b)). Abbildung 8.4 zeigt einen typischen Versuchsaufbau. Der Strahlteiler verteilt die Leistung des Strahls auf einen schwachen Sondenstrahl und einen stärkeren Pumpstrahl.[19] Beide Strahlen haben die gleiche Frequenz ω und sie durchlaufen die mit atomarem Dampf gefüllte Probenzelle in entgegengesetzten Richtungen. Der Pumpstrahl wechselwirkt mit Atomen der Geschwindigkeit $v = (\omega - \omega_0)/k$ und regt viele von ihnen in das obere Niveau an (siehe Abbildung 8.3(b)). Dieser Prozess wird als **Lochbrennen** bezeichnet. Das durch den Strahl der Intensität I in die Population des unteren Niveaus gebrannte Loch hat eine Breite von

$$\Delta\omega_{\text{Loch}} = \Gamma \left(1 + \frac{I}{I_{\text{sat}}}\right)^{1/2} \tag{8.19}$$

was gleich der durch (7.88) gegebenen homogenen Breite durch Leistungsverbreiterung ist.

Wenn die Laserfrequenz weit weg von der Resonanzfrequenz liegt, $|\omega - \omega_0| \gg \Delta\omega_{\text{Loch}}$, dann wechselwirken Pumpstrahl und Sondenstrahl mit unterschiedlichen Atomen, sodass der Pumpstrahl den Probenstrahl nicht beeinflusst. Dies ist im linken bzw. im rechten Teil von Abbildung 8.4(c) illustriert. Nahe der Resonanzfrequenz ($\omega \simeq \omega_0$) wechselwirken beide Strahlen mit Atomen, für deren Geschwindigkeiten $v \simeq 0$ gilt, und das durch den Pumpstrahl gebrannte Loch reduziert die Absorption des Sondenstrahls. Somit führt die Sättigung der Absorption durch den Pumpstrahl zu einem schmalen Peak in der Intensität des durch die Probe gelassenen Sondenstrahls (siehe Abbildung 8.4(b)). Normalerweise hat der Pumpstrahl eine Intensität, die etwa bei der Sättigungsintensität I_{sat} liegt, sodass die Peaks der Sättigungsspektroskopie immer eine Linienbreite haben, die größer ist als die natürliche Breite. Das Geschwindigkeitsintervall der mit dem Licht wechselwirkenden Atome hat eine Breite von $\Delta v = \Delta\omega_{\text{Loch}}/k$.

Dieser Abschnitt zeigt das Prinzip der Sättigungsspektroskopie: Das Signal entsteht durch Selektion der Atome, die Geschwindigkeiten in der Umgebung von $v = 0$ haben, und die Frequenz dieses Signals liegt bei der atomaren Resonanzfrequenz. Es ist die homogene Verbreiterung dieser stationären Atome, was die Breite der Peaks bestimmt. Aufgabe 8.8 befasst sich mit der genauen Berechnung dieser Breite. Viele Experimente verwenden dieses dopplerfreie Prinzip, um eine stabile Referenz zu haben. Beispielsweise kann damit bei der Laserkühlung mittels optischer Melasse (siehe nächstes Kapitel) die Laserfrequenz ein paar Linienbreiten unter die Resonanz gesetzt werden.[20]

8.3.2 Cross-over-Resonanzen bei der Sättingsspektroskopie

In einem gesättigten Absorptionsspektrum erscheinen die Peaks in der Mitte zwischen Paaren von Übergängen, die gemeinsame Energieniveaus haben (und einen Abstand,

---

[19] Normalerweise gilt $I_{\text{sonde}} \ll I_{\text{sat}}$ und $I_{\text{pump}} \gtrsim I_{\text{sat}}$.

[20] Heute machen preisgünstige Halbleiterdioden-Laser die Sättigungsspektroskopie zu einem leicht verfügbaren Experiment bereits im Grundpraktikum. Dabei werden die Alkalielemente Rubidium oder Caesium verwendet, die bei Raumtemperatur einen ausreichend hohen Dampfdruck haben, sodass eine einfache Glaszelle als Probe benutzt werden kann (Wieman et al. 1999).

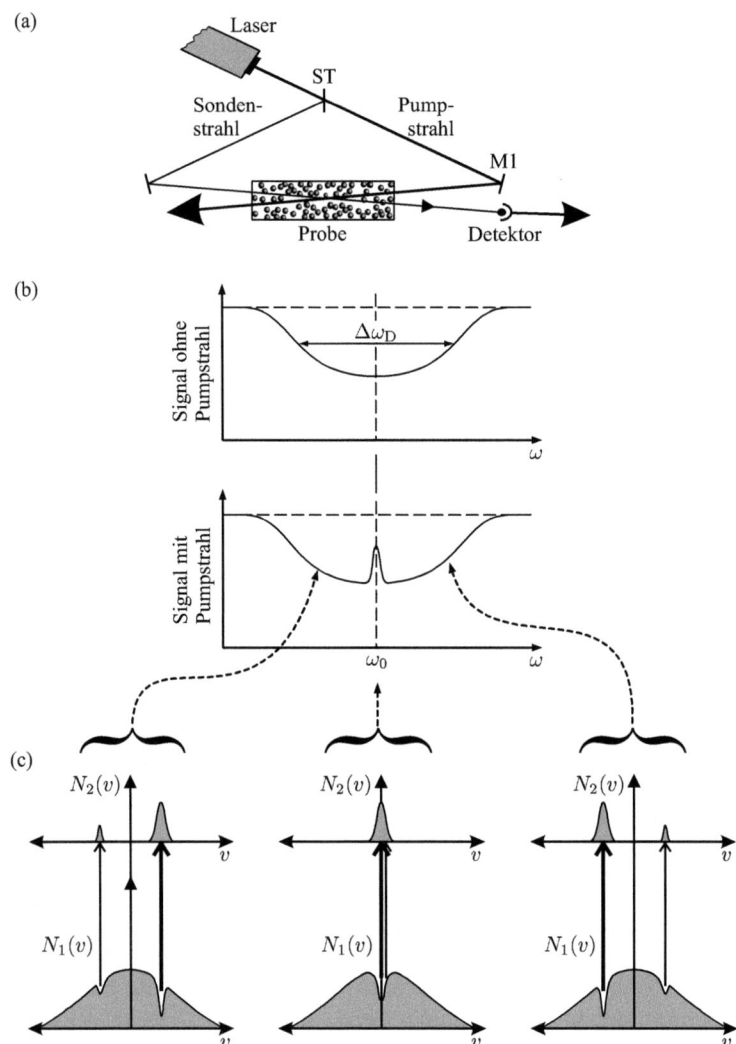

Abbildung 8.4: *Versuchsaufbau zur Sättigungsspektroskopie. Ein Strahlteiler teilt den Laserstrahl in einen schwachen Sondenstrahl und einen stärkeren Pumpstrahl. Diese Anordnung macht es leicht, den Sondenstrahl nach dem Durchlaufen der Probe zu detektieren, doch sie führt zu einer gewissen Doppler-Verbreiterung. Deshalb müssen bei Versuchen mit Sättigungsabsorption Pump- und Sondenstrahl oft so gerichtet werden, dass sie exakt entgegengesetzt propagieren. Ein partiell reflektierender Spiegel sorgt dafür, dass ein Teil des Sondenstrahls zum Detektor durchgelassen wird. (b) Die durch die Probe gelassene Sondenintensität als Funktion der Laserintensität. Ohne Pumpstrahl liefert das Experiment eine einfache dopplerverbreiterte Absorption, doch mit Pumpstrahl erscheint bei der atomaren Resonanzfrequenz ein schmaler Peak. (c) Die Teilchenzahldichten $N_1(v)$ und $N_2(v)$ in den beiden Niveaus, dargestellt als Funktionen der Geschwindigkeit für drei unterschiedliche Laserfrequenzen: unterhalb, gleich und über der atomaren Resonanzfrequenz. Hier sieht man den Effekt von Pump- und Sondenstrahl.*

der kleiner ist als die Doppler-Breite), siehe zum Beispiel das Drei-Niveau-Atom in Abbildung 8.5. Um diese **Cross-over-Resonanzen** zu erklären, müssen wir die in Abbildung 8.5 gezeigte Situation betrachten, wo der Pumpstrahl zwei Löcher in die Geschwindigkeitsverteilung brennt. Diese Löcher geben Anlass zu zwei Peaks im Spektrum, wenn die Laserfrequenz den Frequenzen der beiden Übergänge entspricht – dies sind die „erwarteten" Signale der Sättigungsabsorption. Es erscheint allerdings ein zusätzlicher Peak, wenn das durch den einen Übergang gebrannte Loch die Absorption für den anderen Übergang reduziert. Wie in Abbildung 8.5(b) illustriert, bedeutet die Symmetrie dieser Situation, dass Überkreuzungen genau in der Mitte zwischen zwei Peaks der Sättigungsabsorption auftreten. Diese Eigenschaft erlaubt es dem Experimentator, die Überkreuzungen in einem Sättigungsspektrum zu identifizieren (siehe hierzu die Aufgaben am Ende des Kapitels). Die zusätzlichen Peaks führen im Allgemeinen nicht zu Verwirrungen.

Die Spektrallinien von atomarem Wasserstoff haben große Doppler-Breiten, da Wasserstoff das leichteste Element ist. Physiker haben jedoch großes Interesse daran, die Energieniveaus dieses einfachen Atoms genau zu messen, um die Theorie der Atomphysik zu testen und die Rydberg-Konstante zu bestimmen.

Abbildung 8.6 zeigt ein Spektrum der Balmer-α-Linie ($n = 2$ nach $n = 3$), das durch die Doppler-Verbreiterung limitiert ist. Diese rote Linie von atomarem Wasserstoff bei einer Wellenlänge von $\lambda = 656$ nm hat eine Doppler-Breite von $\Delta f_\mathrm{D} = 6$ GHz (bei Raumtemperatur, siehe auch Abschnitt 8.1). Dies ist weniger als das 11 GHz-Intervall zwischen den Feinstrukturniveaus $j = 1/2$ und $3/2$ der Schale $n = 2$. Bei Verwendung des Isotops Deuterium (welches die doppelte Atommasse von Wasserstoff hat) in einem auf 100 K gekühlten Entladungsrohr reduziert sich die Doppler-Breite auf $\Delta f_\mathrm{D} = 2,3$ GHz,[21] wobei ein Faktor aus der Masse und der andere aus der Temperatur herrührt. Dies macht es möglich, Komponenten zu beobachten, die um das 3,3 GHz breite Intervall zwischen den Feinstrukturniveaus mit $j = 1/2$ und $j = 3/2$ der (n=3)-Schale separiert sind, siehe Abbildung 8.6(c) und 8.7(a).[22] Die zur Lamb-Verschiebung gehörende Struktur auf der Skala von 1 GHz kann mit konventionellen dopplerlimitierten Verfahren nicht aufgelöst werden.

Abbildung 8.7 zeigt die enorme Verbesserung der Auflösung, die man durch dopplerfreie Spektroskopie erhält. Das in Abbildung 8.7(c) gezeigte Sättigungsspektrum wurde bei einer Entladung von atomarem Wasserstoff (bei Raumtemperatur) erhalten (Daten von Dr. John R. Brandenberger und dem Autor). Zum Vergleich ist ein Teil des Spektrums aus Abbildung 8.6(b) gezeigt.[23] Die Technik der Sättigungsabsorption liefert deutlich aufgelöste Peaks von den 2a- und 2b-Übergängen mit einer Separation gleich der Lamb-Verschiebung. Die QED-Beiträge verschieben die Energie vom Niveau $2s\,^2S_{1/2}$ nach oben relativ zu $2p\,^2P_{1/2}$. Lamb und Retherford haben diese Verschiebung mit einem

---

[21] Berechnet durch Skalieren des Wertes für Wasserstoff. Das Verhältnis der Doppler-Breiten für H bei $T = 300$ K und D bei $T = 100$ K ist $\sqrt{6} = \sqrt{2} \times \sqrt{3}$.

[22] Der Erwartungswert der Spin-Bahn-Wechselwirkung skaliert wie $1/n^3$ (siehe Gleichung (2.56)). Die Aufspaltung für $n = 3$ ist folglich $8/27 \simeq 0{,}3$ mal so groß wie die von $n = 2$.

[23] Das erste Sättigungsspektrum von Wasserstoff wurde von Professor Theodor Hänsch und Mitarbeitern an der Stanford University erhalten (um 1972). Bei diesen bahnbrechenden Experimenten war die Breite der beobachteten Peaks durch die Bandbreite der verwendeten gepulsten Laser beschränkt. Dauerstrichlaser haben kleinere Bandbreiten.

(a)

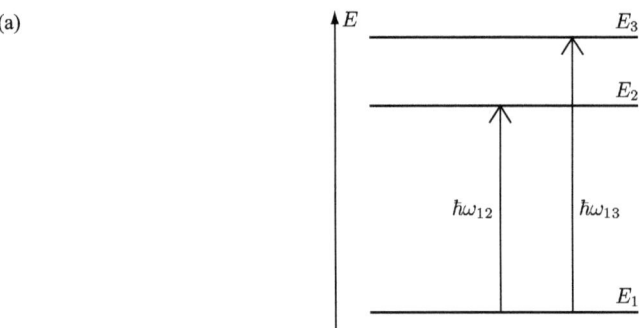

(b)

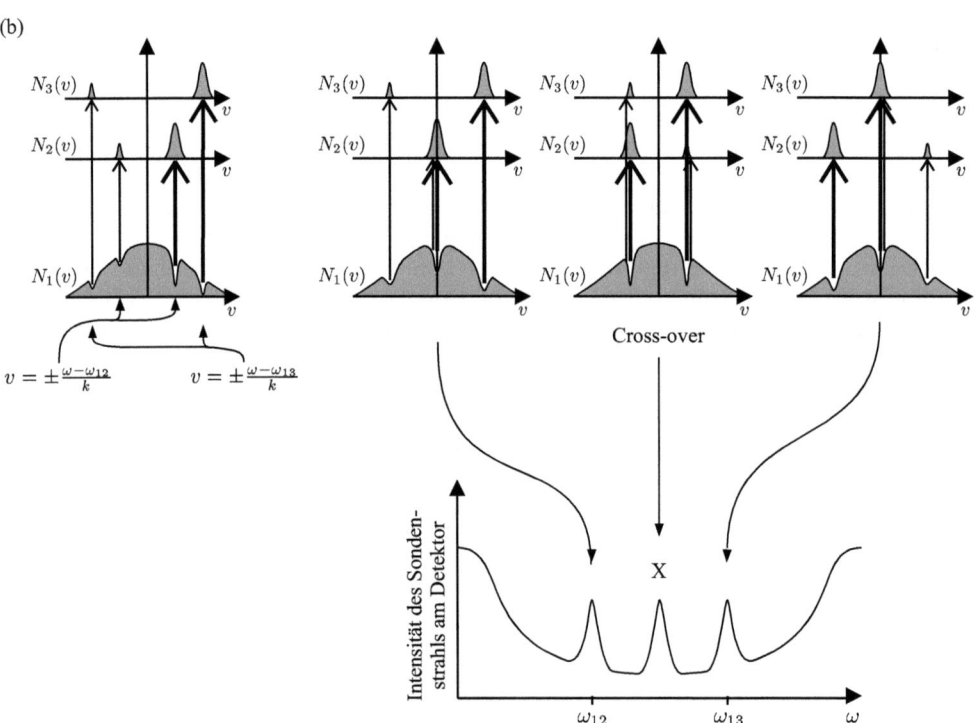

Abbildung 8.5: *Bildung einer Cross-over-Resonanz. (a) Ein Drei-Niveau-Atom mit zwei erlaubten Übergängen bei den Frequenzen ω_{12} und ω_{13}. (b) Eine Cross-over-Resonanz tritt auf bei X, in der Mitte zwischen zwei Sättigungspeaks, die Übergängen bei den Frequenzen ω_{12} und ω_{13} entsprechen. Am Cross-over-Punkt reduziert das vom Pumpstrahl beim Übergang $1 \leftrightarrow 2$ gebrannte Loch die Absorption des Sondenstrahls und umgekehrt.*

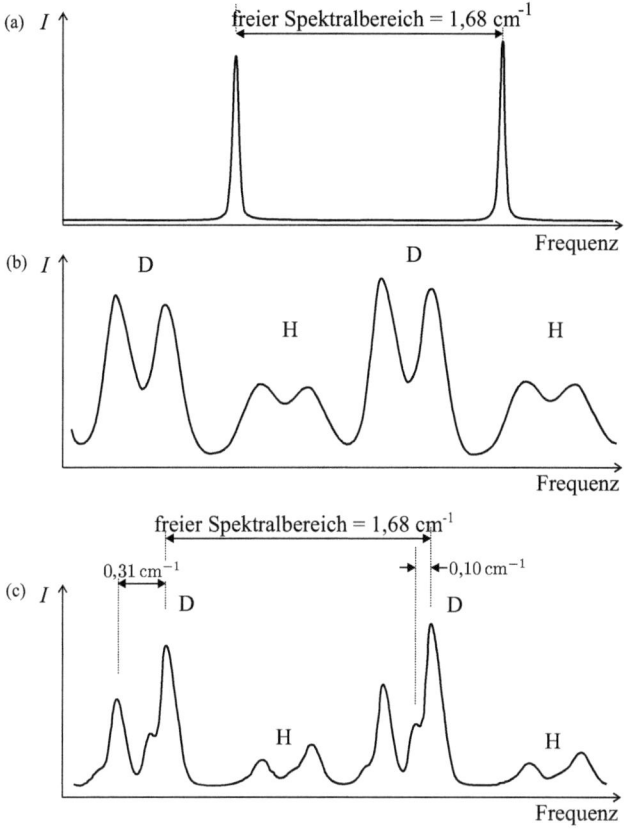

Abbildung 8.6: *Die Spektroskopie der Balmer-α-Linie, durchgeführt mit einer Versuchsanordnung ähnlich der in Abbildung 1.7 gezeigten, hat eine durch den Doppler-Effekt limitierte Auflösung. (a) Die Transmissionspeaks eines druckgesteuerten Fabry-Pérot-Interferometers, erhalten mithilfe einer nahezu perfekt monochromatischen Quelle (Helium-Neon-Laser). Der Abstand der Peaks ist gleich dem freien Spektralbereich des Resonators, der gegeben ist durch FSB = 1/2l = 1,68 cm⁻¹, wobei l der Abstand zwischen den beiden stark reflektierenden Spiegeln ist. Das Verhältnis von FSB zur Breite der Peaks (HWB) ist gleich der Finesse des Resonators, die in diesem Fall etwa bei 40 liegt. Bei allen drei Plots (a) bis (c) hat der Resonator zwei freie Spektrallängen gescannt. (b) Das Spektrum einer Entladung von Wasserstoff (H) und Deuterium (D) bei Raumtemperatur. Für jedes Isotop ist der Abstand zwischen den beiden Komponenten etwa gleich groß wie das Intervall zwischen den Feinstrukturniveaus mit n = 2. Diese Aufspaltung ist etwas größer als die Doppler-Breite für Wasserstoff. Die Isotopenverschiebung zwischen den Wasserstoff- und den Deuteriumlinien ist etwa 2,5-mal größer als der freie Spektralbereich, sodass benachbarte Peaks für H und D aus verschiedenen Ordnungen des Resonators resultieren. (c) Das Spektrum von H und D, durch Eintauchen des Entladungsrohrs in flüssigen Stickstoff gekühlt auf etwa 100 K. Die Feinstruktur der 3p-Konfiguration wird selbst für Deuterium nicht vollständig aufgelöst, doch sie zeigt sich in den deutlich erkennbaren Flanken links von jedem Peak. Die relevanten Energieniveaus sind in Abbildung 8.7 gezeigt. Mit freundlicher Genehmigung von John H. Sanders, Physics Department, University of Oxford.*

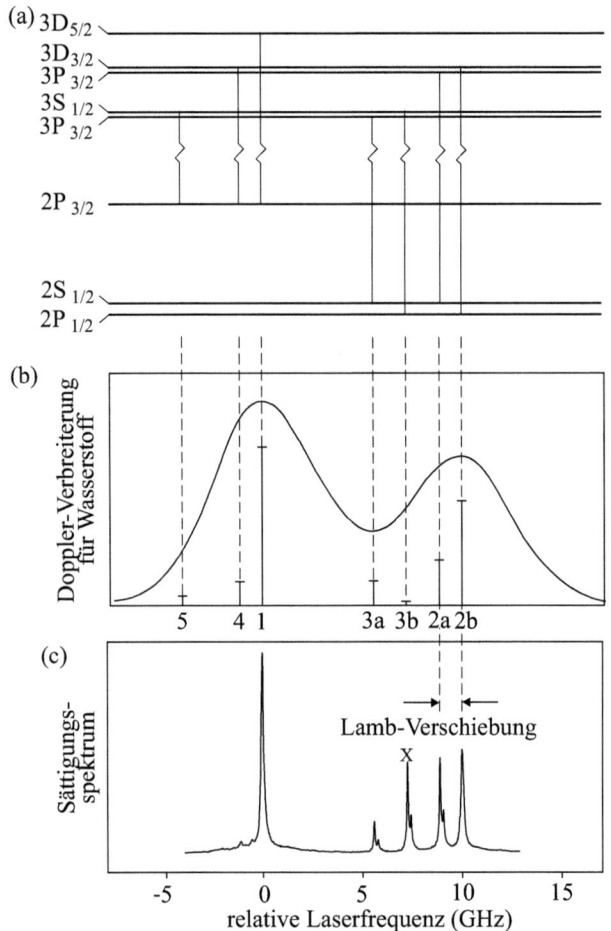

Abbildung 8.7: *Spektroskopie des Balmer-α-Übergangs. (a) Die Niveaus mit n = 2 und n = 3 sowie die Übergänge zwischen ihnen. Die relativistische Quantenmechanik sagt vorher, dass die Energien nur von n und j abhängen, was auf fünf Übergänge führt, die in der Reihenfolge abnehmender Stärke mit 1 bis 5 bezeichnet sind. In der Realität sind einige dieser Niveaus aufgrund von QED-Effekten nicht entartet, z. B. die Lamb-Verschiebung zwischen 2s ^{2}S$_{1/2}$ und 2p ^{2}P$_{1/2}$, was zwei Komponenten für die Übergänge 2 und 3 ergibt. Damit gibt es sieben optische Übergänge (siehe Abschnitt 2.3.5). (b) Das dopplerverbreiterte Profil der Balmer-α-Linie einer Entladung von atomarem Wasserstoff (bei Raumtemperatur) zeigt nur zwei deutlich erkennbare Komponenten, die um etwa 10 GHz separiert sind (etwas weniger als die Feinstrukturaufspaltung der 2p-Konfiguration, siehe Abbildung 8.6). (c) Sättigungsspektrum, erzeugt mit einem Dauerstrichlaser. Die Lamb-Verschiebung zwischen den 2a- und 2b-Komponenten ist deutlich aufgelöst. Das Niveau 2s ^{2}S$_{1/2}$ hat eine Hyperfeinaufspaltung von 178 MHz, und dies führt zu einem Doppelpeak-Profil von 2a, 3a und der Cross-over-Resonanz X in der Mitte zwischen ihnen. Auch der Übergang 4 ist ganz links zu sehen, und die Cross-over-Resonanz zwischen 4 und 1 ist gerade so als kleiner Buckel auf dem Sockel von Peak 1 zu sehen. Die Skala gibt die Laserfrequenz relativ zu einem beliebigen Punkt an (Übergang 1).*

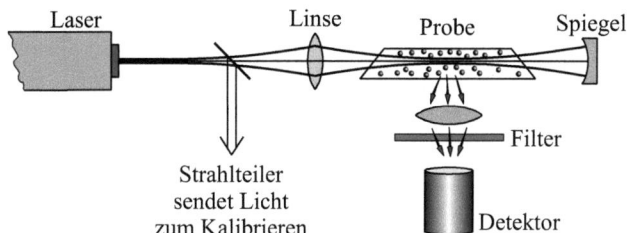

Abbildung 8.8: *Ein Experiment zur Zwei-Photonen-Spektroskopie. Die Linse fokussiert Licht aus dem stimmbaren Laser in die Probe und der gekrümmte Spiegel reflektiert diesen Strahl zurück auf sich selbst, was zu zwei entgegengesetzt propagierenden Strahlen führt, die sich in der Probe überlappen. Bei diesem Beispiel haben die Photonen, die nach einer Zwei-Photonen-Absorption spontan emittiert werden, unterschiedliche Wellenlängen der Laserstrahlung und gehen durch einen Filter, der das gesteuerte Laserlicht blockiert. Gewöhnlich erreicht nur der zu den erlaubten Übergängen bei den Frequenzen ω_{1i} bzw. ω_{i2} (siehe Abbildung 8.9) gehörenden Wellenlängen den Detektor (Photomultiplier oder Photodiode). Der Strahlteiler selektiert einen kleinen Teil des Laserlichts, um die Messung der Frequenz mithilfe der in Abschnitt 8.5 diskutierten Verfahren zu ermöglichen.*

Radiofrequenzverfahren gemessen, wobei sie einen metastabilen Strahl von Wasserstoff (Atome im Niveau $2s\,^2S_{1/2}$) verwendeten. Mithilfe von optischen Verfahren war es jedoch vor der Entwicklung der dopplerfreien Laserspektroskopie nicht möglich sie aufzulösen.

8.4 Zwei-Photonen-Spektroskopie

Die Zwei-Photonen-Spektroskopie arbeitet mit zwei entgegengesetzt propagierenden Laserstrahlen (siehe Abbildung 8.8). Diese Anordnung hat auf den ersten Blick Ähnlichkeit mit den Experimenten zur Sättigungsspektroskopie (Abbildung 8.4). Tatsächlich jedoch basieren diese beiden dopplerfreien Methoden auf fundamental unterschiedlichen Prinzipien. Bei der Zwei-Photonen-Spektroskopie treibt die simultane Absorption von zwei Photonen den atomaren Übergang an. Wenn die Atome von jedem der beiden entgegengesetzt propagierenden Strahlen ein Photon absorbieren, dann heben sich die Doppler-Verschiebungen in dem im Atom ruhenden Bezugssystem gegenseitig auf (siehe Abbildung 8.9(a)):

$$\omega\left(1 + \frac{v}{c}\right) + \omega\left(1 - \frac{v}{c}\right) = 2\omega \tag{8.20}$$

Wenn das Doppelte der Laserfrequenz ω gleich groß ist wie die atomare Resonanzfrequenz, also $2\omega = \omega_{12}$, dann kann jedes Atom zwei Photonen absorbieren. Im Gegensatz dazu kommt das dopplerfreie Signal bei der Sättigungsspektroskopie nur von den Atomen mit der Geschwindigkeit null.

Für die in Abbildung 8.9(b) dargestellte Struktur der Energieniveaus zerfallen die Atome in zwei Schritten, wobei in jedem ein einzelnes Photon emittiert wird. Einige dieser Photonen landen beim Detektor. Eine kurze Betrachtung dieses Kaskadenprozesses il-

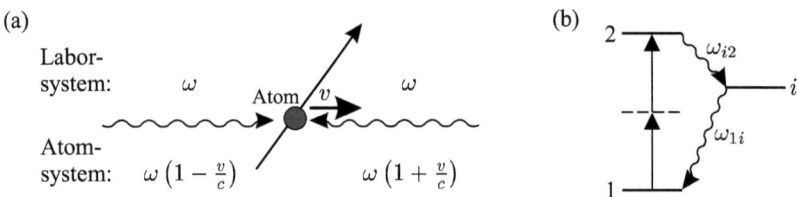

Abbildung 8.9: *(a) Das Atom hat eine Geschwindigkeitskomponente v in Richtung des Laserstrahls (das Licht hat die Frequenz ω). Die Atome spüren für jeden Strahl eine gleich große, entgegengesetzte Doppler-Verschiebung. In der Summe heben sich diese Verschiebungen der Frequenzen der beiden entgegengesetzt propagierenden, vom Atom absorbierten Photonen auf (Gleichung (8.20)). Die Summe der Frequenzen hängt nicht von v ab, sodass Resonanz für alle Atome auftritt, wenn $2\omega = \omega_{12}$ gilt. (b) Ein Zwei-Photonen-Übergang zwischen den Niveaus 1 und 2. Das Atom zerfällt in zwei Schritten, wobei in jedem ein einzelnes Photon der Frequenz ω_{i2} bzw. ω_{1i} emittiert wird.*

lustriert den Unterschied zwischen einem Zwei-Photonen-Prozess und zwei Ein-Photon-Übergängen. Es wäre möglich, Atome von 1 in das Niveau 2 anzuregen, indem man *zwei* Laserstrahlen mit den Frequenzen $\omega_{L1} = \omega_{1i}$ und $\omega_{L2} = \omega_{i2}$ benutzt, die resonant sind mit den beiden elektrischen Dipolübergängen. Diese Zwei-Schritt-Anregung hat jedoch eine völlig andere Natur als der direkte Zwei-Photonen-Übergang. Der Transfer der Population über das Zwischenniveau i geschieht mit einer Rate, die durch die Raten der beiden Einzelschritte festgelegt ist, während der Zwei-Photonen-Übergang ein virtuelles Zwischenniveau ohne Übergangspopulation in i hat. (Gleichung (8.20) zeigt, dass die beiden entgegengesetzt propagierenden Strahlen die gleiche Frequenz haben müssen.) Dieser Unterschied zwischen Ein- und Zwei-Photonen-Übergängen zeigt sich deutlich in der Theorie dieser beiden Prozesse (siehe Abschnitt E.2 in Anhang E) und es ist nützlich, hier einige Ergebnisse zusammenzufassen. Die zeitabhängige Störungstheorie liefert die Rate der Übergänge in das obere Niveau, welche durch ein oszillierendes elektrisches Feld $\mathbf{E}_0 \cos \omega t$ induziert werden. Die Berechnung der Rate für Zwei-Photonen-Übergänge erfordert eine zeitabhängige Störungsrechnung zweiter Ordnung. Für $2\omega = \omega_{12}$ tritt eine resonante Verstärkung des Prozesses zweiter Ordnung auf, doch die zugehörige Rate ist klein im Vergleich zu einem erlaubten Ein-Photon-Übergang. Um also irgendwelche Effekte zweiter Ordnung sehen zu können, müssen die Terme erster Ordnung weit von der Resonanz entfernt sein. Die Frequenzverstimmung vom Zwischenniveau $\omega - \omega_{1i}$ muss groß bleiben (von der gleichen Größenordnung wie ω_{1i} selbst, wie in Abbildung 8.9(b) zu sehen ist). Die Zwei-Photonen-Absorption hat große Ähnlichkeit mit der stimulierten Raman-Streuung, einem Prozess, bei dem zwei Photonen über ein virtuelles Zwischenniveau simultan absorbiert und stimuliert werden (siehe hierzu Abbildung 8.10 sowie Anhang E).

Damit sollte der Unterschied zwischen zwei aufeinanderfolgenden elektrischen Dipolübergängen (E1) und einem Zwei-Photonen-Übergang ausreichend deutlich geworden sein. Gemeinsam ist beiden Prozessen, dass sie die gleichen Niveaus verbinden. Aus den Auswahlregeln für E1 ($\Delta l = \pm 1$ zwischen Niveaus ungleicher Parität) können wir daher auf die Auswahlregeln für den Zwei-Photonen-Übergang schließen. Diese sind $\Delta l = 0, \pm 2$

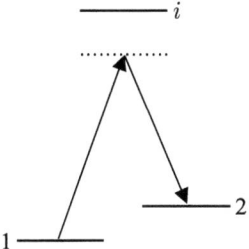

Abbildung 8.10: *Ein stimulierter Raman-Übergang zwischen den Niveaus 1 und 2 über ein virtuelles Zwischenniveau. Das Niveau i wird bei diesem kohärenten Prozess nicht resonant angeregt.*

und es gibt keine Änderung der Parität, also zum Beispiel s–s- oder s-d-Übergänge.

Die Zwei-Photonen-Spektroskopie wurde zuerst am 3s–4d-Übergang von atomarem Natrium demonstriert. Dieser hat eine Linienbreite, die von der natürlichen Breite des oberen Niveaus dominiert wird. Der 1s–2s-Übergang in atomarem Wasserstoff hat eine extrem schmale Zwei-Photonen-Resonanz, und die in Experimenten beobachtete Linienbreite resultiert aus den verschiedenen Verbreiterungsmechanismen, mit denen wir uns im nächsten Abschnitt befassen werden.

Beispiel 8.3 *Zwei-Photonen-Spektroskopie des* 1s–2s-*Übergangs in atomarem Wasserstoff*
Der 1s–2s-Zwei-Photonen-Übergang in atomarem Wasserstoff hat eine intrinsische natürliche Breite von nur 1 Hz, weil die 2s-Konfiguration metastabil ist. Ein Atom im 2s-Energieniveau hat in Abwesenheit externer Störungen eine Lebensdauer von $1/8$ s, da es keine p-Konfigurationen von signifikant kleinerer Energie gibt (siehe Abbildung 2.2).[24] Im Gegensatz dazu hat die 2p-Konfiguration wegen dem starken Lyman-α-Übergang in den Grundzustand eine Lebensdauer von nur 1,6 ns (mit einer Wellenlänge von 121,5 nm). Dieser gewaltige Unterschied in den Lebensdauern der Niveaus in $n = 2$ gibt einen Hinweis auf die relative Stärke von Ein- und Zwei-Photonen-Übergängen. Der 1s–2s-Übergang hat einen intrinsischen Qualitätsfaktor von $Q = 10^{15}$, was als Quotient aus der Übergangsfrequenz $\frac{3}{4}cR_\infty$ und der natürlichen Breite berechnet wurde. Um diesen Zwei-Photonen-Übergang anzuregen, erfordern die Experimente ultraviolette Strahlung der Wellenlänge $\lambda = 243$ nm.[25]

Abbildung 8.11 zeigt ein dopplerfreies Spektrum für den 1s–2s-Übergang. Eine Auflösung von $1 : 10^{15}$ wurde nicht erreicht, da vielfältige Mechanismen, die unten aufgelistet sind, die experimentelle Linienbreite limitieren.

(a) *Durchgangszeit* Die Zwei-Photonen-Absorption ist ein nichtlinearer Prozess[26]

---

[24] Bei dem Mikrowellenübergang aus dem Niveau 2s ^{2}S$_{1/2}$ in das tiefere Niveau 2p ^{2}P$_{1/2}$ ist die Emission vernachlässigbar.

[25] Solche kurzwellige Strahlung kann nicht direkt mithilfe stimmbarer Farbstofflaser erzeugt werden. Nötig ist eine Frequenzverdopplung von Laserlicht mit 486 nm in einem nichtlinearen Kristall (bei diesem Prozess werden zwei Photonen in eins mit höherer Energie konvertiert). Damit beträgt die Frequenz des Laserlichts (bei 486 nm) genau ein Viertel der 1s–2s-Übergangsfrequenz (da zweimal der Faktor 2 zu berücksichtigen ist, einmal für den Prozess der Frequenzverdopplung und einmal für die Zwei-Photonen-Absorption). Damit hat das Laserlicht (bei 486) eine Frequenz, die sehr dicht an der der Balmer-β-Linie liegt ($n = 2$ nach $n = 4$), da die Energien in Wasserstoff proportional zu $1/n^2$ sind.

[26] Im Gegensatz dazu ist die Ein-Photon-Streuung *weit unterhalb der Sättigung* ein linearer Prozess

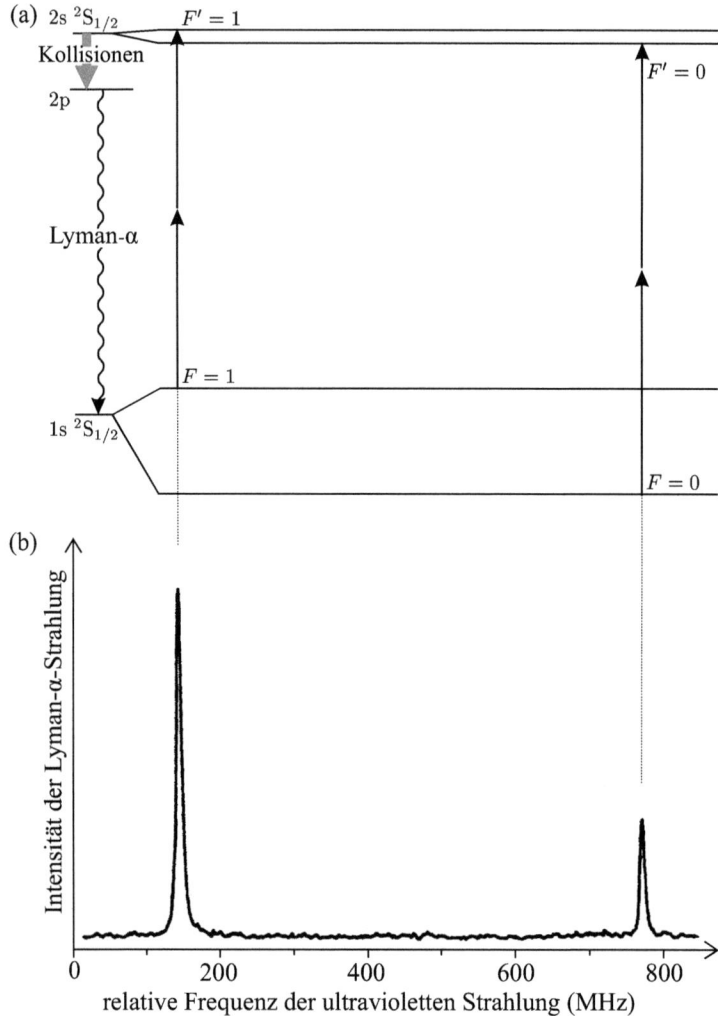

Abbildung 8.11: *(a) Die Hyperfeinstruktur der 1s- und 2s-Konfigurationen von Wasserstoff (nicht maßstabsgerecht). Die Zwei-Photonen-Übergänge genügen der Auswahlregel $\Delta F = 0$. Dies erlaubt die Übergänge $F = 0$ nach $F' = 0$ und $F = 1$ nach $F' = 1$. (b) Ein Zwei-Photonen-Spektrum des 1s-2s-Übergangs in atomarem Wasserstoff. Das aufgenommene Signal stammt von Photonen, die aus dem Gas emittiert werden (auf die Zwei-Photonen-Anregung folgend). Sie werden mithilfe eines Photomultipliers detektiert (siehe Abbildung 8.8). Dieses Signal tritt in einer etwas anderen Weise auf als das in Abbildung 8.9(b) gezeigte. Die 2s-Konfiguration in Wasserstoff zerfällt sehr langsam, da es keine erlaubten Übergänge in 1s gibt. Vielmehr treten infolge von Stößen mit Atomen (oder Molekülen) im Gas Übergänge von 2s nach 2p auf, und die 2p-Konfiguration zeigt einen schnellen Zerfall durch Emission von Lyman-α-Photonen. Die Skala gibt die (relative) Frequenz der ultravioletten Strahlung an, die zur Anregung des Zwei-Photonen-Übergangs verwendet wurde (Foot et al. 1985). © American Physical Society, 1985.*

mit einer Rate proportional zum Quadrat der Intensität I^2 des Laserstrahls (siehe Anhang E). Um ein starkes Signal zu erhalten, fokussieren Experimentatoren deshalb die entgegengesetzt propagierenden Strahlen in der Probe sehr stark, wie in Abbildung 8.8 zu sehen ist. Für einen Strahldurchmesser von 0,5 mm liefert die Durchgangszeit-Verbreiterung einen Beitrag zur Linienbreite von

$$\Delta f_{\mathrm{DZ}} = \frac{\Delta\omega_{\mathrm{DZ}}}{2\pi} \simeq \frac{u}{d} = \frac{2200\,\mathrm{m\,s^{-1}}}{5\times 10^{-4}\,\mathrm{m}} = 4\,\mathrm{MHz} \qquad (8.21)$$

wobei u die typische Geschwindigkeit für Wasserstoffatome ist (siehe (8.7)).

(b) *Stoßverbreiterung (auch Druckverbreiterung genannt)* Stöße mit anderen Atomen oder Molekülen des Gases stören das mit der Strahlung wechselwirkende Atom und führen zur Verbreiterung und zur Frequenzverschiebung der beobachteten Spektrallinien. Dieser homogene Verbreiterungsmechanismus bewirkt einen Anstieg der Linienbreite, der von der Stoßrate $1/\tau_{\mathrm{Stoß}}$ abhängt. Hierbei ist $\tau_{\mathrm{Stoß}}$ die mittlere Zeit zwischen zwei Stößen. Bei einer vereinfachten Behandlung wird die homogene Breite eines Übergangs mit der natürlichen Breite Γ zu $\Delta\omega_{\mathrm{homog}} = \Gamma + 2/\tau_{\mathrm{Stoß}} = \Gamma + 2N\sigma\overline{v}$. Dabei ist σ, wie von Corney (2000) beschrieben, der Stoßquerschnitt und $\overline{v}$ die mittlere relative Geschwindigkeit (siehe auch Loudon (2000) oder Brooker (2003)). Die Teilchenzahldichte N der störenden Spezies ist proportional zum Druck. Für den 1s–2s-Übergang von Wasserstoffatomen in einem Gas, das hauptsächlich aus Wasserstoffmolekülen (H_2) besteht, wurde die Druckverbreiterung als 30 GHz/bar gemessen. Dies liefert einen signifikanten Beitrag zur Linienbreite des in Abbildung 8.11 gezeigten Signals von etwa 8 MHz (bei der Frequenz der ultravioletten Strahlung nahe 243 nm).[27] Weitere Details hierzu finden Sie in Aufgabe 8.7.

(c) *Laserbandbreite* Bei den ersten Zwei-Photon-Experimenten wurden gepulste Laser verwendet, um hohe Intensitäten zu erreichen. Dabei war die Auflösung durch die Laserbandbreite limitiert. Ein Laser mit einer Pulsdauer von $\tau = 10\,\mathrm{ns}$ hat eine niedrigere Bandbreitengrenze von

$$\Delta f_{\mathrm{L}} \geq \frac{1}{\tau} \simeq 100\,\mathrm{MHz} \qquad (8.22)$$

Diese Schranke für die Fourier-Transformierte nimmt einen perfekt geformten Puls an. In der Praxis haben gepulste Laser typischerweise eine Bandbreite, die um eine Größenordnung darüber liegt. Kommerzielle Dauerstrich-Farbstofflaser haben Bandbreiten von 1 MHz, während für Forschungszwecke raffinierte elektronische Servosteuerungssysteme verwendet werden, die diese Bandbreite reduzieren. Die genauesten Experimente mit Ionenfallen verwenden ein Lasersystem, das ultraviolette Strahlung von nur wenigen Hertz erzeugt. Auf diese Weise werden Auflösungen von bis zu $1:10^{15}$ erreicht.

---

proportional zur Intensität I.

[27] Stöße verschieben die Frequenz des 1s–2s-Übergangs um $-9\,\mathrm{GHz/bar}$, und diese Druckverschiebung ist ein Problem für Präzisionsmessungen (siehe Boshier *et al.* 1989 sowie McIntyre *et al.* 1989).

(d) *Doppler-Effekt zweiter Ordnung* Die Zwei-Photonen-Spektroskopie eliminiert den Doppler-Effekt erster Ordnung, aber nicht den Term zweiter Ordnung, dem in der speziellen Relativitätstheorie eine Zeitdilatation entspricht, nämlich

$$\Delta f_{D2} \sim \frac{u^2}{c^2} f_0 = 0{,}1\,\text{MHz} \tag{8.23}$$

Für Wasserstoff ist $u/c = 7 \times 10^{-6}$ (siehe Abschnitt 8.1), und für den 1s–2s-Übergang gilt $f_0 = 2{,}5 \times 10^{15}\,\text{Hz}$.

Die Zeitdilatation hat eine quadratische Abhängigkeit von der Geschwindigkeit des Atoms. Sie reduziert, unabhängig von der Bewegungsrichtung des Atoms, die Frequenz des emittierten Lichts, das ein Beobachter im Laborsystem sieht. Dies verschiebt das Zentrum der beobachteten Linie des Atoms um einen Betrag, der von der Geschwindigkeitsverteilung des Atoms abhängt. Hieraus resultiert eine Unbestimmtheit für Präzisionsmessungen, und diese ist fataler als Mechanismen, die die Linienform einfach symmetrisch um die Resonanzfrequenz des Atoms verbreitern.

(e) *Lichtverschiebung* Die Lichtverschiebung (auch AC-Stark-Effekt genannt, siehe Abschnitt 7.7) hat wegen der hohen Intensitäten, die für akzeptable Übergangsraten notwendig sind, einen Einfluss auf Experimente der Zwei-Photonen-Spektroskopie. Die Verschiebung des Zentrums der beobachteten Linienform verursacht aus dem gleichen Grund Probleme bei Präzisionsversuchen wie der Doppler-Effekt zweiter Ordnung.[28]

Detaillierte Berechnungen aller systematischen Effekte für die 1s–2s-Übergangsfrequenz finden Sie in Boshier *et al.* (1989) sowie McIntyre (1989). Tabelle 8.2 enthält eine Checkliste der möglichen Effekte, die zur Verbreiterung der Peaks bei der dopplerfreien Spektroskopie führen können (einige dieser Prozesse bewirken auch Frequenzverschiebungen).

In ihrem Originalexperiment hatten Lamb und Retherford die Verschiebung zwischen 2s $^2S_{1/2}$ und 2p $^2P_{1/2}$ direkt mittels Radiofrequenzspektroskopie gemessen, doch die Linienbreite in ihrem Experiment war wegen des schnellen Zerfalls des 2p-Niveaus groß (wie bereits am Anfang dieses Beispiels erwähnt). Das 2p-Niveau hat eine natürliche Breite von 100 MHz, was viel größer ist als die Linienbreite bei Zwei-Photonen-Experimenten. Es ist recht bemerkenswert, dass die Lasermessungen einer Übergangsfrequenz im ultravioletten Bereich die Genauigkeit der Radiofrequenzspektroskopie übersteigen kann. Obwohl die QED-Verschiebungen nur einen sehr kleinen Teil des 1s–2s-Übergangs repräsentieren, bestimmen die Laserexperimente diese Verschiebungen genau, vorausgesetzt man kennt die Frequenz des Lasers. Der folgende Abschnitt beschreibt Verfahren, die zur Messung der Frequenz und somit zur Kalibrierung der Spektren verwendet werden.

---

[28] Die Lichtverschiebung hat keinen signifikanten Effekt auf 1s–2s-Experimente, da durch nichtlineares Mischen nur ultraviolette Strahlen geringer Intensität erzeugt werden.

Tabelle 8.2: *Verbreiterungsmechanismen bei der dopplerfreien Laserspektroskopie.*

(i)	natürliche Verbreiterung
(ii)	Stöße (Druckverbreiterung)
(iii)	endliche Wechselwirkungszeit (Durchgangszeit-Verbreiterung)
(iv)	Doppler-Effekt zweiter Ordnung
(v)	Versuchsbreite – Laserbandbreite
(vi)	externe Felder – Zeeman-Effekt und Stark-Effekt
(vii)	Rest-Doppler-Verbreiterung – falls die Strahlen nicht exakt entgegengesetzt propagieren
(viii)	Leistungsverbreiterung – im Zusammenhang mit der Sättigung des Übergangs (bei der Sättigungsspektroskopie)
(ix)	AC-Stark-Effekt – Verschiebung aufgrund des elektrischen Feldes des Lichts bei der Zwei-Photonen-Spektroskopie

8.5 Kalibierung bei der Laserspektroskopie

Bei laserspektroskopischen Experimenten werden stimmbare Laser eingesetzt, d. h. Lasersysteme, deren Frequenz über einen breiten Bereich eingestellt werden kann, um die Resonanzen von Atomen oder Molekülen zu finden. In frühen Experimenten wurden Farbstofflaser im sichtbaren Bereich eingesetzt; beispielsweise liefert der Farbstoff Rhodamin 6G das gelbe Licht für Experimente mit Natrium. Die besten Farbstofflaser haben einen stimmbaren Bereich von mehr als 50 nm, und es gibt moderne Farbstoffe, die von tiefem Blau bis in den Infrarotbereich arbeiten. Allerdings kann die Verwendung von gelösten Farbstoffen problematisch sein, weshalb heute viele Experimentatoren Festkörperlaser vorziehen, die im Infrarotbereich arbeiten (Davis 1986). Laser mit Halbleiterdioden sind über einen Bereich von etwa 10 nm stimmbar, und die allgemeiner einsetzbaren Titan:Saphir-Laser arbeiten im gesamten Bereich von 700 bis 1000 nm. Zum Vergleich: der Helim–Neon-Laser arbeitet nur innerhalb des Doppler-Profils des Neon-Übergangs, und dieser hat eine Breite von $\sim 1\,\text{GHZ}$ bei 633 nm, was einem Wellenlängenbereich von nur 0,001 nm entspricht. Diese feste und wohldefinierte Wellenlänge kann als Frequenzreferenz verwendet werden (Ähnliches gilt für andere Laser, die bei atomaren Übergängen arbeiten).

Welches Verfahren man zum Kalibrieren der Laserfrequenz wählt, hängt davon ab, ob das Experiment absolute oder relative Messungen erfordert.

8.5.1 Kalibierung der relativen Frequenz

Experimente, die den Abstand zwischen Komponenten des Spektrums messen, erfordern eine genaue Frequenzskala. Ein Beispiel ist die Messung der in Abbildung 6.12 gezeigten Isotopenverschiebungen und Hyperfeinaufspaltungen. Um die Laserabtastung zu kalibrieren, wird ein Teil des Laserstrahls durch ein Fabry-Pérot-Interferometer geschickt (Abbildung 8.12; vgl. auch Abbildung 8.6). Die beobachteten Streifen haben einen Abstand, der gleich der freien Spektrallänge c/l des Interferometers ist, und l, die Länge des Hohlraums, kann exakt gemessen werden. In der Praxis ist bei diesen Ex-

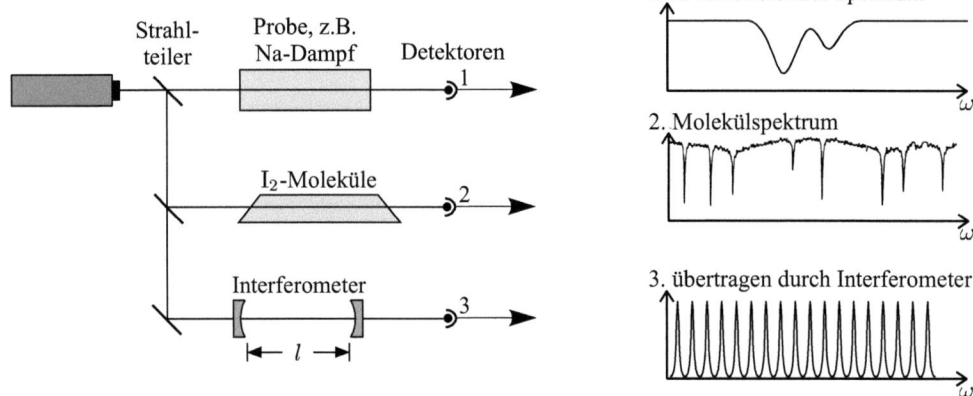

Abbildung 8.12: *Kalibrierung eines Laserexperiments. Es werden drei Signale aufgezeichnet: (1) das zu kalibrierende Spektrum, zum Beispiel für die Absorption eines atomaren Dampfes; (2) ein molekulares Spektrum, zum Beispiel das Absorptionsspektrum von Iod; und (3) die Intensität, die durch ein Fabry-Pérot-Interferometer übertragen wird; sie liefert Streifen mit einem Frequenzabstand gleich dem freien Spektralbereich c/2l, wobei l die Länge des Resonators ist. Diese Referenzstreifen bilden die Referenzskala. Molekulare Spektren haben einen „Wald" von Linien, d. h., es gibt für jede Wellenlänge Linien, die in ihrer Nähe liegen. Individuelle Linien können durch Vergleich mit einem bekannten Spektrum identifiziert werden. Diese molekularen Linien liefern die absolute Frequenz. (Die Natriumzelle wird erhitzt, damit der Dampfdruck hinreichend groß für ein Absorptionsexperiment ist.)*

perimenten ein Verfahren nötig, das die ungefähren Wellenlängen des Lasers bestimmt, um die atomaren Linien finden zu können.

8.5.2 Absolute Kalibrierung

Um die absolute Frequenz einer Spektrallinie zu bestimmen, wird diese mit einer benachbarten Linie bekannter Frequenz (oder Wellenlänge) verglichen. Bei der Laserspektroskopie wird häufig Iod für die Aufstellung der Referenzlinien verwendet, da dessen Molekülspektrum viele Linien im sichtbaren Bereich hat. Die Wellenlängen von Iod wurden zu diesem Zweck tabelliert (Gerstenkorn *et al.* 1993). Moleküle haben wesentlich mehr Übergänge als Atome, was zu einer hohen Wahrscheinlichkeit führt, in der Nähe der interessierenden Frequenz eine geeignet Linie zu finden. Iod hat bei Raumtemperatur einen ausreichend hohen Dampfdruck, um in einer einfachen Glaszelle (siehe Abbildung 8.12) einen messbare Absorption zu liefern. Bei dem in der Abbildung dargestellten Experiment wird die dopplerverbreiternde Absorption in Natrium als Muster für das zu messende Spektrum verwendet. Die Iodlinien haben wegen ihrer großen molekularen Masse (I_2 hat die Molekülmasse 254) viel kleinere Doppler-Breiten.

Die Kalibrierung von dopplerfreien Spektren erfordert häufig feinere Referenzlinien, die durch Sättigungsspektroskopie von Iod selbst gewonnen werden (siehe Corney 2000, Abbildungen 13.13 und 13.14). Die Frequenz des in Beispiel 8.3 beschriebenen 1s–2s-

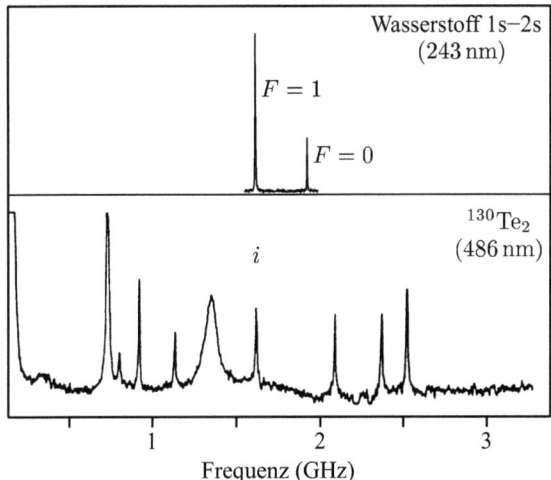

Abbildung 8.13: *Oben: Zwei-Photonen-Spektrum des 1s-2s-Übergangs in atomarem Wasserstoff, ähnlich wie in Abbildung 8.11 aber mit anderer Skala. Unten: Sättigungsspektrum von molekularem Tellur, das zur Kalibrierung verwendet wird. Die absolute Frequenz der mit i bezeichneten Linie wurde mit einer Unsicherheit von 6×10^{-10} bestimmt (durch Hilfsmessungen). In bearbeiteter Form übernommen aus McIntyre et al. (1989). © American Physical Society, 1989.*

Übergangs in atomarem Wasserstoff wurde relativ zu einer Linie im Sättigungsspektrum von Tellur [29] gemessen (siehe Abbildung 8.13). Das Experiment wurde mithilfe der folgenden Prozedur kalibriert. Die Sättigungsspektroskopie von Te_2 wurde mit blauem Licht der Wellenlänge 486 nm und der Frequenz ω_L ausgeführt. Ein Teil des Lichts wurde durch einen nichtlinearen Kristall geführt, wo durch den Prozess der Erzeugung zweiter Harmonischer etwas Strahlung der Frequenz $\omega = 2\omega_L$ entsteht. Die Frequenz dieser ultravioletten Strahlung bei 243 nm wurde mit der (sehr ähnlichen) Frequenz der Strahlung verglichen, die den 1s–2s-Übergang angeregt hat. Somit lautet die Zwei-Photonen-Resonanzbedingung gemäß Gleichung (8.20) $\omega_{12} = 2\omega = 4\omega_L$. Der Übergang von $1s\,{}^2S_{1/2}\,F = 1$ nach $2s\,{}^2S_{1/2}\,F = 1$ hat fast exakt die vierfache Frequenz der Linie i im Spektrum von Te_2, und diese kleine Frequenzverschiebung kann präzise gemessen werden.

Dieses Verfahren der Kalibrierung mithilfe bekannter Spektrallinien lässt die Frage außer Acht, auf welcher Basis die Frequenzen der Referenzlinien selbst zu bestimmen sind. Die kurze Antwort lautet, dass sich die Experimentatoren auf die weltweit verteilten nationalen Eichlabors stützen, um geeignete Referenzlinien zu messen und auf diese Weise international abgestimmte Frequenzstandards schaffen. Beispielsweise wurde die spezielle Iodlinie, die mit der Ausgabe des Helium-Neon-Lasers bei 633 nm übereinstimmt, sehr genau gemessen. Ein Helium-Neon-Laser, dessen Frequenz auf die der Iodlinie eingestellt ist, bietet einen portablen Frequenzstandard, also einen, der durch

---

[29] Ein schweres zweiatomiges Molekül wie molekulares Iod, nur dass Te_2 Linien im blauen Bereich hat, I_2 dagegen nicht.

das Eichlabor kalibriert ist und dann im Versuchslabor als Referenz dient (siehe Corney, Abschnitt 13.10). Die nationalen Eichlabors müssen die sekundären Frequenzstandards mithilfe des primären Standards kalibrieren, welcher von der Caesium-Atomuhr bei einer Frequenz von 9 GHz geliefert wird (wie in Kapitel 6 beschrieben). Bis vor Kurzem war eine **Frequenzkette** erforderlich, um eine optische Frequenz mit einem Mikrowellenfrequenzstandard in Beziehung zu setzen. Eine Frequenzkette besteht aus vielen Oszillatoren wie Mikrowellen und Lasern, deren Frequenzen Vielfache voneinander sind (siehe Abbildung 8.14). Um von 9 GHz bis zu etwa 6×10^{14} Hz zu gelangen (was sichtbarem Licht entspricht), waren viele verschiedene Oszillatoren innerhalb der Kette nötig. Alle diese Geräte müssen simultan arbeiten und ihre Frequenzen müssen relativ zu denen der benachbarten Oszillatoren elektronisch gesteuert werden, was solche Hochpräzisionsmessungen zu einer großen Herausforderung macht. Seit wenigen Jahren steht eine neue Methode zur Verfügung, welche die aufwendigen Frequenzketten entbehrlich gemacht hat und die Messung optischer Frequenzen stark vereinfacht.

8.5.3   Optische Frequenzkämme

Vor wenigen Jahren wurde eine neue Methode zur Messung optischer Frequenzen entwickelt, die die optische Metrologie revolutioniert hat. Diese Methode basiert auf der Fähigkeit, mittels Lasertechnik **Frequenzkämme** zu erzeugen, d. h. Laserstrahlung, die eine Menge von äquidistanten Frequenzen enthält, wie etwa die in Abbildung 8.15 illustrierte. Der Frequenzkamm enthält die Frequenzen

$$f = f_0 + n f_{\mathrm{rep}} \qquad\qquad (8.24)$$

wobei f_{rep} das Frequenzintervall ist und f_0 ein Offset von null, von dem wir annehmen, dass er kleiner ist als f_{rep} (für diese Wahl ist n eine große natürliche Zahl). Ein Laser erzeugt ein solches Frequenzspektrum, doch hier ist nicht der Platz für eine ausführliche Darstellung der Laserphysik dieser Systeme (mehr hierzu in Davis (1996) oder Meschede (2004)).[30] Das Frequenzspektrum ist über eine Fouriertransformation mit dem Zug kurzer Pulse im Zeitraum verbunden. Das Zeitintervall t_{rep} zwischen den Pulsen und der Frequenzabstand f_{rep} sind über die Beziehung $f_{\mathrm{rep}} = 1/t_{\mathrm{rep}}$ miteinander verbunden.[31]

Die Frequenzspanne des Kamms, d. h. die Breite der Einhüllenden des Spektrums in Abbildung 8.15, ist umgekehrt proportional zur Zeitdauer eines einzelnen Pulses. Tatsächlich wurden die Verhältnisse bei der historischen Entwicklung gepulster Laser gerade anders herum betrachtet – das Ziel war es, möglichst kurze Pulse zu erzeugen, und dies erfordert ein Lasermedium, das über einen großen Spektralbereich eine Verstärkung bringt. Der Titan:Saphir-Laser, der bei den Experimenten zu Frequenzkämmen

---

[30] Ein sehr kurzer Lichtpuls propagiert um den optischen Hohlraum des Lasers, der mit stark reflektierenden Spiegeln ausgekleidet ist. Einer dieser Spiegel reflektiert weniger stark als die anderen, sodass er einen geringen Prozentsatz des Lichts durchlässt. Jedesmal wenn der kurze Puls diesen ausgabegekoppelten Spiegel trifft, verlässt ein Teil des Pulses den Hohlraum, was zu einem stetigen Zug kurzer Pulse führt, zwischen denen jeweils das Zeitintervall t_{rep} liegt. Dieses Zeitintervall ist gleich der Umlauflänge des Laserhohlraums L, geteilt durch die Lichtgeschwindigkeit: $t_{\mathrm{rep}} = L/c$.

[31] Dieses Verhalten zeigt eine starke Analogie zu dem Verhalten von Licht, das an einem Beugungsgitter reflektiert wird. Dort ist die Separation der Winkel der Beugungsordnungen umgekehrt proportional zum Abstand zwischen den Linien oder Spalten des Gitters. Eine ausführliche Behandlung der Fouriertransformation und von Beugungsgittern finden Sie in Brooker (2003).

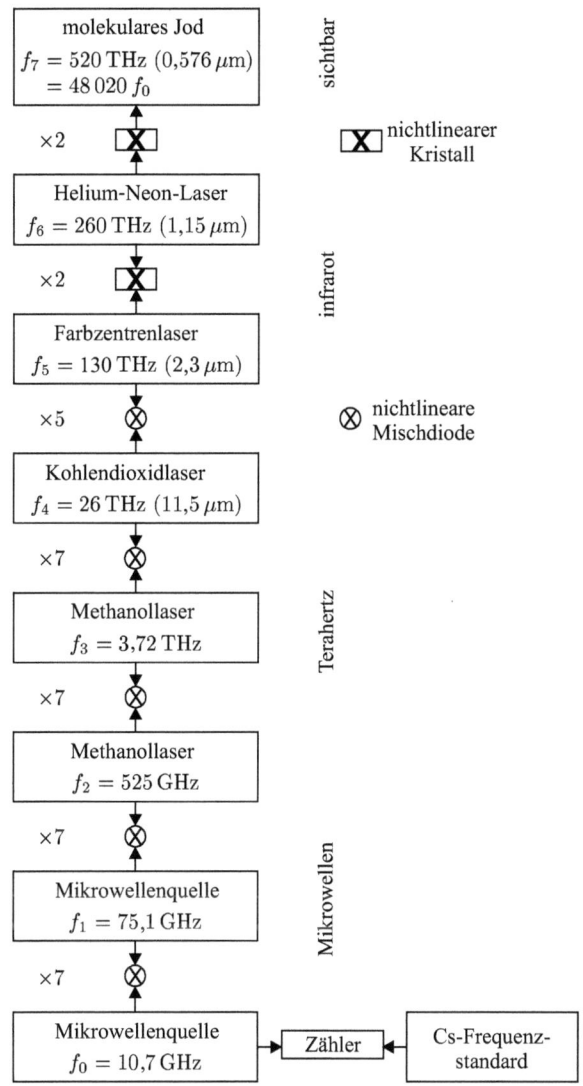

Abbildung 8.14: *Eine Frequenzkette zum Messen einer Linie im sichtbaren Spektrum von molekularem Iod. Die Frequenz jedes einzelnen Oszillators wird mit einem Vielfachen oder einer Summe von Frequenzen der anderen Oszillatoren verglichen. Am Ende der Kette befindet sich eine Mikrowellenquelle, deren Frequenz mit einem Caesium-Frequenzstandard gemessen wird (siehe Abschnitt 6.4.2). Ein Diodenmischer erzeugt eine große Anzahl von Harmonischen der Mikrowellen, wodurch die ersten Phasen eine Vervielfachung um den Faktor 7 erreichen. Durch nichtlineare Kristalle erfolgt die Mischung von Strahlung im mittleren Infrarotbereich und im sichtbaren Bereich. Das hier gezeigte Schema gehört zu den einfachsten, doch bereits hier ist eine große Anzahl von Komponenten notwendig. Wenn die ganze Kette betrieben wird, bestimmt sie den Faktor, der die optische Frequenz mit dem Caesium-Frequenzstandard bei 9 GHz in Beziehung setzt. Nach Jennings et al. (1979).*

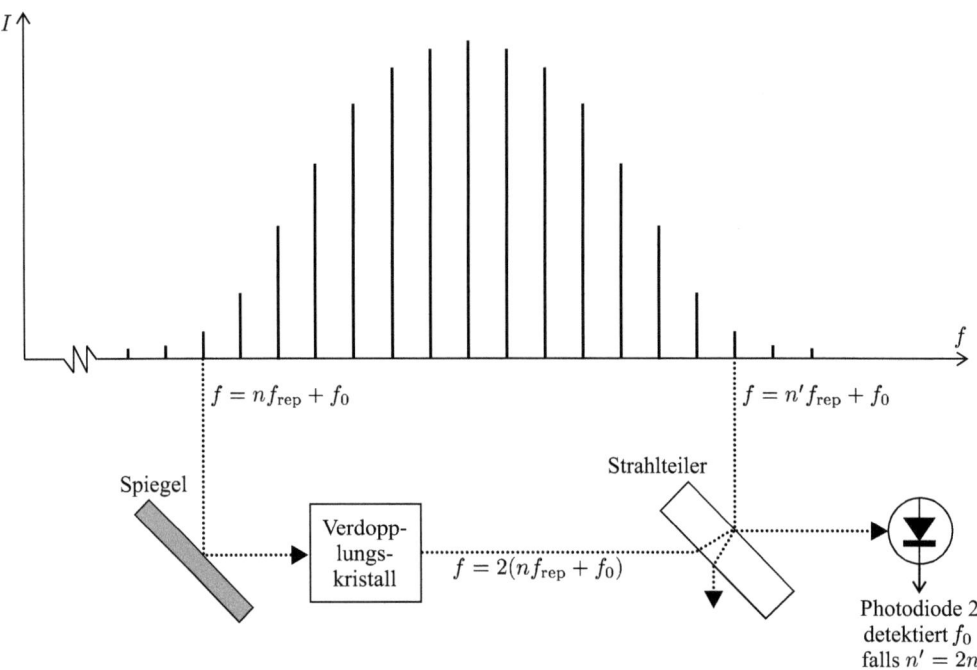

Abbildung 8.15: *Ein Frequenzkamm, erzeugt durch einen Femtosekundenlaser (und eine optische Faser). Real gibt es wesentlich mehr äquidistante Moden. als in der Abbildung gezeigt sind. Die Frequenzen breiten sich über eine Oktave aus, sodass man die Moden auf der Flanke niedriger und hoher Frequenz vergleichen kann. Dabei werden zweite Harmonische genutzt, die in einem nichtlinearen Kristall erzeugt werden, um die Frequenzverschiebung des Kamms zu bestimmen (siehe Gleichung (8.25)).*

verwendet wurde, erzeugte Pulse mit einer Dauer von weniger als $100\,\mathrm{fs}$ ($< 10^{-13}\,\mathrm{s}$, siehe Holzwarth *et al.* (2000)). Diese Femtosekunden-Laser sind von enormer technischer Bedeutung, sowohl für die Untersuchung von Prozessen mit sehr hoher Zeitauflösung, als auch für die Erzeugung von Pulsen mit extrem hoher Peakintensität (durch Komprimieren eines energiereichen Pulses auf ein sehr kurzes Zeitintervall).

Die Frequenz f_{rep} wird gemessen, indem ein Teil des Laserlichts auf eine Photodiode gerichtet wird (siehe Abbildung 8.16). Der Femtosekunden-Laser erzeugt für das in den Abbildungen 8.15 und 8.16 gezeigte spezifische Schema keine hinreichend große Frequenzverbreiterung. Dieses wird erreicht, indem man, wie in Abbildung 8.16 schematisch dargestellt, den Output des Femtosekunden-Lasers in Richtung einer hoch dispersiven optischen Spezialfaser schickt. Die Kombination des Femtosekunden-Lasers mit dieser Spezialfaser erzeugt Strahlung mit dem durch (8.24) gegebenen Frequenzspektrum, das sich über einen großen Spektralbereich erstreckt. In der Arbeit von Udem *et al.* (2001) reicht er zum Beispiel von $520\,\mathrm{nm}$ bis $1170\,\mathrm{nm}$, was einem Frequenzbereich von $300\,\mathrm{THz}$ entspricht. Für $f_{\mathrm{rep}} = 1\,\mathrm{GHz}$ entspricht dieser Wertebereich $n = 2{,}5$ bis 6×10^{6}.

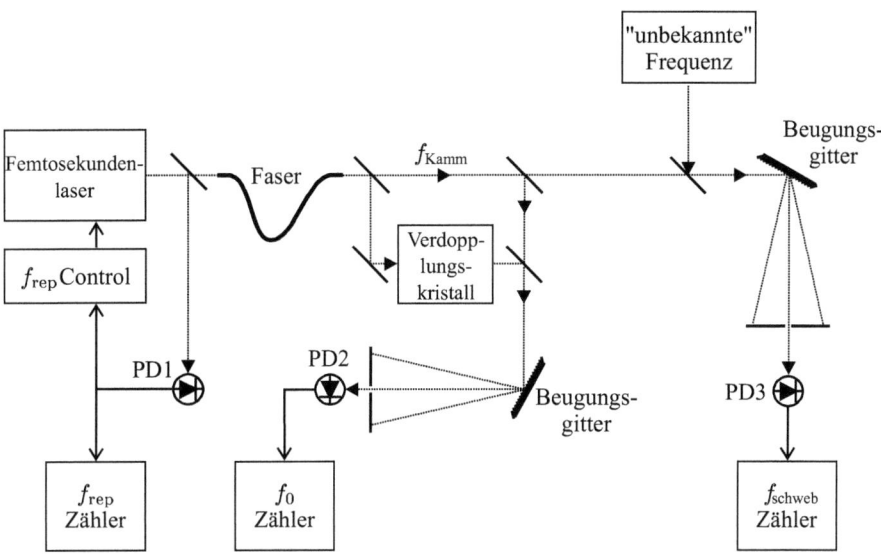

Abbildung 8.16: *Experimentelle Anordnung für die Messung einer optischen Frequenz mithilfe eines Frequenzkamms, der mit einem Femtosekunden-Laser erzeugt wird. Die Photodiode 1 misst das Frequenzintervall f_{rep} zwischen den Lasermoden (vgl. Gleichung (8.24)). Über eine elektronische Rückkopplung vom Frequenzzähler zum Laser wird f_{rep} konstant gehalten. (Die Länge des Laserhohlraums wird konstant gehalten, indem die Position eines Spiegels mithilfe eines piezoelektrischen Reglers justiert wird.) Die Photodiode 2 misst die Schwebungsfrequenz zwischen den Moden in der niederfrequenten und der hochfrequenten Flanke des Kamms (siehe Abbildung 8.15). Die Photodiode 3 misst die Frequenzverschiebung zwischen einer Mode des Kamms und der unbekannten Laserfrequenz, die in Gleichung (8.26) auftritt. Das Beugungsgitter verteilt das Licht, sodass nur der relevante Teil des Frequenzkamms auf den Detektor fällt (eine nähere Erklärungen finden Sie im Text). Mit freundlicher Genehmigung von Dr. Helen Margolis, National Physical Laboratory; nach Margolis et al. (2003).*

Nachdem man den Frequenzkamm erzeugt hat, besteht der nächste Schritt darin, den Abstand f_0 zu bestimmen, und zwar mit einer raffinierten Methode, die von Professor Theodor Hänsch und seinen Mitarbeitern entwickelt wurde. Diese Methode besteht in einem selbstreferenziellen Vergleich von Frequenzlinien aus unterschiedlichen Teilen des Frequenzkamms. Dazu wird das Licht (aus der niedrigfrequenten Flanke des Kamms) durch einen frequenzverdoppelnden Kristall schickt. In diesem nichtlinearen optischen Medium wird in gewissem Umfang Strahlung mit der zweiten Harmonischen der Eingabefrequenz erzeugt. Das aus dem Kristall austretende Licht hat Frequenzkomponenten $2(nf_{rep} + f_0)$ mit einer ganzen Zahl n. Diese Strahlung mischt sich auf einer Photodiode mit einem Teil des ursprünglichen Lichts, dessen Frequenz durch Gleichung (8.24) gegeben ist, wobei wir nun jedoch n' anstelle von n zur Bezeichnung einer ganzen Zahl verwenden. Das Signal von diesem Detektor enthält die Frequenzen

$$f = 2(nf_{rep} + f_0) - (n'f_{rep} + f_0) = (2n - n')f_{rep} + f_0 \qquad (8.25)$$

Für einen Frequenzkamm, der sich über eine Oktave erstreckt, gibt es Frequenzkomponenten mit $n' = 2n$, d. h. mit Hochfrequenzlinien, deren Frequenz doppelt so groß ist wie der niederfrequente Teil des Kamms. Für diese Linien reduziert sich Gleichung (8.25) auf f_0, und auf diese Weise kann der Frequenz-Offset gemessen werden.[32] In Abbildung 8.16 messen die Photodioden 1 und 2 exakt die Radiofrequenzen f_{rep} und f_0 und bestimmen auf diese Weise die Frequenzen der einzelnen Linien im Kamm (Gleichung (8.24)).[33]

Das Licht aus dem kalibrierten Frequenzkamm wird mit einem Teil des Outputs aus dem Dauerstrichlaser gemischt, dessen Frequenz f_L gemessen werden soll, während das verbleibende Licht von diesem Signal für Experimente verwendet wird, zum Beispiel für hochauflösende Spektroskopie von Atomen oder Molekülen. Die dritte Photodiode misst die Schwebungsfrequenz, die gleich der Differenz zwischen f_L und der nächsten Komponente des Frequenzkamms ist:[34]

$$f_{\mathrm{schweb}} = |n'' f_{\mathrm{rep}} + f_0 - f_L| \qquad (8.26)$$

Diese Schwebungsfrequenz wird mit einem Radiofrequenzzähler gemessen.

Die unbekannte Laserfrequenz wird aus den drei gemessenen Frequenzen gemäß der Formel $f_L = n'' f_{\mathrm{rep}} + f_0 \pm f_{\mathrm{schweb}}$ bestimmt. Dabei wird angenommen, dass f_L mit einer Unsicherheit bekannt ist, die kleiner ist als f_{rep}, sodass der Wert der ganzen Zahl n'' festgelegt ist. Gilt beispielsweise $f_{\mathrm{rep}} = 1\,\mathrm{GHz}$ (wie oben) und $f_L \simeq 5 \times 10^{14}$ (entsprechend einer Wellenlänge im sichtbaren Bereich), dann ist es notwendig, f_L mit einer Genauigkeit von mindestens $2 : 10^6$ zu kennen, was mit anderen Methoden leicht zu bewerkstelligen ist. Die Messung der Radiofrequenzen kann extrem genau durchgeführt werden, und dieses Frequenzkamm-Verfahren wurde benutzt, um die absoluten Frequenzen von sehr schmalen Übergängen in Atomen und Molekülen zu bestimmen,[35] so zum Beispiel von Ca, Hg$^+$, Sr$^+$ und Yb$^+$ (siehe Udem *et al.* (2001), Blythe *et al.* (2003) und Margolis *et al.* (2003)). Diese Experimente waren durch systematische Effekte wie elektrische und magnetische Störfelder limitiert, was in zukünftigen Arbeiten verbessert werden kann. Die Gleichmäßigkeit der Linienabstände innerhalb des Frequenzkamms wurde bis zu einer Genauigkeit von $1 : 10^{16}$ verifiziert, und für die Zukunft wird erwartet, dass die Ungenauigkeit von Frequenzmessungen für sehr schmale Übergänge in Ionen, die mithilfe der in Kapitel 12 beschriebenen Techniken festgehalten werden, auf eine Größenordnung von $1 : 10^{18}$ reduziert werden kann. Bei einer so unglaublichen Präzision ist es denkbar, dass sich neuartige physikalische Effekte zeigen. Beispielsweise ist die Vermutung geäußert worden, dass fundamentale „Konstanten" wie die Feinstrukturkonstante α auf kosmologischen Zeitskalen sehr langsam variieren, was zu zeitlichen Änderungen der atomaren Übergangsfrequenzen führen würde. Falls solche Variationen tatsächlich existieren, dann könnte ein möglicher Nachweis darin bestehen, über

---

[32] Bei anderen Schemata muss der Frequenzkamm keine so große Breite haben, beispielsweise wenn $2n = 3n'$ gewählt wird. Der Frequenzkamm kann dann direkt aus dem Laser erzeugt werden, sodass die optische Faser in Abbildung 8.16 überflüssig wird.

[33] Ein Beugungsgitter wird verwendet, um das Licht der verschiedenen Wellenlängen aufzuspreizen, sodass nur der hochfrequente Teil des Spektralbereichs mit $n = 2n'$ auf den Detektor fällt. Licht anderer Wellenlängen erzeugt eine unerwünschte Hintergrundintensität, die nicht zum Signal beiträgt.

[34] Die Schwebungsfrequenzen mit anderen Komponenten liegen außerhalb der Bandbreite des Detektors.

[35] Das Verfahren wurde auch benutzt, um eine Auswahl von molekularen Iodlinien zu kalibrieren, die, wie im vorherigen Abschnitt beschrieben, als sekundärer Frequenzstandard verwendet werden können (Holzwart *et al.*).

viele Jahre die von unterschiedlichen Potenzen von α abhängenden Frequenzstandards miteinander zu vergleichen.

Weiterführende Literatur

In diesem Kapitel haben wir uns mit einigen Beispielen für die dopplerfreie Laserspektroskopie und Kalibrierung befasst, um die wichtigsten zugrunde liegenden Prinzipien zu illustrieren. Solche Messungen der Übergangsfrequenzen in atomarem Wasserstoff liefern einen genauen Wert für die Rydberg-Konstante und die QED-Korrektur. Ausführlichere Informationen zur Sättigungsspektroskopie und zur Zwei-Photonen-Spektroskopie finden Sie in Büchern über Laserspektroskopie, etwa Letokhov und Chebotaev (1977), Demtröder (1996), Corney (2000) und Meschede (2004). Die aktuelleren von diesen Büchern enthalten Einzelheiten über neuere Experimente zum 1s–2s-Übergang in atomarem Wasserstoff. Heutzutage hat die Laserspektroskopie einen sehr breiten Anwendungsbereich, wobei die Situation auch komplexer sein kann als die hier diskutierte, etwa in Flüssigkeiten und Festkörpern.

Die Monographie von Series (1988) über das Spektrum von atomarem Wasserstoff beschreibt unter anderem ausführlich die historischen Experimente von Lamb und Retherford sowie spätere Verfeinerungen der Radiofrequenztechnik und der Laserspektroskopie. Die Tagungsbände der jährlich stattfindenden Internationalen Konferenz zur Laserspektroskopie geben einen Überblick über den aktuellen Stand der Forschung und neuere Anwendungen. Die Messung der absoluten Frequenz von Licht mithilfe optischer Frequenzkämme ist eine relativ neue Technik, deren Bedeutung für die optische Frequenzmetrologie bereits offensichtlich wurde (Udem *et al.* 2002).

Aufgaben

8.1 *Doppler-Breiten*
Berechnen Sie die Doppler-Breite einer Spektrallinie mit einer Wellenlänge von 589 nm für (a) Natriumdampf bei 1000 K und (b) für einen Dampf aus molekularem Iod bei Raumtemperatur.

8.2 *Doppler-Verbreiterung*
Die beiden Feinstrukturkomponenten eines 2s–2p-Übergangs in einem Lithiumatom haben Wellenlängen von 670,961 nm und 670,976 nm (im Vakuum). Schätzen Sie die Doppler-Verbreiterung für diese Linien in einem Dampf bei Raumtemperatur ab. Wie beurteilen Sie die Realisierbarkeit einer Beobachtung des Zeeman-Effekts bei schwachem Feld in Lithium?

8.3 *Kreuzstrahlverfahren*
Die Abbildung zeigt das Fluoreszenzsignal, das man bei einem Kreuzstrahlexperiment wie in Abbildung 8.2 erhält. Strahlung der Wellenlänge 243 nm regt einen Ein-Photon-Übergang in Strontiumatomen in einem Ofen bei einer Temperatur von 900 K an. Jeder Peak ist mit der relativen Atommasse des Isotops

gekennzeichnet. Die Frequenzskala wurde kalibriert, indem etwas Licht durch ein Fabry-Pérot-Interferometer geschickt wurde (vgl. Abbildung 8.12), um auf diese Weise Markerstreifen mit einem Frequenzabstand von 75 MHz zu erzeugen.

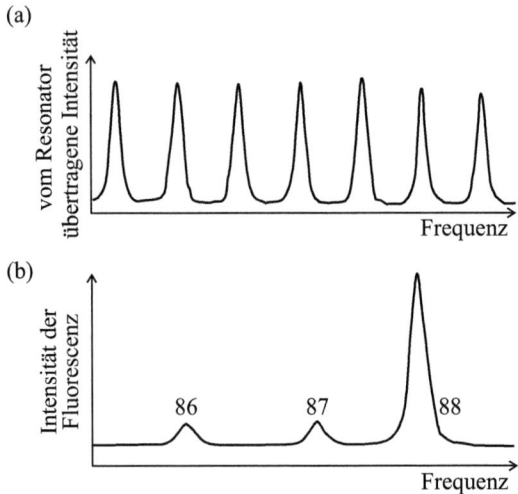

Bestimmen Sie die Linienbreite der Peaks und die Frequenzverschiebung zwischen den geraden Isotopen anhand der Aufzeichnung. Die Linienbreite resultiert aus der Rest-Doppler-Verbreiterung. Berechnen Sie den Kollimationswinkel des Atomstrahls.

Anmerkung. Diese Linie hat eine normale Massenverschiebung von 180 MHz zwischen den beiden geraden Isotopen. Kleinere Beiträge zur Isotopenverschiebung resultieren aus der spezifischen Masse sowie aus Volumeneffekten.

8.4 *Hyperfeinstruktur bei der Laserspektroskopie*
Welchen physikalischen Ursprung hat die Wechselwirkung, die in Atomen zur Hyperfeinstruktur führt?
Zeigen Sie, dass Hyperfeinaufspaltungen einer Intervallregel genügen, die in der Form

$$\Delta E_{F,F-1} = A_{nlj} F$$

geschrieben werden kann, oder anders formuliert, dass die Aufspaltung der beiden Unterniveaus proportional zur Quantenzahl F für den Gesamtdrehimpuls des Unterniveaus mit dem größeren F ist.
Das natürlich vorkommende Isotop von Caesium (^{133}Cs) hat einen Kernspin von $I = 7/2$. Zeichnen Sie ein Diagramm mit den Hyperfein-Unterniveaus, die aus den Niveaus 6 ^{2}S$_{1/2}$ und 6 ^{2}P$_{3/2}$ in Caesium entstehen. Bezeichnen Sie diese mit geeigneten Quantenzahlen und tragen Sie die erlaubten Dipolübergänge zwischen ihnen ein.
Erläutern Sie das Prinzip der dopplerfreien Sättigungsspektroskopie.
Die Abbildung zeigt das Spektrum der Sättigungsabsorption, das man aus dem

$6\,{}^2S_{1/2}$–$6\,{}^2P_{3/2}$-Übergang in einem Dampf aus atomarem Caesium erhält, einschließlich der Cross-over-Resonanzen, die in der Mitte zwischen *allen* Paaren von Übergängen auftreten, deren Frequenzabstand kleiner ist als die Doppler-Breite. Die relativen Positionen der Peaks der Sättigungsabsorption innerhalb jeder Gruppe sind in der folgenden Tabelle in angegeben (Einheit MHz).

A	B	C	D	E	F
0	100,7	201,5	226,5	327,2	452,9

a	b	c	d	e	f
0	75,8	151,5	176,5	252,2	353,0

(a) Finden Sie anhand dieser Daten und mit den Informationen im Diagramm heraus, inwieweit die Intervallregel für diesen Fall erfüllt ist. Schließen Sie auf den Hyperfeinparameter A_{nlj} für die Niveaus $6\,{}^2S_{1/2}$ und $6\,{}^2P_{3/2}$.

(b) Schätzen Sie die Temperatur des Caesiumdampfes ab. (Die Wellenlänge des Übergangs ist 852 nm.)

8.5 *Hyperfeinstruktur bei der Laserspektroskopie*
Der Energieabstand zwischen den beiden Hyperfeinniveaus in der ns-Konfiguration von Wasserstoff ist durch (6.10) gegeben. Für $n = 1$ korrespondiert dies mit einer Hyperfeinfrequenz von $\Delta f_{\mathrm{HFS}}(1s) = 1{,}4\,\mathrm{GHz}$.

(a) Bestimmen Sie den Abstand zwischen den Hyperfein-Unterniveaus des Niveaus $2s\,{}^2S_{1/2}$ von Wasserstoff und vergleichen Sie Ihr Ergebnis mit dem Wert, der in der Bildunterschrift von Abbildung 8.7 angegeben ist.

(b) Zeigen Sie, dass die in Abbildung 8.11 dargestellten Peaks einen erwarteten Abstand von $\frac{7}{16}\Delta f_{\mathrm{HFS}}(1s)$ haben. Vergleichen Sie den Erwartungswert mit dem in der Abbildung (messen Sie diesen mit einem Lineal ab und verwenden Sie die angegebene Energieskala).

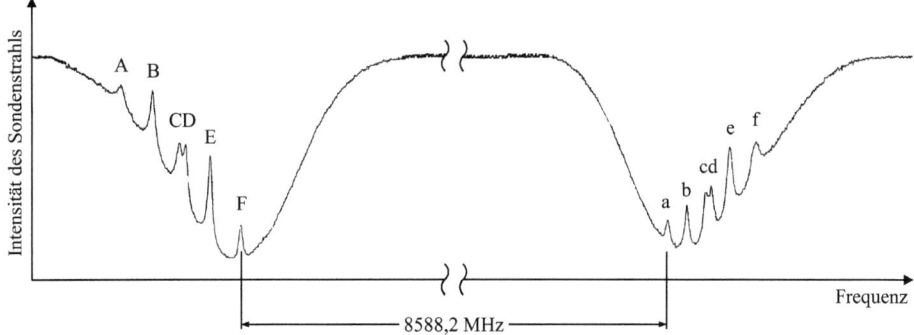

8.6 *Zwei-Photonen-Experiment*

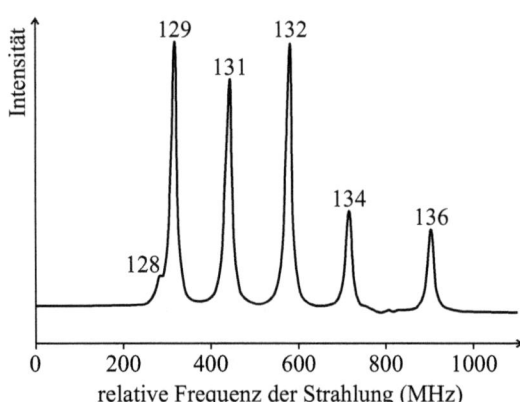

Die Daten in der Abbildung stammen aus einem Zwei-Photonen-Experiment wie dem in Abbildung 8.8 gezeigten. Der Übergang aus dem $5p^6$ $^1S_0$-Grundniveau von Xenon in ein ($J{=}0$)-Niveau der $5p^5 6p$-Konfiguration wurde durch ultraviolette Strahlung mit einer Wellenlänge von 249 nm angeregt. Die Skala gibt die (relative) Frequenz dieser Strahlung an. Dieser Übergang von $J = 0$ nach $J' = 0$ hat keine Hyperfeinstruktur. Der Peak für jedes Isotop ist mit der zugehörigen relativen Atommasse gekennzeichnet. Das Xenongas hatte Raumtemperatur und einen Druck von 0,3 mbar. Licht aus einem blauen Farbstofflaser mit Frequenzfluktuationen von 1 MHz wurde frequenzverdoppelt, um die ultraviolette Strahlung zu generieren. Die gegenläufig propagierenden Strahlen dieser Strahlung hatten in der Wechselwirkungsregion einen Radius von 0,1 mm.

Schätzen Sie die Beiträge zur Linienbreite ab, die (a) aus der Durchgangszeit, (b) der Druckverbreiterung, (c) der Operationsbreite und (d) aus dem Doppler-Effekt resultieren.

8.7 *Stoßverbreiterung bei einem Zwei-Photonen-Übergang*

Das Signal in Abbildung 8.11 hat eine Linienbreite (Halbwertsbreite) von etwa 10 MHz. Bestimmen Sie aus den in Aufgabe 8.3 gegebenen Daten den maximalen Druck von Wasserstoff, der in diesem Experiment verwendet worden sein kann.

In späteren Experimenten mit einem Gas,[36] das hauptsächlich aus Heliumatomen bestand, wurde für die 1s–2s-Übergangsfrequenz von Wasserstoffatomen eine Druckverbreiterung von 20 GHz/bar gemessen. Schätzen Sie den Wirkungsquerschnitt für Stöße zwischen metastabilem Wasserstoff und Helium ab. Kommentieren Sie die Größe dieses Wirkungsquerschnitts relativ zur atomaren Größe.

8.8 *Faltung zweier Lorentz-Kurven*

Ein einfaches quantitatives Modell für die Sättigungsspektroskopie wird in Anhang D vorgestellt. Diese Aufgabe befasst sich mit einigen seiner mathematischen Eigenschaften.

---

[36] Siehe Boshier *et al.* (1989) sowie McIntyre *et al.* (1989).

(a) Die Faltung zweier Lorentz-Funktionen gleicher Breite kann mithilfe der Gleichung

$$\int_{-\infty}^{\infty} \frac{1}{1 + (2y - x)^2} \frac{1}{1 + x^2} \, dx = \frac{1}{2} \frac{\pi}{1 + y^2} \qquad (8.27)$$

bestimmt werden. Berechnen Sie das in (D.6) auftretende Integral und beweisen Sie dadurch die Gültigkeit von (D.7).

(b) Die Faltung zweier Lorentz-Funktionen mit unterschiedlicher Breite ist

$$\int_{-\infty}^{\infty} \frac{1}{a^2 + (y + x)^2} \frac{1}{b^2 + (y - x)^2} \, dx = \left(\frac{a + b}{ab} \right) \frac{\pi}{(2y)^2 + (a + b)^2} \qquad (8.28)$$

Zeigen Sie hiermit, dass die Berücksichtigung der Leistungsverbreiterung des Lochs, das durch den Pumpstrahl in den Populationen erzeugt wurde, zu einer vorhergesagten Linienbreite bei der Sättigungsspektroskopie von

$$\Gamma' = \frac{1}{2} \Gamma \left(1 + \sqrt{1 + \frac{I}{I_{\mathrm{sat}}}} \right)$$

führt.

Hinweis. Für den Beweis von (8.27) und (8.28) benötigen Sie den Residuensatz für komplexe Pfadintegrale.

Lösungen finden Sie unter `http://www.oldenbourg-verlag.de/foot/`.

9 Laserkühlung und Laserfallen

In den letzten Kapiteln haben wir gesehen, wie man mittels Laserspektroskopie dopplerfreie Spektren erhält, und auch, wie man mit älteren Verfahren der Radiofrequenz- und Mikrowellenspektroskopie feine Aufspaltungen auflösen kann, beispielsweise die Hyperfeinstruktur. Diese Verfahren beobachten die Atome, während sie vorbeiziehen.[1] In diesem Kapitel wollen wir experimentelle Verfahren beschreiben, die die vom Laserlicht ausgeübte Kraft ausnutzen, um Atome abzubremsen und sie zu manipulieren. Diese Verfahren sind in der Atomphysik extrem nützlich geworden und haben viele Anwendungen gefunden. Beispielsweise haben sie die Stabilität von Caesiumuhren stark verbessert, die überall auf der Welt als primäre Zeitstandards verwendet werden. Wir werden uns detailliert mit den Kräften befassen, die Laserlicht auf ein Atom ausübt, da vor allem dieser Aspekt viel mit Atomphysik zu tun hat. In vielen der in diesem Kapitel betrachteten Fälle folgt die Bewegung des Atoms bei bekannter Kraft einfach aus den newtonschen Gesetzen. Ein Atom verhält sich demnach wie ein klassisches Teilchen, das in einem bestimmten Punkt im Raum lokalisiert ist. Dabei ist das Auseinanderlaufen des Wellenpaketes klein im Vergleich zu der Skala, auf der die potentielle Energie variiert.[2]

Die ersten Experimente zur Laserkühlung wurden mit Ionen durchgeführt, die mittels elektrischer Felder festgehalten und dann durch Laserstrahlung gekühlt wurden. Dagegen ist es wegen der kleineren elektromagnetischen Kräfte, die auf neutrale Teilchen wirken, vergleichsweise schwierig, Atome bei Raumtemperatur oder darüber festzuhalten. Aus diesem Grund nutzten die wegbereitenden Experimente Lichtkräfte, um Atome in einem Atomstrahl abzubremsen und dann die kalten Atome mit einem Magnetfeld einzufangen. Die großen Erfolge der Laserkühlung wurden 1997 mit der Verleihung des Physiknobelpreises an Steven Chu, Claude Cohen-Tannoudji und William Phillips gewürdigt. Um die Entwicklung der Technik zu beschreiben, betrachten wir die Beiträge der Preisträger in der folgenden Reihenfolge. Zunächst erläutern wir die Lichtkraft, die aus der Streuung von Photonen an Atomen resultiert. Die Forschungsgruppe von Phillips nutzte diese Kraft, um einen Atomstrahl abzubremsen (Abschnitt 9.2). Chu und Mitarbeiter demonstrierten dann das unter der Bezeichnung optische Melasse bekannte Verfahren. Dabei wird die Bewegung von Atomen in allen drei räumlichen Dimensionen abgekühlt, wodurch ein sehr kalter atomarer Dampf entsteht (Abschnitt 9.3). Dies führte unmittelbar auf die Entwicklung sogenannter magneto-optischer Fallen (Abschnitt 9.4), die bei den meisten neueren Experimenten verwendet wird.

---

[1] Das inhomogene Magnetfeld lenkt die Atome im Stern-Gerlach-Versuch ab, hat aber einen vernachlässigbaren Effekt auf die Geschwindigkeit.

[2] Diese Bedingung ist nicht erfüllt für kalte Atome, die sich durch eine stehende Lichtwelle bewegen, wo die Intensität über kurze Distanzen signifikant variiert (vergleichbar mit der optischen Wellenlänge, siehe Abschnitt 9.7).

Die Wechselwirkung der Atome mit dem Lichtfeld erwies sich als viel subtiler als man zunächst erwartet hatte. Experimente zeigten, dass mit dem Verfahren der optischen Melasse sogar noch tiefere Temperaturen erreicht werden können als vorhergesagt worden war. Cohen-Tannoudji und Jean Dalibard erklärten dieses Verhalten durch einen neuen Mechanismus, den sie Sisyphus-Kühlung nannten.[3] Dieser Mechanismus wird am Ende des Kapitels (Abschnitt 9.7) beschrieben, da er sich nicht sauber einer der Kategorien der Strahlungskraft zuordnen lässt. Dies sind zum einen die Streukraft, die aus der Absorption von Licht und der spontanen Emission resultiert, und zum anderen die Dipolkraft, die in Abschnitt 9.6 bechrieben wird. Die auf mikroskopische Teilchen wirkenden Kräfte haben ähnliche Eigenschaften wie die Kräfte, die auf individuelle Atome wirken. Diese Analogie wird in Abschnitt 9.5 verwendet, um die Dipolkraft einzuführen. Atome, die durch eines der in diesem Abschnitt beschriebenen Verfahren der Laserkühlung vorgekühlt wurden, können durch Ausnutzung von Raman-Übergängen noch weiter gekühlt werden (Abschnitt 9.8).

9.1 Die Streukraft

Die Vorstellung, dass Strahlung einen Impuls (und Energie) hat, geht auf James Clerk Maxwell zurück. Aus der Impulserhaltung folgt, dass ein Objekt, wenn es Strahlung absorbiert, seinen Impuls ändern muss. Die auf das Objekt wirkende Kraft ist gleich der Rate der Impulsänderung. Daher ist die Kraft gleich der Rate, mit der das Licht Impuls überträgt, und dies ist das Gleiche wie die Rate, mit der das Licht Energie geteilt durch die Lichtgeschwindigkeit liefert.[4] Strahlung der Intensität I übt also auf eine Fläche A die Kraft

$$F_{\text{rad}} = \frac{IA}{c} \qquad (9.1)$$

aus. Äquivalent dazu ist die Aussage, dass der Strahlungsdruck $F_{\text{rad}}/A = I/c$ ist. Die Größe IA ist gleich der absorbierten Leistung. Für $IA = 1\,\text{W}$ ist beispielsweise die Kraft $F = 3{,}3 \times 10^{-9}\,\text{N}$. An der Oberfläche, wo die Strahlung reflektiert wird, ist die Impulsänderung doppelt so groß und liefert die doppelte Kraft wie in (9.1). Obwohl sie klein ist, hat die Strahlungskraft beobachtbare Effekte in der Astrophysik. Beispielsweise wirkt der nach außen gerichtete Strahlungsdruck der Gravitation in Sternen entgegen, und Kometenschweife zeigen immer weg von der Sonne (und werden nicht wie bei Sternschnuppen in der Atmosphäre hinterhergezogen). Allerdings ist für einen Kometenschweif neben dem auf Staub- und Eisteilchen wirkenden Strahlungsdruck auch der Sonnenwind wichtig. Der von der Sonne kommende Teilchenstrom trifft auf die

---

[3] Chu und Mitarbeitern legten eine physikalisch äquivalente Beschreibung vor.

[4] Die Energie der Strahlung geteilt durch ihren Impuls ist gleich c. Für ein Photon gilt also

$$\frac{\text{Energie}}{\text{Impuls}} = \frac{\hbar\omega}{\hbar k} = \frac{\omega}{k} = c$$

Natürlich zeigte Maxwell dies mithilfe der klassischen Theorie des Elektromagnetismus, nicht unter Verwendung von Photonen. (Das Verhältnis hängt nicht von $\hbar$ ab.) Dies wird neben anderen Aspekten des Drucks aufgrund elektromagnetischer Strahlung in Bleaney und Bleaney (1976, Abschnitt 8.8) diskutiert.

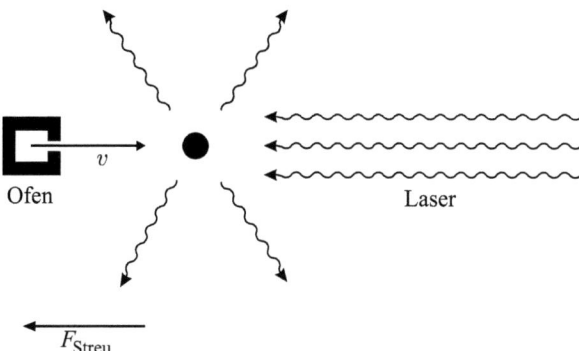

Abbildung 9.1: *Ein Atom, das sich in Richtung des Lasers bewegt, erhält von jedem absorbierten Photon einen Stoß in die seiner Bewegung entgegengesetzte Richtung, während die gestreuten Photonen mit zufälligen Richtungen entweichen. Das Ergebnis ist eine Kraft, die das Photon abbremst.*

Teilchen im Kometenschweif und selbst der relativ niedrige Druck im Weltraum führt zu einer Kraft, die mit der aus dem Strahlungsdruck resultierenden Kraft vergleichbar ist.[5] Strahlungskräfte haben einen dramatischen Einfluss auf Atome, weil der Peak im Absorptionsquerschnitt $\sigma_{\mathrm{abs}}(\omega_0)$ die physikalische Größe des Atoms gewaltig übersteigt (siehe 7.81).[6]

Laser erzeugen stark gebündelte monochromatische Lichtstrahlen, die Atome in einem Atomstrahl abbremsen können (siehe Abbildung 9.1). Ein in die entgegengesetzte Richtung propagierender Laserstrahl übt eine Kraft $F = -\sigma_{\mathrm{abs}}I/c$ auf ein Atom aus, wobei das Minuszeichen anzeigt, dass die Kraft in die der Bewegung entgegengesetzte Richtung wirkt. Dieser Ausdruck, der den Absorptionsquerschnitt verwendet, zeigt, dass das Licht nicht als quantisiert aufgefasst werden muss, um die Kraft zu berechnen. Es ist jedoch vorteilhaft, die Prozesse unter Verwendung des Konzepts der Photonen zu beschreiben. Jedes absorbierte Photon versetzt dem Atom einen Stoß in die seiner Bewegung entgegengesetzte Richtung und spontan emittierte Photonen breiten sich in sämtliche Richtungen aus, sodass die Streuung vieler Photonen eine mittlere Kraft ergibt, die das Atom abbremst. Der Betrag dieser **Streukraft** ist gleich der Rate, mit der die absorbierten Photonen Impuls auf das Atom übertragen:

$$F_{\mathrm{streu}} = (\text{Photonimpuls}) \times (\text{Streurate}) \tag{9.2}$$

Die Streurate ist $R_{\mathrm{streu}} = \Gamma\rho_{22}$, und ρ_{22}, die Fraktion der Population, die sich im Niveau 2 befindet, ist durch (7.69) gegeben. Damit gilt

$$R_{\mathrm{streu}} = \frac{\Gamma}{2} \frac{\Omega^2/2}{\delta^2 + \Omega^2/2 + \Gamma^2/4} \tag{9.3}$$

---

[5] Die Strahlung der Sonne hat auf der Erde eine Intensität von $1{,}4\,\mathrm{kW\,m^{-2}}$. Somit ist der Strahlungsdruck auf der Erdumlaufbahn $5 \times 10^{-6}\,\mathrm{N\,m^{-2}}$ oder etwas weniger als das 10^{-10}-Fache des atmosphärischen Drucks.

[6] Bei Alkaliatomen in einem Dampf ist ein großer Teil ihrer Absorptionsstärke in einem schmalen Bereich um die Frequenz der Resonanzlinie konzentriert.

Die *Frequenzverstimmung* gegen die Resonanz, $\delta = \omega - \omega_0 + kv$, ist gleich der Differenz zwischen der Laserfrequenz ω und der atomaren Resonanzfrequenz ω_0 unter Berücksichtigung der Doppler-Verschiebung kv. Die Rabi-Frequenz und die Sättigungsintensität hängen über die Beziehung $I \, / \, I_{\text{sat}} = 2\Omega^2/\Gamma^2$ zusammen (siehe (7.86))[7] und Photonen haben den Impuls $\hbar k$, sodass[8]

$$F_{\text{streu}} = \hbar k \frac{\Gamma}{2} \frac{I \, / \, I_{\text{sat}}}{1 + I/I_{\text{sat}} + 4\delta^2/\Gamma^2} \tag{9.4}$$

Für $I \to \infty$ geht die Kraft gegen einen Grenzwert von $F_{\text{max}} = \hbar k \Gamma/2$. Die Rate der spontanen Emission von Zwei-Niveau-Atomen geht für hohe Intensitäten gegen $\Gamma/2$, da die Populationen im oberen und unteren Niveau jeweils gegen $1/2$ gehen. Dies folgt aus Einsteins Gleichung für Strahlung in Wechselwirkung mit einem Zwei-Niveau-Atom, das die Entartungsfaktoren $g_1 = g_2 = 1$ hat.

Für ein Atom der Masse M erzeugt diese Strahlungskraft eine maximale Beschleunigung, die wir auf unterschiedliche Weise schreiben können:

$$a_{\text{max}} = \frac{F_{\text{max}}}{M} = \frac{\hbar k}{M} \frac{\Gamma}{2} = \frac{v_{\text{r}}}{2\tau} \tag{9.5}$$

Dabei ist τ die Lebensdauer des angeregten Zustands. Die **Rückstoßgeschwindigkeit** v_{r} ist die Änderung der Geschwindigkeit des Atoms durch Absorption oder Emission eines Photons der Wellenlänge λ. Sie ist gleich dem Impuls des Photons, geteilt durch die Atommasse, also $v_{\text{r}} = \hbar k/M \equiv h/(\lambda M)$. Für ein Natriumatom ist $a_{\text{max}} = 9 \times 10^5 \, \text{m s}^{-2}$, was 10^5-mal größer ist als die Gravitationsbeschleunigung. In der in Abbildung 9.1 gezeigten Situation wird das Atom mit einer Rate

$$\frac{\mathrm{d}v}{\mathrm{d}t} = v\frac{\mathrm{d}v}{\mathrm{d}x} = -a \tag{9.6}$$

abgebremst (a ist dabei positiv). Für eine konstante Abbremsung ausgehend von der Anfangsgeschwindigkeit v_0 bei $z = 0$ erhalten wir durch Integration die Geschwindigkeit als Funktion des Abstands:

$$v_0{}^2 - v^2 = 2az \tag{9.7}$$

Typischerweise ist die Abbremsung halb so groß wie der Maximalwert, also $a = a_{\text{max}}/2$, um sicherzustellen, das keine Atome zurückgelassen werden.[9] Damit ist der Bremsweg

$$L_0 = \frac{v_0{}^2}{a_{\text{max}}} \tag{9.8}$$

---

[7] Allgemein ist die Intensität direkter mit experimentellen Parameter verbunden als die Rabi-Frequenz, doch wir werden in diesem Kapitel sowohl I als auch Ω verwenden. Wie bereits angemerkt, sind noch andere Definitionen der Sättigungsintensität gebräuchlich, die sich von der hier verwendeten um einen Faktor 2 unterscheiden.

[8] Diese Aussage beruht auf der ausführlichen Behandlung von Zwei-Niveau-Atomen in Wechselwirkung mit Strahlung, die in Kapitel 7 vorgestellt wurde.

[9] Fluktuationen der Kraft um ihren Mittelwert resultieren aus der Zufälligkeit der Anzahl der pro Zeiteinheit gestreuten Photonen (siehe Abschnitt 9.3.1).

Tabelle 9.1: *Eigenschaften einiger Elemente, die in Laserkühlungsversuchen benutzt werden.*

Element	Ordnungszahl	Resonanz-wellenlänge (nm)	Lebensdauer des angeregten Zustands (ns)
H	1	121,6	1,6
Li	7	671	27
Na	23	589	16
K	39	767	26
Rb	85, 87	780	27
Cs	133	852	31

Ein typischer Versuchsaufbau für die Abbremsung eines Natriumatoms ($M \simeq 23$ a.m.u.) verwendet die in der folgenden Tabelle angegebenen Werte, wobei für die Anfangsgeschwindigkeit v_0 die wahrscheinlichste Geschwindigkeit in einem Strahl gewählt wird (siehe Tabelle 8.1).

wahrscheinlichste Geschwindigkeit ($T = 900$ K)	v_0	$1000 \, \mathrm{m \, s^{-1}}$
Resonanzwellenlänge	λ	$589 \, \mathrm{nm}$
Lebensdauer des angeregten Zustands	τ	$16 \, \mathrm{ns}$
Rückstoßgeschwindigkeit	$v_\mathrm{r} = h/(\lambda M)$	$3 \, \mathrm{cm \, s^{-1}}$
Bremsweg	$2v_0^2\tau/v_\mathrm{r}$	$1,1 \, \mathrm{m}$
(bei der Hälfte der maximalen Abbremsung)		

Eine Distanz von 1 m ist für ein Experiment eine geeignete Länge, und alle Alkalimetalle haben überraschend ähnliche Bremswege. Die schwereren Elemente haben zwar eine kleinere Abbremsung, doch sie haben auch kleinere Anfangsgeschwindigkeiten, zum einen wegen ihrer größeren Masse und zum anderen, weil niedrigere Temperaturen nötig sind, um in einem Ofen einen ausreichenden Dampfdruck für gut strömenden Atomstrahl zu erreichen. Gleichung (9.8) liefert beispielsweise $L_0 = 1{,}2$ m für Rubidium und eine wahrscheinlichste Geschwindigkeit von $v_0 = v_\mathrm{strahl} = 360 \, \mathrm{m \, s^{-1}}$ bei $T = 450$ K (nach den Daten in Tabelle 9.1).

Die meisten Experimente zur Laserkühlung wurden mit Natrium oder Rubidium durchgeführt.[10]

Bei der Berechnung des Bremsweges wird eine konstante Abbremsung vorausgesetzt, doch für eine gegebene Laserfrequenz erfahren Atome eine starke Kraft für ein schmales Band von Geschwindigkeiten, $\Delta v \sim \Gamma/k$, für die die Atome einen Bereich von Doppler-

---

[10] Andere Elemente wie etwa Magnesium (ein Seltenerdmetall) haben ultraviolette Übergänge mit kürzeren Lebensdauern, wobei Photonen mit größerem Impuls gestreut werden. Auf diese Weise werden die Atome auf kürzeren Strecken abgebremst; allerdings ist es technisch schwieriger, ultraviolette cw-Strahlung zu erzeugen.

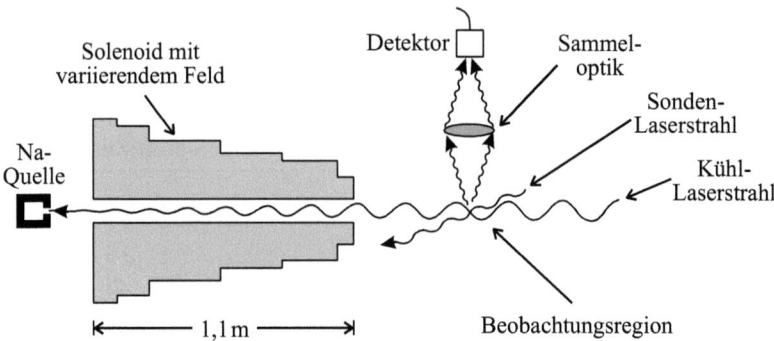

Abbildung 9.2: *Aufbau des ersten Experiments zur Zeeman-Abbremsung. Ein Solenoid erzeugt ein Magnetfeld, das in Richtung des Atomstrahls variiert, sodass die Zeeman-Verschiebung die Änderung der Doppler-Verschiebung infolge der Abbremsung kompensiert. Ein Sonden-Laserstrahl schneidet den langsamen Atomstrahl, und die Laserfrequenz wird abgetastet, um ein Fluoreszenzsignal proportional zur Geschwindigkeitsverteilung zu erhalten (vgl. den ähnlichen Aufbau in Abbildung 9.4, der zu einem anderen Experiment gehört). Bei diesem Verfahren wird die Geschwindigkeitskomponente der Atome in Richtung des Sondenstrahls aufgenommen; der Schnittwinkel darf dabei nicht 90° sein. (Hier haben wir also die umgekehrte Forderung wie in Abbildung 8.2.) Aus Phillips et. al (1985).*

Verschiebungen haben, die näherungsweise der homogenen Breite des Übergangs entsprechen.[11] Atome, die stark mit dem Laserlicht wechselwirken, werden solange abgebremst, bis sie wegen der Änderung ihrer Doppler-Verschiebung nicht mehr resonant mit dem Licht sind. Diese Änderung muss kompensiert werden, um die Kraft während des Abbremsens in der Nähe ihres Maximalwertes zu halten.

9.2   Abbremsen eines Atomstrahls

In den beiden bahnbrechenden Experimenten zur Laserkühlung wurden unterschiedliche Methoden verwendet, um die Änderung der Doppler-Verschiebung während des Abbremsens zu kompensieren. William Phillips und Mitarbeiter verwendeten eine raffinierte Methode, die in Abbildung 9.2 illustriert ist. Dabei verläuft ein Atomstrahl in Richtung der Achse eines angeschrägten Solenoids. Der Zeeman-Effekt des variierenden Magnetfelds stört die atomaren Energieniveaus, sodass die Übergangsfrequenz eine konstante Laserfrequenz trifft. Bei der anderen Methode wurde die Laserfrequenz variiert. Diese sogenannte Chirp-Kühlung wird im nächsten Abschnitt beschrieben. Aus den Gleichungen (9.7) und (9.8) sehen wir, dass die Geschwindigkeit im Abstand z vom

---

[11] Dieser Bereich ähnelt der Breite des Lochs, das bei der gesättigten Absorptionsspektroskopie in die Population des Grundzustands gebrannt wird. In der Praxis sorgt die Leistungsverbreiterung dafür, dass die homogene Breite größer ist als die natürliche Breite.

Startpunkt bei konstanter Abbremsung durch

$$v = v_0 \left(1 - \frac{z}{L_0}\right)^{1/2} \qquad (9.9)$$

gegeben ist. Um die Änderung der Doppler-Verschiebung infolge der Abbremsung von v_0 auf die festgelegte Endgeschwindigkeit zu kompensieren, muss die durch den Zeeman-Effekt verursachte Frequenzverschiebung die Bedingung

$$\omega_0 + \frac{\mu_B B(z)}{\hbar} = \omega + kv \qquad (9.10)$$

erfüllen. Auf der linken Seite erhöht sich die atomare Resonanzfrequenz von ω_0, dem Wert beim Feld null, um die Zeeman-Verschiebung für ein atomares magnetisches Moment μ_B; auf der rechten Seite der Gleichung addiert sich die Doppler-Verschiebung zur Laserfrequenz ω. Damit erhalten wir aus (9.9) das erforderliche magnetische Profil

$$B(z) = B_0 \left(1 - \frac{z}{L_0}\right)^{1/2} + B_{\text{bias}} \qquad (9.11)$$

für $0 \leq z \leq L_0$, wobei

$$B_0 = \frac{hv_0}{\lambda \mu_B} \qquad (9.12)$$

Im Falle $\mu_B B_{\text{bias}} \simeq \hbar\omega - \hbar\omega_0$ werden die Atome am Ende des angeschrägten Solenoids vollständig abgebremst. Im Allgemeinen ist es jedoch sinnvoller, den Atomen eine kleine Geschwindigkeit zu lassen, sodass sie sich in ein Gebiet außerhalb des Solenoids begeben, wo Experimente durchgeführt werden können oder auch eine weitere Kühlung. Abbildung 9.3(a) zeigt das Feldprofil für $\omega \simeq \omega_0$ und $B_{\text{bias}} \simeq 0$, sodass das maximale Feld am Ausgang des Solenoids etwa B_0 ist. Abbildung 9.3(b) zeigt das Feldprofil für einen anderen Wert von B_{bias}, der einen geringeren Betrag des Feldes erfordert.

Beispiel 9.1 Für einen Übergang zwischen einem Zustand mit den Quantenzahlen F und M_F und einem angeregten Zustand mit den Quantenzahlen F' und $M_{F'}$ verursacht der Zeeman-Effekt eine Frequenzverschiebung von $(g_{F'} M_{F'} - g_F M_F)\mu_B B/\hbar$. Für die 3p $^2P_{3/2}$–3s $^2S_{1/2}$-Linie in Natrium gilt für den Übergang zwischen den Hyperfeinniveaus $F' = 3$, $M_{F'} = 3$ und $F = 2$, $M_F = 2$ die Beziehung $g_{F'} M_{F'} - g_F M_F = 1$, sodass die Zeeman-Verschiebung wie in (9.10) angenommen ist. Dieser Übergang führt zu einem geschlossenen Zyklus von Absorption und spontaner Emission, da die Auswahlregeln vorschreiben, dass der angeregte Zustand nur zurück in den Anfangszustand zerfallen kann. Verwendet wurde dieser Übergang in dem ersten Experiment zum Abbremsen von Atomstrahlen, welcher in Abbildung 9.2 gezeigt ist.[12] Damit erhalten wir für $v_0 = 1000 \, \text{m s}^{-1}$ aus (9.12)

$$B_0 = 0{,}12 \, \text{T} \qquad (9.13)$$

---

[12] Andere Alkalimetalle haben entsprechende Übergänge zwischen „voll ausgebreiteten" Zuständen für die F den maximalen Wert für gegebene I und J hat, und es gilt $M_F = F$ oder $M_F = -F$. Natrium hat einen Kernspin von $I = 3/2$.

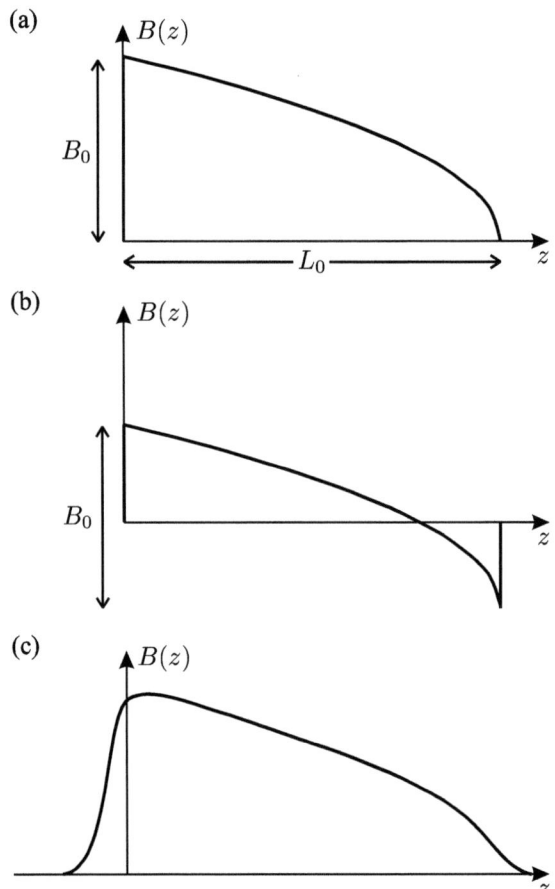

Abbildung 9.3: *Das Magnetfeld in Richtung des kegelförmigen Solenoids, der beim ersten Experiment zur Zeeman-Abbremsung verwendet wurde (siehe Abbildung 9.3) variiert wie in Teil (a) gezeigt mit dem Ort. Dieses Magnetfeld wird durch (9.11) beschrieben. Bei neueren Experimenten wird zum Teil die in (b) gezeigte Variante verwendet. Dies führt für ein gegebenes B_0 auf die gleiche Verringerung der Geschwindigkeit, hat aber die folgenden drei Vorteile: (i) das Feld hat einen niedrigeren Maximalwert, sodass die Spulen weniger Windungen haben müssen; (ii) das an Positionen „strahlabwärts", $z > L_0$ erzeugte Feld ist kleiner, da die Beiträge aus den Spulen mit entgegengesetzten Richtungen sich tendenziell aufheben; (iii) die abrupte Änderung des Feldes am Ausgang hilft den Atomen, die Spule sauber zu verlassen (die Atome spüren plötzlich einen Anstieg in der Frequenzverstimmung des Lichts gegenüber der Resonanz, wodurch die Strahlungskraft abgeschnitten wird). In einem realen Solenoid ändert sich das Feld graduell, wie in (c) illustriert. Diese Glättung hat nur wenig Einfluss auf die erforderliche Gesamtlänge, da die frühe Phase des Bremsprozesses dadurch nicht signifikant berührt wird.*

was mithilfe von Standard-Magnetspulen problemlos zu erreichen ist. In diesem Magnetfeld hat ein Natriumatom eine Zeeman-Verschiebung, die gleich der Doppler-Verschiebung von $\Delta f = v_0/\lambda = 1{,}7\,\text{GHz}$ ist (die natürliche Breite ist $\Gamma/2\pi = 10\,\text{MHz}$).

Die wesentliche Eigenschaft des auf dem Zeeman-Effekt basierenden Bremsverfahrens ist die, dass dabei die Geschwindigkeit einer großen Fraktion der Atome eines Strahls auf einen niedrigen Endwert v_{final} reduziert wird. Alle Atome, die mit Geschwindigkeiten im Bereich zwischen v_0 und v_{final} starten, wechselwirken irgendwo im Bereich des Solenoids mit der Laserstrahlung und werden vom Abbremsprozess erfasst. Die Berechnungen in diesem Abschnitt zeigen, wie dies im Prinzip funktioniert, doch die Gleichungen liefern uns nicht den exakten Wert für die Endgeschwindigkeit v_{final}, und zwar aus folgendem Grund. Der Bremsweg ist proportional zum Quadrat der Anfangsgeschwindigkeit (siehe (9.8)), sodass die Atome während der Abbremsung von $v_0 = 100\,\text{m s}^{-1}$ auf $v_{\text{final}} = 0\,\text{m s}^{-1}$ nur eine Strecke von $1\,\text{cm}$ zurücklegen, und die Abbremsung von $v_0 = 33\,\text{m s}^{-1}$ auf null erfolgt innerhalb von $1\,\text{mm}$. Die finale Geschwindigkeit hängt also kritisch davon ab, was am Ausgang des Solenoids und im Feld direkt dahinter passiert.[13] In der Praxis wird die Laserfrequenz so eingestellt, dass die Atome eine ausreichende Geschwindigkeit haben, um sich weiter in Richtung der Längsachse der Versuchsanordnung zu bewegen. Es wurden verschiedene Verfahren entwickelt, mit denen die Atome extrahiert werden können, darunter die in Abbildung 9.3(b) gezeigte. Dort ändert sich das Feld am Ausgang des Solenoids abrupt, sodass die Wechselwirkung mit dem Licht sauber abgebrochen wird.

9.2.1 Chirp-Kühlung

Bei dem anderen bahnbrechenden Experiment zum Laserkühlen eines Natriumstrahls wurde die Laserfrequenz entsprechend der veränderten Doppler-Verschiebung beim Abbremsen der Atome geändert. Dieses Verfahren wird Chirp-Kühlung genannt (nach engl. chirp, zirpen). Bei einem Chirp-Puls überstreicht die Frequenz rasch einen großen Bereich. Die Bezeichnung weist auf eine gewisse Analogie mit Vogelgezwitscher hin, der rasch an- und abschwillt. Wir können die Pulsdauer aus der Anzahl der Photonenstöße berechnen, die nötig sind, um das Atom zu stoppen. Dies sind $\mathcal{N} = v_0/v_{\text{r}}$ Stöße. Ein Atom streut Photonen mit einer maximalen Rate von $\Gamma/2 = 1/(2\tau)$. Es werden also $\mathcal{N}$ Photonen in einer Zeit $2\mathcal{N}\tau$ gestreut, und mit der Hälfte der maximalen Abbremsung dauert es doppelt so lange, also $4\mathcal{N}\tau$. Für einen Strahl aus Natriumatomen mit den in Beispiel 9.1 angegebenen Parametern ist $\mathcal{N} = 34\,000$ und die Pulsdauer ist

---

[13] Aus Gleichung (9.10) sehen wir, dass die Kraft der Strahlung am stärksten auf jene Atome wirkt, die am Ende des Solenoids eine Geschwindigkeit v_{final} mit

$$kv_{\text{f}} \simeq \omega_0 + \frac{\mu_{\text{B}}B_{\text{bias}}}{\hbar} - \omega \tag{9.14}$$

haben. Die tatsächliche Endgeschwindigkeit ist kleiner als v_{final}, da die Atome im Laserlicht bleiben, nachdem sie aus dem Solenoid ausgetreten sind und weiter abgebremst werden. Eine grobe Schätzung legt nahe, dass die Geschwindigkeit der Atome kleiner sein muss als v_{final}, und zwar um einen Betrag, der einer Doppler-Verbreiterung von mehreren Linienbreiten entspricht (zum Beispiel $3\Gamma/k$), was jedoch von der Wechselwirkungszeit mit dem Licht abhängt. (Letztere hängt wiederum selbst von der Geschwindigkeit und der zurückgelegten Distanz ab.) Es ist schwierig, sehr niedrige Endgeschwindigkeiten zu erreichen, ohne die Atome vollständig zu stoppen und sie zurück in das Solenoid zu stoßen.

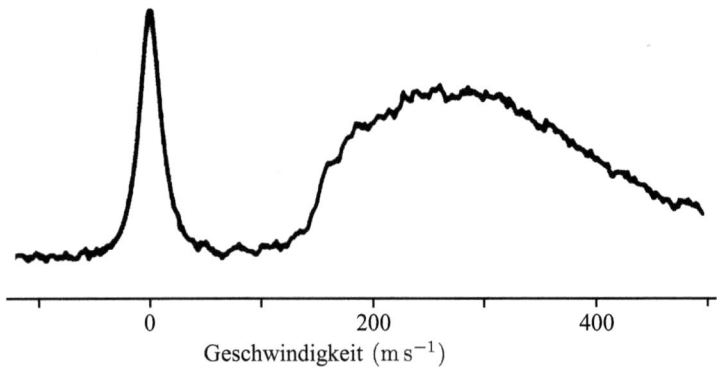

$$\text{Geschwindigkeit } (\text{m s}^{-1})$$

Abbildung 9.4: *Atomare Geschwindigkeitsverteilung, erhalten durch Chirp-Kühlung von Caesium-Atomen mit Strahlung aus Halbleiterdiodenlasern. Der Graph zeigt die experimentell beobachtete Fluoreszenz von Atomen, während die Laserfrequenz einen Frequenzbereich abtastet, der größer ist als die anfängliche Doppler-Verschiebung der Atome im atomaren Laserstrahl. Nach Steane (1999).*

$4\mathcal{N}\tau = 2 \times 10^{-3}$ s. Die Frequenz des Lichts muss innerhalb von ein paar Millisekunden über einen Bereich von mehr als 1 GHz abgetastet werden. Stimmbare Farbstofflaser sind zu einem derart schnellen Abtasten nicht in der Lage, weshalb die Experimentatoren elektro-optische Modulatoren und Radiofrequenztechnik verwendeten, um die Frequenz des Lichts zu ändern. Mittlerweile ist die Chirp-Kühlung von schweren Alkaliatomen wie Rubidium und Caesium möglich. Abbildung 9.4 zeigt Ergebnisse, die durch direktes Abtasten der Frequenz von infraroten Halbleiterdiodenlasern erhalten wurden. Wie man sieht, verschiebt die Laserkühlung Atome zu niedrigeren Geschwindigkeiten, wodurch ein schmaler Peak in der Geschwindigkeitsverteilung entsteht. Es ist die Aufspreizung der Geschwindigkeiten innerhalb dieses Peaks, was die finale Temperatur bestimmt, nicht die mittlere Geschwindigkeit dieser Atome. Die kalten Atome haben eine viel kleiner Aufspreizung der Geschwindigkeiten als bei Raumtemperatur.

9.3   Optische Melasse

In einem Atomstrahl selektiert die Bündelung Atome, die sich in eine Richtung bewegen, die durch einen einzelnen Laserstrahl abgebremst werden können. Atome in einem Gas bewegen sich in alle Richtungen und um ihre Temperatur zu reduzieren, ist eine Laserkühlung in allen drei Richtungen erforderlich. Dies geschieht durch die in Abbildung 9.5 gezeigte Konfiguration aus drei orthogonalen stehenden Wellen. Das in Richtung der Achsen eines kartesischen Koordinatensystems propagierende Licht kommt aus dem gleichen Laser und hat für jeden Strahl die gleiche Frequenz. Man könnte zunächst denken, dass diese symmetrische Anordnung keine Auswirkung auf ein Atom hat, da auf dieses gleich große und entgegengesetzt gerichtete Kräfte wirken. Das ist jedoch ein Trugschluss – die auf das Atom wirkenden Kräfte der Laserstrahlen sind

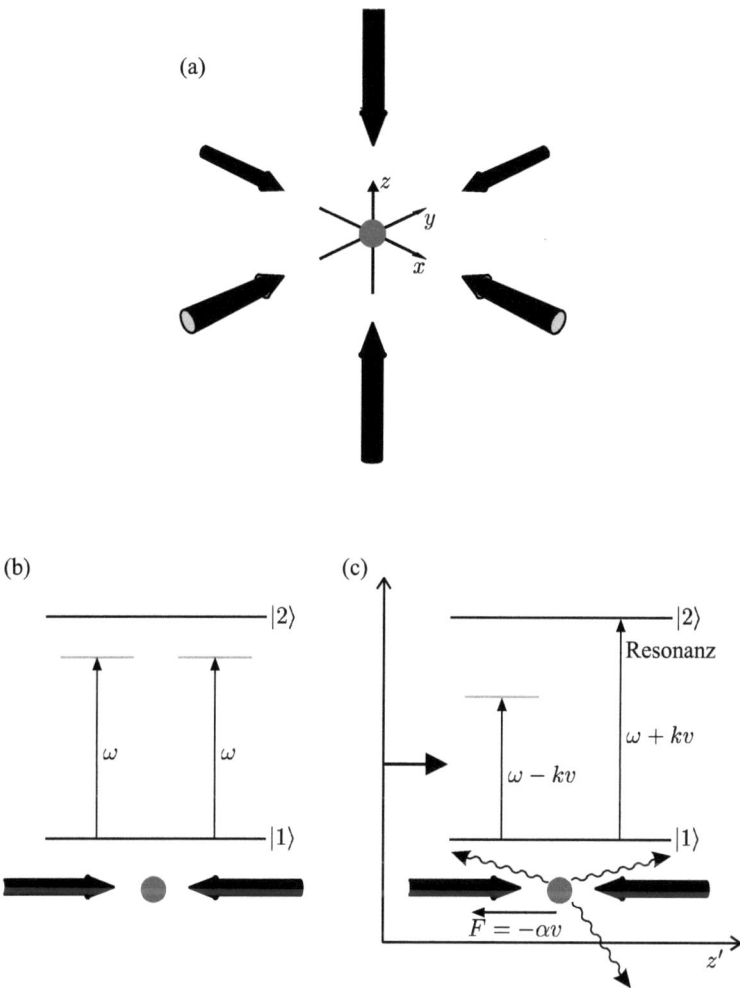

Abbildung 9.5: „Optische Melasse" ist der Name eines Verfahrens der Laserkühlung, das mit drei orthogonalen Paaren gegenläufig propagierender Laserstrahlen arbeitet. Teil (a) zeigt diese Anordnung, wobei die Strahlen in Richtung der Achsen eines kartesischen Koordinatensystems verlaufen. Die Laserstrahlen sind alle aus dem gleichen Laser abgeleitet und haben eine Frequenz ω, die leicht unterhalb der Übergangsfrequenz zwischen den beiden atomaren Niveaus 1 und 2 liegt. (b) Ein stationäres Atom in einem Paar gegenläufig propagierender Laserstrahlen spürt keine resultierende Kraft, da die Streuung für jeden der beiden Laserstrahlen gleich ist. Für ein sich bewegendes Atom (Teil c) führt der Doppler-Effekt jedoch zu einer stärkeren Streuung des Lichts, das in die entgegengesetzte Richtung wie das Atom propagiert. (Teil c ist im Ruhesystem eines Atoms gezeichnet, das sich mit der Geschwindigkeit v bewegt.) Das Ungleichgewicht der Kräfte tritt für alle Richtungen auf und dämpft die Bewegung der Atome.

nur dann ausbalanciert, wenn das Atom stationär ist, und genau dies soll durch das Verfahren erst erreicht werden. Für ein sich bewegendes Atom führt der Doppler-Effekt zu einem Ungleichgewicht der Kräfte. Abbildung 9.5(b) zeigt die Situation für ein Zwei-Niveau-Atom in einem Paar gegenläufig propagierender Strahlen aus einem Laser mit einer Frequenz unter der atomaren Resonanzfrequenz (Rotverstimmung der Frequenz). Schauen wir uns nun an, was im Ruhesystem des sich nach rechts bewegenden Atoms (Abbildung 9.5(c)) passiert. In diesem Bezugssystem führt der Doppler-Effekt zu einer Erhöhung der Frequenz des Laserstrahls, der in die entgegengesetzte Richtung wie das Atom propagiert. Durch diese Doppler-Verschiebung wird das Licht näher an die Resonanz mit dem Atom gebracht und somit die Absorptionsrate für diesen Strahl erhöht. Dies führt auf eine resultierende Kraft, die das Atom abbremst.[14] Mathematisch ausgedrückt ist die Differenz zwischen der nach rechts und der nach links wirkenden Kraft

$$F_{\text{Melasse}} = F_{\text{streu}}\left(\omega - \omega_0 - kv\right) - F_{\text{streu}}\left(\omega - \omega_0 + kv\right)$$

$$\simeq F_{\text{scatt}}\left(\omega - \omega_0\right) - kv\frac{\partial F}{\partial \omega} - \left[F_{\text{scatt}}\left(\omega - \omega_0\right) + kv\frac{\partial F}{\partial \omega}\right]$$

$$\simeq -2\frac{\partial F}{\partial \omega}kv \tag{9.15}$$

Dabei wurden niedrige Geschwindigkeiten ($kv \ll \Gamma$) angenommen. Dieses aus der Doppler-Verschiebung resultierende Ungleichgewicht kann in der Form

$$F_{\text{Melasse}} = -\alpha v \tag{9.16}$$

geschrieben werden. Das Licht übt eine Reibungs- oder Dämpfungskraft auf das Atom aus, ähnlich wie die Kraft, die auf ein Teilchen in einer viskosen Flüssigkeit wirkt. Diese Analogie brachte die amerikanische Forschergruppe, die den Effekt erstmals demonstrierte (Chu *et al.* 1985), auf die Idee, das Verfahren „optische Melasse" (wie Sirup oder Honig) zu nennen. Durch Differenzieren von (9.4) erhalten wir für den Dämpfungskoeffizienten[15]

$$\alpha = 2k\frac{\partial F}{\partial \omega} = 4\hbar k^2 \frac{I}{I_{\text{sat}}}\frac{-2\delta/\Gamma}{\left[1 + (2\delta/\Gamma)^2\right]^2} \tag{9.17}$$

Der Term $I/I_{\text{sat}} \ll 1$ im Nenner wurde vernachlässigt, da diese vereinfachte Behandlung des Verfahrens der optischen Melasse nur für Intensitäten gültig ist, die deutlich

---

[14] Eine ähnliche Situation ergibt sich für die Bewegung in eine beliebige Richtung.

[15] Streng gilt

$$F_{\text{streu}} = \hbar k R_{\text{streu}} \equiv \hbar\frac{\omega}{c} R_{\text{streu}}$$

sodass

$$\frac{\partial F}{\partial \omega} = \frac{\hbar}{c}\left(R_{\text{streu}} + \omega\frac{\partial R_{\text{streu}}}{\partial \omega}\right)$$

Allerdings ist der zweite Term etwa $\omega/\Gamma \simeq 10^8$-mal größer als der erste.

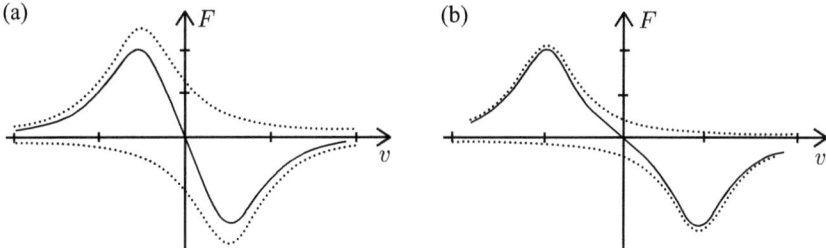

Abbildung 9.6: *Die Kraft in Abhängigkeit von der Geschwindigkeit beim Verfahren der optischen Melasse (durchgezogene Linien) für (a) $\delta = -\Gamma/2$ und (b) $\delta = -\Gamma$. Die Dämpfung ist proportional zum Anstieg der Kraftkurve bei $v = 0$. Beachten Sie, dass die Kraft für $v > 0$ negativ ist und für $v < 0$ positiv, sodass sie die Atome abbremst. Die durch die einzelnen Laserstrahlen erzeugten Kräfte sind als Punktlinien eingezeichnet. Diese Kurven haben eine lorentzsche Linienform und sind für eine Halbwertsbreite Γ gezeichnet, die niedrigen Intensitäten entspricht. Für $\delta = 0$ (nicht in der Abbildung gezeigt) heben sich die Kräfte der beiden Laserstrahlen für alle Geschwindigkeiten gegenseitig auf. Der Einfangbereich für die Geschwindigkeiten ist näherungsweise $\pm\Gamma/k$.*

unter der Sättigung liegen, sodass die Kräfte der einzelnen Strahlen unabhängig wirken.[16] Dämpfung erfordert einen positiven Wert von α und folglich $\delta = \omega - \omega_0 < 0$, also eine Rotverstimmung der Frequenz (in Übereinstimmung mit der oben gegebenen physikalischen Erklärung des Verfahrens der optischen Melasse). Unter dieser Bedingung haben die in Abbildung 9.16 gezeigten Plots der Kraft bei $v = 0$ einen negativen Gradienten, $\partial F/\partial v < 0$.

Die obige Diskussion des Verfahrens der optischen Melasse bezieht sich auf ein Paar gegenläufig propagierender Laserstrahlen. Für die Strahlen parallel zur z-Achse liefert das zweite Newtonsche Gesetz

$$\frac{\mathrm{d}}{\mathrm{d}t}\left(\frac{1}{2}Mv_z^2\right) = Mv_z\frac{\mathrm{d}v_z}{\mathrm{d}t} = v_z F_{\text{Melasse}} = -\alpha v_z^2 \tag{9.18}$$

Die Geschwindigkeitskomponenten in x- und y-Richtung erfüllen ähnliche Gleichungen, sodass in der Region, wo sich die drei orthogonalen Paare von Laserstrahlen schneiden, die kinetische Energie $E = \frac{1}{2}M(v_x^2 + v_y^2 + v_z^2)$ abnimmt:

$$\frac{\mathrm{d}E}{\mathrm{d}t} = -\frac{2\alpha}{M}E = -\frac{E}{\tau_{\text{damp}}} \tag{9.19}$$

Unter optimalen Bedingungen beträgt die Dämpfungszeit $\tau_{\text{damp}} = M/(2\alpha)$ wenige Millisekunden (siehe Aufgaben 9.7 und 9.8). Dies liefert die Zeitskala für die initiale Kühlung

---

[16] Die Sättigung in zwei gegenläufig propagierenden Strahlen kann dadurch berücksichtigt werden, dass man im Nenner des Ausdrucks für α die Ersetzung $I/I_{\text{sat}} \rightarrow 2I/I_{\text{sat}}$ macht (und ebenso im Ausdruck für R_{streu}). Allerdings ist eine einfache Ratengleichung nicht exakt, wenn I/I_{sat} nicht vernachlässigbar ist. Wie wir sehen werden, muss für reale Atome – im Gegensatz zu theoretischen Zwei-Niveau-Atomen – das Lichtfeld auch für kleine Intensitäten als eine stehende Welle betrachtet werden.

Abbildung 9.7: *Der infolge einer sponta-*
nen Emission entstehende Rückstoß bewirkt,
dass sich die Geschwindigkeit des Atoms in
einer zufälligen Richtung um die Rückstoß-
geschwindigkeit ändert. Aus diesem Grund
führt das Atom einen Random Walk mit
Schritten der Länge v_r im Geschwindig-
keitsraum aus. Die Gleichgewichtstemperatur
wird durch die Balance zwischen dieser diffu-
sen Aufheizung und der Kühlung bestimmt.
(Der Einfachheit halber sind hier nur zwei
Dimensionen gezeigt.)

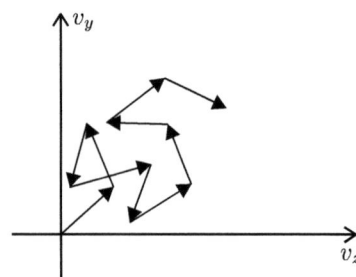

von Atomen, die den Laserstrahl mit Geschwindigkeiten im Einfangbereich des Verfahrens der optischen Melasse betreten, d. h. mit Geschwindigkeiten, für die die Kraft in Abbildung 9.6 einen signifikanten Wert hat. Gleichung (9.19) liefert die physikalisch unrealistische Vorhersage, dass die Energie gegen null geht. Der Grund ist, dass wir die Aufheizung infolge von Fluktuationen nicht berücksichtigt haben.

9.3.1   Die Doppler-Grenze

Wir können die Kraft aus einem einzelnen Laserstrahl in der Form

$$\mathbf{F} = \mathbf{F}_{\mathrm{abs}} + \delta\mathbf{F}_{\mathrm{abs}} + \mathbf{F}_{\mathrm{spont}} + \delta\mathbf{F}_{\mathrm{spont}} \tag{9.20}$$

schreiben. Das Mittel dieser Kraft, die aus der Absorption von Photonen resultiert, ist die Streukraft $\overline{\mathbf{F}}_{\mathrm{abs}} = \mathbf{F}_{\mathrm{streu}}$, die wir bereits hergeleitet hatten. Die zufälligen Stöße von spontan emittierten Photonen mitteln sich zu null, sodass $\overline{\mathbf{F}}_{\mathrm{spont}} = 0$. Was wir bisher nicht betrachtet haben, sind die Effekte von Fluktuationen in diesen beiden Prozessen, also $\overline{\delta\mathbf{F}}_{\mathrm{spont}}$ und $\overline{\delta\mathbf{F}}_{\mathrm{abs}}$.

Die spontane Emission, die $\mathbf{F}_{\mathrm{streu}}$ immer begleitet, bewirkt, dass das Atom in eine zufällige Richtungen zurückgestoßen wird. Diese Rückstöße führen dazu, dass sich die Geschwindigkeit wie ein Random Walk verhält (analog zur brownschen Bewegung eines mikroskopischen Teilchens in Luft), was in Abbildung 9.7 dargestellt ist. Ein Random Walk aus $\mathcal{N}$ Schritten liefert eine mittlere Verschiebung, die proportional ist zu $\sqrt{\mathcal{N}}$ bzw. eine mittlere quadratische Verschiebung proportional zu $\mathcal{N}$ mal dem Quadrat der Schrittlänge. Während der Zeit t streut ein Atom eine mittlere Anzahl von

$$\mathcal{N} = R_{\mathrm{streu}}t \tag{9.21}$$

Photonen. Spontane Emission führt dazu, dass die mittlere quadratische Geschwindigkeit wie $\overline{v^2} = R_{\mathrm{streu}}t \times v_{\mathrm{r}}^2$ wächst bzw. für die z-Komponente wie

$$\left(\overline{v_z^2}\right)_{\mathrm{spont}} = \eta v_{\mathrm{r}}^2 R_{\mathrm{streu}}t \tag{9.22}$$

Jedes spontan emittierte Photon liefert einen Rückstoß in z-Richtung von $\hbar k \cos\theta$ und der Faktor $\eta = \langle \cos^2 \theta \rangle$ ist der angulare Mittelwert. Für die isotrope spontane Emission ist beispielsweise $\eta = 1/3$.[17]

Die Fluktuationen $\overline{\delta \mathbf{F}}_{\text{abs}}$ treten auf, weil das Atom nicht in jedem Zeitintervall t die gleiche Anzahl von Photonen absorbiert. Auf jede Absorption folgt eine spontane Emission, wobei die mittlere Anzahl solcher Ereignisse im Zeitintervall t durch (9.21) gegeben ist. Unter der Annahme, dass die Streuung einer Poisson-Statistik genügt, haben die Fluktuationen um den Mittelwert eine Standardabweichung von $\sqrt{\mathcal{N}}$ und bewirken einen Random Walk der Geschwindigkeit in Richtung des Laserstrahls, der zu der Geschwindigkeitsänderung (Beschleunigung oder Abbremsung) aufgrund der mittleren Kraft dazukommt. Dieser eindimensionale Random Walk aufgrund der Fluktuationen $\overline{\delta \mathbf{F}}_{\text{abs}}$ führt zu einem verstärkten Auseinanderlaufen der Geschwindigkeiten ähnlich wie durch (9.22) beschrieben, jedoch ohne den Faktor η (da alle absorbierten Photonen die gleiche Richtung haben):

$$\left(\overline{v_z^2} \right)_{\text{abs}} = v_r^2 R_{\text{streu}} t \tag{9.23}$$

Dies beschreibt den Effekt von $\overline{\delta \mathbf{F}}_{\text{abs}}$ für einen einzelnen Laserstrahl. Für ein Atom, das zwei entgegengesetzt gerichteten Laserstrahlen ausgesetzt ist, heben sich die Effekte der beiden Strahlen im Mittel auf (wie in Gleichung (9.5)), doch die Effekte der Fluktuationen kumulieren sich. Das Atom hat für jeden der beiden Strahlen die gleiche Wahrscheinlichkeit, Photonen zu absorbieren (die also beispielsweise von links und rechts aufschlagen). Somit werden zufällige Impulse nach rechts und links übertragen, was für die Geschwindigkeit zu einem Random Walk in Richtung der Strahlen führt.[18]

Aus (9.22) und (9.23) erhalten wir die aus $\overline{\delta \mathbf{F}}_{\text{spont}}$ und $\overline{\delta \mathbf{F}}_{\text{abs}}$ resultierende Aufheizung. Wenn wir diese Ausdrücke in (9.18) einsetzen und annehmen, dass die Streurate für ein Strahlenpaar $2R_{\text{streu}}$ ist (doppelt so groß wie für einen einzelnen Strahl der Intensität I), dann erhalten wir

$$\frac{1}{2} M \frac{d\overline{v_z^2}}{dt} = (1 + \eta) E_r (2 R_{\text{streu}}) - \alpha \overline{v_z^2} \tag{9.24}$$

mit der Rückstoßenergie

$$E_r = \frac{1}{2} M v_r^2 \tag{9.25}$$

Gleichung (9.24) beschreibt die Balance zwischen Aufheizung und Dämpfung für ein Atom in einem Paar gegenläufig propagierender Strahlen, doch beim Verfahren der optischen Melasse gibt es üblicherweise drei orthogonale Paare (siehe Abbildung 9.5). Um

---

[17] Die spontan emittierten Photonen, die in x- und y-Richtung gehen, führen in diesen Richtungen zu einer Aufheizung, die bei einer vollständigen dreidimensionalen Behandlung berücksichtigt werden muss. Für isotrope spontane Emission wäre die Aufheizung in allen Richtungen gleich, d. h. $\overline{v_x^2}$ und $\overline{v_y^2}$ würden mit der gleichen Rate zunehmen wie $\overline{v_z^2}$. Strahlung, die von einem elektrischen Dipoloszillator ausgeht, ist nicht isotrop, was sich jedoch aus Gründen, die weiter unten diskutiert werden, als unerheblich erweist.

[18] Hierbei wird angenommen, dass die Absorption der Laserstrahlen unkorreliert ist, sodass zwei Laser eine doppelt so große Diffusion erzeugen wie ein einzelner Strahl (gegeben durch (9.23)). Dies ist nur für kleine Intensitäten ($I \ll I_{\text{sat}}$) eine vernünftige Näherung, wo die Sättigung keine Rolle spielt. Außerdem werden wir wie bei der Herleitung von (9.17) den Faktor I / I_{sat} im Nenner von R_{streu} vernachlässigen. Eine ausführliche Behandlung finden Sie in Cohen-Tannoudji et al. (1992).

die Aufheizung in dieser Konfiguration aus sechs Laserstrahlen zu berechnen, nehmen wir an, dass in der Region, wo sich die Strahlen schneiden, ein Atom die Photonen sechs mal schneller streut als in einem einzelnen Strahl (dabei wird die Sättigung komplett vernachlässigt). Wenn das Lichtfeld symmetrisch ist,dann ist die spontane Emission isotrop. In diesem Fall ergibt die Mittelung über die Winkel $\eta = 1/3$, doch der Gesamtbeitrag von $\overline{\delta \mathbf{F}}_{\text{spont}}$ ist dreimal so groß wie für ein Paar Laserstrahlen. Daher ändert sich im dreidimensionalen Fall der in (9.24) auftretende Faktor $1 + \eta$ in $1 + 3\eta = 2$.[19] Dies führt auf das plausible Ergebnis, dass die kinetische Energie bei jedem Streuereignis um das Doppelte der Rückstoßenergie $2E_r$ wächst. Dieses Ergebnis kann direkt aus der Erhaltung von Energie und Impuls bei der Streuung von Photonen abgeleitet werden (siehe Aufgabe 9.3).

Indem wir die zeitliche Ableitung in (9.24) gleich null setzen, erhalten wir für die aus sechs Strahlen bestehende Konfiguration beim Verfahren der optischen Melasse eine mittlere quadratische Geschwindigkeitsaufspreizung von

$$\overline{v_z^2} = 2E_r \frac{2R_{\text{streu}}}{\alpha} \tag{9.26}$$

und das Entsprechende gilt für anderen Richtungen. Die kinetische Energie der Bewegung parallel zur z-Achse hängt mit der Temperatur über die Beziehung $\frac{1}{2}M\overline{v_z^2} = \frac{1}{2}k_{\text{B}}T$ zusammen (nach dem Äquipartitionssatz). Einsetzen von α und R_{streu} liefert[20]

$$k_{\text{B}}T = \frac{\hbar\Gamma}{4} \frac{1 + (2\delta/\Gamma)^2}{-2\delta/\Gamma} \tag{9.27}$$

Diese Funktion von $x = -2\delta/\Gamma$ hat bei $\delta = \omega - \omega_0 = -\Gamma/2$ ein Minimum von

$$k_{\text{B}}T_{\text{D}} = \frac{\hbar\Gamma}{2} \tag{9.28}$$

Dieses zentrale Ergebnis ist die *Doppler-Grenze*. Sie gibt die niedrigste zu erwartende Temperatur beim Verfahren der optischen Melasse an. Allgemein erwarten wir für Prozesse in einem Zwei-Niveau-Atome eine Grenze in dieser Größenordnung, da $\hbar\Gamma = \hbar/\tau$ die kleinste Energieskala in diesem System repräsentiert.[21] Für Natrium ist $T_{\text{D}} =$

---

[19] Eine alternative Begründung ergibt sich aus der Betrachtung des zusätzlichen Beitrags entlang der z-Achse, der durch Photonen entsteht, welche nach der Absorption durch die Strahlen in x- und y-Richtung emittiert werden. Dieser Beitrag entsteht für die Fraktion $1 - \eta$ der spontanen Emission, die nach der Absorption durch die in z-Richtung gehenden Laserstrahlen in andere Richtungen emittiert werden. Wegen der Symmetrie der Konfiguration gibt es eine detaillierte Balance zwischen unterschiedlichen Richtungen.

[20] Gleichung (9.17) kann geschrieben werden als

$$\alpha = 2\hbar k^2 \frac{\partial R_{\text{streu}}}{\partial \omega}$$
$$= 2\hbar k^2 \frac{-2\delta}{\delta^2 + \Gamma^2/4} R_{\text{streu}}$$

[21] In seiner fundamentalen Arbeit über Absorptions- und Emissionsprozesse von Atomen in einem thermischen Strahlungsfeld wies Einstein darauf hin, dass der Impulsaustausch zwischen Licht und Materie die Atome ins thermische Gleichgewicht mit ihrer Umgebung bringt (Einstein 1917). Wenn die Strahlung eine spektrale Verteilung hat, die 0 K (monochromatisches Licht) entspricht, dann ist zu erwarten, dass sich das Atom dieser Temperatur annähert.

240 μK, was einer wahrscheinlichsten Geschwindigkeit von 0,5 m s^{-1} entspricht. Diese Geschwindigkeit kann in der Form

$$v_{\mathrm{D}} \simeq \left(\frac{\hbar\Gamma}{M}\right)^{1/2} = \left(\frac{\hbar k}{M} \cdot \frac{\Gamma}{k}\right)^{1/2} = (v_{\mathrm{r}} v_{\mathrm{c}})^{1/2} \tag{9.29}$$

geschrieben werden, wobei $v_{\mathrm{c}} \simeq \Gamma/k$ eine Abschätzung (innerhalb eines Faktors von 2) für die Einfanggeschwindigkeit beim Verfahren der optischen Melasse ist. (Dies bedeutet, dass F_{streu} in diesem Geschwindigkeitsbereich einen signifikanten Wert hat.) Natrium hat die Werte $v_{\mathrm{r}} = 0,03$ m s^{-1} und $v_{\mathrm{c}} = 6$ m s^{-1}, und die obigen Ausführungen zum Verfahren der optischen Melasse sind für Geschwindigkeiten in diesem Breich zutreffend.[22]

Die bisher vorgestellte Theorie war ursprünglich dazu gedacht, das Verfahren der optischen Melasse zu beschreiben, doch wurden bei experimentellen Messungen unter bestimmten Umständen wesentlich niedrigere Temperaturen gefunden. Dies gilt insbesondere für Versuche, bei denen das Magnetfeld der Erde abgeschirmt wurde. Im Rahmen des Zwei-Niveau-Modells für das Atom kann diese *Sub-Doppler-Kühlung* nicht erklärt werden. Reale Alkaliatome haben entartete Energieniveaus ($|IJFM_F\rangle$-Zustände). Bemerkenswerterweise wird die Situation durch diese Tatsache nicht einfach komplizierter, sondern es treten neue Kühlungmechanismen auf, die in Abschnitt 9.7 beschrieben werden. Dies ist ein seltenes Beispiel dafür, dass sich im Nachhinein die Dinge als besser herausgestellt haben als erwartet. Die Tatsache, dass die Theorie der Doppler-Kühlung die optische-Melasse-Experimente für Alkalimetalle nicht genau beschreibt, liefert eine gute Entschuldigung für die recht unbekümmerte Behandlung der Sättigung in diesem Kapitel.

9.4 Die magneto-optische Falle

Beim Verfahren der optischen Melasse akkumulieren sich kalte Atome in der Region, wo sich die drei orthogonalen Paare von Laserstrahlen schneiden, da die Atome eine beträchtliche Zeit brauchen, um nach außen zu diffundieren. Für Strahlen von 1 cm Radius kann diese Zeit mehrere Sekunden betragen. Mit der richtigen Wahl der Polarisierung für die Laserstrahlen kann diese Konfiguration in eine Falle umgewandelt werden, indem man zusätzlich einen Magnetfeldgradienten einbaut (siehe Abbildungen 9.8 und 9.9). Die beiden Spulen, in denen Ströme in entgegengesetzten Richtungen fließen, erzeugen ein magnetisches Quadrupolfeld. Dieses Magnetfeld ist wesentlich schwächer als in den rein magnetischen Fallen, die in Kapitel 10 beschrieben werden, und es ist selbst *nicht* in der Lage, Atome festzuhalten. In der *magneto-optischen Falle* (MOT) bewirkt das magnetische Quadrupolfeld ein Ungleichgewicht der Streukräfte der Laserstrahlen und es ist die Strahlungskraft, die die Atome stark einschränkt.[23] Das Prinzip der MOT ist in Abbildung 9.9(a) für einen einfachen Übergang von $J = 0$ nach $J = 1$ illustriert. In

---

[22] Schmale Übergänge mit $\hbar\Gamma < E_{\mathrm{r}}$ führen zu einem anderen Verhalten, das eine gewisse Ähnlichkeit mit dem hat, was in Abschnitt 9.8 für die Kühlung unter Ausnutzung schmaler Raman-Übergänge diskutiert wird.

[23] Das Prinzip der magneto-optischen Falle wurde von Jean Dalibard vorgeschlagen und an den Bell Laboratories, USA, in Zusammenarbeit mit einer Gruppe vom MIT demonstriert.

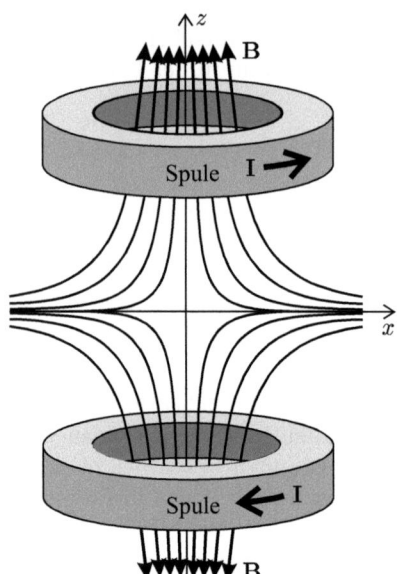

Abbildung 9.8: *Ein Paar Spulen mit Strömen in entgegengesetzten Richtungen erzeugt ein magnetisches Quadrupolfeld. Dieses Feld ist im Zentrum der Spulen null und sein Betrag wächst für kleine Abstände vom Nullpunkt in allen Richtungen linear.*

dem Punkt in der Mitte zwischen den Spulen heben sich die Magnetfelder auf, sodass dort $B = 0$ gilt. Nahe an dieser Nullstelle des Feldes gibt es einen homogenen Feldgradienten, der die atomaren Energieniveaus stört. Der Zeeman-Effekt führt dazu, dass die Energie der drei Unterniveaus des ($J{=}1$)-Niveaus (mit $M_J = 0$, ± 1) linear mit der Position des Atoms variiert, wie in Abbildung 9.9(a) für die z-Achse gezeigt ist.[24] Die gegenläufig propagierenden Laserstrahlen sind, wie in Abbildung 9.9(b) gezeigt ist, zirkular polarisiert, und ihre Frequenz liegt etwas unter der atomaren Resonanzfrequenz. Die Zeeman-Verschiebung bewirkt auf folgende Weise, dass die Strahlungskraft nicht ausbalanciert ist. Wir betrachten ein Atom, dass in z-Richtung aus der Fallenmitte verschoben ist ($z > 0$), sodass der Übergang mit $\Delta M_J = -1$ näher an die Resonanz mit der Laserfrequenz rückt. Der Laser hat eine Frequenz unter der atomaren Resonanzfrequenz beim Feld null, was zu einer Dämpfung durch den Mechanismus der optischen Melasse führt.[25] Die Auswahlregeln führen zur Absorption von Photonen aus dem Strahl, der den σ^--Übergang anregt, und dies liefert eine Streukraft, die das Atom zurück in Richtung Fallenmitte drückt. Ein ähnlicher Prozess tritt für eine Verschiebung in die entgegengesetzte Richtung auf ($z < 0$). In diesem Fall favorisieren die Zeeman-Verschiebung der Übergangsfrequenz und die Auswahlregeln die Absorption aus dem Strahl, der in die positive z-Richtung propagiert, was das Atom zurück nach $z = 0$ drückt. Beachten Sie,

---

[24] Die Energieniveaus variieren auch in den anderen Richtungen. Aus der Maxwell-Gleichung div **B** $= 0$ folgt

$$\frac{\mathrm{d}B_x}{\mathrm{d}x} = \frac{\mathrm{d}B_y}{\mathrm{d}y} = -\frac{1}{2}\frac{\mathrm{d}B_z}{\mathrm{d}z}$$

sodass der Gradient in jeder radialen Richtung halb so groß ist wie der in z-Richtung.

[25] Eine MOT erfordert drei orthogonale Paare von σ^+–σ^--Strahlen, doch das Verfahren der optischen Melasse funktioniert auch mit anderen Polarisationszuständen. Beispielsweise werden bei der Sisyphus-Kühlung (siehe Abschnitt 9.7) linear polarisierte Strahlen verwendet.

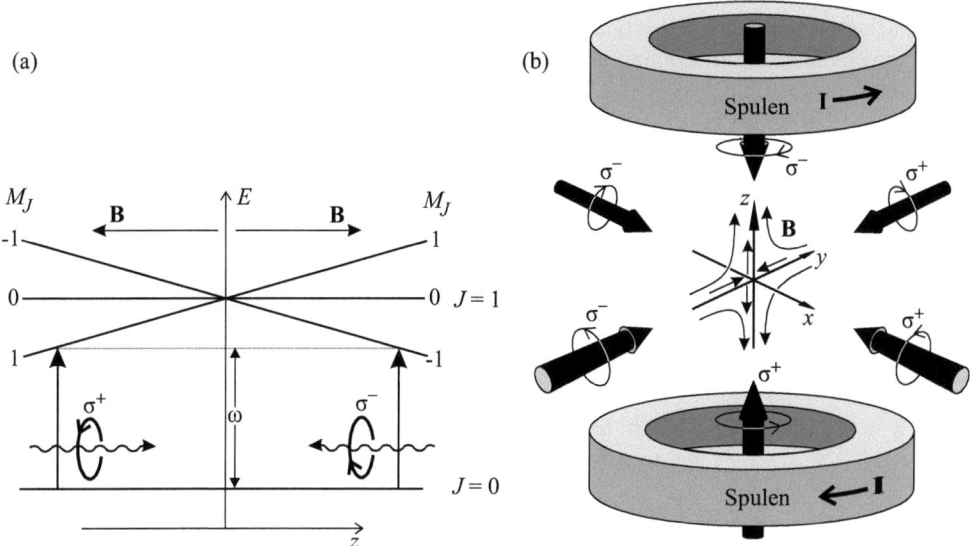

Abbildung 9.9: *(a) Ein Mechanismus der magneto-optischen Falle für ein Atom mit einem Übergang von $J = 0$ nach $J = 1$. Im Magnetfeldgradienten hängt die Zeeman-Aufspaltung der Unterniveaus von der Position des Atoms ab. Das Atom ist zwei gegenläufig propagierenden Strahlen zirkular polarisierten Lichts ausgesetzt und die Auswahlregeln für Übergänge zwischen den Zeeman-Zuständen führen zu einem Ungleichgewicht zwischen den Strahlungskräften der Laserstrahlen, die das Atom zurück ins Zentrum der Falle drücken. (Nicht maßstabsgerecht; die Zeeman-Energie ist viel kleiner als die optische Übergangsenergie.) (b) Eine magneto-optische Falle, gebildet aus drei orthogonalen Paaren von Laserstrahlen wie beim Verfahren der optischen Melasse. Die Laserstrahlen haben die erforderlichen Polarisationszustände und schneiden sich im Zentrum eines Paars von Spulen, in denen entgegengesetzte Ströme fließen. Die kleinen Pfeile zeigen die Richtungen des magnetischen Quadrupolfelds an, das durch die Spulen erzeugt wird (siehe auch Abbildung 9.8).*

dass diese Strahlpolarisierungen und die Quantisierungsachse des Atoms relativ zu einer festen Richtung im Raum definiert wurden, in diesem eindimensionalen Beispiel also die z-Richtung. Für $z > 0$ ist dies das Gleiche wie die Richtung des Magnetfeldes, aber für $z < 0$ zeigt das Magnetfeld in die entgegengesetzte Richtung. In dieser Region liegt der $(M_J=-1)$-Zustand über $+1$ (siehe Abbildung 9.9(a)). Eigentlich beziehen sich σ^+ und σ^- auf Übergänge des Atoms, und wenn wir Strahlung mit σ^+ bezeichnen, dann ist dies eine Abkürzung für zirkular polarisierte Strahlung mit der Händigkeit, die den σ^+-Übergang anregt (und das Entsprechende gilt für σ^-).[26] Um die magneto-optische

---

[26] Dies ist eine praktische Konvention bei der Diskussion der Prinzipien der Laserkühlung, wo die auftretenden Übergänge vom Richtungssinn der Rotation des elektrischen Feldes um die Quantisierungsachse des Atoms abhängen (während die Händigkeit sowohl vom Richtungssinn der Rotation als auch von der Richtung der Propagation abhängt). Das elektrische Feld der zirkular polarisierten Strahlung treibt die gebundenen atomaren Elektronen im gleichen Sinn an. Daher hat die mit σ^+ bezeichnete Strahlung, die einen positiven Drehimpuls um die Quantisierungsachse vermittelt ($\Delta M_J = +1$), ein elektrisches Feld, das in Richtung dieser Quantisierungsachse betrachtet im Uhr-

Falle mathematisch zu beschreiben, bauen wir die durch den Zeeman-Effekt verursachte Frequenzverschiebung in Gleichung (9.15) ein:[27]

$$F_{\mathrm{MOT}} = F_{\mathrm{streu}}^{\sigma^+}\left(\omega - kv - (\omega_0 + \beta z)\right) - F_{\mathrm{streu}}^{\sigma^-}\left(\omega + kv - (\omega_0 - \beta z)\right)$$

$$\simeq -2\frac{\partial F}{\partial \omega}kv + 2\frac{\partial F}{\partial \omega_0}\beta z \tag{9.30}$$

Der Term $\omega_0 + \beta z$ ist die resonante Absorptionsfrequenz für den Übergang mit $\Delta M_J = +1$ an der Position z, und $\omega_0 - \beta z$ ist die entsprechende Frequenz für $\Delta M_J = -1$. Die Zeeman-Verschiebung bei z ist

$$\beta z = \frac{g\mu_{\mathrm{B}}}{\hbar}\frac{\mathrm{d}B}{\mathrm{d}z}z \tag{9.31}$$

wobei $g = g_J$ gilt.[28] Die Kraft hängt von der Frequenzverstimmung $\delta = \omega - \omega_0$ ab, sodass $\partial F/\partial \omega_0 = -\partial F/\partial \omega$, und folglich gilt

$$F_{\mathrm{MOT}} = -2\frac{\partial F}{\partial \omega}\left(kv + \beta z\right)$$

$$= -\alpha v - \frac{\alpha \beta}{k}z \tag{9.32}$$

Das durch den Zeeman-Effekt verursachte Ungleichgewicht der Strahlungskraft führt zu einer Rückstellkraft mit der Federkonstante $\alpha\beta/k$ (die in dieser Form geschrieben wird, um deutlich zu machen, dass sie auf ähnliche Weise wie eine Dämpfung zustande kommt). Die ortsabhängige Kraft drückt die kalten Atome in die Fallenmitte. Durch diese Kombination aus starker Dämpfung und dem Einfangen ist die magneto-optische Falle leicht zu beladen, was sie zu einem weit verbreiteten Instrument bei Laserkühlungsexperimenten macht.

Ein typisches Instrument verwendet eine MOT, um kalte Atome aus einem abgebremsten Atomstrahl aufzusammeln. Wenn sich ausreichend viele Atome akkumuliert haben, wird das Magnetfeld der MOT abgeschaltet, um die Atome mit dem Verfahren der optischen Melasse abzukühlen, bevor dann weitere Experimente durchgeführt werden.[29] Dieses Vorgehen liefert mehr Atome (bei einer höheren Dichte) als das Verfahren der optischen Melasse selbst, da die MOT schnellere Atome einfängt. Das Magnetfeld in der MOT ändert die Absorptionsfrequenz des Atoms in ähnlicher Weise

---

zeigersinn rotiert, also in der gleichen Richtung wie ein Teilchen mit $\langle L_z \rangle > 0$. (Siehe auch Abbildung 9.9(b).) Die magneto-optische Falle schränkt die Atome auch in Richtung der x- und der y-Achse sowie in allen anderen Richtungen ein. In der Praxis sind diese Fallen extrem robust und erfordern nur die einigermaßen korrekte Polarisierung der Strahlen – manche Atome werden solange festgehalten, wie keiner der Strahlen die falsche Händigkeit hat.

[27] Hierbei wird zusätzlich zu der Näherung $kv \ll \Gamma$ für kleine Geschwindigkeiten eine kleine Zeeman-Verschiebung $\beta z \ll \Gamma$ angenommen.

[28] Allgemeiner gilt $g = g_{F'}M_{F'} - g_F M_F$ für einen Übergang zwischen den Hyperfeinstrukturniveaus $|F, M_F\rangle$ und $|F', M_{F'}\rangle$. Für viele Übergänge, die bei der Laserkühlung benutzt werden, gilt allerdings $g \simeq 1$. Siehe auch Beispiel 9.1.

[29] Atome in der MOT-Falle haben aus verschiedenen Gründen eine höhere Temperatur als beim Verfahren der optischen Melasse. Der Sub-Doppler-Kühlungsmechanismus bricht zusammen, wenn die Zeeman-Verschiebung die Lichtverschiebung übersteigt, und es gibt eine starke Absorption der Laserstrahlung, während diese durch dichte Wolken aus kalten Atomen gehen. Siehe auch Aufgabe 9.12.

wie die Zeeman-Abbremstechnik. Wenn die magneto-optische Falle beispielsweise Laserstrahlen von 5 mm Radius hat und wir dies in Gleichung (9.8) als Bremsweg nehmen, dann fängt die Falle Natriumatome ein, deren Geschwindigkeiten kleiner sind als $v_c(\text{MOT}) \simeq 70\,\text{m}\,\text{s}^{-1}$. Die Atome betreten die Falle allerdings aus allen Richtungen und das Magnetfeld hat eine lineare Ortsabhängigkeit (konstanter Gradient), sodass die Situation nicht die gleiche ist wie im optimalen Fall eines Atoms, dass sich in Richtung der Achse eines angeschrägten Solenoids mit dem gegenläufig propagierenden Laserstrahl bewegt (siehe Aufgabe 9.10). Trotzdem fängt die MOT-Technik Atome mit viel höheren Geschwindigkeiten als das Verfahren der optischen Melasse. Beispielsweise ist für Natrium $v_c(\text{MOT}) > v_c(\text{Melasse}) \simeq 6\,\text{m}\,\text{s}^{-1}$ (siehe (9.29)). Diese relativ große Einfanggeschwindigkeit macht es möglich, eine MOT direkt aus einem Dampf bei Raumtemperatur zu beladen, und diese Methode kann für die schweren Alkaliatome Rubidium und Caesium anstelle des Abbremsens des Atomstrahls eingesetzt werden (siehe Aufgabe 9.11).[30] Typischerweise enthält eine aus einem langsamen Atomstrahl beladene MOT bis zu 10^{10} Atome. Bei Experimenten, in denen die Atome direkt aus dem Dampf eingefangen werden, sind es gewöhnlich viel weniger. Solche allgemeinen Aussagen sollten allerdings mit Vorsicht betrachtet werden, da es verschiedene Faktoren gibt, die Anzahl und Dichte in den verschiedenen Regimes limitieren. Ein solcher Faktor ist zum Beispiel die Absorption des Laserlichts. Die kalten Atome, die sich in der Mitte der MOT versammeln, haben einen Wirkungsquerschnitt der optischen Absorption, der nahe beim Maximum liegt.[31] Die Absorption führt zu einem Unterschied oder einem Ungleichgewicht in den Intensitäten der Laserstrahlen, die durch die Wolke kalter Atome propagieren, was den Mechanismus des Einfangens und Kühlens beeinflusst.

Im Gleichgewicht absorbiert und emittiert jedes Atom die gleiche Menge Licht. Daher streut eine Wolke kalter Atome in einer MOT einen signifikanten Anteil des einfallenden Lichts und die Atome sind (im Falle von Natrium) als hell leuchtende Kügelchen mit bloßem Auge sichtbar. Für Rubidium kann die gestreute Infrarotstrahlung leicht mit einer CCD-Kamera detektiert werden. MOTs dienen für eine Vielzahl von Experimenten als Quelle kalter Atome. Beispielsweise werden sie zum Beladen von Dipolfallen und Magnetfallen benutzt (was in den folgenden Abschnitten bzw. in Kapitel 10 näher beschrieben wird). Zum Schluss noch eine Anmerkung zum Unterschied zwischen magneto-optischem und magnetischem Einfangen. Die Kraft in der MOT resultiert aus der Strahlung; die Atome erfahren in großen Abständen von der Fallenmitte eine Kraft in der Nähe des Maximalwertes der Streukraft. Die Magnetfeldgradienten in einer magneto-optischen Falle (gestimmt auf die Absorptionsfrequenz der Atome) sind viel kleiner als die in magnetischen Fallen verwendeten. Eine typische MOT hat einen Gradienten von $0,1\,\text{T}\,\text{m}^{-1}$, und wenn das Licht abgeschaltet wird, erzeugt dieses eine magnetische Kraft, die nicht ausreichend ist, um der Gravitation der Atome entgegenzuwirken.

---

[30] Diese Elemente haben bei Raumtemperatur einen erheblichen Dampfdruck. Die MOT fängt die langsamsten Atome der maxwellschen Geschwindigkeitsverteilung ein. Die Gleichgewichtsanzahl der Atome, die direkt aus dem Dampf in eine MOT gefangen werden, ist proportional zur vierten Potenz von $v_c(\text{MOT})$, sodass die Methode sehr empfindlich bezüglich dieses Parameters ist.

[31] Die Verbreiterung durch Stöße und den Doppler-Effekt ist vernachlässigbar, und die durch das inhomogene Magnetfeld verursachte Verbreiterung ist klein. Beispielsweise beträgt die Variation in der Zeeman-Verschiebung für einen typischen Feldgradienten von $0,1\,\text{T}\,\text{m}^{-1}$ und eine Wolke vom Radius 3 mm etwa 4 MHz (für $g = 1$).

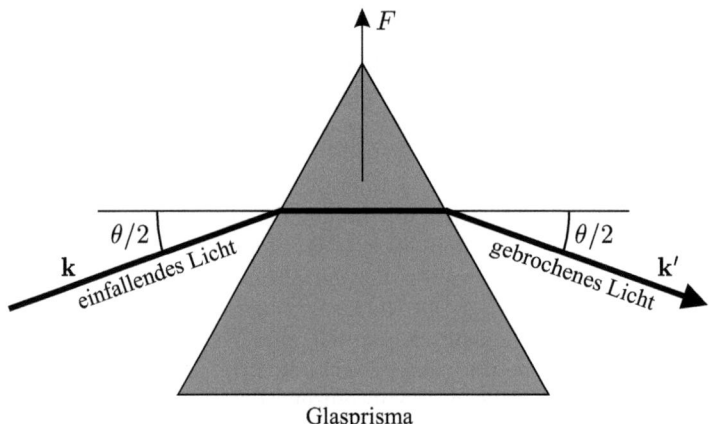

Glasprisma

Abbildung 9.10: *Strahlung wird an einem Glasprisma abgelenkt und übt auf dieses eine Kraft aus, die betragsgleich und entgegengesetzt zur Änderungsrate des Strahlungsimpulses ist.*

9.5   Einführung zur Dipolkraft

Die Streukraft ist gleich der Rate, mit der ein Objekt durch Absorption von Strahlung Impuls gewinnt. Ein anderer Typ von Strahlungskraft ergibt sich aus der Brechung von Licht, was in Abbildung 9.10 illustriert ist. Ein einfaches Prisma, das Licht um einen Winkel θ ablenkt, erfährt die Kraft

$$F = \left(\frac{IA}{c}\right) 2\sin\left(\frac{\theta}{2}\right) \tag{9.33}$$

wobei die Größe IA/c der Rate entspricht, mit der Strahlung der Intensität I Impuls durch eine Querschnittsfläche A (senkrecht zur Propagationsrichtung) überträgt. Diese Größe entspricht der Gesamtkraft, wenn die Strahlung absorbiert wird (Gleichung (9.1)). Wenn der Strahl gebrochen wird, führt der Unterschied zwischen einfallendem und ausfallendem Impuls auf den Faktor $2\sin(\theta/2)$, was man durch eine einfache geometrische Betrachtung sieht. Der Winkel und die resultierende Kraft wachsen mit dem Brechungsindex.

Diese einfachen Überlegungen zeigen, dass die mit Absorption und Brechung durch ein Objekt verbundenen Kräfte ähnliche Größenordnungen haben. Allerdings haben sie unterschiedliche Eigenschaften. Dies können wir uns klar machen, indem wir eine dielektrische Kugel betrachten, die wie eine Sammellinse mit kurzer Brennweite wirkt. Dies ist in Abbildung 9.11 illustriert. In einem Laserstrahl mit inhomogener Intensität führt der Intensitätsunterschied des Lichts auf gegenüberliegenden Seiten der Kugel zu einer resultierenden Kraft, die vom Intensitätsgradienten abhängt: Eine Kugel, deren Brechungsindex größer ist als der des umgebenden Mediums ($n_{\text{Kugel}} > n_{\text{Medium}}$), spürt eine Kraft in Richtung zunehmender Intensität, während eine Kugel mit $n_{\text{Kugel}} < n_{\text{Medium}}$ weg von der Region hoher Intensität geschoben wird.[32] Das Vorzeichen dieser *Gradien-*

---

[32] Die Berechnung dieser Kraft mit geometrischer Optik ist prinzipiell einfach, doch die Integration über alle Strahlen macht die Sache wegen der unterschiedlichen Reflexionskoeffizienten kompliziert.

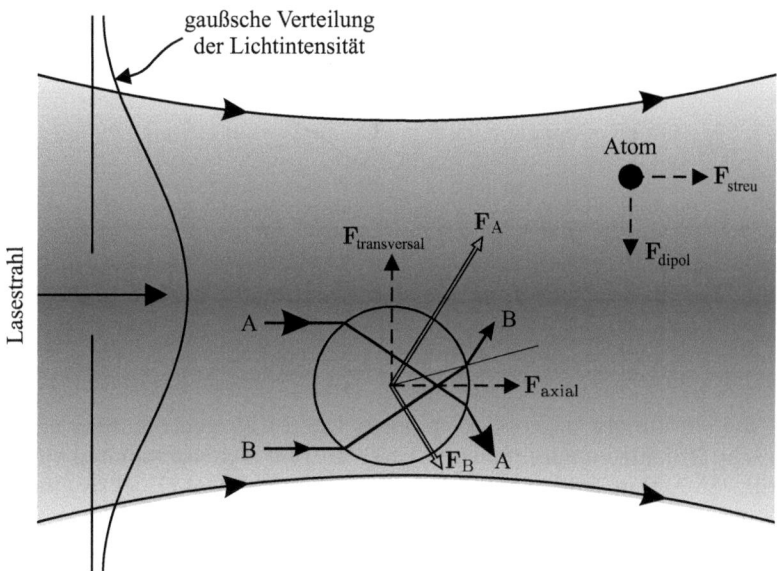

Abbildung 9.11: *Brechung des Lichts durch eine dielektrische Kugel, deren Brechungsindex größer ist als der des umgebenden Mediums. In einem Laserstrahl mit gaußschem Profil ist die Intensität in Richtung des Strahls A größer als für Strahl B. Dies führt zu einer resultierenden Kraft auf die Kugel hin zu der Region hoher Intensität (Zentrum des Laserstrahls), die zu der axialen Kraft in Richtung des Strahls hinzu kommt. Die entsprechenden Kräfte treten auch für kleinere Objekte wie Atome auf. Nach Ashkins (1997).*

tenkraft (auch Dipolkraft genannt) hängt also von n_{Kugel} ab. Der Brechungsindex von Medien variiert auf charakteristische Weise mit der Frequenz, was in Abbildung 9.12 gezeigt ist. Dieses Verhalten lässt sich anhand eines einfachen klassischen Modells verstehen, in dem gebundene Elektronen gedämpfte harmonische Schwingungen mit der Resonanzfrequenz ω_0 ausführen (siehe Abschnitt 7.5.1 und Fox (2001)), doch die Beziehung zwischen Brechungsindex und Absorption gilt sehr allgemein (unabhängig von einem speziellen Modell). Dispersion und Absorption sind unterschiedliche Facetten der gleichen Wechselwirkung von Licht mit Materie; eine starke Absorption führt zu großen Änderungen im Brechungsindex. Die Variation im Brechungsindex erstreckt sich über einen größeren Frequenzbereich als die Absorption. Beispielsweise sind Luft und Glas (von guter optischer Qualität) beide transparent für sichtbares Licht, doch ihre Brechungsindizes von 1,0003 bzw. 1,5 sind mit einer starken Absorption im ultravioletten Bereich verbunden. Dabei gilt $n_{\text{Glas}} - 1 \gg n_{\text{Luft}} - 1$, weil ein Festkörper eine höhere Dichte der Atome hat als ein Gas.[33]

---

[33] Allgemein gesprochen sind die Effekte der Brechung dann am deutlichsten, wenn sie nicht von der Absorption überdeckt werden, also abseits der Resonanz. Ähnlich ist die Situation für Kräfte, die auf die individuellen Atome wirken.

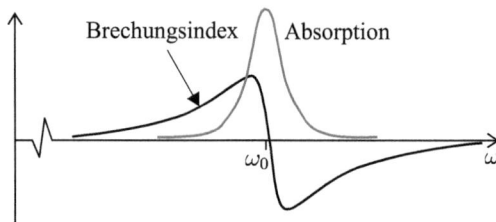

Abbildung 9.12: *Die Absorption hat eine lorentzsche Linienform mit einem Peak bei der Resonanzfrequenz ω_0. Der Brechungsindex ist im Resonanzfall null und wechselt dort sein Vorzeichen. Diese charakteristische Abhängigkeit von der Frequenz führt zur Dispersion.*

Die Kraft, die ein Objekt in ein Gebiet hoher Intensität zieht, wurde verwendet, um mikroskopische Objekte zu manipulieren. Diese Technik der sogenannten optischen Pinzetten wurde von Arthur Ashkin entwickelt (Ashkin *et al.*). Das Objektiv eines optischen Mikroskops wird verwendet, um einen Laserstrahl so stark zu bündeln, dass es zusätzlich zu dem in Abbildung 9.11 skizzierten Einfangen in radialer Richtung einen starken Gradienten in Richtung der Achse gibt (siehe Abbildung 9.13). Während der Laserstrahl weiterbewegt wird, bleiben die Teilchen in dem Gebiet hoher Intensität gefangen. Das Mikroskop wird verwendet, um das Objekt durch einen Filter zu betrachten, der das Laserlicht abblockt. Die Objekte sind in Wasser eingetaucht und in der üblichen Weise auf einem Objektträger befestigt. Durch die Flüssigkeit wird die Bewegung viskos gedämpft.[34] Optische Pinzetten funktionieren nicht nur für einfache Kugeln, sondern auch für biologische Zellen, Bakterien usw. Diese lebenden Objekte überstehen ohne Schaden zu nehmen die Intensität, die auf sie gerichtet wird um sie festzuhalten (und das umgebende Wasser verhindert, dass sich die Zellen aufheizen). Beispielsweise wurden Experimente durchgeführt, bei denen das Flagellum eines Bakteriums (der „Schwanz") an der Oberfläche eines gläsernen Objektträgers befestigt wurde, während der Körper mithilfe einer optischen Pinzette bewegt wurde. Dies gibt eine quantitative Vorstellung von der Kraft, die durch den mikroskopischen biologischen Motor erzeugt wird, der das Flagellum bewegt und so den Organismus antreibt (siehe Übersichtsartikel von Ashkin (1997) sowie Lang und Bloch (2003)).

In diesem Abschnitt wurde das Konzept einer Strahlungskraft eingeführt, die wir Gradientenkraft oder Dipolkraft nennen. Im nächsten Abschnitt werden wir sehen, dass eine ähnliche Kraft für Atome auftritt.[35]

---

[34] Laserlicht kann kleine Objekte in der Luft schweben lassen, doch dies ist nicht ganz so einfach wie die Manipulation von Objekten, die im Wasser schwimmen.

[35] Diese Analogie ist nicht nur von pädagogischem Interesse. Es ist kein Zufall, dass die ersten Experimente mit optischen Pinzetten und das Einfangen von Atomen durch Dipolkräfte am gleichen Ort durchgeführt wurden (Bell Laboratories, USA).

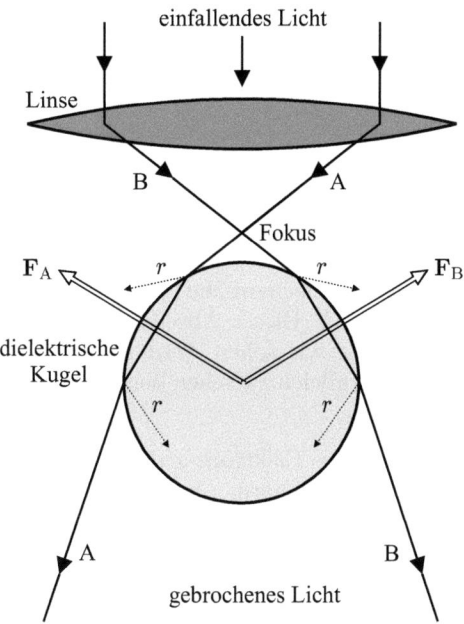

einfallendes Licht

Linse

B A

Fokus

$\mathbf{F}_A$ r r $\mathbf{F}_B$

dielektrische Kugel

r r

A B

gebrochenes Licht

Abbildung 9.13: *Ein stark gebündelter Lichtstrahl übt eine Strahlungskraft auf eine dielektrische Kugel aus, die sie zu der Region hoher Intensität (um den Fokus) zieht. An den Grenzflächen wird nicht das gesamte Licht durchgelassen, die reflektierten Strahlen sind entsprechend gekennzeichnet. Nach Ashkin (1997).*

9.6 Die Theorie der Dipolkraft

In diesem Abschnitt wird nicht nur die auf ein Atom wirkende Dipolkraft aus Grundprinzipien abgeleitet, sondern auch die Streukraft. Gleichzeitig wird die Beziehung zwischen diesen beiden Typen der Strahlungskraft demonstriert. Ein elektrisches Feld $\mathbf{E}$ induziert an einem Atom mit einer (skalaren) Polarisierbarkeit $\epsilon_0\chi_a$ ein Dipolmoment $-e\mathbf{r} = \epsilon_0\chi_a\mathbf{E}$. Die Wechselwirkungsenergie dieses Dipols mit dem elektrischen Feld ist gegeben durch

$$U = -\frac{1}{2}\epsilon_0\chi_a E^2 = \frac{1}{2}e\mathbf{r}\cdot\mathbf{E} \qquad (9.34)$$

Dabei ist E die Amplitude des elektrischen Feldes und U bezeichnet hier die Energie, um Verwechslungen mit dem elektrischen Feld zu vermeiden. Dieser Ausdruck ergibt sich aus der Integration von $dU = -\epsilon_0\chi_a\mathcal{E}\,d\mathcal{E}$ von $\mathcal{E} = 0$ bis $\mathcal{E} = E$ (der Faktor $1/2$ tritt für einen permanenten elektrischen Dipol nicht auf). Durch Differentiation erhalten wir für die z-Komponente der Kraft

$$F_z = -\frac{\partial U}{\partial z} = \epsilon_0\chi_a E\frac{\partial E}{\partial z} \qquad (9.35)$$

und das Entsprechende für F_x und F_y. Strahlung der Kreisfrequenz ω, die in Richtung der z-Achse propagiert, kann als elektrisches Feld $\mathbf{E} = E_0\cos(\omega t - kz)\,\hat{\mathbf{e}}_x$ modelliert werden.[36] Der Gradient der Energie liefert für die z-Komponente der Kraft[37]

$$F_z = -ex \left\{ \frac{\partial E_0}{\partial z} \cos\left(\omega t - kz\right) + kE_0 \sin\left(\omega t - kz\right) \right\} \tag{9.36}$$

Die beiden Terme dieser Kraft werden verständlich, wenn wir entweder den klassischen oder den quantenmechanischen Ausdruck für den Dipol aus Kapitel 7 verwenden. Das klassische Modell, das das Atom im Wesentlichen durch ein Elektron beschreibt, das eine einfache harmonische Bewegung ausführt, macht die Frequenzabhängigkeit der Kraft deutlich. Trotzdem ist eine quantenmechanische Behandlung notwendig, um die korrekte Intensitätsabhängigkeit zu finden.[38] Dieser Abschnitt präsentiert, beginnend mit dem klassischen, beide Ansätze – wie wir sehen werden, ist für die quantenmechanische Behandlung wegen der engen Parallelen zwischen beiden kaum ein zusätzlicher Aufwand nötig.

Klassisch wird die Verschiebung des Elektrons x durch ein elektrisches Feld berechnet, indem man das Atom als getriebenen harmonischen Oszillator modelliert. Drücken wir x durch seine Wirk- und Blindkomponente ($\mathcal{U}$ und $\mathcal{V}$) bezüglich des angelegten Feldes aus (vgl. Gleichung (7.56)), dann erhalten wir

$$\begin{aligned}
F_z = &-e \left\{ \mathcal{U} \cos\left(\omega t - kz\right) - \mathcal{V} \sin\left(\omega t - kz\right) \right\} \\
&\times \left\{ \frac{\partial E_0}{\partial z} \cos\left(\omega t - kz\right) + E_0 k \sin\left(\omega t - kz\right) \right\}
\end{aligned} \tag{9.37}$$

Das zeitliche Mittel über viele Perioden der Oszillation liefert[39]

$$\begin{aligned}
\overline{F_z} &= \frac{-e}{2} \left\{ \mathcal{U} \frac{\partial E_0}{\partial z} - \mathcal{V} kE_0 \right\} \\
&= \frac{e^2}{4m\omega} \left\{ \frac{-(\omega - \omega_0)E_0}{(\omega - \omega_0)^2 + (\beta/2)^2} \frac{\partial E_0}{\partial z} + \frac{(\beta/2)kE_0^2}{(\omega - \omega_0)^2 + (\beta/2)^2} \right\}
\end{aligned} \tag{9.38}$$

wobei für $\mathcal{U}$ und $\mathcal{V}$ die Gleichungen (7.58) und (7.59) verwendet wurden. Die Intensität des Lichts ist $I = \frac{1}{2}\epsilon_0 c E_0^2$, und durch eine einfache Erweiterung der oben ausgeführten Herleitung für die x- und die y-Richtung kann die Strahlungskraft in Vektornotation

---

[36] Dieses spezielle Feld ist parallel zu $\hat{\mathbf{e}}_x$ linear polarisiert (wie in Abschnitt 7.3.2), doch die hier hergeleiteten Ergebnisse sind allgemeingültig.

[37] Diese klassische Behandlung liefert das gleiche Ergebnis wie die quantenmechanische Herleitung, wenn das elektrische Feld auf der charakteristischen Skala eines atomaren Wellenpakets nur wenig variiert ($\lambda_{\mathrm{dB}} \ll \lambda_{\mathrm{Licht}}$). Unter diesen Umständen korrespondieren die klassischen Bewegungsgleichungen mit den Gleichungen für die Erwartungswerte der entsprechenden quantenmechanischen Operatoren. Beispielsweise ist die Änderungsrate des Impulses gleich der Kraft gemäß

$$\frac{\mathrm{d}\langle \mathbf{p} \rangle}{\mathrm{d}t} = -\langle \nabla U \rangle$$

Dies ist ein Beispiel für das Ehrenfest-Theorem. Die quantenmechanische Herleitung der Dipolkraft finden Sie in Cohen-Tannoudji *et al.* (1992).

[38] Wie in Abschnitt 7.5.1 gezeigt wurde, berücksichtigt das klassische Modell die Sättigung nicht.

[39] Unter Verwendung von $\overline{\sin^2} = \overline{\cos^2} = \frac{1}{2}$.

geschrieben werden:

$$\overline{\mathbf{F}} = \frac{e^2}{2\epsilon_0 mc} \left\{ \frac{-(\omega - \omega_0)}{(\omega - \omega_0)^2 + (\beta/2)^2} \frac{\nabla I}{\omega} + \frac{\beta/2}{(\omega - \omega_0)^2 + (\beta/2)^2} \frac{I}{c} \frac{\mathbf{k}}{|\mathbf{k}|} \right\} \quad (9.39)$$

Die Wirkkomponente des Dipols ($\mathcal{U}$) führt zu einer Kraft, die proportional ist zum Gradienten der Intensität. Die Frequenzabhängigkeit dieser Komponente folgt der dispersiven Linienform, die eng mit dem Brechungsindex zusammenhängt,[40] wie in Abbildung 9.12 gezeigt wird. (Die Abhängigkeit von $1/\omega$ hat einen vernachlässigbaren Effekt auf schmale Übergänge $\beta \ll \omega_0$.) An der atomaren Resonanzfrequenz $\omega = \omega_0$ ist die Komponente $\mathcal{U} = 0$. Der aus $\mathcal{V}$ resultierende Blindterm hat eine lorentzsche Linienform, und diese Kraft, die sich aus der Absorption ergibt, ist proportional zu I und zeigt in Richtung des Wellenvektors der Strahlung $\mathbf{k}$. Dieses klassische Modell bietet eine einfache Möglichkeit, eine Reihe von wichtigen Eigenschaften der auf Atome wirkenden Kräfte zu verstehen, und es zeigt, in welcher Beziehung diese zu den auf größere Objekte wirkenden Strahlungskräften stehen (etwa jenen, die in den einführenden Abschnitten 9.1 und 9.5 diskutiert werden). Für quantitative Berechnungen werden wir diese allerdings nicht verwenden.

Um die Kraft aus quantenmechanischen Überlegungen zu finden, verwenden wir (7.36) für das Dipolmoment, ausgedrückt durch die Komponenten u und v des Bloch-Vektors. Einsetzen in (9.36) und zeitliche Mittelung wie oben, liefert (vgl. (9.38))

$$\overline{F}_z = \frac{-eX_{12}}{2} \left\{ u \frac{\partial E_0}{\partial z} - v E_0 k \right\} \quad (9.40)$$

$$= F_{\text{dipol}} + F_{\text{streu}} \quad (9.41)$$

Die Kraft, die von der Wirkkomponente des Dipols u abhängt, ist die **Dipolkraft,** und der andere Teil ist die Streukraft. Unter Verwendung der in (7.68) gegebenen Ausdrücke für u und v sowie der Rabi-Frequenz $\Omega = eX_{12}E_0/\hbar$ erhalten wir

$$F_{\text{streu}} = \hbar k \frac{\Gamma}{2} \frac{\Omega^2/2}{\delta^2 + \Omega^2/2 + \Gamma^2/4} \quad (9.42)$$

was konsistent ist mit (9.4). Desweiteren ist

$$F_{\text{dipol}} = -\frac{\hbar\delta}{2} \frac{\Omega}{\delta^2 + \Omega^2/2 + \Gamma^2/4} \frac{\partial\Omega}{\partial z} \quad (9.43)$$

wobei $\delta = \omega - \omega_0$ die Frequenzverstimmung gegen die Resonanz ist. Der Ausdruck für die Streukraft wurde hier wiederholt, um einen einfachen Vergleich mit (9.43) zu ermöglichen. Diese Kräfte haben grundsätzlich die gleiche Frequenzabhängigkeit wie

---

[40] In der Optik steht im Allgemeinen der Einfluss des Mediums auf das Licht im Blickpunkt. Beispielsweise fragt man nach dem Winkel, in dem ein Lichtstrahl beim Übergang in ein anderes Medium gebrochen wird. Diese Fragestellung enthält jedoch implizit die Annahme, dass das Medium eine Kraft spürt, die gleich der Änderungsrate des Impulses des Lichts ist. Der Brechungsindex und der Absorptionskoeffizient beschreiben Materialeigenschaften, doch hier interessieren wir uns für den Einfluss des Lichts auf individuelle Atome.

im klassischen Modell, wobei die Linienbreite eine Leistungsverbreiterung hat, sodass $\beta \longleftrightarrow \Gamma(1 + 2\Omega^2/\Gamma^2)^{1/2}$. An der Resonanz ist die Dipolkraft null ($F_{\text{dipol}} = 0$ für $\delta = 0$), und für $|\delta| \gg \Gamma$ (und eine Intensität, mit der $|\delta| \gg \Omega$) ist die Dipolkraft gleich der Ableitung der Lichtverschiebung (siehe (7.93)):

$$F_{\text{dipol}} \simeq -\frac{\partial}{\partial z}\left(\frac{\hbar\Omega^2}{4\delta}\right) \tag{9.44}$$

Die Lichtverschiebung (AC-Stark-Effekt) für ein Atom im Grundzustand wirkt also wie ein Potential U_{dipol}, in dem sich das Atom bewegt. Allgemeiner gilt in drei Dimensionen

$$\mathbf{F}_{\text{dipol}} = -\left\{\widehat{\mathbf{e}}_x\frac{\partial}{\partial x} + \widehat{\mathbf{e}}_y\frac{\partial}{\partial y} + \widehat{\mathbf{e}}_z\frac{\partial}{\partial z}\right\}U_{\text{dipol}} = -\nabla U_{\text{dipol}} \tag{9.45}$$

mit

$$U_{\text{dipol}} \simeq \frac{\hbar\Omega^2}{4\delta} \equiv \frac{\hbar\Gamma}{8}\frac{\Gamma}{\delta}\frac{I}{I_{\text{sat}}} \tag{9.46}$$

Wenn δ positiv ist ($\omega > \omega_0$), dann hat dieses Potential ein Maximum, an dem die Intensität am höchsten ist. Im umgekehrten Fall, also für eine Rotverstimmung (δ negativ) wirkt die Dipolkraft in Richtung wachsender Intensität I, und U_{dipol} ist ein attraktives Potential – Atome in einem stark fokussierten Laserstrahl werden in Richtung hoher Intensität angezogen, sowohl in radialer Richtung als auch axial in Richtung des Laserstrahls. Diese Dipolkraft schränkt Atome am Brennpunkt eines Laserstrahls in der gleichen Weise ein wie eine optische Pinzette und erzeugt so eine **Dipolfalle**.[41] Normalerweise arbeiten Dipolfallen bei großen Frequenzverstimmungen ($|\delta| \gg \Gamma$), und in diesem Fall wird (9.3) in guter Näherung zu

$$R_{\text{streu}} \simeq \frac{\Gamma}{8}\frac{\Gamma^2}{\delta^2}\frac{I}{I_{\text{sat}}} \tag{9.47}$$

Diese Streurate hängt von I/δ^2 ab, während die Fallentiefe proportional zu I/δ ist (gemäß (9.46)). Wenn die Falle bei einer hinreichend großen Frequenzverstimmung arbeitet, wird also die Streuung reduziert, während gleichzeitig eine akzeptable Fallentiefe beibehalten wird (bei hoher Intensität im Brennpunkt des Laserstrahls). Gewöhnlich gibt es zwei wichtige Kriterien beim Entwurf von Dipolfallen: Erstens muss die Falle tief genug sein, um die Atome bei einer bestimmten Temperatur festzuhalten (wobei diese Temperatur von der Kühlmethode abhängt), und zweitens muss die Streurate gering sein, um die Aufheizung zu reduzieren.

Beispiel 9.2 *Dipolfalle für Natriumatome*
Welche Wellenlänge man für das Laserlicht in einer Dipolfalle verwendet, hängt vor allem von praktischen Erwägungen ab.[42] Es ist sinnvoll, einen leistungsstarken Festkörperlaser zu verwenden, beispielsweise einen Neodym:YAG-Laser, der Dauerstrichstrahlung

---

[41] Die Situation für ein Atom mit einer Verstimmung $\delta < 0$ erinnert an die einer dielektrischen Kugel, deren Brechungsindex größer ist als die des umgebenden Mediums.

[42] Dagegen muss der Laser für Methoden, die die Streukraft ausnutzen, stimmbar sein, damit er im Bereich von mehreren Linienbreiten auf eine atomare Übergangsfrequenz eingestellt werden kann.

einer festen Infrarot-Wellenlänge von $\lambda = 1{,}06\,\mu$m erzeugt. Die Frequenzverstimmung dieser Laserstrahlung gegen die Natriumresonanz bei $\lambda_0 = 589\,$nm ist

$$\frac{\delta}{\Gamma} = \frac{2\pi}{\Gamma} \left\{ \frac{c}{\lambda_0} - \frac{c}{\lambda} \right\} = 2{,}3 \times 10^7 \tag{9.48}$$

in Einheiten von Γ, wobei $1/\Gamma = \tau = 16\,$ns.[43] Festkörperlaser können Leistungen von einigen Zehn Watt erzeugen, doch in diesem Beispiel wollen wir einen konservativen Wert von $P = 1\,$W verwenden. Wenn er auf eine Strahltaille von $w_0 = 10\,\mu$m fokussiert wird, hat dieser Laserstrahl eine Intensität von $I = 2P/(\pi w_0^2) = 6{,}4 \times 10^9\,\mathrm{W\,m^{-2}} \equiv 1 \times 10^8\,I_{\mathrm{sat}}$. Gleichung (9.46) liefert

$$U_{\mathrm{dipol}} = \frac{\hbar\Gamma}{2} \times 1{,}1 = 260\,\mu\mathrm{K} \tag{9.49}$$

Somit kann man Atome festhalten, die unter die Doppler-Grenze $\hbar\Gamma/2$ gekühlt wurden. Für diese Werte der Intensität und Frequenzverstimmung des Lasers liefert (9.47)

$$R_{\mathrm{streu}} = 2{,}4 \times 10^{-8}\,\Gamma = 2\,\mathrm{s}^{-1} \tag{9.50}$$

Ein Natriumatom streut nur einige wenige Photonen pro Sekunde, was zu einer niedrigen Aufheizrate führt.[44] Die Streukraft ist unter diesen Bedingungen vernachlässigbar,[45] denn die in Richtung des Lichts wirkende Kraft ist schwächer als die Dipolkraft, die das Atom zurück in den Brennpunkt mit hoher Intensität zieht. Die Bedingung, dass das Laserlicht eine große Frequenzverstimmung gegen die atomare Resonanz hat, ist keine große Einschränkung. Ähnliche Berechnungen wie die hier am Beispiel von Natrium vorgestellte zeigen, dass ein Laser mit den oben genannten Eigenschaften für das Einfangen von Alkaliatomen mit Dipolfallen verwendet werden kann.

Eine aus einem Potential abgeleitete Kraft ist konservativ, d. h., die Gesamtenergie bleibt während der Bewegung konstant. Das bedeutet, dass ein Atom, wenn es eine Dipolfalle betritt, kinetische Energie gewinnt, während es sich zum Boden der Potentialmulde bewegt. Dann steigt es auf der anderen Seite der Falle auf und entweicht, da keine Energie verloren geht. Um also eine Dipolfalle zu beladen, muss es entweder eine gewisse Dissipation von Energie durch spontane Emission geben (wie bei MOTs) oder die Atome müssen vorsichtig am Boden der Falle platziert werden. Bei der ersten

---

[43] Für diese Frequenzverstimmung gilt $\delta \sim \frac{1}{2}\omega_0$, sodass die Näherung rotierender Wellen nicht sehr gut ist.

[44] Wenn Atome je Streuereignis das Doppelte der Rükstoßenergie gewinnen, wie in Gleichung (9.24), dann dauert es viele Sekunden, bevor die Atome aus der Falle auskochen. Die Fluktuationen der Dipolkraft selbst können eine Aufheizung bewirken und es sollte in Gleichung (9.20) zusätzlich $\mathbf{F}_{\mathrm{dipol}} + \delta\mathbf{F}_{\mathrm{dipol}}$ berücksichtigt werden. Die Fluktuationen $\overline{\delta\mathbf{F}}_{\mathrm{dipol}}$ liefern in einer Dipolfalle mit großer Frequenzverstimmung eine vergleichsweise geringe Aufheizung. Es gibt jedoch Umstände, unter denen $\overline{\delta\mathbf{F}}_{\mathrm{dipol}}$ die dominierende Quelle der Aufheizung ist, beispielsweise bei dem in Abschnitt 9.7 beschriebenen Sisyphus-Effekt.

[45] Wenn wir (9.50) in der Form

$$R_{\mathrm{streu}} = 5 \times 10^{-8}\,(\Gamma/2)$$

schreiben, wobei $\Gamma/2$ das Maximum von R_{streu} ist, dann sehen wir, dass F_{streu} das 5×10^{-8}-Fache seines Maximalwertes hat.

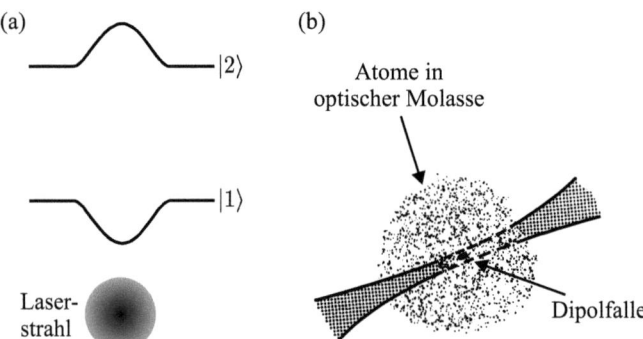

Abbildung 9.14: *(a) Ein intensiver Laserstrahl ändert die Energieniveaus eines Atoms, was für einen radialen Schnitt durch einen Laserstrahl illustriert ist, welcher senkrecht zur Zeichenebene propagiert. Für eine Laserfrequenz, die kleiner ist als die atomare Resonanzfrequenz, sorgt die Lichtverschiebung für eine Potentialmulde in der Grundzustandsenergie und die Atome werden in Richtung hoher Intensität angezogen. (b) Die durch einen fokussierten Laserstrahl gebildete Dipolfalle kann mit kalten Atomen beladen werden, die durch optische Melasse erzeugt werden. Nähere Erläuterungen im Text.*

experimentellen Demonstration einer Dipolfalle für Atome (Chu *et al.* 1986) wurde der Laserstrahl in eine Atomwolke gerichtet, die mittels optischer Melasse gekühlt wurde (siehe Abbildung 9.14). Beobachtet wurden die festgehaltenen Atome als heller Fleck in einer Region von eher diffuser Fluoreszenz, die durch die optische Melasse entsteht, da die Atomdichte in der Falle größer ist. Nach dem ersten Einschalten des Laserstrahls enthielt die Dipolfalle innerhalb dieses kleinen Volumens relativ wenige Atome, und die Dichte war nicht sehr verschieden von der der Umgebung, beispielsweise 10^{10} cm^{-3}. Man erwartete, dass dies zum Problem werden würde, doch die Atome, die sich zunächst außerhalb der Falle befanden, führten einen Random Walk aus,[46] der einige von ihnen in die Dipolfalle lenkte, wo sie blieben. Auf diese Weise versammelten sich Atome in der Falle zu einer hohen Dichte.

Eine aus einem einzelnen Laserstrahl gebildete Dipolfalle liefert eine starke radiale Beschränkung, doch in axialer Richtung ist die Beschränkung schwach. Daher bilden die Atome in einer solchen Falle eine längliche, zigarrenförmige Wolke. Um, wenn notwendig, eine starke Beschränkung in allen Richtungen zu erreichen, kann man eine Dipolfalle im Schnittpunkt zweier Laserstrahlen konstruieren.[47] Viele andere Konfigurationen sind möglich, und das Design von Dipolfallen ist lediglich durch die Form der Intensitätsverteilungen beschränkt, die mit Laserlicht gebildet werden können. Die Beugung limitiert den minimalen Abstand, über den sich die Intensität des Lichts ändert. Eine raffinierte Möglichkeit zur Erzeugung eines Gradienten hoher Intensität ist in Abbildung 9.15 dar-

---

[46] Gemeint ist hier ein Random Walk im Raum, nicht der Random Walk in der Geschwindigkeit, der zum Aufheizen führt und den wir zur Berechnung der Doppler-Grenze verwendet haben. Beide Prozesse werden durch Streuung verursacht.

[47] Das Dipolpotential ist proportional zur Gesamtintensität. Laserstrahlen mit orthogonalen Polarisierungen oder substantiell unterschiedlichen Frequenzen interferieren nicht, und die Gesamtintensität ist die Summe der individuellen Intensitäten.

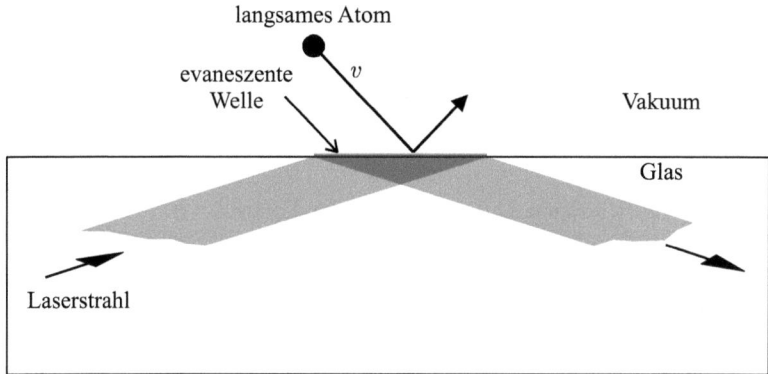

Abbildung 9.15: *Die evaneszente Welle, die bei der Totalreflexion eines Laserstrahls im Inneren des Glases erzeugt wird, bildet einen Spiegel für Atome. Für blauverstimmtes Licht ($\omega > \omega_0$) stößt die Dipolkraft die Atome von der Region hoher Intensität (in der Nähe der Grenzfläche) weg. (Das gleiche Prinzip ist anwendbar, wenn die Oberfläche gekrümmt ist. Eine solche Anordnung kann verwendet werden, um Materiewellen zu fokussieren.)*

gestellt. Ein Laserstrahl, der einer Totalreflexion an der Glasoberfläche unterliegt, liefert eine evaneszente Welle, in der das elektrische Feld auf einer Distanz, die der Wellenlänge des Lichts entspricht, exponentiell abklingt.[48] Für eine Laserfrequenz in Richtung blau ($\delta > 0$) wirkt die abstoßende Kraft in der Nähe der Oberfläche für die Atome wie eine reflektierende Beschichtung. Dies erzeugt einen Spiegel, der, wie in Abbildung 9.15 gezeigt, Atome mit niedriger Energie reflektiert.

9.6.1 Optische Gitter

In einer stehenden Lichtwelle ist die Dipolkraft stark, weil sich die Intensität auf einer Strecke von $\lambda/2$ von einem Maximum (in den Extrema) auf null (in den Wellenknoten) ändert. Die physikalische Erklärung für diese starke Kraft ist die stimulierte Streuung der Strahlung. In einer stehenden Welle absorbiert ein Atom aus einem Strahl Licht mit dem Wellenvektor $\mathbf{k}$, und der Laserstrahl in die entgegengesetzte Richtung stimuliert die Emission mit dem Wellenvektor $\mathbf{k}' = -\mathbf{k}$. Das Atom nimmt somit einen Impuls von $2\mathbf{k}$ auf. Die Rate dieses stimulierten Prozesses sättigt bei hohen Intensitäten nicht.[49]

Das mit dieser Kraft verbundene Dipolpotential hängt von der Lichtintensität ab (vgl. (9.46) für große Frequenzverstimmung). Zwei entgegengesetzt propagierende Strahlen

---

[48] Dieses Verhalten von Licht erinnert stark an die Quantenreflexion bei einem potentiellen Schritt, der höher liegt als die Energie des einfallenden Teilchens. Die Wellenfunktion fällt in der klassisch verbotenen Region exponentiell auf null.

[49] Allgemeiner resultiert die Dipolkraft aus einem *stimulierten* Prozess der Absorption eines Photons mit dem Wellenvektor $\mathbf{k}_1$ und einer stimulierten Emission mit dem Wellenvektor $\mathbf{k}_2$. Bei diesem Prozess erhält das Atom einen Stoß $\hbar(\mathbf{k}_1 - \mathbf{k}_2)$, der seinen Impuls ändert. Ein stark fokussierter Laserstrahl enthält einen Bereich von Wellenvektoren und übt, analog zu der Situation bei optischen Pinzetten, eine Dipolkraft auf ein Atom aus. Bei einer ebenen Welle kann keine Dipolkraft auftreten, da für die stimulierten Prozesse $\mathbf{k}_1 = \mathbf{k}_2$ gilt.

aus linearer polarisiertem Licht erzeugen ein elektrisches Feld, das gegeben ist durch

$$\mathbf{E} = E_0 \left\{ \cos\left(\omega t - kz\right) + \cos\left(\omega t + kz\right) \right\} \widehat{\mathbf{e}}_x = 2E_0 \cos\left(kz\right) \cos\left(\omega t\right) \widehat{\mathbf{e}}_x \qquad (9.51)$$

Diese stehende Welle liefert ein Dipolpotential der Form[50]

$$U_{\mathrm{dipol}} = U_0 \cos^2\left(kz\right) \qquad\qquad\qquad\qquad\qquad\qquad (9.52)$$

Hierbei ist U_0 die Lichtverschiebung an den Extrema. Dort ist die Intensität viermal so groß wie in den individuellen Strahlen. Im Falle einer Rotverstimmung fängt eine stehende Welle Atome an den Wellenknoten ein und schränkt sie wie in einem Einzelstrahl in radialer Richtung ein. Dieses reguläre Feld von mikroskopischen Dipolfallen wird **optisches Gitter** genannt. Durch weitere Laserstrahlen kann die Interferenz zwischen ihnen ein reguläres Feld von Potentialmulden in drei Dimensionen erzeugen. Beispielsweise kann die gleiche Konfiguration der sechs Strahlen (in den Richtungen $\pm\widehat{\mathbf{e}}_x$, $\pm\widehat{\mathbf{e}}_y$ und $\pm\widehat{\mathbf{e}}_z$) wie beim Verfahren der optischen Melasse (siehe Abbildung 9.5), für geeignete Polarisierungen und eine große Frequenzverstimmung ein reguläres kubisches Gitter von Potentialmulden erzeugen.[51] Die Potentialmulden in diesem optischen Gitter haben einen Abstand von $\lambda/2$, sodass ein Atom pro Gitterplatz einer Dichte von $8/\lambda^3 \simeq 7 \times 10^{13}\,\mathrm{cm}^{-3}$ entspricht, wobei $\lambda = 1{,}06\,\mu\mathrm{m}$. Somit sind die Gitterplätze dünn besetzt, wenn die Atome nach dem Kühlen durch optische Melasse in das Gitter geladen werden. (Beim Verfahren der optischen Melasse ist die typische Teilchendichte etwa $10^{10}\,\mathrm{cm}^{-3} \equiv 0{,}01$ Atome $\mu\mathrm{m}^{-3}$ oder wenige Vielfache davon.)

Es wurden Experimente durchgeführt, bei denen mehr als ein Atom in jede Potentialmulde geladen wird. Dazu wurde das Licht adiabatisch eingeschaltet, um ein optisches Gitter in einer Region zu erzeugen, die ein Bose-Einstein-Kondensat enthält (siehe Kapitel 10).[52] Diese Atome gehen in jeder Potentialmulde in das niedrigste Vibrationsniveau. Die Verwendung von eindimensionalen stehenden Wellen als Beugungsgitter für Materiewellen wird in Kapitel 11 diskutiert.[53]

---

[50] Diese Form ist nur gültig für große Verstimmungen, $\delta \gg \Gamma, \Omega$. Wenn diese Ungleichung erfüllt ist, dann gibt es auch eine gewisse spontane Streuung an diesen Atomen.

[51] Interferenz führt in einer dreidimensionalen stehenden Lichtwelle allgemein zu einer periodischen Anordnung von Positionen, in denen die Atome lokalisiert sind (bei einer Rotverstimmung in den Intensitätsmaxima). Allerdings erfordert die Herstellung einer speziellen Konfiguration des optischen Gitters die Kontrolle über die Polarisierungen.

[52] Die Phasenraumdichte, bei der Bose-Einstein-Kondensation einsetzt, ist näherungsweise gleich derjenigen, bei der es ein Atom pro Potentialmulde im Grundzustand des optischen Gitters gibt.

[53] Während Atome durch eine stehende Lichtwelle gehen, akkumulieren sie eine Phasenverschiebung der Ordnung $\phi \simeq U_0 t/\hbar$ für eine Wechselwirkungszeit t. Licht mit Frequenzverstimmungen in beiden Richtungen kann verwendet werden, um eine Verschiebung $\phi \sim \pm\pi$ zu erreichen und auf diese Weise ein Phasengitter mit signifikanter Amplitude in den Beugungsordnungen zu erzeugen.

9.7 Die Sisyphus-Kühlung

9.7.1 Allgemeine Anmerkungen

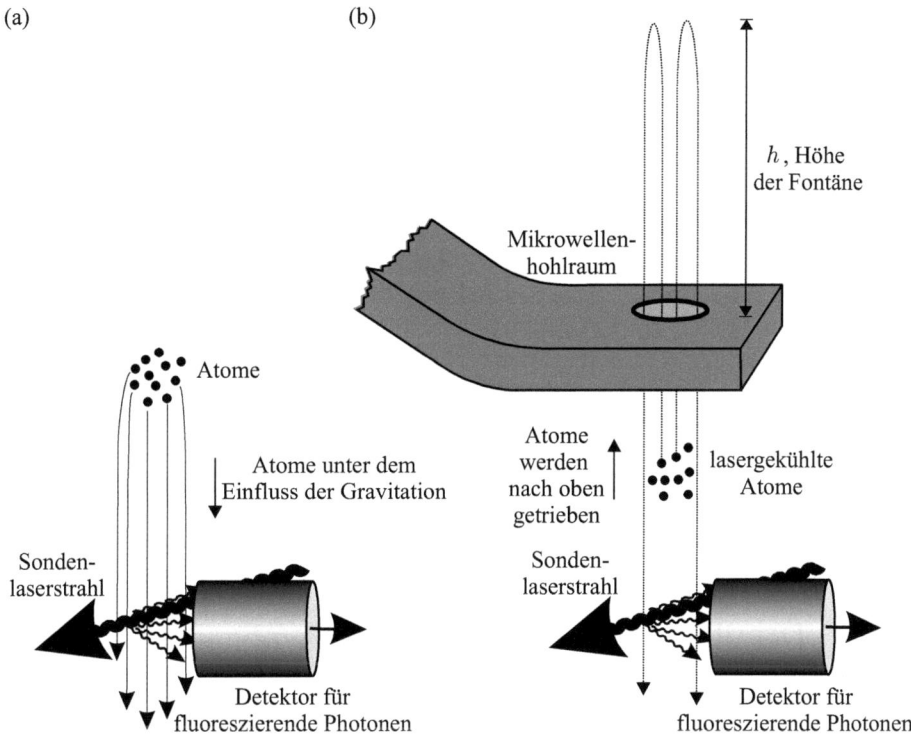

Abbildung 9.16: *(a) Die Temperatur einer Probe von Atomen, die mittels optischer Melasse gekühlt wurden, wird gemessen, indem die sechs Laserstrahlen (nicht gezeigt) abgeschaltet werden, sodass die Wolke kalter Atome infolge der Gravitation auf den Boden der Vakuumkammer sinkt. Die Ausdehnung der fallenden Wolke hängt von der Anfangsverteilung der Geschwindigkeiten ab. Um diese Ausdehnung zu beobachten, wird ein horizontaler Sondenlaserstrahl einige Zentimeter unter die Anfangsposition der Wolke gerichtet. Dieser Sondenstrahl hat eine Frequenz in der Nähe der atomaren Resonanzfrequenz, $\omega \simeq \omega_0$, sodass Atome während ihres Durchgangs Licht streuen, und dieses Fluoreszenzsignal wird aufgenommen. (b) Anstatt die Atome einfach fallen zu lassen, können sie als Atomfontäne nach oben getrieben werden. Diese Konfiguration wird für Präzisionsmessungen verwendet, siehe Abschnitt 9.9.*

Die Dipolkraft, die ein Atom in einem Lichtfeld spürt, kann stärker sein als die maximale Streukraft, da F_{dipol} mit wachsenden Intensitäten nicht sättigt (im Gegensatz zu F_{streu}). Der stimulierte Prozess allein kann jedoch die Atome nicht kühlen. Um Energie zu dissipieren, ist eine gewisse spontane Emission nötig. Dies gilt für alle Kühlungsmechanismen, beispielsweise auch für die Doppler-Kühlung durch die Streukraft, und es wird besonders offensichtlich für den Prozess, um den es in diesem Abschnitt geht.

Den ersten experimentellen Hinweis, dass die Doppler-Kühlung keine vollständige Beschreibung der Laserkühlung in einer stehenden Welle liefert, erbrachten Messungen der Geschwindigkeitsverteilung von Atomen durch die direkte Flugzeitmethode, die in Abbildung 9.16 dargestellt ist. Als William Phillips und seine Mitarbeiter solche Messungen durchführten, waren sie angenehm überrascht von der Erkenntnis, dass es mit dem Verfahren der optischen Melasse offenbar möglich ist, Atome unter die durch (9.28) gegebene Doppler-Grenze zu kühlen. Dies kann *nicht* im Rahmen des einfachen Modells erklärt werden, wonach sich die Streukräfte der sechs Laserstrahlen unabhängig addieren. Natrium und andere Alkalimetalle haben eine Zeeman-Struktur in ihren Grundzuständen, und diese zusätzliche Komplexität im Vergleich zu einem einfachen Zwei-Niveau-Atom führt zum Auftreten neuer Prozesse.

Ein besonders wichtiger Mechanismus, durch den Atome beim Durchlaufen einer stehenden Welle Energie dissipieren, ist der **Sisyphus-Effekt.** Dieser Effekt wurde 1989 von Jean Dalibard und Claude Cohen-Tannoudji beschrieben, und dieser Abschnitt folgt der Beschreibung in dieser bahnbrechenden Arbeit. Steven Chu und Mitarbeiter entwickelten ebenfalls ein Modell zur Erklärung der Sup-Doppler-Kühlung. Es basiert auf dem Transfer einer Population zwischen verschiedenen Unterniveaus der Grundzustandskonfiguration (optisches Pumpen), während sich die Atome durch das Lichtfeld bewegen. Dieser Transfer von Populationen findet auf einer Zeitskala τ_{pump} statt, die viel größer sein kann als die spontane Lebensdauer ($\tau_{\text{pump}} \gg 1/\Gamma$). Diese längere Zeitskala ermöglicht eine bessere Energieauflösung als in einem Zwei-Niveau-Atom und somit eine Kühlung unter die Doppler-Grenze, also $k_{\text{B}}T \simeq \hbar/\tau_{\text{pump}} < \hbar\Gamma/2$. Ein spezielles Beispiel für dieses Argument ist in Abbildung 9.17 dargestellt, und der folgende Abschnitt geht tiefer ins Detail.

9.7.2   Detaillierte Beschreibung der Sisyphus-Kühlung

Wir betrachten ein Atom, das ein unteres Niveau mit dem Drehimpuls $J = 1/2$ hat und ein oberes Niveau mit $J' = 3/2$. Das Atom bewegt sich durch eine stehende Welle, die durch zwei gegenläufig propagierende Laserstrahlen mit orthogonalen linearen Polarisierungen (zum Beispiel in die Richtungen $\hat{\mathbf{e}}_x$ und $\hat{\mathbf{e}}_y$) gebildet wird. Die resultierende Polarisierung hängt von der relativen Phase der beiden Laserstrahlen ab und variiert entsprechend mit dem Ort (siehe Abbildung 9.18(b)). Dieser Gradient der Polarisierung führt zu einer periodischen Modulation der Lichtverschiebung der Zustände im unteren Niveau. Die Stärke der Wechselwirkung mit dem Licht hängt von M_J und $M_{J'}$ im unteren bzw. oberen Niveau ab. Um dies genauer zu verstehen, betrachten wir einen Ort, an dem das Licht die Polarisierung σ^+ hat.[54] Hier ist die Wechselwirkung für den Übergang von $M_J = 1/2$ nach $M_{J'} = 3/2$ stärker als der Übergang von $M_J = -1/2$ nach $M_{J'} = 1/2$. (Die Quadrate der Clebsch-Gordan-Koeffizienten sind für diese beiden Über-

---

[54] Dies ist die gleiche Konvention bei der Beschreibung der Polarisierung, die wir bei der magneto-optischen Falle verwendet haben; σ^+ und σ^- beziehen sich auf Übergänge, die die Strahlung im Atom anregt, also $\Delta M_J = \pm 1$. Bei der Laserkühlung wollen wir vor allem herausfinden, welche Übergänge auftreten, und dies hängt vom Sinn der Rotation des elektrischen Feldes um die Quantisierungsachse des Atoms ab (siehe Abschnitt 2.2). Wie bereits festgestellt, treibt das elektrische Feld der Strahlung die gebundenen atomaren Elektronen im gleichen Sinn um. Die zirkular polarisierte Strahlung, die sich parallel zur Quantisierungsachse (bezeichnet mit σ^+) fortpflanzt, gibt dem Atom einen positiven Drehimpuls. Hieraus kann, falls notwendig, die Händigkeit der Polarisierung für eine gegebene Richtung der Propagation deduziert werden.

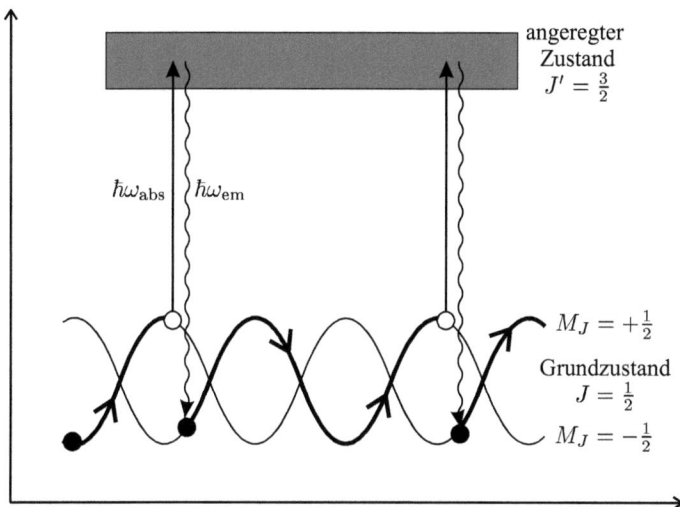

Abbildung 9.17: *Laserkühlung in einer stehenden Welle mit räumlich variierender Polarisierung. Die Energieniveaus des Atoms werden durch das Licht periodisch gestört, sodass sich die Atome auf und ab über Berge und Täler (Maxima und Minima der potentiellen Energie) bewegen. Kinetische Energie geht verloren, wenn das Atom am Gipfel eines Berges Laserlicht absorbiert und ein spontanes Photon höherer Frequenz emittiert, sodass es schließlich in einem Tal landet. Dies ist der sogenannte Sisyphus-Effekt, und man kann es einrichten, dass er wahrscheinlicher ist als der umgekehrte Vorgang, sodass es eine starke Laserkühlung gibt. Auf diese Weise werden Atome in einer stehenden Welle unter die Doppler-Grenze (die niedrigste allein durch Streukräfte zu erreichende Temperatur) gekühlt.*

gänge $2/3$ bzw. $1/3$, was aus den in Abbildung 9.19 gezeigten Summenregeln abgeleitet werden kann). Für rotverstimmtes Licht ($\delta < 0$) werden beide M_J-Zustände im unteren Niveau ($J = 1/2$) nach unten verschoben; der ($M_J{=}{+}1/2$)-Zustand wird zu einer niedrigeren Energie verschoben als der ($M_J{=}{-}1/2$)-Zustand. Umgekehrt ist an einem Ort mit der Polarisierung σ^- der ($M_J{=}{-}1/2$)-Zustand tiefer als der ($M_J{=}1/2$)-Zustand. Die Polarisierung ändert sich auf einer Distanz $\Delta z = \lambda/4$ von σ^- auf σ^+, sodass die Lichtverschiebung entlang der stehenden Welle variiert (siehe Abbildung 9.18(d)). Ein Atom, dass sich über die Berge und Täler dieser potentiellen Energie bewegt, wird im Zuge des Wechsels zwischen kinetischer und potentieller Energie beschleunigt und abgebremst, doch seine Gesamtenergie ändert sich nicht, sofern es im selben Zustand bleibt.

Um ein Atom zu kühlen, muss es einen Mechanismus zur Dissipation von Energie geben. Dies geschieht über Absorption und spontane Emission – der Prozess, bei dem ein Atom am Gipfel eines Berges Licht absorbiert und dann spontan in ein Tal zerfällt, hat eine höhere Wahrscheinlichkeit als der umgekehrte Prozess. Somit geht der größte Teil der kinetischen Energie verloren, die ein Atom beim Aufsteigen auf einen Berg in potentielle Energie umwandelt (sie wird von dem spontan emittierten Photon fortgetragen). Das Atom wird immer langsamer und endet schließlich in einem Tal. Nach einem Helden der

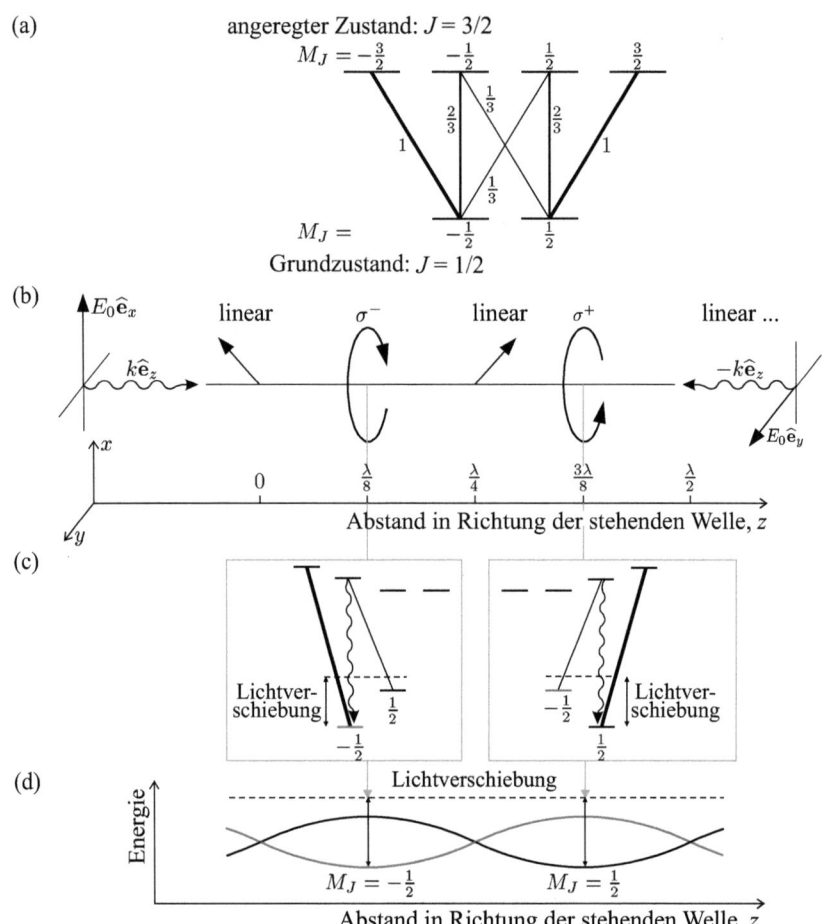

Abbildung 9.18: *Sisyphus-Kühlung. (a) Elektrische Dipolübergänge zwischen zwei Niveaus mit den Drehmomenten $J = 1/2$ und $J' = 3/2$. Für jeden Übergang ist die relative Stärke angegeben. Diese liefert die relative Intensität, wenn die Zustände im oberen Niveau gleich besetzt sind (jeder Zustand hat die gleiche radiative Lebensdauer). (b) Polarisierung in einer stehenden Welle, die durch zwei in die Richtungen $\hat{\mathbf{e}}_z$ und $-\hat{\mathbf{e}}_z$ propagierende Laserstrahlen mit orthogonalen linearen Polarisierungen in Richtung $\hat{\mathbf{e}}_x$ und $\hat{\mathbf{e}}_y$ gebildet werden. Das resultierende elektrische Feld ist an Positionen, wo die beiden gegenläufig propagierenden Strahlen eine Phasendifferenz von $\pm\pi/2$ haben, zirkular polarisiert, $(\hat{\mathbf{e}}_x \pm i\,\hat{\mathbf{e}}_y)/\sqrt{2}$. Die Polarisierung ändert sich über eine Distanz von $\Delta z = \lambda/4$ von σ^+ auf σ^-, und zwischen diesen Positionen hat das Licht eine elliptische oder lineare Polarisierung. (c) Energien der Zustände mit den Polarisierungen σ^- und σ^+ (gepunktete Linien zeigen die ungestörte Energie des unteren Niveaus). Absorption des zirkular polarisierten Lichts, gefolgt von spontaner Emission, überführt die Population in den Zustand kleinster Energie (bzw. größter Lichtverschiebung). (d) Die Lichtverschiebung variiert mit der Position, und das optischen Pumpen, das in (c) skizziert ist, überführt Atome von der Spitze eines Berges in ein nächstgelegenes Tal (siehe Abbildung 9.17). Dieser Prozess, bei dem Atome Energie verlieren, kommt häufiger vor als der umgekehrte Prozess.*

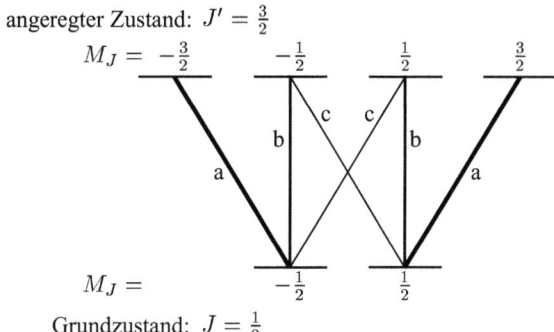

angeregter Zustand: $J' = \frac{3}{2}$

$M_J = -\frac{3}{2}$ $-\frac{1}{2}$ $\frac{1}{2}$ $\frac{3}{2}$

$M_J =$ $-\frac{1}{2}$ $\frac{1}{2}$

Grundzustand: $J = \frac{1}{2}$

Abbildung 9.19: *Die Intensitäten der Komponenten des Übergangs von $J = 1/2$ nach $J = 3/2$ werden durch a, b und c repräsentiert (wie in Beispiel 7.3) und ihre relativen Werte können aus Summenregeln bestimmt werden. Die Summe der Intensitäten aus jedem der oberen Zustände ist die gleiche, nämlich $a = b + c$, da die Lebensdauer eines Atoms normalerweise nicht von seiner Orientierung abhängt. (Eine ähnliche Regel gilt für die Zustände im unteren Niveau, was allerdings in diesem Fall keine weitere Information liefert.) Wenn die Zustände des oberen Niveaus gleich stark besetzt sind, emittiert das Atom unpolarisierte Strahlung; folglich gilt $a + c = 2b$. Damit haben wir zwei simultane Gleichungen, und deren Lösung ist $b = \frac{2}{3}a$ und $c = \frac{1}{3}a$. Das Verhältnis der Intensitäten ist somit $a : b : c = 3 : 2 : 1$.*

griechischen Mythologie, der von den Göttern dazu verdammt wurde, einen Felsblock einen Hang hinauf zu rollen, wurde dieser Prozess „Sisyphus-Effekt" genannt.[55]

Um den Transfer zwischen den M_J-Zuständen des unteren Niveaus zu erklären, sehen wir uns noch einmal genau an, was an einer bestimmten Position passiert, wenn das Licht die Polarisierung σ^+ hat (siehe Abbildung 9.18(d)). Die Absorption von Licht mit σ^+ regt ein Atom aus dem Zustand $M_J = -1/2$ nach $M_{J'} = 1/2$ an. Ein Atom in diesem angeregten Zustand kann in einen der tieferen M_J-Zustände zerfallen. Wenn es in $M_J = -1/2$ geht, dann beginnt der Prozess von Neuem; es kann jedoch auch in $M_J = +1/2$ gehen, von wo es nicht wieder zurückkehren kann (da σ^+-Licht den Übergang von $M_J = 1/2$ nach $M_{J'} = 3/2$ anregt und der angeregte Zustand dieses Übergangs nur in $M_J = +1/2$ zerfällt.) Somit führt σ^+-Licht in einem irreversiblen

---

[55] Neben der Sisyphus-Kühlung entdeckten Dalibard und Cohen-Tannoudji einen weiteren Sub-Doppler-Kühlungsmechanismus, der als **bewegungsinduzierte Orientierung** bezeichnet wird. Dieser Mechanismus führt zu einem Ungleichgewicht bei der Streuung in den gegenläufig propagierenden Strahlen, der viel empfindlicher bezüglich der Geschwindigkeit ist und folglich eine stärkere Dämpfung erzeugt als jene, die durch den Doppler-Effekt beim „gewöhnlichen" Verfahren der optischen Melasse verursacht wird. In einer stehenden Welle, die von Strahlen mit entgegengesetzter zirkularer Polarisierung (σ^+ nach σ^-) gebildet wird, ist für ein stationäres Atom die Population in symmetrischer Weise über die magnetischen Unterniveaus des Grundzustands verteilt, sodass es für jeden Strahl die gleiche Streuung und keine Nettokraft gibt. Ein Atom, das sich durch einen Gradienten der Polarisierung bewegt, spürt jedoch eine Änderung der Richtung des elektrischen Feldes, und dies bewirkt eine Änderung in der Verteilung über die Unterniveaus (Orientierung durch optisches Pumpen), was zu einem Unterschied in den Absorptionswahrscheinlichkeiten der beiden Strahlen führt. In realen Experimente mit optischer Melasse erzeugen die drei untereinander orthogonalen Paare von Laserstrahlen ein komplexes dreidimensionales Muster der Polarisierung, und es kommt zu einer Kombination der Mechanismen der Sub-Doppler-Kühlung.

Übergang von $M_J = -1/2$ nach $M_J = +1/2$ (über einen angeregten Zustand). Dieser Prozess, bei dem die Absorption von Licht die Population in einen gegebenen Zustand überführt, wird **optisches Pumpen** genannt.[56] Bei der Sisyphus-Kühlung nimmt das optische Pumpen an einer Position mit σ^+-Polarisierung ein Atom vom Gipfel eines Berges der potentiellen Energie für den $(M_J=-1/2)$-Zustand und überführt es in ein Tal der potentiellen Energie für den $(M_J=1/2)$-Zustand. Das Atom setzt seine Reise im $(M_J=1/2)$-Zustand fort, bis es an einer Position mit σ^--Polarisierung optisch nach $M_J = -1/2$ gepumpt wird.[57] Bei jedem Transfer verliert das Atom einen Energiebetrag U_0, der näherungsweise gleich der Differenz zwischen Gipfel und Talsohle ist. Diese Energie entspricht ungefähr der Lichtverschiebung gemäß (9.46).[58]

Dieses physikalische Bild kann verwendet werden, um eine Abschätzung der Raten von Kühlung und Aufheizung beim Sisyphus-Mechanismus zu finden. Die Balance zwischen beiden liefert die Gleichgewichtstemperatur (vgl. Abschnitt 9.3 zur Doppler-Kühlung).[59] Diese Behandlung zeigt, dass Atome in einer stehenden Welle eine charakteristische kinetische Energie $\sim U_0$ haben. Dies legt nahe, dass der Sisyphus-Mechanismus solange funktioniert, bis die Atome die Berge nicht mehr erklimmen können und in einem Tal sitzen bleiben (vgl. optisches Gitter). Nach diesem einfachen Bild hängt die Temperatur mit der Intensität und der Frequenzverstimmung gemäß

$$k_\mathrm{B}T \simeq U_0 \propto \frac{I}{|\delta|} \tag{9.53}$$

zusammen. Eine genauere Rechnung stützt diese Abschätzung.

9.7.3   Grenze für den Mechanismus der Sisyphus-Kühlung

Bei einem typischen Experiment mit optischer Melasse gibt es die beiden folgenden Phasen. Anfangs haben die Laserstrahlen eine Frequenz, die mehrere Linienbreiten unter der atomaren Resonanz liegt ($\delta \sim -\Gamma$) und Intensitäten $\sim I_\mathrm{sat}$, um eine starke Strahlungskraft zu erreichen. Dann wird die Laserfrequenz so geändert, dass sie weiter von der Resonanz weg liegt (und die Intensität kann ebenfalls reduziert werden), um die Atome auf Temperaturen unter der Doppler-Grenze zu kühlen. Die Startphase der Doppler-Kühlung ist, wie in Abschnitt 9.3 beschrieben, wesentlich, da der Mechanismus der Sub-Doppler-Kühlung nur über einen sehr schmalen Geschwindigkeitsbereich funktioniert.[60]

---

[56] Optisches Pumpen in atomaren Dämpfen bei Raumtemperatur wurde schon vor der Einführung des Lasers für hochpräzise Radiofrequenzspektroskopie benutzt, etwa um die Aufspaltung zwischen den Zeeman-Unterniveaus zu messen (Thorne (1999) und Corney (2000)).

[57] Das Atom kann zwischen den Anregungen über viele Berge und Täler wandern, ohne dass durch Absorption und Emission in jedem Fall die Energie aufgebraucht wird. Gemittelt über viele Ereignisse wird jedoch bei diesem Prozess Energie dissipiert.

[58] Tatsächlich sind es in dem in Abbildung 9.17 gezeigten Fall etwa zwei Drittel der Lichtverschiebung.

[59] Die Aufheizung resultiert aus Fluktuationen in der Dipolkraft. Die Richtung dieser Kraft ändert sich, während ein Atom von einem M_J-Zustand zu einem anderen springt. Eine quantitative Behandlung finden Sie in Metcalf und van der Straten (1999).

[60] Allgemein gesagt mitteln sich bei der Sisyphus-Kühlung die Kräfte zu null, wenn die Atome während eines Takts des optischen Pumpens viele Berge und Täler durchwandern. Somit funktioniert dieser Mechanismus für Geschwindigkeiten v, für die $v\tau_\mathrm{pump} \lesssim \lambda/2$ gilt. Dieser Geschwindigkeitsbereich ist um das Verhältnis τ/τ_pump kleiner als die Einfanggeschwindigkeit für die Doppler-Kühlung.

Der lineare Zusammenhanh zwischen Gleichgewichtstemperatur und $I/|\delta|$ kann sich nicht über einen beliebigen Bereich erstrecken. Die Sisyphus-Kühlung versagt, wenn Energieverlust beim Übergang von einem Berggipfel (der potentiellen Energie) in einen Talboden durch die Rückstoßenergie ausbalanciert wird, die bei der spontanen Emission aufgenommen wird, also $U_0 \simeq E_r$. Wenn diese Bedingung erfüllt ist, gibt es keinen Nettoverlust von Energie beim optischen Pumpen zwischen den M_J-Zuständen. Damit liegen die niedrigsten erreichbaren Temperaturen bei wenigen Vielfachen der Rückstoß-energie, $T \simeq E_r/k_B$. Bei dieser **Rückstoßgrenze**[61] ist die Temperatur gegeben durch

$$k_B T_r = \frac{\hbar^2 k^2}{M} \equiv \frac{h^2}{M\lambda^2} \qquad (9.55)$$

Für Natrium ist die Temperatur an der Rückstoßgrenze nur $2,4\,\mu\mathrm{K}$ (vgl. $T_D = 240\,\mu\mathrm{K}$). Typischerweise erreicht man mit dem Verfahren der optischen Melasse Temperaturen, die um eine Größenordnung über der Rückstoßgrenze liegen, allerdings immer noch deutlich unter der Doppler-Grenze.[62]

Die Bedeutung der Temperatur muss für dünne Gaswolken mit einiger Sorgfalt betrachtet werden. In einem normalen Gas bei Raumtemperatur und -druck stellt sich durch Stöße zwischen den Atomen ein thermisches Gleichgewicht ein und somit eine Boltzmann-Verteilung für die Geschwindigkeiten. Eine ähnliche Gauß-Verteilung erhält man häufig für die Laserkühlung, wo jedes Atom unabhängig von den anderen mit dem Strahlungsfeld wechselwirkt (für mittlere Dichten, was beim Verfahren der optischen Melasse der Fall ist). Es ist möglich, dieser eine Temperatur zuzuordnen, die die Breite der Verteilung charakterisiert (siehe (8.3)).[63] Vom Standpunkt der Quantenmechanik betrachtet ist die de-Broglie-Wellenlänge des Atoms wichtiger als die Temperatur. An der Rückstoßgrenze ist die de-Broglie-Wellenlänge etwa gleich der Wellenlänge der kühlenden Strahlung, $\lambda_{dB} \sim \lambda_{Licht}$, da der Impuls des Atoms gleich dem der Photonen ist (und für beide gilt $\lambda = h/p$).

In diesem Abschnitt wurde die Sisyphus-Kühlung beschrieben, die sich durch Kombination eines räumlich veränderlichen Dipolpotentials (erzeugt durch die Gradienten der Polarisierung) und optischem Pumpen ergibt. Es handelt sich um einen subtilen

---

[61] Dabei wird angenommen, dass

$$\frac{1}{2}k_B T_r = E_r \qquad (9.54)$$

für jeden Freiheitsgrad der Energie gilt.

[62] Schwere Alkalimetalle wie Cs und Rb haben eine sehr niedrige Rückstoßgrenze. Diese Elemente können deshalb auf wenige μK gekühlt werden. Solche Temperaturen können in der Praxis nur erreicht werden, wenn magnetische Streufelder, die die M_F-Zustände stören können, sorgfältig kontrolliert werden. Eine Zeeman-Verschiebung $\mu_B B$, die vergleichbar ist mit der Lichtverschiebung U_0, wird den Sisyphus-Mechanismus beeinflussen. Für $U_0/k_B = 3\,\mu$K folgt aus diesem Kriterium, dass $B < 5 \times 10^{-5}$ T, was um eine Größenordnung kleiner ist als das Erdmagnetfeld (5×10^{-4} T).

[63] Die Voraussetzung, dass die Verteilung eine Gauß-Form hat, ist sehr schlecht erfüllt, wenn die Geschwindigkeiten nur wenige Vielfache der Rückstoßgeschwindigkeit betragen, dem kleinsten Betrag, um den sich die Geschwindigkeit ändern kann. Gewöhnlich entwickelt die Verteilung um $v = 0$ einen scharfen Peak mit breiten Flanken. In solchen Fällen muss die vollständige Verteilung spezifiziert werden, ein einzelner Parameter wie die mittlere quadratische Geschwindigkeit genügt dann nicht mehr und der Begriff der Temperatur kann irreführend werden. Diese Anmerkung ist erst recht relevant für eine Kühlung bis unter die Rückstoßgrenze, wie im folgenden Abschnitt deutlich wird.

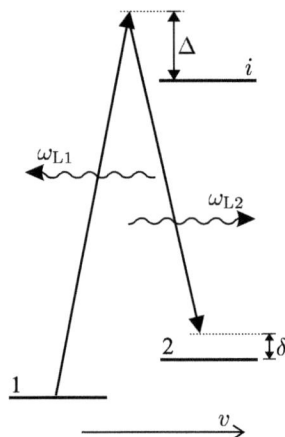

Abbildung 9.20: *Ein Raman-Übergang zwischen den Niveaus 1 und 2, der durch zwei Laserstrahlen mit den Frequenzen ω_{L1} und ω_{L2} angetrieben wird. Für einen resonanten Raman-Prozess gilt für die Frequenzverstimmung $\delta \simeq 0$ und die Verstimmung Δ gegen den Zwischenzustand bleibt groß, sodass die Anregung durch eine Ein-Photon-Absorption im Vergleich zu dem kohärenten Übergang von $|1\rangle$ nach $|2\rangle$ vernachlässigbar ist. In diesem Beispiel hat das Atom die Geschwindigkeit v in Richtung des Laserstrahls mit der Frequenz ω_{L2}, und der Laserstrahl mit der Frequenz ω_{L1} propagiert in die entgegengesetzte Richtung.*

Mechanismus, und die raffinierte physikalische Erklärung wurde in Reaktion auf experimentelle Beobachtungen entwickelt. Es war eine Überraschung, dass die geringfügige Lichtverschiebung in einer stehenden Welle niedriger Intensität einen Einfluss auf die Atome haben.[64] Die Rückstoßgrenze ist eine wichtige Orientierungshilfe bei der Laserkühlung. Im nächsten Abschnitt wird eine Methode beschrieben, mit der man Atome unter diese Grenze kühlen kann.

9.8   Raman-Übergänge

9.8.1   Geschwindigkeitsauswahl durch Raman-Übergänge

Raman-Übergänge umfassen die simultane Absorption und stimulierte Emission durch ein Atom. Dieser Prozess hat viele Ähnlichkeiten mit dem in Abschnitt 8.4 diskutierten Zwei-Photon-Übergang (siehe Anhang E). Ein kohärenter Raman-Übergang zwischen zwei Niveaus mit einer Energiedifferenz $\hbar\omega_{12}$ ist in Abbildung 9.20 illustriert. Für zwei

---

[64] In einer stehenden Welle hoher Intensität dissipiert eine Kombination aus Dipolkraft und spontaner Streuung die Energie eines Zwei-Niveau-Atoms (Dalibard und Cohen-Tannouddji, 1985). Dieser Sisyphus-Mechanismus für hohe Intensität dämpft die atomare Bewegung im Falle einer Blauverstimmung (und die entgegengesetzte Verstimmung bewirkt das Gleiche bei niedriger Intensität). Die Berge und Täler in der potentiellen Energie resultieren unmittelbar aus der Variation der Intensität (wie in einem optischen Gitter) anstatt aus einem Gradienten der Polarisierung.

Strahlen der Frequenzen ω_{L1} und ω_{L2} lautet die Bedingung für eine resonante Anregung

$$\omega_{L1} + k_1 v - (\omega_{L2} - k_2 v) = \omega_{L1} - \omega_{L2} + \frac{v}{c}(\omega_{L1} + \omega_{L2}) = \omega_{12} \qquad (9.56)$$

Für gegenläufig propagierende Strahlen addieren sich die Doppler-Verschiebungen und machen so den Raman-Übergang empfindlich in Bezug auf die Geschwindigkeit – die Sensitivität ist etwa doppelt so groß wie für einen Ein-Photon-Übergang.[65] Die direkte Anregung des Übergangs durch Radiofrequenzstrahlung oder Mikrowellen mit einer Frequenz ω_{12} ist nicht sensitiv bezüglich der Bewegung. Der große Vorteil der Raman-Technik für die Geschwindigkeitsselektion (und die Kühlung) ergibt sich aus der extrem schmalen Linienbreite (vergleichbar mit der von Radiofrequenzverfahren) von Raman-Übergängen zwischen Niveaus mit langen Lebensdauern, zum Beispiel Hyperfeinniveaus in der Grundkonfiguration von Atomen, für die der spontane Zerfall vernachlässigbar ist. Um den Vorteil dieser schmalen Linienbreite voll auszunutzen, muss die Differenz $\Delta\omega = \omega_{L1} - \omega_{L2}$ der Frequenzen der beiden Laserstrahlen sehr genau kontrolliert werden. Dies kann man erreichen, indem man zwei unabhängige Laser nimmt und eine raffinierte elektronische Servosteuerung für die Differenz der Frequenzen implementiert. Es ist jedoch technisch einfacher, einen einzelnen Laser durch einen Phasenmodulator zu schicken. Das resultierende Frequenzspektrum enthält „Seitenbänder", deren Differenz gegenüber der originalen Laserfrequenz gleich der angelegten Modulationsfrequenz aus einer Mikrowellenquelle ist.[66] Die selektierte Geschwindigkeit v ist bestimmt durch

$$2kv = \omega_{12} - (\omega_{L1} - \omega_{L2}) \qquad (9.57)$$

wobei $k = (\omega_{L1} + \omega_{L2})/c$ der mittlere Wellenvektor ist.

Raman-Übergänge zwischen Niveaus mit vernachlässigbarer Verbreiterung durch spontanen Zerfall oder Stöße haben eine Linienbreite, die durch die Wechselwirkungszeit bestimmt ist. Für einen Puls der Dauer τ_{puls} liefert die Fourier-Transformierte[67]

$$\frac{\Delta v}{\lambda} \simeq \frac{1}{\tau_{puls}} \qquad (9.58)$$

Für einen sichtbaren Übergang mit einer Wellenlänge von $600\,\text{nm}$[68] überführt ein Puls der Dauer $\tau_{puls} = 600\,\mu\text{s}$ selektiv Atome in einem Bereich der Breite $\Delta v \simeq 1\,\text{mm\,s}^{-1}$. Dies ist etwa dreißigmal kleiner als v_r und entspricht für eine Bewegung in Richtung der

---

[65] Im Gegensatz dazu liefern zwei gegenläufig propagierende Laserstrahlen der gleichen Frequenz dopplerfreie Zwei-Photon-Spektren:

$$\omega_L + kv + (\omega_L - kv) = 2\omega_L$$

wie in (8.20). Wenn ein Zwei-Photon-Übergang durch zwei Laserstrahlen mit unterschiedlichen Frequenzen angeregt wird, dann heben sich die Doppler-Verschiebungen nicht exakt auf.

[66] Für einen Laserstrahl mit der Frequenz ω führt eine Phasenmodulation der Frequenz Ω zu einem Spektrum, das die Frequenzen $\omega \pm n\Omega$ enthält, wobei n eine ganze Zahl ist. Dies kann ausgenutzt werden, um eine Raman-Anregung durchzuführen, beispielsweise mit $\omega_{L1} = \omega$ und $\omega_{L2} = \omega - \Omega$.

[67] Ähnlich wie für den Ein-Photon-Übergang in 7.1.2.

[68] Wie im Falle von Natrium, das bei den ersten Raman-Experimenten mit kalten Atomen verwendet wurde. In Natrium sind die Niveaus 1 und 2 Hyperfeinniveaus mit $F = 1$ und 2 der 3s-Konfiguration, und das Zwischenniveau i ist $3p\,^2P_{3/2}$.

Laserachse einer „Temperatur" von $T_r/900$. Diese Geschwindigkeitsauswahl produziert zusätzlich zu den anfangs vorhandenen *keine* weiteren kalten Atome – sie trennt einfach die kalten Atome von den anderen. Das Prinzip ist hier also ein völlig anderes als bei den Laserkühlungstechniken, die in den vorhergehenden Abschnitten beschrieben wurden.[69]

9.8.2   Raman-Kühlung

Der letzte Abschnitt hat gezeigt, dass Raman-Übergänge die gleiche Präzision der Radiofrequenzspektroskopie bietet und gleichzeitig eine Sensitivität bezüglich der Doppler-Verschiebung, die doppelt so groß ist wie die von (optischen) Ein-Photon-Übergängen. Die Raman-Kühlung nutzt die extrem hohe Geschwindigkeitsauflösung von kohärenten Raman-Übergängen aus, um Atome unter die Rückstoßgrenze zu kühlen. Die vollständige Sequenz der Schritte bei der Raman-Kühlung ist zu umfangreich um sie hier zu beschreiben. Das Prinzip lässt sich jedoch verstehen, indem wir uns anschauen, wie Atome mit einer Geschwindigkeitsverteilung, die bereits unter der Rückstoßgrenze liegt, weiter gekühlt werden. Abbildung 9.21 zeigt eine solche Anfangsverteilung in Niveau 1 (das untere Hyperfeinniveau in der Grundkonfiguration des Atoms; Niveau 2 ist das obere Hyperfeinniveau). Die Raman-Kühlung verwendet die beiden folgenden Schritte:

(a) Geschwindigkeitsauswahl durch einen Raman-Puls, der Atome mit Geschwindigkeiten zwischen $v - \Delta v/2$ und $v + \Delta v/2$ in das Niveau 2 überführt, wo sie Geschwindigkeiten haben, die um $v - 2v_r$ zentriert sind. (Der Prozess der Absorption und stimulierten Emission in der entgegengesetzten Richtung ändert die Geschwindigkeit des Atoms um $2v_r$.[70]

(b) Atome in Niveau 2 werden durch einen anderen Laserstrahl in das Niveau i angeregt und können zurück in Niveau 1 zerfallen, wobei ihre Geschwindigkeiten um $v - v_r$ zentriert sind (unter Berücksichtigung der durch die Absorption bewirkten Geschwindigkeitsänderung). Spontane Emission erfolgt in alle Richtungen, sodass die Atome mit Geschwindigkeiten irgendwo zwischen v und $v - 2v_r$ in das Niveau 1 zurückkehren.[71]

Es könnte scheinen, dass dieser Zyklus aus einem geschwindigkeitsselektiven Raman-Puls, gefolgt von einem erneuten Pumpen die Sache verschlechtert hat, da das Auseinanderlaufen der Geschwindigkeiten im Endzustand mit dem im Anfangszustand vergleichbar ist (wenn nicht größer). Wesentlich ist hier jedoch, dass einige Atome mit Geschwindigkeiten sehr nahe bei null zurück ins Niveau 1 fallen, sodass die Anzahl der sehr langsamen Atome nun größer ist – und mit jeder Wiederholung des Zyklus

---

[69] Ein nützlicher Vergleich kann mithilfe der in Abbildung 8.2 gezeigten Methode der Reduzierung der Doppler-Verbreiterung durchgeführt werden. Dort wird ein schmaler Spalt verwendet, um einen Atomstrahl zu bündeln und so das Auseinanderlaufen der transversalen Geschwindigkeiten zu reduzieren.

[70] Entsprechend ändert sich der Impuls des Atoms um $\hbar \mathbf{k}_1 - \hbar \mathbf{k}_2 \simeq 2\hbar \mathbf{k}$. (Hierbei gilt $\omega_{12} \ll \omega_1 \simeq \omega_2$.)

[71] Einige Atome fallen zurück in das Niveau 2 und werden erneut angeregt bis sie schließlich in Niveau 1 enden. Atome, die mehr als eine Anregung durchlaufen, erhalten einen zusätzlichen Impulsübertrag von den absorbierten und emittierten Photonen, was die Effizienz der Kühlung mindert, jedoch das Prinzip nicht beeinträchtigt.

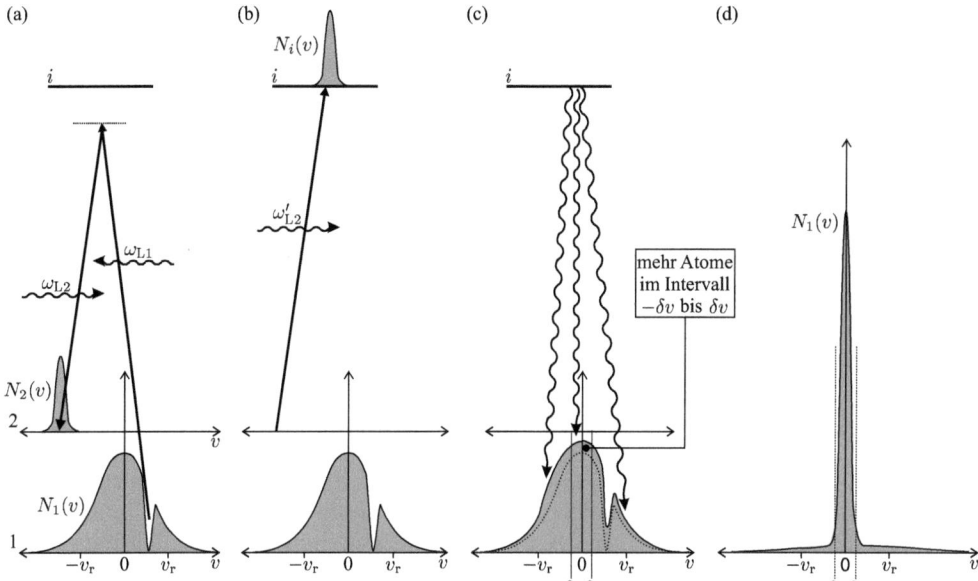

Abbildung 9.21: *Ein Schritt aus der Sequenz der Raman-Kühlung. (a) Geschwindigkeitsauswahl durch einen Raman-Puls, der Atome mit Geschwindigkeiten innerhalb eines bestimmten schmalen Bereichs von $|1\rangle$ nach $|2\rangle$ transferiert. Der Prozess der Absorption und der stimulierten Emission ändert die atomare Geschwindigkeit um $-2v_r$. (b) Atome werden durch einen anderen Laserstrahl aus dem Niveau 2 nach i angeregt. Bei diesem Prozess ändert sich die atomare Geschwindigkeit um v_r. (c) Atome zerfallen mit einer Geschwindigkeitskomponente zwischen v und $v-2v_r$ durch spontane Emission in das Niveau 1 (v ist die Anfangsgeschwindigkeit). Es gibt mehr Atome in dem schmalen Geschwindigkeitsintervall um $v = 0$ als am Anfang der Sequenz. (d) Durch Wiederholung der Sequenz mit unterschiedlichen Anfangsgeschwindigkeiten erhöht sich die Anzahl der Atome mit $v \simeq 0$, bis sie zu einer Verteilung „aufgetürmt" sind, die viel schmaler ist als die der Rückstoßgeschwindigkeit v_r.*

mit anderer Anfangsgeschwindigkeit wird sie noch größer.[72] Die präzise Steuerung der Raman-Pulse stellt sicher, dass Atome mit Geschwindigkeiten in dem schmalen Bereich $-\delta v < v < \delta v$ niemals angeregt werden, sodass sich nach vielen Zyklen ein signifikanter Anteil der Population in diesem kleinen Geschwindigkeitsintervall mit $\delta v \ll v_r$ ansammelt. Bei diesem Prozess der Raman-Kühlung unterliegt die Geschwindigkeit des Atoms einem Random Walk, bis das Atom entweder in das gewünschte Geschwindigkeitsintervall um $v = 0$ fällt (und dort bleibt) oder weg zu höheren Geschwindigkeiten diffundiert. Die Rückstoßgrenze wird überlistet, weil Atome mit $v \simeq 0$ nicht mit dem Licht wechselwirken. Dieser Mechanismus der Sub-Rückstoß-Kühlung beinhaltet keine Strahlungskraft (im Gegensatz zu den in den letzten Abschnitten beschriebenen Mechanismen der Doppler- und Sub-Doppler-Kühlung).

---

[72] Bei der Geschwindigkeitsauswahl von Atomen mit $v < 0$ wird die Richtung der Strahlen umgekehrt, sodass diese Atome im Geschwindigkeitsintervall v bis $v + 2v_r$ verteilt werden (was $v = 0$ umfasst).

Die Zeit, die Atome brauchen, um (zufällig) in ein Geschwindigkeitsintervall der Breite $2\delta v$ zu fallen, wächst mit fallendem δv. Dies bestimmt das finale Auseinanderlaufen der Geschwindigkeiten, das mit der Raman-Kühlung in der Praxis erreichbar ist.

Die Raman-Kühlung funktioniert gut in einer Dimension, doch sie ist weit weniger effizient in drei Dimensionen, wo das Ziel darin besteht, alle drei Komponenten v_x, v_y und v_z in den Bereich $\pm\delta v$ zu bekommen. Bei einer anderen Methode der Sub-Rückstoß-Kühlung, bezeichnet als geschwindigkeitsselektiver kohärenter Populationseinfang, handelt es sich ebenfalls um einen stochastischen Prozess (siehe Metcalf und van der Straten (1999) sowie Bardou $et\ al.$ (1991)). Raman-Übergänge werden außerdem bei der Inteferometrie mit Materiewellen auf der Basis ultrakalter Atome verwendet (Kapitel 10).

9.9 Atomfontänen

Die durch Laserkühlung erzeugten langsamen Atome haben zu enormen Fortschritten bei Messungen geführt, deren Auflösung durch die Wechselwirkungszeit limitiert ist. Kalte Atome über lange Zeiten in Dipolfallen[73] festgehalten werden; allerdings stört das Einfangpotential in starkem Maße die atomaren Energieniveaus und behindert so genaue Messungen der Übergangsfrequenzen.[74] Die genauesten Messungen verwenden Atome im freien Fall, wie in Abbildung 9.16 skizziert. Dieses Instrument treibt kalte Atome mit Geschwindigkeiten von wenigen $\mathrm{m\,s}^{-1}$ nach oben, sodass sie sich über eine kurze Distanz aufwärts bewegen, um dann unter dem Einfluss der Gravitation zurück zu fallen. Auf diese Weise entsteht eine Atomfontäne.

Eine besonders wichtige Anwendung von Atomfontänen ist die Bestimmung der Frequenz der Hyperfeinaufspaltung in der Grundkonfiguration von Caesium, denn diese wird als primärer Zeitstandard verwendet. Jedes Atom geht auf seinem Weg nach oben durch einen Mikrowellenhohlraum, und ebenso, wenn es wieder nach unten fällt. Diese beiden Wechselwirkungen, zwischen denen die Zeit T liegt, führen zu Ramsey-Streifen (siehe Abbildung 7.3) mit der Frequenzbreite $\Delta f = 1/(2T)$, was in Abschnitt 7.4 beschrieben wurde. Durch einfache newtonsche Mechanik kann man zeigen, dass eine Fontäne der Höhe $h = 1\,\mathrm{m}$ eine Zeit von $T = 2(2h/g)^{1/2} \simeq 1\,\mathrm{s}$ liefert, wobei g die Gravitationsbeschleunigung ist.[75] Dies ist um einige Größenordnungen länger als die Wechselwirkungszeit für einen thermischen Atomstrahl aus Caesiumatomen (Abschnitt 6.4.2). Der Grund ist, dass die Messzeit auf der Erde durch die Gravitation limitiert ist. Ein offensichtlicher, wenngleich nicht einfach zu realisierender Weg, noch weitere Verbesserungen zu erzielen, besteht darin, den Versuch im Weltraum durchzuführen, etwa an Bord einer Raumstation auf einer Umlaufbahn. Ein solches Instrument besitzt die gleichen Komponenten wie eine Atomfontäne, jedoch passieren die Atome

---

[73] Oder Magnetfallen wie sie im nächsten Kapitel beschrieben werden.

[74] Im Prinzip kann die Störung berechnet und durch einen entsprechenden Korrekturterm beseitigt werden. Ohne genaue Kenntnis des Fallenpotentials bleibt dabei jedoch eine große Unsicherheit. Es gibt derzeit Vorschläge für Frequenzstandards, die auf Übergängen in optisch festgehaltenen Atomen basieren, für die sich die Lichtverschiebung aufhebt (d. h., oberes und unteres Niveau des schmalen Übergangs haben sehr ähnliche Lichtverschiebungen.

[75] In einer solchen Atomfontäne haben die Atome eine Anfangsgeschwindigkeit von $v_z = (2gh)^{1/2} = 4\,\mathrm{m\,s}^{-1}$.

nur einmal die Wechselwirkungsregion mit der Mikrowellenstrahlung, dann werden sie auf der anderen Seite detektiert. Wenn die Atome sehr vorsichtig ausgestoßen werden, sodass sie sich sehr langsam durch den Mikrowellenhohlraum bewegen, dann lassen sich Messzeiten von 10 s erreichen.

Kalte Atome, die durch Laserkühlung hergestellt werden, sind nicht nur für Atomfontänen von Bedeutung, sondern auch für Atomuhren im Weltraum, wie die folgende Abschätzung zeigt. Eintritts- und Austrittsloch des Mikrowellenhohlraums haben einen Durchmesser von etwa 1 cm. Wenn die Atome, die auf ihrem Weg nach oben durch den Hohlraum gehen, eine Geschwindigkeitsbreite haben, die etwa der Rückstoßgeschwindigkeit $v_r = 3{,}5\,\mathrm{mm\,s^{-1}}$ für Caesium entspricht,[76] dann hat sich die Wolke, zu dem Zeitpunkt, wo sie durch den Hohlraum zurück sinkt, um etwa 4mm ausgedehnt.[77] Also geht ein merklicher Anteil dieser Atome, die eine Temperatur nahe der Rückstoßgrenze haben, durch den Hohlraum zurück und weiter nach unten in den Detektionsbereich. Natürlich muss die effektive Temperatur der Wolke für eine Messzeit von 10 s deutlich unter der Rückstoßgrenze liegen.[78] Diese allgemeinen Betrachtungen zeigen die Bedeutung der Laserkühlung für den Betrieb einer Atomfontäne. Weitere technische Einzelheiten folgen unten.

Die Atome werden durch das Verfahren der „sich bewegenden Melasse" nach oben ausgestoßen, wobei die horizontalen Strahlen der in Abbildung 9.5 gezeigten Konfiguration aus sechs Strahlen die Frequenz ω haben. Die nach unten bzw. oben gerichteten Strahlen haben die Frequenzen $\omega + \Delta\omega$ bzw. $\omega - \Delta\omega$. In einem Bezugssystem, das sich mit der Geschwindigkeit $\mathbf{v} = (\Delta\omega/k)\widehat{\mathbf{e}}_z$ aufwärts bewegt, ist die Doppler-Verschiebung $\Delta\omega$, sodass alle Strahlen scheinbar die gleiche Frequenz haben. Daher dämpft die optische Melasse die atomare Geschwindigkeit in diesem Bezugssystem auf null. Diese Atome haben die gleiche Geschwindigkeitsaufspreizung um ihre mittlere Geschwindigkeit wie Atome beim Verfahren der optischen Melasse mit einem stationären Lichtfeld ($\Delta\omega = 0$), sodass die Temperatur in beiden Fällen die gleiche ist.[79]

In einer Atomfontäne ist das Schema zur Detektion eines Mikrowellenübergangs sehr verschieden von dem in einem Atomstrahl (Abschnitt 6.4). In der Grundkonfiguration von Caesium ist $J = 1/2$ (wie bei allen Alkalimetallen) und die beiden Hyperfeinniveaus sind $F = 3$ und $F = 4$ (für das einzige stabile Isotop, welches einen Kernspin von $I = 7/2$ hat). Wenn die Atome im unteren Niveau $F = 3$ starten, dann überführt die Mikrowellenstrahlung eine Fraktion der Atome in das ($F{=}4$)-Niveau. Diese Fraktion wird bestimmt, wenn die Atome durch einen Laserstrahl fallen, der Atome im ($F{=}4$)-Niveau detektiert. Dazu regt man einen Übergang aus diesem Niveau an und beobachtet die Fluoreszenz (siehe Abbildung 9.16). (Atome im ($F{=}3$)-Niveau werden nicht detek-

---

[76] Caesium hat eine Resonanzwellenlänge von 852 nm und eine relaive Atommasse von 133.

[77] Nur das Auseinanderlaufen in radialer Richtung führt zu einem Verlust von Atomen. Daher ist die Geschwindigkeitsauswahl in zwei Dimensionen durch Raman-Übergänge oder auf anderem Wege sinnvoll.

[78] Bei der außergewöhnlichen Präzision dieser Experimente verursachen Stöße zwischen ultrakalten Caesiumatomen eine beobachtbare Frequenzverschiebung des Hyperfeinübergangs (proportional zur Dichte der Atome). Eine Veränderung dieser Dichte während der Messung ist deshalb unerwünscht.

[79] Diese Caesiumatome zeigen eine Geschwindigkeitsaufspreizung von etwa $3v_r \simeq 10\,\mathrm{mm\,s^{-1}}$. Bei einer Messzeit von 0,3 s könnten diese Atome direkt verwendet werden, doch dann gäbe es einen großen Verlust von Atomen in einer höheren Fontäne mit $T = 1\,\mathrm{s}$.

tiert.[80]) Abbildung 7.3 zeigt einen Plot der Übergangswahrscheinlichkeit zwischen den Hyperfeinniveaus als Funktion der Mikrowellenfrequenz – sogenannte Ramsey-Streifen. Die schmale Linienbreite bedeutet, dass die Frequenz der Mikrowellenquelle, die zum Antreiben des Übergangs benutzt wird, sehr genau auf die Caesium-Hyperfeinfrequenz eingestellt wird. Ein solches Instrument hält die Frequenz der Mikrowellenquelle mit einer Genauigkeit von mindestens 1 zu 10^{15} oder 32 ns pro Jahr stabil. Viele Störquellen, die zu Frequenzverschiebungen führen könnten, sind aufgrund der geringen atomaren Geschwindigkeiten klein, doch der Zeeman-Effekt aufgrund des Magnetfelds bleibt weiterhin eine Limitierung. Bei Experimenten wird der Übergang $F = 3$, $M_F = 0$ nach $F = 4$, $M_F = 0$ verwendet, weil Zustände mit $M_F = 0$ keine Zeeman-Verschiebung erster Ordnung haben. Heute spielen solche Frequenzstandards auf der Basis von Atomfontänen eine wichtige Rolle als Richtlinie für das Ensemble der Uhren in den nationalen Eichämtern, die rund um den Globus verteilt sind.[81]

9.10   Schlussbemerkungen

Die Verfahren, die entwickelt wurden, um die Temperatur von Atomen von 1000 K auf weit unter 1 µK zu reduzieren, hatten einen enormen Einfluss auf die Atomphysik. Durch Laserkühlung ist es möglich geworden, neutrale Atome auf völlig neue Weise zu manipulieren und sie magnetisch sowie durch Dipolkräfte einzufangen. Einige wichtige Anwendungen von Atomfallen wurden erwähnt, darunter die starke Verbesserung bei Präzisionsmessungen. Weitere Beispiele werden in den noch folgenden Kapiteln erläutert, darunter die Bose-Einstein-Kondensation und die Laserkühlung von eingefangenen Ionen.

Diskutiert wurden die wichtigen Prinzipien der Strahlungskräfte. Dazu zählen die Art und Weise, wie die Streukraft die Energie von Atomen dissipiert und sie bis zur Doppler-Grenze kühlt; das Einfangen von Atomen durch die Dipolkraft in verschiedenen Konfigurationen einschließlich optischer Gitter; und das Kühlen unter die Doppler-Grenze durch den Sisyphus-Mechanismus. Im Hinblick auf eine gut verständliche Darstellung wurden in diesem Kapitel einige vereinfachende Annahmen getroffen. Das Buch *Laser Cooling and Trapping of Atoms* von Metcalf und van der Straten (1999) bietet eine umfassende Darstellung des Themas sowie umfangreiche Referenzen auf weitere Arbeiten. Interessant ist auch der Übersichtsartikel von Wieman *et al.* (1999). Zahlreiche Internetressourcen und populärwissenschaftliche Darstellungen finden Sie auf der Website der Nobelstiftung.

---

[80] Um das Signal zu normieren, werden die Atome im (F=3)-Niveau mit einem zweiten Sondenlaserstrahl detektiert (dieser ist in der Abbildung nicht gezeigt).

[81] Die wichtigen Anwendungen solcher Uhren wurden in Abschnitt 6.4.2 besprochen. Aktuelle Informationen finden Sie auf den Websites der nationalen Eichlabors.

Aufgaben

Anspruchsvollere Aufganen sind mit (*) gekennzeichnet.

9.1 Strahlungsdruck

Welche Kraft übt Strahlung auf den Kopf einer Person aus, die einen schwarzen Hut mit einem Radius von 15 cm trägt, wenn die Sonne direkt über der Person steht? Geben Sie eine Abschätzung für das Verhältnis dieser Strahlungskraft zum Gewicht des Hutes an.

9.2 Ein Argument für den Photonenimpuls (nach Enrico Fermi)

Ein Atom, das sich mit der Geschwindigkeit v bewegt, absorbiert ein in die entgegengesetzte Richtung propagierendes Photon (siehe Abbildung 9.1). Im Laborbezugssystem hat das Photon die Frequenz ω und den Impuls q_{ph}. Im Ruhesystem des Atoms hat das Photon die Frequenz ω_0, wobei $\hbar\omega_0 = E_2 - E_1$ die Energie des Übergangs (mit schmaler Linienbreite) zwischen den Niveaus 1 und 2 ist. Nach der Absorption hat das Systems eine Gesamtenergie von $\frac{1}{2}M(v - \Delta v)^2 + \hbar\omega_0$.

(a) Schreiben Sie die Gleichungen für die Erhaltung von Energie und Impuls auf.

(b) Entwickeln Sie die Gleichung für die Energieerhaltung und vernachlässigen Sie den Term der Ordnung $(\Delta v)^2$. (Die Geschwindigkeitsänderung Δv ist klein gegen v.)

(c) Verwenden Sie den üblichen Ausdruck für die fraktionale Doppler-Verschiebung, $(\omega - \omega_0)/\omega = v/c$, um einen Ausdruck für den Photonenimpuls q_{ph} zu finden.

9.3 Heizung durch Photonenrückstoß

Diese Aufgabe basiert auf einer Behandlung der Laserkühlung, die von Wineland und Itano (1979) vorgelegt wurde. Die Kreisfrequenzen der von einem Atom absorbierten und emitierten Strahlung sind gegeben durch

$$\omega_{\mathrm{abs}} = \omega_0 + \mathbf{k}_{\mathrm{abs}} \cdot \mathbf{v} - \frac{1}{2}\omega_0\left(\frac{v}{c}\right)^2 + \frac{E_{\mathrm{r}}}{\hbar}$$

$$\omega_{\mathrm{em}} = \omega_0 + \mathbf{k}_{\mathrm{em}} \cdot \mathbf{v}' - \frac{1}{2}\omega_0\left(\frac{v'}{c}\right)^2 - \frac{E_{\mathrm{r}}}{\hbar}$$

Dabei sind $|\mathbf{k}_{\mathrm{abs}}| = \omega_{\mathrm{abs}}/c$ und $|\mathbf{k}_{\mathrm{em}}| = \omega_{\mathrm{em}}/c$ die Wellenvektoren der absorbierten und emittierten Photonen, $\mathbf{v}$ ist die Geschwindigkeit des Atoms, bevor das Atom absorbiert wird und entsprechend ist $\mathbf{v}'$ die Geschwindigkeit des Atoms vor der Emission. Zeigen Sie, dass diese Ergebnisse aus der Erhaltung der (relativistischen) Energie und des Impulses folgen (führen Sie dabei Terme der Ordnung $(v/c)^2$ in der atomaren Geschwindigkeit und $E_{\mathrm{r}}/\hbar\omega_0$ in der Rückstoßenergie mit). Gemittelt über viele Zyklen von Absorption und Emission ändert sich die kinetische Energie des Atoms um

$$\Delta E_{\mathrm{ke}} = \hbar(\omega_{\mathrm{abs}} - \omega_{\mathrm{em}}) = \hbar\mathbf{k}_{\mathrm{abs}} \cdot \mathbf{v} + 2E_{\mathrm{r}}$$

für jedes Streuereignis. Zeigen Sie, dass dieses Ergebnis unter bestimmten Annahmen, die zu formulieren sind, aus den obigen Gleichungen folgt. Zeigen Sie, dass die Terme $\hbar \mathbf{k}_{abs} \cdot \mathbf{v}$ und $2E_r$ nach Multiplikation mit R_{streu} Kühlungs- und Aufheizungsraten liefern, die mit den im Abschnitt zum Verfahren der optischen Melasse hergeleiteten vergleichbar sind.

9.4 Drehimpuls von Licht

Ein Atom in einem $^1S_0$-Niveau wird durch Absorption eines Photons in einen angeregten Zustand mit $L = 1, M_L = 1$ angeregt (ein σ^+-Übergang). Wie ändert sich dabei der Drehimpuls des Atoms?

Ein Laserstrahl mit einer Leistung von 1 W und einer Wellenlänge von 600 nm geht durch eine Wellenplatte, die die Polarisation des Lichts von linear in zirkular ändert. Wie groß ist das Drehmoment, das die Strahlung auf die Wellenplatte ausübt?

9.5 Abbremsung von H und Cs durch Strahlung

Atomstrahlen aus Wasserstoff und Caesium werden durch Quellen von 300 K erzeugt und durch gegenläufig propagierende Laserstrahlung abgebremst. Berechnen Sie für beide Fälle den Bremsweg bei der Hälfte der maximalen Abbremsung und vergleichen Sie jeweils die Doppler-Verschiebung bei der Anfangsgeschwindigkeit mit der natürlichen Breite des Übergangs. (Die erforderlichen Daten sind in Tabelle 9.1 gegeben.)

9.6 Doppler-Kühlung und Rückstoßgrenzen

Berechnen Sie das Verhältnis T_D/T_r für Rubidium (aus den Gleichungen (9.28) und (9.55) sowie den Daten in Tabelle 9.1).

9.7 Dämpfung beim Verfahren der optischen Melasse

Für den Spezialfall, dass die Frequenzverstimmung $\delta = -\Gamma/2$ ist, ist der Anstieg der Kraft, aufgetragen über der Geschwindigkeit (Abbildung 9.6) bei $v = 0$ gleich dem Maximalwert der Kraft geteilt durch $\Gamma/(2k)$. Verwenden Sie dies, um $\partial F/\partial v$ abzuschätzen, und bestimmen Sie auf diese Weise den Dämpfungskoeffizienten α für ein Atom in einem Paar gegenläufig propagierender Laserstrahlen.

9.8 Laserkühlung für ein eingefangenes Ion

Ein eingefangenes Ca^+-Ion unterliegt einer einfachen harmonischen Bewegung mit einer Oszillationsfrequenz von $\Omega = 2\pi \times 100\,\text{kHz}$. Laserlicht mit einer Wellenlänge von 393 nm und einer Intensität I übt eine Strahlungskraft auf das Ion aus und regt einen Übergang mit $\Gamma = 2\pi \times 23 \times 10^6\,\text{s}^{-1}$ an. Die Frequenzverstimmung δ hängt nicht von der Position des Ions innerhalb der Falle ab.

(a) Zeigen Sie, dass die auf das Atom wirkende Kraft die Form $F = -\kappa(z - z_0) - \alpha v$ hat. Beschreiben Sie die Bewegung des Ions.

(b) Bestimmen Sie die statische Verschiebung z_0 des Ions aus dem Zentrum des harmonischen Potentials in Richtung des Laserstrahls für $\delta = -\Gamma/2$ und $I = 2I_{sat}$.

(c) Zeigen Sie, dass der Dämpfungskoeffizient in guter Näherung in der Form

$$\alpha \propto \frac{xy}{\left(1 + y + x^2\right)^2} \tag{9.59}$$

geschrieben werden kann, wobei die Variablen x und y proportional zu δ bzw. I sind. Maximieren Sie diese Funktion zweier Variablen und bestimmen Sie auf diese Weise die Intensität und die Frequenzverstimmung, die den maximalen Wert von α liefern.

(d) Die kinetische Energie kleiner Oszillationen um z_0 fällt mit einer Dämpfungszeit von $\tau_{\text{damp}} = M/\alpha$. Zeigen Sie, dass diese Dämpfungszeit umgekehrt proportional zur Rückstoßenergie ist.[82] Werten Sie diesen minimalen Wert von τ_{damp} für ein Calciumion der Masse $M \simeq 40\,\text{a.m.u.}$ aus.

Anmerkung. Diese Behandlung der Doppler-Kühlung für einen einzelnen Laserstrahl ist für beliebige Intensitäten exakt (sogar oberhalb von I_{sat}), während die Näherung, dass zwei Laserstrahlen (wie beim Verfahren der optischen Melasse) eine doppelt so große Dämpfung ergeben wie ein einzelner Strahl, bei hohen Intensitäten nicht exakt ist.

9.9 *Eigenschaften einer magneto-optischen Falle*

(a) Leiten Sie einen Ausdruck her für den Dämpfungskoeffizienten α für ein Atom in zwei gegenläufig propagierenden Laserstrahlen (von denen jeder die Intensität I hat), wobei die Sättigung zu berücksichtigen ist. (Verwenden Sie die Ergebnisse aus der vorhergehenden Aufgabe mit der Modifikation $I \to 2I$.) Bestimmen Sie die minimale Dämpfungszeit (definiert in (9.19)) eines Rubidiumatoms beim Verfahren der optischen Melasse (mit zwei Laserstrahlen).

(b) Die auf ein Atom in einer MOT wirkende Kraft ist gegeben durch (9.30). Nehmen Sie entlang einer bestimmten Richtung das worst-case-Szenario bei der Berechnung der Dämpfung und der Rückstellkraft an, nämlich dass die Strahlungskraft aus zwei gegenläufig propagierenden Laserstrahlen resultiert (jeder hat die Intensität I), aber die Sättigung der Streurate von der Gesamtintensität $6I$ aller sechs Laserstrahlen abhängt. Zeigen Sie, dass der Dämpfungskoeffizient in der Form

$$\alpha \propto \frac{xy}{\left(1 + y + x^2\right)^2}$$

geschrieben werden kann, wobei $x = 2\delta/\Gamma$ und $y = 6I/I_{\text{sat}}$. Verwenden Sie die Ergebnisse der vorhergehenden Aufgabe, um die Bewegung eines Rubidiumatoms in einer MOT zu bestimmen, wenn die Werte von I und δ zur maximalen Dämpfung führen und der Feldgradient $0{,}1\,\text{T}\,\text{m}^{-1}$ ist (in der betrachteten Richtung).

---

[82] Überraschenderweise hängt die Dämpfungszeit nicht von Linienbreite Γ des Übergangs ab, allerdings führen schmale Übergänge zu einem schmalen Bereich für die Einfanggeschwindigkeit.

9.10 *Zeeman-Abbremsung in einer magneto-optischen Falle*

(a) Anstelle des in (9.11) gegebenen optimalen Profils des Magnetfelds verwendet ein spezielles Instrument zum Abbremsen von Natriumatomen eine lineare Rampe

$$B(z) = B_0 \left(1 - \frac{z}{L} \right)$$

mit $0 \leq z \leq L$ und $B(z) = 0$ außerhalb dieses Bereichs. Erläutern Sie, warum ein geeigneter Wert für B_0 der gleiche ist wie in (9.11). Zeigen Sie, dass $2L_0$ der minimale Wert von L ist, wenn L_0 den Bremsweg für das optimale Profil bezeichnet.

(b) Das Einfangen von Atomen durch eine magneto-optische Falle kann als Zeeman-Abbremsung in einem homogenen Magnetfeldgradienten aufgefasst werden, wie in Teil (a). In dieser Situation ist die maximale Geschwindigkeit, die durch eine MOT mit Laserstrahlen vom Radius 0,5 cm eingefangen werden kann, äquivalent zu der Geschwindigkeit von Atomen, die für konstante Abbremsung mit der Hälfte des Maximalwertes in einem Abstand von $L_0 = 0,25$ cm zur Ruhe kommen. Verwenden Sie dieses einfache Modell einer Falle, um die Einfanggeschwindigkeit für Rubidiumatome zu berechnen. Schlagen Sie einen geeigneten Wert für den Gradienten des Magnetfeldes, B_0/L (wobei $L = 2L_0$) vor. (Die erforderlichen Daten sind in Tabelle 9.1 angegeben.)

Anmerkung. Die Magnetfeldgradienten in einer magneto-optischen Falle sind viel kleiner als die von Magnetfallen (Kapitel 10), aber die Kraft (die aus der Strahlung resultiert) ist viel stärker als die magnetische Kraft.

9.11 *Anzahl der Atome in einer MOT im Gleichgewicht*
Im stationären Fall ist die Anzahl der Atome, die sich im Zentrum einer MOT sammeln, durch die Balance zwischen der Rate des Beladens und dem durch Stöße verursachten Verlust bestimmt. Um diese Gleichgewichtsanzahl abzuschätzen, betrachten wir den im Schnittpunkt der sechs Laserstrahlen (jeweils mit dem Durchmesser D) liegenden Einfangbereich näherungsweise als einen Würfel mit der Kantenlänge D. Dieser Einfangbereich befindet sich in einer Zelle, die mit einem Dampf von niedrigem Druck und der Teilchendichte N gefüllt ist.

(a) Die Rate des Beladens kann aus dem Term $\frac{1}{4}NvAf(v)$ abgeschätzt werden, der die Rate beschreibt, mit der Atome in einem Gas auf eine Oberfläche mit dem Flächeninhalt A treffen; $f(v)$ ist dabei die Fraktion der Atome mit Geschwindigkeiten zwischen v und $v + dv$ (siehe (8.3)). Integrieren Sie diese Rate von $v = 0$ bis zur Einfanggeschwindigkeit v_c, um einen Ausdruck für die Rate zu erhalten, mit der die MOT Atome aus dem Dampf einfängt. (Die Integration lässt sich einfach halten, wenn man $v_c \ll v_p$ annimmt.)

(b) Atome gehen mit einer Rate von $N\overline{v}\sigma$ pro Atom durch Stöße mit schnellen im Dampf enthaltenen Atomen verloren (sie werden „aus der Falle herausgeschlagen"). Dabei ist $\overline{v}$ die mittlere Geschwindigkeit im Dampf und σ ist ein Stoßquerschnitt. Zeigen Sie, dass die Anzahl der Atome in der Falle im Gleichgewicht unabhängig vom Dampfdruck ist.

(c) Atome betreten den Einfangbereich über eine Fläche $A = 6D^2$. Für eine MOT mit $D = 2\,\mathrm{cm}$ ist $v_c \simeq 25\,\mathrm{m\,s^{-1}}$ für Rubidium. Gehen Sie von einer akzeptablen Abschätzung für den Streuquerschnitt σ der Stöße zwischen zwei Atomen aus, um die im Gleichgewicht vorliegende Anzahl der Atome zu finden, die in einem Dampf mit niedrigem Druck bei Raumtemperatur festgehalten werden.[83]

9.12 *Optische Absorption durch kalte Atome in einer MOT*
In einem vereinfachten Modell werden die festgehaltenen Atome als kugelförmige Wolke mit homogener Dichte, dem Radius r und der Teilchenzahl $\mathcal{N}$ betrachtet.

(a) Zeigen Sie, dass ein durch die Wolke dringender Laserstrahl mit der Kreisfrequenz ω eine fraktionale Änderung der Intensität erfährt, die durch

$$\frac{\Delta I}{I_0} \simeq \frac{\mathcal{N}\sigma(\omega)}{2r^2}$$

gegeben ist. (Der Wirkungsquerschnitt der optischen Absorption, $\sigma(\omega)$ ist durch (7.76) gegeben.)

(b) Die Absorption beeinflusst die Arbeit der Falle signifikant, wenn $\Delta I \simeq I_0$. Nehmen Sie an, dass diese Bedingung die Dichte der Wolke für große Teilchenzahlen limitiert[84] und schätzen Sie Radius und Dichte für eine Wolke aus $\mathcal{N} = 10^9$ Rubidiumatomen und eine Frequenzverstimmung von $\delta = -2\Gamma$ ab.

9.13 *Laserkühlung von Atomen mit Hyperfeinstruktur*
Die in diesem Kapitel vorgelegte Behandlung der Doppler-Kühlung setzt ein Zwei-Niveau-Atom voraus. In realen Experimenten mit optischer Melasse oder MOT-Fallen führt jedoch die Hyperfeinstruktur der Grundzustandskonfiguration zu

---

[83] Die in der Falle vorliegende Teilchenzahl ist im Gleichgewicht vom Druck des Hintergrunddampfes über einen großen Bereich unabhängig. Dieser Bereich erstreckt sich von (i) dem Druck, bei dem Stöße mit schnellen Atomen kalte Atome aus der Falle stoßen, bevor sie im Zentrum der Falle zur Ruhe kommen, bis (ii) zu dem wesentlich kleineren Druck, bei dem die Verlustrate aus Stößen zwischen den kalten Atomen innerhalb der Falle selbst im Vergleich zu Stößen mit dem Hintergrunddampf relevant wird.

[84] Tatsächlich verbessert die Absorption von Laserstrahlen das Einfangen. Für ein Atom am Rand der Wolke hat das nach außen drückende Licht eine geringere Intensität als der ungedämpfte Laserstrahl, der nach innen gerichtet ist. Allerdings bringen die spontan emittierten Photonen, die mit dieser Absorption verbunden sind, ein Problem mit sich, wenn die Wolke „optisch dick" ist, d. h. wenn der größte Teil des Lichts absorbiert wird. Unter diesen Umständen wird ein Photon, welches von einem Atom im Bereich des Zentrums der Falle emittiert wird, mit einiger Wahrscheinlichkeit von einem anderen Atom re-absorbiert, während dieses auf dem Weg aus der Wolke heraus ist. Diese Streuung innerhalb der Wolke führt zu einem auswärts gerichteten Strahlungsdruck (ähnlich wie bei Sternen), der der Einfangkraft der sechs Laserstrahlen entgegenwirkt. (Die zusätzliche Streuung erhöht außerdem für eine gegebene Intensität des Lichts die Rate der Aufheizung.) In realen Experimenten ist die Einfangkraft in der MOT allerdings nicht kugelsymmetrisch, und es kann Ausrichtungsfehler und andere Mängel der Laserstrahlen geben, sodass unter Bedingungen, die eine Absorption zulassen, die Wolke der eingefangenen Atome die Tendenz hat, instabil zu werden (und folglich aus der Falle auszuströmen).

Komplikationen. Diese Aufgabe befasst sich mit einigen wichtigen Details und testet das Verständnis der Hyperfeinstruktur.[85]

(a) Natrium hat einen Kernspin von $I = 3/2$. Zeichnen Sie ein Energieniveauschema der Hyperfeinstruktur der Niveaus 3s ^{2}S$_{1/2}$ und 3p ^{2}P$_{3/2}$ und kennzeichnen Sie die erlaubten elektrischen Dipolübergänge.

(b) In einem Laserkühlungsexperiment wird durch Licht mit einer Fequenzverstimmung von $\delta = -\Gamma/2 \simeq -5\,\mathrm{MHz}$ der Übergang von 3s ^{2}S$_{1/2}$, $F = 2$ nach 3p ^{2}P$_{3/2}$, $F' = 3$ angeregt. Die Auswahlregeln schreiben vor, dass der angeregte Zustand zurück in den Anfangszustand zerfällt, sodass es einen nahezu geschlossenen Zyklus von Absorption und spontaner Emission gibt. Dabei gibt es jedoch eine gewisse nicht resonante Anregung in das (F'=2)-Hyperfeinniveau, das nach $F = 1$ zerfallen kann und aus dem Zyklus „verloren geht". Das (F'=2)-Niveau liegt 60 MHz unter dem (F'=3)-Niveau. Schätzen Sie die mittlere Anzahl von Photonen ab, die an einem Atom gestreut werden, bevor dieses in das tiefere Hyperfeinniveau der Grundzustandskonfiguration fällt. (Nehmen Sie an, dass die Übergänge ähnliche Stärken haben.)

(c) Um dem Entweichen aus dem Laserkühlungszyklus entgegenzuwirken, wird bei den Experimenten ein zusätzlicher Laserstrahl verwendet, der Atome aus dem Niveau 3s ^{2}S$_{1/2}$, $F = 1$ anregt (sodass sie zurück ins Niveau 3s ^{2}S$_{1/2}$, $F = 2$ gehen können). Schlagen Sie einen geeigneten Übergang für diesen Pumpvorgang vor und erörtern Sie die erforderliche Lichtintensität.[86]

9.14 *Die Gradientenkraft*

Abbildung (9.11) zeigt eine Kugel, die einen größeren Brechungsindex als das umgebende Medium hat und die eine Kraft in Richtungen höherer Intensität spürt. Zeichnen Sie ein ähnliches Schema für den Fall $n_{\mathrm{Kugel}} < n_{\mathrm{Medium}}$ und kennzeichnen Sie die Kräfte. (Bei diesem Objekt könnte es sich um ein kleines Luftbläschen in einer Flüssigkeit handeln.)

9.15 *Dipolfalle*

Ein in z-Richtung propagierender Laserstrahl[87] hat ein Intensitätsprofil von

$$I = \frac{2P}{\pi w(z)^2} \exp\left(-\frac{2r^2}{w(z)^2}\right) \tag{9.60}$$

mit $r^2 = x^2 + y^2$, und die Größe des Brennflecks ist $w(z) = w_0 \left(1 + z^2/b^2\right)^{1/2}$ mit $b = \pi w_0^2/\lambda$. Dieser Laserstrahl hat eine Leistung von $P = 1\,\mathrm{W}$ bei einer Wellenlänge von $\lambda = 1{,}06\,\mu\mathrm{m}$, und einer Größe des Brennflecks von $w_0 = 10\,\mu\mathrm{m}$ an der Strahltaille.

---

[85] Der hier beschriebene Transfer zwischen unterschiedlichen Hyperfeinniveaus unterscheidet sich von dem Transfer zwischen unterschiedlichen Zeeman-Unterniveaus (Zustände mit gegebenem M_J oder M_F) beim Sisyphus-Effekt.

[86] Beim Verfahren der Zeeman-Abbremsung erhöht das magnetische Feld den Abstand zwischen den Energieniveaus (und entkoppelt außerdem den Kernspin vom Elektronenspin im angeregten Zustand), sodass ein „Aufpumpen" nicht erforderlich ist.

[87] Dies ist ein beugungslimitierter gaußscher Strahl.

(a) Zeigen Sie, dass das Integral von $I(r, z)$ über eine beliebige Ebene mit konstantem z gleich der Gesamtleistung des Strahls P ist.

(b) Berechnen Sie die Tiefe des Dipolpotentials für Rubidiumatome. Drücken Sie Ihr Ergebnis durch eine äquivalente Temperatur aus.

(c) Bestimmen Sie für Atome mit einer thermischen Energie weit unter der Fallentiefe (sodass $r^2 \ll w_0^2$ und $z^2 \ll b^2$) das Verhältnis aus radialer und longitudinaler Ausdehnung der Wolke.

*(d) Zeigen Sie, dass die Dipolkraft bei einem radialen Abstand von $r = w_0/2$ einen Maximalwert hat. Bestimmen Sie den maximalen Wert der Strahltaille w_0, für den die Dipolfalle Rubidiumatome entgegen der Gravitation hält (wenn der Laserstrahl in horizontale Richtung propagiert).

9.16 *Ein optisches Gitter*
In einer stehenden Welle aus Strahlung mit einer Wellenlänge von $\lambda = 1{,}06\,\mu\text{m}$ erfährt ein Natriumatom ein periodisches Potential wie in (9.52) mit $U_0 = 100 E_\text{r}$, wobei E_r die Rückstoßenergie ist (für Licht mit der atomaren Resonanzlänge $\lambda_0 = 0{,}589\,\mu\text{m}$). Berechnen Sie die Oszillationsfrequenz für ein kaltes Atom, das in diesem eindimensionalen optischen Gitter in der Nähe des Bodens einer Potentialmulde gefangen ist. Wie groß ist die Energieseparation zwischen den tief liegenden Vibrationsniveaus?

9.17 *Das Potential der Dipolkraft*
Zeigen Sie, dass die Kraft in (9.43) gleich dem Gradienten des Potentials

$$U_\text{dipol} = -\frac{\hbar\delta}{2} \ln\left(1 + \frac{I}{I_\text{sat}} + \frac{4\delta^2}{\Gamma^2}\right)$$

ist. Unter welchen Bedingungen liefert (9.46) eine gute Näherung für U_dipol?

Lösungen finden Sie unter `http://www.oldenbourg-verlag.de/foot/`.

10 Magnetfallen, Verdampfungskühlung und BEC

In Magnetfallen werden Atome niedriger Temperatur festgehalten, die mittels Laserkühlung präpariert wurden. Wenn die Anfangsdichte der Atome hinreichend hoch ist, gestattet die einfache, aber äußerst effiziente Methode der Verdampfungskühlung dem Experimentator, eine Entartung zu erreichen, bei der die Besetzung der Quantenzustände eins erreicht. Dies führt entweder zur Bose-Einstein-Kondensation (BEC) oder zur Fermi-Entartung, je nachdem, wie der Spin der Atome ist. Dieses Kapitel beschreibt unter Verwendung einfacher Elektrodynamik und Kinetik Magnetfallen und die Verdampfungskühlung. Anschließend folgt ein Überblick über einige der spannenden neuen Experimente, die dank dieser Techniken möglich geworden sind. Die Betonung liegt auf der Darstellung der grundlegenden Prinzipien, die durch einige relevante Beispiele illustriert werden.

10.1 Das Prinzip der Magnetfalle

In ihrem berühmten Experiment separierten Otto Stern und Walter Gerlach die Spinzustände in einem thermischen Atomstrahl, indem sie die Kraft ausnutzten, die auf ein Atom wirkt, wenn es ein starkes inhomogenes Magnetfeld passiert. Magnetfallen verwenden genau die gleiche Kraft. Allerdings lenkt für kalte Atome die durch ein System von Magnetspulen erzeugte Kraft die Trajektorien ab, sodass Atome mit niedriger Energie in einer kleinen Region in der Mitte der Falle gefangen werden. Das Prinzip des Einsperrens von Atomen in Magnetfallen war also schon seit vielen Jahren bekannt, bevor es sich dank der Entwicklung der Laserkühlung durchsetzen konnte.[1]

Ein magnetischer Dipol $\boldsymbol{\mu}$ in einem Feld hat die Energie

$$V = -\boldsymbol{\mu} \cdot \mathbf{B} \tag{10.1}$$

Für ein Atom im Zustand $|IJFM_F\rangle$ entspricht dies einer Zeeman-Energie

$$V = g_F \mu_B M_F B \tag{10.2}$$

Die Energie *hängt nur vom Betrag des Feldes* $B = |\mathbf{B}|$ *ab*. Sie variiert nicht mit der Richtung von $\mathbf{B}$, da der Dipol während seiner (adiabatischen) Bewegung mit dem Feld ausgerichtet bleibt. Hieraus erhalten wir die magnetische Kraft in Richtung der z-Achse:

$$F = -g_F \mu_B M_F \frac{\mathrm{d}B}{\mathrm{d}z} \tag{10.3}$$

---

[1] Es gab frühe Arbeiten über das magnetische Einfangen von ultrakalten Atomen, deren magnetisches Moment nur $-1{,}9\,\mu_N$ ist. Das Kernmagneton μ_N ist wesentlich kleiner als das bohrsche Magneton μ_B.

Beispiel 10.1 *Schätzen Sie den Effekt der magnetischen Kraft auf ein Atom der Masse M ab, das mit der Geschwindigkeit v durch einen Stern-Gerlach-Magneten geht.*

Das Atom braucht eine Zeit $t = L/v$, um durch eine Region mit hohem Feldgradienten zu gehen (die Länge zwischen den Polen des Magneten beträgt L). Dabei erfährt es einen Impulsübertrag Ft in transversaler Richtung, der seinen Impuls um $\Delta p = Ft$ ändert. Ein Atom mit dem Impuls $p = Mv$ in Richtung des Strahls hat einen Ablenkwinkel von

$$\theta = \frac{\Delta p}{p} = \frac{FL}{Mv^2} = \frac{FL}{2E_{\text{ke}}} \tag{10.4}$$

Die kinetische Energie ist $E_{\text{ke}} \simeq 2k_{\text{B}}T$ (gemäß Tabelle 8.1), wobei T die Temperatur des Ofens ist, aus dem der Strahl entweicht. Ein Atom mit nur einem Valenzelektron hat einen maximalen Impuls von μ_{B} (falls $g_F M_F = 1$) und folglich gilt

$$\theta = \frac{\mu_{\text{B}}}{k_{\text{B}}} \times \frac{dB}{dz} \frac{L}{4T} = 0{,}67 \times \frac{3 \times 0{,}1}{4 \times 373} \simeq 1{,}4 \times 10^{-4}\,\text{rad} \tag{10.5}$$

Diese Auswertung für einen Feldgradienten von $3\,\text{T\,m}^{-1}$ über die Strecke $L = 0{,}1\,\text{m}$ und bei der Temperatur $T = 373\,\text{K}$ verwendet das Verhältnis des bohrschen Magnetons zur Boltzmann-Konstante, das durch

$$\frac{\mu_{\text{B}}}{k_{\text{B}}} = 0{,}67\ \text{K\,T}^{-1} \tag{10.6}$$

gegeben ist. Dies bedeutet, dass ein gut gebündelter Strahl von Spin-1/2-Atomen $1\,\text{m}$ hinter dem Magneten in zwei Komponenten aufgespalten wird, die um $2\theta L = 0{,}3\,\text{mm}$ separiert sind.

Für ein Atom mit $T \simeq 0{,}1\,\text{K}$ liefert Gleichung (10.5) eine Ablenkung von $0{,}5\,\text{rad}$! Zwar ist die Gleichung für einen so großen Winkel nicht gültig, doch gibt sie einen Hinweis darauf, dass magnetische Kräfte einen starken Einfluss auf lasergekühlte Atome haben und ihre Trajektorien ablenken kann. Aus (10.6) sehen wir unmittelbar, dass eine Magnetfalle, in der das Feld zwischen 0 und $0{,}03\,\text{T}$ variiert, eine Tiefe von $0{,}02\,\text{K}$ hat. Dies gilt beispielsweise für eine Falle mit einem Feldgradienten von $3\,\text{T\,m}^{-1}$ über $10\,\text{mm}$, wie sie im nächsten Abschnitt beschrieben wird. Es sei daran erinnert, dass die Doppler-Kühlungsgrenze für Natrium bei $240\,\mu\text{K}$ liegt, sodass lasergekühlte Atome leicht eingefangen werden können. Fallen, die mit supraleitenden Magnetspulen arbeiten, können Felder von mehr als $10\,\text{T}$ haben und erreichen somit Tiefen von mehreren Kelvin. Damit können sogar Moleküle eingefangen werden, für die keine Laserkühlung möglich ist.[2]

---

[2] Standard-Laserkühlung funktioniert bei Molekülen nicht, da die fortgesetzte spontane Emission dazu führt, dass sich die Population über viele Vibrations- und Rotationsniveaus verteilt. Supraleitende Fallen arbeiten bei tiefen Temperaturen, wobei mit flüssigem Helium oder mit Mischungskühlung gekühlt wird. Die Moleküle werden dabei durch Puffergaskühlung auf die gleiche Temperatur wie die Umgebung gebracht (siehe Abschnitt 12.4).

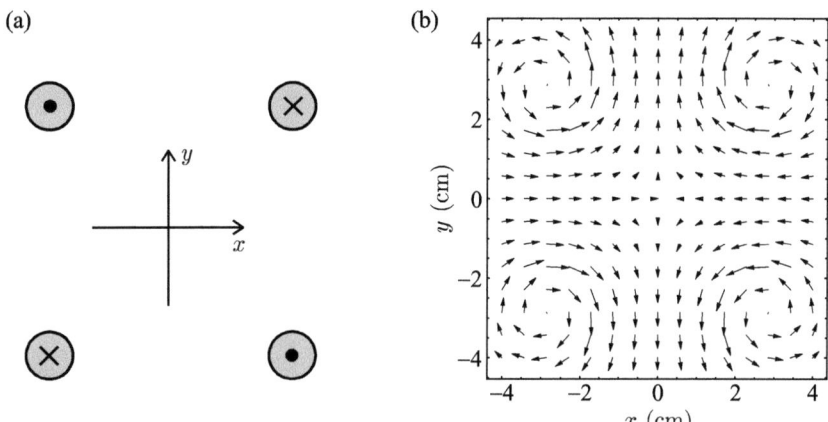

Abbildung 10.1: *(a) Querschnitt durch eine Anordnung aus vier geraden, parallelen Drähten, wobei die in ihnen fließenden Ströme in die Papierebene hinein bzw. aus dieser heraus zeigen. Die Anordnung bildet ein magnetisches Quadrupolfeld. In einer realen Magnetfalle besteht jeder „Draht" in der Regel aus mehr als zehn Strängen, von denen jeder mehr als 100 Ampere leiten kann. Damit übersteigt der insgesamt in jedem der vier Drähte fließende Strom 1000 Ampere. (b) Dieser Teil zeigt die Richtung des Magnetfeldes, die um die vier Drähte herum führt – diese Konfiguration ist ein magnetischer Quadrupol.*

10.2   Magnetfallen

10.2.1   Beschränkung in radialer Richtung

Die im einführenden Abschnitt vorgenommene Schätzung zeigt, dass magnetische Kräfte einen signifikanten Effekt auf kalte Atome haben. In diesem Abschnitt wollen wir die in Abbildung 10.1 illustrierte spezielle Konfiguration zum Einfangen von Atomen untersuchen. Die vier parallelen Drähte, die in den Ecken eines Quadrats angeordnet sind, erzeugen ein magnetisches Quadrupolfeld, wenn die Ströme in benachbarten Drähten in entgegengesetzten Richtungen fließen. Offensichtlich erzeugt diese Konfiguration keinen Feldgradienten in Richtung der Achse (z-Richtung). Aus der Maxwell-Gleichung div $\mathbf{B} = 0$ erhalten wir daher

$$\frac{\mathrm{d}B_x}{\mathrm{d}x} = -\frac{\mathrm{d}B_y}{\mathrm{d}y} = b'$$

Diese Gradienten haben den gleichen Betrag b', aber unterschiedliche Vorzeichen. Das Magnetfeld hat somit die Form

$$\mathbf{B} = b'\left(x\widehat{\mathbf{e}}_x - y\widehat{\mathbf{e}}_y\right) + \mathbf{B}_0 \tag{10.7}$$

Hier nehmen wir einfach $b' = 3\,\mathrm{T\,m^{-1}}$ an. Dass dies ein realistischer Feldgradient ist, kann man mithilfe des Biot-Savart-Gesetzes zeigen, indem man das von den Spulen erzeugte Feld berechnet (siehe Erläuterung zu Abbildung 10.1). Im Spezialfall $B_0 = 0$

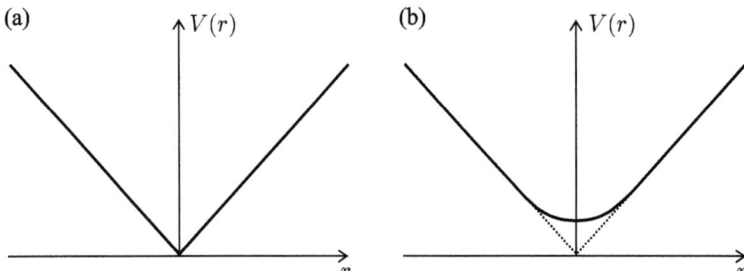

Abbildung 10.2: *(a) Ein Querschnitt durch das magnetische Potential (10.8) in einer radialen Richtung, zum Beispiel entlang der x- oder y-Achse. Der Knick (auch Cusp genannt) am Fuß des Potentials führt zu nicht-adiabatischen Übergängen der eingesperrten Atome. (b) Ein Bias-Feld in Richtung der z-Achse rundet den Fuß des Fallenpotentials ab, sodass in der Umgebung der Achse ein harmonisches Potential entsteht (in dem Bereich, wo das radiale Feld kleiner ist als das axiale Bias-Feld).*

hat das Feld den Betrag

$$|\mathbf{B}| = b'(x^2 + y^2)^{1/2} = b'r \tag{10.8}$$

Damit hat die magnetische Energie (10.2) eine lineare Abhängigkeit von der radialen Koordinate $r = \sqrt{x^2 + y^2}$. Dieses konische Potential hat einen V-förmigen Querschnitt, der in Abbildung 10.2(a) gezeigt ist. Die Kraft in radialer Richtung ist durch

$$\mathbf{F} = -\nabla V = -g_F \mu_B M_F b' \,\widehat{\mathbf{e}}_r \tag{10.9}$$

gegeben. Diese Kraft hält die Atome in einem Zustand fest, in dem sie nach einem niedrigen Feld streben, also einem Zustand mit $g_F M_F > 0$, sodass die magnetische Energie abnimmt, während sich das Atom hin zum niedrigen Feld bewegt (siehe zum Beispiel Abbildung 6.10). Allerdings gibt es bei einem Quadrupolfeld ein grundsätzliches Problem – die Atome sammeln sich in der Nähe des Zentrums, wo $B = 0$ gilt und die Zeeman-Unterniveaus (die Zustände $|IJFM_F\rangle$) eine sehr kleine Energieseparation haben. In dieser Region mit sehr niedrigem Magnetfeld mischen sich die Zustände mit unterschiedlichen Magnetquantenzahlen, und Atome können von einem Wert von M_F zu einem anderen übergehen (beispielsweise infolge von Störungen, die durch Rauschen oder Fluktuationen des Feldes verursacht werden). Diese nicht-adiabatischen Übergänge erlauben es den Atomen zu entweichen und reduzieren somit die Aufenthaltszeit der Atome in der Falle. Das Verhalten von Atomen in dieser Magnetfalle mit Leck erinnert an einen kegelförmigen Trichter, der an seinem Scheitel einen schmalen Ausgang hat – und natürlich ist es wünschenswert, das Leck im Boden der Falle zu stopfen.[3]

---

[3] Diese Verluste sind der Grund, dass die Konfiguration des Quadrupolfelds der beiden Spulen einer magneto-optischen Falle (MOT) nicht direkt für eine Magnetfalle benutzt wird. Die MOT arbeitet mit Gradienten von $0{,}1\,\mathrm{m}^{-1}$, sodass in jedem Fall dreißigmal mehr Stromdurchläufe erforderlich sind. Wir diskutieren hier nicht das Hinzufügen eines zeitlich veränderlichen Feldes zu dieser Konfiguration, was zu der TOP-Falle führt, die bei der ersten experimentellen Beobachtung der Bose-Einstein-Kondensation in verdünnten Alkalidämpfen verwendet wurde (Anderson *et al.* 1995).

Der Verlust durch nicht-adiabatische Übergänge kann nicht verhindert werden, indem man ein homogenes Feld in x- oder y-Richtung hinzufügt, denn dies würde einfach die Linie verschieben, auf der $\mathbf{B} = 0$ gilt, und man hätte wieder die gleiche Situation wie zuvor (nur an einer anderen Stelle). Ein Feld $\mathbf{B}_0 = B_0\hat{\mathbf{e}}_z$ in z-Richtung dagegen erzielt den gewünschten Effekt und der Betrag des Feldes in (10.7) wird zu

$$|\mathbf{B}| = \left\{ B_0^2 + (b'r)^2 \right\}^{1/2} \simeq B_0 + \frac{b'^2 r^2}{2B_0} \qquad (10.10)$$

Diese Näherung ist akzeptabel für kleine r, für die $b'r \ll B_0$ gilt. Das Bias-Feld in z-Richtung rundet den Knick in dem trichterförmigen Potential ab (siehe Abbildung 10.2(b)), sodass Atome der Masse M in der Nähe der Achse ein harmonisches Potential spüren. Aus Gleichung (10.2) erhalten wir

$$V(r) = V_0 + \frac{1}{2}M\omega_r^2 r^2 \qquad (10.11)$$

Die radiale Oszillation hat die Frequenz

$$\omega_r = \sqrt{\frac{g_F \mu_B M_F}{M B_0}} \times b' \qquad (10.12)$$

10.2.2 Beschränkung in axialer Richtung

Die *Ioffe-Falle* (siehe Abbildung 10.3) verwendet eine Kombination aus einem linearen magnetischen Quadrupol und einem axialen Bias-Feld, das oben beschrieben ist und das für das radiale Festhalten der Atome in Zuständen mit niedrigem Feld sorgt. Um diese Atome in axialer Richtung festzuhalten, besitzt die Falle zwei Paare von koaxialen Spulen, in denen Ströme in gleicher Richtung fließen. Auf diese Weise wird ein Feld in z-Richtung erzeugt, dessen Stärke in Abbildung 10.4 gezeigt ist. Die sogenannten Pinch-Spulen[4] haben einen Abstand, der größer ist als bei Helmholtz-Spulen. Deshalb hat das Feld in z-Richtung in der Mitte zwischen den beiden Spulen ein Minimum (dort gilt $\mathrm{d}B_z/\mathrm{d}z = 0$). Das Feld hat die Form

$$B_{\mathrm{Pinch}}(z) = B_{\mathrm{Pinch}}(0) + \frac{\mathrm{d}^2 B_z}{\mathrm{d}z^2}\frac{z^2}{2} \qquad (10.13)$$

Hieraus ergibt sich ein entsprechendes Minimum in der magnetische Energie und folglich ein harmonisches Potential in z-Richtung. Typischerweise hat die Ioffe-Falle eine axiale Oszillationsfrequenz ω_z, die um eine Größenordnung unter $\omega_r (= \omega_x = \omega_y)$ liegt, beispielsweise $\omega_z/2\pi = 15\,\mathrm{Hz}$ und $\omega_r/2\pi = 250\,\mathrm{Hz}$ (siehe Aufgabe 10.1). Im Ergebnis sammeln sich die Atome in einer zigarrenförmigen Wolke in Richtung der z-Achse. Die Krümmung des Magnetfeldes in z-Richtung hängt von den Abmessungen der Pinch-Spulen sowie von dem in ihnen fließenden Strom ab. Daher beeinflusst ein homogenes

---

[4] Die Bezeichnung „Pinch-Spulen" resultiert aus der Vorstellung, die „Magnetröhre", welche die Atome enthält, festzuklemmen (englisch pinch off). Die Konfiguration der Ioffe-Falle wurde ursprünglich vorgeschlagen, um Plasma festzuhalten.

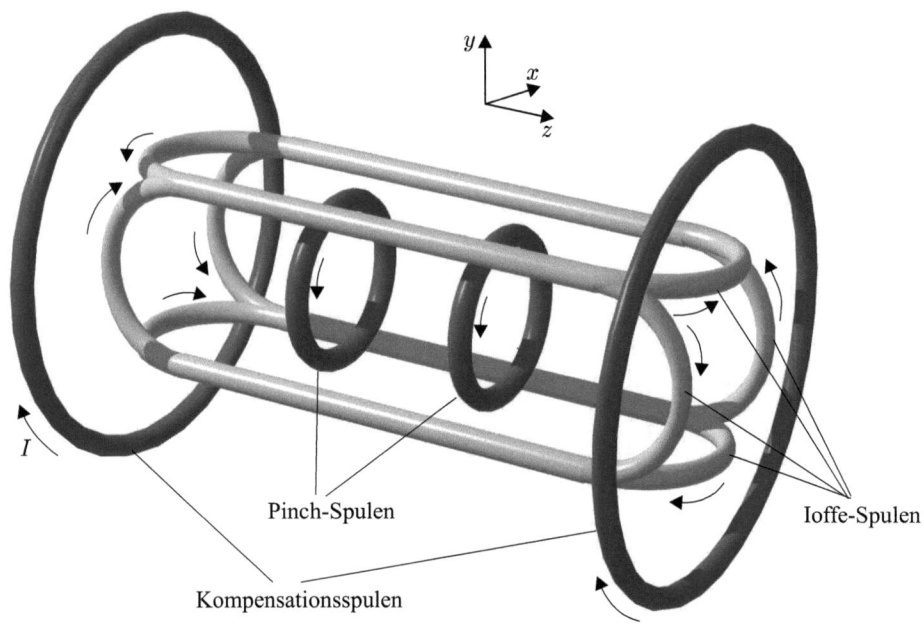

Abbildung 10.3: *Eine Ioffe-Pritchard-Falle. Die von den einzelnen Spulen erzeugten Felder werden ausführlicher im Text sowie in den nachfolgenden Abbildungen beschrieben. Diese Ioffe-Falle wird mit lasergekühlten Atomen beladen; siehe hierzu Abbildung 10.5. (Die Abbildung wurde mit freundlicher Genehmigung von Dr. Kai Dieckmann übernommen.)*

Feld in z-Richtung ω_z *nicht*, wohl aber ω_r wegen der in (10.12) auftretenden Abhängigkeit von B_0. Die in Abbildung 10.3 gezeichneten Paare von Kompensationsspulen erzeugen ein homogenes Feld in z-Richtung, das dem Feld der Pinch-Spulen entgegenwirkt. Dies erlaubt dem Experimentator, B_0 zu reduzieren und die Falle in radialer Richtung starr zu machen.[5]

Um die beim Verfahren der optischen Melasse entstehende, näherungsweise kugelförmige Wolke von Atomen zu laden, wird die Ioffe-Falle so justiert, dass $\omega_r \simeq \omega_z$ gilt. Nach dem Beladen wird die Wolke in eine lange, dünne Zigarrenform verzerrt, indem das Bias-Feld B_0 reduziert wird, wodurch die radiale Fallenfrequenz steigt (siehe (10.12)). Diese adiabatische Kompression liefert eine höhere Dichte und folglich eine höhere Stoßrate für die Verdampfungskühlung.

---

[5] In der Praxis müssen die Kompensationsspulen nicht exakt den Helmholtz-Abstand haben. Mit dem Strom in diesen Spulen und dem Strom in den Pinch-Spulen stehen zwei experimentelle Parameter zur Verfügung, um Betrag und Krümmung des Feldes auf jeden gewünschten Wert zu justieren (in den Grenzen, die durch den maximale Strom gesetzt werden, der durch die Spulenpaare fließt). Aus Symmetriegründen liefert keines der Spulenpaare einen Feldgradienten.

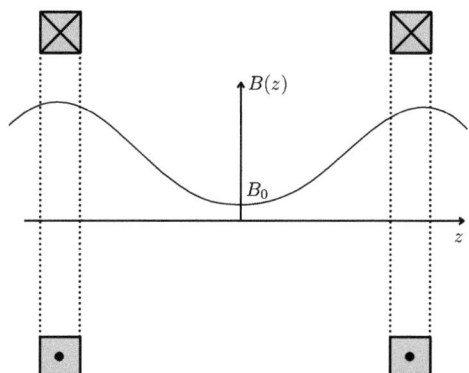

Abbildung 10.4: *In den Pinch-Spulen fließen Ströme in gleicher Richtung und erzeugen ein Magnetfeld in z-Richtung mit einem Minimum bei $z = 0$. Hieraus resultiert eine Potentialmulde für Atome in Zuständen, die in dieser Richtung zu niedrigem Feld streben. Wegen der Symmetrie gibt es keinen Gradienten bei $z = 0$.*

10.3   Verdampfungskühlung

Laserkühlung durch optische Melasse erzeugt Atome mit einer Temperatur unter der Doppler-Grenze, aber beträchlich über der Rückstoßgrenze. Diese Atome können leicht in Magnetfallen gefangen werden (wie in Abschnitt 10.1 gezeigt wurde), und mit der Verdampfungskühlung steht eine sehr effektive Methode zur Verfügung, um die Temperatur noch weiter zu reduzieren. In der gleichen Weise, wie eine Tasse Tee ihre Temperatur verliert, während der Dampf Energie davon trägt, kühlt die Wolke der Atome in einer Magnetfalle ab, wenn die energiereichsten Atome entweichen können. Jedes Atom, das die Falle verlässt, trägt mehr als den mittleren Betrag an Energie fort; folglich wird das verbleibende Gas kälter, wie in Abbildung 10.6 illustriert ist.

Ein einfaches Modell, das nützlich für das Verständnis dieses Prozesses ist (und für die quantitativen Berechnungen in Aufgabe 10.4), betrachtet die Verdampfung als eine Folge diskreter Schritte. Zu Beginn eines Schrittes hat das Atom eine Boltzmann-Verteilung der Energien $\mathcal{N}(E) = \mathcal{N}_0 \exp(-E/k_\mathrm{B}T_1)$, die charakteristisch für die Temperatur T_1 sind. Alle Atome mit Energien oberhalb eines bestimmten Wertes, $E > E_\mathrm{cut}$, können entweichen. Dabei ist $E_\mathrm{cut} = \eta k_\mathrm{B}T_1$, und der Parameter η liegt zwischen 3 und 6. Diese abgeschnittene Verteilung hat weniger Energie pro Atom als die Verteilung vor dem Schnitt, sodass, nachdem Stöße zwischen den Atomen das thermische Gleichgewicht wiederhergestellt haben, die neue Exponentialverteilung eine niedrigere Temperatur $T_2 < T_1$ hat.[6] Der nächste Schritt entfernt Atome mit Energien oberhalb von $\eta k_\mathrm{B}T_2$ (die Verteilung wird weiter unten abgeschnitten als im ersten Schritt), was zu einer weiteren Kühlung führt usw.[7]

---

[6]   Die Temperatur ist nur im Gleichgewicht definiert. In allen anderen Situationen sollte stattdessen die mittlere Energie pro Atom verwendet werden.

[7]   Eine Exponentialverteilung erstreckt sich bis nach unendlich, und daher gibt es für jeden Wert von E_cut (oder η) immer eine gewisse Wahrscheinlichkeit, dass Atome eine höhere Energie haben. Jedoch wirkt sich das Entfernen eines kleinen Bruchteils der Atome nur wenig aus, wenn man über die verbliebenen Atome mittelt. In Aufgabe 10.4 werden verschiedene Schnitttiefen verglichen.

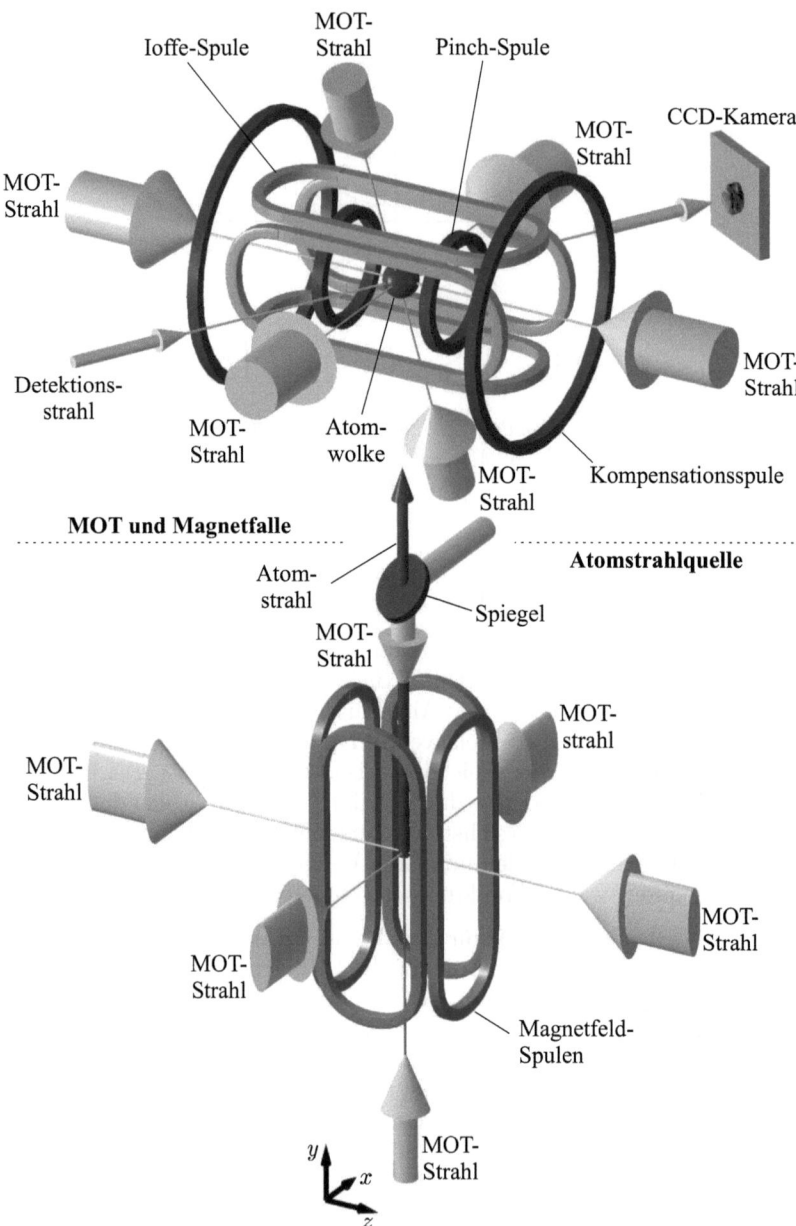

Abbildung 10.5: *Allgemeine Anordnung beim Beladen einer Ioffe-Pritchard-Falle mit laser-gekühlten Atomen aus einer magneto-optischen Falle (MOT). (Die MOT hat eine andere Spu-lenanordnung als die in Abschnitt 9.4 beschriebene, doch das Funktionsprinzip ist das gleiche.) Diese Versuchsanordnung wurde von der Gruppe von Professor Jook Walraven am FOM Insti-tute Amsterdam entworfen. (Abbildung mit freundlicher Genehmigung von Dr. Kai Dieckmann, aus Dieckmann et al. (1998).)* © *American Physical Society.*

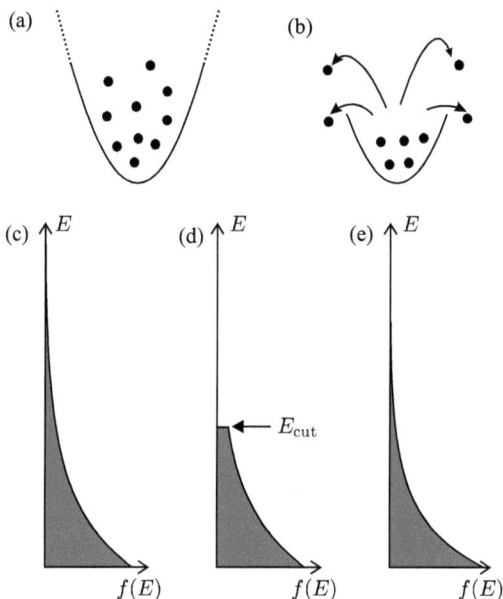

Abbildung 10.6: *(a) Schematische Darstellung von Atomen, die in einen harmonischen Potential festgehalten werden. (b) Die Höhe des Potentials wird reduziert, sodass Atome mit überdurchschnittlicher Energie entweichen. Die verbleibenden Atome haben eine geringere mittlere Energie als die Anfangsverteilung. Die Evolution der Energieverteilung ist im unteren Teil dargestellt: (c) die anfängliche Boltzmann-Verteilung $f(E) = \exp(-E/k_BT_1)$; (d) die abgeschnittene Verteilung sehr bald, nachdem die enrgiereichsten Atome entwichen sind; (e) einige Zeit später. Durch die Stöße der verbliebenen Atome hat sich wieder eine Boltzmann-Verteilung eingestellt, allerdings mit einer Temperatur T_2, die kleiner ist als T_1. In der Praxis läuft die Verdampfungskühlung in Magnetfallen etwas anders ab als in diesem vereinfachten Schema. Erstens verändert sich nicht das Potential, sondern die Atome verlassen die Falle, indem sie durch Radiofrequenzübergänge in nicht gefangene Zustände übergehen, die einen bestimmten Abstand vom Fallenmittelpunkt haben. Zweitens wird das Kühlen kontinuierlich durchgeführt anstatt in einer Folge diskreter Schritte.*

Für viele kleine Schritte liefert dieses Modell eine gute Näherung an reale Experimente, in denen die Verdampfung als kontinuierliches Herunterfahren von E_{cut} abläuft, wobei immer Atome vom Rand der Wolke abgeschnitten werden (ohne Zwischenstopp, sodass sich kein thermisches Gleichgewicht einstellt). Die Rate des Herunterfahrens bei der Verdampfungskühlung hängt von der Stoßrate zwischen den Atomen in der Falle ab.[8]

Während der Verdampfung in einer harmonischen Falle *wächst* die Dichte (oder bleibt zumindest konstant), da die Atome in dem Potential tiefer sinken, wenn sie kälter werden. Dies erlaubt eine *Runaway-Verdampfung*, was die Temperatur um viele Größen-

---

[8] Wenn der Prozess zu schnell ausgeführt wird, ähnelt die Situation der, die in einem nicht wechselwirkenden Gas (also ohne Stöße) vorliegt. Dort führt das Abschneiden der energiereichen Atome nicht zu mehr Atomen mit niedriger Energie. Es werden lediglich die langsamsten Atome selektiert.

ordnungen reduziert; gleichzeitig erhöht sich die Phasenraumdichte auf einen Wert, bei dem die Quantenstatistik von Bedeutung ist.[9]

Die Verdampfung kann durch Herunterfahren der Stärke der Falle durchgeführt werden, was allerdings die Dichte reduziert und schließlich die Falle zu schwach macht, um die Atome entgegen der Gravitation zu halten. (Es sei jedoch angemerkt, dass diese Methode für Rubidium- und Caesiumatome in Dipolfallen erfolgreich benutzt wurde.) In Magnetfallen wird die präzisionsgesteuerte Verdampfung unter Verwendung von Radiofrequenzstrahlung durchgeführt, um in einer bestimmten Entfernung von der Fallenmitte Übergänge zwischen den gefangenen und dem nicht gefangenen Zuständen anzutreiben. Das heißt, Strahlung der Frequenz ω_{rf} treibt Übergänge mit $\Delta M_F = \pm 1$ bei einem Radius r an, der die Bedingung $g_F \mu_B b' r = \hbar \omega_{\mathrm{rf}}$ erfüllt. Energiereiche Atome, deren Oszillationen über diesen Radius hinaus reichen, werden entfernt, wie man in dem folgenden Beispiel sieht.

Beispiel 10.2 Für ein Atom mit $g_F = 1/2$ (z. B. Na) in einer Falle mit $b' = 3\,\mathrm{T\,m^{-1}}$ variiert die Frequenz mit dem Ort wie $g_F \mu_B b'/h = 21\,\mathrm{GHz\,m^{-1}}$ ($\mu_B \equiv 14\,\mathrm{GHz\,T^{-1}}$). Durch Radiofrequenzstrahlung von $40\,\mathrm{MHz}$ werden Atome auf einer Fläche entfernt, deren Querschnitt in der Ebene $z = 0$ ein Kreis vom Radius $r = 2\,\mathrm{mm}$ ist. Durch Herunterfahren der Frequenz auf $20\,\mathrm{MHz}$ wird der Radius auf $r = 1\,\mathrm{mm}$ reduziert. Bei dieser Schätzung wird angenommen, dass die Schnittfläche (wo die Radiofrequenzstrahlung Atome aus der Wolke entfernt) in der Region liegt, in der das Magnetfeld linear ist mit $b'r \gg B_0$. Dies ist das *Gegenteil* der Bedingung, die die harmonische Näherung in Gleichung (10.10) liefert. Für ein Bias-Feld von $B_0 = 3 \times 10^{-4}\,\mathrm{T}$ und den Feldgradienten b' von oben ist das Fallenpotential für $r \gg 0{,}1\,\mathrm{mm}$ linear, sodass unsere Annahme eines linearen Feldes erfüllt ist. Während die Verdampfung voranschreitet, sinken die Atome weiter nach unten in die Falle. Der Übergang von einem linearen zu einem harmonischen Potential vollzieht sich, wenn die Atomwolke einen Radius von $r = B_0/b' = 0{,}1\,\mathrm{mm}$ hat (siehe Abbildung 10.2(b)). Aus Gleichung (10.6) sehen wir, dass dies in einer linearen Falle auf eine Wolke mit einer Temperatur von $2 \times 10^{-4}\,\mathrm{K}$ führt.[10]

Bei der Verdampfungskühlung gibt es keine fundamentale untere Grenze. In Magnetfallen wurden Temperaturen von weniger als $10\,\mathrm{nK}$ erreicht. Dies ist für die hier diskutierten Experimente ausreichend, doch wir wollen uns kurz ansehen, welche Beschränkungen in der Praxis auftreten können: (a) Für eine gegebene Menge von Anfangsbedingungen ist es nicht erstrebenswert, unter den Punkt zu gehen, wo die Anzahl der eingefangenen Atome zu klein ist, um detektiert zu werden;[11] (b) Wenn die Energieauflösung der Radiofrequenzstrahlung in den Bereich der Energie der verbleibenden Atome kommt, ist es nicht mehr möglich, selektiv nur die „heißen" Atome zu entfernen; das „Radiofrequenzmesser" wird sozusagen zu stumpf, um die Atome von den Rändern der Wolke

---

[9] Im Gegensatz dazu sinken bei einem Rechteckpotential die Dichte und die Streurate, wenn Atome verloren gehen, sodass die Verdampfung zum Stillstand kommt. In den Anfangsstadien der Verdampfung in einer Ioffe-Falle breiten sich die Atome zu den Seiten des Potentials aus und erfahren ein lineares Potential in der radialen Richtung. Das lineare Potential liefert für einen gegebenen Temperaturabfall ein stärkeres Anwachsen der Dichte als bei einer harmonischen Falle und folglich bessere Bedingungen für das Einsetzen der Verdampfung.

[10] Dies entspricht näherungsweise der Doppler-Kühlungsgrenze für Natrium (siehe aber Aufgabe 10.2).

[11] Gute Bilder wurden bei dem ersten Experiment zur Bose-Einstein-Kondensation für 2000 Rubidiumatome erhalten, und im Prinzip ist es sogar möglich, ein einzelnes Atom zu detektieren.

abzutrennen;[12] (c) Für Fermionen ist es schwierig, Atome auf Temperaturen deutlich unterhalb der Fermi-Temperatur T_F zu kühlen, bei der die Entartung auftritt, denn wenn fast alle Zustände mit einer Energie unter $k_B T_F$ aufgefüllt sind (wobei wegen des Pauli-Prinzips jeder Zustand mit nur einem Atom besetzt ist), hat ein Atom eine sehr geringe Wahrscheinlichkeit, bei einem Stoß in einen unbesetzten Zustand („Loch") überzugehen. Die Situation für Bosonen wird im nächsten Abschnitt diskutiert.

Die Temperatur einer Wolke eingefangener Atome kann durch eine adiabatische Entwicklung der Wolke reduziert werden. Per Definition bewirkt ein adiabatischer Prozess keine Änderung der Phasenraumdichte (bzw. der mittleren Anzahl von Atomen in jedem Energieniveau des Systems). Somit ist der bestimmende Parameter in einem eingefangenen System die Phasenraumdichte und nicht die Temperatur.

10.4 Bose-Einstein-Kondensation

Bosonen sind gesellige Teilchen, die gern gemeinsam im gleichen Zustand sitzen. Im Gegensatz dazu weigern sich Fermionen, in einen bereits besetzten Zustand zu gehen; beispielsweise unterliegen Elektronen dem Pauli-Prinzip, wodurch die Struktur der Atome festgelegt ist. Aus der statistischen Mechanik wissen wir, dass ein bosonisches System einen Phasenübergang vollzieht und die Teilchen in den Grundzustand fallen, wenn es eine kritische Phasenraumdichte erreicht. Die übliche Behandlung dieser Bose-Einstein-Kondensation lässt sich nahezu unverändert auf verdünnte Dämpfe aus Alkaliatomen in Magnetfallen anwenden, und die Tatsache, dass diese Systeme relativ einfach zu handhaben sind, war eine starke Motivation für diese Experimente. Suprafluides Helium ist dagegen vergleichsweise komplex, da die Heliumatome in dieser *Flüssigkeit* viel stärker wechselwirken als die Atome in einem verdünnten Dampf.[13] In Anhang F ist eine mathematische Behandlung der Bose-Einstein-Kondensation skizziert, die von der statistischen Mechanik eines „Gases" von Photonen im thermischen Gleichgewicht ausgeht, also von Schwarzkörperstrahlung. Diese Behandlung macht deutlich, dass die Bose-Einstein-Kondensation ein völlig anderer Typ von Phasenübergang ist, als man ihn von einer „gewöhnlichen" Kondensation kennt, bei der ein Dampf aufgrund der anziehenden Kräfte zwischen den Atomen oder Molekülen in eine Flüssigkeit übergeht. Die Quantenstatistik wird wichtig, wenn die Besetzung der Quantenzustände gegen eins strebt. Bei kleineren Phasenraumdichten versuchen die Teilchen kaum, in die gleichen Zustände zu gehen, sodass sie sich im Prinzip wie klassische Objekte verhalten. Doch wenn die Zustände zunehmend stark gefüllt sind, verhalten sich die Teilchen anders,

---

[12] Beiträge zur Breite des Radiofrequenzübergangs zwischen den Zeeman-Unterniveaus resultieren aus der Leistungsverbreiterung und Fluktuationen (Rauschen) im Magnetfeld. Häufiger ist die Auflösung bei der Radiofrequenzspektroskopie durch die Wechselwirkungszeit beschränkt, doch dies ist für eingefangene Atome und kontinuierliche Strahlung von geringerer Bedeutung.

[13] Das Konzept der Bose-Einstein-Kondensation geht auf einen Aufsatz des indischen Physikers Satyendra Bose aus dem Jahr 1924 zurück. Dort wird die Planck-Verteilung für Strahlung auf eine neue Art und Weise hergeleitet, nämlich indem eine statistische Verteilung von Photonen über die Energieniveaus betrachtet wird. Einstein erkannte, dass der gleiche Zugang auf Teilchen angewandt werden kann (die wir heute Bosonen nennen), und er sagte die Bose-Einstein-Kondensation vorher. In einem Brief an Paul Ehrenfest schrieb Einstein: „Die Theorie ist hübsch, aber ob auch etwas Wahres dran ist?"

was mit ihrem Spin zu tun hat.

Wie in Anhang F gezeigt ist, treten Quanteneffekte auf, wenn die Teilchenzahldichte $n = \mathcal{N}/V$ den Wert

$$n = \frac{2,6}{\lambda_{\mathrm{dB}}^3} \tag{10.14}$$

erreicht.[14] Dabei ist λ_{dB} der Wert der thermischen de-Broglie-Wellenlänge, der durch

$$\lambda_{\mathrm{dB}} = \frac{h}{\sqrt{2\pi M k_{\mathrm{B}} T}} \tag{10.15}$$

definiert ist. Diese Definition entspricht dem üblichen Ausdruck $\lambda_{\mathrm{dB}} = h/Mv$ mit einer für das Gas charakteristischen Geschwindigkeit v. Vereinfacht gesagt, liefert die de-Broglie-Wellenlänge ein Maß für die Delokalisierung der Atome, also die Größe der Region, in der das Atom bei einer Ortsmessung mit großer Wahrscheinlichkeit gefunden wird. Quanteneffekte werden wichtig, wenn λ_{dB} vergleichbar mit dem Abstand zwischen den Atomen wird, sodass die individuellen Teilchen nicht mehr unterscheidbar sind.[15]

Für ein ideales Bose-Gas mit der Dichte von flüssigem Helium ($145\,\mathrm{kg\,m^{-3}}$ bei atmosphärischem Druck) sagen (10.14) und (10.15) eine kritische Temperatur von $3,1\,\mathrm{K}$ voraus. Dies ist nahe am sogenannten λ-Punkt von $2,2\,\mathrm{K}$, wo Helium beginnt, suprafluid zu werden (siehe Annett 2004 bzw. 2011). Die für ein Gas hergeleiteten Gleichungen liefern sehr genaue Vorhersagen, denn obwohl Helium bei $4,2\,\mathrm{K}$ flüssig wird, hat es eine niedrigere Dichte als andere Flüssigkeiten (vgl. zum Beispiel mit $10^3\,\mathrm{kg\,m^{-3}}$ für Wasser). Zwischen Heliumatomen gibt es wegen ihrer atomaren Struktur nur schwache Wechselwirkungen – die abgeschlossene Elektronenschale führt zu einer geringen Größe und einer sehr niedrigen Polarisierbarkeit. Die genauen Eigenschaften von suprafluidem Helium sind allerdings weit entfernt von denen eines schwach wechselwirkenden Bose-kondensierten Gases. Eingefangene atomare Gases haben dagegen viel niedrigere Dichten, sodass die Bose-Einstein-Kondensation bei Temperaturen von etwa ein Mikrokelvin auftritt. Es ist verblüffend, das Natrium und andere Alkalimetalle als atomare Dämpfe bei so niedrigen Temperaturen existieren können, und tatsächlich wurde das von vielen Forschern angezweifelt, bevor es tatsächlich durch Experimente nachgewiesen wurde. Möglich ist dies bei sehr niedrigen Dichten, da die Prozesse, die zur Bildung von Molekülen führen, langsamer ablaufen als die Bildung eines Bose-Einstein-Kondensats.[16]

---

[14] Hier wird das Symbol n für die Teilchenzahldichte verwendet (wie meist in der statistischen Mechanik) anstatt N, wie in den letzten Kapiteln. Die Anzahl der Atome ist $\mathcal{N}$ und V ist das Volumen.

[15] Dieses sehr allgemeine Kriterium gilt auch für Fermionen, jedoch nicht mit dem gleichen numerischen Koeffizienten wie in (10.14).

[16] Bei diesen Systemen ist das Bose-kondensierte Gas metastabil. Allerdings können Bedingungen geschaffen werden, unter denen das Kondensat eine Lebensdauer von vielen Minuten hat. Die ultrakalten Moleküle, die sich bei der Rekombination kalter Atome bilden, sind selbst interessante Forschungsobjekte. Um lange Lebensdauern zu erreichen, die durch die Rekombination der Atome limitiert sind, muss das Kondensat in einem ultrahohen Vakuum gehalten werden, sodass sich die Stoßrate mit den Molekülen des Hintergrundgases in der Apparatur reduziert.

10.5 Bose-Einstein-Kondensation in eingefangenen atomaren Dämpfen

Gewöhnlich wird bei der Darstellung der Bose-Einstein-Kondensation in Lehrbüchern ein Gas betrachtet, das innerhalb eines gegebenen, festen Volumens eine gleichförmige Dichte hat, also beispielsweise ein homogenes Gas. Bei Experimenten mit magnetisch festgehaltenen Atomen entspricht die Situation jedoch der eines Bose-Gases in einem harmonischen Potential, und hier wollen wir uns mit diesem inhomogenen System befassen. In diesem Abschnitt werden Näherungswerte für wichtige Größen abgeleitet, und zwar in einer Weise, die ein gutes physikalisches Verständnis der Eigenschaften gefangener Bose-Gase ermöglicht. Eine Wolke von thermischen Atomen (also nicht Bosekondensiert) in einem harmonischen Potential mit einer mittleren Oszillationsfrequenz ω hat einen Radius r, der durch

$$\frac{1}{2}M\omega^2 r^2 \simeq \frac{1}{2}k_\mathrm{B}T \tag{10.16}$$

festgelegt ist. Entsprechend dem geforderten Genauigkeitsgrad nehmen wir als Volumen $V \simeq 4r^3$ (eine akzeptable Näherung für das Volumen einer Kugel, $4\pi r^3/3$). Dies ergibt für die Teilchenzahldichte $n \simeq \mathcal{N}/4r^3$, was in Kombination mit (10.14)

$$\mathcal{N}^{1/3} \simeq \frac{r}{\lambda_\mathrm{dB}} = \frac{k_\mathrm{B}T_\mathrm{C}}{\hbar\omega} \tag{10.17}$$

liefert. Dieses Ergebnis erhalten wir, wenn wir für r den Wert gemäß Gleichung (10.16) einsetzen und für λ_dB Gleichung (10.14) mit der kritischen Temperatur T_C.[17] Zufällig und trotz all unserer Näherungen liegt dieser Audruck in Grenzen von 10% von dem Wert entfernt, der weniger grob für gaußverteilte Atome hergeleitet wurde (siehe die Bücher von Pethick und Smith (2001) sowie Pitaevskii und Stringari (2003)). Wenn das Fallenpotential nicht kugelsymmetrisch ist, kann dieses Ergebnis angepasst werden, indem man das geometrische Mittel

$$\overline{\omega} = \left(\omega_x \omega_y \omega_z\right)^{1/3} \tag{10.18}$$

verwendet. Für eine Wolke von $\mathcal{N} = 4 \times 10^6$ Atomen erhalten wir[18]

$$k_\mathrm{B}T_\mathrm{C} = \hbar\overline{\omega}\mathcal{N}^{1/3} = \hbar\overline{\omega} \times 160 \tag{10.19}$$

Dieses Ergebnis zeigt, dass die Atome bei der Bose-Einstein-Kondensation viele Niveaus der Falle besetzen und dass es die Quantenstatistik ist, was die Atome in den Grundzustand fallen lässt.[19] Eine typische Falle mit $\overline{\omega}/2\pi = 100\,\mathrm{Hz}$ hat einen Niveauabstand von

---

[17] Dabei wird ein Faktor von $10^{1/3} \simeq 2$ vernachlässigt.

[18] Diese Zahl bei T_C wurde gewählt, weil sie nach weiterer Verdampfung auf ein Kondensat mit etwa 10^6 Atomen führen würde.

[19] Wenn sich erst einmal ein paar Bosonen in einem bestimmten Zustand angesammelt haben, sind andere bestrebt, sich ihnen anzuschließen. Dieses gesellige Verhalten rührt daher, dass die konstruktive Interferenz für Bosonen zu einer Rate für stimulierte Übergänge in ein bestimmtes Niveau führt, die proportional zur Besetzungszahl in diesem Niveau ist.

$\hbar\overline{\omega}/k_B \equiv 5\,\text{nK}$ (in Temperatureinheiten). In dieser Falle ist $T_C \simeq 1\,\mu\text{K}$.[20] Für 4×10^6 Natriumatome in dieser Falle liefert (10.14) als Dichte bei T_C

$$n_C \simeq 40\,\mu\text{m}^{-3} \equiv 4 \times 10^{13}\,\text{cm}^{-3}$$

Die Quantenstatistik identischer Teilchen ist in der gleichen Weise wie für elementare Teilchen auch für zusammengesetzte Teilchen anwendbar, so lange die inneren Freiheitsgrade nicht angeregt werden. Diese Bedingung ist für kalte Atome klar erfüllt, da die zur Anregung der atomaren Elektronen erforderliche Energie wesentlich größer ist als die Wechselwirkungsenergie.[21]

10.5.1 Die Streulänge

Die Quantentheorie der Streuung ist in den meisten Büchern zur Quantenmechanik gut beschrieben, und die hier wiedergegebene kurze Zusammenfassung ist nur als Erinnerung an die wichtigsten Punkte gedacht, die für das Verständnis der Stöße zwischen den ultrakalten Atomen eines Gases von Bedeutung sind. Eine wichtige Eigenschaft von Stößen sehr niedriger Energie ist, dass der Gesamteffekt trotz der in Abbildung 10.7 gezeigten Form des Potentials der anziehenden Wechselwirkung der gleiche ist wie für das harte-Kugel-Potential. Damit können wir eine Atomwolke bei niedriger Temperatur durch ein Gas aus harten Kugeln modellieren,[22] insbesondere wenn es um die Berechnung des Energiebeitrags aus den Wechselwirkungen zwischen den Atomen geht.

Dieser Abschnitt liefert eine Begründung für dieses Verhalten von ultrakalten Atomen, die auf einfachen physikalischen Argumenten beruht und keine mathematischen Details verwendet. Das Molekülpotential (Abbildung 10.7) hat gebundene Zustände, die einem zweiatomigen Molekül entsprechen, welches aus den beiden Atomen gebildet wird. Dieser Teil der Molekül-Wellenfunktion ist eine stehende Welle analog zu jenen, die zu quantisierten Energieniveaus der Elektronen in Atomen führen.[23] Es sind jedoch die ungebundenen Zustände, die zur Beschreibung der Stöße zwischen den Atomen in einem Gas geeignet sind, und diese entsprechen Travelling-Wave-Lösungen der Schrödinger-Gleichung (illustriert in Abbildung 10.8 und 10.9). Bei der quantenmechanischen Behandlung müssen wir die Schrödinger-Gleichung lösen, um festzustellen, was in dem Potential mit einem atomaren Wellenpaket passiert. Der Drehimpuls eines Teilchens in einem radialen Potential $V(r)$ ist sowohl in der klassischen Physik als auch in der Quantenmechanik eine Erhaltungsgröße. Die Eigenzustände des radialen Teils der Schrödinger-Gleichung sind also Kugelfunktionen, wie in der Zentralfeldnäherung

---

[20] Diese Anzahl von Atomen ergibt ein T_C, das nahe an der Rückstoßgrenze für Natrium liegt (und T_C variiert nur schwach mit $\mathcal{N}$). Folglich haben die Atome eine de-Broglie-Wellenlänge, die mit der des Lichts für die Laserkühlung vergleichbar ist. Diese *Koinzidenz* bietet eine gute Möglichkeit, sich die Näherungswerte zu merken. Man beachte, dass T_C von der Atomsorte abhängt, da in einer Falle mit einem gegebenen Magnetfeld, welches durch den maximalen Stromfluss durch die Spulen beschränkt ist, die Oszillationsfrequenzen der Atome umgekehrt proportional zu $\sqrt{M}$ sind.

[21] P. Ehrenfest und J. R. Oppenheimer haben die Spin-Statistik-Beziehung für ununterscheidbare zusammengesetzte Teilchen bewiesen, siehe *Phys. Rev.*, **37**, 333 (1931).

[22] Dies trifft zumindest auf die meisten Fälle zu, die für ultrakalte Atome von Interesse sind.

[23] Dieser Teil der Molekül-Wellenfunktion repräsentiert die Vibrationsbewegung des Moleküls. Andere Aspekte der Molekülphysik sind ausführlich in Atkins (1994) beschrieben.

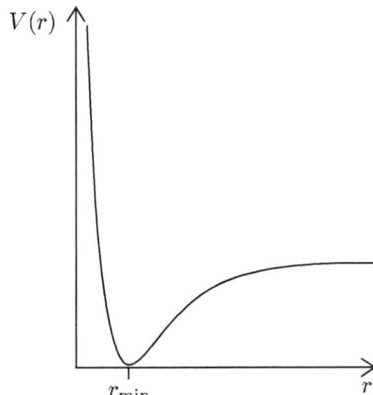

Abbildung 10.7: *Das Potential $V(r)$ für die Wechselwirkung zwischen zwei neutralen Atomen als Funktion des Abstands r. Für kleine r überlappen sich die Elektronenschalen um jedes Atom und die starke elektrostatische Abstoßung hält die Atome voneinander fern, während für größere Abstände attraktive van-der-Waals-Wechselwirkungen dominieren. Diese Kräfte halten sich für den Abstand im Potentialminimum die Waage. Dies entspricht dem Gleichgewichtsabstand des zweiatomigen Moleküls, welches der gebundene Zustand der beiden Atome ist. Beispielsweise haben die beiden Atome in Na_2 einen Abstand von 0,3 nm. Dieses interatomare Potential wird als Molekülpotential bezeichnet. Es legt andere Eigenschaften des Moleküls fest, so etwa die Vibrationsfrequenz, die den Oszillationen in der Potentialmulde entspricht.*

für Atome. Wir können den Bahndrehimpuls unter Verwendung des Korrespondenzprinzips aus der folgenden klassischen Berechnung herleiten.

Zwei stoßende Atome haben einen relativen Bahndrehimpuls von $\hbar l \simeq M' v r_{\text{Stoß}}$, wobei M' die reduzierte Masse[24] ist, v die Relativgeschwindigkeit und $r_{\text{Stoß}}$ der Stoßparameter (definiert in Abbildung 10.8). Damit ein Stoß stattfindet, muss $r_{\text{Stoß}}$ kleiner sein als die Reichweite der Wechselwirkung r_{ww}. Unter Verwendung der de-Broglie-Beziehung erhalten wir $\hbar l \lesssim M' v r_{\text{int}} = h r_{\text{int}}/\lambda_{\text{dB}}$. Hieraus folgt $l \lesssim 2\pi r_{\text{int}}/\lambda_{\text{dB}}$, und wenn die Energie hinreichend klein ist, genauer

$$\frac{\lambda_{\text{dB}}}{2\pi} \gg r_{\text{int}} \tag{10.20}$$

dann gilt $l = 0$, d. h., die Atome haben keinen relativen Bahndrehimpuls. In diesem Regime ist die gestreute Wellenfunktion eine Kugelwelle proportional zu $Y_{l=0,m=0}$, egal wie kompliziert das tatsächliche Potential ist. An der Rückstoßgrenze der Laserkühlung haben die Atome und die Photonen des Laserlichts vergleichbare Wellenlängen, $\lambda_{\text{dB}} \simeq \lambda_{\text{Licht}}$, da sie ähnliche Impulse haben. Für Natriumatome bei $T_{\text{Rückstoß}} = 2\,\mu\text{K}$ gilt beispielsweise $\lambda_{\text{dB}}/2\pi \simeq 100\,\text{nm}$.[25] Diese Schätzung ist ein Hinweis, dass die Bedingung (10.20) bei Temperaturen von wenigen Mikrokelvin erfüllt ist, da die Reichweite der Wechselwirkung zwischen neutralen Atomen normalerweise beträchtlich kleiner ist

---

[24] Der Unterschied zwischen reduzierter Masse und Masse des individuellen Atoms ist bei dieser groben Schätzung kaum von Bedeutung.

[25] Berechnet im Laborbezugssystem, also ohne Berücksichtigung der reduzierten Masse.

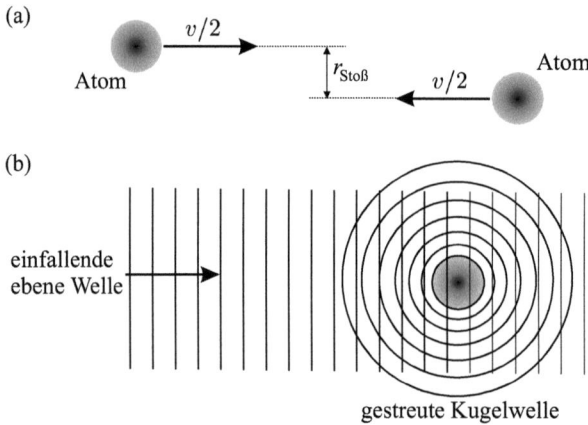

Abbildung 10.8: *(a) Zwei kollidierende Atome mit einer Relativgeschwindigkeit v im Schwerpunktsystem. Der Stoßparameter $r_{Stoß}$ bestimmt ihren relativen Bahndrehimpuls (der erhalten bleibt). (b) Bei der quantenmechanischen Beschreibung einer Streuung bei niedriger Energie ist die Lösung der Schrödinger-Gleichung die Summe aus der einfallenden ebenen Welle e^{ikz} und der am Potential gestreuten Welle, also eine Welle der Form $\psi \propto e^{ikz} + f_k(\theta)\, e^{ikr}/r$. Dies ist ein Eigenzustand mit der Energie $E = \hbar^2 k^2/M$ (bei elastischer Streuung, d. h. ohne Energieverlust). Nur die Streuamplitude $f_k(\theta)$ hängt vom Potential $V(r)$ ab. Für niedrige Energien ist die Streuamplitude eine Konstante, $f \propto Y_{0,0}$, und die Bedingung in Gleichung (10.20) ist erfüllt, sodass die Variation der Phasen kz und kr in der Wechselwirkungsregion vernachlässigbar ist; folglich gilt $\psi \simeq 1 + f/r$. Wenn wir die Streuamplituden als $f = -a$ schreiben, sodass auf einer Kugeloberfläche vom Radius $r = a$ gilt $\psi(r) = 0$, dann sehen wir, dass die gestreute Welle eine Kugelwelle ist, die äquivalent ist mit einer Welle, die durch Streuung an einer harten Kugel mit diesem Radius entsteht. Der Vergleich mit einer harten Kugel ist nützlich für positive Werte von a, doch die Streutheorie lässt auch negative Werte zu, für die die auslaufende Welle ebenfalls eine Kugelwelle ist.*

als $100\,\mathrm{nm}$ (entspricht dem 2000-Fachen des bohrschen Radius).[26] Diese zur Eigenfunktion $Y_{0,0}$ gehörende Kugelwelle wird s-Welle genannt, wobei s für den relativen Bahndrehimpuls null steht (vgl. s-Orbitale, die gebundene Zustände mit $l = 0$ sind).[27]

Die Diskussion des Regimes der s-Wellen-Streuung begründet den ersten Teil der oben formulierten Aussage, nämlich dass die Streuung bei niedriger Energie an beliebigen Potentialen genau so aussieht wie die Streuung an einem harte-Kugel-Potential, sofern der Radius der Kugel so gewählt ist, das sich die gleiche Stärke der Streuung ergibt. Der Radius dieser harten Kugel ist äquivalent mit einem Parameter, der gewöhnlich als

---

[26] Molekülpotentiale wie das in Abbildung 10.7 gezeigte haben keine scharf definierte Reichweite. Die Bestimmung des minimalen Abstands, bei dem die Atome ohne nennenswerten Einfluss aufeinander passieren können, erfordert eine umfassendere Behandlung.

[27] Für den Spezialfall zweier identischer Bosonen im gleichen inneren Zustand muss die räumliche Wellenfunktion symmetrisch in Bezug auf die Vertauschung der Teilchenindizes sein. Solche Wellenfunktionen haben geradzahlige Bahndrehimpuls-Quantenzahlen, also $l = 0, 2, 4$ usw. Somit kann die p-Wellen-Streuung für Stöße zwischen identischen Bosonen nicht auftreten und das Regime der s-Wellen-Streuung erstreckt sich bis zur Schwelle für d-Wellen.

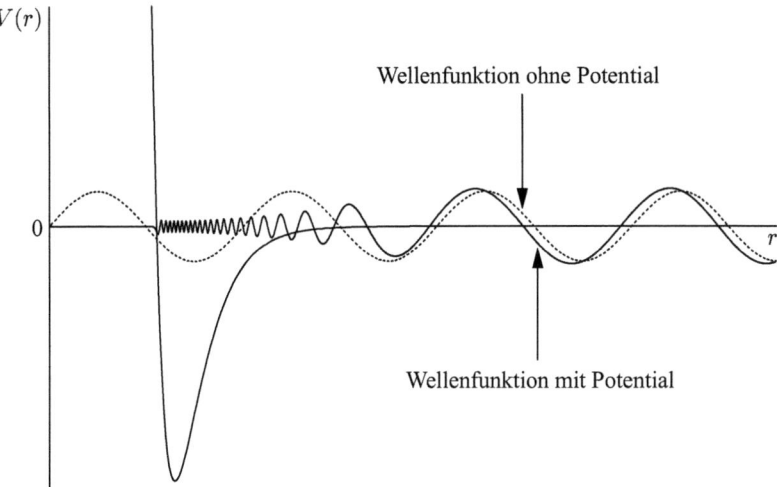

Abbildung 10.9: *Die Lösung der Schrödinger-Gleichung für die Streuung bei niedriger Energie an einem Molekülpotential (vgl. Abbildung 10.7). Der Graph zeigt $P(r)$, wobei $R(r) = P(r)/r$ die radiale Wellenfunktion ist. Für große Abstände ist der Gesamteffekt für beliebige Potentiale (mit endlicher Reichweite) auf die gestreute Welle eine Phasenverschiebung (relativ zu einer Welle, die an einem punktförmigen Objekt bei $r = 0$ gestreut wird, was als Punktlinie dargestellt ist). In dieser Region gilt $P(r) = \sin(kr - \phi)$ und die Streuung ist nicht unterscheidbar von der am Potential der harten Kugel, welche auf dieselbe Phasenverschiebung führt. Potentiale sind charakterisiert durch den Radius a des äquivalenten harte-Kugel-Potentials. Zur Berechnung von radialen Wellenfunktionen kann das in Aufgabe 4.10 skizzierte Verfahren angewendet werden. Die Ausdehnung dieses Berechnungsverfahrens auf die Quantenstreuung ist in Greenhow (1990) beschrieben. Abbildung aus Butcher et al. (1999).*

Streulänge a bezeichnet wird. Dieser einzelne Parameter charakterisiert die Streuung bei niedriger Energie an einem bestimmten Potential.[28] Für Natriumatome im Zustand $|F = 1, M_F = 1\rangle$ ist beispielsweise $a = 2{,}9\,\text{nm}$, was um eine Größenordnung über der Ausdehnung der Elektronen-Ladungswolke des Atoms liegt, und es entspricht keiner physikalischen Eigenschaft des realen Atoms. Im Folgenden wird der Energiebeitrag aus den Wechselwirkungen zwischen den Atomen in einem Gas niedriger Temperatur berechnet, wobei vorausgesetzt wird, dass die Atome wie harte Kugeln wirken. (Dies ist einfach eine nützliche Vorstellung, die mathematisch äquivalent ist mit der Streuung am tatsächlichen Potential.) Zunächst wollen wir ein einfaches Beispiel untersuchen, das die im allgemeinen Fall auftretenden Eigenschaften illustriert.

Beispiel 10.3 *Teilchen im kugelsymmetrischen Potential*
Die Schrödinger-Gleichung für ein Teilchen in einem kugelsymmetrischen Potential kann in eine angulare und und eine radiale Gleichung separiert werden, wobei die radiale Gleichung wie in (2.16) die Form $P(r) = rR(r)$ hat. In diesem Beispiel wollen wir die Eigenschaften der Wellenfunktionen mit $l = 0$ untersuchen (was s-Wellen entspricht).

---

[28] Es kann viele verschiedene Potentiale geben, die auf das gleiche a führen.

In diesem Fall lautet die Gleichung für $P(r)$ einfach

$$\left[-\frac{\hbar^2}{2M'} \frac{\mathrm{d}^2}{\mathrm{d}r^2} + V(r) \right] P(r) = E P(r) \tag{10.21}$$

wobei M' die Masse des Teilchens ist. Für das Potential $V(r) = 0$ im Intervall $a \leq r \leq b$ und $V(r) = \infty$ sonst hat diese Gleichung die gleiche Form wie für ein unendliches Rechteckpotential in einer Dimension. Die Lösung, die die Randbedingung $\psi(r) = 0$ bei $r = a$ erfüllt, ist

$$P = C \sin\left(k\left(r - a\right)\right) \tag{10.22}$$

mit einer beliebigen Konstante C. Die Randbedingung, dass die Wellenfunktion bei $r = b$ null ist, erfordert $k(b - a) = n\pi$ mit einer ganzen Zahl n. Folglich sind die Energieeigenwerte gegeben durch[29]

$$E = \frac{\hbar^2 k^2}{2M'} = \frac{\hbar^2 \pi^2 n^2}{2M'(b-a)^2} \tag{10.23}$$

Um die Verbindung mit der Streutheorie herzustellen, schauen wir uns an, was für $a \ll b$ passiert. In diesem Fall ist die Wellenfunktion in einem kugelförmigen Bereich vom Radius b enthalten, jedoch ausgeschlossen aus einer kleinen harten Kugel vom Radius a um den Ursprung. Die Energie des tiefsten Niveaus ($n = 1$) kann in der Form

$$E = \frac{\hbar^2 \pi^2}{2M'b^2} \left(1 - \frac{a}{b}\right)^{-2} \simeq E(a = 0) + \frac{\hbar^2 \pi^2 a}{M'b^3} \tag{10.24}$$

geschrieben werden. Dies ist gleich der Energie für $a = 0$ plus einer kleinen Störung, die proportional zu a ist und die auftritt, weil die kinetische Energie von der Größe der Region zwischen $r = a$ und b abhängt. (Der Erwartungswert der potentiellen Energie ist null.) Bei kurzer Reichweite gilt $\sin(k(r-a)) \simeq k(r-a)$ und die Lösung in (10.22) reduziert sich auf

$$R(r) \simeq \frac{P(r)}{r} \propto 1 - \frac{a}{r} \tag{10.25}$$

Dies ist die allgemeine Form für eine Wellenfunktion mit niedriger Energie ($ka \ll 1$) nahe einer harten Kugel (im Intervall $a < r \ll \lambda_{\mathrm{dB}}/2\pi$) und die durch dieses Beispiel illustrierten Eigenschaften treten auch im allgemeinen Fall auf. Die Illustration der Streuung anhand dieser Situation könnte den Eindruck erwecken, dass sie der obigen Behauptung widerspricht, wonach bei der Streuung Wellenfunktionen auftreten, die ungebundene Zustände sind. Im Folgenden werden wir jedoch sehen, dass solche Wellenfunktionen einen ähnlichen Anstieg in der Energie proportional zu a haben. In jedem Fall werden wir die Ergebnisse auf festgehaltene Atome anwenden (in dem harmonischen Potential, das von der Magnetfalle erzeugt wird).

---

[29] Dies ist das bekannte Ergebnis für unendliches Rechteckpotential der Länge L, wenn wir L durch $b - a$ ersetzen.

Ein Stoß zwischen zwei Atomen wird in ihrem Schwerpunktsystem beschrieben als Streuung an einem Potential $V(r)$ eines Teilchens mit einer reduzierten Masse N' mit[30]

$$M' = \frac{M_1 M_2}{M_1 + M_2} \tag{10.26}$$

In einem Gas aus identischen Teilchen haben die beiden stoßenden Atome die gleiche Masse, $M_1 = M_2 = M$, und daher ist ihre reduzierte Masse $M' = M/2$.[31]

Die obige Diskussion hat gezeigt, dass im s-Wellen-Regime die Streuung für ein harte-Kugel-Potential die gleiche ist wie für das tatsächliche Molekülpotential (siehe auch Abbildung 10.9). Unter Verwendung der Wellenfunktion in (10.25) mit einer Amplitude χ finden wir, dass der Erwartungswert des Operators für die kinetische Energie, $(-\hbar^2/2M')\nabla^2$ mit $M' = M/2$, durch

$$
\begin{aligned}
E_a &= \iiint \frac{-\hbar^2}{M} \left| \nabla \left\{ \chi \left(1 - \frac{a}{r} \right) \right\} \right|^2 \mathrm{d}^3\mathbf{r} \\
&= -\frac{4\pi\hbar^2}{M} |\chi|^2 \int_a^\infty \left| \frac{\mathrm{d}}{\mathrm{d}r} \left(1 - \frac{a}{r} \right) \right|^2 r^2 \, \mathrm{d}r \\
&= \frac{4\pi\hbar^2 a}{M} |\chi|^2
\end{aligned}
\tag{10.27}
$$

gegeben ist.[32] Wenn wir als obere Grenze für die Integration über r unendlich nehmen, dann erhalten wir eine akzeptable Schätzung für die Energie (Pathra 1971).[33] Dieser Anstieg der Energie, der durch die Wechselwirkung zwischen Atomen verursacht wird, hat die gleiche Skalierung mit a, die auch in (10.24) auftritt, und er hat den gleichen physikalischen Ursprung. Im folgenden Abschnitt werden wir sehen, dass dies die Ursache für die interatomaren Wechselwirkungen in einem Bose-Einstein-Kondensat ist.

Abschließend noch eine Anmerkung zu einer subtilen Modifikation der Streutheorie für identische Teilchen. Die übliche Formel für den Stoßquerschnitt ist $4\pi a^2$, aber für identische Bosonen gilt

$$\sigma = 8\pi a^2 \tag{10.28}$$

Der zusätzliche Faktor 2 tritt auf, weil Bosonen konstruktiv miteinander interferieren

---

[30] Die reduzierte Masse wird aus dem gleichen Grund verwendet wie beim Wasserstoffatom, nämlich weil in Atomen mit einem Elektron das Elektron und der Kern um ihren gemeinsamen Schwerpunkt laufen. Deshalb ist es die reduzierte Masse $m_e \times M_N/(m_e + M_N)$ des Elektrons, die in der Schrödinger-Gleichung des Atoms auftritt. Die (leichte) Abhängigkeit der reduzierten Masse des Elektrons von der Kernmasse M_N führt auf die Isotopenverschiebung von Spektrallinien (Kapitel 6).

[31] Die Transformation ins Schwerpunktsystem und die Verwendung der reduzierten Masse ist in der Quantenmechanik sehr ähnlich wie in der klassischen Mechanik.

[32] Den Integranden $|\nabla\psi|^2 = \nabla\psi^*\nabla\psi$ erhält man aus $\psi^*\nabla^2\psi$ durch partielle Integration (wie bei der Standardherleitung des Wahrscheinlichkeitsstroms in der Quantenmechanik).

[33] Den größten Beitrag zum Integral liefert das Intervall $a < r \ll \lambda_{dB}/2\pi$, wo (10.25) eine gute Näherung für die Wellenfunktion ist.

und dabei die Streuung verstärken.[34] Diese und andere Eigenschaften von Stößen zwischen ultrakalten Bosonen, die für die Bose-Einstein-Kondensation relevant sind, sind ausführlich in den Büchern von Metcalf und van der Straten (1999), Pethick und Smith (2001) sowie Pitaevskii und Stringari (2003) erklärt. Dort wird auch der Begriff der Streulänge streng definiert, wobei gezeigt wird, dass dieser Parameter positiv oder negativ sein kann (siehe Abbildung 10.10).

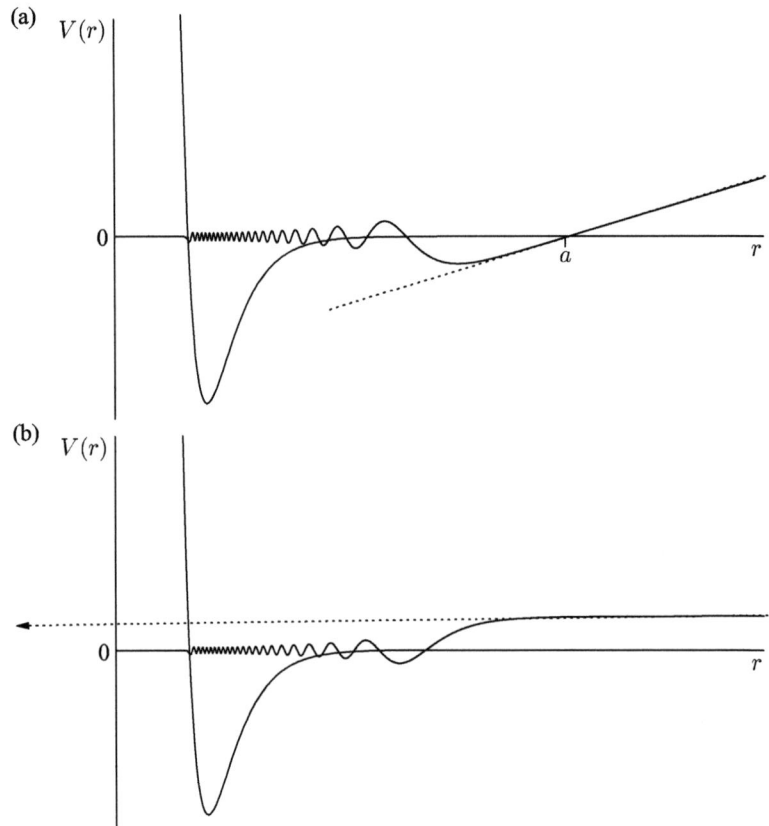

Abbildung 10.10: *Die Wellenfunktion $P(r) = rR(r)$ für die Streuung bei sehr niedriger Energie für leicht verschiedene Molekülpotentiale mit Streulängen, die (a) positiv und (b) negativ mit sehr großem Betrag sind. Abbildung aus Butcher et al. (1999). Die Extrapolation der Wellenfunktion ausgehend von großen r-Werten ist als gestrichelte Linie gezeichnet, die die horizontale Achse bei $r = a$ schneidet.*

---

[34] Die Wahrscheinlichkeit von Bosonen, in einen bestimmten Quantenzustand zu gehen, wird um einen Faktor $\mathcal{N}+1$ verstärkt, wobei $\mathcal{N}$ die Anzahl der Teilchen in diesem Zustand ist. Für einen Zweikörperstoß erhöht dies die Wahrscheinlichkeit um den Faktor 2. Zwei identische Fermionen dagegen können nicht beide den gleichen Zustand besetzen, und daher sind s-Wellen-Stöße, bei denen die Teilchen den gleichen räumlichen Zustand haben, für Fermionen mit dem gleichen Spinzustand verboten. (Wie bereits angemerkt, treten für Bosonen keine p-Wellen-Stöße auf.)

Der größte Teil der experimentellen Arbeiten zur Bose-Einstein-Kondensation wurde allerdings mit Zuständen von Natrium- und Rubidiumatomen durchgeführt, die positive Streulängen haben. Dies entspricht den in diesem Abschnitt betrachteten effektiv abstoßenden harte-Kugel-Wechselwirkungen. Eine vollständige Behandlung der Quantenstreuung erlaubt auch eine strengere Herleitung der Temperaturschwelle, unterhalb der es nur s-Wellen-Streuung gibt. Die exakten Schwellwerte für das s-Wellen-Regime sind jedoch für die in diesem Kapitel verfolgten Ziele nicht von Bedeutung, da Stöße zwischen Atomen bei Temperaturen von wenigen Mikrokelvin normalerweise sicher in diesem Regime liegen.[35]

10.6   Ein Bose-Einstein-Kondensat

Die Wechselwirkung zwischen Atomen wird dadurch berücksichtigt, dass man in die Schrödinger-Gleichung einen Term einführt, der aus Gleichung (10.27) kommt und proportional zum Quadrat der Wellenfunktion ist:

$$\left\{ -\frac{\hbar^2}{2M}\nabla^2 + V\left(\mathbf{r}\right) + g\left|\psi\right|^2 \right\}\psi = \mu\psi \tag{10.29}$$

Die zusätzliche Energie aus den Wechselwirkungen ist proportional zu $\left|\psi\right|^2$, der Wahrscheinlichkeit, ein Teilchen in einem gegebenen Gebiet aufzufinden, und die Kopplungskonstante ist

$$g = \frac{4\pi\hbar^2\mathcal{N}a}{M} \tag{10.30}$$

Dies resultiert aus (10.27) mit $\left|\chi\right|^2 \to \mathcal{N}\left|\psi\right|^2$ und beschreibt die Wechselwirkung eines Atoms bei Anwesenheit von $\mathcal{N}$ Atomen.[36] Das Symbol μ wird (anstelle von E) verwendet, um die Energie eines individuellen Atoms in Anwesenheit der anderen zu repräsentieren (vgl. Zentralfeldnäherung in Kapitel 4).[37] Diese nichtlineare Schrödinger-Gleichung wird Gross-Pitaevskii-Gleichung genannt, nach den beiden Forschern, die sie unabhängig voneinander erstmals aufgeschrieben haben. Eine strenge Herleitung finden Sie in dem Buch von Pitaevskii und Stringari (2003). Festgehaltene Atome spüren ein harmonisches Potential

$$V\left(\mathbf{r}\right) = \frac{1}{2}M\left(\omega_x^2 x^2 + \omega_y^2 y^2 + \omega_z^2 z^2\right) \tag{10.31}$$

Der Einfachheit halber betrachten wir alle drei Oszillationsfrequenzen als gleich, sodass wir das isotrope Potential $M\omega^2 r^2/2$ haben. Um die Energie abzuschätzen, verwenden

---

[35] Ausnahmen können auftreten, wenn eine Resonanz zu besonders starken Wechselwirkungen zwischen den Atomen führt.

[36] Tatsächlich gibt es $\mathcal{N} - 1$ andere Atome, doch die Differenz ist vernachlässigbar, wenn die Anzahl der Atome groß ist.

[37] Dieses Größe erweist sich als äquivalent zum chemischen Potential der Thermodynamik: $\mu = \partial E/\partial\mathcal{N}$ ist die Energie, die erforderlich ist, um ein Teilchen aus dem System zu entfernen. Dies ist nicht das gleiche wie die mittlere Energie pro Teilchen, siehe Aufgabe 10.7.

wir einen Variationsansatz mit einer gaußschen Test-Wellenfunktion

$$\psi = A\mathrm{e}^{-r^2/2b^2} \tag{10.32}$$

Damit erhalten wir bei der Berechnung der Erwartungswerte in (10.29)

$$E = \frac{3}{4}\hbar\omega\left\{\frac{a_{\mathrm{ho}}^2}{b^2} + \frac{b^2}{a_{\mathrm{ho}}^2}\right\} + \frac{g}{(2\pi)^{3/2}}\frac{1}{b^3} \tag{10.33}$$

Wenn wir diesen Ausdruck differenzieren, dann sehen wir, dass für $g = 0$ die minimale Energie bei $b = a_{\mathrm{ho}}$ auftritt. Dabei ist

$$a_{\mathrm{ho}} = \sqrt{\frac{\hbar}{M\omega}} \tag{10.34}$$

der charakteristische Radius der gaußschen Grundzustandswellenfunktion im quantenmechanischen harmonischen Oszillator. Für ein Natriumatom in einer Falle mit der Oszillationsfrequenz $\omega/2\pi = 100\,\mathrm{Hz}$ ist $a_{\mathrm{ho}} = 2 \times 10^{-6}\,\mathrm{m}$. Für diesen Gleichgewichtswert von b liefern die Terme für die kinetische und die potentielle Energie den gleichen Beitrag zur Gesamtenergie, nämlich $E = (3/2)\,\hbar\omega$, wie für den Grundzustand des quantenmechanischen harmonischen Oszillators zu erwarten ist.[38] Der Variationsansatz liefert in diesem Spezialfall exakte Ergebnisse, weil die Test-Wellenfunktion die gleiche gaußsche Form hat wie die tatsächliche Lösung für einen harmonischen Oszillator.

Schauen wir uns nun an, was im Falle $g > 0$ passiert.[39] Das Verhältnis des Terms, der die atomaren Wechselwirkungen repräsentiert, und der kinetischen Energie ist[40]

$$\frac{4}{3\,(2\pi)^{3/2}}\frac{g}{a_{\mathrm{ho}}^3\hbar\omega} \simeq \frac{\mathcal{N}a}{a_{\mathrm{ho}}} \tag{10.35}$$

Der nichtlineare Term übertrifft die kinetische Energie, wenn $\mathcal{N} > a_{\mathrm{ho}}/a$. Dieses Verhältnis ist gleich $a_{\mathrm{ho}}/a = 700$ für $a_{\mathrm{ho}} = 2\,\mu\mathrm{m}$ und $a = 3\,\mathrm{nm}$. Daher können wir in diesem Fall die kinetische Energie vernachlässigen, wenn für die Anzahl der Atome im Kondensat $\mathcal{N} > 700$ gilt.[41] Wir können die Größe des Kondensats aus (10.33) abschätzen, indem wir den Wert r bestimmen, bei dem das einschränkende Potential die abstoßenden Wechselwirkungen ausbalanciert. Diese Variationsrechnung wird in Aufgabe 10.6 beschrieben. Wenn der Term der kinetischen Energie wegfällt, ist es jedoch bemerkenswert einfach, die Gross-Pitaevskii-Gleichung zu lösen. In diesem sogenannten **Thomas-Fermi-Regime** vereinfacht sich (10.29) zu

$$\left\{V\left(r\right) + g\left|\psi\right|^2\right\}\psi = \mu\psi \tag{10.36}$$

---

[38] Jeder der drei Freiheitsgrade hat eine Nullpunktsenergie von $\frac{1}{2}\hbar\omega$.

[39] Es ist gelungen, kleine Bose-Einstein-Kondensate mit effektiv anziehenden Wechselwirkungen zu erzeugen, doch diese kollabieren, wenn die Anzahl der Atome wächst (siehe Aufgabe 10.11).

[40] Der Faktor $(4/3)(4\pi/(2\pi)^{3/2})$ hat einen numerischen Wert von etwa eins.

[41] Bei typischen Experimenten ist $\mathcal{N} > 10^5$ und die effektiv abstoßenden Wechselwirkungen machen das Kondensat viel größer als a_{ho}. Die Wechselwirkungen zwischen den Atomen in einem verdünnten Gas haben nur einen geringen Effekt ($< 10\%$) auf den Wert von T_{C}.

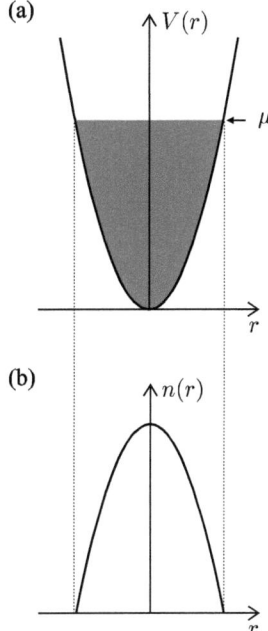

Abbildung 10.11: *Im Thomas-Fermi-Regime hat das Kondensat die gleiche Form wie das einschränkende Potential. (a) Ein harmonisches Potential. (b) Die Dichte der Atome in einer harmonischen Falle hat die Form einer nach unten öffnenden Parabel (entlang aller drei Achsen).*

Damit erhalten wir für das Regime mit $\psi \neq 0$

$$|\psi|^2 = \frac{\mu - V(r)}{g} \tag{10.37}$$

Die Teilchenzahldichte $n(r) = \mathcal{N}|\psi(r)|^2$ der Atome im harmonischen Potential hat die Form einer nach unten öffnenden Parabel:

$$n(r) = n_0 \left(1 - \frac{x^2}{R_x^2} - \frac{y^2}{R_y^2} - \frac{z^2}{R_z^2}\right) \tag{10.38}$$

wobei n_0 die Teilchenzahldichte im Zentrum des Kondensats ist, und für diese gilt

$$n_0 = \frac{\mathcal{N}\mu}{g} \tag{10.39}$$

Das Kondensat hat die Form eines Ellipsoids. Auf den Achsen $x = \pm R_x$, $y = \pm R_y$ and $z = \pm R_z$ geht die Dichte an den durch

$$\frac{1}{2}M\omega_x^2 R_x^2 = \mu \tag{10.40}$$

definierten Punkten (und entsprechend für R_y und R_z) gegen null. Im Thomas-Fermi-Regime füllen die Atome die Falle bis zum Niveau des chemischen Potentials, wie Wasser einen Trog (siehe Abbildung 10.11). Das chemische Potential μ ergibt sich aus der

Normierungsbedingung

$$1 = \iiint |\psi|^2 \, \mathrm{d}x \, \mathrm{d}y \, \mathrm{d}z = \frac{\mu}{g} \frac{8\pi}{15} R_x R_y R_z \qquad (10.41)$$

Eine nützliche Schreibweise für μ ist

$$\mu = \hbar\overline{\omega} \times \frac{1}{2} \left(\frac{15 \mathcal{N} a}{a_{\mathrm{ho}}} \right)^{2/5} \qquad (10.42)$$

Die mittlere Oszillationsfrequenz ist definiert als $\overline{\omega} = (\omega_x \omega_y \omega_z)^{1/3}$ und mit dieser Frequenz wird a_{ho} aus (10.34) berechnet. Typische Werte für eine Ioffe-Falle sind in der folgenden Tabelle zusammen mit den wichtigen Eigenschaften eines Bose-Einstein-Kondensats aus Natrium angegeben. Die Werte wurden nach den Formeln (10.42), (10.40) und (10.39) berechnet.

Streulänge (für Na)	a	$2{,}9 \, \mathrm{nm}$
radiale Oszillationsfrequenz ($\omega_x = \omega_y$)	$\omega_x / 2\pi$	$250 \, \mathrm{Hz}$
axiale Oszillationsfrequenz	$\omega_z / 2\pi$	$16 \, \mathrm{Hz}$
mittlere Oszillationsfrequenz	$\overline{\omega} / 2\pi$	$100 \, \mathrm{Hz}$
Nullpunktsenergie	$\frac{1}{2} \hbar\overline{\omega} / k_{\mathrm{B}}$	$2{,}4 \, \mathrm{nK}$
Länge des harmonischen Oszillators (für $\overline{\omega}$)	a_{ho}	$2{,}1 \, \mu\mathrm{m}$
Anzahl der Atome im Kondensat	$\mathcal{N}_0$	10^6
chemisches Potential	μ	$130 \, \mathrm{nK}$
radiale Ausdehnung des Kondensats	$R_x = R_y$	$15 \, \mu\mathrm{m}$
axiale Ausdehnung des Kondensats	R_z	$95 \, \mu\mathrm{m}$
Peak-Dichte des Kondensats	n_0	$2 \times 10^{14} \, \mathrm{cm}^{-3}$
kritische Temperatur (für 4×10^6 Atome)	T_{C}	$760 \, \mathrm{nK}$
kritische Dichte (für 4×10^6 Atome)	n_{C}	$4 \times 10^{13} \, \mathrm{cm}^{-3}$

Die kritische Temperatur und die kritische Dichte beim Einsetzen der Bose-Kondensation sind keine Charakteristika des Kondensates, sondern wurden für eine Wolke von 4×10^6 Atomen berechnet (aus (10.19)). Nach der Verdampfungskühlung auf $T/T_{\mathrm{C}} \simeq 0{,}5$ würde dies auf ein Kondensat von etwa $\mathcal{N}_0 \simeq 10^6$ Atomen führen (dann befinden sich die meisten Atome im Kondensat, siehe Gleichung (F.16)). Sowohl μ als auch T_{C} haben eine leichte Abhängigkeit von $\mathcal{N}$ (siehe (10.19) und (10.42)) und eine ähnliche (aber nicht gleiche) Abhängigkeit von ω, sodass diese Größen in beiden Fällen vergleichbare Größenordnungen haben. Beachten Sie aber, dass μ von der Stärke der Wechselwirkungen abhängt, T_{C} dagegen nicht. In diesem Beispiel hat das Kondensat eine Dichte, die etwa um einen Faktor 5 größer ist als die thermische Wolke am Phasenübergang,[42] doch das Gas bleibt verdünnt, weil der mittlere Abstand zwischen den Atomen des Kondensats größer ist als die Streulänge, d. h. $na^3 \ll 1$ (für die Daten aus der Tabelle ist $n_0 a^3 = 4 \times 10^{-6}$). Gleichung (10.40) und die entsprechende Gleichung für R_z liefern

---

[42] Die abstoßenden Wechselwirkungen verhindern den viel größeren Anstieg der Dichte, der auftreten würde, wenn sich Atome in einer Region vom Volumen a_{ho}^3 ansammeln würden.

(a) (b) (c)

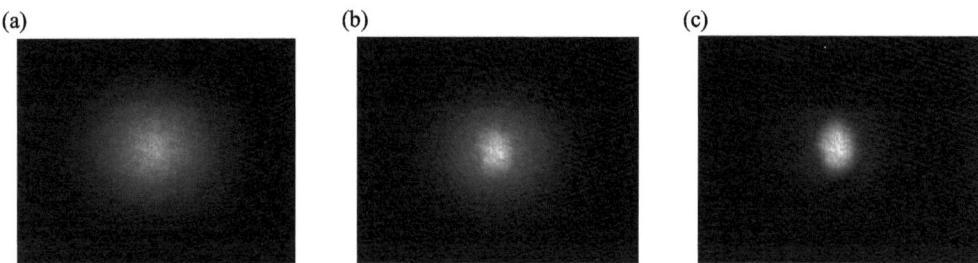

Abbildung 10.12: *Die Sequenz zeigt ein Bose-Einstein-Kondensat, das aus einer Wolke aus verdampfungsgekühlten Atome in einer Magnetfalle entstanden ist. Jedes der einzelnen Bilder wurde mit einer Flugzeitmethode aufgenommen. Die Wolke ändert ihre Form und Größe, während sie einen Phasenübergang durchläuft: (a) Eine kugelförmige thermische Wolke (isotrope Expansion) unmittelbar über der kritischen Temperatur T_C; (b) Eine Wolke aus Atomen bei $0{,}9\,T_C$. In ihrem Zentrum befindet sich ein Bose-kondensierter Anteil, der von einem Halo aus thermischen Atomen umgeben ist; (c) Ein gutes Stück unter der kritischen Temperatur $(< 0{,}5\,T_C)$ befinden sich die meisten Atome im Kondensat (tiefster Energiezustand der Falle). Diese Bilder stammen von einem System, das nicht das gleiche Seitenverhältnis wie eine Ioffe-Falle hat, doch sie illustrieren die anisotrope Ausdehnung der Kondensat-Wellenfunktion. Siehe auch Abbildung 10.13. Daten von Nathan Smith, Physics Department, University of Oxford.*

das Größenverhältnis $R_z/R_x = \omega_x/\omega_z = 16$ (und $R_y = R_x$), sodass das Kondensat in dieser Falle die Form einer langen, dünnen Zigarre hat.

Um das Kondensat zu beobachten, nehmen die Experimentatoren Bilder auf, indem sie die Atome mit Laserlicht der Resonanzfrequenz bestrahlen.[43] Typischerweise erreichen die Experimente eine optische Auflösung von 5 μm, sodass die Länge des Kondensats direkt gemessen werden kann, während sich seine Breite nicht genau bestimmen lässt. Aus diesem Grund wird die Falle abrupt abgeschaltet, sodass die Atome expandieren können. Kurze Zeit später wird ein Laserstrahl durch die Atomwolke auf eine Kamera gerichtet, wodurch ein Schattenbild der Wolke entsteht. Die Abstoßung zwischen den Atomen bewirkt, dass die Wolke sehr schnell nach dem Abschalten des Einfangpotentials expandiert (siehe Aufgabe 10.6). Die zigarrenförmige Wolke expandiert in radialer Richtung (x und y) schneller als in z-Richtung, sodass nach einigen Millisekunden die radiale Größe die Größe in z-Richtung übersteigt.[44] Die nicht kondensierten Atome dagegen verhalten sich wie ein klassisches Gas und expandieren gleichmäßig in alle Richtungen, sodass sich eine kugelförmige Wolke bildet, denn per Definition ist im thermischen Gleichgewicht die kinetische Energie in allen Richtungen gleich. Aufnahmen wie in Abbildung 10.12 zeigen Projektionen der Dichteverteilung auf eine zweidimensionale Ebene. Deutlich zu erkennen ist dabei der Unterschied zwischen dem elliptischen Kondensat und dem kreisförmigen Bild, das die Atome im thermischen Gleichgewicht zeigt. Diese charakteristische Form war beim ersten einschlägigen Experiment einer

---

[43] Allgemein liefert die Absorption ein besseres Signal als die Fluoreszenz, aber das abbildende System und die Kamera sind in beiden Fällen ähnlich.

[44] Diese Entwicklung der Wellenfunktion wird bei Berücksichtigung der Zeitabhängigkeit in der nichtlinearen Schrödinger-Gleichung vorhergesagt.

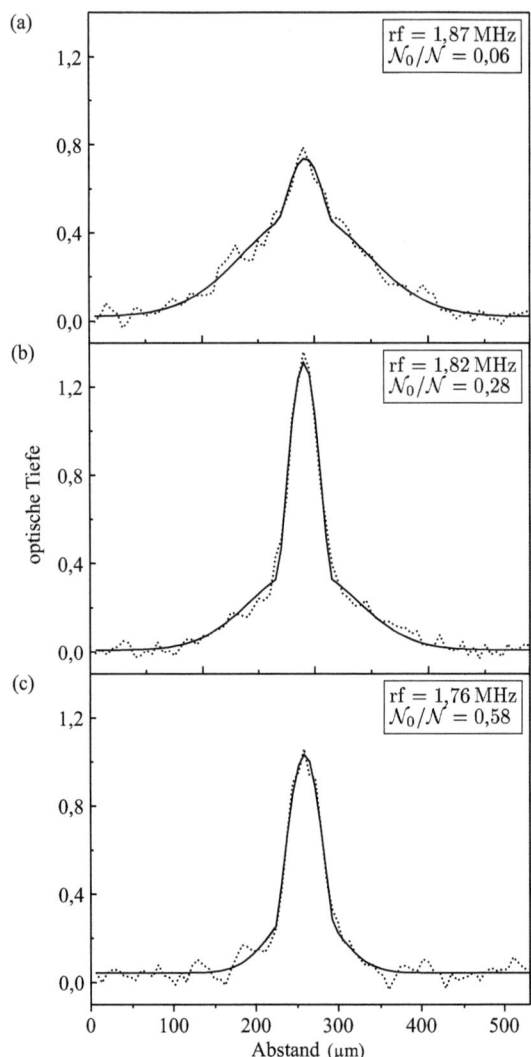

Abbildung 10.13: *Querschnitte für ähnliche Aufnahmen wie in Abbildung 10.12, jedoch für andere Temperaturen und 12 ms nach dem Freilassen aus der Magnetfalle. (a) Direkt unter der kritischen Temperatur (0,99 T_C) hebt sich ein kleiner zentraler Peak aus der Gauß-Verteilung der thermischen Atome heraus. (b) Bei 0,82 T_C befinden sich die meisten Atome im Kondensat, wobei noch einige thermische Atome auf den Flanken sitzen. (c) Bei 0,63 T_C ist nur eine kleine thermische Wolke geblieben. Das Schmalerwerden der Verteilung und der Übergang der Verteilung von einer gaußschen Form zu einer nach unten öffnenden Parabel erfolgt innerhalb eines kleinen Temperaturintervalls – ein Verhalten, das charakteristisch für einen Phasenübergang ist. Nach Hechenblaikner (2002), für eine Falle mit $\omega_x = \omega_y = 2\pi \times 126\,Hz$ und $\omega_z = 2\pi \times 356\,Hz$. Der Anteil der Atome im Kondensat ($\mathcal{N}_0/\mathcal{N}$) unterscheidet sich wegen der Wechselwirkungen von dem, was Gleichung (F.16) vorhersagt (siehe Maragò et al. 2001).*

der wichtigsten Hinweise, dass eine Bose-Einstein-Kondensation stattgefunden hatte, und es wird in solchen Experimenten noch immer gern als Nachweis verwendet. Abbildung 10.13 zeigt für Temperaturen in der Nähe des kritischen Punktes das Dichteprofil einer Wolke von Atomen, die von einer Magnetfalle freigelassen wurden.

10.7 Eigenschaften von Bose-Kondensaten

Zwei bemerkenswerte Eigenschaften von Bose-kondensierten Systemen sind die Suprafluidität und die Kohärenz. Beide hängen mit der mikroskopischen Beschreibung des Kondensats zusammen, bei der $\mathcal{N}$ Atome durch eine gemeinsame Wellenfunktion beschrieben werden. Für Bose-kondensierte Gase ist die Beschreibung aus ersten Prinzipien (wie in diesem Abschnitt) relativ einfach. Im Vergleich dazu sind die in suprafluidem Helium auftretenden Phänomene recht komplex, und die Theorie der Quantenfluide würde den Rahmen dieses Buches sprengen.

10.7.1 Schallgeschwindigkeit

Um die Schallgeschwindigkeit v_s durch ein einfaches Dimensionsargument abzuschätzen, nehmen wir an, dass sie von den drei Parametern μ, M und ω abhängt, sodass[45]

$$v_\mathrm{s} \propto \mu^\alpha M^\beta \omega^\gamma \tag{10.43}$$

Diese Dimensionsanalyse liefert[46]

$$v_\mathrm{s} \simeq \sqrt{\frac{\mu}{M}} \tag{10.44}$$

Dies entspricht dem tatsächlichen Ergebnis für ein homogenes Gas (ohne dass wir irgendeinen numerischen Faktor einführen müssen) und liefert für ein festgehaltenes System eine recht gute Näherung. Die Geschwindigkeit, mit der sich Druckwellen in einem Gas ausbreiten, ist von großer Bedeutung für die Suprafluidität. Für eine Bewegung, die langsamer ist als diese Geschwindigkeit, fließt das Kondensat glatt um Hindernisse herum, ohne Teilchen aus dem Grundzustand des Quantengases anzuregen. Bei diesem Typ von Strömung wird keine Energie dissipiert, sodass sie reibungslos ist, und das Gas ist suprafluide.

10.7.2 Abklinglänge

Die Thomas-Fermi-Näherung vernachlässigt den Term der kinetischen Energie in der Schrödinger-Gleichung. Dies führt auf eine physikalisch unrealistische scharfe Oberfläche des Kondensats (siehe Abbildung 10.11). Eine solche Unstetigkeit im Gradienten würde

---

[45] Die Größe R des Kondensats ist kein weiterer unabhängiger Parameter, siehe (10.40).

[46] Ein Vergleich der Einheiten der in (10.43) auftretenden Terme liefert

$$\mathrm{m\,s^{-1}} = [\mathrm{kg\,m^2\,s^{-2}}]^\alpha \, \mathrm{kg}^\beta \, \mathrm{s}^{-\gamma}$$

Folglich gilt $\alpha = -\beta = 1/2$ und $\gamma = 0$.

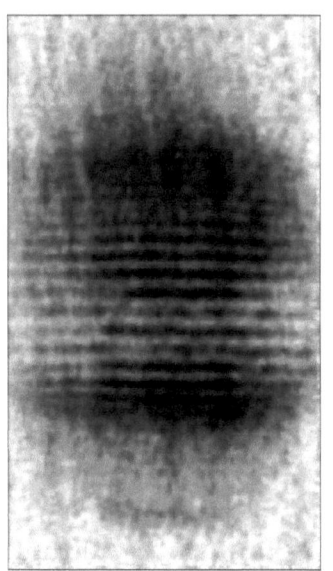

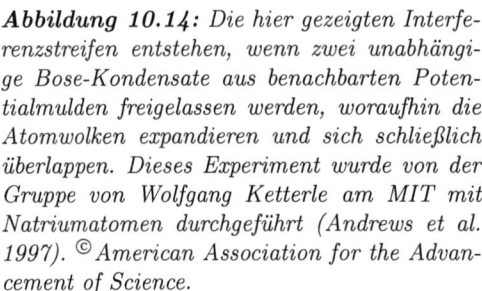

Abbildung 10.14: *Die hier gezeigten Interferenzstreifen entstehen, wenn zwei unabhängige Bose-Kondensate aus benachbarten Potentialmulden freigelassen werden, woraufhin die Atomwolken expandieren und sich schließlich überlappen. Dieses Experiment wurde von der Gruppe von Wolfgang Ketterle am MIT mit Natriumatomen durchgeführt (Andrews et al. 1997).* ©*American Association for the Advancement of Science.*

$\nabla^2 \psi$ unendlich machen. Deshalb müssen wir an der Grenzfläche die kinetische Energie berücksichtigen. Um die kürzeste Distanz ξ zu bestimmen, auf der sich die Wellenfunktion ändern kann, setzen wir den Term für die kinetische Energie (der $\nabla^2 \psi \simeq \hbar^2/(2M\xi^2)$ enthält) mit der Energieskala des Systems gleich, die durch das chemische Potential gegeben ist. Atome mit einer Energie über μ entkommen aus dem Kondensat. Mit $n_0 = \mathcal{N}\mu/g$ und g gemäß (10.30) erhalten wir

$$\frac{\hbar^2}{2M\xi^2} \simeq \mu = \frac{gn_0}{\mathcal{N}} = \frac{4\pi\hbar^2 a n_0}{M} \tag{10.45}$$

Dies ergibt $\xi = 1/\sqrt{8\pi a n_0}$, zum Beispiel $\xi = 0{,}3\,\mu\text{m}$ für ein Natriumkondensat mit $n_0 = 2 \times 10^{14}\,\text{cm}^{-3}$. Typischerweise ist $\xi \ll R_x$, was bedeutet, dass sich das Glätten der Wellenfunktion in einer schmalen Grenzschicht vollzieht. Diese Oberflächeneffekte führen nur zu kleinen Korrekturen an den Ergebnissen, die mit der Thomas-Fermi-Näherung berechnet wurden. Diese **Abklinglänge** bestimmt auch die Größe der Vortizes, die sich in einem Suprafluid bilden, wenn das einschränkende Potential rotiert (oder wenn ein Objekt mit hoher Geschwindigkeit das Suprafluid passiert). Im Zentrum dieser kleinen Wirbel geht die Wellenfunktion gegen null und ξ bestimmt die Distanz, über die die Dichte auf den Wert im Hauptteil des Kondensats abklingt. Die Abklinglänge ist also die Strecke, auf der sich das Suprafluid von einer scharfen Änderung erholt.

10.7.3   Kohärenz im Bose-Einstein-Kondensat

Abbildung 10.14 zeigt das Ergebnis eines bemerkenswerten Experiments, das die von Wolfgang Ketterle geleitete Forschergruppe am MIT durchgeführt hat. Dabei wurden zur gleichen Zeit zwei separate Kondensate aus Natrium erzeugt. Nach dem Abschalten des Einfangpotentials dehnten sich die Wolken aufgrund der Abstoßung zwischen den Atomen aus und überlappten sich schließlich (wie bei der Flugzeitmethode, die zur Beobachtung der Bose-Einstein-Kondensation verwendet wurde, vgl. Abbildung 10.12). Die beiden Kondensate interferieren, wodurch die auf dem Bild zu sehenden Streifen entstehen. An bestimmten Stellen gibt es keine Atome; dort interferieren die Materiewellen aus den beiden Quellen destruktiv. Die beteiligten Atome verschwinden nicht, sondern werden nach Stellen umverteilt, wo die Materiewellen konstruktiv interferieren. Solche Interferenzerscheinungen sind aus der Optik gut bekannt; allerdings gibt es einen sehr interessanten Unterschied zwischen diesem Experiment und den üblichen Doppelspaltversuchen. Bei dem MIT-Experiment gab es keine feste Beziehung zwischen den Phasen der beiden Kondensate, und vor der Durchführung des Experiments wurde heiß debattiert, ob es unter diesen Umständen überhaupt möglich ist, Interferenz zu beobachten. Jedes Mal, wenn das Experiment durchgeführt wurde, waren die Interferenzstreifen deutlich zu sehen. Allerdings hing die Position dieser Streifen von der Differenz zwischen den Phasen des Kondensats im konkreten Versuch ab, d. h., bei jeder Wiederholung des Versuchs traten die hellen und dunklen Streifen an einer anderen Stelle auf, sodass sich das Muster bei einer Mittelung über viele Versuche „auswäscht". Die Beobachtung der Interferenz zweier Kondensate steht und fällt also mit der Fähigkeit, die Streifen einer einzelnen Aufnahme sichtbar zu machen.

Das Experiment wurde mit einer Ioffe-Falle durchgeführt, in der die Atome eine längliche, zigarrenförmige Wolke bilden. Die MIT-Gruppe verwendete dazu eine Lichtwand, um die Wolke in zwei etwa gleich große Teile zu schneiden. Das Licht übte eine Kraft aus, welche die Atome aus der Region hoher Intensität verdrängte (da es eine Frequenzverstimmung nach Blau hatte, wie in Abschnitt 9.6 erläutert). Diese Konfiguration lieferte zwei separate Potentialmulden. In der Praxis führen die beiden folgenden Situationen zum gleichen Ergebnis: (a) die beiden Kondensate werden unabhängig erzeugt; (b) ein einziges, großes Kondensat wird, nachdem es sich ausgebildet hat, in zwei Teile geteilt. Der Prozess des Einschaltens einer Lichtwand in der Mitte eines bereits ausgebildeten Kondensats stellt eine so starke Störung dar, dass die beiden resultierenden Kondensate nahezu zufällige Phasen haben. Erst seit kurzer Zeit ist das kontrollierte Aufspalten eines Kondensats (unter Erhaltung der Phase) in zwei Teile möglich. Demonstriert wurde dies in einer Dipolfalle mit Doppelmulde, ein System, das einem Strahlteiler für Materiewellen entspricht. (Mehr zur Atomoptik in Kapitel 11). Der faszinierendste Aspekt der Interferenz von zwei unabhängigen Kondensaten ist jedoch, dass sie so verschieden ist zu allen früheren Interferenzversuchen.

10.7.4 Der Atomlaser

Der Begriff „Atomlaser" wurde verwendet, um den kohärenten Strahl von Materiewellen zu beschreiben, der aus einem Bose-Einstein-Kondensat austritt (siehe Abbildung 10.15). Nach dem Bilden des Kondensats wurde die Radiofrequenzstrahlung auf eine Frequenz gestimmt, die für Atome an einer Stelle innerhalb des Kondensats einen Übergang in einen nicht gefangenen Zustand (beispielsweise $M_F = 0$) antreibt. (Dies kommt aus der gleichen Strahlungsquelle, die für die Verdampfungskühlung verwendet wurde.) Diese Atome fallen aufgrund der Gravitation nach unten und bilden so den in der Abbildung zu sehenden Strahl. Dieses aus dem Kondensat austretende Mate-

Abbildung 10.15: *Atome treten aus einem Bose-Einstein-Kondensat aus und fallen unter dem Einfluss der Gravitation nach unten. Auf diese Weise bilden sie einen gebündelten Materiewellenstrahl mit ähnlichen Eigenschaften wie sie ein Laserlichtstrahl hat. Mit freundlicher Genehmigung von Nathan Smith und William Heathcote, Physics Department, University of Oxford.*

riewellen haben wie Laserlicht eine wohldefinierte Phase und Wellenlänge.[47] Die Bose-Einstein-Kondensation hat viele neue Experimente mit Materiewellen möglich gemacht, so zum Beispiel die Beobachtung nichtlinearer Prozesse wie sie in der nichtlinearen Optik auftreten und die mit sehr intensivem Licht aus Laserquellen durchgeführt wurden.

10.8   Schlussbemerkungen

Die Bose-Einstein-Kondensation in verdünnten Alkalidämpfen wurde erstmals 1995 von Forschergruppen am JILA (Boulder, Colorado) sowie am MIT beobachtet, wobei Laserkühlung, Magnetfallen und Verdampfung verwendet wurden. Dieser Durchbruch und die vielen nachfolgenden Experimente, die damit möglich wurden, führten schließlich dazu, dass der Physiknobelpreis 2001 an Eric Cornell, Carl Wieman und Wolfgang Ketterle ging. (Die Internetpräsenz des Nobelpreiskomitees enthält wertvolle Hintergrundinformationen sowie Links zu den einzelnen Forschergruppen.) Neuere Experimente zur Bose-Einstein-Kondensation haben eine Fülle schöner Bilder hervorgebracht. Das Ziel dieses Kapitels war es jedoch nicht, dieses Thema in seiner gesamten Breite abzudecken, sondern die grundlegenden physikalischen Prinzipien des Phänomens zu erklären. Wesentlich mehr Einzelheiten sind in den Büchern von Pethick und Smith (2001) sowie von Pitaevskii und Stringari (2003) enthalten.

---

[47] Die Atome werden beim Fallen aufgrund der Gravitation beschleunigt, sodass die Wellenpropagation anders ist als bei Licht.

Aufgaben

10.1 *Magnetfallen*

Eine Ioffe-Pritchard-Falle hat einen radialen Gradienten von $b' = 3\,\mathrm{T\,m^{-1}}$, und die Kombination von Helmholtz- und Pinch-Spulen liefert ein Feld in z-Richtung mit $B_0 = 3 \times 10^{-4}\,\mathrm{T}$ und der Krümmung $b'' = 300\,\mathrm{T\,m^{-2}}$. Berechnen Sie für alle gefangenen M_F-Zustände die Oszillationsfrequenz der Natriumatome in der Falle.

10.2 *Beladen einer Falle*

(a) Eine kugelförmige Wolke von 10^{10} Natriumatomen mit einer Dichte von etwa $10^{10}\,\mathrm{cm^{-3}}$ und einer Temperatur von $T = 2{,}4 \times 10^{-4}\,\mathrm{K}$ wird in ein kugelsymmetrisches Fallenpotential gebracht. Temperatur und Dichte dieser Wolke bleiben beim Beladen erhalten, falls

$$\frac{1}{2}M\omega^2 r^2 = \frac{1}{2}k_\mathrm{B}T \qquad (10.46)$$

Berechnen Sie die Fallenfrequenz ω, die diese Bedingung für die Modenanpassung erfüllt und erläutern Sie, was passiert, wenn die Falle zu starr oder zu weich ist. (Bei einer exakten Behandlung wäre r der mittlere quadratische Radius einer Wolke mit gaußscher Dichteverteilung.)

(b) Berechnen Sie $n\lambda_\mathrm{dB}^3/2{,}6$ für die gefangene Wolke, d. h. das Verhältnis ihrer Phasenraumdichte zu der für die Bose-Einstein-Kondensation erforderlichen Dichte (Gleichung (10.14)).

(c) Nach dem Beladen ändert eine adiabatische Kompression der gefangenen Wolke die Oszillationsfrequenzen der Atome auf $\omega_r/2\pi = 250\,\mathrm{Hz}$ und $\omega_z/2\pi = 16\,\mathrm{Hz}$. Die Phasenraumdichte ändert sich dabei nicht, d. h. $n\lambda_\mathrm{dB}^3$ ist konstant. Zeigen Sie, dass damit auch $TV^{2/3}$ konstant ist. Berechnen Sie Temperatur und Dichte der Wolke nach der Kompression.[48]

10.3 *Magnetfallen*

(a) Skizzieren Sie die Energien der Hyperfeinniveaus für das $3\mathrm{s}\,{}^2\mathrm{S}_{1/2}$-Grundniveau von Natrium als Funktion des angelegten Magnetfeldes. (Die Hyperfeinstrukturkonstante für dieses Niveau ist $A_{3\mathrm{s}} = 886\,\mathrm{MHz}$ und Natrium hat einen Kernspin von $I = 3/2$.)

(b) Was ist im Zusammenhang mit der Hyperfeinstruktur mit der Bezeichnung „schwaches Feld" gemeint?

---

[48] Die Beziehung zwischen Temperatur und Volumen kann auch aus der Thermodynamik hergeleitet werden: $TV^{\gamma-1}$ ist für eine adiabatische Änderung in einem idealen Gas konstant und ein einatomiges Gas hat ein Verhältnis der Wärmekapazitäten von $\gamma = C_\mathrm{P}/C_\mathrm{V} = 5/3$. Tatsächlich bleibt die Phasenraumdichte nur dann konstant, wenn das Potential während der adiabatischen Änderung die gleiche Form beibehält. Bei einer Ioffe-Falle kann sich das radiale Potential von harmonisch in linear ändern (siehe Beispiel 10.2), was zu einem kleinen Anstieg in der Phasenraumdichte führt. Dieser Effekt tritt auf, weil die Population der Energieniveaus gleich bleibt, während sich die Verteilung der Niveaus ändert. Die Energieniveaus eines harmonischen Potentials haben gleiche Abstände voneinander (nämlich $\hbar\omega$), während in einem linearen Potential die Intervalle zwischen den Niveaus mit zunehmender Energie kleiner werden.

(c) Zeigen Sie, dass die Zustände in den beiden Hyperfeinniveaus im Falle eines schwachen Magnetfeldes eine Aufspaltung von $7\,\text{GHz}\,\text{T}^{-1}$ haben.

(d) Erklären Sie, warum die potentielle Energie eines Atoms in einer Magnetfalle proportional zur magnetischen Flussdichte $|\mathbf{B}|$ ist.
Das Feld in einer Magnetfalle kann im Gebiet mit $r = (x^2 + y^2)^{1/2} \leq 10\,\text{mm}$ durch

$$\mathbf{B} = b'\,(x\hat{\mathbf{e}}_x - y\hat{\mathbf{e}}_y)$$

genähert werden, während außerhalb dieser Region $B = 0$ gilt. Der Feldgradient ist $b' = 1{,}5\,\text{T}\,\text{m}^{-1}$ und die z-Achse der Falle liegt horizontal.

(e) Berechnen Sie das Verhältnis aus der auf die Atome wirkenden magnetischen Kraft der Falle und der Gravitationskraft.

(f) Schätzen Sie die maximale Temperatur der Atome ab, die (i) im oberen und (ii) im unteren Hyperfeinniveau festgehalten sind. Geben Sie für jeden der beiden Fälle die Quantenzahl M_F der Atome an. (Nehmen Sie an, dass die Beschränkung der Atome auf die z-Achse kein limitierender Faktor ist.)

(g) Beschreiben Sie für die Wolken der eingesperrten Atome (Fall (i) und (ii) von Teil (b)) den Effekt, der sich beim Anlegen einer Radiofrequenzstrahlung von $70\,\text{MHz}$ ergibt.

10.4 *Verdampfungskühlung*
Eine Atomwolke hat eine Boltzmann-Energieverteilung $\mathcal{N}(E) = A\mathrm{e}^{-\beta E}$ mit $1/\beta = k_\mathrm{B}T$ und die Normierungskonstante A ergibt sich aus

$$\mathcal{N}_\text{total} = A \int_0^\infty \mathrm{e}^{-\beta E}\,\mathrm{d}E = \frac{A}{\beta}$$

Die Wolke hat eine Gesamtenergie von

$$E_\text{total} = A \int_0^\infty E\mathrm{e}^{-\beta E}\,\mathrm{d}E = \frac{A}{\beta^2} = \mathcal{N}_\text{total}k_\mathrm{B}T$$

Folglich hat jedes Atom eine mittlere Energie von $\overline{E} = k_\mathrm{B}T$. Bei einem Schritt der Verdampfungskühlung entweichen alle Atome mit einer Energie von mehr als ϵ.

(a) Berechnen Sie den Anteil der entwichenen Atome, $\Delta\mathcal{N}/\mathcal{N}_\text{total}$.

(b) Berechnen Sie die anteilige Änderung der mittleren Energie je Atom.

(c) Werten Sie Ihre Ausdrücke durch Schnitte mit $\beta\epsilon = 3$ und 6 aus. Vergleichen Sie das Verhältnis von Energieverlust und der Anzahl der entwichenen Atome für die beiden Fälle und erläutern Sie, was dies für die Verdampfungskühlung bedeutet.

(d) Die Stoßrate zwischen Atomen in der Wolke ist $R_\text{Stoß} = n\overline{v}\sigma$. Nehmen Sie an, dass der Stoßquerschnitt σ unabhängig von der Energie ist und zeigen Sie, dass in einem harmonischen Fallenpotential $R_\text{Stoß} \propto \mathcal{N}_\text{total}/E_\text{total}$ gilt. Zeigen Sie, dass die Stoßrate während der Verdampfung in einem solchen Potential wächst.

10.5 *Die Eigenschaften am Phasenübergang*
Eine Wolke aus 10^6 Rubidiumatomen ist in einer harmonischen Falle eingesperrt, die Oszillationsfrequenzen von $\omega_z/2\pi = 16\,\text{Hz}$ und $\omega_r/2\pi = 250\,\text{Hz}$ hat und axialsymmetrisch ist. Berechnen Sie die kritische Temperatur T_C und schätzen Sie die Dichte der Wolke am Phasenübergang.

10.6 *Eigenschaften eines Bose-Kondensats*
Die Eigenschaften eines Bose-Gases wurden vorn unter Zuhilfenahme der Thomas-Fermi-Näherung berechnet, was für große Kondensate genaue Ergebnisse liefert. In dieser Aufgabe wird gezeigt, dass die Bestimmung der Gleichgewichtsgröße durch Minimierung der Energie in (10.33) (eine Aufgabe der Variationsrechnung) zu ähnlichen Ergebnissen führt.
In einem sphärischen Fallenpotential haben Rubidiumatome ($M = 87$ a.m.u.) eine Oszillationsfrequenz von $\omega/2\pi = 100\,\text{Hz}$ und folglich gilt $a_{ho} = 1\,\mu\text{m}$. Die Atome haben eine Streulänge von $a = 5\,\text{nm}$. Führen Sie ür ein Kondensat aus $\mathcal{N}_0 = 10^6$ Atomen die folgenden Berechnungen aus.

(a) Zeigen Sie, dass die abstoßenden Wechselwirkungen einen wesentlich größeren Beitrag zur Energie liefern als der kinetische Term.

(b) Verwenden Sie (10.33), um einen Ausdruck für die Gleichgewichtsgröße r zu finden und werten Sie diesen aus.

(c) Bestimmen Sie die Dichte des Kondensats.

(d) Zeigen Sie, dass der Energiebeitrag aus den abstoßenden Wechselwirkungen zwei Fünftel der Gesamtenergie ausmacht.

(e) Finden Sie einen Ausdruck für die Energie E (in Abhängigkeit von $\hbar\omega$). (Beachten Sie, dass dieser Ausdruck die gleiche Abhängigkeit von den verschiedenen Parametern wie in Gleichung (10.42) haben sollte, jedoch mit einem anderen Vorfaktor.) Werten Sie E/k_B aus.

(f) Wenn das Fallenpotential plötzlich ausgeschaltet wird, sinkt die potentielle Energie auf null und die abstoßende Wechselwirkung zwischen den Atomen führt zur Ausdehnung des Kondensats. Nach ein paar Millisekunden ist der größte Teil dieser Energie in kinetische Energie umgewandelt. Schätzen Sie die Geschwindigkeit ab, mit der die Atome nach außen streben, sowie die Größe des Kondensats 30 ms nach dem Ausschalten der Falle.[49]

Anmerkung. Diese Abschätzungen für wichtige physikalische Parameter zeigen, dass die Eigenschaften des Kondensats sehr wohl von den Wechselwirkungen zwischen den Atomen abhängen, obwohl diese Wechselwirkungen nur einen geringen Einfluss auf den Phasenübergang haben. (Die Bose-Einstein-Kondensation tritt aus Gründen der Quantenstatistik auf und unterscheidet sich völlig von der „gewöhnlichen" Kondensation, bei der ein Dampf aufgrund vom Molekülwechselwirkungen in eine Flüssigkeit übergeht.) Zum Beispiel ist die Energie des Kondensats

---

[49] Die geringe Größe von Bose-Kondensaten macht es schwierig, sie direkt zu beobachten, wenngleich dies in bestimmten Experimenten gemacht wurde. Im Allgemeinen befreit man das Kondensat aus der Falle und gestattet ihm sich auszudehnen, bevor das Bild aufgenommen wird (siehe beispielsweise Abbildung 10.12).

wesentlich größer als die Nullpunktsenergie des Grundzustands des quantenmechanischen harmonischen Oszillators.

10.7 *Chemisches Potential und mittlere Energie je Teilchen*

(a) Zeigen Sie, dass (10.42) aus den vorhergehenden Gleichungen des Abschnitts
10.6 folgt.

(b) In der Thermodynamik ist das chemische Potential diejenige Energie, die
erforderlich ist, um ein Teilchen aus dem System zu entfernen. Es ist also
$\mu = \partial E/\partial \mathcal{N}$, wobei E die Gesamtenergie des Systems ist. Zeigen Sie, dass
$E = \frac{5}{7}\mathcal{N}\mu$.

10.8 *Ausdehnung eines nicht wechselwirkenden Kondensats*
Obwohl keine Experimente mit nicht wechselwirkenden Gasen durchgeführt werden, ist es instruktiv, das Verhalten für $a = 0$ zu betrachten. In diesem Fall hat das
Kondensat die gleiche Größe wie der Grundzustand eines quantenmechanischen
harmonischen Oszillators (für jedes $\mathcal{N}_0$) und der Anfangsimpuls in jeder Richtung kann aus dem Unschärfeprinzip abgeschätzt werden. Geben Sie für Atome
der gleichen Masse wie Natrium (aber mit $a = 0$), die mit einer radialen Oszillationsfrequenz von 250 Hz und einer axialen Frequenz von 16 Hz aus einer Falle
freigelassen werden, eine grobe Schätzung der Flugzeit an, über die die Wolke
kugelsymmetrisch ist.

10.9 *Anregung eines Bose-Kondensats*
Die Vibrationsmoden eines Kondensats können als Kompressionswellen betrachtet werden, die innerhalb des Kondensats eine stehende Welle bilden. Folglich haben diese Moden Frequenzen in der Größenordnung Schallgeschwindigkeit, geteilt
durch die Kondensatgröße, also v_s/R. Zeigen Sie, dass diese kollektive Bewegung
des Kondensats bei einer Frequenz auftritt, die mit der Oszillationsfrequenz der
individuellen Atome in der Magnetfalle vergleichbar ist.

10.10 *Herleitung der Schallgeschwindigkeit*
Die zeitabhängige Schrödinger-Gleichung für die Wellenfunktion eines Atoms in
einem Bose-Einstein-Kondensat in einem homogenen Potential ist

$$\mathrm{i}\hbar\frac{\mathrm{d}\psi}{\mathrm{d}t} = -\frac{\hbar^2}{2M}\nabla^2\psi + g\left|\psi\right|^2\psi$$

wobei der Einfachheit halber das Potential als null angenommen wurde ($V = 0$).
Die Wellenfunktion $\psi = \psi_0 \mathrm{e}^{-\mathrm{i}\mu t/\hbar}$ erfüllt diese Gleichung mit einem chemischen
Potential

$$\mu = g\left|\psi_0\right|^2$$

Die Test-Wellenfunktion mit kleinen Fluktuationen kann in der Form

$$\psi = \left[\psi_0 + u\mathrm{e}^{\mathrm{i}(kx-\omega t)} + v^*\mathrm{e}^{-\mathrm{i}(kx-\omega t)}\right]\mathrm{e}^{-\mathrm{i}\mu t/\hbar} = \psi_0\mathrm{e}^{-\mathrm{i}\mu t/\hbar} + \delta\psi\left(t\right)$$

geschrieben werden, wobei die Amplituden $\left|u\right|$ und $\left|v\right|$ klein im Vergleich zu $\left|\psi_0\right|$
sind.

(a) Zeigen Sie, dass man durch Einsetzen dieser Gleichung in die Schrödinger-Gleichung und mit geeigneten Näherungen auf die gleiche Approximation nullter Ordnung für das chemische Potential kommt, wie oben angegeben, und

$$\mathrm{i}\hbar\frac{\mathrm{d}}{\mathrm{d}t}\left(\delta\psi\left(t\right)\right)=\frac{\hbar^2k^2}{2M}\delta\psi\left(t\right)+g\left|\psi_0\right|^2 2\delta\psi\left(t\right)+g\psi_0^2\mathrm{e}^{-\mathrm{i}2\mu t}\delta\psi^*\left(t\right)$$

(b) Zeigen Sie, dass man durch Gleichsetzen der Terme mit gleicher Zeitabhängigkeit auf zwei gekoppelte Gleichungen für u und v kommt, die in Matrixform durch

$$\begin{pmatrix}\epsilon_k+2g\left|\psi_0\right|^2-\mu & g\psi_0^2 \\ g(\psi_0^*)^2 & \epsilon_k+2g\left|\psi_0\right|^2-\mu\end{pmatrix}\begin{pmatrix}u \\ v\end{pmatrix}=\hbar\omega\begin{pmatrix}u \\ -v\end{pmatrix}$$

mit $\epsilon_k=\hbar^2k^2/2M$ gegeben sind.

(c) Folgern Sie hieraus, dass u und v Lösungen der Matrixgleichung

$$\begin{pmatrix}\epsilon_k+\mu-\hbar\omega & g\psi_0^2 \\ g(\psi_0^*)^2 & \epsilon_k+\mu+\hbar\omega\end{pmatrix}\begin{pmatrix}u \\ v\end{pmatrix}=0$$

sind. Bestimmen Sie aus der Determinante dieser Matrix die Beziehung zwischen der Frequenz der kleinen Oszillationen ω und dem Betrag ihres Wellenvektors k (also die Dispersionsrelation). Zeigen Sie, dass dies für niedrige Energien den gleichen Ausdruck für die Schallgeschwindigkeit ω/k liefert, den wir in Abschnitt 10.7.1 gefunden hatten.

10.11 *Attraktive Wechselwirkungen*

In bestimmten Hyperfeinzuständen ändert sich die Streulänge a von Alkaliatomen mit dem angelegten Magnetfeld. Diese Eigenschaft wurde in Experimenten ausgenutzt, bei denen die Atome anziehende Wechselwirkungen haben ($a<0$). Zeigen Sie, dass Gleichung (10.33) in der Form

$$\frac{4}{3}\frac{E}{\hbar\omega}=x^{-2}+x^2+Gx^{-3}$$

geschrieben werden kann. Zeichnen Sie die Graphen für verschiedene Werte des Parameters G zwischen 0 und -1, um auf diese Weise eine Abschätzung für den niedrigsten Wert von G zu finden, für den die Energie als Funktion von x ein Minimum hat. Schätzen Sie für eine Atomsorte mit einer Streulänge von $a=-5\,\mathrm{nm}$ in einer Falle mit $a_{\mathrm{ho}}=2\,\mathrm{\mu m}$ die maximale Anzahl von Atomen ab, die ein Bose-Kondensat enthalten kann, ohne zu kollabieren.

Lösungen finden Sie unter http://www.oldenbourg-verlag.de/foot/.

11 Atominterferometrie

Die Möglichkeit der Interferometrie mit Atomen folgt unmittelbar aus dem Welle-Teilchen-Dualismus. Die wellenartige Propagation von Teilchen, also etwa Atomen, bedeutet, dass sie wie Licht die Phänomene Interferenz und Beugung zeigen. Dieses Kapitel erläutert, wie solche Materiewellen in Interferometern genutzt werden, um die Rotation und die Gravitationsbeschleunigung mit einer Genauigkeit zu messen, die mit den besten optischen Instrumenten vergleichbar ist. Wie viele wichtige Entwicklungen in der Physik fußt die Atominterferometrie auf einfachen Prinzipien. Der erste Teil dieses Kapitels verwendet nur elementare Optik sowie die de-Broglie-Beziehung

$$\lambda_{\mathrm{dB}} = \frac{h}{p} \tag{11.1}$$

für die Wellenlänge der Materiewelle, die mit einem Teilchen vom Impuls $p = M v$ verbunden ist. Diese Relation zwischen Wellenlänge und Impuls gilt auch für Lichtwellen und den Impuls von Photonen, doch hier wollen wir λ_{dB} ausschließlich für Materiewellen verwenden, während das Symbol λ (ohne Index) der Wellenlänge von Licht vorbehalten ist.

Ein Natriumatom mit der Geschwindigkeit $v = 1000\,\mathrm{m\,s}^{-1}$ (typisch für einen thermischen Strahl) hat die Wellenlänge $\lambda_{\mathrm{dB}} = 2 \times 10^{-11}\,\mathrm{m}$, also etwa das $1/30\,000$-Fache der Wellenlänge von sichtbarem Licht und vergleichbar mit der Wellenlänge von Röntgenstrahlung. Mithilfe von Nanotechnologien ist es heute möglich, Strukturen mit Skalen von weniger als $1\,\mu\mathrm{m}$ anzufertigen, also auch Gitter, deren Spalte so dicht benachbart sind, dass sie Strahlung mit derart kurzen Wellenlängen beugen.[1] Neutronen haben ebenfalls kurze de-Broglie-Wellenlängen, doch im Unterschied zu Atomen durchdringen sie Kristalle, und werden an den dicht benachbarten Kristallebenen gebeugt. Elektronen werden ebenfalls in Kristallen gebeugt, und ihre Welleneigenschaften waren schon lange vorher von Davisson und Germer in ihrem berühmten Experiment zur Bestätigung des Welle-Teilchen-Dualismus in der Quantenmechanik nachgewiesen worden. Die bereits zuvor gefundenen Ergebnisse für Neutronen und Elektronen werden hier nur erwähnt um zu zeigen, dass die Interferometrie mit Materiewellen eine lange Vorgeschichte hat. Die Neutronenbeugung und die Elektronenbeugung sind heute hochentwickelte Techniken, die in der Physik der kondensierten Materie eingesetzt werden (Blundell 2001). Die neueren Materiewellen-Experimente mit Atomen, die in diesem Kapitel beschrieben werden, sollten nicht als Bestätigungen für bereits gut verstandenes Verhalten von Quantensystemen angesehen werden; vielmehr liegt ihre Bedeutung darin, dass sie in bestimmten Anwendungssituationen genauere Messungen zulassen als andere Techniken.

---

[1] Es mag vorteilhaft scheinen, lasergekühlte Atome mit größeren λ_{dB} zu verwenden, doch wie wir sehen werden, ist dem nicht so.

Ein neuer Blick auf den vertrauten Doppelspaltversuch von Young bietet einen guten Einstieg in das Thema. Dabei werden die grundlegenden Prinzipien von Materiewellen-Experimenten mit Atomen verständlich und wir erhalten ein Gefühl für die Größenordnungen der physikalischen Parameter. Anschließend werden wir die Betrachtungen auf ein Beugungsgitter (Mehrfachspalte) ausdehnen sowie auf das Design eines Interferometers, das die Rotationsrate unter Ausnutzung des Sagnac-Effekts misst. Diese Materiewellen-Experimente basieren auf den gleichen Prinzipien wie entsprechende Experimente mit Licht, da die Atome im Grundzustand bleiben und wie einfache Wellen propagieren. Im Folgenden wird vorausgesetzt, dass der Leser mit der Standardbehandlung der Fraunhofer-Beugung in der Optik vertraut ist (Brooker 2003). Die wichtigsten Ergebnisse werden hier einfach zitiert und nicht hergeleitet. Nach einem kurzen Überblick über das Arbeiten mit Spalten und Gittern, die mittels Nanotechnologie hergestellt werden, befassen wir uns mit der Verwendung von Laserlicht zur Manipulation des Impulses von Atomen, wobei die verwendeten Methoden eng mit der Laserkühlung verwandt sind. Diese Laserverfahren nutzen die inneren Energieniveaus des Atoms, also etwas, das bei Elektronen oder Neutronen nicht möglich ist.

11.1   Der youngsche Doppelspaltversuch

Die ursprüngliche Motivation von Youngs Doppelspaltversuch war die Untersuchung der Wellennatur des Lichts. Der originale, einfache Versuchsaufbau wird heute noch praktisch eingesetzt, um die Kohärenz von Licht zu messen.[2] Abbildung 11.1 zeigt eine typische Versuchsanordnung. Wellen propagieren aus dem Quellenspalt S durch die beiden Spalte Σ_1 und Σ_2 zu einem Punkt P in der Detektionsebene.[3] Die Amplitude des Lichts in jedem Punkt der Detektionsebene ist gleich der Summe der Amplitude der elektrischen Felder, die über Spalt Σ_1 und Spalt Σ_2 an diesem Punkt ankommen. Bei jeder Interferenz- oder Beugungsberechnung wird die resultierende Amplitude am Punkt P durch Summation der Beiträge aus allen möglichen Wegen gebildet, die die Phase beachten. Für den Doppelspalt definieren wir l_1 als die Entfernung von S nach P, wenn der Weg über Σ_1 führt, und entsprechend l_2 für den Weg über Spalt Σ_2 (dies sind die Punktlinien in Abbildung 11.1(b)).[4] Spalte der gleichen Größe tragen gleich viel zur Gesamtamplitude im Punkt P bei:

$$E_P \propto E_0 \left(e^{-i2\pi \ell_1/\lambda} + e^{-i2\pi \ell_2/\lambda} \right) \tag{11.2}$$

Die Intensität ist proportional zum Quadrat dieser Amplitude, $I \propto |E|^2$, sodass

$$I = I_0 \cos^2 \left(\frac{\phi}{2} \right) \tag{11.3}$$

---

[2] Der Doppelspalt bildet auch den Ausgangspunkt für viele theoretische Argumente zu fundamentalen Aussagen der Quantenmechanik, so etwa darüber, warum wir nicht wissen können, durch welchen Spalt ein Photon gegangen ist, und dennoch eine Interferenz beobachten.

[3] Die Streifen im Experiment von Young sind in dieser Ebene nicht lokalisiert, doch sie sind in der Fernfeldregion durchgehend sichtbar.

[4] $l_1 = \overline{S\Sigma_1} + \overline{\Sigma_1 P}$ und $l_2 = \overline{S\Sigma_2} + \overline{\Sigma_2 P}$

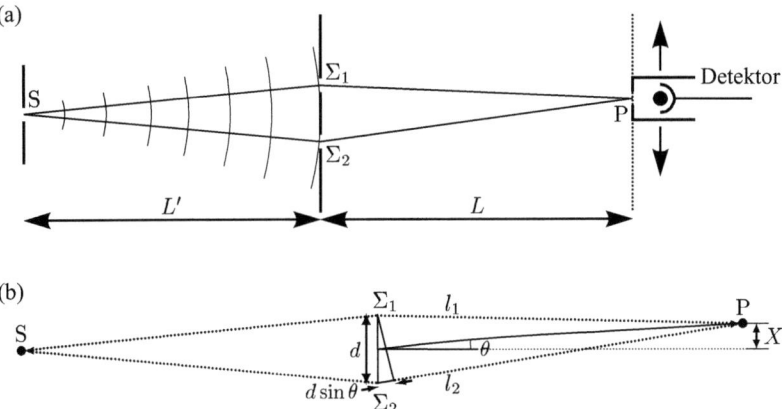

Abbildung 11.1: (a) Versuchsaufbau zur Beobachtung der Interferenz hinter einem Doppelspalt. Das an dem Quellenspalt gebeugte Licht geht durch zwei Spalte Σ_1 und Σ_2 und fällt auf eine Platte P. Die Interferenzstreifen sind mit bloßem Auge zu sehen (eventuell mit einem Vergrößerungsglas), doch um die Analogie mit der Atominterferometrie weiterführen zu können, ist der Versuchsaufbau mit einem Detektor gezeichnet (dies könnte etwa eine Photodiode oder ein Photomultiplier sein). Ein schmaler Spalt vor dem Detektor sorgt für eine gute räumliche Auflösung. Dieser Spalt und der Detektor tasten, wie in der Zeichnung angedeutet, das Streifenmuster ab. Das Licht kommt aus einer Lampe oder einem Laser. Bei einem Materiewellen-Experiment erzeugt ein Ofen einen Atomstrahl, der durch den Quellenspalt gebündelt wird (siehe Abbildung 11.2). (b) Die Differenz der Abstände $\overline{\Sigma_1 P}$ und $\overline{\Sigma_2 P}$ ist $d \sin \theta$, wobei d die Spaltbreite ist. Der Winkel θ und der Abstand X in der Detektionsebene hängen über die Beziehung $X = L \tan \theta$ zusammen. Die transversalen Abstände sind zur Verdeutlichung stark vergrößert gezeichnet. Für die typischen Bedingungen, die im Text angegeben sind, haben die Streifen einen angularen Abstand von 2×10^{-3} rad.

Hierbei ist $\phi = 2\pi(\ell_2 - \ell_1)/\lambda$ die Phasendifferenz zwischen den beiden Armen und I_0 ist die maximale Intensität. Helle Streifen treten an den Stellen der Detektionsebene auf, wo die Beiträge der beiden Wege konstruktiv interferieren. Diese entsprechen $\phi = n2\pi$ mit einer ganzen Zahl n, oder äquivalent

$$\ell_2 - \ell_1 = n\lambda \tag{11.4}$$

Um die Abstände zwischen den Streifen in der Detektionsebene zu bestimmen, definieren wir die Koordinate X als den senkrechten Abstand zur Längsachse der Anordnung. Ausgedrückt durch den in Abbildung 11.1(b) definierten kleinen Winkel können wir dies schreiben als

$$X = L \tan \theta \tag{11.5}$$

Mit einer ähnlichen Näherung für kleine Winkel können wir die Differenz der Weglängen in der Form

$$\ell_2 - \ell_1 = \Delta l + d \sin \theta \tag{11.6}$$

schreiben. Hierbei ist $\Delta l = \overline{S\Sigma_1} - \overline{S\Sigma_2}$ die Differenz der Weglängen vor dem Spalt.[5] Die Differenz der Weglängen vom Doppelspalt bis P ist $d \sin\theta$. Die letzten drei Gleichungen liefern für den Abstand der Streifen

$$\Delta X = \frac{L\lambda}{d} \tag{11.7}$$

Für ein Experiment mit sichtbarem Licht der Wellenlänge $\lambda = 6 \times 10^{-7}$ m führt ein Doppelspalt mit dem Spaltabstand $d = 3 \times 10^{-4}$ m und dem Abstand $L = 1$ m von der Quelle zu einem Streifenabstand von $\Delta X = 2$ mm und ist somit deutlich mit bloßem Auge sichtbar. Bei der Behandlung wurde angenommen, dass der Quellenspalt bei S klein ist und wie eine Punktquelle wirkt, die die beiden Spalte des Doppelspalts kohärent bestrahlt. Die Bedingung hierfür ist, dass der Doppelspalt innerhalb der Auffächerung des am Quellenspalt gebeugten Lichts liegt (Brooker 2003). Die Beugung am Spalt der Breite w_S hat eine Auffächerung von $\theta_{\mathrm{diff}} \simeq \lambda/w_S$. Daher erfordert eine kohärente Bestrahlung der beiden Spalte im Abstand L' von diesem Quellenspalt $L'\theta_{\mathrm{diff}} \geq d$ oder

$$w_S \leq \frac{\lambda L'}{d} \tag{11.8}$$

Für $L' = 0,1$ m und die vorn festgelegten Werte von λ und d erhalten wir $w_S \leqslant 2 \times 10^{-4}$ m. Solche Spalte können mit Standardverfahren hergestellt werden, und wie wir wissen, ist Youngs Experiment mit Licht im Labor relativ einfach durchzuführen. Experimente mit kurzwelligen Materiewellen erfordern die kleinsten verfügbaren Strukturen mit Spalten in der Größenordnung von 100 nm.

Carnal und Mlynek führten einen Doppelspaltversuch mit einem Strahl von Heliumatomen durch, die sich im metastabilen 1s2s $^3S_2$-Niveau befanden, welches 20 eV über dem Grundzustand liegt (siehe Carnal und Mlynek, 1991). Bei diesem Materiewellen-Experiment wurde die gleiche Versuchsanordnung verwendet wie in Abbildung 11.1, allerdings muss das Interferometer bei Versuchen mit Atomen in eine Vakuumkammer gebracht werden. Aufgabe 11.2 befasst sich mit der Anwendung der in diesem Abschnitt gegebenen Gleichungen zur Berechnung der Spaltbreiten, die für die Beobachtung von Interferenzstreifen mit He* notwendig sind. Metastabiles Helium ist für diese Experiment sehr geeignet, zum einen, weil es einen ziemlich großen Wert von λ_{dB} hat, und zweitens, weil metastabile Atome, wenn sie auf eine Fläche aufschlagen, hinreichend viel Energie freisetzen, um Elektronen abzugeben. Durch Zählen dieser geladenen Teilchen kann das Auftreffen individueller Atome mit hoher Effizienz detektiert werden. Eine ausführliche Diskussion von Doppelspaltversuchen finden Sie in dem Quantenmechanik-Buch von Rae (1992). Dort wird ein Neutroneninterferenzversuch als Beispiel für den Welle-Teilchen-Dualismus verwendet.

---

[5] Bei elementaren Behandlungen wird oft angenommen, dass die beiden Spalte den gleichen Abstand von der Quelle haben ($\Delta l = 0$), sodass die Phasen der Wellen an beiden Spalten gleich sind (was gleichbedeutend damit ist, eine ebene Wellenfront vor den Spalten zu haben). Diese Annahme vereinfacht die Rechnung, aber sie ist *keine* notwendige Voraussetzung für eine Fraunhofer-Beugung von Licht oder auch mit Materiewellen. (Eine ausführliche Diskussion von Annahmen wie $L \gg d$ finden Sie in Büchern zur Optik, zum Beispiel Brooker (2003)).

11.2 Ein Beugungsgitter für Atome

Abbildung 11.2 zeigt eine Versuchsanordnung mit einem stark gebündelten Strahl von Natriumatomen, der auf ein Transmissionsgitter fällt. Die Experimentatoren verwendeten ein bemerkenswertes Gitter mit Spalten von nur 50 nm Weite und 100 nm Abstand voneinander (alle Weiten und alle Abstände sind gleich). Das Ätzen dieser sehr schmalen Striche und das Fertigen ihrer sehr delikaten Trägerstruktur repräsentiert den Stand der Kunst, was die Nanofertigung betrifft. Abbildung 11.2(b) zeigt das Beugungsmuster, das mit einer Mischung aus Natriumatomen und -molekülen erhalten wurde, und Abbildung 11.2(c) zeigt die Beugung eines Strahls von Natriummolekülen. Die Beugungspeaks von Na_2 haben etwa einen halb so großen Abstand wie die von Natriumatomen, wie nach der de-Broglie-Beziehung für Teilchen der doppelten Masse (und ähnliche Geschwindigkeit) zu erwarten ist.

Forscher haben diese Eigenschaft der speziellen Gitter ausgenutzt, um erstmals den sehr schwach gebundenen Zustand zweier Heliumatome experimentell zu beobachten (Schöllkopf und Toennies 1984). Andere Detektionsmethoden dissoziieren das sehr schwach gebundene He_2 Molekül. Die Gitter arbeiten gut mit Helium und Strahlen aus Edelgasatomen, da diese im Unterschied zu Natrium nicht die Spalte verstopfen. Bei einem neueren Beugungsgitter-Experiment gelang es trotz aller praktischer Schwierigkeiten beim Arbeiten mit diesen fragilen Strukturen, C_{60}-Molekülen – sogenannte Buckminster-Fullerene zu beugen (Arndt *et al.*, Nairz *et al.* 2003). Die Demonstration der wellenartigen Natur derart massiver Teilchen wirft die Frage auf, was wohl das größte Objekt ist, für das man eine solche Quanteninterferenz beobachten kann.[6] Diese Frage hängt mit Schrödingers berühmtem Gedankenexperiment mit der Katze zusammen, die sich in einer Superposition aus zwei Zuständen („tot" und „lebendig") befindet. Damit man Interferenz beobachten kann, muss ein Objekt als Superposition aus zwei Zuständen existieren: $|1\rangle$ ist der Zustand, in dem es durch Spalt Σ_1 geht, und $|2\rangle$ ist der Zustand, in dem es durch Spalt Σ_2 geht. Im Rahmen der Standard-Quantenmechanik gibt es nichts was uns verbieten würde, etwas so Großes wie eine Katze in eine Quantensuperposition zu bringen, sofern diese vollständig von äußeren Störungen isoliert ist. Jedenfalls ist das schwerste Objekt, das in einem realen Doppelspaltexperiment verwendet werden kann, wesentlicher leichter als eine Katze, aber wiederum um einiges schwerer als das, was bisher erreicht wurde. Die weitere Erforschung von Materiewellen-Interferenzen immer größerer Objekte ist von großem Interesse für die gesamte Physik, denn es geht dabei um nicht weniger als das Austesten der Grenze zwischen klassischer und Quantenphysik.

11.3 Das Drei-Gitter-Interferometer

Abbildung 11.3 zeigt eine Anordnung aus drei Beugungsgittern, die jeweils um den Abstand L voneinander entfernt sind. Ein stark gebündelter Strahl aus Natriumatomen propagiert durch dieses Drei-Gitter-Interferometer und endet auf einem Detektor für

---

[6] Das meint Quanteneffekte in der Bewegung oder in externen Freiheitsgraden und nicht die Quantisierung der internen Energieniveaus.

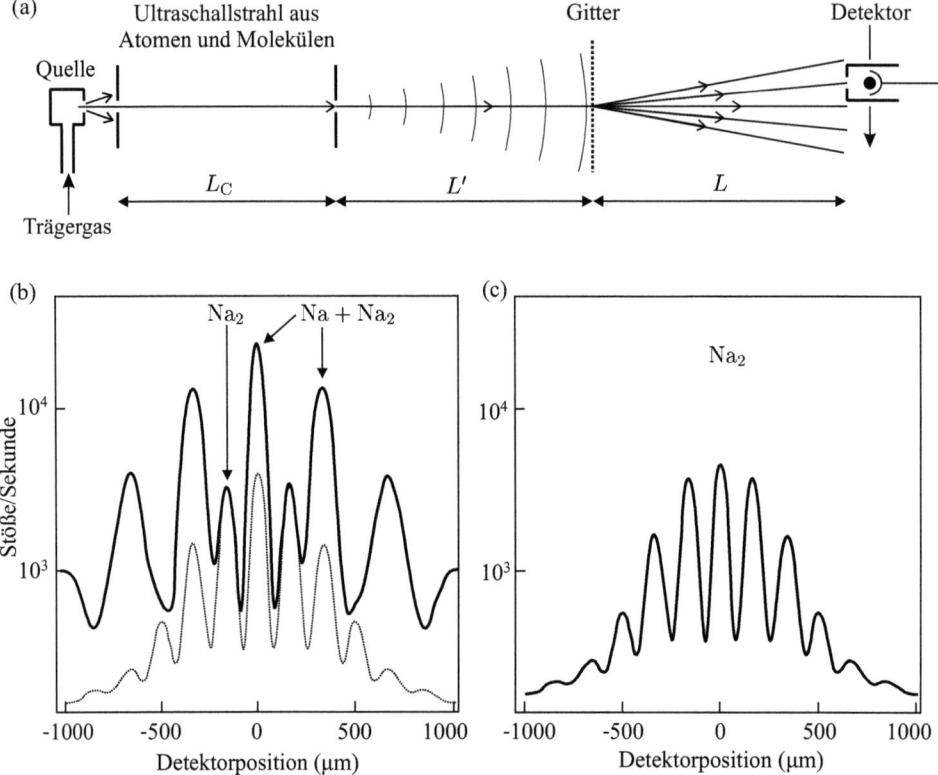

Abbildung 11.2: *(a) Beugung eines gebündelten Atomstrahls an einem Gitter. Um eine Beugung von Materiewellen zu beobachten, muss der Quellenspalt schmal genug sein, damit die Materiewellen über mehrere Spalte des Gitters hinweg kohärent sind. Dies ist die gleiche Forderung, die im vorherigen Abschnitt für den Youngschen Doppelspalt beschrieben wurde. (Aufgabe 11.1 widmet sich der Beziehung zwischen den Mustern für Mehrfachspalte und solchen, die man für nur zwei Spalte beobachtet.) Für das Gitter gibt es eine zusätzliche Forderung, nämlich dass die Auffächerung des einfallenden Strahls kleiner sein muss als der Winkel zwischen den Beugungsordnungen, denn andernfalls wären sie nicht zu unterscheiden. Bei diesem Versuch betrugen die Spaltweiten etwa 20 μm, die Spalten im Nanogitter hatten einen Abstand von 100 nm, und die Abstände L_C, L' und L betrugen alle etwa 1 m. (b) Beugung des gebündelten Strahls aus Natriumatomen und -molekülen am Gitter. (c) Beugungsmuster für einen Strahl, der nur Na$_2$-Moleküle enthält (dieses Muster wird als gepunktete Kurve auch in Teil (b) gezeigt.) Die Peaks für die Moleküle haben einen halb so großen Abstand wie die für die Atome, was wegen ihrer doppelt so großen Masse zu erwarten war. Die Atome und Moleküle haben in der Ultraschallströmung etwa die gleiche Geschwindigkeit, da sie beide in einem Strahl aus Kryptongas getragen werden, welcher durch den geheizten Ofen mit dem metallischen Natrium strömt. Das Trägergas liefert einen Ultraschallstrahl, in dem die Geschwindigkeiten wesentlich weniger auseinander laufen ($\Delta v/v \simeq 0{,}03$), als es für einen Strahl aus einer effusiven Quelle thermischer Atome der Fall wäre. Die Natriumatome wurden durch den resonanten Strahlungsdruck aus einem Laserstrahl (nicht dargestellt), der senkrecht auf den Ultraschallstrahl gerichtet wurde, aus dem Strahl entfernt. Aus Chapman et al. (1995).© American Physical Society.*

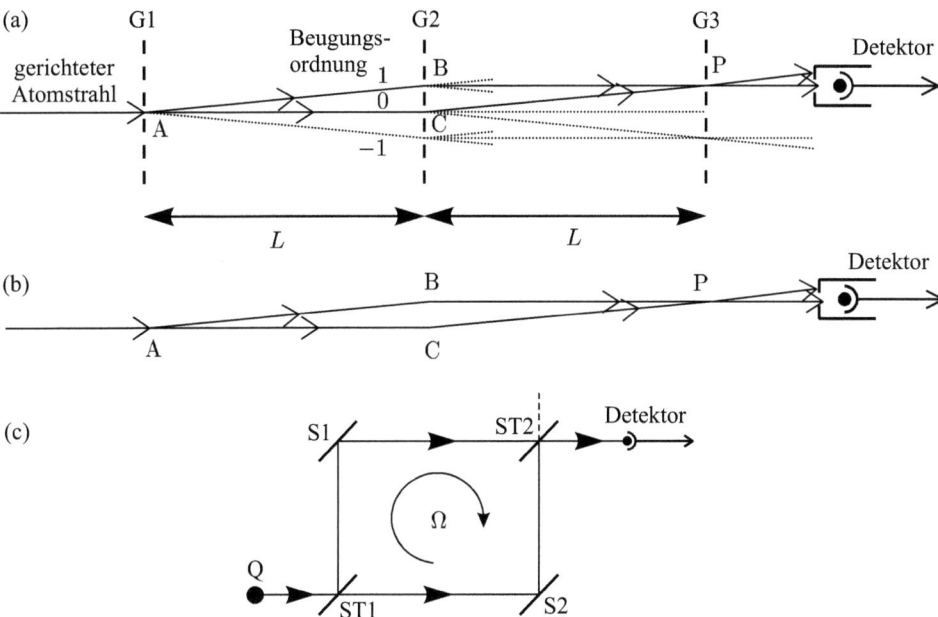

Abbildung 11.3: (a) Interferometer bestehend aus drei Beugungsgittern, die jeweils den Abstand L (in Richtung des Atomstrahls) voneinander haben. Es wird ein gebündelter Strahl von Atomen erzeugt (siehe Abbildung 11.2). Die am ersten Gitter G1 gebeugten Wellen spalten sich an G2 wieder auf, sodass sich einige der Wege an G3 treffen. Gezeigt sind nur die Beugungsordnungen 0 und ±1, und um die Skizze noch etwas weiter zu vereinfachen, sind einige der möglichen Wege zwischen G2 und G3 nicht vollständig gezeigt. Beiträge zur Amplitude bei P kommen aus A, entweder über B oder über C. Der Detektor muss hinreichend weit von G3 entfernt sein, damit er nur eine von zwei möglichen Ausgabrichtungen auswählt. (Das Parallelogramm ABPC ist nur einer von vielen geschlossenen Wegen, die von den drei Gittern gebildet werden; einige weitere sind durch gepunktete Linien angedeutet. (b) Mit dem Detektor an der eingezeichneten Position wirken die Gitter wie ein Mach-Zehnder-Interferometer. Die Beugungsgitter verhalten sich einerseits wie Strahlteiler und andererseits wie Ablenker (Spiegel) für die Materiewellen (bei kleinen Winkeln). (c) Ein Mach-Zehnder-Interferometer für Licht. Dies ist das optische System, das äquivalent zu dem Drei-Gitter-Interferometer ist. Die einfallende Welle trifft auf den Strahlteiler ST1 und die Amplituden der reflektierten bzw. durchgelassenen Welle werden am Spiegel S1 bzw. S2 reflektiert, sodass sich ihre Wege bei ST2 wieder treffen. Interferenz zwischen den beiden Wegen führt zu einer detektierten Intensität $I_D = \frac{1}{2} I_0 \{1 + \cos(\phi + \Delta\phi)\}$ (vgl. (11.3)). Die Phase ϕ, die aus den unterschiedlichen Weglängen und Phasenverschiebungen bei der Reflexion an den Spiegeln resultiert, wird als konstant angenommen, und $\Delta\phi$ repräsentiert die gemessene zusätzliche Phase. Für ein Interferometer, das mit der Frequenz Ω um eine zur Ebene des Instruments senkrechte Achse rotiert, gilt beispielsweise $\Delta\phi \propto \Omega$. Somit misst das Instrument die Rotation (siehe Abschnitt 11.4).

Atome.[7] Durch Beugung am ersten Gitter (G1) wird der Strahl geteilt; der Einfachheit halber wurden nur die nullte und die ersten Beugungsordnungen (± 1) gezeichnet. Das zweite Gitter (G2) bewirkt eine Beugung mit den gleichen Winkeln wie G1, sodass einige der Wege in der Ebene des dritten Beugungsgitters (G3) zusammenlaufen. Beispielsweise werden die Ordnungen 0 und +1 von G1 beide durch G2 gebeugt, sodass sich das in Abbildung 11.3 gezeigte Parallelogramm ABPC ergibt. Der Detektor zeichnet den Fluss der Atome entlang einer der möglichen Ausgaberichtungen aus P auf. Diese Anordnung erinnert stark an ein Mach-Zehnder-Interferometer für Licht, wobei der Winkel zwischen den beiden Armen wegen des erreichbaren Gitterabstands klein ist. Für eine Zwei-Strahl-Interferenz hat das Signal die gleiche Form wie in (11.3). Bei diesen Interferometern ist die Summe der Flüsse von Atomen (oder Licht) in den beiden möglichen Ausgangsrichtungen eine Konstante. Wenn also eine bestimmte Phasendifferenz zwischen den Armen des Interferometers am Detektor eine destruktive Interferenz ergibt, dann hat der Fluss in der anderen Ausgaberichtung ein Maximum.

11.4 Messung der Rotation

Das in Abbildung 11.3 gezeigte Mach-Zehnder-Interferometer für Materiewellen ermöglicht die präzise Messung der Rotation, was in diesem Abschnitt näher erklärt werden soll.[8] Um die durch die Phasenverschiebung verursachte Rotation auf einfache Weise zu berechnen, stellen wir uns das Interferometer als eine kreisförmige Schleife vom Radius R vor (siehe Abbildung 11.4). Die Welle, die sich ausgehend vom Punkt S mit der Geschwindigkeit v fortpflanzt, benötigt die Zeit $t = \pi R / v$, um auf einem der Arme zum gegenüberliegenden Punkt P zu gelangen. Während dieser Zeit dreht sich das System um einen Winkel Ωt, wobei Ω die Kreisfrequenz der Rotation um eine zur Ebene des Interferometers senkrechte Achse ist. Somit muss die Welle für das Durchlaufen der Schleife auf dem einen Arm des Interferometers das Stück $\Delta l = 2\Omega R t$ mehr zurücklegen als auf dem anderen Arm. Dies entspricht einer zusätzlichen Wellenlänge von $\Delta l / \lambda_{\mathrm{dB}}$ bzw. einer Phasenverschiebung von

$$\Delta\phi = \frac{2\pi}{\lambda_{\mathrm{dB}}} \times 2\Omega R \times \frac{\pi R}{v} \tag{11.9}$$

Die Schleife hat eine Fläche von $A = \pi R^2$, sodass

$$\Delta\phi = \frac{4\pi}{\lambda_{\mathrm{dB}} v} \times \Omega A \tag{11.10}$$

Eine strenge Herleitung durch Integration über einen geschlossenen Weg zeigt, dass diese Gleichung für eine beliebige Form gilt, also zum Beispiel auch für die quadratische Anordnung in Abbildung 11.3(c). Ein Vergleich dieser Phasenverschiebung für Materiewellen der Geschwindigkeit v mit der von Licht, $\Delta\phi_{\mathrm{Licht}}$, für ein Interferometer mit der

---

[7] Der Detektor besitzt einen heißen Draht (aufgeheizt von einem durch ihn fließenden Strom), der parallel zu den Platten verläuft. Die Natriumatome ionisieren, wenn sie auf die heiße Oberfläche des Drahtes treffen, und die freigegebenen Elektronen erzeugen einen messbaren Strom.

[8] Für Licht wird im Allgemeinen eine andere Konfiguration verwendet, welche als Sagnac-Interferometer bezeichnet wird. Das Prinzip ist jedoch ähnlich.

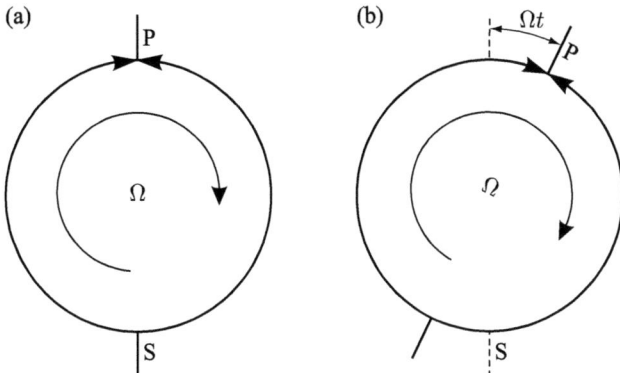

Abbildung 11.4: *(a) Schematische Darstellung eines Interferometers, in dem die Wellen von S nach P propagieren. (b) Die Rotation mit der Kreisfrequenz Ω um eine zur Ebene des Interferometers senkrechte Achse sorgt dafür, dass einer der Wege um Ωt länger und der andere um den gleichen Betrag kürzer wird, wobei t die Zeit ist, die eine Welle braucht, um von S nach P zu gelangen. Dies führt auf die in (11.10) angegebene Phasenverschiebung.*

gleichen Fläche A ergibt

$$\Delta\phi = \frac{\lambda c}{\lambda_{\mathrm{dB}} v} \times \Delta\phi_{\mathrm{Licht}} = \frac{Mc^2}{\hbar\omega} \times \Delta\phi_{\mathrm{Licht}} \tag{11.11}$$

Das Verhältnis ist gleich der Ruhemasse des Atoms geteilt durch die Energie eines Photons. Es hat für Natriumatome und sichtbares Licht einen Wert von $\Delta\phi/\Delta\phi_{\mathrm{Licht}} \sim 10^{10}$. Dieses riesige Verhältnis macht deutlich, dass Materiewellen-Interferometer prinzipiell einen gewaltigen Vorteil haben, doch bislang erreichen sie in der Praxis nur Ergebnisse, die mit denen von konventionellen, also mit sichtbarem Licht arbeitenden, Interferometern vergleichbar sind. Konventionelle Interferometer mit Licht bieten folgende Vorteile:

(a) Sie haben viel größere Flächen, d. h., der Abstand zwischen ihren Armen hat die Größenordnung von Metern anstatt Bruchteile von Millimetern wie im Falle von Materiewellen.

(b) Das Licht durchläuft die Schleife viele Male.[9]

(c) Laser liefern einen stärkeren Fluss als Atome in einem typischen Atomstrahl. Beispielsweise gelangt bei dem in Abbildung 11.2 gezeigten Schema nur ein kleiner Teil der von der Quelle emittierten Atome in den stark gebündelten Atomstrahl. Als Quelle von Materiewellen entspricht der Atomofen eher einer Wolfram-Glühlampe als einem Laser.[10]

---

[9] Lasergyroskope verwenden stark reflektierende Spiegel oder optische Fasern.

[10] Das auf Raman-Übergängen basierende Atominterfreometer (siehe Abschnitt 11.5.1) erfordert keinen so stark gebündelten Atomstrahl. Mit dieser Technik sind Präzisionsmessungen der Rotation möglich geworden.

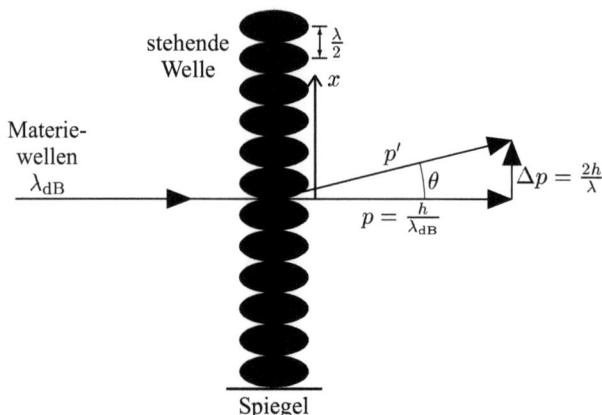

Abbildung 11.5: *Beugung von Atomen an einem Feld stehender Lichtwellen. Der Winkel θ der ersten Beugungsordnung hängt mit der Gitterperiode über die Beziehung $d \sin\theta = \lambda_{dB}$ zusammen. Für die stehende Welle ist $d = \lambda/2$ und somit $\sin\theta = 2\lambda_{dB}/\lambda$. Diese Beugung kann als ein Streuprozess betrachtet werden, bei dem ein Atom mit dem Impuls p einen Impulsübertrag erfährt, der ihm den transversalen Impuls Δp verleiht und es um einen Winkel θ ablenkt, der durch $\tan\theta = \Delta p/p$ gegeben ist.*

11.5 Die Beugung von Atomen durch Licht

Eine stehende Welle aus Licht beugt Materiewellen, was in Abbildung 11.5 illustriert ist. Dies ist gewissermaßen ein Rollentausch, wenn man es mit der Situation in der Optik vergleicht, wo Materie in Form eines konventionellen Gitters Licht beugt. In diesem Abschnitt wird erklärt, wie dieses Lichtfeld, das einfach durch Rückreflexion des Laserstrahls an einem Spiegel erzeugt wird, in der Atomphysik verwendet wird. Die Wechselwirkung von Atomen mit einer stehenden Welle führt zu einer periodischen Modulation der atomaren Energieniveaus, die proportional zur Intensität des Lichts ist (siehe Abschnitt 9.6).[11] Die Lichtverschiebung von atomaren Energieniveaus in der stehenden Welle bewirkt eine Phasenmodulation der Materiewellen. Ein atomares Wellenpaket $\psi(x, z, t)$ wird unmittelbar nachdem es durch die stehende Welle gegangen ist zu $\psi(x, z, t)\, e^{i\Delta\phi(x)}$. Es wird angenommen, dass die Änderung von $\psi(x, z, t)$ über eine Längenskala von mehr als $\lambda/2$ einen glatten Verlauf hat. Diese Phasenmodulation hat eine räumliche Periode von $\lambda/2$, wobei λ die Wellenlänge des *Lichts* und nicht der Materiewellen ist. Die Materiewellen akkumulieren eine zusätzliche Phase $\Delta\phi(x) = \phi_0 \cos^2(2\pi x/\lambda)$ aus der Lichtverschiebung. Dieses Phasengitter beugt die Materiewellen bei Winkeln, die durch

$$d \sin\theta = n\lambda_{\mathrm{dB}} \tag{11.12}$$

gegeben sind. Hierbei ist $d = \lambda/2$, n ist eine ganze Zahl und λ_{dB} ist die Wellenlänge der Materiewellen. Gitter mit dem gleichen Abstand d beugen Wellen um die gleichen Win-

---

[11] Der Laser hat eine Frequenz ω, die hinreichend weit von der Übergangsfrequenz ω_0 des Atoms entfernt ist, um die spontane Emission vernachlässigen zu können. Gleichzeitig liegt sie noch so nahe an der Übergangsfrequenz, dass die Atome eine signifikante Wechselwirkung mit dem Licht haben.

kel θ, egal, ob sie mittels Phasen- oder Amplitudenmodulation der einfallenden Welle arbeiten,[12] allerdings nicht mit den gleichen relativen Intensitäten in den verschiedenen Ordnungen. Es gibt also keinen grundsätzlichen Unterschied zwischen im Nanobereich arbeitenden Absorptionsgittern und der Verwendung von stehenden Wellen. Interferometer, die drei stehende Wellen in der gleichen Anordnung wie in Abbildung 11.3 verwenden, haben ähnliche Eigenschaften wie ein Instrument mit drei Gittern, die aus einem Festkörper geätzt sind. Die Spiegel, die das Licht zurückwerfen, sodass sich stehende Wellen bilden, müssen starr montiert sein, damit es nicht zum „Auswaschen" der Interferenzstreifen infolge von Vibrationen kommt. (Entsprechend müssen auch die Nanogitter sehr stabil gehalten werden.) Stehende Wellen aus sichtbarem Licht liefern Beugungswinkel, die dreimal kleiner sind als die der besten Nanogitter. Allerdings lassen solche Gitter alle Atome durch, während Nanogitter viel weniger als die 50% durchlassen, die man erwarten könnte wegen der Linien, die die gleiche Breite haben wie die die Abstände zwischen ihnen. Diese sehr feinen Linien erfordern eine raffinierte Trägerstruktur, durch die die tatsächlich offene Fläche reduziert wird. Außerdem verstopfen die Gitter allmählich, wenn Alkalimetalle verwendet werden.

Für die Beugung von Materiewellen an einer stehenden Welle gibt es eine alternative physikalische Interpretation, die mit der Streuung von Licht argumentiert. Die Beugungsbedingung (11.2) kann auch als $\tan\theta \simeq n\hbar G/p$ geschrieben werden (mit der Annahme $\tan\theta \simeq \sin\theta$ für kleine Winkel). Dabei ist p der longitudinale Impuls der Atome, $G = 4\pi/\lambda$ ist der charakteristische Wellenvektor einer Struktur mit einem Gitterabstand $\lambda/2$ und $\hbar G = 2h/\lambda$ ist der Impuls von zwei Photonen. Somit erfahren Atome bei der Beugung an der stehenden Welle einen transversalen Stoß von $2n$ Photonen (siehe Abbildung 11.5). Beispielsweise resultiert die erste Ordnung aus der Absorption durch einen der gegenläufig propagierenden Strahlen und aus der stimulierten Emission durch den anderen Strahl. Dieser kohärente Prozess, bei dem keine spontane Emission auftritt, weist Ähnlichkeiten mit dem in Abbildung 11.6 gezeigten Raman-Übergang auf.[13]

11.5.1 Interferometrie mit Raman-Übergängen

Die im letzten Abschnitt gelieferte Beschreibung der Beugung von Zwei-Niveau-Atomen an einer stehenden Welle als kohärenter Streuprozess, bei dem der doppelte Photonenimpuls $2h/\lambda$ (oder Vielfache davon) auf das Atom übertragen wird, weist eine Verbindung auf zu der mächtigen Methode zum Manipulieren des Atomimpulses durch Raman-Übergänge (siehe Abbildung 11.6). Zwei Laserstrahlen mit den Frequenzen ω_{L1} und ω_{L2} treiben einen kohärenten Raman-Übergang zwischen den Zuständen $|1\rangle$ und $|2\rangle$ an, falls

$$\hbar(\omega_{L1} - \omega_{L2}) = E_2 - E_1 \qquad (11.13)$$

Bei diesem kohärenten Übergang geht keine Population in den Zwischenzustand $|i\rangle$, da keiner der beiden Strahlen einen Ein-Photon-Übergang antreibt (siehe Anhang E). Der Raman-Übergang koppelt die Zustände $|1\rangle$ und $|2\rangle$ und treibt Rabi-Oszillationen

---

[12] Bei der Behandlung der Beugung durch Fouriertransformation wird dies klar (Brooker 2003).

[13] Die Streuung in einer stehenden Welle ändert den atomaren Impuls (externer Zustand), aber nicht den internen Zustand.

Abbildung 11.6: *Ein Raman-Übetgang mit zwei Laserstrahlen der Frequenzen ω_{L1} und ω_{L2}, die in entgegengesetzte Richtungen propagieren. Gleichung (11.3) gibt die Resonanzbedingung an, wobei die Effekte der Atombewegung ignoriert werden (Doppler-Verschiebung). Der Raman-Prozess koppelt $|1,p\rangle$ und $|2,p+2\hbar k\rangle$, sodass ein Atom in einem Raman-Interferometer eine Wellenfunktion der Form $\psi = A|1,p\rangle + B|2,p+2\hbar k\rangle$ hat (wobei anfangs gewöhnlich $B = 0$ oder $A = 0$ gilt).*

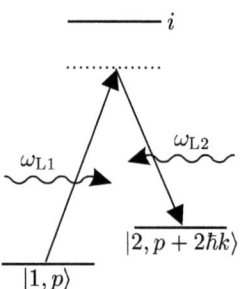

zwischen ihnen an. Wenn das Atom beispielsweise in $|1\rangle$ oder $|2\rangle$ startet, dann erzeugt ein $\pi/2$-Puls eine Superposition von $|1\rangle$ und $|2\rangle$ mit gleichen Amplituden. Raman-Laserstrahlen, die in entgegengesetzte Richtungen propagieren (wie in Abbildung 11.6), ändern während des Übergangs den Impuls des Atoms.[14] Die Absorption eines Photons mit dem Wellenvektor $\mathbf{k}_1$ und der stimulierten Emission eines Photons in der entgegengesetzten Richtung $\mathbf{k}_2 \simeq -\mathbf{k}_1$ liefert dem Atom zwei Rückstöße in der gleichen Richtung. Dieser Prozess koppelt den Zustand $|1,p\rangle$ mit $|2,p+2\hbar k\rangle$. Die Bra(c)Ket-Notation bezeichnet |inneren Zustand, Impuls⟩ des Atoms. Die Raman-Resonanz-Bedingung (11.13) hängt empfindlich von der Geschwindigkeit v der gegenläufig propagierenden Strahlen ab. Dies ist die Basis für die Raman-Kühlung von Atomen (siehe Abschnitt 9.8). Für die Interferometrie ist diese Geschwindigkeitssensitivität ein komplizierender Faktor und wir nehmen deshalb an, dass die Raman-Pulse hinreichend kurz sind[15], um Übergänge über den gesamten Bereich der Geschwindigkeitskomponenten des Laserstrahls anzuregen.

Abbildung 11.7 zeigt ein vollständiges Raman-Interferometer, wobei die Atome in $|1,p\rangle$ starten und durch drei Raman-Wechselwirkungsregionen gehen. Bei der ersten Wechselwirkung erfährt das Atom einen $\pi/2$-Puls, der es in die Superposition

$$|\psi\rangle = \{|1,p\rangle + e^{i\phi_1}|2,p+2\hbar k\rangle\} \tag{11.14}$$

versetzt. Der Phasenfaktor hängt von der relativen Phase der beiden Laserstrahlen ab.[16] Diese beiden Zustände separieren sich, wie in Abbildung 11.7 zu sehen ist, sodass diese erste Region wie ein Strahlteiler für Materiewellen wirkt. Nach einer freien Bewegung über die Distanz L betritt das Atom die mittlere Wechselwirkungsregion, wo es einen π-Puls bekommt, der auf beiden Armen des Interferometers wirkt, um die Zustände $|1,p\rangle \leftrightarrow |2,p+2\hbar k\rangle$ zu tauschen. (Bei diesem Instrument bestimmt die Durchgangszeit des Atoms durch den Laser die Dauer der Raman-Wechselwirkung.) Die Wege kommen nach einer weiteren Distanz L wieder zusammen, und der finale $\pi/2$-Puls wirkt wie

---

[14] Raman-Laserstrahlen, die sich in die gleiche Richtung fortpflanzen, haben den gleichen Effekt wie die direkte Kopplung zwischen $|1\rangle$ und $|2\rangle$ durch Mikrowellen.

[15] Gemäß der Bedingung in (9.58).

[16] Diese und ähnliche Phasen, die bei jeder Wechselwirkung entstehen, führen zu einem Offset im finalen Ausgang, der nicht von Bedeutung ist. Diese Phasen müssen jedoch zeitlich konstant bleiben, andernfalls wird die Interferenz „verwaschen".

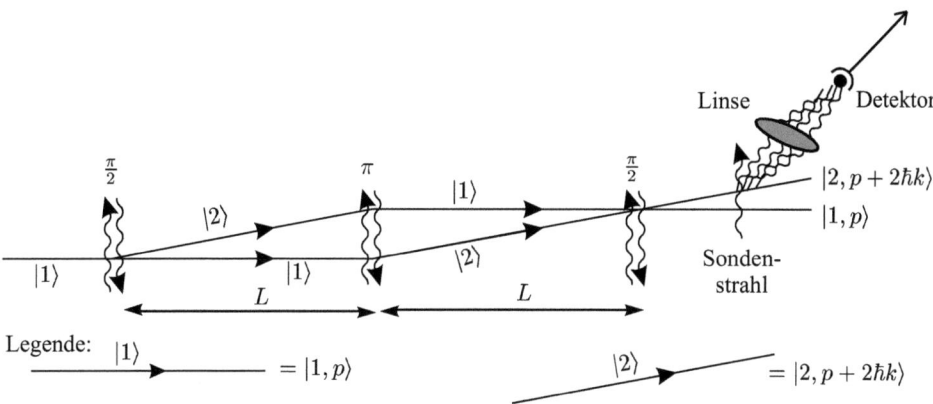

Abbildung 11.7: *Ein durch Raman-Übergänge gebildetes Interferometer. Während die Atome die drei Wechselwirkungsregionen durchlaufen, erfahren sie die Folge $\pi/2$–π–$\pi/2$ von Raman-Pulsen, die die atomaren Wellenpakete aufteilt, ablenkt und rekombiniert. In jeder Wechselwirkungsregion gibt es zwei gegenläufig propagierende Strahlen mit den Frequenzen ω_{L1} und ω_{L2}, wie in Abbildung 11.6. Bei diesem Mach-Zehnder-Interferometer sind die Eigenzustände mit den transversalen Impulsen p und $p+2\hbar k$ verbunden mit den unterschiedlichen atomaren Zuständen $|1\rangle$ bzw. $|2\rangle$. Wie im unteren Teil der Abbildung skizziert, ist $|1\rangle$ mit $p \simeq 0$ verknüpft (horizontale Linie) und $|2\rangle$ mit $p \simeq 2\hbar k$ (schräge Linie). Daher ist es am Ausgang nur nötig, die innere Struktur der Atome zu messen, beispielsweise durch Anregung eines Übergangs von $|2\rangle$ und Detektieren der Fluoreszenz, anstatt den Strahlen mit unterschiedlichen Impulsen zu erlauben, sich räumlich zu separieren wie in Abbildung 11.3. (Die Separation der Wege ist zwecks Verdeutlichung übertrieben gezeichnet.)*

ein Strahlteiler, der die Wellenpakete mischt und für Interferenz sorgt. Die vollständige Pulssequenz $\pi/2$–π–$\pi/2$ ergibt ein Mach-Zehnder-Interferometer. Ein Vergleich der Abbildungen 11.3 und 11.7 zeigt, dass das Raman-Schema dem Mach-Zehnder-Interferometer stärker ähnelt als das Drei-Gitter-Instrument. Das Raman-Schema sendet keine Amplituden in unerwünschte Richtungen und die mittlere Wechselwirkungsregion im Raman-Interferometer wirkt wie ein Spiegel, der die Richtung (transversaler Impuls) beider Wege um einen kleinen Winkel ändert.[17]

Ein Raman-Puls und eine stehende Lichtwelle liefern für eine gegebene Wellenlänge des Laserlichts den gleichen Öffnungswinkel zwischen den Armen, und beide Schemata verwenden Licht, dessen Frequenz gegen die atomare Übergangsfrequenz verstimmt ist, um eine spontane Emission zu vermeiden. Ein wesentlicher Unterschied zwischen diesen Methoden liegt in der Detektion. Eine Drei-Gitter-Anordnung mit stehenden Wellen oder Nanostrukturen unterscheidet die beiden Ausgänge anhand ihrer unterschiedlichen Richtungen. Aus diesem Grund erfordert das Drei-Gitter-Instrument am Eingang einen

---

[17] In einem Drei-Gitter-Interferometer geht nur ein bestimmter Anteil der Amplitude in die gewünschte Richtung. Beachten Sie jedoch, dass bei der hier vorgestellten einfachen Behandlung stehender Wellen die Näherung des „dünnen" Gitters vorausgesetzt wurde. Oft findet aber die Wechselwirkung zwischen Materiewellen und Licht über eine so große Distanz statt, dass es zur Bragg-Beugung kommt (wie in Kristallen).

stark gebündelten Atomstrahl, dessen Auffächerung kleiner ist als der Winkel zwischen den beiden Ausgangsrichtungen θ_{diff}. Die Ausgangskanäle des Raman-Schemas sind, wie in Abbildung 11.7 gezeigt, die beiden Zustände $|1, p\rangle$ and $|2, p + 2\hbar k\rangle$. Somit muss bei den Experimenten nur der finale Zustand des Atoms bestimmt werden, etwa indem man einen Laserstrahl verwendet, um einen Übergang von $|2\rangle$ in einen anderen Zustand anzuregen, der zur Fluoreszenz für Atome im Zustand $|2\rangle$ führt, aber nicht für jene in $|1\rangle$.[18] Dies bedeutet, dass ein Raman-Interferometer einen größeren Anteil der Atome aus einer gegebenen Quelle verwendet, da diese hier nicht stark gebündelt sein müssen.[19] Wenngleich der Fluss der Atome die durch (11.10) gegebene Größe der Phasenverschiebung nicht beeinflusst, bestimmt die Stärke des gemessenen Signals, wie genau diese Phasenverschiebung gemessen werden kann – das Interferometer misst einen kleineren Anteil eines Streifens, wenn das Signal-Rausch-Verhältnis höher ist.[20] Daher misst der in Abbildung 11.7 gezeigte Typ des Raman-Interferometers die Rotation genauer als ein Drei-Gitter-Instrument.

11.6   Schlussbemerkungen

Materiewellen-Interferometer für Atome sind eine moderne Anwendung der seit langem bekannten Idee des Welle-Teilchen-Dualismus. In den vergangenen Jahren haben diese Instrumente eine Präzision erreicht, die mit den besten optischen Instrumenten zur Messung von Rotation und Gravitationsbeschleunigung vergleichbar ist. Wir haben Beispiele von Experimenten kennengelernt, die direkte Entsprechungen von Versuchen mit Licht sind. Besprochen wurde außerdem die Raman-Technik zur Manipulation der Impulse von Atomen über ihre Wechselwirkung mit Laserlicht, die etwa beim Laserkühlen angewendet wird. Allerdings bietet die Laserkühlung der longitudinalen Geschwindigkeit des Atoms nur in bestimmten Fällen einen Vorteil (mehr hierzu unter Weiterführende Literatur).[21] Auch die stark kohärenten Strahlen oder Atomlaser, die aus Bose-Einstein-Kondensaten gebildet werden, führen nicht zwangsläufig zur Verbesserung der Materiewellen-Instrumente im Vergleich zu den nahezu universell eingesetzten Lasern in optischen Interferometern. Eine Ursache hierfür sind die Wechselwirkungen zwischen den Atomen selbst, wie wir bei der Herleitung der nichtlinearen Schrödinger-Gleichung in Kapitel 10 gesehen haben. Dort ergaben sich Phasenverschiebungen, die von der atomaren Dichte abhängen. Bislang wurden interferometrische Experimente auf Basis der Bose-Einstein-Kondensation durchgeführt, um das Kondensat selbst zu finden, jedoch nicht als Verfahren zur Präzisionsmessung von physikalischen Größen. Die Wechselwirkung von Atomen mit dem periodischen Potential, welches durch eine stehende Welle erzeugt wird, führt abgesehen von der hier beschriebenen Beugung zu weiteren interessanten physikalischen Eigenschaften – wir haben hier lediglich an der Oberfläche der Atomphysik gekratzt.

---

[18] Wie für die in Abschnitt 9.9 beschriebene Atomfontäne.

[19] Die Erzeugung der beiden Raman-Strahlen mit einem wohldefinierten Frequenzunterschied ist (neben anderen technischen Details) in Abschnitt 9.8 beschrieben.

[20] Bei diesem Argument wird angenommen, dass die Präzision durch rein statistische Fluktuationen (Rauschen) limitiert ist, und nicht durch systematische Verschiebungen.

[21] Die durch Atomfontänen-Uhren erzeugten Ramsey-Streifen resultieren aus der Interferenz der internen (Hyperfein-)Zustände der Atome, doch in diesem Kapitel ist der Begriff Atominterferometer Situationen vorbehalten, in denen es eine räumliche Separation zwischen den beiden Armen gibt.

Weiterführende Literatur

Der Übersichtsartikel in *Contemporary Physics*[22] von Godun *et al.* (2001) fasst den Stand auf dem Gebiet der Atominterferometrie in einer für nichtgraduierte Studenten verständlichen Weise zusammen. Er umfasst auch wichtige Anwendungen wie die Präzisionsmessung der Gravitationsbeschleunigung g, zu denen hier nichts erwähnt wurde. Die von Berman (1997) herausgegebene Monographie *Atominterferometrie* ist eine reiche Informationsquelle zu diesem Thema.

Aufgaben

11.1 *Vergleich von Beugung am Doppelspalt und am Mehrfachspalt*

(a) Erläutern Sie mit einfachen physikalischen Begriffen, warum die Beugungsordnungen bei den gleichen Winkeln auftreten wie die konstruktive Interferenz zwischen einem Paar von Spalten mit dem gleichen Abstand wie beim Gitter.

(b) Monochromatisches Licht geht durch ein Transmissionsbeugungsgitter. Anfangs ist der größte Teil des Gitters so mit lichtundurchlässigen Lagen eines Materials bedeckt, dass das Licht nur zwei benachbarte Spalte in der Mitte des Gitters beleuchtet. Dann werden die Lagen allmählich abgenommen, bis schließlich das gesamte Gitter beleuchtet wird. Beschreiben Sie, wie sich Intensität, Abstand und Form der beobachteten Fernfeldbeugung ändern.

11.2 *Youngscher Spalt mit Atomen*

(a) Berechnen Sie λ_{dB} für metastabile Heliumatome aus einer Quelle bei $80\,\text{K}$.

(b) Bestimmen Sie die Breite w_S des Quellenspalts so, dass sich die gebeugte Welle so ausbreitet, dass sie zwei Spalte im Abstand von $d = 8\,\mu\text{m}$ kohärent beleuchtet, wenn in Abbildung 11.1 $L' = 0{,}6\,\text{m}$ (dies sind die Werte, die im Experiment von Carnal und Mlynek (1991) verwendet wurden).

11.3 *Messung der van-der-Wals-Wechselwirkung*
Die Beugung an einem Gitter mit Spalten der Breite a und dem Gitterabstand d liefert eine Intensitätsverteilung von[23]

$$I = I_0 \left(\frac{\sin\left(Nud/2\right)}{\sin\left(ud/2\right)} \right)^2 \left(\frac{\sin\left(ua/2\right)}{ua/2} \right)^2$$

Hierbei gilt $u = 2\pi \sin\theta / \lambda_{dB}$ und der Winkel ist in Abbildung 11.1 definiert. Alle Teile dieser Aufgabe beziehen sich auf ein Gitter mit $d = 2a = 100\,\text{nm}$.

(a) Skizzieren Sie die Intensitätsverteilung für $0 \leq u \leq 10\pi/d$.

(b) Wie groß ist die Intensität der zweiten Ordnung?

---

[22] Diese Zeitschrift ist eine wertvolle Quelle mit ähnlich gelagerten Artikeln.
[23] Brooker (2003).

(c) Eine experimentelle Beobachtung der Beugung von Edelgasatomen an einem Gitter ergab, dass die Intensität der zweiten Ordnung 0,003 I_0 für Helium und 0,05 I_0 für Krypton ist. Der Unterschied in diesen Werten wurde der van-der-Waals-Kraft zugeschrieben, die für große Atome am stärksten ist. Daher spürt ein Kryptonatom auf einer Trajektorie, die am Rand des Spalts verläuft, eine Kraft, die es um einen großen Winkel ablenkt oder es gegen das Gitter prallen lässt. Dies Effekte reduzieren die Spaltbreite effektiv von a auf $a - 2r$, wobei r der typische van-der-Waals-Bereich ist. Schätzen Sie r für Kryptonatome ab.[24]

Lösungen finden Sie unter `http://www.oldenbourg-verlag.de/foot/`.

---

[24] Nach dem Experiment von Grisenti *et al.* (1990).

12 Ionenfallen

Dieses Kapitel beschreibt den prinzipiellen Aufbau von Ionenfallen sowie einige ihrer zahlreichen Anwendungen in der Physik. Die Beispiele illustrieren die extrem hochauflösende Spektroskopie, die mit Mikrowellen- und Laserstrahlung möglich ist. Das Problem der Präzisionsmessungen in Umgebungen mit sehr wenigen Störungen reicht in das nächste Kapitel hinein. Dort geht es um Quantencomputer, einen Anwendungsbereich, der eine neue Welle der Forschung zu Ionenfallen ausgelöst hat.

12.1 Die Kraft auf Ionen im elektrischen Feld

Geladene Teilchen in elektromagnetischen Feldern erfahren viel stärkere Kräfte als neutrale Atome. Ein Ion mit einer einzelnen Ladung $e = 1,6 \times 10^{-19}$ C in einem elektrischen Feld von 10^5 V m^{-1} erfährt die Kraft

$$F_{\text{Ion}} = eE \approx 10^{-14}\,\text{N} \tag{12.1}$$

Dieses elektrische Feld entspricht einer Spannung von 500 V zwischen zwei Elektroden im Abstand von 5 mm.[1] Zum Vergleich: Ein neutrales Atom mit einem magnetischen Moment von einem bohrschen Magneton in einem Magnetfeldgradienten[2] von $dB/dz = 10$ T m^{-1} erfährt eine Kraft mit dem Betrag

$$F_{\text{neutral}} = \mu_{\text{B}} \left| \frac{dB}{dz} \right| \simeq 10^{-22}\,\text{N} \tag{12.2}$$

Ionen spüren eine Kraft, die 10^8-mal stärker ist als die von magnetisch festgehaltenen neutralen Teilchen. Dieser riesige Unterschied zeigt sich auch beim Vergleich der Tiefen der Fallen. In einer Falle, die mit einer Spannung von $V_0 = 500$ V betrieben wird, haben einfach geladene Ionen eine maximale „Bindungsenergie" der Größenordnung 500 eV.[3] Diese Fallentiefe entspricht der kinetischen Energie bei einer Temperatur von 6×10^6 K. Dies ist mehr als genug, um Ionen einzufangen, selbst wenn diese bei der Ionisierung einen starken Rückstoß erfahren. Um eine Ionenfalle zu beladen, schickt

---

[1] Hierbei werden Elektroden in Form eines Plattenkondensators angenommen. Auch wenn Ionenfallen eine andere Geometrie haben, führt diese Annahme zu einer vernünftigen Abschätzung. Dabei wird deutlich, dass die elektrostatische Kraft für Spannungen, die standardmäßig im Labor verfügbar sind, ein starkes Einfangpotential hat.

[2] Dieser Wert ist typisch für Magnetfallen mit Spulen, die mit Kupferdraht umwickelt sind. Supraleitende Magneten liefern höhere Gradienten.

[3] Wir betrachten hier Ionen mit einer einzelnen positiven Ladung $+e$ wie etwa Mg$^+$, Ca$^+$ und Hg$^+$. Nur wenige Experimente verwenden Sorten, die zusätzlich Elektronen aufnehmen und auf diese Weise negative Ionen liefern. In Abschnitt 12.8 befassen wir uns mit stark geladenen Ionen.

der Experimentator einen schwachen (neutralen) Atomstrahl durch den Einfangbereich, wo ein Elektronenstrahl einige Atome ionisiert, indem er ein Elektron herausschlägt. Diese durch Beschießen mit Elektronen erzeugten Ionen haben eine kinetische Energie, die wesentlich größer ist als die thermische Energie von Atomen bei Raumtemperatur (äquivalent zu nur 1/40 eV). Es wäre unklug zu versuchen, Genaueres über die typische Energie eines Ions zu sagen, da diese von der angelegten Spannung abhängt. Jedenfalls hat eine Magnetfalle für neutrale Teilchen eine maximale Tiefe von nur 0,07 K. Diesen Wert hatten wir in Abschnitt 10.1 geschätzt, indem wir die magnetische Energie $\mu_B B$ für $B = 0,1$ T genommen hatten, beispielsweise die Kraft in Gleichung (12.2) über eine Distanz von 10 mm. Diese Abschätzungen zeigen, dass neutrale Atome gekühlt werden müssen, bevor sie eingefangen werden können; dagegen sind für das Einfangen von Ionen nur moderate elektrische Felder nötig, mit denen die geladenen Teilchen direkt gefangen werden. Es ist allerdings nicht trivial, geeignete Konfigurationen der elektrischen Felder zu finden, und wie bei so vielen Fortschritten in der Atomphysik beruht der Erfolg beim Einfangen von Ionen auf einer Reihe raffinierter Ideen und nicht auf einem Brute-Force-Angriff.

12.2 Das Earnshaw-Theorem

Samuel Earnshaw hat Folgendes bewiesen: *Eine Ladung, auf die elektrostatische Kräfte einwirken, kann in einem elektrischen Feld nicht in einem stabilen Gleichgewicht ruhen.*[4]

Es ist somit unmöglich, ein Ion allein mithilfe eines elektrostatischen Feldes festzuhalten. Physiker haben großartige Ideen entwickelt, um die durch dieses Theorem gesetzte Beschränkung zu umgehen, doch bevor wir die Prinzipien der Ionenfalle beschreiben, müssen wir uns mit der zugrunde liegenden Physik befassen. Das Theorem folgt aus der Tatsache, dass ein elektrisches Feld in einem ladungsfreien Bereich keine Divergenz hat, $\operatorname{div} \mathbf{E} = 0$.[5] Divergenz null bedeutet, dass alle in ein Volumenelement hineingehenden Feldlinien aus diesem wieder herauskommen müssen – es gibt in diesem Volumenelement keine Quellen und keine Senken. Äquivalent dazu besagt der gaußsche Satz, dass das Integral der Normalkomponente von $\mathbf{E}$, genommen über die Oberfläche des Volumens gleich dem Volumenintegral von $\operatorname{div} \mathbf{E}$ ist, nämlich null:

$$\oiint \mathbf{E} \cdot \mathrm{d}\mathbf{S} = \iiint \operatorname{div} \mathbf{E} \, \mathrm{d}^3\mathbf{r} = 0 \tag{12.3}$$

Folglich kann $\mathbf{E} \cdot \mathrm{d}\mathbf{S}$ nicht überall auf der Oberfläche das gleiche Vorzeichen haben. Dort, wo $\mathbf{E} \cdot \mathrm{d}\mathbf{S} < 0$, zeigt das elektrische Feld einwärts, und ein positives Ion spürt eine Kraft, die es zurück in das Volumen treibt; doch irgendwo anders auf der Oberfläche muss $\mathbf{E} \cdot \mathrm{d}\mathbf{S} > 0$ gelten, und das Ion entweicht in diese Richtung. Ein spezielles Beispiel hierfür ist in Abbildung 12.1 dargestellt. Hier wird das elektrische Feld durch

---

[4] Dieses Theorem stammt aus dem 19. Jahrhundert und wurde von James Clerk Maxwell in seiner berühmten Abhandlung über den Elektromagnetismus diskutiert.

[5] Bei der Herleitung dieser Gleichung aus der Maxwell-Gleichung $\operatorname{div} \mathbf{D} = \rho_{\text{frei}}$ wird $\rho_{\text{frei}} = 0$ angenommen sowie ein lineares isotropes homogenes Medium, in dem $\mathbf{D} = \epsilon_r \epsilon_0 \mathbf{E}$ mit einer Konstante ϵ_r. Ionen werden gewöhnlich in einem Vakuum gefangen; dort gilt $\epsilon_r = 1$.

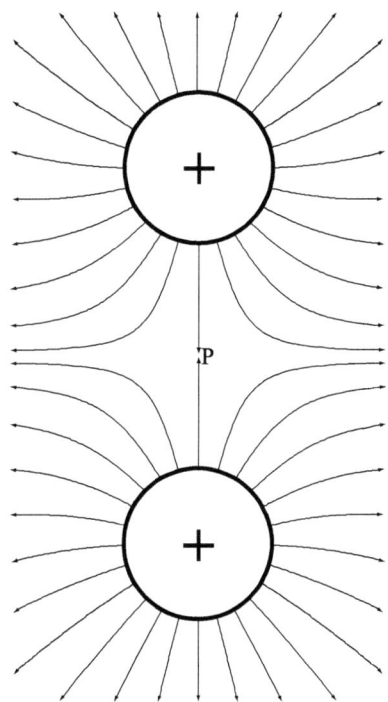

Abbildung 12.1: *Elektrische Feldlinien zwischen zwei gleich-großen positiven Ladungen. In der Mitte zwischen den Ladungen, im Punkt P, heben sich die elektrischen Felder der beiden Ladungen gegenseitig auf. An diesem Punkt wirkt keine Kraft auf das Ion, aber es handelt sich nicht um eine stabile Gleichgewichtslage. An allen anderen Stellen wird das Ion durch das resultierende elektrische Feld beschleunigt.*

zwei gleichgroße positive Ladungen erzeugt, die voneinander einen festen Abstand in Richtung der z-Achse haben. In der Mitte zwischen diesen Ladungen, in dem mit P bezeichneten Punkt, heben sich die Felder der Ladungen auf und das Ion spürt dort keine Kraft. Doch diese Gleichgewichtslage ist nicht stabil. Das obige Argument bleibt gültig, weshalb die elektrischen Feldlinien um den Punkt P nicht alle einwärts gerichtet sein können. Wenn das positive Ion nur ein klein wenig aus P verschoben wird, dann wird es senkrecht zur Achse beschleunigt, während ein negatives Ion von einer der beiden ruhenden Ladungen angezogen würde. Dieses Verhalten kann auch mit dem Argument erklärt werden, dass der Punkt P ein Sattelpunkt des elektrostatischen Potentials ϕ ist. Die elektrostatische potentielle Energie $e\phi$ des Ions hat die gleiche Form wie die potentielle Energie, die eine Kugel aufgrund der Gravitation hat, wenn sie auf einer Sattelfläche wie der in Abbildung 12.2 gezeigten platziert wird – offensichtlich wird die Kugel herunterrollen. Bei dieser alternativen Betrachtunsweise des Earnshaw-Theorems, bei der das elektrostatische Potential anstatt eines Feldes herangezogen wird, kommt ein stabiles Einfangen nicht vor, weil das Potential im freien Raum nirgends ein Minimum (oder Maximum) hat.[6]

---

[6] Es sind nur wenige Zeilen Rechnung nötig, um dies ausgehend von der Laplace-Gleichung zu zeigen.

Abbildung 12.2: *Eine Kugel auf einer sattel-förmigen Oberfläche hat aufgrund der Gravitation eine potentielle Energie, die der elektrostatischen potentiellen Energie eines Ions in einer Paul-Falle ähnelt. Durch Rotation der Oberfläche um die vertikale Achse (mit einer geeigneten Geschwindigkeit) lässt verhindern, dass die Kugel vom Sattel herunterrollt. Durch diese Stabilisierung ist sie an der Gleichgewichtslage „eingesperrt".*

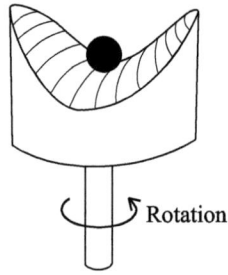

Rotation

12.3   Die Paul-Falle

Die Analogie mit einer Kugel auf einer sattelförmigen Fläche (Abbildung 12.2) bietet eine anschauliche Möglichkeit, das von Wolfgang Paul ersonnene Verfahren zum Einfangen von Atomen zu verstehen. Die gravitationsbedingte potentielle Energie der Kugel auf der Oberfläche hat die gleiche Form wie die potentielle Energie eines Ions in der Umgebung eines Sattelpunkts des elektrostatischen Potentials. Wir setzen hier einen symmetrischen Sattel voraus, dessen Krümmung in Richtung der Hauptachsen den gleichen Betrag aber entgegengesetztes Vorzeichen hat:

$$z = \frac{\kappa}{2}\left[\left(x'\right)^2 - \left(y'\right)^2\right] \tag{12.4}$$

Hierbei sind $x' = r\cos\Omega t$ und $y' = r\sin\Omega t$ Koordinaten in einem Bezugssystem, das bezüglich des Laborsystems rotiert. Das zeitliche Mittel dieses Potentials ist null. Die Rotation des Sattels um die vertikale Achse macht aus der instabilen Situation ein stabiles mechanisches Gleichgewicht und dient gleichzeitig als eindrucksvolle Demonstration eines Prinzips. Eine solche dynamische Stabilisierung kann nicht einfach als „wohlbekannt" vorausgesetzt werden, deshalb wird sie hier sorgfältig durch eine approximative mathematische Behandlung von Ionen in einem Wechselfeld erklärt.

12.3.1   Gleichgewichtszustand einer Kugel auf einem rotierenden Sattel

Im analogen mechanischen System bewirkt die Rotation des Sattels mit einer geeigneten Geschwindigkeit, dass die Kugel eine Taumelbewegung ausführt. Sie rollt auf der reibungsarmen Oberfläche auf und ab, wobei sich ihre Position während jedes Umlaufs des Sattels nur wenig ändert.[7] Die Amplitude dieser Taumelbewegung wächst, je weiter sich die Kugel vom Mittelpunkt des Sattels entfernt. Das zeitliche Mittel der potentiellen

---

[7] Wir wollen das mechanische System hier nicht im Detail analysieren, doch es ist wichtig festzuhalten, dass die Taumelbewegung nicht strikt auf- und abwärts erfolgt, sondern dass sie auch eine radiale und eine tangentiale Komponente hat. Ähnlich hüpft ein Objekt auf einer Wasseroberfläche bei Wellengang nicht einfach auf und ab, sondern schaukelt auch vor und zurück in Richtung der Propagation der Wellen. Seine Gesamtbewegung im Raum ist somit elliptisch. Diese Argumentation gilt nur für solche mechanische Systeme, bei denen Reibungseffekte vernachlässigbar sind. Für eine glatte Kugel auf einer glatten Oberfläche ist dies der Fall.

Energie ist bei dieser oszillatorischen Bewegung nicht null, und die Gesamtenergie (potentielle plus kinetische) wächst, wenn sich die Kugel vom Mittelpunkt entfernt. Daher bewegt sich die mittlere Position der Kugel (gemittelt über viele Zyklen der Rotation), als befände sie sich in einem effektiven Potential, dass die Kugel in der Nähe des Sattelmittelpunkts hält. Wie wir sehen werden, zeigt ein Ion, das in einem Wechselfeld hin- und herwackelt, ein ähnliches Verhalten: eine schnelle Oszillation mit einer Frequenz nahe bei der des angelegten Feldes wird von einer langsameren Variation der mittleren Position überlagert.

12.3.2 Das effektive Potential in einem Wechselfeld

Um die Funktionsweise einer Paul-Falle zu verstehen, überlegen wir zunächst, wie sich ein Ion in einem elektrischen Wechselfeld $\mathbf{E} = \mathbf{E}_0 \cos(\Omega t)$ verhält. Ein Ion mit der Ladung e und der Masse M spürt eine Kraft $\mathbf{F} = e\mathbf{E}_0 \cos(\Omega t)$. Nach dem zweiten Newtonschen Gesetz gilt daher

$$M\ddot{\mathbf{r}} = e\mathbf{E}_0 \cos(\Omega t) \tag{12.5}$$

Durch zweimalige Integration erhalten wir die Geschwindigkeit und die Verschiebung:

$$\begin{aligned}
\dot{\mathbf{r}} &= \frac{e\mathbf{E}_0}{M\Omega} \sin(\Omega t) \\
\mathbf{r} &= \mathbf{r}_0 - \frac{e\mathbf{E}_0}{M\Omega^2} \cos(\Omega t)
\end{aligned} \tag{12.6}$$

Dabei haben wir angenommen, dass die Anfangsgeschwindigkeit null ist und $\mathbf{r}_0$ ist eine Integrationskonstante. Das Feld bewirkt, dass das Ion mit einer Frequenz Ω oszilliert; die Amplitude ist proportional zum elektrischen Feld. An dieser stationären Lösung sehen wir, dass die erzwungene Oszillation das Ion nicht aufheizt.[8] (Diese einfachen Schritte bilden den ersten Teil der wohlbekannten Herleitung der *Plasmafrequenz* für eine Elektronenwolke in einem Wechselfeld, wie sie in den meisten Büchern zum Elektromagnetismus enthalten ist.) Der folgende Abschnitt beschreibt ein Beispiel für dieses Verhalten, bei dem sich die Amplitude des elektrischen Feldes mit der Position $\mathbf{E}_0(\mathbf{r})$ ändert.

12.3.3 Die lineare Paul-Falle

In einer linearen Paul-Falle bewegt sich das Ion in einem durch zwei Elektroden erzeugten Feld (siehe Abbildung 12.3). Die vier Stäbe liegen parallel zur z-Achse und in den Ecken eines Quadrates in der x-y-Ebene. Jede Elektrode ist mit der diagonal gegenüber liegenden verbunden, und zwischen den beiden Paaren ist eine Wechselspannung $V = V_0 \cos(\Omega t)$ angelegt. Obwohl die Spannungen zeitlich veränderlich sind, finden wir zunächst das Potential nach der üblichen Methode für Probleme der Elektrostatik. Das elektrostatische Potential ϕ erfüllt die Laplace-Gleichung $\nabla^2 \phi = 0$ (wegen div $\mathbf{E} = 0$

---

[8] Das Wechselfeld verändert die mittlere Gesamtenergie des Ions nicht, da sich die am Ion verrichtete Arbeit $\mathbf{F} \cdot \dot{\mathbf{r}} \propto \cos(\Omega t) \sin(\Omega t)$ über einen Zyklus herausmittelt. Kraft und Geschwindigkeit haben eine Phasendifferenz von $\pi/2$.

(a)   (b)

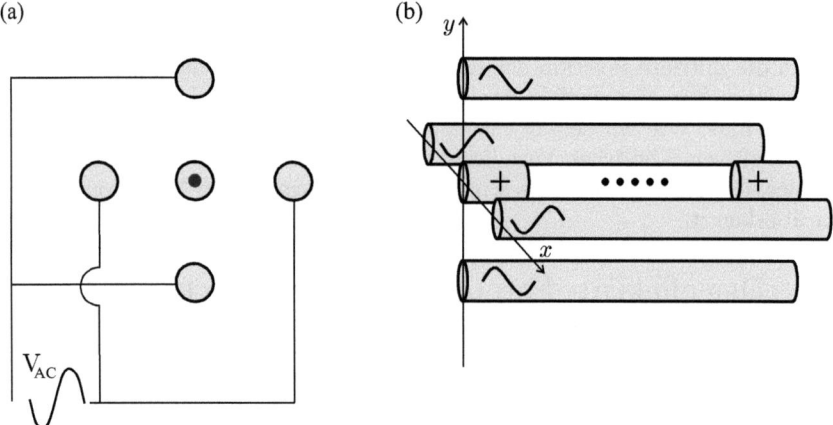

Abbildung 12.3: *Eine lineare Paul-Falle, in der eine Kette von Ionen festgehalten wird. (a) Schnitt senkrecht zu den Achsen der vier Stäbe; Endkappen-Elektrode und Ionen in der Mitte. Jeder der vier Stäbe ist mit dem diagonal gegenüber liegenden verbunden, sodass eine zwischen den Paaren angelegte Spannung ein Quadrupolfeld erzeugt. (b) Seitenansicht von Stab- und Endkappen-Elektroden, an die eine Wechselspannung bzw. eine positive Gleichspannung angelegt ist. Eingezeichnet ist außerdem eine Kette von festgehaltenen Ionen.*

und $\mathbf{E} = -\nabla\phi$). Eine geeignete Lösung für das Potential nahe der z-Achse, welche der Symmetrie der Spannungen auf den Elektroden gerecht wird, hat die Form eines Quadrupolpotentials

$$\phi = a_0 + a_2(x^2 - y^2) \tag{12.7}$$

Die Koeffizienten a_0 und a_2 werden aus den Randbedingungen bestimmt. Wegen der Symmetrie bei Spiegelung in $x = 0$ und $y = 0$ gibt es keine Terme, die linear in x oder y sind. Die Terme proportional zu x^2 und y^2 haben entgegengesetzte Vorzeichen, und die Variation mit z ist vernachlässigbar, wenn die Stäbe viel länger sind als ihr gegenseitiger Abstand $2r_0$. Das Potential muss die folgenden Randbedingungen erfüllen:

$$\phi = \phi_0 + \frac{V_0}{2}\cos(\Omega t) \qquad \text{für} \qquad x = \pm r_0, \ y = 0$$

$$\phi = \phi_0 - \frac{V_0}{2}\cos(\Omega t) \qquad \text{für} \qquad x = 0, \ y = \pm r_0 \tag{12.8}$$

Gewährleistet ist dies durch das Potential[9]

$$\phi = \phi_0 + \frac{V_0}{2r_0^2}\cos(\Omega t)\left(x^2 - y^2\right) \tag{12.9}$$

---

[9] Dies ignoriert die endliche Größe der Elektroden sowie die Tatsache, dass der nach innen zeigende Teil der Elektrodenoberflächen hyperbolisch sein müsste ($x^2 - y^2 = \text{const.}$), um die Äquipotential-forderung zu erfüllen. Dennoch hat dieses Potential aus Symmetriegründen für $r \ll r_0$ die korrekte Form, egal was in der Nähe der Elektroden gilt.

Eine Lösung der Laplace-Gleichung finden wir durch „gescheites Raten" unter Berücksichtigung der Symmetrie. Wenn die so erratene Lösung die Gleichung erfüllt, dann ist sie dadurch perfekt bestätigt, denn das Eindeutigkeitstheorem besagt, dass eine Lösung, die die Randbedingungen erfüllt, die einzige gültige Lösung ist. Es kann die übliche Methode zum Lösen elektrostatischer Probleme angewendet werden, obwohl die Spannung auf den Elektroden veränderlich ist. Der Grund ist, dass die Strahlung im Radiofrequenzbereich (der in Ionenfallen verwendet wird) eine Wellenlänge hat, die viel größer ist als die Abmessungen der Elektroden, beispielsweise eine Wellenlänge von 30 m für $\Omega = 2\pi \times 10$ MHz.[10] Die potentielle Energie $e\phi$ eines Ions hat in der Mitte dieser Elektroden einen Sattelpunkt, der die gleiche Form hat wie der in Abbildung 12.2 gezeigte – ein „Potentialberg" in x-Richtung und ein „Tal" in y-Richtung (oder umgekehrt).[11] Aus dem Gradienten des Potentials finden wir das elektrische Feld

$$
\begin{aligned}
\mathbf{E} &= \mathbf{E}_0\left(\mathbf{r}\right)\cos\left(\Omega t\right) \\
&= -\frac{V_0}{r_0^2}\cos\left(\Omega t\right)\left(x\hat{\mathbf{e}}_x - y\hat{\mathbf{e}}_y\right)
\end{aligned}
\tag{12.10}
$$

Die Bewegungsgleichung in x-Richtung ist

$$
M\frac{\mathrm{d}^2 x}{\mathrm{d}t^2} = -\frac{eV_0}{r_0^2}\cos\left(\Omega t\right)x
\tag{12.11}
$$

Mit der Variablentransformation $\tau = \Omega t/2$ folgt hieraus

$$
\frac{\mathrm{d}^2 x}{\mathrm{d}\tau^2} = -\frac{4eV_0}{\Omega^2 M r_0^2}\cos\left(2\tau\right)x
\tag{12.12}
$$

Dies ist eine vereinfachte Form der Mathieu-Gleichung[12]

$$
\frac{\mathrm{d}^2 x}{\mathrm{d}\tau^2} + \left(a_x - 2q_x\cos 2\tau\right)x = 0
\tag{12.13}
$$

---

[10] Für kürzere Wellenlängen, zum Beispiel für Mikrowellen mit Frequenzen im GHz-Bereich, wäre diese Methode nicht geeignet.

[11] Das zweidimensionale Quadrupolfeld zwischen den vier Stäben sieht *oberflächlich betrachtet* wie das zylindersymmetrische Quadrupolfeld in Abbildung 12.1 aus, und tatsächlich gilt die Analogie mit einem rotierenden Sattel für beide. Ein Vergleich der Potentiale für die beiden Fälle in (12.9) und (12.23) zeigt jedoch, dass sie verschieden sind. Beachten Sie auch, dass das elektrostatische Potential „auf- und abwärts" oszilliert, anstatt zu rotieren wie das mechanische Analogon.

[12] Die Mathieu-Gleichung ist eine Differentialgleichung, die bei einer Vielzahl von physikalischen Problemen auftritt, zum Beispiel auch beim inversen Pendel. Ein Pendel wird normalerweise als eine am Aufhängepunkt befestigte Masse aufgefasst, die eine einfache harmonische Bewegung mit kleiner Amplitude ausführt. Ein inverses Pendel hingegen ist ein Stab, der anfangs von seinem Befestigungspunkt aus nach oben zeigt. Jede kleine Verschiebung aus dieser instabilen Ruhelage bewirkt, dass der Stab umkippt und dann um die stabile Gleichgewichtslage (die senkrecht nach unten zeigt) schwingt. Wenn jedoch der Aufhängepunkt schnell auf- und abwärts oszilliert, dann bleibt der Stab im Wesentlichen aufrecht und vollführt dabei eine komplizierte Bewegung. Der Stab kann recht große Auslenkungen aus der (instabilen) Gleichgewichtslage erreichen ohne umzufallen. Die mathematische Behandlung des Problems in Achesom (1997) enthält weitere Details zu diesem komplexen und faszinierenden System. Ergebnisse der numerischen Simulation finden Sie auf der Website zu dem genannten Buch.

mit $a_x = 0$.[13] Üblicherweise wird der Parameter vor dem oszillierenden Term als $2q_x$ definiert (im Vorgriff hierauf wurde e für die Ionenladung verwendet), und es gilt

$$q_x = \frac{2eV_0}{\Omega^2 M r_0^2} \tag{12.14}$$

Wir suchen nach einer Lösung der Form

$$x = x_0 \cos A\tau \left\{ 1 + B \cos 2\tau \right\} \tag{12.15}$$

Die beliebige Konstante A liefert die Frequenz der Gesamtbewegung und B ist die Amplitude der schnellen Oszillation in der Nähe der treibenden Frequenz. Begründen lässt sich die gewählte Form damit, dass wir bei einem oszillierenden treibenden Term eine periodische Lösung erwarten; und wenn wir in die Gleichung eine Funktion einsetzen, die den Term $\cos A\tau$ enthält, dann führt dies auf Terme mit $\cos A\tau \cos 2\tau$.[14] Einsetzen in die Gleichung (mit $a_x = 0$) ergibt

$$x_0 \left[-4B \cos A\tau \cos 2\tau + 4AB \sin A\tau \sin 2\tau - A^2 \cos A\tau \left\{ 1 + B \cos 2\tau \right\} \right]$$
$$= 2q_x x_0 \cos 2\tau \cos A\tau \left\{ 1 + B \cos 2\tau \right\} \tag{12.16}$$

Wir nehmen an, dass $A \ll 1$, sodass der Term $\cos A\tau$ eine wesentlich langsamere Oszillation bringt als $\cos 2\tau$; außerdem nehmen wir an, dass $B \ll 1$ (beide Annahmen werden weiter unten diskutiert). Damit dominiert auf beiden Seiten der Term proportional zu $\cos A\tau \cos 2\tau$, und durch Koeffizientenvergleich erhalten wir $-4B = 2q_x$ oder

$$B = -\frac{q_x}{2} = -\frac{eV_0}{M\Omega^2 r_0^2} \tag{12.17}$$

Diese Amplitude für die schnelle Oszillation ist konsistent mit dem Ergebnis für ein homogenes elektrisches Feld, das durch (12.6) gegeben ist.[15] Diese schnelle Oszillation wird als **Mikrobewegung** bezeichnet. Um die Frequenz A zu bestimmen, schauen wir uns an, wie sich die mittlere Verschiebung auf einer Zeitskala ändert, die größer ist als die der Mikrobewegung. Das zeitliche Mittel von $\cos^2 2\tau$ ist $1/2$, sodass Gleichung (12.16) auf $-A^2 \cos A\tau = q_x B \cos A\tau$ führt;[16] folglich ist $A = q_x/\sqrt{2}$ und eine Näherungslösung ist

$$x = x_0 \cos \left(\frac{q_x \tau}{\sqrt{2}} + \theta_0 \right) \left\{ 1 + \frac{q_x}{2} \cos 2\tau \right\} \tag{12.18}$$

---

[13] Dies entspricht der Bewegung eines Ions in einer Falle ohne Gleichspannung. In der Praxis können Ionenfallen aufgrund von elektrischen Streufeldern eine gewisse Gleichspannung haben, doch dies lässt sich vermeiden, indem man eine geeignete Gleichspannung an die Elektroden anlegt (oder außer den vier Stäben zusätzliche Elektroden benutzt). Die Lösung der Mathieu-Gleichung mit $a_x \neq 0$ wird in dem Buch über Ionenfallen von Ghosh (1995) diskutiert.

[14] Eine ausführliche mathematische Behandlung der Mathieu-Gleichung ist in den Büchern von Morse und Feshbach (1953) sowie Mathews uns Walker (1964) enthalten.

[15] Gleichung (12.10) zeigt, dass die Komponente des elektrischen Feldes in dieser Richtung $\mathbf{E}_0(\mathbf{r}) \cdot \hat{\mathbf{e}}_x = -V_0 x / r_0^2$ ist.

[16] Der Term $4AB \sin A\tau \cos 2\tau$ ist im zeitlichen Mittel null.

Dabei ist q_x durch (12.14) definiert.[17] Wir hatten angenommen, dass $q_x \ll 1$ gilt, doch es zeigt sich, dass diese Approximation besser als 1% ist, falls $q_x \leq 0{,}4$ (Wuerker *et al.* 1959). Da $\tau = \Omega t/2$, unterliegt die mittlere Verschiebung einer einfachen harmonischen Bewegung mit der Frequenz

$$\omega_x = \frac{q_x \Omega}{2\sqrt{2}} = \frac{eV_0}{\sqrt{2}\,\Omega M r_0^2} \tag{12.19}$$

Eine genauere Betrachtung ergibt, dass Ionen eingefangen bleiben, falls

$$q_x \leq 0{,}9 \tag{12.20}$$

oder $\omega_x \leq 0{,}3\,\Omega$. Bei einem Radiofrequenzfeld, das mit $\Omega = 2\pi \times 10\,\mathrm{MHz}$ oszilliert, muss das Ion eine radiale Oszillationsfrequenz $\omega_x \leq 2\pi \times 3\,\mathrm{MHz}$ haben. Wenn wir $\omega_x = 2\pi \times 1\,\mathrm{MHz}$ wählen (eine bequeme runde Zahl), dann liefert (12.19) die numerischen Werte $V_0 = 500\,\mathrm{V}$ und $r_0 = 1{,}9\,\mathrm{mm}$ für das Festhalten von $\mathrm{Mg^+}$-Ionen.[18] Um diese hohe Einfangfrequenz zu erreichen, liegen die Elektroden der Ionenfalle dichter beieinander als wir in der Einführung angenommen hatten. Aus Symmetriegründen gelten die gleichen Überlegungen für die Bewegung in die y-Richtung, und deshalb definieren wir eine radiale Frequenz $\omega_r \equiv \omega_x = \omega_y$. Wenn q_r gleich dem maximalen Wert von q_x in (12.20) ist, zeigt die Paul-Falle einen scharfen Übergang vom Regime des stabilen Festhaltens der Ionen zu einem Regime, in dem kein Festhalten in radialer Richtung erfolgt. Paul verwendete diese Tatsache, um das Verhältnis e/M (Ladung zu Masse) der Ionen zu bestimmen und auf diese Weise eine Massenspektroskopie durchzuführen. Im Allgemeinen ist der Ladungszustand bekannt (beispielsweise als e, $2e$ usw.) und somit ist M festgelegt.

Bis hierhin haben wir nur das Festhalten der Ionen in der x-y-Ebene beschrieben. Es gibt verschiedene Möglichkeiten, das Festhalten auf alle drei räumliche Freiheitsgrade auszudehnen. Abbildung 12.3(b) zeigt zum Beispiel eine Falle mit zwei zusätzlichen Elektroden bei $z = \pm z_0$, die Ionen abstoßen. Für positive Ionen müssen diese beiden Endkappen-Elektroden die gleiche positive Spannung haben, um ein ähnliches Feld wie in Abbildung 12.1 zu liefern. Es muss ein Minimum im elektrostatischen Potential entlang der z-Achse geben; in radialer Richtung hat das statische Potential einen vernachlässigbaren Effekt. Wenn die lineare Paul-Falle eine axiale Beschränkung hat, die schwächer ist als die in radialer Richtung, also $\omega_z \ll \omega_x = \omega_y$, dann sind die Ionen bestrebt, sich in einer Kette in Richtung der z-Achse anzuordnen, wobei es nur eine geringfügige Mikrobewegung in der radialen Richtung gibt. Eine axiale Mikrobewegung gibt es nicht, da das elektrische Feld in z-Richtung ein Gleichfeld ist. Wir werden feststellen, dass die Ionen nach dem Kühlen sehr dicht an der Fallenachse sitzen, wo das Wechselfeld sehr geringe Störungen verursacht. Bei der weiter hinten folgenden Diskussion der Laserkühlung werden die eingesperrten Ionen einfach als harmonische Oszillatoren betrachtet (unter Vernachlässigung der Mikrobewegung).

---

[17] Um den Ausdruck allgemeingültiger zu machen, wurde eine beliebige Anfangsphase θ_0 berücksichtigt, was aber keinerlei Auswirkungen auf die obige Argumentation hat.

[18] Zum Vergleich: Neutrale Atome in Magnetfallen oszillieren mit Frequenzen zwischen 10 und 1000 Hz.

12.4   Puffergaskühlung

Das Festhalten von Ionen erfordert ein Vakuum, doch das Vorhandensein eines sehr schwachen Hintergrunds von Heliumgas unter Druck ($\sim 10^{-4}$ mbar) liefert eine sehr effiziente Kühlung der heißen Ionen. Die Ionen dissipieren ihre kinetische Energie durch Stöße mit den Atomen des Puffergases, wodurch sie schnell ins thermische Gleichgewicht mit dem Gas (bei Raumtemperatur) gelangen. Für Ionen mit einer Anfangstemperatur über der Raumtemperatur *reduziert* die Puffergaskühlung sogar die auf die Ionen wirkenden Störungen. Jede kleine Verbreiterung und Verschiebung der Energieniveaus der Ionen infolge von Stößen wird wettgemacht durch die Reduktion der Mikrobewegung der Ionen. Die Ionen bleiben dichter am Zentrum der Falle, wo sie kleineren Wechselfeldern ausgesetzt sind.

Man kann die Puffergaskühlung vergleichen mit der Situation, dass eine Isolierflasche partiell „ihr Vakuum verloren hat" – heißer Kaffee, der in der Flasche enthalten ist, kühlt ab, weil der geringe Druck des Gases zwischen den Wänden eine wesentlich schlechtere thermische Isolierung bietet als in einem guten Vakuum. Aus diesem Argument folgt, dass Ionen nur in einem guten Vakuum weit unter Raumtemperatur gekühlt werden können. Beispielsweise wird bei den im Folgenden beschriebenen Experimenten zur Laserkühlung ein Druck von 10^{-11} mbar verwendet (ansonsten würden Stöße mit den heißen Atomen des Hintergrundgases die Ionen aufheizen). Dieser Fall entspricht einer guten Isolierflasche. Dewargefäße, wie sie für Laborzwecke eingesetzt werden, arbeiten nach dem gleichen Prinzip, um etwa Stoffe wie flüssiges Helium bei Temperaturen weit unterhalb der Umgebungstemperatur zu halten.

Die Puffergaskühlung findet vielfältige Anwendungen bei Instrumenten, die über lange Zeiträume zuverlässig betrieben werden müssen. Ein Beispiel ist die Quecksilberionenuhr, die am Jet Propulsion Laboratory (Pasadena, Kalifornien) der NASA entwickelt wurde. Die lineare Paul-Falle enthält eine Wolke aus Quecksilberionen, und Mikrowellen treiben den Übergang bei 40 GHz zwischen den beiden Hyperfeinniveaus im Grundzustand der Ionen an. Durch die Referenz auf die Resonanzfrequenz der Ionen erhält das elektronische Servo-Kontrollsystem die Frequenz der Mikrowellenquelle über lange Zeiträume stabil mit einer Abweichung von $1 : 10^{14}$. Diese Ionenfalle liefert eine sehr gute Referenzfrequenz und wurde zum Beispiel für die Navigation in der Tiefsee eingesetzt. Dabei ermöglicht die exakte Taktung von Signalen, die zu und von einer Probe übermittelt werden, die Bestimmung von deren Abstand vom Sender/Empfänger auf der Erde.[19] Paul-Fallen mit Puffergaskühlung werden auch in manchen kommerziellen Massenspektrometern verwendet, um lange Ionenspeicherzeiten zu erreichen.

Es gibt ein zur Puffergaskühlung analoges Verfahren, das bei wesentlich tieferen Temperaturen arbeitet. Beim **sympathetischen Kühlen** werden in einer Falle zwei Sorten von Ionen gleichzeitig festgehalten, beispielsweise Be$^+$ und Mg$^+$. Durch Laserkühlung der einen Sorten (zum Beispiel Be$^+$), wie sie im nächsten Abschnitt beschrieben wird, wird eine Wolke aus kalten Ionen erzeugt, die wie ein Puffergas wirkt, um die Mg$^+$-Ionen über Stöße zu kühlen. Die Ionen wechselwirken miteinander über ihre starke langreichweitige Coulomb-Abstoßung, sodass sie sich niemals nahe genug kommen, um

---

[19] In Berkeland *et al.* (1998) finden Sie eine Darstellung das aktuellen Forschungsstandes zum lasergekühlten Quecksilberionen-Frequenzstandard.

miteinander zu reagieren. Insofern sind die Stöße zwischen Ionen unschädlich (im Gegensatz zu neutralen Atomen in Magnetfallen, wo inelastische Stöße zum Verlust der festgehaltenen Teilchen führen).

12.5 Laserkühlung eingefangener Ionen

Beim Kühlen von Ionen wird die gleiche Streukraft ausgenutzt wie bei der Laserkühlung von neutralen Atomen. Ursprünglich (bevor die Arbeit mit neutralen Atomen überhaupt begann) hatten David Wineland und Hans Dehmelt die Idee der Laserkühlung für Ionen vorgeschlagen. Die lange Zeitspanne, über die Ionen in Fallen festgehalten werden können, macht die Durchführung von Experimenten im Prinzip einfach; doch in der Praxis haben Ionen Resonanzlinien im blauen oder ultravioletten Bereich, weshalb oftmals kompliziertere Lasersysteme notwendig sind als für neutrale Atome, deren Resonanzlinien bei kürzeren Wellenlängen liegen.[20] Dieser Unterschied rührt daher, dass das Valenzelektron im Ion einen höher geladenen Rumpf spürt als im entsprechenden neutralen Atom, d. h. im Atom mit der gleichen Elektronenkonfiguration. Die kürzeren Wellenlängen für Ionen bedeuten auch, dass diese generell größere natürliche Breiten haben als neutrale Atome, da Γ von der dritten Potenz der Übergangsfrequenz abhängt. Diese hohe Streurate für resonantes Laserlicht führt dazu, dass eine starke Strahlungskraft auf die Ionen wirkt, und wie wir noch sehen werden, gestattet sie auch die Detektion einzelner Ionen.

Jedes festgehaltene Ion verhält sich wie ein dreidimensionaler harmonischer Oszillator, wobei ein einzelner Laserstrahl die Bewegung in allen Richtungen dämpft. Um dies zu erreichen, wird die Laserfrequenz etwas unterhalb der Resonanzfrequenz eingestellt (Rotverstimmung wie beim Verfahren der optischen Melasse). Dies führt dazu, dass das oszillierende Ion mehr Photonen absorbiert, wenn es sich zum Laserstrahl hinbewegt, als wenn es sich von ihm wegbewegt. Dieses Ungleichgewicht bei der Streuung bremst das Ion ab. Diese Doppler-Kühlung arbeitet im Wesentlichen nach dem gleichen Prinzip wie optische Melasse, außer das kein entgegengesetzt propagierender Laserstrahl nötig ist, da die Geschwindigkeit in einem beschränkten System ihre Richtung umkehrt. Das Ungleichgewicht bei der Streuung ergibt sich aus dem Doppler-Effekt, und daher ist die niedrigste Energie die Doppler-Kühlungsgrenze $k_BT = \hbar\Gamma/2$ (siehe Aufgabe 12.1). Um die Ionenbewegung in allen drei Richtungen abzukühlen, muss die Strahlungskraft eine Komponente in jeder dieser Richtungen haben. Das bedeutet, dass der Laserstrahl nicht entlang einer Symmetrieachse durch die Falle gehen kann. Während der Laserkühlung bewegen sich die spontan emittierten Photonen in sämtliche Richtungen, und aufgrund dieser starken Fluoreszenz können selbst einzelne Ionen zu sehen sein! Und damit ist nicht einfach gemeint, dass sie detektierbar sind, sondern sie sind tasächlich mit bloßem Auge sichtbar. Wenn man in das Vakuumsystem blickt, erscheint ein Ba^+-Ion mit einem sichtbaren Übergang als winziger heller Punkt zwischen den Elektroden. Der Resonanzübergang im Bariumion hat eine größere Wellenlänge als bei den meisten anderen Ionen

---

[20] Die Erzeugung von Dauerstrichstrahlung mit 194 nm für die Laserkühlung von Hg^+ erfordert mehrere Laser und eine Frequenzmischung durch nichtlineare Optik. Mittlerweile ist es jedoch möglich, Strahlung mit einer Wellenlänge von 397 nm für die Laserkühlung von Ca^+ mit kleinen Halbleiterdiodenlasern zu erzeugen.

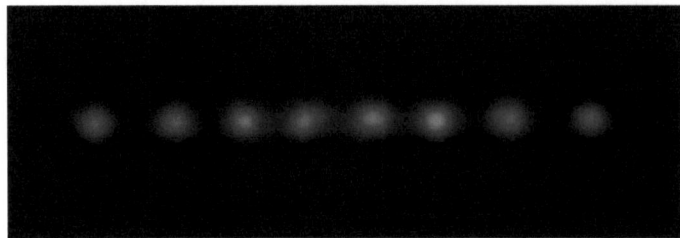

Abbildung 12.4: *Eine Kette von Calciumionen in einer linearen Paul-Falle. Die Ionen haben einen mittleren Abstand von 10 µm und die starke Fluoreszenz macht es möglich, jedes Ion individuell zu detektieren. Die minimale Bildgröße für jedes Ion ist durch die räumliche Auflösung des abbildenden Systems festgelegt. Mit freundlicher Genehmigung von Professor Andrew Steane und Mitarbeitern, Physics Department, University of Oxford.*

bei 493 nm im grünen Bereich des sichtbaren Spektrums. Im allgemeinen Fall werden bei den Experimenten CCD-Kameras verwendet, um die blaue oder ultraviolette von den Ionen ausgehende Strahlung zu detektieren. Dabei erhält man Aufnahmen wie die in Abbildung 12.4 gezeigte. Um das Signal zu berechnen, das ein Ca$^+$-Ion mit einem Übergang bei einer Wellenlänge von 397 nm und mit $\Gamma = 2\pi \times 23 \times 10^6\,\text{s}^{-1}$ sendet, verwenden wir Gleichung (9.3) mit $\delta = -\Gamma/2$ und $I = 2I_{\text{sat}}$, sodass

$$\mathcal{R}_{\text{streu}} \simeq \frac{\Gamma}{4} \simeq 4 \times 10^7 \, \text{Photonen s}^{-1} \tag{12.21}$$

Bei einem typischen Experiment hat die Linse, welche die Fluoreszenz auf dem Detektor abbildet, eine Blendenzahl (Verhältnis von Brennweite zu Durchmesser) von etwa 2. Somit sammelt sie etwa 1,6 % der Gesamtzahl der Fluoreszenzphotonen. Ein akzeptabler Detektor kann eine Effizienz von 20 % erreichen, was ein Signal von $S = 0,016 \times 0,2 \times \mathcal{R}_{\text{streu}} = 10^5$ Photonen pro Sekunde ergäbe. Dieses ist auf einem Photomultiplier wie in Abbildung 12.5 leicht zu messen. (Das Signal ist kleiner als der Schätzwert, da Fluoreszenzphotonen aufgrund der Reflexion an den Oberflächen der optischen Bauelemente verlorengehen.)

Durch Laserkühlung kann bei einem starken Übergang die Ionenenergie auf die Grenze $\hbar\Gamma/2$ der Doppler-Kühlung reduziert werden. In einer Falle mit einem Abstand von $\hbar\omega_{\text{Falle}}$ zwischen den Vibrationsenergieniveaus besetzen die Ionen etwa $\sim \Gamma/\omega_{\text{Falle}}$ Vibrationsniveaus, was typischerweise vielen Niveaus entspricht. Die minimale Energie tritt auf, wenn sich die Ionen im niedrigsten Quantenniveau des Oszillators aufhalten, wo sie nur die Nullpunktsenergie des quantenmechanischen harmonischen Oszillators haben. Um diese fundamentale Grenze zu erreichen, werden in Experimenten ausgeklügelte Verfahren eingesetzt, die Übergänge mit schmalen Linienbreiten anregen (siehe hierzu Abschnitt 12.9).

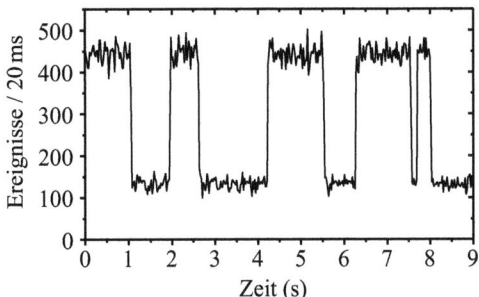

Abbildung 12.5: *Das Fluoreszenzsignal eines einzelnen Calciumions, das Quantensprüngen unterliegt. Das Ion liefert ein starkes Signal, wenn es im Grundzustand ist, und es ist „dunkel", wenn es sich im langlebigen metastabilen Zustand befindet. Nach Daten von Professor Andrew Steane und Mitarbeitern, Physics Department, University of Oxford.*

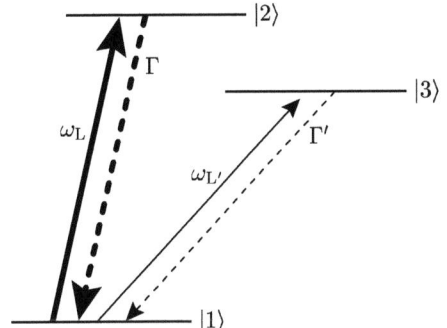

Abbildung 12.6: *Drei Energieniveaus eines Ions. Der erlaubte Übergang zwischen den Niveaus 1 und 2 liefert ein starkes Fluoreszenzsignal, wenn er durch Laserlicht angeregt wird. Der schwache Übergang zwischen 1 und 3 hat eine lange Lebensdauer und es gilt $\Gamma' \ll \Gamma$ (metastabiler Zustand).*

12.6 Quantensprünge

Außer dem starken Resonanzübergang der natürlichen Breite Γ, der für die Laserkühlung genutzt wird, zeigen Ionen viele andere Übergänge. Wir wollen nun die Anregung eines schwachen optischen Übergangs mit einer natürlichen Breite Γ' mit $\Gamma' \ll \Gamma$ betrachten. Abbildung 12.6 zeigt den Übergang sowie die relevanten Energieniveaus.

Eine einfache Rechnung zeigt, dass die Untersuchung eines schmalen Übergangs notwendig ist, um die Temperatur von Ionen an der Doppler-Kühlungsgrenze des starken Übergangs zu messen. Multiplikation der Geschwindigkeitsverbreiterung in (9.29) mit dem Faktor $2/\lambda$ wie in Gleichung (6.38) liefert die Doppler-Verbreiterung an der Doppler-Kühlungsgrenze:

$$\Delta f_{\mathrm{D}} \simeq \frac{2v_{\mathrm{D}}}{\lambda} = 2\sqrt{\frac{\hbar\Gamma}{M\lambda^2}} \tag{12.22}$$

Für den Übergang im Calciumion, dessen Parameter wir im letzten Abschnitt angegeben hatten, erhalten wir hieraus $\Delta f_{\mathrm{D}} = 2\,\mathrm{MHz}$, was nur das 0,07-Fache der natürlichen

Breite ($\Delta f_N = 23\,\mathrm{MHz}$) ist. Daher liegt die Breite der Linie nur leicht über der natürlichen Breite, und es ist nicht möglich, die Temperatur durch Messung dieser Linienbreite exakt zu bestimmen. Dieses Problem verschwindet für einen wesentlich schmaleren Übergang, wo die Doppler-Verbreiterung die beobachtete Linienbreite dominiert. Bei diesem Schema stellt sich jedoch ein praktisches Problem – die geringe Streurate der Photonen bei einem schwachen Übergang macht es schwierig, das Ion zu beobachten.

Die Konstrukteure von Ionenfallen haben sich eine raffinierte Methode ausgedacht, mit der man gleichzeitig ein gutes Signal und eine schmale Linienbreite erhält. Diese experimentelle Methode erfordert Strahlung mit zwei Frequenzen, sodass man einen starken und einen schwachen Übergang anregen kann. Wenn die Ionen beiden Laserfrequenzen ausgesetzt sind, sieht das Fluoreszenzsignal wie in Abbildung 12.5 aus. Die Fluoreszenz schaltet sich zu den Zeiten, an denen das Valenzelektron nach oben oder unten springt, ab bzw. an. Die mittlere Zeit zwischen den Wechseln in diesem *Random-Telegraph-Signal* hängt von der Lebensdauer des oberen Zustands ab. Dies sind die Quantensprünge zwischen den erlaubten Energieniveaus, die Bohr in seinem Modell für das Wasserstoffatom postulierte. Die direkte Beobachtung solcher Sprünge für ein einzelnes Ion stellt eine neue Möglichkeit dar, die Quantenmechanik zu testen. In früheren Experimenten wurde das Ensemblemittel einer Observablen gemessen, also der Mittelwert für eine Menge von Teilchen. Ionenfallen erlauben dagegen wiederholte Messungen an einem einzelnen Objekt. In der Sprache der Quantenphysik konstituiert jede Absorption und jede Emission eines Photons bei einem starken Übergang eine Messung des Zustands des Ions – es wird entweder im Grundzustand oder im langlebigen angeregten Zustand angetroffen, und diese beiden Ausgänge entsprechen den beiden Eigenwerten der Observablen. Das Fluoreszenzsignal in Abbildung 12.5 repräsentiert eine Folge solcher Messungen. Außer der Tatsache, dass sie einen Einblick in das Wesen der Quantenmechanik gewährt, hat die Anregung sehr schmaler Resonanzen auch eine sehr praktische Bedeutung, nämlich für optische Frequenzstandards.

Die Beobachtung eines stark verbotenen Übergangs im Ytterbium-Ion am National Physical Laboratory in Teddington, London, stellt ein extremes Beispiel für die hochauflösende Spektroskopie dar. Ein $^2\mathrm{F}_{7/2}$-Niveau in Yb$^+$ kann nur über einen Oktupolübergang in das Grundniveau $^2\mathrm{S}_{1/2}$ zerfallen,[21] wobei die berechnete natürliche Lebensdauer 10 Jahre beträgt (Roberts *et al.* 1997). Zwar können angeregte Ionen gezwungen werden schneller zu zerfallen, wodurch Experimente möglich werden, doch ist die Rate der spontanen Emission bei diesem Übergang winzig. Zum Nachweis dieses schwachen Übergangs kann das in Abbildung 12.6 gezeigte Schema verwendet werden. Außer dem schwachen Übergang $^2\mathrm{S}_{1/2}$–$^2\mathrm{F}_{7/2}$ zwischen den Niveaus 1 und 3 gibt es einen starken Übergang $^2\mathrm{S}_{1/2}$–$^2\mathrm{P}_{1/2}$ zwischen Niveau 1 und Niveau 2. Laserstrahlung mit der Frequenz ω_L' treibt den schwachen Übergang über eine Zeitspanne t_schwach an. Dann wird über eine Zeitspanne t_det Laserlicht gesendet, das resonant mit einem starken Übergang ist ($\omega_L \simeq \omega_{12}$), um den Zustand des Ions zu bestimmen. Wenn das Ion während t_schwach in das langlebige obere Niveau angeregt wurde, dann fluoresziert es nicht. Wenn es dagegen im Grundzustand geblieben ist, dann erreichen Photonen mit einer Rate von $\mathcal{R}_\mathrm{det} \simeq 10^5\,\mathrm{s}^{-1}$ den Detektor, wie unterhalb von Gleichung (12.21) geschätzt

---

[21] In der Notation, nach der E1 und E2 elektrische Dipol- und Quadrupolübergänge bezeichnen, ist dies ein E3-Übergang.

wurde (für einen starken Übergang in einem Calciumion). Während eines Zeitintervalls $t_{det} = 2 \times 10^{-2}$ s werden $\mathcal{R}_{det}t_{det} = 2000$ detektiert. Durch Wiederholung dieser beiden Phasen des Messvorgangs, während dem ω_L den Frequenzbereich um die schmale Resonanz bei ω_{13} abtastet, entsteht ein Plot, in dem die Wahrscheinlichkeit der Anregung des schmalen Übergangs (während $t_{schwach}$) über der Laserfrequenz aufgetragen ist. Die Linienbreite der beobachteten Resonanz hängt von der Messzeit ab, da andere Verbreiterungsmechanismen vernachlässigbar sind. Aus der Theorie der Fouriertransformation wissen wir, dass die Frequenzbreite eines Pulses umgekehrt proptotional ist zu dessen Dauer, also $\Delta\omega_{det} \sim 1/t_{schwach}$. Dies ist gleiche Beziehung, die bei der Durchgangsverbreiterung (Gleichung (7.50)) auftritt. Sie entspricht der Anzahl der Zyklen der Laserstrahlung, $f_{L'}t_{schwach}$, in den Grenzen $\pm\frac{1}{2}$ um einen Zyklus ($f_{L'} = \omega_{L'}/2\pi$). Frequenzstandards verwenden dieses Schema mit wechselnden Phasen des Sondierens und Messens, da der schwache Übergang nicht durch eine gleichzeitig stattfindende starke Wechselwirkung gestört werden darf.[22]

12.7   Penning-Falle und Paul-Falle

Für Experimente mit mehreren Ionen hat die lineare Paul-Falle den Vorteil, dass die Ionen wie Perlen auf einer Kette entlang der Fallenachse aufgereiht sind, wobei es nur eine geringfügige Mikrobewegung gibt. Frühe Experimente mit Ionenfallen verwendeten jedoch die in Abbildung 12.7 gezeigte Elektrodenkonfiguration. Durch die Zylindersymmetrie der Elektroden werden dem elektrostatischen Potential Randbedingungen wie in Abschnitt 12.3.3 auferlegt. Lösungen der Laplace-Gleichung, die diese Randbedingungen erfüllen, haben die Form

$$\phi = \phi_0 + a_2\left(z^2 - \frac{x^2 + y^2}{2}\right) \qquad (12.23)$$

Die Äquipotentialflächen haben einen hyperbolischen Querschnitt in der Radialebene, zum Beispiel $y = 0$. In vielen Experimenten haben die Elektroden die Form solcher Äquipotentialflächen, sodass das Potential auch weit weg von den Elektrodenoberflächen die durch (12.23) gegebene Form hat.[23] Jede andere zylindersymmetische Form der Elektroden funktioniert aber bei Laserkühlungsexperimenten ebenso gut, da kalte Ionen in der Nähe des Fallenzentrums bleiben. Eine Wechselspannung zwischen der Ring-Elektrode und den beiden Endkappen-Elektroden ergibt eine Paul-Falle, die nach dem gleichen Prinzip wie das in Abschnitt (12.3.3) beschriebene zweidimensionale System funktioniert. Im Falle einer Zylindersymmetrie hat die Falle einen Gradienten des elektrischen Feldes in Richtung z, dessen Betrag doppelt so groß ist wie der Gradient in Richtung x oder y. Dieser Unterschied zum linearen Quadrupolfeld bedeutet, dass das Gebiet, in dem ein stabiles Einfangen möglich ist, bei etwas anderen Spannungswerten liegt

---

[22] Die Logik hinter dieser Methode erinnert an einen Fall, den der berühmte Detektiv Sherlock Holmes löste. Aus der Beobachtung, dass der Hund in der Nacht nicht bellte, schloss er, dass der Mörder kein Fremder sein konnte. Hier wird darauf geschlossen, dass das Ion nicht angeregt wurde, wenn es nicht beobachtet wird.

[23] Die Terme höherer Ordnung x^4, x^2y^2 usw. haben in der Nähe des Ursprungs einen vernachlässigbaren Effekt.

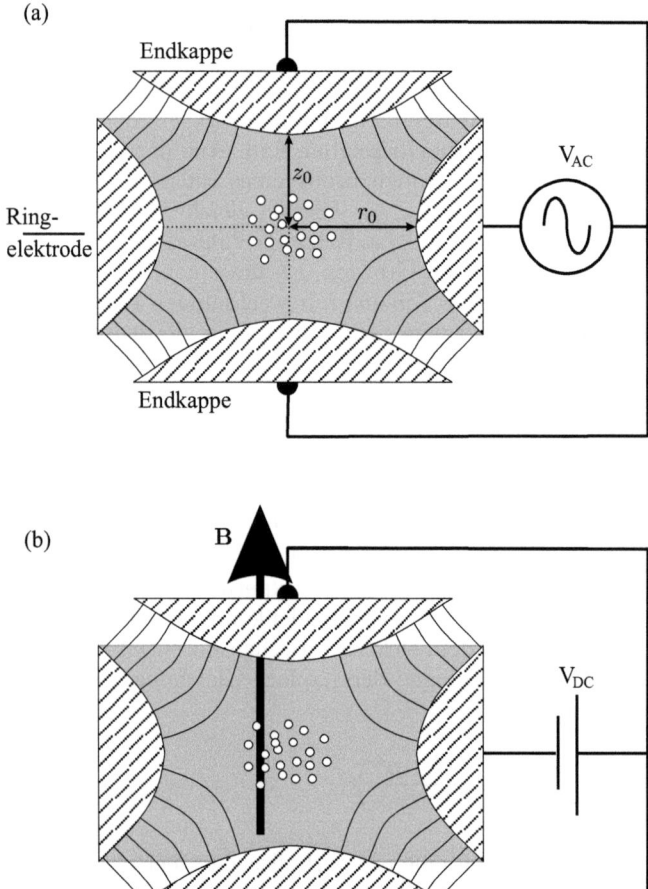

Abbildung 12.7: *Elektrodenkonfiguration (Querschnitt) für (a) die Paul-Falle und (b) die Penning-Falle. Die Linien zwischen den Endkappen- und Ring-Elektroden kennzeichnen den Verlauf der elektrischen Felder. Die Paul-Falle hat ein oszillierendes elektrisches Feld, die Penning-Falle hingegen ein statisches elektrisches und magnetisches Feld. Die Elektroden haben eine hyperbolische Form (Hyperbeln gedreht um die z-Achse), aber für eine kleine Ionenwolke, die in der Nähe des Zentrums festgehalten ist, funktioniert es mit jeder beliebigen, zylindersymmetrischen Form ebenso gut. Kleine Ionenfallen mit Abmessungen von etwa 1 mm verwenden im Allgemeinen einfache Elektroden mit zylindrischen oder kugelförmigen Oberflächen (vgl. Abbildung 12.3). Mit freundlicher Genehmigung von Michael Nasse.*

(Werte des Parameters q, definiert in (12.14)). Näher beschrieben ist dies in dem Buch über Ionenfallen von Ghosh (1995).

Das Prinzip der Paul-Falle kann verwendet werden, um geladene Teilchen in Luft festzuhalten, zum Beispiel Staubteilchen oder geladene Glyzerintröpfchen mit einem Durchmesser von 10–100 μm. Bei diesem Demonstrationsgerät hilft die starke Dämpfung der Bewegung durch die Luft bei Atmosphärendruck, geladene Teilchen über einen großen Bereich der Spannung festzuhalten (siehe die Arbeit von Nasse und Foot (2001), die auch ältere Referenzen enthält). Hingegen werden bei dem berühmten Millikan-Versuch Öltröpfchen einfach in der Schwebe gehalten, indem man die Gravitation und die elektrostatische Kraft ausbalanciert.

12.7.1 Die Penning-Falle

Die Penning-Falle hat die gleiche Elektrodenanordnung wie die Paul-Falle (siehe Abbildung 12.7). Bei der Paul-Falle wird allgemein eine Zylindersymmetrie vorausgesetzt, es sei denn, es ist explizit von einer linearen Paul-Falle die Rede. Bei einer Penning-Falle für positive Ionen haben beide Endkappen-Elektroden die gleiche positive Spannung (bezüglich der Ring-Elektrode), wodurch die Ionen abgestoßen werden und nicht in Richtung der Achse entweichen (vgl. Abbildung 12.3). Wenn nur ein elektrisches Gleichfeld angelegt ist, fliegen die Ionen in radialer Richtung davon, wie nach dem Earnshaw-Theorem zu erwarten ist, doch in z-Richtung werden die Ionen von einem starken Magnetfeld festgehalten. Den Effekt dieses axialen Magnetfelds kann man verstehen, indem man überlegt, wie sich ein geladenes Teilchen in einer Umgebung bewegt, in der sich ein elektrisches mit einem magnetischen Feld kreuzt. In einem elektrischen Feld $\mathbf{E} = E\hat{\mathbf{e}}_x$ beschleunigt die Kraft $\mathbf{F} = e\mathbf{E}$ das positive Ion in Richtung der x-Achse. In einem Gebiet mit einem homogenen Magnetfeld $\mathbf{B} = B\hat{\mathbf{e}}_z$ zwingt die Lorentz-Kraft $\mathbf{F} = e\mathbf{v} \times \mathbf{B}$ das Ion zu einer kreisförmigen Bewegung mit der Zyklotronfrequenz[24]

$$\omega_c = \frac{eB}{M} \tag{12.24}$$

In einem Gebiet, wo sich eine elektrisches und ein magnetisches Feld kreuzen, liefern die Bewegungsgleichungen[25]

$$x = \frac{E}{\omega_c B} \left(1 - \cos\omega_c t\right)$$
$$y = -\frac{E}{\omega_c B} \left(\omega_c t - \sin\omega_c t\right) \tag{12.25}$$
$$z = 0$$

für die Anfangsbedingungen $x = y = z = \dot{x} = \dot{y} = \dot{z} = 0$. Die Trajektorie des Ions ist eine Zykloide; sie entsteht durch Kombination einer kreiförmigen Bewegung mit ω_c und einer Drift mit der Geschwindigkeit E/B in y-Richtung[26] (siehe Abbildung 12.8(c)). Die

---

[24] Dies ist in Abbildung 1.6 für das klassische Modell des Zeeman-Effektes gezeigt. Dabei wird angenommen, dass die Geschwindigkeit entlang der z-Achse null ist. Siehe auch Blundell (2001).

[25] Siehe Bleaney und Bleaney (1976, Problem 4.10).

[26] Wenn man die weiter oben angegebenen Ausdrücke für die elektrische und die magnetische Kraft ansieht, dann stellt man leicht fest, dass E/B die Dimension einer Geschwindigkeit hat.

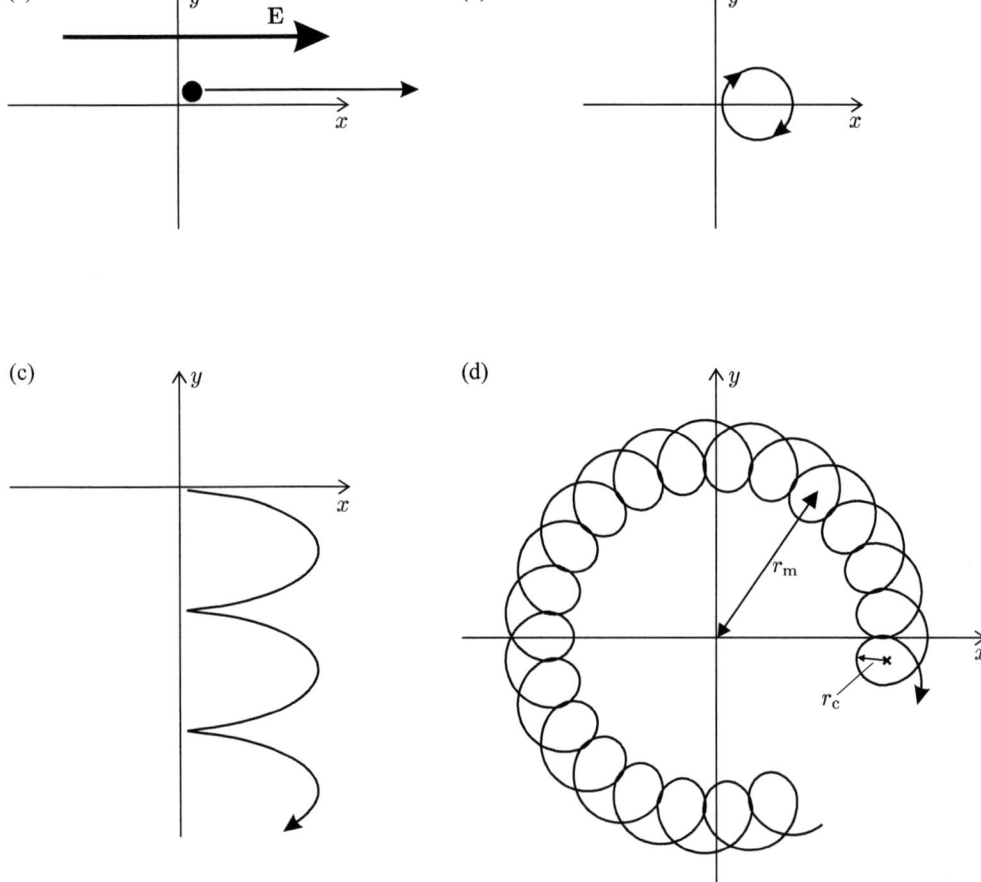

Abbildung 12.8: *Bewegung eines positiv geladenen Ions für verschiedene Konfigurationen von elektrischem und magnetischem Feld. (a) Ein homogenes elektrisches Feld in x-Richtung beschleunigt das Ion in diese Richtung. (b) Eine homogene magnetische Flussdichte* **B** *in z-Richtung (aus der Papierebene heraus zeigend) führt zu einer kreisförmigen Bewegung in der Ebene senkrecht zu* **B** *mit der Zyklotronfrequenz* ω_c. *(c) In einem Gebiet, in dem sich ein elektrisches und ein magnetisches Feld (E_x und B_z) kreuzen, hat die durch (12.25) beschriebene Bewegung zusätzlich zu den Zyklotronbahnen eine Driftbewegung mit der Geschwindigkeit E/B senkrecht zum homogenen elektrischen Feld. (Das Ion ist am Anfang stationär.) (d) In einer Penning-Falle bewirkt die Kombination eines radialen elektrischen Feldes mit einem axialen Magnetfeld, dass sich das Ion kreisförmig mit der Magnetronfrequenz bewegt. (Im Falle $B = 0$ würde sich das Ion radial nach außen bewegen und auf die Ring-Elektrode treffen.)*

der Intuition widersprechende Drift der mittleren Position des Ions *senkrecht* zu **E** ist
die Grundidee der Penning-Falle. Die Drift des Ions senkrecht zum radialen elektrischen
Feld liefert eine tangentiale Geschwindigkeitskomponente und bewirkt, dass sich das Ion
mit der **Magnetonfrequenz** ω_m langsam um die z-Achse bewegt (in Richtung von **B**),
während es gleichzeitig Zyklotronbahnen durchläuft[27] (siehe Abbildung 12.8(d)). Die in
Abbildung 12.7 gezeigte Elektrodenkonfiguration ergibt ein radiales Feld in der Ebene
$z = 0$. Zusätzlich zu ω_c und ω_m hat die Bewegung des Ions eine dritte charakteristische
Frequenz ω_z, die mit Oszillationen in Richtung der z-Achse der Falle verbunden ist (analog zur axialen Bewegung zwischen den beiden DC-Elektroden an den beiden Enden der
linearen Paul-Falle). Gewöhnlich haben die drei Frequenzen weit auseinanderliegende
Werte; es gilt $\omega_m \ll \omega_z \ll \omega_c$ (siehe Aufgabe 12.4).

12.7.2 Massenspektroskopie von Ionen

Die Möglichkeit, mithilfe von Gleichung (12.20) die Massen von Ionen in Paul-Fallen
zu bestimmen, wurde bereits erwähnt. Alternativ hierzu liefert das Verhältnis der Zy-
klotronfrequenzen zweier verschiedener Ionensorten in der gleichen Penning-Falle das
zugehörige Massenverhältnis. Es gilt:

$$\frac{\omega_c'}{\omega_c} = \frac{eB/M'}{eB/M} = \frac{M}{M'} \tag{12.26}$$

Dabei wird der einfachste Fall, nämlich zwei Sorten mit der gleichen Ladung, angenommen, wobei das Verhältnis der Ladungen immer exakt bekannt ist. Supraleitende
Magnete liefern sehr stabile Felder, sodass das Kürzen von B in der obigen Gleichung
nur eine sehr geringe Unsicherheit mit sich bringt. Auf diese Weise können Massen mit
einer Genauigkeit von mehr als 1 zu 10^8 verglichen werden.

12.7.3 Das anomale magnetische Moment des Elektrons

Die Vorteile von Penning-Fallen wurden für Präzisionsmessungen des magnetischen Moments des Elektrons ausgenutzt (dieses wird auf die gleiche Weise wie Ionen festgehalten, nur dass in diesem Fall eine negative Spannung an den Endkappen anliegt). Aus
der Perspektive der Atomphysik kann man dies als eine Messung des Zeeman-Effekts
für ein Elektron auffassen, welches in einer Falle anstatt in einem Atom gebunden
ist (Dehmelt (1990)). Die Aufspaltung zwischen den beiden magnetischen Zuständen
$m_s = \pm 1/2$ ist in beiden Situationen die gleiche; sie entspricht einer Frequenz von
$\Delta\omega = g_s\mu_B B/\hbar = g_s eB/2m_e$. Durch Messung dieser Frequenz erhält man das gyroma-
gnetische Verhältnis für den Spin g_s. Um B genau zu bestimmen, wird die Zyklotronfrequenz $\omega_c = eB/m_e$ gemessen, und es ergibt sich das Verhältnis

$$\frac{\Delta\omega}{\omega_c} = \frac{g_s}{2} \tag{12.27}$$

---

[27] In einem Magnetron bewegt sich ein Elektronenstrahl in sich kreuzenden E- und B-Feldern ähnlich
wie in Abbildung 12.8, allerdings wegen der kleineren Masse und dem stärkeren elektrischen Feld
viel schneller als Ionen. Diese Elektronen geben elektromagnetische Strahlung mit ω_m im Mikrowellenbereich ab, in Haushaltmikrowellen beispielsweise mit 2,5 GHz (Bleaney und Bleaney 1976,
Abschnitt 21.5.)

Die von Dirac entwickelte relativistische Theorie der Quantenmechanik sagt vorher, dass g_s genau 2 sein sollte, doch bei der extrem genauen Messung von Van Dyck et al. (1986) wurde der Wert

$$\frac{g_s}{2} = 1{,}0011596521884(4)$$

gefunden. Die Genauigkeit liegt bei mindestens $4 : 10^{12}$. Oft wird dieses Ergebnis als eine Messung von $g - 2$ für das Elektron zitiert. Die Differenz von 2 resultiert aus Effekten der Quantenelektrodynamik (QED). Für das Elektron liefert die theoretische Berechnung

$$\frac{g_s}{2} = 1 + \frac{\alpha}{2\pi} + A_2 \left(\frac{\alpha}{\pi}\right)^2 + A_3 \left(\frac{\alpha}{\pi}\right)^3 + A_4 \left(\frac{\alpha}{\pi}\right)^4 + \ldots \tag{12.28}$$

Die sehr umfangreichen Berechnungen liefern die Koeffizienten $A_2 = -0{,}328478965$, $A_3 = 1{,}17611$ und $A_4 = -0{,}99$. Der numerische Wert dieses Ausdrucks stimmt sehr gut mit dem oben angegebnen experimentellen Wert überein, was einen sehr überzeugenden Test für die Theorie darstellt.[28] Zur Zeit der ersten Messungen der Feinstrukturkonstante waren nicht ausreichend viele Dezimalstellen von α bekannt, sodass man das Argument umkehrte: Die Theorie wurde als korrekt angenommen und dann verwendet, um auf den Wert von α zu schließen. Den theoretischen Wert mittels Koeffizienten, multipilziert mit verschiedenen Potenzen von α, aufzuschreiben (in diesem Fall α/π), ist der übliche Weg der Theoretiker bei der Durchführung von QED-Berechnungen. Jede Potenz entspricht dabei einer Störung einer bestimmten Ordnung. Zur Anpassung an die Genauigkeit des Experiments war die Berechnung von Beiträgen aller Störungsordnungen bis einschließlich der vierten notwendig.[29] Wie man sich vorstellen kann, brauchte es mehrere Jahre sorgfältiger Arbeit, um die phänomenale Genauigkeit des Experiments abzubilden.

Ähnliche Experimente wurden auch für das Positron durchgeführt, das Antiteilchen des Elektrons, und ein Vergleich der Eigenschaften dieses Paares aus Teilchen und Antiteilchen ermöglicht interessante Tests der fundamentalen Symmetrieprinzipien der Teilchenphysik. Die sehr genauen theoretischen Berechnungen der magnetischen Momente sind nur für einfache Teilchen ohne innere Struktur (Leptonen) möglich. Andere QED-Experimente liefern hierzu ergänzende Informationen, beispielsweise die Messungen der Lamb-Verschiebung in Wasserstoff. Die hochionisierten wasserstoffähnlichen Ionen liefern einen Test der Theorie für ein Elektron in einem gebundenen Zustand, wo die Berechnungen wesentlich komplizierter sind als für ein freies Elektron. Es ist sehr wichtig zu verstehen, wie Feldtheorien wie die QED auf gebundene Systeme anzuwenden sind.

---

[28] Nach der aktuellen Empfehlung der CODATA (2006) ist der Wert $\alpha = 1/137{,}0359997$.

[29] Dies erforderte die Berechnung von etwa 1000 Beiträgen, von denen jeder durch ein bestimmtes Feynman-Diagramm repräsentiert wird, und die Berechnungen wurden noch weiter verfeinert (Kinoshita (1995); Kinoshita und Nio (2003)).

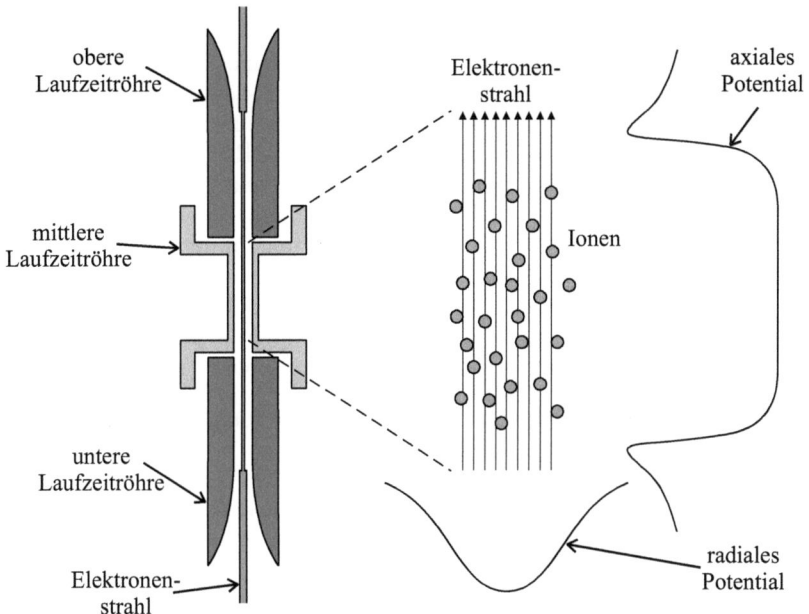

Abbildung 12.9: *Querschnitt durch eine Elektronenstrahl-Ionenfalle mit Zylindersymmetrie. Der hochenergetische Elektronenstrahl in Richtung der Fallenachse (wo die Raumladungsdichte offensichtlich negativ ist) zieht positive Ionen an, die in radialer Richtung festgehalten und weiter ionisiert werden. Die Elektroden (in der Beschleunigerphysik Driftröhren genannt) sorgen für das Festhalten in Achsenrichtung, d. h., die obere und die untere Driftröhre wirken wie die Endkappen in einer Penning-Falle, nur dass sie eine wesentlich höhere positive Spannung haben. Der rechte Teil der Abbildung zeigt eine vergrößerte Ansicht der Ionen im Elektronenstrahl sowie die Form des elektrostatischen Potentials in radialer und axialer Richtung. Mit freundlicher Genehmigung von Professor Joshua Silver und Mitarbeitern, Physics Department, University of Oxford.*

12.8 Elektronenstrahl-Ionenfallen

Die Elektronenstrahl-Ionenfalle (auch EBIT, für engl. electron beam ion trap) wurde entwickelt, um Elektronen festzuhalten, die den größten Teil ihrer Elektronen verloren haben und deren Energien wesentlich größer sind als die in den typischen Experimenten mit Paul- und Penning-Fallen.

Abbildung 12.9 zeigt eine schematische Darstellung einer Elektronenstrahl-Ionenfalle. Ein solches Instrument hat wesentlich größere Abmessungen als die anderen Fallentypen, ist aber immer noch viel kleiner als die Teilchenbeschleuniger, die zuvor für die Erzeugung hochionisierter Teilchen verwendet wurden.[30] In einer Elektronenstrahl-Ionenfalle

---

[30] Die Elektronenstrahl-Ionenfalle verwendet eine Hybridtechnologie aus der Physik der Ionenfallen und der Beschleunigerphysik, wodurch es möglich ist, die Genauigkeit der Fallen auf höhere Energien auszudehnen.

werden positive Ionen festgehalten, indem die starke elektrostatische Anziehung ausgenutzt wird, welche die starke negative Ladungsdichte eines Elektronenstrahls entlang der Fallenachse auf sie ausübt. Die Ionen bleiben die meiste Zeit über in diesem Strahl. Die Elektronen werden aus einer Elektronenkanone mit einer hohen Stromdichte über einen schmalen räumlichen Bereich abgefeuert, wobei die Raumladung die Tendenz hat, auseinanderzulaufen. Ein starkes axiales Magnetfeld wirkt diesem Auseinanderlaufen entgegen, sodass die Elektronen stark fokussiert bleiben. Dieses Magnetfeld wirkt wie in einer Penning-Falle und verhindert, dass die Elektronen unter dem Einfluss des radialen elektrischen Feldes radial nach außen entweichen – das gleiche Feld, das die positiven Ionen festhält, treibt die Elektronen nach außen.[31] Elektroden mit einer Gleichspannung von mehreren Kilovolt schränken die Bewegung der Ionen in Richtung des Strahls ein. (Im Vergleich dazu liegen bei einer Penning-Falle nur ein paar Volt auf den Endkappen.)

Abgesehen davon, dass eine Elektronenstrahl-Ionenfalle Ionen festhält, erzeugt sie auch auch Ionen, und zwar durch die folgenden Ionisierungsschritte.[32] In den Bereich der Elektronenstrahl-Ionenfalle werden Atome oder Ione in einem Zustand mit niedriger Ladung injiziert, und aus diesen werden durch den Elektronenstrahl Elektronen herausgeschlagen, sodass sie positive Ionen bilden. Diese Ionen werden im Elektronenstrahl festgehalten, wo durch den Beschuss mit hochenergetischen Elektronen immer mehr Elektronen entfernt werden, sodass die Ionen schließlich eine sehr hohe Ladung haben. Dieser Prozess setzt sich solange fort, bis die im Ion verbleibenden Elektronen eine Bindungsenergie haben, die größer ist als die Energie der auftreffenden Ionen. Der endgültige Ladungszustand des gefangenen Ions wird also durch Variieren der Beschleunigungsspannung auf der Elektronenkanone kontrolliert. Als extremes Beispiel betrachten wir den Fall, dass aus einem Uranatom alle Elektronen bis auf eins herausgeschlagen werden. Der finale Zustand des Ionisationsprozesses, bei dem U^{+91} erzeugt wird, erfordert eine Energie von $13{,}6 \times (92)^2 \sim 10^5$ eV, also eine Beschleunigungsspannung von 100 kV. Diese extremen Bedingungen lassen sich tatsächlich erreichen; allerdings verwenden die meisten Versuche mit Elektronenstrahl-Ionenfallen moderatere Spannungen.

Die Übergänge zwischen den Energieniveaus von stark geladenen Ionen erzeugen Röntgenstrahlung, und die spektroskopischen Messungen der Wellenlänge von Strahlung, die von einer Elektronenstrahl-Ionenfalle emittiert wird, verwenden Vakuumspektrographen (oft mit einem fotografischen Film als „Detektor", da dieser eine hohe Sensitivität bei kurzen Wellenlängen hat und eine gute räumliche Auflösung liefert). Solche traditionellen spektroskopischen Methoden haben eine geringere Genauigkeit als die Laserspektroskopie, doch QED-Effekte skalieren sehr schnell mit wachsender Ordnungszahl. Die Lamb-Verschiebung wächst wie $(Z\alpha)^4$, die Gesamtenergieskala dagegen wie $(Z\alpha)^2$. Daher erlauben Messungen an wasserstoffähnlichen Ionen mit großem Z die Beobachtung von QED-Effekten. Es ist wichtig, die QED-Berechnungen für gebundene Zustände zu testen, da sie, wie bereits im letzten Abschnitt erwähnt, entschieden andere Näherungen und theoretische Verfahren verlangen als jene, die für freie Teilchen angewendet werden. Tatsächlich wird mit wachsendem Z der in den Reihenentwicklungen für

---

[31] Der direkte Einfluss des Magnetfeldes auf die Ionen ist vernachlässigbar im Vergleich zu der elektrostatischen Kraft, die von der Raumladung der Elektronen ausgeht.

[32] Aus diesem Grund wird für das Gerät auch der Name Elektronenstrahl-Ionenquelle (EBIS für engl. electron beam ion source) verwendet.

QED-Berechnungen auftretende Parameter $Z\,\alpha$ größer und höhere Ordnungen leisten zunehmend größere Beiträge.

12.9   Aufgelöste Seitenbandkühlung

Die Laserkühlung für einen starken Übergang der Linienbreite Γ reduziert die Energie eines festgehaltenen Ions schnell auf die Doppler-Grenze $\hbar\Gamma/2$ *dieses Übergangs*. Die Laserkühlung eines Ions funktioniert ganz ähnlich wie die DopplerKühlung eines freien Atoms (siehe Aufgabe 9.8). Um weiterzukommen, werden schmalere Übergänge verwendet. Wenn jedoch die Energieauflösung des schmalen Übergangs $\hbar\Gamma'$ kleiner ist als das Energieintervall $\hbar\omega_v$ zwischen den Vibrationsniveaus des festgehaltenen Ions (das als quantenmechanischer harmonischer Oszillator betrachtet wird), dann muss die Quantisierung berücksichtigt werden; dies ist der Fall im Regime

$$\Gamma' \ll \omega_v \ll \Gamma \qquad\qquad\qquad\qquad (12.29)$$

Wir haben gesehen, dass $\Gamma/2\pi$ typischerweise einige Zehn MHz beträgt und $\omega_v/2\pi \simeq$ 1 MHz. Die Vibrationsenergieniveaus haben im Grundzustand und in den angeregten Zuständen des Ions den gleichen Abstand $\hbar\omega_v$, da die Vibrationsfrequenz nur vom Verhältnis zwischen Ladung und Masse des Ions abhängt, nicht aber von seinem inneren Zustand (siehe Abbildung 12.10). Das festgehaltene Ion absorbiert Licht mit der Frequenz ω_0 des schmalen Übergangs für ein freies Ion, des Weiteren mit den Frequenzen $\omega_L = \omega_0 \pm \omega_v$, $\omega_0 \pm 2\omega_v$, $\omega_0 \pm 3\omega_v$ usw., die den Übergängen entsprechen, in denen sich die Vibrationsbewegung des Ions ändert. Die Vibrationsniveaus im Grundzustand und in den angeregten Zuständen sind durch die Vibrationsquantenzahlen v und v' gekennzeichnet, und diese Seitenbänder entsprechen den Übergängen mit $v' \neq v$. Die Energie des gebundenen Systems wird durch Verwendung von Laserlicht mit $\omega_L = \omega_0 - \omega_v$ reduziert, wodurch das erste Seitenband der niedrigeren Frequenz angeregt wird. Das Ion geht dabei in das Vibrationsniveau mit $v' = v - 1$ im oberen Elektronenzustand. Der angeregte Zustand zerfällt wieder in den Grundzustand, wobei der wahrscheinlichste spontane Übergang einer ist, in dem sich das Vibrationsniveau nicht ändert. Somit kehrt das Ion in einem niedrigeren Vibrationsniveau in den Grundzustand zurück, als es gestartet ist. Für eine genaue Erklärung der Änderung von v während der spontanen Emission muss die Überlappung der Wellenfunktionen für verschiedene Wellenfunktionen betrachtet werden. Hier wollen wir darauf verzichten.[33]

Die **Seitenbandkühlung** dauert an, bis das Ion in das niedrigste Vibrationsenergieniveau getrieben wurde. Ein Ion im Niveau $v = 0$ absorbiert keine weitere Strahlung mit $\omega_0 - \omega_v$ (siehe Abbildung 12.10). Bei Experimenten wird diese Tatsache verwendet, um durch Abtastung der Laserfrequenz und Identifizierung der Seitenbänder zu überprüfen, ob das Ion dieses Niveau erreicht hat (siehe Abbildung 12.10(b)). Für das untere Band gibt es wie vorhergesagt nur ein schwaches Signal, für das obere Seitenband dagegen ein

---

[33] Die Situation erinnert stark an das Franck-Condon-Prinzip, das die Änderung in den Vibrationsniveaus bei Übergängen zwischen Elektronenzuständen von Molekülen festlegt. Die in Abbildung 12.10 gezeigten für ein Ion relevanten Potentiale sind einfacher als die für Moleküle.

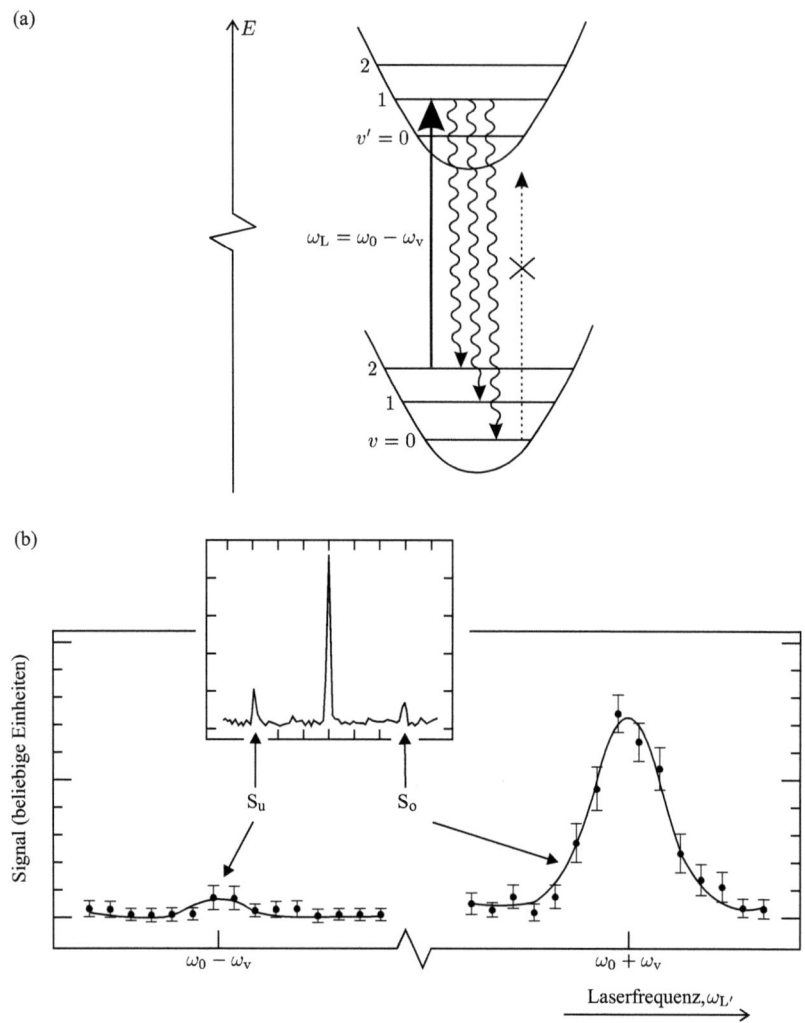

Abbildung 12.10: *(a) Die Vibrationsniveaus eines Ions in einer harmonischen Falle haben für den Grundzustand und die angeregten Elektronenzustände gleiche Abstände. Anregung durch Licht der Frequenz $\omega_L = \omega_0 - \omega_v$, gefolgt von einer spontanen Emission, führt zu einer kleineren Vibrationsquantenzahl, solange bis das Ion das niedrigste Niveau mit $v = 0$ erreicht hat. Von dort gibt es keinen Übergang, was durch die gepunktete Linie angedeutet ist (allerdings würde Licht der Frequenz ω_0 und $\omega_0 + \omega_v$ das Ion in $v = 0$ anregen). (b) Das Spektrum eines festgehaltenen Ions hat Seitenbänder zu beiden Seiten des Hauptübergangs. Der Einschub zeigt das Spektrum vor der Seitenbandkühlung. Das große Bild zeigt die Situation nach der Seitenbandkühlung. Das Signal auf dem oberen Seitenband (S_o, Frequenz $\omega_0 + \omega_v$) ist stärker als das auf dem unteren (S_u, Frequenz $\omega_0 - \omega_v$). Diese Asymmetrie zeigt, dass sich das Ion hauptsächlich im untersten Vibrationszustand befindet. Die vertikale Achse gibt die Übergangswahrscheinlichkeit an, d. h. die Wahrscheinlichkeit eines Quantensprungs während der Anregung eines schmalen Übergangs. Nach Diedrich et al. (1989). Teil (b)* © *American Physical Society.*

starkes.[34] Das untere Seitenband resultiert aus der Population im Niveau $v = 1$ (und in jedem höheren besetzten Niveau), und das obere Seitenband resultiert aus den Ionen in $v = 0$, die in das Niveau $v' = 1$ übergehen. Somit liefert das Verhältnis der Signale auf diesen beiden Seitenbändern ein direktes Maß für das Verhältnis der Populationen. In diesem Beispiel ist $\mathcal{N}(v = 1)/\mathcal{N}(v = 0) = 0{,}05$, d. h., das Ion verbringt die meiste Zeit im niedrigsten Niveau. Damit hat das Ion fast die minimale Energie, die es in diesem System haben kann.

Bei Experimenten mit einzelnen Ionen, etwa für optische Frequenzstandards mit extrem hoher Auflösung (Abschnitt 12.6), muss das Ion nicht auf das niedrigste Niveau heruntergekühlt werden. Dort wird einfach der Übergang bei ω_0 aus den gut aufgelösten Seitenbändern ausgewählt. Bei den im nächsten Kapitel beschriebenen Versuchen zur Quanteninformatik muss dagegen ein Anfangszustand präpariert werden, in dem sich alle Ionen im niedrigsten Niveau der Falle befinden (oder sehr dicht an dieser idealen Situation), damit die vollständige Kontrolle über den quantenmechanischen Zustand des Gesamtsystems möglich ist. Die Päparation aller festgehaltenen Ionen im niedrigsten Vibrationsniveau[35] wird erschwert durch die kollektiven Vibrationsmoden eines Systems mit mehr als einem festgehaltenen Ion (Aufgabe 12.1), und das Erreichen dieses Anfangszustands reizt die Möglichkeiten der Laserkühlung bis an ihre äußersten Grenzen aus.[36]

12.10 Zusammefassung zu Ionenfallen

In diesem Kapitel haben wir uns mit einem Teil der vielfältigen physikalischen Aspekte von Ionenfallen beschäftigt, vom Kühlen von Ionen auf Temperaturen von nur 10^{-3} K in kleinen Ionenfallen bis zum Erzeugen von stark geladenen Ionen in Elektronenstrahl-Ionenfallen. Das Festhalten von Positronen wurde in Abschnitt 12.7.3 erwähnt. Ionenfallen sind auch gute Container für das Festhalten anderer Typen von Antimaterie wie

---

[34] Man könnte leicht auf den Gedanken kommen, dass die Anzahl der beobachteten Seitenbänder von der Besetzung der Vibrationsniveaus des festgehaltenen Ions abhängt (besonders wenn man mit der Vibrationsstruktur der Elektronenübergänge in Molekülen vertraut ist). Dieses Beispiel zeigt, dass dies für Ionen nicht der Fall ist; Seitenbänder treten für ein Ion auf, das sich überwiegend im niedrigsten Energieniveau aufhält. Es können auch Umstände auftreten, wo es eine sehr schwache Absorption bei den Frequenzen der Seitenbänder gibt, selbst wenn viele Vibrationsniveaus besetzt sind (beispielsweise für Übergänge, deren Wellenlänge viel größer ist als das Gebiet, in dem die Ionen gefangen sind). Obwohl Seitenbänder hier über den Begriff der Vibrationsniveaus erklärt werden, sind sie kein Quantenphänomen, denn es gibt alternativ eine klassische Erklärung mithilfe eines vibrierenden klassischen Dipols, der infolge seiner Vibrationen Strahlung emittiert.

[35] Für neutrale Teilchen in Magnetfallen folgt aus der Quantenstatistik, dass die Atome einer Bose-Einstein-Kondensation in den Grundzustand unterliegen, obwohl sie eine mittlere thermische Energie haben, die größer ist als der Abstand zwischen den Energieniveaus der Falle. Die Quantenstatistik hat jedoch keine Auswirkungen auf festgehaltene Ionen, da diese unterscheidbar sind. Selbst wenn sie identisch sind, werden sie durch die Coulomb-Abstoßung voneinander fern gehalten (siehe Abbildung 12.4). Die starke Fluoreszenz macht es möglich, die Position jedes einzelnen Ions zu bestimmen.

[36] Der aufmerksame Leser wird vielleicht bemerkt haben, dass wir die Rückstoßgrenze nicht diskutiert haben, die eine so wichtige Rolle für freie Teilchen spielt. Für starre Fallen überschreiten die Abstände der Vibrationsenergieniveaus bei Weitem die Rückstoßenergie, $\hbar\omega_{\mathrm{v}} \gg E_{\mathrm{rs}}$, und die Kühlungsgrenze der festgehaltenen Teilchen wird durch die Nullpunktsenergie bestimmt.

etwa Antiprotonen, die in Teilchenbeschleunigern erzeugt werden.[37] In neueren Experimenten, die am CERN von einer großen Forschergruppe durchgeführt wurden (Amoretti *et al.* 2002), wurden diese beiden Teilchen zusammengebracht, um Anti-Wasserstoff zu bilden. In der Zukunft wird eine „Anti-Atomphysik" möglich sein; so wird man beispielsweise messen können, ob Wasserstoff und Anti-Wasserstoff das gleiche Spektrum haben (dies ist ein Test für die CPT-Invarianz). Dieses Festhalten hochenergetischer Teilchen wurde auf der Grundlage von Beschleunigerversuchen entwickelt, und man untersucht damit ähnliche physikalische Theorien.

Am anderen Ende des Anwendungsspektrums von Ionenfallen liegt das Laserkühlen von Atomen auf extrem niedrige Energien. Wir haben gesehen, dass die fundamentale Grenze für das Kühlen eines beschränkten Systems sehr verschieden ist von der, die für das Laserkühlen freier Atome gilt. Experimentatoren haben leistungsfähige Techniken entwickelt, um einzelne Ionen zu manipulieren und Frequenzstandards von extremer Genauigkeit zu schaffen. Die langen Dekohärenzzeiten von eingefangenen Ionen werden seit einiger Zeit in Experimenten zur Quanteninformatik ausgenutzt. Dies ist das Thema des folgenden Kapitels. Mit solchen experimentellen Techniken kann man den Zustand eines Quantensystems hervorragend kontrollieren – eine Möglichkeit, von der die Begünder der Quantenmechanik nicht einmal träumen konnten.

Weiterführende Literatur

Das Buch über Ionenfallen von Ghosh (1995) bietet eine ausführliche Übersicht über das Thema. Empfehlenswert sind auch die Tutorials von Wayne Itano (Itano *et al.* 1995) und David Wineland (Wineland *et al.* 1995) und der Nobelpreisvortrag von Wolfgang Paul.[38]

Aufgaben

12.1 *Vibrationsmoden von eingefangenen Ionen*
Zwei Calciumionen in einer linearen Paul-Falle liegen auf einer Linie in Richtung der z-Achse.

(a) Die beiden Endkappen-Elektroden auf der z-Achse erzeugen ein Gleichspannungspotential wie in Gleichung (12.23) mit $a_2 = 10^6\,\mathrm{V\,m^{-2}}$. Berechnen Sie ω_z.

(b) Die Verschiebungen z_1 und z_2 der beiden Ionen aus dem Zentrum der Falle

---

[37] Unmittelbar nach seiner Erzeugung durch hochenergetische Stöße hat Antimaterie eine Energie im Bereich von MeV, doch vor dem Einfangen wird sie auf Energien von keV gebracht.

[38] Zu finden auf der Nobelpreis-Website. Das National Physical Laboratory in Großbritannien und das National Institute of Standards and Technology in den USA bieten Internetressourcen zu den neuesten Entwicklungen und Forschungsaktivitäten an.

erfüllen die Gleichungen

$$M\ddot{z}_1 = -M\omega_z^2 z_1 - \frac{e^2/4\pi\epsilon_0}{(z_2 - z_1)^2}$$

$$M\ddot{z}_2 = -M\omega_z^2 z_2 + \frac{e^2/4\pi\epsilon_0}{(z_2 - z_1)^2}$$

Begründen Sie die Form dieser Gleichungen und zeigen Sie, dass das Massenzentrum $z_{mz} = (z_1 + z_2)/2$ mit ω_z oszilliert.

(c) Berechnen Sie den Gleichgewichtsabstand a von zwei einfach geladenen Ionen.

(d) Bestimmen Sie die Frequenz kleiner Oszillationen der relativen Position $z = z_2 - z_1 - a$.

(e) Geben Sie eine qualitative Beschreibung der Vibrationsmoden von drei Ionen in der Falle sowie die relative Ordnung ihrer drei Eigenfrequenzen.[39]

12.2 *Paul-Falle*

(a) Berechnen Sie für Hg^+-Ionen in einer linearen Paul-Falle mit der Größe $r_0 = 3\,\text{mm}$ die maximale Amplitude V_{max} der Radiofrequenzspannung bei $\Omega = 2\pi \times 10\,\text{MHz}$.

(b) Berechnen Sie für eine Falle, die bei einer Spannung von $V_0 = V_{max}/\sqrt{2}$ arbeitet, die Oszillationsfrequenz eines Hg^+-Ions. Was geschieht mit einem Ca^+-Ion, wenn die Elektroden die gleiche AC-Spannung haben?

(c) Schätzen Sie die Tiefe einer Paul-Falle mit $V_0 = V_{max}/\sqrt{2}$ ab. Drücken Sie Ihre Abschätzung als Bruchteil von eV_0 aus.

(d) Erläutern Sie, weshalb eine Paul-Falle sowohl für positive als auch für negative Ionen funktioniert.

12.3 *Mathieu-Gleichung*
Lösen Sie die Mathieu-Gleichung numerisch und skizzieren Sie die Lösungen für einige Werte von q_x. Geben Sie Beispiele für stabile und instabile Lösungen an. Finden Sie durch „Versuch und Irrtum" den maximalen Wert von q_x, der eine stabile Lösung liefert (mit einer Genauigkeit von zwei Stellen). [*Hinweis:* Verwenden Sie ein Softwarepaket zur Lösung von Differentialgleichungen. Das in Aufgabe 4.10 beschriebene Verfahren funktioniert nicht gut, wenn die Lösung schnell oszilliert, da der verwendete numerische Algorithmus zu einfach ist.]

12.4 *Frequenzen in einer Penning-Falle*
Eine Penning-Falle zwingt Ionen durch die Abstoßungskraft von den beiden Endkappen-Elektroden auf eine Achse. Die Elektroden haben eine positive Gleichspannung für positiv geladene Ionen, was eine axiale Oszillationsfrequenz ergibt, wie

---

[39] Diese erinnern an die Vibrationen eines linearen Moleküls wie CO_2, die in Anhang A beschrieben werden. Für eine quantitative Beschreibung muss allerdings die Coulomb-Abstoßung zwischen allen Paaren von Ionen (nicht nur nächste Nachbarn) berücksichtigt werden.

sie in Aufgabe 12.1 berechnet wurde. Diese Aufgabe befasst sich mit der radialen Bewegung in der Ebene $z = 0$. Das durch (12.23) gegebene elektrostatische Potential mit $a_2 = 10^5\,\text{V}\,\text{m}^{-2}$ führt zu einem radial nach außen gerichteten elektrischen Feld, doch das Ion fliegt nicht davon, da es von einem in z-Richtung verlaufenden magnetischen Feld mit der Flussdichte $B = 1\,\text{T}$ festgehalten wird.
Betrachten Sie ein Ca$^+$-Ion.

(a) Berechnen Sie die Zyklotronfrequenz.

(b) Bestimmen Sie die Magnetronfrequenz. [*Hinweis:* Leiten Sie die Periode einer Bahn vom Radius r ab, die in einer Ebene senkrecht zur z-Achse liegt. Nehmen Sie dabei eine mittlere tangentiale Geschwindigkeit $v = E(r)/B$ an, wobei $E(r)$ die radiale Komponente des elektrischen Feldes bei r ist.]

12.5 *Erzeugung stark geladener Ionen in einer Elektronenstrahl-Ionenfalle*

(a) Schätzen Sie die Beschleunigungsspannung ab, die für eine Elektronenstrahlspannung erforderlich ist, um in einer Elektronenstrahl-Ionenfalle wasserstoffähnliches Silicium Si^{13} zu erzeugen.

(b) Berechnen Sie den Radius der ersten bohrschen Bahn ($n = 1$) in wasserstoffähnlichem Uran, U^{+91}.

(c) Berechnen Sie die Bindungsenergie des Elektrons in U^{+91} und drücken Sie diese als Bruchteil der Ruhemassenenergie $M\,c^2$ aus.

(d) QED-Effekte tragen $3 \times 10^{-5}\,\text{eV}$ zur Bindungsenergie der 1s-Grundzustandsenergie von atomarem Wasserstoff bei. Drücken Sie dies als Bruchteil der Ruhemasse des Wasserstoffatoms aus. Schätzen Sie die Größenordnung des QED-Beitrags im Grundzustand von wasserstoffähnlichem Uran U^{+91} als Bruchteil der Ruhemasse ab. Dieser Bruchteil liefert die Genauigkeit $\Delta M/M$, mit der die Masse des Ions bestimmt werden muss, um QED-Effekte zu messen. Diskutieren Sie, inwieweit dies in einer Ionenfalle machbar ist.

Lösungen finden Sie unter `http://www.oldenbourg-verlag.de/foot/`.

13   Quanteninformatik

Die Quanteninformatik ist eine revolutionär neue Form der Informatik. Man nimmt an, dass sie in Zukunft Probleme lösen wird, die für klassische Computer unzugänglich sind. Die Konstruktion eines Quantencomputers ist jedoch schwierig. Bislang wurden in Experimenten mit Ionen in linearen Paul-Fallen nur einfache Logikgatter demonstriert. Außerdem wurden die Ideen der Quanteninformatik in NMR-Versuchen getestet.

In der Paul-Falle sitzen die Ionen in einem ultrahohen Vakuum (Druck $\sim 10^{-11}$ mbar), sodass es kaum zu Kollisionen kommt. Außerdem sind die Ionen von der Umgebung gut isoliert. Wir haben gesehen, dass unter diesen Bedingungen wegen der sehr kleinen Störungen an den Energieniveaus eine extrem hochauflösende Spektroskopie einzelner Ionen möglich ist. Für die Quanteninformatik ist mehr als ein Ion in der Falle nötig, wobei alle Ionen auf das niedrigste Vibrationsniveau herunter gekühlt werden müssen, damit das System einen wohldefinierten Anfangsquantenzustand hat.[1] Dies stellt eine weit größere experimentelle Herausforderung dar, als die Laserkühlung für ein einzelnes Ion um die Doppler-Verbreiterung zu reduzieren. In einigen Experimenten wurde dieses Ziel tatsächlich erreicht. Im vorhergehenden Kapitel wurde die Physik der linearen Paul-Falle beschrieben. Für die Zwecke dieses Kapitels nehmen wir einfach an, dass die Falle ein harmonisches Potential erzeugt, welches für eine starke Beschränkung in radialer Richtung sorgt. Die Ionen liegen also näherungsweise auf einer Linie in z-Richtung (siehe Abbildung 13.1), wobei sie durch ihre gegenseitige elektrostatische Abstoßung weit genug voneinander entfernt gehalten werden, um separat sichtbar zu sein.

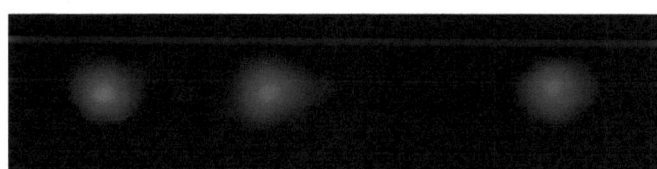

Abbildung 13.1: *Eine Kette aus vier Ionen in einer linearen Paul-Falle. Die Lücke entspricht einem Ion im dunklen Zustand. Bei diesem Experiment regen zwei Laserstrahlen simultan einen starken und einen schwachen Übergang an, was zu einem Quantensprung führt (siehe Abschnitt 12.6). Als Folge zeigt jedes Ion ein zufälliges Blinken. Dieser Schnappschuss kann als Repräsentation der Binärzahl 1101 betrachtet werden. Ein Quanten-Logikgatter erfordert subtilere Techniken, um den Anfangszustand jedes einzelnen Ions genau bestimmen. Mit freundlicher Genehmigung von A. M. Steane und D. N. Stacey, D. M. Lucas und Mitarbeitern, Physics Department, University of Oxford.*

---

[1]   Die Quanteninformatik erfordert die genaue Kontrolle über die Ionenbewegungen, d. h. über ihre äußeren Freiheitsgrade wie auch über ihren Anfangszustand $| F, M_F \rangle$.

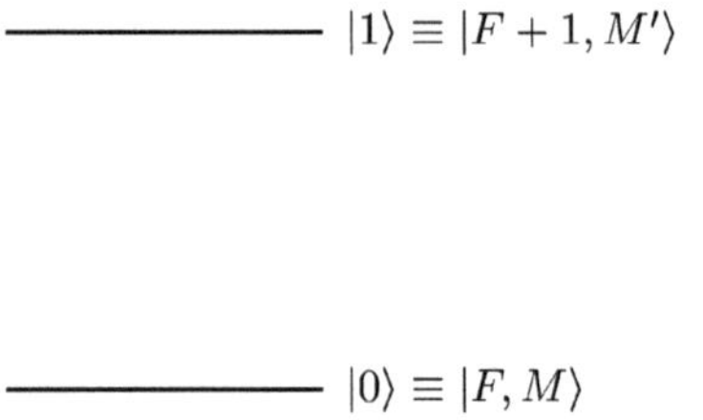

Abbildung 13.2: *Die beiden Hyperfeinniveaus im Grundzustand eines Ions. Im
Allgemeinen wird in Experimenten ein
Ion mit dem Gesamtdrehimpuls J = 1/2
in der niedrigsten Elektronenkonfiguration verwendet, sodass F = I ± 1/2. Die
Qubits | 0 ⟩ und | 1 ⟩ entsprechen den bei-
den speziellen Zeeman-Zuständen in den
beiden Niveaus, beispielsweise | F, M ⟩
und | F + 1, M′ ⟩.*

$$\text{————————}\quad |1\rangle \equiv |F+1, M'\rangle$$

$$\text{————————}\quad |0\rangle \equiv |F, M\rangle$$

13.1 Qubits und ihre Eigenschaften

Ein klassischer Computer verwendet Bits mit den Werten 0 und 1 zur Darstellung von
Binärziffern, ein Quantencomputer hingegen speichert Information in Form von Quan-
tenbits oder Qubits. Jedes Quantenbit hat zwei Zustände, die in der Dirac-Notation
für Quantenzustände als | 0 ⟩ und | 1 ⟩ bezeichnet werden. Die meisten theoretischen
Abhandlungen zur Quanteninformatik fassen das Qubit als ein Spin-1/2-Objekt auf,
sodass die beiden Zustände „Spin-up" ($| m_s = -1/2 \rangle$) und „Spin-down" ($| m_s = +1/2 \rangle$)
sind. Für ein gefangenes Ion entsprechen die beiden Zustände jedoch gewöhnlich zwei
Hyperfeinniveaus der Grundkonfiguration (siehe Abbildung 13.2). In der folgenden Dis-
kussion verwenden wir | 1 ⟩ für den Fall, dass sich das Ion im oberen Hyperfeinniveau
befindet und | 0 ⟩ für das untere Hyperfeinniveau. Alle Argumente gelten jedoch eben-
so für Spin-1/2-Teilchen, da die Prinzipien der Quantenmechanik offensichtlich von
der physikalischen Realisierung der Qubits abhängen. Ionen und andere physikalische
Qubits stellen eine kompakte Möglichkeit dar, Information zu speichern; beispielsweise
repräsentiert | 1101 ⟩ in Abbildung 13.1 die Binärzahl 1101. Die Quantennatur dieser
neuen Art der Kodierung von Information tritt allerdings nur in Erscheinung, wenn
wir die Eigenschaften von mehr als einem Qubit betrachten (Abschnitt 13.1.1). Obwohl
ein einzelnes Qubit allgemein in einer Superposition aus zwei Zuständen existiert, trägt
ein Qubit nicht mehr klassische Information als ein klassisches Bit, wie das folgende
Argument zeigt. Die Superposition der beiden Zustände

$$\psi_{\text{Qubit}} = a | 0 \rangle + b | 1 \rangle \tag{13.1}$$

erfüllt die Normierungsbedingung $|a|^2 + |b|^2 = 1$. Wir schreiben diese Normierung in
der allgemeinen Form

$$\psi_{\text{Qubit}} = \left\{ \cos\left(\frac{\theta}{2}\right) | 0 \rangle + e^{i\phi} \sin\left(\frac{\theta}{2}\right) | 1 \rangle \right\} e^{i\phi'} \tag{13.2}$$

Der Gesamt-Phasenfaktor ist von geringer Bedeutung und die möglichen Zustände entsprechen Einheitsvektoren, deren Richtung jeweils durch die beiden Winkel θ und ϕ
spezifiziert ist. Dies sind die Ortsvektoren der Punkte einer Kugeloberfläche (siehe Ab-
bildung 13.3). Der Zustand | 0 ⟩ liegt im Nordpol dieser *Bloch-Kugel* und | 1 ⟩ im Südpol.
Alle anderen Ortsvektoren sind Superpositionen dieser beiden Basiszustände. Da diese
Ortsvektoren einem einfachen klassischen Objekt wie einem Zeiger im dreidimensionalen Raum entsprechen, kann die in jedem Qubit kodierte Information auch klassisch
modelliert werden.

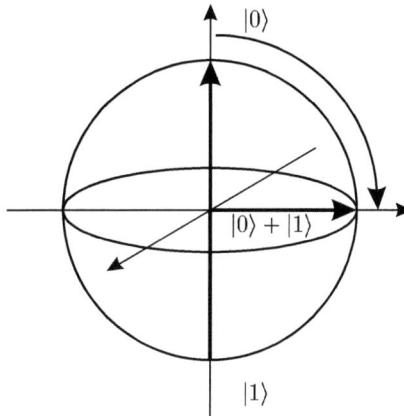

Abbildung 13.3: *Der Zustand* $|0\rangle$ *liegt im Nordpol dieser Bloch-Kugel und* $|1\rangle$ *im Südpol. Alle anderen möglichen Vektoren sind Superpositionen dieser beiden Basiszustände. Die Bloch-Kugel in dem durch die beiden Eigenvektoren* $|0\rangle$ *und* $|1\rangle$ *aufgespannten Hilbert-Raum. Die in (13.3) definierte Hadamard-Transformation überführt* $|0\rangle$ *in* $|0\rangle + |1\rangle$ *(siehe Abbildung 7.2).*

Die Analogie zwischen Qubit und einem dreidimensionalen Zeiger scheint zu implizieren, dass ein Qubit mehr Information speichert als ein Bit, das die beiden Werte 0 und 1 annehmen kann. Allgemein ist dies jedoch nicht richtig, da wir die Orientierung eines Quantenobjektes nicht präzise bestimmen können. Durch Messung können Quantenzustände nur mit hoher Wahrscheinlichkeit unterschieden werden, wenn sie stark verschieden voneinander sind und wohlseparierte Positionen auf gegenüber liegenden Hemisphären der Bloch-Kugel besetzen. Eine Messung an einem Spin-1/2-Teilchen legt fest, ob seine Orientierung „up" oder „down" in Bezug auf eine gegebene Achse ist. Nach dieser Messung wird sich das Teilchen in einem der beiden Zustände befinden, da der Messvorgang das System in einen Eigenzustand des Systems setzt. In der gleichen Weise wird ein Qubit immer 0 oder 1 liefern, d. h. der Auslesevorgang zerstört die Superposition.

Die Bloch-Kugel ist ein nützliches Hilfsmittel um zu beschreiben, wie sich individuelle Qubits unter unitären Transformationen verhalten. Beispielsweise wird die in der Quanteninformatik häufig auftretende *Hadamard-Transformation* durch den Operator

$$
\begin{aligned}
\hat{U}_{\mathrm{H}}|0\rangle &\mapsto |0\rangle + |1\rangle \\
\hat{U}_{\mathrm{H}}|1\rangle &\mapsto |0\rangle - |1\rangle
\end{aligned}
\tag{13.3}
$$

beschrieben (siehe Aufgaben am Ende des Kapitels).[2] Dies ist äquivalent mit der Matrix

$$
\hat{U}_{\mathrm{H}} = \frac{1}{\sqrt{2}} \begin{pmatrix} 1 & 1 \\ 1 & -1 \end{pmatrix}
$$

Die Wirkung dieser unitären Transformation auf den Zustand ist in Abbildung 13.3 illustriert. Sie entspricht einer Rotation im Hilbert-Raum, der von den Zustandsvektoren gebildet wird. Diese Transformation ändert $|0\rangle$ (im Nordpol) in die durch 13.3 gegebene Superposition, die auf dem Äquator der Kugel liegt.

---

[2] In diesem Kapitel schreiben wir die Wellenfunktionen ohne Normierung, was die übliche Konvention in der Quanteninformatik ist.

13.1.1   Verschränkung

Bereits bei der ausführlichen Behandlung der beiden Elektronen eines Heliumatoms (Kapitel 3) sind uns einige Verhaltensweisen von Mehrteilchen-Quantensystemen begegnet, die der Intuition widersprechen. Dort entspricht der antisymmetrische Spinzustand $[|\downarrow\uparrow\rangle - |\uparrow\downarrow\rangle]/\sqrt{2}$ in der Notation wie sie in diesem Kapitel verwendet wird (ohne Normierung) der Wellenfunktion

$$\Psi = |01\rangle - |10\rangle \tag{13.4}$$

Diese zerfällt nicht in ein Produkt aus Einteilchen-Wellenfunktionen, d. h.

$$\Psi \neq \psi_1\psi_2 \tag{13.5}$$

mit

$$\psi_1\psi_2 = [a|0\rangle + b|1\rangle]_1 \; [c|0\rangle + d|1\rangle]_2 \tag{13.6}$$

Hierbei sind c und d zusätzliche beliebige Konstanten. Dass sich diese Konstanten nicht so einfach berechnen lassen, wird Ihnen schnell klar werden, wenn Sie es versuchen. Wir machen uns hier nicht die Mühe, den Index zur Kennzeichnung des Teilchens mitzuführen, d. h. es ist $|0\rangle_1|1\rangle_2 \equiv |01\rangle$ und $|1\rangle_1|1\rangle_2 \equiv |11\rangle$ usw. Mehrteilchensysteme mit Wellenfunktionen wie in (13.4), die nicht als Produkt von Einteilchen-Wellenfunktionen geschrieben werden können, werden als **verschränkt** bezeichnet. Diese Verschränkung von Systemen mit zwei oder mehr Teilchen führt auf Quanteneigenschaften, die eine völlig andere Natur haben als Systeme aus klassischen Objekten. Dieser Unterschied ist ein wesentliches Merkmal der Quanteninformatik gegenüber der „klassischen" Informatik. Die Quanteninformatik verwendet Qubits, die *unterscheidbar* sind, zum Beispiel Ionen an lokalisierten Positionen auf der Achse einer linearen Paul-Falle. Wir können die beiden Ionen mit Qubit 1 und Qubit 2 kennzeichnen und wissen jederzeit, welches Teilchen welches ist. Auch wenn sie identisch sind, bleiben die Ionen unterscheidbar, da sie an bestimmten Positionen der Falle lokalisiert sind. Für ein System unterscheidbarer Quantenteilchen ist jede Kombination der Einteilchenzustände in der Wellenfunktion des Gesamtsystems erlaubt:

$$\Psi = A|00\rangle + B|01\rangle + C|10\rangle + D|11\rangle \tag{13.7}$$

Die komplexen Amplituden A, B, C und D haben beliebige Werte. Es ist zweckmäßig, die Wellenfunktionen ohne Normierung zu schreiben, also zum Beispiel

$$\Psi = |00\rangle + |01\rangle + |10\rangle + |11\rangle \tag{13.8}$$
$$\Psi = |00\rangle + 2|01\rangle + 3|11\rangle \tag{13.9}$$
$$\Psi = |01\rangle + 5|10\rangle \tag{13.10}$$

Zwei dieser drei Wellenfunktionen sind verschränkt (siehe Aufgabe 13.1). Wir werden später Beispiele mit drei Qubits kennenlernen (Gleichung (13.12)).

Bis hierher erscheint die Verschränkung als eine mathematische Eigenschaft von Mehrteilchen-Wellenfunktionen, doch was bedeutet sie physikalisch? In der Quantenmechanik ist es immer gefährlich, solche Fragen zu stellen. Die folgende Diskussion zeigt, wie die Verschränkung mit Korrelationen zwischen den Teilchen (Qubits) zusammenhängt, was deutlich macht, dass die Verschränkung eine Eigenschaft des Systems *als Ganzes* ist und nicht der individuellen Teilchen. Betrachten wir als Beispiel zwei festgehaltene Ionen. Um ihren Zustand zu messen, wird mit Laserlicht ein Übergang vom Zustand $|1\rangle$ (dem oberen Hyperfeinniveau) in ein höheres Elektronenniveau angeregt, wodurch ein starkes Fluoreszenzsignal entsteht; somit ist $|1\rangle$ ein „heller" Zustand, während ein Ion in $|0\rangle$ dunkel bleibt.[3] Wellenfunktionen wie die in (13.4) und (13.10), die nur die Terme $|10\rangle$ und $|01\rangle$ enthalten, ergeben immer ein helles Ion und ein dunkles, d. h. es gibt eine Antikorrelation, insofern als eine Messung die Ionen immer in unterschiedlichen Zuständen antrifft. Genauer entspricht dies der folgenden Prozedur. Zuerst werden zwei Ionen so präpariert, dass das System eine bestimmte Anfangswellenfunktion Ψ_{in} hat; dann wird eine Messung des Zustands der Ionen durchgeführt, indem man ihre Fluoreszenz beobachtet. Anschließend wird das System auf Ψ_{in} zurückgesetzt, indem man ihre Fluoreszenz beobachtet. Die Aufzeichnung des Zustands der Ionen für eine Folge solcher Messungen sieht etwa wie folgt aus: $10, 10, 01, 10, 10, \ldots$. Jedes Ion liefert eine zufällige Folge von Nullen und Einsen, wobei der Zustand an jeder Position der Folge invers zu dem des anderen Zustands ist.

Die ganze Raffinesse der Verschränktheit wird durch dieses Beispiel nicht illustriert, da wir das gleiche Ergebnis erhalten würden, wenn wir die beiden Ionen zu Beginn zufällig entweder in $|01\rangle$ oder in $|10\rangle$ präparieren würden. Ein solches System erzeugt korrelierte Paare von Ionen in einer rein klassischen Weise, die die Quantensituation nachbildet. John Bell hat bewiesen, dass man Messungen durchführen kann, die eine „klassische Korrelation" von einem verschränkten Zustand unterscheidet. Die obige Beschreibung zeigt, dass dies nicht einfach zu bewerkstelligen ist, indem man eine Messung entlang der durch die Basiszustände $|0\rangle$ und $|1\rangle$ festgelegten Achse durchführt. Es stellt sich heraus, dass die Quantenverschränkung und die „klassisch korrelierten" Teilchen unterschiedliche Ergebnisse für Messungen in anderen Richtungen liefern. Dies war eine sehr profunde neue Einsicht in die Natur der Quantenmechanik und hat viele bedeutende theoretische und experimentelle Forschungsarbeiten angeregt.[4]

„Verschränkung impliziert Korrelation, aber Korrelation impliziert nicht zwangsläufig Verschränkung." Im Folgenden wollen wir uns vor allem auf den ersten Teil dieser Aussage konzentrieren: Zweiteilchensysteme kodieren Quanteninformation als eine *kollektive* Eigenschaft der Qubits und tragen mehr Information, als in den einzelnen Komponenten gespeichert werden kann. Die Quanteninformation in einem verschränkten Zustand ist eine sehr delikate Angelegenheit, und sie kann leicht durch Störungen der relativen Phase und Amplitude der Qubits zerstört werden. Beispielsweise ist es in modernen Ionenfallen schwierig, die Kohärenz zwischen mehr als nur ein paar wenigen Qubits aufrecht zu erhalten. Diese Kohärenz resultiert aus zufälligen Störungen, die jedes Qubit in anderer Weise beeinflussen.

---

[3] Dies ähnelt der Detektion von Quantensprüngen in Abschnitt 12.6, doch typische Experimente der Quanteninformatik verwenden einen separaten Laserstrahl für jedes Ion, um sie unabhängig zu detektieren.

[4] Bell betrachtete das berühmte EPR-Paradoxon, und das oben beschriebene System aus zwei Ionen hat die gleichen Eigenschafen wie die beiden Spin-1/2-Teilchen, die in Büchern zur Quantenmecanik gewöhnlich benutzt werden.

Tabelle 13.1: *Wahrheitstabelle für das Quanten-CNOT-Gatter.*

$\mid 00 \rangle$	$\rightarrow$	$\mid 00 \rangle$
$\mid 01 \rangle$	$\rightarrow$	$\mid 01 \rangle$
$\mid 10 \rangle$	$\rightarrow$	$\mid 11 \rangle$
$\mid 11 \rangle$	$\rightarrow$	$\mid 10 \rangle$

Die Wellenfunktionen der beiden Elektronen in Helium sind verschränkt, doch sie liefern *keine* Qubits, die für die Quanteninformatik nutzbar wären. Da dies ein Buch über Atomphysik ist, ist es dennoch lohnenswert, noch einmal auf unsere Betrachtung von Helium zurückzukommen. Den antisymmetrischen Zustand der beiden Spins hatten wir bereits als Beispiel für die Verschränkung angeführt. Die symmetrische Spinwellenfunktion $[\mid \downarrow\uparrow \rangle + \mid \uparrow\downarrow \rangle]/\sqrt{2}$ zeigt ebenfalls eine Verschränkung, doch die beiden anderen symmetrischen Wellenfunktionen faktorisieren: Es gilt $\mid \uparrow\uparrow \rangle \equiv \mid \uparrow \rangle_1 \mid \uparrow \rangle_2$ und das Entsprechende für $\mid \downarrow\downarrow \rangle$. Die beiden Elektronen befinden sich wegen der Austauschsymmetrie in diesen Eigenzuständen von S. Wenn die beiden Elektronen nicht dieselben Quantenzahlen n und l haben, sind die räumlichen Wellenfunktionen symmetrische und antisymmetrische Kombinationen der Wellenfunktionen für die einzelnen Elektronen und sie sind verschränkt. Diese Eigenzustände der elektrostatischen Restwechselwirkung erfüllen auch die Bedingung der Austauschsymmetrie für identische Teilchen. (Beachten Sie, dass die Energieniveaus und die räumlichen Wellenfunktionen die gleichen wären, auch wenn die Teilchen nicht identisch wären, siehe Aufgabe 13.4.) Die Austauschintegrale in Helium können als Manifestation der Verschränkung der räumlichen Wellenfunktionen der beiden Elektronen betrachtet werden, die zu einer Korrelation (oder Antikorrelation) ihrer Positionen führt. Durch diese wird es wahrscheinlicher (oder weniger wahrscheinlich), dass die Elektronen nahe beieinander angetroffen werden. Aus der Quantenperspektive erscheint die Energiedifferenz der beiden unterschiedlichen verschränkten Wellenfunktionen nicht seltsam – wir erwarten nicht, dass sie die gleichen Eigenschaften haben, auch wenn sie aus den gleichen Einzelelektron-Zuständen gebildet werden.

13.2   Ein Quanten-Logikgatter

Die Quanteninformatik hat keine anderen Grundlagen als die Quantenmechanik selbst. Sie kombiniert Operationen auf den Qubits und Quantenmessungen in raffinierter Weise und erreicht dadurch eine neue Art der Informatik von erstaunlicher Leistungsfähigkeit. Hier betrachten wir nur ein Beispiel für die Transformationen von Qubits, sogenannte Quanten-Logikgatter, die die elementaren Bausteine eines Quantencomputers sind. Das kontrollierte NOT-Gatter (CNOT) transformiert zwei Qubits gemäß den in Tabelle 13.1 definierten Regeln.

Das CNOT-Gatter ändert den Wert des zweiten Qubits *dann und nur dann*, wenn das erste Qubit den Wert 1 hat. Das erste Qubit kontrolliert den Effekt des Gatters auf das zweite Qubit. Die Wahrheitstabelle 13.1 sieht genau so aus wie in der gewöhnlichen Logik. Ein Quanten-Logikgatter korrespondiert jedoch mit einer Operation, die

die Superposition der Eingabezustände erhält. Der quantenmechanische Operator des CNOT-Gatters, $\hat{U}_{\text{CNOT}}$, wirkt auf die Wellenfunktion der beiden Qubits und liefert

$$\begin{aligned}\hat{U}_{\text{CNOT}} \{A\,|00\rangle + B\,|01\rangle + C\,|10\rangle + D\,|11\rangle\} \\ \rightarrow A\,|00\rangle + B\,|01\rangle + C\,|11\rangle + D\,|10\rangle\end{aligned} \tag{13.11}$$

Alternativ kann diese Operation in der Form $|10\rangle \leftrightarrow |11\rangle$ geschrieben werden, wobei die anderen Zustände unverändert bleiben. Die komplexen Zahlen A, B, C und D repräsentieren die Phase und die relative Amplitude der superpositionierten Zustände.

13.2.1 Bilden eines CNOT-Gatters

Das CNOT-Gatter ist elementar, doch es stellt sich heraus, dass es nicht das einfachste Gatter ist, das sich durch eine Ionenfalle als Quantenprozessor realisieren lässt. Es erfordert eine Folge verschiedener Operationen, was in Steane (1997) beschrieben ist. Ungeachtet der Tatsache, dass die Quanteninformatik in diesem Buch als eine Anwendung der Ionenfalle eingeführt wurde, wollen wir daher in diesem Abschnitt erklären, wie man ein Quanten-Logikgatter für zwei Spin-1/2-Teilchen herstellen kann. Dieses Zwei-Qubit-System ist nicht einfach eine zweckdienliche theoretische Überlegung, sondern entspricht tatsächlich realisierten Quantencomputer-Experimenten, die mittels NMR-Technik durchgeführt wurden. Abbildung 13.4 zeigt die Energieniveaus der beiden wechselwirkenden Spins. Um zu verstehen, wie ein CNOT-Gatter gebildet wird, ist es nicht notwendig, alle Details zu betrachten, wie diese Energieniveau-Struktur entsteht. Wichtig ist es jedoch zu wissen, dass die spontane Emission vernachlässigbar ist.[5] Damit unsere Diskussion weniger abstrakt wird, ist es hilfreich zu wissen, dass in NMR-Experimenten die Energiedifferenzen zwischen den in Abbildung 13.4 gezeigten Niveaus aus den Orientierungen der magnetischen Momente der Kerne resultieren. Sie sind in einem starken Magnetfeld proportional zu ihrem Spin und diese Radiofrequenz treibt Übergänge zwischen den Zuständen an. Es gibt eine Aufspaltung von $\hbar\omega_1$ zwischen dem up- und dem down-Zustand des ersten Qubits ($|0\rangle$ und $|1\rangle$) sowie von $\hbar\omega_2$ für das zweite Qubit. Daher ändert ein Radiopuls der Frequenz ω_1 die Orientierung des ersten Spins (Qubit 1). Zum Beispiel vertauscht ein π-Puls (definiert in Abschnitt 7.3.1) die Zustände dieses Qubits ($|0\rangle \leftrightarrow |1\rangle$), also $a|0\rangle + b|1\rangle \mapsto a|1\rangle + b|0\rangle$. Entsprechend manipulieren Pulse der Frequenz ω_2 den Zustand des anderen Spins (Qubit 2). Diese unabhängigen Änderungen der Zustände der einzelnen Qubits sind nicht ausreichend für Quantenberechnungen. Die Qubits müssen miteinander wechselwirken, sodass ein Qubit das andere „kontrolliert" und sein Verhalten beeinflusst. Eine kleine Wechselwirkung zwischen den Spins bewirkt die Verschiebung der Energieniveaus in Abbildung 13.4(a) und (b). Die Energie, die für die Umkehr von Qubit 2 erforderlich ist, hängt vom Zustand von Qubit 1 ab (und umgekehrt). Die Energieniveaus in Abbildung 13.4(b) liefern vier separate Übergangsfrequenzen zwischen den vier Zuständen der beiden Qubits. Ein Radiofrequenzpuls, der einen dieser Zustände antreibt, kann die CNOT-Operation be-

---

[5] Die zur Superposition gehörenden Amplituden und Phasen der Zustände dürfen sich nicht spontan ändern, d. h., die Dekohärenz muss über die gesamte Zeitskala des Experiments sehr klein sein.

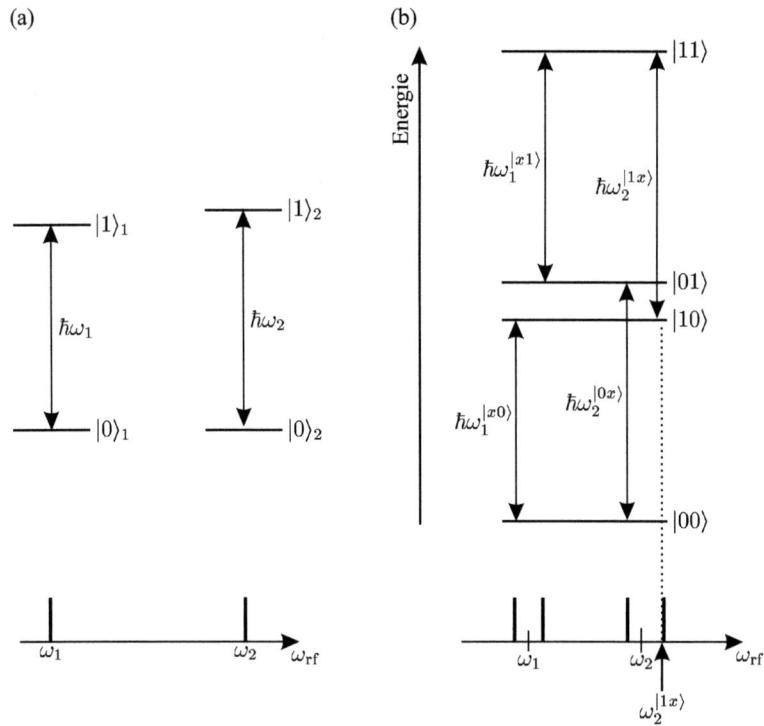

Abbildung 13.4: *(a) Die Energieniveaus von zwei Spin-1/2-Teilchen, die nicht miteinander wechselwirken. Die Frequenzen, die den Übergang zwischen den Niveaus von Qubit 1
und Qubit 2 antreiben, sind ω_1 und ω_2. In der NMR-Technik entsprechen diese Niveaus der
up- und down-Richtung von zwei Protonen in einem starken Magnetfeld, also den Zuständen
$| m_I = \pm 1/2 \rangle$ für jedes Proton. Der Unterschied in den Resonanzfrequenzen $\omega_1 \neq \omega_2$ resultieren aus der Wechselwirkung mit der jeweiligen Umgebung (benachbarte Atome im Molekül).
(b) Die Energieniveaus zweier wechselwirkender Teilchen oder Qubits. Die Wechselwirkung
zwischen den Qubits sorgt dafür, dass die für den Wechsel der Orientierung von Qubit 2 erforderliche Frequenz vom Zustand des anderen Qubits abhängt (und das Entsprechende gilt für
Qubit 1). Zur Bezeichnung der beiden neuen Resonanzfrequenzen nahe ω_2 verwenden wir die
Hochstellungen $| 0x \rangle$ und $| 1x \rangle$. (Es sei darauf hingewiesen, dass diese etwas seltsam anmutende
Notation nicht allgemein üblich ist und nur verwendet wird, weil es in diesem einführenden Beispiel hilfreich ist.) Das zugehörige Absorptionsspektrum ist jeweils unter dem entsprechenden
Übergang gezeichnet. Ein π-Puls mit Radiofrequenzstrahlung der Frequenz $\omega_2^{|1x\rangle}$ kippt Qubit 2
um ($| 0 \rangle_2 \leftrightarrow | 1 \rangle_2$) **genau dann wenn** Qubit 1 in $| 1 \rangle_1$ ist. Dies ergibt das CNOT-Gatter aus
Tabelle 13.1. Einzelheiten zur NMR-Technik finden Sie in Atkins (1994). Bei der NMR domi-
niert die Wechselwirkung des magnetischen Moments des Kerns mit einem starken externen
Magnetfeld $g_I \mu_B \mathbf{I} \cdot \mathbf{B}$. Für ein Feld von 10 T haben die Protonen im Zentrum der Wasserstoffatome innerhalb der Probe Resonanzfrequenzen von 400 MHz. Diese Frequenz entspricht in
der Abbildung näherungsweise $\omega_1/2\pi \simeq \omega_2/2\pi$. Die **chemische Verschiebung** bewirkt, dass
ω_1 und ω_2 nur um wenige Millionstel voneinander abweichen, was jedoch mit Standard-NMR
aufgelöst werden kann. Atkins (1994) beschreibt, wie sich die Feinstruktur der in (b) gezeigten
in NMR-Spektren aus der Spin-Spin-Kopplung der beiden Kernspins ergibt.*

werkstelligen; er ändert den Zustand von Qubit 2 nur, wenn Qubit 1 im Zustand $|1\rangle$ ist.[6]

Obwohl es für das Spin-1/2-System einfach erscheint, stellt die Implementierung eines Quanten-Logiggatters das Hauptproblem bei der Konstruktion eines Quantencomputers dar. Strenge Beweise, die auf den mathematischen Eigenschaften von unitären Operatoren der Quantenmechanik beruhen, zeigen, dass jede unitäre Operation aus nur wenigen Basisoperatoren konstruiert werden kann. Es genügt ein einziges Gatter, das die Kontrolle eines Qubits durch ein anderes erlaubt, also beispielsweise das CNOT. Außerdem muss es möglich sein, die individuellen Qubits auf irgendeine Weise zu manipulieren.[7] Diese Operatoren bilden einen sogenannten universellen Satz, der alle anderen unitären Transformationen der Qubits generiert.

13.3 Parallelität in der Quanteninformatik

Ein klassischer Computer agiert mit den Binärzahlen, die im Eingaberegister (oder den Registern) gespeichert sind, um eine andere Zahl auszugeben, die ebenfalls durch Bits, also eine Folge von Nullen und Einsen dargestellt ist. Ein Quantencomputer verarbeitet dagegen die gesamte Superposition aller Eingaben in den Qubits seines Eingaberegisters, beispielsweise einer Kette von Ionen in einer linearen Paul-Falle. Dieses Quantenregister kann in einer Superposition aller möglichen Eingaben gleichzeitig präpariert werden, sodass bei einer Quantenberechnung das ganze Register in eine Superposition aller möglichen Ausgaben transformiert wird. Für $N = 3$ Qubits zum Beispiel hat ein allgemeiner Anfangszustand, der alle möglichen Eingaben enthält, die Wellenfunktion

$$\Psi = A|000\rangle + B|001\rangle + C|010\rangle + D|011\rangle$$
$$+ E|100\rangle + F|101\rangle + G|110\rangle + H|111\rangle \tag{13.12}$$

Ein Quantenberechnungsschritt entspricht der Ausführung einer Transformation, die durch den quantenmechanischen Operator $\hat{U}$ dargestellt wird und die eine Wellenfunktion $\Psi' = \hat{U}\Psi$ liefert, welche eine Superposition der Ausgaben für jede Eingabe ist:

$$\Psi = A\hat{U}|000\rangle + B\hat{U}|001\rangle + C\hat{U}|010\rangle + \ldots \tag{13.13}$$

Nützliche Quantenalgorithmen kombinieren unterschiedliche Operationen, so wie etwa $\hat{U}_{\mathrm{CNOT}}$, zu einer Gesamttransformation $\hat{U} = \hat{U}_m \cdots \hat{U}_2 \hat{U}_1$, und diese Operationen haben den gleichen Vorteil der Parallelität wie die individuellen Operationen. Es zeigt sich, dass die Quantenberechnung, anstatt mühselig die Ausgaben für jede Binärzahl von 000 bis 111 (entsprechend den ganzen Zahlen 0 bis 7) zu berechnen, alle acht Berechnungen simultan ausführt. Dies ist die große Stärke der Quanteninformatik.

Die Anzahl der Kombinationen der Eingabezustände wächst exponentiell mit der Anzahl der Qubits. Für ein Register von 100 Qubits bedeutet dies die parallele Transformation von $2^{100} \equiv 10^{30}$ Eingaben – eine astronomische Anzahl. Aber wie findet

---

[6] Die Kopplung zwischen festgehaltenen Ionen resultiert aus ihrer elektrostatischen Abstoßung, doch diese Wechselwirkung zwischen Qubits ergibt *nicht* die in Abbildung 13.4 gezeigte Niveaustruktur.

[7] Um die Kernspins in einen beliebigen Punkt auf der Bloch-Kugel zu drehen, werden bei NMR-Versuchen Radiofrequenzpulse verwendet. Bei Experimenten mit Ionenfallen verwendet man Raman-Pulse (siehe Abschnitt 9.8).

man die korrekte Antwort aus der riesigen Zahl möglicher Ausgaben heraus? Es können nicht alle Möglichkeiten, die in einer Vielteilchen-Wellenfunktion Ψ' kodiert sind, in eine Liste von Ausgaben für eine gegebene Eingabe umgewandelt werden wie bei einem klassischen Computer. Tatsächlich liefert eine einfache Quantenmessung nur eine der Ausgaben, und diese wird zufällig aus der Menge aller Ausgaben ausgewählt. Die Quantenmechanik erlaubt jedoch Messungen, die eine gewisse Information über alle Ausgaben bringt, sofern wir auf die Möglichkeit verzichten, Information über irgendeine bestimmte Ausgabe zu bekommen – genauso, wie uns das Komplementaritätsprinzip daran hindert, Ort und Impuls eines Teilchens genau zu kennen. Als triviales Beispiel hierfür, das ein gewisses Gefühl für diese Idee vermitteln soll, streng genommen aber nicht wirklich korrekt ist, betrachten wir die Messung des Zustands des letzten Qubits im Ausgaberegister. Wenn alle möglichen Ausgaben gerade Zahlen sind, dann wird dieses Ion in $|0\rangle$ sein. Damit können wir eine Aussage über alle Möglichkeiten in einer einzelnen Quantenberechnung treffen, es ist jedoch nicht möglich, mehr Information zu extrahieren, d. h., wenn sie nicht alle gerade sind, können wir nicht herausfinden, welche ungerade sind (und auch nicht welche Eingabezustände zu diesen Ausgaben geführt haben). Ähnliche Ideen lassen sich auf kompliziertere Quantenalgorithmen anwenden, beispielsweise für das Bestimmen der Primfaktoren von natürlichen Zahlen. (Man kann das Faszinierende an der Quanteninformatik eigentlich nur würdigen, indem man sich durch ein Quantenbeispiel durcharbeitet, weshalb das grob vereinfachende Beispiel, das wir hier betrachtet haben, nicht zu weit getrieben werden soll.)

Die Faktorisierung großer Zahlen wird oft als eine „Killerapplikation" der Quanteninformatik bezeichnet, also als etwas, das sie leistet und das mit existierenden Computern nicht geleistet werden kann (jedenfalls nicht in akzeptabler Zeit). Offensichtlich ist es leicht, zwei Primzahlen zu multiplizieren, etwa $37 \times 61 = 2257$; doch es ist sehr viel komplizierter, in der anderen Richtung vorzugehen, also beispielsweise die Primfaktoren von 1271 zu finden (versuchen Sie es!). Für größere Zahlen kann ein klassischer Computer die Multiplikation leicht ausführen, doch eine Zahl der Größenordnung 10^{100} zu faktorisieren, würde selbst mit den schnellsten Supercomputern und den effizientesten klassischen Algorithmen außerordentlich lange dauern. Es ist streng bewiesen worden, dass es Quantenalgorithmen gibt, die diesen Problemtyp knacken. Diese Algorithmen wirken wie ein Filter, der nur die gesuchte Kombination von Qubits aus dem Eingabe-Superpositionszustand durchlässt. Die praktische Unmöglichkeit der Faktorisierung großer Zahlen auf heutigen Computern bildet die Grundlage der besten Methoden der Kryptografie.[8] Ein Quantencomputer besitzt die Fähigkeit, bei jeder Berechnung viele Kombinationen gleichzeitig auszuprobieren, und kann auf diese Weise schnell den Schlüssel finden. Die Möglichkeit, dass die besten heute verwendeten Codes geknackt werden könnten, hat beispielsweise Geheimdienste dazu gebracht, in die Entwicklung der Quanteninformatik zu investieren und die Grundlagenforschung zu Ionenfallen zu fördern. Man fragt sich natürlich, wie diese Leute über die Mysterien der Quantenmechanik denken.

---

[8] Der Bedarf nach sicheren Methoden zur Verschlüsselung von Information war schon immer von großer Bedeutung für das Militär. Heute gibt es diesen Bedarf vor allem auch im Zusammenhang mit der vertraulichen elektronischen Kommunikation in der Wirtschaft und für den Schutz sensibler Daten wie Kredikartennummern.

13.4 Zusammenfassung Quanteninformatik

Qubits sind Quantenobjekte, die Information speichern und sie können in beliebigen Superpositionen $a|0\rangle + b|1\rangle$ existieren. Ein Quantencomputer ist eine Menge von Qubits, auf der die folgende Menge von Operationen ausgeführt werden kann.

(1) Jedes Qubit kann in einem gegebenen Zustand präpariert werden, sodass die Quantenregister des Computers einen wohldefinierten Anfangszustand haben.

(2) Bei der Quantenberechnung wirkt das Quanten-Logikgatter (unitäre Transformationen) auf eine ausgewählte Teilmenge der Qubits. Während dieser Prozesse befindet sich das System in einem verschränkten Zustand, in dem die Information im Zustand des ganzen Quantenregisters kodiert ist. Dies kann nicht auf eine Beschreibung anhand der individuellen Qubits reduziert werden, etwa durch eine Liste von Nullen und Einsen wie bei einem klassischen Computer. Einige dieser Operationen sind kontrollierte Operationen, bei denen die Änderung des Zustands eines Qubits vom Zustand anderer Qubits abhängt.

(3) Der Endzustand der Qubits wird ausgelesen, indem eine Quantenmessung durchgeführt wird.

Im Falle der Quanteninformationsverarbeitung mit einer Kette von eingefangenen Ionen entsprechen die drei Phasen Initialisierung, Quantenlogik und Auslesen den folgenden Operationen:

(1) Präparation des Anfangszustands. Alle Ionen müssen auf den Grund-Vibrationszustand gekühlt werden und sich im gleichen inneren Zustand befinden. Jeder Zustand $|F, M_F\rangle$ eines gegebenen Hyperfeinniveaus ist dafür geeignet, und die Auswahl wird anhand von praktischen Erwägungen getroffen.[9]

(2) Raman-Übergänge ändern sowohl die inneren Zustände als auch die Vibrationszustände der Ionen (Qubits), wodurch die Operation der Quantengatter implementiert wird.

(3) Laserstrahlen, die resonant sind mit einem starken Übergang, bestimmen, in welchem Hyperfeinniveau sich jedes Ion am Ende des Prozesses befindet (Abschnitt 12.6). Die Ionen liegen mindestens $10\,\mu\mathrm{m}$ voneinander entfernt, sodass jedes einzeln sichtbar ist (siehe Abbildung 13.1).

Die Quanteninformatik benötigt nur einige wenige Grundtypen von Quanten-Logikgattern. Ein Control-Gatter zwischen einem einzelnen Paar von Qubits in einem Mehrteilchensystem kann mit Swap-Operationen kombiniert werden, wodurch die Operation effektiv auf alle Paare von Qubits ausgedehnt wird. Diese Manipulationen in Kombination mit beliebigen Rotationen individueller Qubits liefert eine universelle Menge von Operatoren, aus denen alle anderen unitären Operatoren konstruiert werden können.

---

[9] In den NMR-Experimenten ist die Präparation des Anfangszustands oder auch Zurücksetzen des Geräts nach einer Berechnung nicht ganz einfach, da es in diesen Systemen keinen dissipativen Prozess analog zur Laserkühlung gibt.

13.5   Dekohärenz und Quantenfehlerkorrektur

Dass die Quanteninformatik bedeutende Probleme zu lösen vermag, ist mathematisch bewiesen worden, doch bislang wurden bei den Experimenten nur wenige Qubits benutzt, um das Prinzip einiger elementarer Operationen zu demonstrieren. Bei all diesen Experimenten wird der neueste Stand der Technik verwendet, doch für große Systeme verschmieren externe Störungen die verschränkten Zustände, sodass sie nicht mehr voneinander unterscheidbar sind. Für Ionen in der Paul-Falle verursacht zum Beispiel das Rauschen auf den Radiofrequenzelektroden zufällige Änderungen der Phasen der zur Superposition gehörenden Zustände. Im Jahr 2000 war das beste Experiment mit Ionenfallen auf vier Qubits beschränkt.[10] Dekohärenz führt schnell dazu, dass ein System aus vielen Qubits so durcheinander gebracht ist, dass es unmöglich wird, die gewünschte Ausgabe auszuwählen. Im Gegensatz dazu treten in einem klassischen Computer Fehler, bei denen 0 in 1 (oder umgekehrt) geändert wird, extrem selten auf; zudem sind in modernen Computern fehlerkorrigierende Codes implementiert, sodass solche Fehler vernachlässigt werden können.

Lange Zeit nahm man an, dass die Dekohärenz in realen Quantensystemen eine unheilbare Krankheit ist, die es effektiv verhindert, mit einer für praktische Zwecke ausreichenden Zahl von Qubits Quanteninformationsverarbeitung zu betreiben. Inzwischen jedoch hat man einen neuen Trick beim Kodieren von Information ersonnen, mit dem man die Symptome der Dekoärenz in den Griff bekommt. Die sogenannte Quantenfehlerkorrektur nutzt die subtilen Eigenschaften der Quantenmechanik aus, um die kleine Menge der unerwünschten Zustände loszuwerden, die sich infolge von Störungen allmählich zwischen die Zustände mischen, die die Quanteninformation tragen. Vereinfacht gesagt, bewirkt ein bestimmter Typ von Quantenmessungen, dass die Wellenfunktion des Systems der Qubits „kollabiert", und zwar in einer Weise, die jede zusätzliche Phase oder Amplitude zerstört, die durch die Dekohärenz eingeführt wurde. Diese Messung muss bezüglich einer sehr sorgfältig gewählten Basis von Eigenzuständen ausgeführt werden, um die Verschränkung der Wellenfunktion zu verhindern. Offensichtlich ist es nicht zweckmäßig, einfach eine Messung durchzuführen, die eine Quantensuperposition in genau einen der Zustände aus dieser Superposition kollabieren lässt, denn dies würde die Kohärenz zwischen den Zuständen komplett zerstören, die man schließlich gerade erhalten will.[11]

Im Zusammenhang mit Ionenfallen liegen die neueren Fortschritte in der Quanteninformatik und Quantenfehlerkorrektur sicherlich vor allem in der Spektroskopie und der Laserkühlung, was durch den folgenden historischen Überblick illustriert werden soll.

---

[10] Zu dieser Zeit wurden in NMR-Versuchen bis zu sieben Qubits verwendet.

[11] Durch Quantenfehlerkorrektur sind Messungen auf Eigenzuständen möglich, die in gewissem Sinne orthogonal zu denen der ursprünglichen Superposition sind. Diese speziellen Quantenmessungen bewirken, dass die kleine Beimischung anderer Zustände durch Rauschen die Wellenfunktion kollabieren lässt. Diese Messungen werden auf zusätzlichen Qubits ausgeführt, die mit den Qubits im Quantenregister verschränkt sind. Messungen auf diesen *Hilfs-Qubits* reduzieren die Größe des Superpositionszustands nicht, der die Quanteninformation speichert (im Register). Die Anzahl der Qubits in der Superposition bleibt also bei der Quantenfehlerkorrektur erhalten. Die technischen Einzelheiten dieses Vorgangs sind in Steane (1998) beschrieben. Einige elementare Aspekte der Quantenfehlerkorrektur werden bereits anhand der Analogie des Quanten-Zenon-Effektes deutlich (siehe Aufgabe 13.5).

(1) Die ersten Spektroskopen beobachteten Licht aus Entladungslampen, zum Beispiel die Balmer-Linien in atomarem Wasserstoff. Sie verwendeten Spektrographen und die Auflösung war durch die Doppler-Verbreiterung sowie durch Stöße und andere Verbreiterungsmechanismen bei der Entladung limitiert.

(2) Atomstrahlen erlaubten den Experimentatoren die Populationen in den verschiedenen Energieniveaus des Atoms zu ändern, wobei sie Radiofrequenz- oder Mikrowellenstrahlung verwendeten, um die Hyperfeinniveaus und die Zeeman-Niveaus im Grundzustand zu manipulieren. (Bei bestimmten Atomen wurde optisches Pumpen auf die Grundzustände angewendet.) Atome wurden im Stern-Gerlach-Versuch leicht abgelenkt, jedoch ohne ihre Geschwindigkeit signifikant zu ändern. Der Laser dehnte diese Techniken auf die höheren Niveaus aus, wobei optische Übergänge verwendet wurden. Damit ist es im Prinzip möglich, durch Experimente der Atomphysik. die inneren Zustände der Atome zu manipulieren und Atome in jedes gewünschte Energieniveau zu bringen.

(3) In Ionenfallen gelang es, Ionen mithilfe von Puffergaskühlung über lange Zeitspannen festzuhalten.

(4) Mit dem Aufkommen der Lasergaskühlung von Atomen war die Spektroskopie keine passive Beobachtungsmethode mehr. Neutrale Atome konnten magnetisch festgehalten werden, und es wurde möglich, die Bewegung von Atomen zu steuern. Durch Laserkühlung konnten Ionen in den Grundzustand der Falle gebracht werden, wo ihr äußerer Zustand vollständig definiert ist.

(5) Verfahren der Quanteninformatik gestatten die Manipulation durch Laserlicht sowohl des äußeren als auch des inneren Zustands von Qubits in Form von festgehaltenen Ionen. Damit kann ein System aus vielen Ionen in einen speziellen Quantenzustand versetzt werden.

(6) Die Quantenfehlerkorrektur kann als eine verfeinerte Form der Laserkühlung betrachtet werden. Sie holt die Ionen zurück in eine kohärente Superposition von gewünschten Zuständen des Systems (genauer gesagt in einen speziellen Unterraum des Hilbertraums), anstatt sie wie beim konventionellen Kühlen in den Zustand niedrigster Energie zu überführen. Es war eine echte Überraschung, dass Dekohärenz in der Quantenmechanik auf diese Weise überwunden werden kann und die Quanteninformation aktiv stabilisiert.

13.6   Schlussbemerkungen

Im Grunde bleibt die Quantenmechanik ein Mysterium. Bestimmte Aspekte des Quantenverhaltens scheinen unserer Intuition zu widersprechen, denn diese basiert auf der klassischen Welt, die wir unmittelbar erfahren. Ein Beispiel ist die Frage, welchen Weg ein Proton bei einem youngschen Doppelspaltversuch nimmt. Ein anderes Beispiel ist das Paradoxon von Schrödingers Katze.[12] Beide sorgten immer wieder für reichlich Diskussion und Nachdenken über den sogenannten quantenmechanischen Messprozess.

---

[12] Siehe das Zitat von Heisenberg im Vorwort.

Heute betrachten Physiker die Absonderlichkeiten von Quantensystemen nicht als Problem, sondern eher als eine Chance. Die richtige Einschätzung der grundsätzlich anderen Eigenschaften von Mehrteilchensystemen und der Natur der Verschränkung hat gezeigt, wie man deren eigentümliches Verhalten in der Quanteninformatik nutzen kann. So wie ein Automechaniker sein praktisches Wissen nutzt, um einen Motor zum Laufen zu bringen ohne sich groß Gedanken über das Prinzip der Verbrennung zu machen, so kann ein Quantenmechaniker (oder ein Quantenzustandsingenieur) einen Quantencomputer entwerfen, indem er die bekannten Regeln der Quantenmechanik nutzt und sich nicht zu sehr von den philosophischen Implikationen verwirren zu lassen. Natürlich bemühen sich Physiker um eine besseres Verständnis der Quantenwelt und zweifellos werfen die tiefgründigen und raffinierten Ideen der Quanteninformationstheorie ein neues Licht auf Aspekte der Quantenmechanik. In der physikalischen Forschung gibt es sehr oft eine symbiotische Beziehung zwischen Theorie und Experiment, die sich gegenseitig stimulieren. Ein hervorragendes Beispiel ist die Quantenfehlerkorrektur, an die nicht zu denken war, bis man anfing sich mit der Tatsache zu befassen, dass es ohne Fehlerkorrektur bei keinem der Systeme, die in den bislang durchgeführten Experimenten verwendet wurden, eine Möglichkeit gab, zuverlässig mit einer sinnvollen Anzahl von Qubits zu arbeiten. Natürlich war das Problem von Anfang an bekannt, doch die experimentellen Ergebnisse lenkten die Aufmerksamkeit auf diese Frage.

Die theoretischen Prinzipien der Quanteninformatik sind gut verstanden, doch es gilt noch viele praktische Schwierigkeiten zu überwinden, bevor der Quantencomputer zur Realität wird. Alle potentiellen Systeme müssen eine Balance finden zwischen den notwendigen Wechselwirkungen zwischen den Qubits (damit es eine kohärente Kontrolle gibt) und der Minimierung der Wechselwirkungen mit der äußeren Umgebung, die das System stört. Eingesperrte Ionen haben Dekohärenzzeiten, die viel länger sind als die Zeit, die für das Ausführen von Quanten-Logigattern notwendig ist, und dies macht sie zu einer der vielversprechendsten Möglichkeiten. Im Rahmen der Quanteninformatik wurden bereits viele neue und interessante Vielteilchensysteme analysiert, und auch wenn sie noch nicht realisiert werden können, schärft doch das Nachdenken über sie unser Verständnis der Quantenwelt, so wie es auch beim ERP-Paradoxon der Fall war, viele Jahre bevor es experimentell getestet werden konnte.

Weiterführende Literatur

Der Artikel von Cummins und Jones (2000) in *Contemporary Physics* gibt eine Einführung in die wesentlichen Ideen und ihre Implementierung durch NMR-Technik. Die Bücher von Nielsen und Chuang (2000) sowie Stolze und Suter (2004) behandeln das Thema sehr umfassend. Der Artikel von Steane (1997) über den Quantenprozessor auf Basis von Ionenfallen ist auch als Hintergrundinformation für Kapitel 12 nützlich. Die Quanteninformatik ist ein sich schnell entwickelndes Gebiet, auf dem sich ständig neue Möglichkeiten auftun. Für aktuelle Informationen sollten Sie deshalb das WWW nutzen.

Aufgaben

13.1 *Verschränkung*

(a) Zeigen Sie, dass der Zwei-Qubit-Zustand in (13.8) *nicht* verschränkt ist, da er als einfaches Produkt von Zuständen der individuellen Basis $|0'\rangle = (|0\rangle - |1\rangle)/\sqrt{2}$ und $|1'\rangle = (|0\rangle + |1\rangle)/\sqrt{2}$ geschrieben werden kann.

(b) Schreiben Sie den maximal verschränkten Zustand $|00\rangle + |11\rangle$ in der neuen Basis.

(c) Ist $|00\rangle + |01\rangle - |10\rangle + |11\rangle$ ein verschränkter Zustand? [*Hinweis:* Versuchen Sie, ihn in der Form von (13.6) zu schreiben und bestimmen Sie die Koeffizienten.]

(d) Zeigen Sie, dass die durch (13.9) und (13.10) gegebenen Zustände verschränkt sind.

(e) Erörtern Sie, ob der Drei-Qubit-Zustand $\Psi = |000\rangle + |111\rangle$ eine Verschränkung zeigt.

13.2 *Quanten-Logikgatter*

Diese Aufgabe befasst sich mit einem speziellen Beispiel für die Aussage, dass jede Operation durch eine Kombination eines Control-Gatters und beliebigen Rotationen der individuellen Qubits konstruiert werden kann. Für eingefangene Ionen besteht das einfachste Logikgatter aus einer kontrollierten „Rotation" von Qubit 2, wenn Qubit 1 im Zustand $|1\rangle$ ist, d. h.

$$\hat{U}_{\mathrm{CROT}}\left\{A|00\rangle + B|01\rangle + C|10\rangle + D|11\rangle\right\}$$
$$= A|00\rangle + B|01\rangle + C|10\rangle - D|11\rangle$$

(a) Schreiben Sie U_{CROT} als 4×4-Matrix und zeigen Sie, dass diese unitär ist.

(b) Gleichung (13.3) definiert die Hadamard-Transformation. Schreiben Sie diese Transformation für Qubit 2, $\hat{U}_{\mathrm{H}}(2)$ als 4×4-Matrix mit der gleichen Basis von Zuständen wie in (a) und zeigen Sie, dass diese unitär ist.

(c) Bestimmen Sie die Kombination von $\hat{U}_{\mathrm{CROT}}$, $\hat{U}_{\mathrm{H}}(2)$ und $\hat{U}_{\mathrm{H}}^{\dagger}(2)$, die das CNOT-Gatter ergibt (Tabelle 13.1).

13.3 *Elementare Operationen mit mehr als zwei Qubits*

Das CNOT-Gatter, bei dem der Zustand von Qubit 1 kontrolliert, ob Qubit 2 seinen Zustand ändert (Tabelle 13.1), entspricht dem Operator $\hat{U}_{\mathrm{CNOT}}(1,2)$. Beachten Sie, dass $\hat{U}_{\mathrm{CNOT}}(1,2) \neq \hat{U}_{\mathrm{CNOT}}(2,1)$ und dass diese Gatter andere Qubits beeinflussen.

(a) Ein System aus drei Qubits hat einen Quantenbus, der Operationen ermöglicht, die die Zustände für jedes Zustandspaar vertauschen: $\hat{U}_{\mathrm{SWAP}}(1,2)$ für $1 \leftrightarrow 2$, $\hat{U}_{\mathrm{SWAP}}(2,3)$ für $2 \leftrightarrow 3$ und $\hat{U}_{\mathrm{SWAP}}(1,3)$ für $1 \leftrightarrow 3$. Welche Kombination von $\hat{U}_{\mathrm{CNOT}}(1,2)$ und SWAP-Operatoren ergibt $\hat{U}_{\mathrm{CNOT}}(1,3)$, ein CNOT-Gatter, bei dem Qubit 1 Qubit 3 kontrolliert?

(b) Der Operator $\hat{U}_H(i)$ bewirkt die Transformation $|0\rangle \mapsto (|0\rangle + |1\rangle)/\sqrt{2}$ für das i-te Qubit. Zeigen Sie, dass $\hat{U}_H(3)\hat{U}_H(2)\hat{U}_H(1)$, angewendet auf $|000\rangle$, dem Drei-Qubit-Zustand (13.12) mit allen Koeffizienten liefert, und zwar $A = B = C = D = E = F = G = H$.

(c) Die drei Operationen in Teil (b) präparieren drei Eingabezustände, d. h., sie setzen ein Drei-Qubit-Register in eine Superposition von acht Zuständen. Wie viele Eingaben werden durch dreißig solche Operationen auf dreißig Qubits präpariert? Ist der Anfangszustand dieses Quantenregisters auf diese Weise verschränkt präpariert?

13.4 Grovers Suchalgorithmus

Angenommen, Sie wollen eine bestimmte Telefonnummer in einem Verzeichnis Quantenprozessor finden, in dem die Nummer, aber nicht der Name notiert ist (also eine Suche in einem unsortierten Verzeichnis). Es gibt keine effiziente klassische Methode, mit der diese langwierige Aufgabe beschleunigt werden kann. Die massive Parallelität eines Quantenalgorithmus sorgt bei diesen Problemtyp für einen großen Unterschied. Diese Aufgabe befasst sich mit dem Auffinden eines speziellen Wertes einer Zwei-Bit-Zahl x in einer Liste aus vier möglichen Werten. Das Prinzip kann unmittelbar auf größere Zahlen ausgedehnt werden. Zur Implementierung der Suche verwendet der Quantencomputer eine Operation, durch die das Vorzeichen der Eingabe für einen speziellen Wert geändert wird. Wenn wir annehmen, dass die Antwort $x = |11\rangle$ ist, dann bewirkt die Operation $|11\rangle \mapsto -|11\rangle$, lässt aber die anderen Zustände unverändert. Anstatt mit einer einfachen Liste kann die Zuweisung von x auf der Basis einer Lösung eines algebraischen Problems bewerkstelligt werden, beispielsweise indem der Operator das Vorzeichen der Eingabe x ändert, wenn eine Funktion von x einen speziellen Wert wie $f(x) = 0$ annimmt. Damit der Computer den Vorzeichenwechsel effizient implementieren kann, ist es lediglich notwendig, dass die Funktion $f(x)$ für allgemeine x effizient ausgewertet werden kann. Dies ist eine sehr viel einfachere Aufgabe als das Auffinden des Wertes von x, für den $f(x) = 0$ gilt.

Die Abbildung zeigt eine Folge von Operationen nach dem Algorithmus von Grover, startend mit zwei Qubits in $|00\rangle$. Die Operatoren sind wie folgt definiert. Die Buchstaben a bis f beziehen sich auf die verschiedenen Teile der Aufgabenstellung, die jeweils eine bestimmte Phase des Algorithmus behandeln. (Normierungsfaktoren werden in der gesamten Aufgabenstellung ignoriert.)

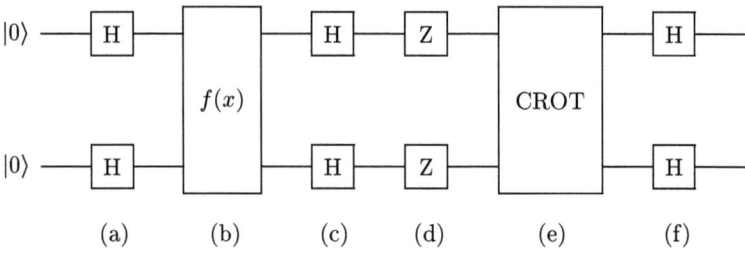

(a) Zeigen Sie, dass die Hadamard-Transformation (Gleichung (13.3)), angewendet auf jedes der Qubits von $|00\rangle$ auf den Superpositionszustand

$$\Psi_{\mathrm{in}} = |00\rangle + |01\rangle + |10\rangle + |11\rangle$$

führt. Dies ist der Anfangszustand der beiden Qubits, der für den Algorithmus benötigt wird.

(b) Die mit $f(x)$ gekennzeichnete Box repräsentiert die oben beschriebene Operation für die Funktion. In dieser Aufgabe entspricht sie einem CROT-Gatter (definiert in Aufgabe 13.2). Schreiben Sie $\hat{U}_{\mathrm{CROT}}\Psi_{\mathrm{in}}$ auf.

(c) Der nächste Schritt des Algorithmus ist eine weitere Hadamard-Transformation für jedes Qubit. Wie diese Transformation auf $|00\rangle$ wirkt, haben wir bereits in Teil (a) herausgearbeitet. Bestimmen Sie diesen Effekt für $|01\rangle$, $|10\rangle$ und $|11\rangle$. Zeigen Sie, dass die Superposition $|00\rangle + |01\rangle + |10\rangle - |11\rangle$ ist.

(d) Der Operator $\hat{U}_{\mathrm{Z}}$ bewirkt die Transformationen $|0\rangle \mapsto |0\rangle$ und $|1\rangle \mapsto -|1\rangle$ für jedes Qubit. Schreiben Sie den resultierenden Zustand für das System aus zwei Qubits auf.

(e) Zeigen Sie, dass nach einer weiteren Anwendung von $\hat{U}_{\mathrm{CROT}}$ der Zustand in $|00\rangle - |01\rangle - |10\rangle + |11\rangle$ übergeht.

(f) Zeigen Sie, dass eine abschließende Hadamard-Transformation das geforderte Ergebnis liefert.

(g) Wiederholen Sie den Algorithmus für eine andere Funktion mit der Lösung $x = 10$ um zu zeigen, dass der geforderte Wert ausgewählt wird, d. h., $f(x)$ entspricht $|10\rangle \mapsto -|10\rangle$.

Anmerkung. Dieser Algorithmus hat einen ähnlichen „Einbahnstraßencharakter" wie die im Text erwähnte Faktorisierung von natürlichen Zahlen – es ist sehr zeitaufwendig, die Primfaktoren zu finden, doch wenn die möglichen Lösungen durch die Quantenberechnung einmal gefunden sind, kann leicht mit einem klassischen Computer überprüft werden, ob sie tatsächlich Faktoren sind (bzw. die Gleichung erfüllen). Manche komplexeren Quantenalgorithmen geben nicht immer die „korrekte" Antwort, aber sie sind dennoch in dem Sinne nützlich, dass sie „die Spreu vom Weizen trennen"; der Algorithmus wählt alle nötigen Antworten aus (die Weizenkörner), zusammen mit ein paar unerwünschten Zahlen. Dies ist kein Problem, da diese ungültigen Werte nach dem Überprüfen verworfen werden. Die Menge der zu überprüfenden Zahlen ist viel kleiner als die Ausgangsmenge aller Möglichkeiten, und deshalb ist das Verfahren effizient.

13.5 *Der Quanten-Zeno-Effekt*
Der griechische Philosoph Zenon von Elea führte mehrere Argumente an, warum es angeblich keine Bewegung geben könne. Das bekannteste ist das Problem von *Achill und der Schildkröte*, bei dem die Logik scheinbar zu dem Schluss führt, dass der Mann die Schildkröte nicht überholen kann. Beim Quanten-Zenon-Effekt wird die Evolution einer Wellenfunktion durch wiederholte Quantenmessungen am System verlangsamt.

Diese Aufgabe basiert auf der üblichen Behandlung von Rabi-Oszillationen, wird aber mithilfe der Zustände eines Qubits formuliert, das zur Zeit $t = 0$ in $|\,0\,\rangle$ startet. Übergänge zwischen den Zuständen werden durch eine Störung induziert, die durch die Rabi-Frequenz Ω charakterisiert ist:

$$|\,\psi\,\rangle = \cos\left(\frac{\Omega t}{2}\right)|\,0\,\rangle - \mathrm{i}\sin\left(\frac{\Omega t}{2}\right)|\,1\,\rangle$$

(a) Der Zustand des Qubits wird nach einer kurzen Zeit $\tau \ll 1/\Omega$ gemessen. Zeigen Sie, dass für die Wahrscheinlichkeit, dass das Qubit in $|\,1\,\rangle$ endet, $(\Omega\tau/2)^2 \ll 1$ gilt. Wie groß ist die Wahrscheinlichkeit, dass das Qubit nach der Messung in $|\,0\,\rangle$ ist?

(b) Der Zustand des Qubits wird nach der Zeit $\tau/2$ gemessen. Wie groß sind die Wahrscheinlichkeiten von $|\,0\,\rangle$ und $|\,1\,\rangle$ nun?

(c) Nach der Messung zur Zeit $\tau/2$ ist das Qubit entweder in $|\,0\,\rangle$ oder $|\,1\,\rangle$. Es entwickelt sich dann über die Zeit $\tau/2$ und wird zur Zeit τ wieder gemessen. Berechnen Sie die Wahrscheinlichkeit für den Ausgang $|\,1\,\rangle$.

(d) Für eine Folge von n Messungen, zwischen denen jeweils ein Zeitintervall von τ/n liegt, ist die Wahrscheinlichkeit, dass zur Zeit τ ein Übergang von $|\,0\,\rangle$ nach $|\,1\,\rangle$ festgestellt wird, $1/n$-mal so groß wie die Wahrscheinlichkeit in Teil (a). Verifizieren Sie dieses Ergebnis für $n = 3$ oder besser noch für den allgemeinen Fall.

(e) Diskutieren Sie die Anwendung dieser Ergebnisse auf die Messung der Frequenz eines schmalen Übergangs durch Quantensprünge (Abschnitt 12.6). Die Übergangsrate des schwachen Übergangs nimmt ab, wenn die Messperioden für die Anregung des starken Übergangs häufiger werden. Wie wirkt sich dies auf die gemessene Linienbreite des schmalen Übergangs aus?

13.6 *Quantenfehlerkorrektur*

Klassische Computer kodieren jede Zahl mit mehr als der mindestens notwendigen Anzahl von Bits. Das zusätzliche Prüfbit gestattet dem System festzustellen, ob eines der Bits eine zufällige Änderung (verursacht durch Rauschen) erfahren hat. In diesen Fehlerkorrekturcodes unterscheidet sich der Binärcode jeder Zahl von der Folge aus Nullen und Einsen jeder anderen Zahl um wenigstens zwei Bits. Eine zufällige Änderung eines einzigen Bits führt daher zu einem ungültigen Binärcode, der vom Computer zurückgewiesen wird. In der Praxis liegen in Fehlerkorrekturcodes die Binärketten, die ungültige Einträge repräsentieren „weiter auseinander", um einen Schutz gegen Fehler in mehreren Bits zu gewährleisten. Bei der Quantenfehlerkorrektur werden zusätzliche Qubits verwendet, um dafür zu sorgen, dass die Berechnungszustände „weiter auseinander" liegen (im Hilbert-Raum). Dadurch wird das System robuster, d. h., es ist schwieriger, dass die Berechnungszustände gemischt werden.

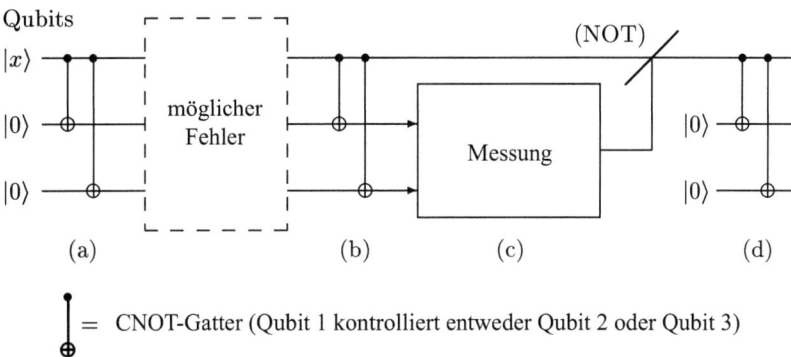

Qubits

$|x\rangle$

$|0\rangle$

$|0\rangle$

möglicher Fehler

(NOT)

Messung

$|0\rangle$

$|0\rangle$

(a)   (b)   (c)   (d)

$=$ CNOT-Gatter (Qubit 1 kontrolliert entweder Qubit 2 oder Qubit 3)

Die Abbildung zeigt ein spezielles Schema der Quantenfehlerkorrektur. Auf der linken Seite startet Qubit 1 in $|x\rangle$; Qubit 2 sowie Qubit 3 starten in $|0\rangle$. Die Buchstaben (a) bis (d) kennzeichnen den Schritt, auf den sich der jeweilige Teil der Fragestellung bezieht.

(a) Um das Qubit $|x\rangle = a|0\rangle + b|1\rangle$ zu repräsentieren, verwendet dieser Quantenfehlerkorrekturcode $\Psi_{\mathrm{in}} = a|000\rangle + b|111\rangle$. Zeigen Sie, dass zwei CNOT-Gatter, die auf Qubit 2 und 3 wirken, mit Qubit 1 in beiden Fällen als Kontroll-Qubit (siehe Abbildung), $|x\rangle$ in dieser Weise kodieren.

(b) Angenommen, eine Störung von Qubit 1 verursacht einen Bit verändernden Fehler, sodass der Zustand der drei Qubits zu $\alpha(a|000\rangle + b|111\rangle) + \beta(a|100\rangle + b|011\rangle)$ wird. Hierbei ist β die Amplitde des unerwünschten Zustands, der in den ursprünglichen Zustand gemischt wird (und die Normierung bestimmt α). Zeigen Sie, dass wir nach zwei weiteren CNOT-Gattern $(a|0\rangle + b|1\rangle)\,\alpha|00\rangle + (a|1\rangle + b|0\rangle)\,\beta|11\rangle$ erhalten.

(c) Die Messung der Zustände von Qubit 2 und 3 liefert zwei mögliche Ergebnisse. Eine Möglichkeit ist $|11\rangle$, was bedeutet, dass Qubit 1 sich geändert hat, und in diesem Fall wird der Fehler durch Anwendung einer (bedingten) NOT-Operation auf Qubit 1 korrigiert, d.h., $|0\rangle \leftrightarrow |1\rangle$ gilt genau dann, wenn die Messung der beiden anderen Qubits $|11\rangle$ ergibt. Was ist der andere mögliche Zustand der Qubits 2 und 3, der aus der Messung resultieren kann? Verifizieren Sie, dass Qubit 1 nach diesem Schritt im ursprünglichen Zustand $|x\rangle$ endet.

(d) Die Qubits 2 und 3 werden beide auf $|0\rangle$ zurück gesetzt. Zwei weitee CNOT-Gatter rekonstruieren Ψ_{in} aus $|x\rangle$, genau wie in Schritt (a).

Dieses Schema korrigiert Bit-Flip-Fehler in allen Qubits. Zeigen Sie dies, indem Sie für den Zustand

$$\alpha\,(a|000\rangle + b|111\rangle) + \beta\,(a|100\rangle + b|011\rangle)$$
$$+ \gamma\,(a|010\rangle + b|101\rangle) + \delta\,(a|001\rangle + b|110\rangle)$$

aufschreiben, was in den Schritten (b), (c) und (d) passiert.

Lösungen finden Sie unter http://www.oldenbourg-verlag.de/foot/.

A   Störungstheorie

Obwohl die Störungstheorie für entartete Zustände sehr einfach ist, wie etwa der Reihenansatz bei der Bestimmung der Eigenenergien des Wasserstoffatoms, wird dieses Thema in einführenden Texten zur Quantenmechanik oft als „schwierig" oder heikel betrachtet. In der Atomphysik wird die entartete Störungstheorie häufig gebraucht, etwa bei der Behandlung von Helium (Gleichung (3.14)). Auch die Gleichungen (6.34) und (7.89), die bei der Behandlung des Zeeman-Effektes bzw. beim AC-Stark-Effekt auftraten, haben eine ähnliche mathematische Form, was durch die Betrachtung des allgemeinen Falls in diesem Anhang deutlich wird. Ein weiteres Anliegen dieses Anhangs ist es, die in Kapitel 3 formulierte Behauptung zu untermauern, dass die entartete Störungstheorie kein undurchsichtiger Quantentrick (verbunden mit der Austauschsymmetrie) ist und dass ein ähnliches Verhalten auftritt, wenn zwei klassische Systeme miteinander wechselwirken.

A.1   Mathematik der Störungstheorie

Der Hamilton-Operator für ein System mit zwei Energieniveaus E_1 und E_2 (mit $E_2 > E_1$) mit einer gegebenen Störung H' (wie in Gleichung (3.10)) kann folgendermaßen in Matrixform geschrieben werden:

$$H_0 + H' = \begin{pmatrix} E_1 & 0 \\ 0 & E_2 \end{pmatrix} + \begin{pmatrix} H'_{11} & H'_{12} \\ H'_{21} & H'_{22} \end{pmatrix} \tag{A.1}$$

Die Matrixelemente der Störung sind $H'_{12} = \langle \psi_1 | H' | \psi_2 \rangle$ usw. Die Erwartungswerte $\langle \psi_1 | H' | \psi_1 \rangle$ und $\langle \psi_2 | H' | \psi_2 \rangle$ sind die üblichen Störungen erster Ordnung. Es ist praktisch, die Energien mithilfe einer mittleren Energie J und einem Energieintervall 2ϵ auszudrücken, wobei Letzteres die durch die Diagonalterme der Störungsmatrix verursachte Energieverschiebung ist:

$$E_1 + H'_{11} = J - \epsilon$$
$$E_2 + H'_{22} = J + \epsilon$$

Der Einfachheit halber nehmen wir an, dass die Nichtdiagonalelemente reell sind, wie etwa im Falle der Austauschintegrale in Helium und für die anderen Beispiele in diesem Buch:[1]

$$H'_{12} = H'_{21} = K$$

---

[1] Dies ist normalerweise der Fall, wenn Niveaus gebundene Zustände sind. Wir werden feststellen, dass die Eigenenergien von K^2 abhängen, was sich zu $|K|^2$ verallgemeinert.

Im Falle $\epsilon = 0$ führt dies auf eine Eigenwertgleichung ähnlich der, die wir bei der Behandlung von Helium verwendet haben (siehe (3.14)), doch der hier vorgestellte Formalismus versetzt uns in die Lage, gleichzeitig den entarteten und den nicht entarteten Fall behandeln zu können, nämlich als unterschiedliche Grenzfälle derselben Gleichungen. Dieses Zwei-Niveau-System wird durch die Matrixgleichung

$$\begin{pmatrix} J + \epsilon & K \\ K & J - \epsilon \end{pmatrix} \begin{pmatrix} a \\ b \end{pmatrix} = E \begin{pmatrix} a \\ b \end{pmatrix} \tag{A.2}$$

beschrieben. Die Eigenenergien E erhalten wir aus der Determinantengleichung (wie in (7.91) oder (3.17)):

$$E = J \pm \sqrt{\epsilon^2 + K^2} \tag{A.3}$$

Diese exakte Lösung gilt für alle Werte von K, nicht nur für kleine Störungen. Es ist jedoch instruktiv, sich die Näherungswerte für schwache und starke Wechselwirkungen anzusehen.

(a) *Entartete Störungstheorie, $K \gg 2\epsilon$*
Im Falle $K \gg 2\epsilon$ sind die Niveaus effektiv entartet, d. h., ihre Energieseparation ist auf der Skala der Störung klein. Für diese starke Störung sind die Eigenwerte näherungsweise

$$E = J \pm K \tag{A.4}$$

wie bei Helium (Abschnitt 3.2). Die beiden Eigenwerte haben einen Abstand von $2K$ und eine mittlere Energie von J. Die Eigenfunktionen sind Mischungen aus den originalen Zuständen mit gleichen Amplituden.

(b) *Störungstheorie, $K \ll 2\epsilon$*
Wenn die Störung schwach ist, lauten die genäherten Eigenwerte, die man durch Entwicklung von Gleichung (A.3) erhält,

$$E = J \pm \left(\epsilon + \frac{K^2}{2\epsilon} \right) \tag{A.5}$$

Dies ist eine Störung zweiter Ordnung; sie ist wie in (6.36) und (7.92) proportional zu K^2.

A.2   Gekoppelte klassische Oszillatoren mit ähnlichen Frequenzen

In diesem Abschnitt untersuchen wir das Verhalten zweier gekoppelter klassischer Oszillatoren mit den gleichen Frequenzen. Ein Beispiel für ein solches System sind die beiden Massen in Abbildung 3.3, die durch drei Federn verbunden sind, oder auch die in Abbildung A.1 gezeigten drei Massen, die durch zwei Federn verbunden sind. Die

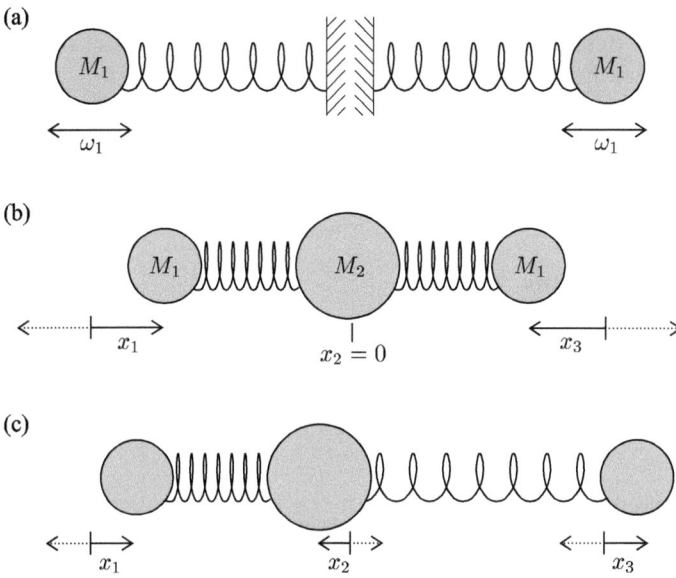

Abbildung A.1: *Illustration der entarteten Störungstheorie in der klassischen Mechanik, siehe auch Abbildung 3.3. (a) Das „ungestörte" System entspricht den beiden harmonischen Oszillatoren, die jeweils die Masse M_1 haben und an ein Ende einer Feder befestigt sind. Das andere Ende der Feder ist jeweils fixiert. Diese unabhängigen Oszillatoren haben beide die gleiche Resonanzfrequenz ω_1. (b) Ein System aus drei Massen, die durch zwei Federn verbunden sind, entspricht zwei gekoppelten harmonischen Oszillatoren. Im Falle $M_2 \gg M_1$ ist die Kopplung schwach. Die Auslenkungen x_1, x_2 und x_3 werden in Bezug auf die Ruhelage der jeweiligen Masse gemessen (wobei die eine Auslenkung nach rechts als positiv angesehen wird). Eine Eigenmode des Systems entspricht einer symmetrischen Auslenkung, bei der die zentrale Masse ihre Lage nicht ändert; eine solche Bewegung hat demnach die Frequenz ω_1 (unabhängig vom Wert von M_2). (c) Die asymmetrische Dehnungsmode hat eine Frequenz größer ω_1. (Dieses System liefert ein einfaches Modell für Moleküle wie Kohlendioxid; eine niederfrequente Mode tritt in solchen Molekülen ebenfalls auf.)*

Mathematik ist in beiden Fälle sehr ähnlich. Wir wollen uns hier mit dem zweiten Fall befassen, da er einem realen System entspricht, nämlich einem Kohlendioxidmolekül (in diesem System entspricht M_1 den beiden Sauerstoffatomen und M_2 dem Kohlenstoffatom). Die Bewegungsgleichungen für dieses „Ball-und-Feder-Modell" des Moleküls sind

$$M_1\ddot{x}_1 = \kappa(x_2 - x_1) \tag{A.6}$$

$$M_2\ddot{x}_2 = -\kappa(x_2 - x_1) + \kappa(x_3 - x_2) \tag{A.7}$$

$$M_1\ddot{x}_3 = -\kappa(x_3 - x_2) \tag{A.8}$$

mit der Federkonstante κ, die die Bindung zwischen dem Kohlenstoffatom und einem Sauerstoffatom repräsentiert. Die x-Koordinaten sind die Auslenkungen der Massen aus ihren Gleichgewichtslagen. Die Addition der drei Gleichungen ergibt auf der rechten Seite null, da sich die inneren Kräfte aufheben und es keine Beschleunigung des Schwerpunkts des Systems gibt. Diese Zwangsbedingung reduziert die Anzahl der Freiheitsgrade auf zwei. Es ist zweckmäßig, mit den Variablen $u = x_2 - x_1$ und $v = x_3 - x_2$ zu arbeiten. Mit den Substitutionen $\kappa/M_1 = \omega_1^2$ und $\kappa/M_2 = \omega_2^2$ kommen wir auf die Matrixgleichung

$$\begin{pmatrix} \ddot{u} \\ \ddot{v} \end{pmatrix} = \begin{pmatrix} -\left(\omega_1^2 + \omega_2^2\right) & \omega_2^2 \\ \omega_2^2 & -\left(\omega_1^2 + \omega_2^2\right) \end{pmatrix} \begin{pmatrix} u \\ v \end{pmatrix} \tag{A.9}$$

Eine geeignete Testfunktion ist

$$\begin{pmatrix} u \\ v \end{pmatrix} = \begin{pmatrix} a \\ b \end{pmatrix} \mathrm{e}^{-\mathrm{i}\omega t} \tag{A.10}$$

Dies führt auf eine Gleichung, die die gleiche Form hat wie (A.2), allerdings mit $\epsilon = 0$ (vgl. (3.14)).

Die Determinantengleichung ist

$$\left(\omega_1^2 - \omega^2\right)\left(\omega_1^2 + 2\omega_2^2 - \omega^2\right) = 0 \tag{A.11}$$

was die beiden Eigenfrequenzen $\omega = \omega_1$ und $\omega' = \sqrt{\omega_1^2 + 2\omega_2^2}$ liefert. Für die Frequenz ω_1 ist der Eigenvektor $b = a$, was einer symmetrischen Auslenkung entspricht (Abbildung A.1(b)). Dies entspricht der Anfangsfrequenz, da sich M_2 in dieser Normalmode nicht bewegt. Die andere Normalmode mit höherer Frequenz entspricht einer antisymmetrischen Auslenkung mit $b = -a$ (Abbildung A.1(c)). Bei diesen Bewegungen wird der Schwerpunkt des Systems nicht beschleunigt, was man durch Addition der Gleichungen (A.6), (A.7) und (A.8) überprüfen kann.

Eine Behandlung der beiden gekoppelten Oszillatoren unterschiedlicher Frequenzen finden Sie in Lyon (1998) im Kapitel über Normalmoden. Dies ist das klassische Analogon zum nicht entarteten Fall, der in der allgemeinen Behandlung im vorherigen Abschnitt enthalten ist. In den Büchern von Atkins (1983, 1994) wird die Behandlung von Molekülen umfassend dargestellt.

B   Berechnung der elektrostatischen Energien

In diesem Anhang wird eine Methode beschrieben, mit der die Integrale behandelt werden können, die bei der Berechnung der elektrostatischen Wechselwirkung von zwei Elektronen auftreten, also beim Heliumatom und anderen Zwei-Elektron-Systemen. Wir betrachten zwei Elektronen[1] mit den Ladungsdichten $\rho_1(\mathbf{r}_1)$ und $\rho_2(\mathbf{r}_2)$. Ihre Energie aus der elektrostatischen Abstoßung ist (vgl. (3.15))

$$J = \iint \rho_1(\mathbf{r}_1) \frac{e^2}{4\pi\varepsilon_0\, r_{12}} \rho_2(\mathbf{r}_2)\, \mathrm{d}^3\mathbf{r}_1\, \mathrm{d}^3\mathbf{r}_2 \tag{B.1}$$

Bei diesem Ausdruck lassen wir die genaue Form der Ladungsdichten offen, sodass das Theorem, welches wir aufstellen werden, gleichermaßen für direkte wie für Austauschintegrale gilt.[2] Außerdem erlauben wir, dass die Ladungsdichte $\rho_1(\mathbf{r}_1) = \rho(r_1, \theta_1, \phi_1)$ von den Winkeln θ_1 und ϕ_1 abhängt, ebenso vom Radius r_1, und das Entsprechende gilt für $\rho_2(\mathbf{r}_2)$; keine der Ladungsdichten wird als kugelsymmetrisch angenommen.

Ausgedrückt durch die sechs Kugelkoordinaten hat das Integral die Form

$$J = \int_0^\pi \mathrm{d}\theta_1 \sin\theta_1 \int_0^{2\pi} \mathrm{d}\phi_1 \int_0^\pi \mathrm{d}\theta_2 \sin\theta_2 \int_0^{2\pi} \mathrm{d}\phi_2$$
$$\times \int_0^\infty \mathrm{d}r_1\, r_1^2\, \rho_1(r_1, \theta_1, \phi_1) \int_0^\infty \mathrm{d}r_2\, r_2^2\, \rho_2(r_2, \theta_2, \phi_2) \frac{e^2}{4\pi\varepsilon_0\, r_{12}}$$

Beim Umformen dieses Ausdrucks kümmern wir uns nur um die beiden radialen Integrale. In diesen unterteilen wir den Bereich für r_2 in einen Teil von 0 bis r_1 und einen

---

[1]   Die Notation kennzeichnet die Elektronen als 1 bzw. 2 und ihre Positionen entsprechend mit $\mathbf{r}_1$ und $\mathbf{r}_2$. Zu einem bestimmten Zeitpunkt sind die Elektronenladungen (wahrscheinlich) im Raum unterschiedlich verteilt (da die Elektronen-Wellenfunktionen unterschiedliche Quantenzahlen haben), sodass ρ_1 und ρ_2 unterschiedliche Funktionen ihrer jeweiligen Elemente sind.

[2]   Wir haben das Integral ohne nähere Ausarbeitung direktes Integral J genannt, aber die Behandlung gilt gleichermaßen für ein Austauschintegral, wenn wir geeignete Formeln für $\rho_1(\mathbf{r}_1)$ und $\rho_2(\mathbf{r}_2)$ verwenden.

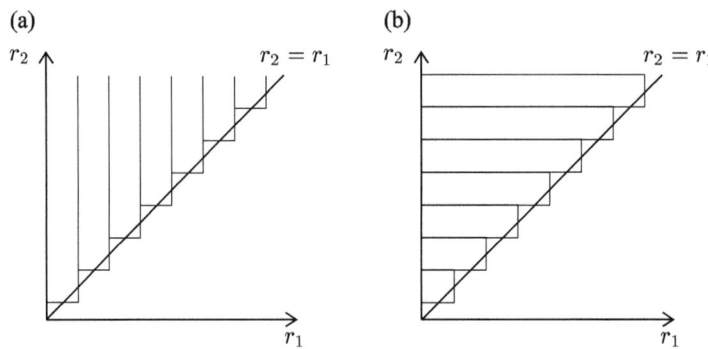

Abbildung B.1: *Die Integration über das Gebiet $r_2 > r_1 > 0$ kann auf zwei Arten durchgeführt werden: (a) Integration bezüglich r_2 von $r_2 = r_1$ bis ∞, gefolgt von einer Integration von $r_1 = 0$ bis ∞; oder (b) Integration bezüglich r_1 von 0 bis $r_1 = r_2$, gefolgt von einer Integration von $r_2 = 0$ bis ∞. Letzteres ist zweckmäßig für die Berechnung der elektrostatischen Wechselwirkung in (B.2) und führt zu zwei Beiträgen, die über einen Austausch von Teilchenindizes zusammenhängen, $r_1 \leftrightarrow r_2$. Für eine symmetrische Konfiguration wie $1s^2$ in Helium sind diese beiden Beiträge gleich, was den Aufwand bei der Berechnung reduziert. Per Definition ändern sich Austauschintegrale bei Vertauschungen $r_1 \leftrightarrow r_2$ nicht, sodass die gleichen Anmerkungen für ihre Auswertung gelten.*

Teil von r_1 bis ∞. Die radialen Integrale werden zu[3]

$$
\int_0^\infty dr_1\, r_1^2\, \rho_1(\mathbf{r}_1) \int_0^{r_1} dr_2\, r_2^2\, \rho_2(\mathbf{r}_2) \frac{e^2}{4\pi\varepsilon_0\, r_{12}}
$$
$$
+ \int_0^\infty dr_1\, r_1^2\, \rho_1(\mathbf{r}_1) \int_{r_1}^\infty dr_2\, r_2^2\, \rho_2(\mathbf{r}_2) \frac{e^2}{4\pi\varepsilon_0\, r_{12}}
$$
$$
= \int_0^\infty dr_1\, r_1^2\, \rho_1(\mathbf{r}_1) \int_0^{r_1} dr_2\, r_2^2\, \rho_2(\mathbf{r}_2) \frac{e^2}{4\pi\varepsilon_0\, r_{12}}
$$
$$
+ \int_0^\infty dr_2\, r_2^2\, \rho_2(\mathbf{r}_2) \int_0^{r_2} dr_1\, r_1^2\, \rho_1(\mathbf{r}_1) \frac{e^2}{4\pi\varepsilon_0\, r_{12}}
$$
$$
= \int_0^\infty dr_1\, r_1^2\, \rho_1(\mathbf{r}_1)\, V_{21}(\mathbf{r}_1) + \int_0^\infty dr_2\, r_2^2\, \rho_2(\mathbf{r}_2)\, V_{12}(\mathbf{r}_2) \quad (\text{B.2})
$$

Abbildung B.1 illustriert die Umordnung der Integrationsgebiete. Hierbei ist $V_{21}(\mathbf{r}_1)$ das *partielle* elektrostatische Potential bei $\mathbf{r}_1$, das durch die Ladungsdichte $\rho(\mathbf{r}_2)$ verursacht wird – partiell deshalb, weil es nur durch denjenigen Teil von $\rho(\mathbf{r}_2)$ zustande kommt, der bei Radien kleiner r_1 liegt. Entsprechend ist $V_{12}(\mathbf{r}_2)$ definiert. Die gesamte elektrostatische Energie J ergibt sich nun durch Integration des Ausdrucks (B.2) über die Winkel θ_1, ϕ_1, θ_2 und ϕ_2. Wir erhalten

$$
J = \int \rho_1(\mathbf{r}_1)\, V_{21}(\mathbf{r}_1)\, \mathrm{d}^3\mathbf{r}_1 + \int \rho_2(\mathbf{r}_2)\, V_{12}(\mathbf{r}_2)\, \mathrm{d}^3\mathbf{r}_2 \quad (\text{B.3})
$$

---

[3] Die Integrale wurden so aufgeschrieben, dass der Integrand jeweils hinten steht und somit der Integrationsbereich für die jeweilige Variable deutlich wird.

Der Ausdruck (B.3) kann auf beliebige Ladungsdichten angewendet werden, egal wie kompliziert die Abhängigkeit von den Winkeln θ und ϕ ist. Die Bedeutung unseres Ergebnisses lässt sich am besten verstehen, wenn wir den Spezialfall betrachten, in dem die Potentiale $V_{21}(\mathbf{r}_1)$ und $V_{12}(\mathbf{r}_2)$ – unabhängig von den Winkeln – kugelsymmetrisch sind, entweder tatsächlich oder im Ergebnis einer Näherung. In einem solchen Fall können wir uns $V_{21}(r_1)$ als das (partielle) Potential vorstellen, welches aus einem radialen elektrischen Feld resultiert[4], das Elektron 1 aufgrund des Vorhandenseins von Elektron 2 spürt. Entsprechend ist $V_{12}(r_2)$ das (partielle) Potential, welches Elektron 2 aufgrund des Vorhandenseins von Elektron 1 spürt. Wenn, wie bei der Berechnung des direkten Integrals für die $1s^2$-Konfiguration $\rho(\mathbf{r}_1) = \rho(\mathbf{r}_2)$ gilt (siehe Abschnitt 3.3.1), dann sind diese beiden Teile von Gleichung (B.3) gleich (und es muss nur ein Integral berechnet werden).

Die Tatsache, dass die Integrale V_{12} und V_{21} *partielle* Integrale sind, verdient einen Kommentar. Hätten wir ein $V_{21}(\mathbf{r}_1)$ definiert, welches das gesamte von $\rho_2(\mathbf{r}_2)$ auf Elektron 1 wirkende elektrostatische Potential repräsentiert, dann wäre die Wechselwirkungsenergie J durch den einzelnen Term

$$\int_0^\pi d\theta_1 \sin\theta_1 \int_0^{2\pi} d\phi_1 \int_0^\infty dr_1\, r_1^2\, \rho_1(\mathbf{r}_1)\, V_{21}(r_1)$$
$$= \int \rho_1(\mathbf{r}_1)\, V_{21}(\mathbf{r}_1)\, d^3\mathbf{r}_1 \tag{B.4}$$

gegeben, oder durch einen ähnlichen Ausdruck, bei dem die Indizes 1 und 2 überall vertauscht sind.[5] Eine solche Darstellung ist natürlich physikalisch korrekt, doch sie ist mathematisch viel unvorteilhafter als die zuvor präsentierte Version, denn sie verhindert die Separation der Schrödinger-Gleichung in zwei Gleichungen, von denen jede das Verhalten eines Elektrons beschreibt.

Die in (B.3) angegebene vereinfachte Form von J wird bei der Auswertung des direkten und des Austauschintegrals für Helium in Kapitel 3 verwendet, und sie ist allgemein für elektrostatische Energien anwendbar.

---

[4] Üblicherweise wird das Potential selbst als radial oder *zentral* bezeichnet. Es sollte hier betont werden, dass die Funktionen V_{12} und V_{21} nicht unbedingt die gleich sind. Tatsächlich werden sie im Allgemeinen verschieden sein, es sei denn, es gilt $\rho_1(r) = \rho_2(r)$. Weiter hinten in diesem Buch werden wir das *Zentralfeld* diskutieren. Dieses wird durch eine einzelne Funktion $V(r)$ beschrieben, das gleichermaßen auf alle Elektronen wirkt. Die hier eingeführten Potentiale unterscheiden sich von diesem Zentralfeld.

[5] Die physikalische Idee, dass jedes Elektron aufgrund des Vorhandenseins der anderen ein Potential spüren sollte, ist so intuitiv, dass die Versuchung stark ist, die Wechselwirkungsenergie zweimal zweimal aufzuschreiben – einmal in der Form (B.4) und ein zweites Mal mit vertauschten Indizes 1 und 2. Wenn man dies tut, wird die Wechselwirkungsenergie doppelt gezählt. Der Vorteil der Form (B.3) ist der, dass er mit der intuitiven Vorstellung harmoniert, ohne dass doppelt gezählt wird.

C   Magnetische Dipolübergänge

Der elektrische Dipolübergang, der zur Emission und Absorption von Licht durch Atome führt, wird an vielen Stellen in diesem Buch diskutiert. Die Auswahlregeln für diesen Übergangstyp sind in Tabelle 5.1 zusammengestellt. Diese Regeln sind nicht erfüllt bei Radiofrequenzübergängen zwischen Zeeman-Unterniveaus, wo sich nur die Magnetquantenzahl ändert, oder bei Übergängen zwischen unterschiedlichen Hyperfeinniveaus, wo sich F und M_F ändern können – diese Übergänge in der Radiofrequenzspektroskopie sind magnetische Dipol- oder M1-Übergänge, die durch das oszillierende Magnetfeld

$$\mathbf{B}_{\mathrm{rf}} = \mathbf{B}_0 \cos \omega t \tag{C.1}$$

der Strahlung induziert werden.[1] Das Element der Übergangsmatrix zwischen den Hyperfeinniveaus ist

$$\mu_{21} \propto \langle 2| \, \boldsymbol{\mu} \cdot \mathbf{B}_{\mathrm{rf}} \, |1\rangle \tag{C.2}$$

wobei $\boldsymbol{\mu}$ der magnetische Dipoloperator gemäß (5.9) ist. Dies liefert Übergänge mit $\Delta l = \Delta L = \Delta S = 0$.

Die Auswahlregeln für magnetische Dipolübergänge zwischen Hyperfeinzuständen sind

$$\Delta F = 0, \pm 1 \quad \text{(jedoch nicht } 0 \to 0)$$
$$\Delta M_F = 0, \pm 1$$

Diese Form ist wegen der Drehimpulserhaltung und für einen Dipoloperator, der den Drehimpuls um eine Einheit ändern kann, zu erwarten (dies wird in Abschnitt 2.3.5 für elektrische Dipolübergänge diskutiert).

Die spontane Zerfallsrate für Radiofrequenzübergänge ist proportional zu

$$A_{21} \propto \omega^3 \, |\mu_{21}|^2 \tag{C.3}$$

wobei die Kreisfrequenz ω klein ist im Vergleich zu optischen Übergängen. Das Matrixelement μ_{12} ist ebenfalls viel kleiner als bei E1-Übergängen; es gilt

$$\frac{|\langle 2| \, \boldsymbol{\mu} \cdot \mathbf{B} \, |1\rangle|^2}{|\langle 3| \, e\mathbf{r} \cdot \mathbf{E} \, |1\rangle|^2} \sim \left(\frac{\mu_{\mathrm{B}}/c}{ea_0/Z} \right)^2 \sim (Z\alpha)^2 \tag{C.4}$$

Der Faktor c rührt daher, dass bei einer elektromagnetischen Welle für das Verhältnis aus magnetischem und elektrischem Feld $|\mathbf{B}| / |\mathbf{E}| = 1/c$ gilt. Die Atomgröße skaliert

---

[1]   Eine wichtige Ausnahme ist die Lamb-Verschiebung, wo zwei Niveaus mit entgegengesetzter Parität eine sehr kleine Energieseparation haben (siehe Abschnitt 2.3.4). Dies ist ein elektrischer Dipol- oder E1-Übergang.

wie $1/Z$, siehe Abschnitt 1.9. Daher ist die spontane Emission bei der Spektroskopie im Radiofrequenz- und Mikrowellenbereich vernachlässigbar. Im Weltraum dagegen ist die Gasdichte sehr niedrig und es gibt dort riesige Wolken aus atomarem Wasserstoff. Deshalb führt bereits die schwache Emission bei einer Wellenlänge von 21 cm zu einer Mikrowellenstrahlung, die groß genug ist, dass sie mithilfe von Radioteleskopen nachgewiesen werden kann.

Die Auswahlregeln für magnetische Dipolübergänge sind in der folgenden Tabelle angegeben; daneben jeweils zum Vergleich der elektrische Dipolübergang.

elektrische Dipolübergänge	magnetische Dipolübergänge
$\Delta J = 0, \pm 1$	$\Delta J = 0, \pm 1$
(jedoch nicht $J = 0$ nach $J' = 0$)	(jedoch nicht $J = 0$ nach $J' = 0$)
$\Delta M_J = 0, \pm 1$	$\Delta M_J = 0, \pm 1$
Paritätswechsel	kein Paritätswechsel
$\Delta l = \pm 1$	$\Delta l = 0$ $\left.\right\}$ keine Änderung der
beliebige Δn	$\Delta n = 0$ $\left.\right\}$ Konfiguration
$\Delta L = 0, \pm 1$	$\Delta L = 0$
(jedoch nicht $L = 0$ nach $L' = 0$)	
$\Delta S = 0$	$\Delta S = 0$

Unter bestimmten Umständen können magnetische Dipolübergänge zu sichtbaren Übergängen in Atomen führen, und es gibt auch elektrische Quadrupolübergänge (E2), die ins Spiel kommen, wenn die Dipolnäherung nicht mehr anwendbar ist. Diese verbotenen Übergänge sind ausführlich in Corney (2000) diskutiert.

D   Linienform bei der Sättigungsspektroskopie

Bei der Beschreibung der Sättigungsspektroskopie in Abschnitt 8.3 wurde qualitativ erklärt, wie dieses Verfahren auf ein dopplerfreies Signal führt. In diesem Abschnitt folgt eine quantitative Behandlung, die von einer Modifikation von Gleichung (8.11) ausgeht, um die durch das Licht hervorgerufene Änderung der Populationen zu berücksichtigen. Wir bezeichnen mit $N_1(v)$ die Teilchenzahldichte von Atomen mit Geschwindigkeiten zwischen v und $v + dv$ im Niveau 1 und entsprechend mit $N_2(v)$ die Teilchenzahldichte von Atomen des gleichen Geschwindigkeitsintervalls im Niveau 2. Bei kleinen Intensitäten bleiben die meisten Atome im Grundzustand, sodass $N_1(v) \simeq Nf(v)$ und $N_2(v) \simeq 0$. Strahlung mit höherer Intensität regt Atome in der Nähe der Resonanzgeschwindigkeit (gegeben durch (8.12)) in das obere Niveau an (siehe Abbildung 8.4). Innerhalb jedes schmalen Geschwindigkeitsintervalls v bis $v + dv$ beeinflusst die Strahlung die Atome auf die *gleiche* Weise, sodass wir Gleichung (7.82) für homogene Verbreiterungen benutzen können, um die Differenz in den Populationsdichten auszudrücken (für Atome innerhalb eines gegebenen Geschwindigkeitsintervalls). Damit erhalten wir

$$N_1(v) - N_2(v) = Nf(v) \times \frac{1}{1 + (I/I_{\text{sat}})L(\omega - \omega_0 + kv)} \tag{D.1}$$

Hierin enthalten ist die Doppler-Verschiebung $+kv$ für einen Laserstrahl, der in die entgegengesetzte Richtung propagiert wie Atome mit positiven Geschwindigkeiten, beispielsweise der Pumpstrahl in Abbildung 8.4. Die Lorentz-Funktion $L(\omega - \omega_0 + kv)$ ist so definiert, dass $L(0) = 1$, nämlich

$$L(x) = \frac{\Gamma^2/4}{x^2 + \Gamma^2/4} \tag{D.2}$$

Für kleine Intensitäten mit $I \ll I_{\text{sat}}$ können wir die Näherung

$$N_1(v) - N_2(v) \simeq Nf(v) \left\{ 1 - \frac{I}{I_{\text{sat}}} L(\omega - \omega_0 + kv) \right\} \tag{D.3}$$

ansetzen. Der Ausdruck innerhalb der geschweiften Klammer ist gleich eins, außer in der Nähe von $v = -(\omega - \omega_0)/k$, und er liefert eine mathematische Darstellung des „Lochs", welches durch den Pumpstrahl in die maxwellsche Geschwindigkeitsverteilung $Nf(v)$ gebrannt wurde (siehe Abbildung 8.3 und 8.4). In dieser Näherung für kleine Intensitäten hat das Loch eine Breite von $\Delta v = \Gamma/k$. Die Atome in jedem Geschwindigkeitsintervall absorbieren Licht mit einem durch (7.76) gegebenen Wirkungsquerschnitt, wobei die Frequenzverstimmung die Doppler-Verschiebung berücksichtigt. Die Absorption eines schwachen Sondenstrahls, der sich in Richtung der z-Achse durch ein Gas ausbreitet, während ein starker Pumpstrahl in die entgegengesetzte Richtung geht, ist durch das Integral in (8.17) gegeben:

$$\kappa\left(\omega, I\right) = \int \left\{N_1\left(v\right) - N_2\left(v\right)\right\} \sigma\left(\omega - kv\right) dv$$

$$= \int \frac{Nf(v)}{1 + \dfrac{I}{I_{\text{sat}}} \dfrac{\Gamma^2/4}{(\omega - \omega_0 + kv)^2 + \Gamma^2/4}} \times \frac{\sigma_0 \Gamma^2/4}{\left(\omega - \omega_0 - kv\right)^2 + \Gamma^2/4} \, dv \quad \text{(D.4)}$$

Beachten Sie die entgegengesetzten Vorzeichen der Doppler-Verschiebung für den Sondenstrahl ($-kv$) und den Pumpstrahl (kv). (Beide Strahlen haben im Laborsystem die Kreisfrequenz ω.) Für kleine Intensitäten ($I/I_{\text{sat}} \ll 1$) führt die gleiche Näherung, wie wir sie beim Übergang von (D.1) nach (D.3) gemacht haben, auf

$$\kappa\left(\omega, I\right) = N\sigma_0 \int f\left(v\right) L\left(\omega - \omega_0 - kv\right) \left\{1 - \frac{I}{I_{\text{sat}}} L\left(\omega - \omega_0 + kv\right)\right\} dv$$

$$\text{(D.5)}$$

Für $I \to 0$ reduziert sich dies auf Gleichung (8.11), die die Doppler-Verbreiterung ohne Sättigung beschreibt, also auf die Faltung von $f(v)$ und $L\left(\omega - \omega_0 - kv\right)$. Der intensitätsabhängige Teil enthält das Integral

$$\int_{-\infty}^{\infty} f\left(v\right) L\left(\omega - \omega_0 - kv\right) L\left(\omega - \omega_0 + kv\right) dv$$

$$= f\left(v = 0\right) \int_{-\infty}^{\infty} \frac{\Gamma^2/4}{x^2 + \Gamma^2/4} \times \frac{\Gamma^2/4}{\left\{2\left(\omega - \omega_0\right) - x\right\}^2 + \Gamma^2/4} \frac{dx}{k} \quad \text{(D.6)}$$

Das Produkt der beiden Lorentz-Funktionen ist klein, außer dort, wo sowohl $\omega - \omega_0 + kv = 0$ als auch $\omega - \omega_0 - kv = 0$ gilt. Durch Lösung dieser beiden Gleichungen stellen wir fest, dass der Integrand nur dann einen signifikanten Wert hat, wenn $kv = 0$ und $\omega - \omega_0 = 0$ gilt. Die Gauß-Funktion weicht innerhalb dieser Region nicht signifikant von $f(v = 0)$ ab, sodass sie aus dem Integral herausgezogen werden kann. Die Variablentransformation $x = \omega - \omega_0 + kv$ zeigt, dass das Integral die Faltung von zwei Lorentz-Funktionen ist (diese repräsentieren das in die Population gebrannte Loch und die Linienform für die Absorption des Sondenstrahls). Die Faltung von zwei Lorentz-Funktionen der Breiten Γ und Γ' ergibt eine Lorentz-Funktion der Breite $\Gamma + \Gamma'$ (siehe Aufgabe 8.8). Die Faltung von zwei Lorentz-Funktionen gleicher Breite, $\Gamma = \Gamma'$, in (D.6) ergibt eine Lorentz-Funktion der Breite $\Gamma + \Gamma' = 2\Gamma$ mit der Variable $2\left(\omega - \omega_0\right)$. Dies ist proportional zu $g_{\text{H}}(\omega)$, wie in 7.77 definiert (siehe Aufgabe 8.8). Ein Pumpstrahl der Intensität I bewirkt also, dass der Sondenstrahl einen Absorptionskoeffizienten von

$$\kappa\left(\omega\right) = N \times 3 \frac{\pi^2 c^2}{\omega_0^2} A_{21} g_{\text{D}}\left(\omega\right) \left\{1 - \frac{I}{I_{\text{sat}}} \frac{\pi\Gamma}{4} g_{\text{H}}\left(\omega\right)\right\} \quad \text{(D.7)}$$

hat. Die Funktion in der geschweiften Klammer repräsentiert die reduzierte Absorption im Zentrum der dopplerverbreiterten Linie. Dies ergibt den Peak in der Intensität des

Sondenstrahls, der bei $\omega = \omega_0$ durch Gas geschickt wird (siehe Abbildung 8.4(b)). Dieses Sättigungssignal kommt von Atomen aus dem Geschwindigkeitsintervall um $v = 0$.

Um Gleichung (D.3) zu erhalten, haben wir $I \ll I_{\text{sat}}$ angenommen, doch üblicherweise hat der Pumpstrahl bei Experimenten eine Intensität in der Nähe der Sättigung, damit er ein starkes Signal liefert. Die einfache Behandlung über Ratengleichungen wird im Bereich von I_{sat} ungenau, und es wird ein raffinierter Ansatz nötig, der mit optischen Bloch-Gleichungen arbeitet. Dies ist in dem Buch von Letokhov und Chebotaev (1977) beschrieben. Optisches Pumpen aus dem Zustand, der mit der Strahlung wechselwirkt, in andere Zeeman-Unterniveaus oder Hyperfeinniveaus, kann der vorherrschende Mechanismus sein, durch den die Population $N_1(v)$ im unteren Niveau dezimiert wird. Dabei bleibt die Linienform um ω_0 symmetrisch, sodass die Sättigungsspektroskopie eine genaue Messung der atomaren Resonanzfrequenz ermöglicht.

E Raman-Übergänge und Zwei-Photonen-Übergänge

E.1 Raman-Übergänge

Dieser Abschnitt behandelt Raman-Übergänge (und Zwei-Photonen-Übergänge). Dabei wird die in Kapitel 7 gegebene Behandlung von Ein-Photon-Übergängen adaptiert – ein Zugang, der ein viel besseres physikalisches Verständnis ermöglicht als das einfache Anwenden von theoretischen Formeln aus der zeitabhängigen Störungsrechnung zweiter Ordnung.[1] An einem Raman-Übergang sind zwei Laserstrahlen mit den Frequenzen ω_{L1} und ω_{L2} beteiligt, und das Atom wechselwirkt mit einem elektrischen Feld, das zwei Frequenzkomponenten hat:

$$\mathbf{E} = \mathbf{E}_{L1} \cos(\omega_{L1} t) + \mathbf{E}_{L2} \cos(\omega_{L2} t) \tag{E.1}$$

Ein Raman-Übergang zwischen zwei atomaren Niveaus, bezeichnet mit 1 und 2, umfasst ein drittes atomares Niveau, wie in Abbildung 9.20 zu sehen ist. Dieses dritte Niveau wird mit i bezeichnet, wobei i für englisch „intermediate" (also „zwischen") steht; allerdings ist zu beachten, dass Atome nicht wirklich in das Niveau angeregt werden. Die hier vorgestellte Behandlung unterstreicht, dass sich Raman-Übergänge fundamental von einem Prozess unterscheidet, der aus zwei Ein-Photon-Übergängen besteht ($1 \to i$ gefolgt von $i \to 2$). Wie in Abschnitt 9.8 nehmen wir an, dass für die Frequenzen der Niveaus die Beziehungen $\omega_i \gg \omega_2 > \omega_1$ gelten.

Zunächst betrachten wir die durch das Licht bei ω_{L1} erzeugte Störung für den Übergang zwischen den Niveaus 1 und i. Dies ist die gleiche Situation wie für ein Zwei-Niveau-Atom, das mit einem oszillierenden elektrischen Feld wechselwirkt. Letzteres wurde in Kapitel 7 beschrieben, doch hier haben wir als oberes Niveau i und nicht 2 (und wir schreiben ω_{L1} anstelle von ω). Für eine schwache Störung hat der untere Zustand $|1\rangle$ die Amplitude $c_1(0) = 1$ und die Amplitude von $|i\rangle$ ist nach (7.14)

$$c_i(t) = \frac{\Omega_{i1}}{2} \left[\frac{1 - \exp\{i(\omega_i - \omega_1 - \omega_{L1})t\}}{\omega_i - \omega_1 - \omega_{L1}} \right] \tag{E.2}$$

Hier ist die Rabi-Frequenz für den Übergang Ω_{i1} über $\mathbf{E}_{L1}$ definiert, wie in (7.12).[2] Wir definieren die Differenz zwischen der Laserfrequenz ω_{L1} und der Frequenz des Übergangs zwischen Niveau 1 und i als

$$\Delta = \omega_1 + \omega_{L1} - \omega_i \tag{E.3}$$

---

[1] Eine rigorose Behandlung finden Sie in Büchern zur Quantenmechanik.
[2] Wir nehmen an, dass die Rabi-Frequenz reell ist, also $\Omega_{i1}^* = \Omega_{i1}$.

Nach (7.76) ist die Wellenfunktion des Atoms

$$\Psi_n\left(\mathbf{r}, t\right) = e^{-i\omega_1 t} |1\rangle - \frac{\Omega_{i1}}{2\Delta} e^{-i\omega_i t} |i\rangle + \frac{\Omega_{i1}}{2\Delta} e^{-i(\omega_1 + \omega_{L1})t} |i\rangle \tag{E.4}$$

Die Störung führt zur Mischung von zwei Termen des Anfangszustands $|1\rangle$, die beide die gleiche kleine Amplitude $\Omega_{i1}/|2\Delta| \ll 1$ haben. Wir werden feststellen, dass der Term mit der Frequenz ω_i eine reale Anregungen nach $|i\rangle$ repräsentiert. Der Term mit der Frequenz $\omega_1 + \omega_{L1}$ entspricht einem **virtuellen Niveau,** in den Berechnungen wirkt der Term so, als gäbe es ein Niveau bei einer Energie von $\hbar\omega_{L1}$ über dem Grundzustand, der die Symmetrieeigenschaften von $|i\rangle$ hat; tatsächlich aber gibt es kein solches Niveau.

Um den Einfluss des mit ω_{L2} oszillierenden Feldes auf das gestörte Atom zu bestimmen, nehmen wir Gleichung (7.10), nach der für einen Ein-Photon-Übergang $i\dot{c}_2 = \Omega \cos\left(\omega t\right) e^{i\omega_0 t} c_1$ gilt, und führen die Substitutionen $\omega \to \omega_{L2}$, $\omega_0 \to \omega_2 - \omega_i$ und $\Omega \to \Omega_{2i}$ durch. Damit erhalten wir[3]

$$i\dot{c}_2\left(t\right) = \Omega_{2i} \cos\left(\omega_{L2} t\right) e^{i(\omega_2 - \omega_i)t} c_i\left(t\right) \tag{E.5}$$

Einsetzen des durch (E.2) gegebenen Ausdrucks für $c_i\left(t\right)$ liefert

$$i\dot{c}_2\left(t\right) = -\Omega_{2i} \cos\left(\omega_{L2} t\right) e^{-i(\omega_i - \omega_2)t} \times \frac{\Omega_{i1}}{2\Delta} \left[1 - e^{i(\omega_i - \omega_1 - \omega_{L1})t}\right]$$

$$= -\frac{\Omega_{2i}\Omega_{i1}}{4\Delta} \left[e^{i\omega_{L2} t} + e^{-i\omega_{L2} t}\right] \cdot \left[e^{-i(\omega_i - \omega_2)t} - e^{i\{(\omega_2 - \omega_1) - \omega_{L1}\}t}\right] \tag{E.6}$$

Durch Integration und mit der Näherung rotierender Wellen erhalten wir

$$c_2\left(t\right) = \frac{\Omega_{2i}\Omega_{i1}}{4\Delta} \left[\frac{1 - e^{-i(\omega_i - \omega_2 - \omega_{L2})t}}{\omega_i - \omega_2 - \omega_{L2}} + \frac{1 - e^{i\{(\omega_2 - \omega_1) - (\omega_{L1} - \omega_{L2})\}t}}{(\omega_2 - \omega_1) - (\omega_{L1} - \omega_{L2})}\right]$$

$$= \frac{\Omega_{2i}\Omega_{i1}}{4\Delta\left(\Delta + \delta\right)} \left[1 - e^{-i(\Delta + \delta)t}\right] - \frac{\Omega_{2i}\Omega_{i1}}{4\Delta\delta} \left[1 - e^{-i\delta t}\right] \tag{E.7}$$

Dabei ist

$$\delta = \left(\omega_{L1} - \omega_{L2}\right) - \left(\omega_2 - \omega_1\right) \tag{E.8}$$

die Frequenzverstimmung gegenüber der Raman-Resonanz, wonach die Differenz der Laserfrequenzen mit der Energiedifferenz zwischen den Niveaus 1 und 2, geteilt durch $\hbar$, übereinstimmen (siehe Abbildung 9.20).[4] Gleichung (E.7) sieht kompliziert aus, doch jeder der beiden Terme auf der rechten Seite hat eine klare physikalische Interpretation, und wir können Bedingungen bestimmen, unter denen sie jeweils relevant werden, indem

---

[3] Die Möglichkeit, dass Strahlung der Kreisfrequenz ω_{L1} diesen Übergang zwischen i und 2 antreiben kann, wird weiter hinten für Zwei-Photon-Übergänge betrachtet.

[4] Beachten Sie, dass diese Bedingung nicht von ω_i abhängt. Der Raman-Übergang kann als eine Kopplung zwischen $|1\rangle$ und $|2\rangle$ über ein virtuelles Niveau aufgefasst werden, wobei dessen Ursprung zurückverfolgt werden kann bis zu dem Term in (E.4) mit der Frequenz $\omega_1 + \omega_{L1}$. Doch auch wenn ein virtuelles Niveau ein nützliches physikalisches Hilfskonstrukt ist, darf man nicht vergessen, dass es vollständig fiktiv ist – während eines Raman-Übergangs ist die Population im angeregten Zustand vernachlässigbar und folglich auch die spontane Emission.

wir die Nenner untersuchen. Raman-Übergänge sind von Bedeutung, wenn $\delta \simeq 0$ und wenn Δ groß ist ($|\delta| \ll |\Delta|$), sodass der zweite Term in (E.7) überwiegt (die individuellen Ein-Photon-Übergänge sind weit von der Resonanz entfernt). Indem wir eine effektive Rabi-Frequenz als

$$\Omega_{\text{eff}} = \frac{\Omega_{2i}\Omega_{i1}}{2\Delta} = \frac{\langle 2| \, e\mathbf{r} \cdot \mathbf{E}_{\text{L2}} \, |i\rangle \, \langle i| \, e\mathbf{r} \cdot \mathbf{E}_{\text{L1}} \, |1\rangle}{\hbar^2 \, (\omega_i - \omega_1 - \omega_{\text{L1}})} \tag{E.9}$$

definieren, können wir (E.7) in der Form

$$c_2 \, (t) = \frac{\Omega_{\text{eff}}}{2} \frac{1 - \mathrm{e}^{-\mathrm{i}(\Delta+\delta)t}}{\Delta + \delta} - \frac{\Omega_{\text{eff}}}{2} \frac{1 - \mathrm{e}^{-\mathrm{i}\delta t}}{\delta} \tag{E.10}$$

schreiben. Der erste Term kann vernachlässigt werden, wenn $|\delta| \ll |\Delta|$. Dies führt auf

$$|c_2 \, (t)|^2 = \frac{1}{4} \Omega_{\text{eff}}^2 \, t^2 \, \mathrm{sinc}^2 \left(\frac{\delta t}{2} \right) \tag{E.11}$$

Dies ist das Gleiche wie (7.15) für Ein-Photon-Übergänge, wobei allerdings Ω durch Ω_{eff} ersetzt ist. Bei dieser Darstellung von Raman-Übergängen wurde eine schwache Störung angenommen, und wir haben Ergebnisse erhalten, die analog zu denen für die schwache Anregung eines Ein-Photon-Übergangs sind (Abschnitt 7.1). Eine tiefer gehende Behandlung der Raman-Kopplung zwischen $|1\rangle$ und $|2\rangle$ mit der effektiven Rabi-Frequenz Ω_{eff}, analog zu der in Abschnitt 7.3, zeigt, dass Raman-Übergänge zu Rabi-Oszillationen führen. Beispielsweise überführt ein π-Puls die gesamte Population von 1 nach 2 oder umgekehrt. Raman-Übergänge sind in der gleichen Weise kohärent wie Radiofrequenz- oder Mikrowellenübergänge, die direkt zwischen den Niveaus eines Zwei-Niveau-System erfolgen. Beispielsweise kann ein Raman-Puls die Wellenfunktion des Atoms in einen kohärenten Superpositionszustand $A\,|1\rangle + B\,|2\rangle$ versetzen.[5]

Eine entscheidende Erkenntnis ist die, dass der Raman-Übergang etwas völlig anderes ist als ein Übergang in zwei Schritten, also ein Ein-Photon-Übergang von 1 nach i, gefolgt von einem zweiten, der von i nach 2 führt. Der Zwei-Schritt-Prozess würde durch Ratengleichungen beschrieben, und dabei gäbe es eine spontane Emission im realen Zwischenzustand. Dieser Prozess ist von großer Relevanz als der kohärente Raman-Prozess, wenn die Frequenzverstimmung Δ klein ist, sodass ω_{L1} der Frequenz des Übergangs zwischen $|1\rangle$ und $|i\rangle$ entspricht.[6] Der Unterschied zwischen einem kohärenten Raman-Prozess (umfasst simultane Absorption und stimulierte Emission) und zwei Ein-Photon-Übergängen soll durch das folgende Beispiel verdeutlicht werden.

---

[5] Raman-Übergänge können einen Impuls auf die Atome übertragen, was sie extrem nützlich für die Manipulation von Atomen und Ionen macht (siehe Abschnitt 9.8).

[6] Analog ist die Größe $\Delta + \delta = \omega_i - \omega_2 - \omega_{\text{L2}}$ (in (E.7)) klein, wenn ω_{L2} der Frequenz des Übergangs zwischen $|i\rangle$ und $|2\rangle$ entspricht. Unter dieser Bedingung ist der Ein-Photon-Übergang zwischen den Niveaus i und 2 der dominierende Prozess. Die Ein-Photon-Prozesse können in (E.4) zu der kleinen Amplitude mit der Zeitabhängigkeit $\exp(\mathrm{i}\omega_i t)$ zurückverfolgt werden.

Beispiel E.1 Die Dauer eines π-Pulses (der die beiden Frequenzen ω_{L1} und ω_{L2} enthält), ist gegeben durch

$$\Omega_{\text{eff}} t_\pi = \pi \tag{E.12}$$

Der Einfachheit halber nehmen wir an, dass beide Raman-Strahlen ähnliche Intensitäten haben, sodass $\Omega_{i1} \simeq \Omega_{2i} \simeq \Omega$ und folglich $\Omega_{\text{eff}} \simeq \Omega^2/\Delta$ (kleine Faktoren werden vernachlässigt).[7] Aus Gleichung (9.3) erhalten wir, dass die Streurate der Photonen beim Übergang $|1\rangle$ nach $|i\rangle$ näherungsweise $\Gamma\Omega^2/\Delta^2$ ist, da Δ für einen Raman-Übergang groß ist ($\Delta \gg \Gamma$). Somit ist die Anzahl der spontan emittierten Photonen während des Raman-Pulses

$$R_{\text{streu}} t_\pi \simeq \frac{\Gamma\Omega^2}{\Delta^2} \frac{\pi\Delta}{\Omega^2} \simeq \frac{\pi\Gamma}{\Delta} \tag{E.13}$$

Dies zeigt, dass die spontane Emission vernachlässigbar ist, wenn $\Delta \gg \Gamma$. Als spezielles Beispiel betrachten wir den Raman-Übergang zwischen den beiden Hyperfeinniveaus in der 3s-Grundkonfiguration von Natrium,[8] der durch zwei Laserstrahlen angetrieben wird, für deren Frequenzen $\Delta = 2\pi \times 3\,\text{GHz}$ gilt. Das Niveau 3p $^2P_{1/2}$ wirkt als das Zwischenniveau und es gilt $\Gamma = 2\pi \times 10^7\,\text{s}^{-1}$. Damit ist $R_{\text{streu}} t_\pi \simeq 0{,}01$, was bedeutet, dass die Atome vielen π-Pulsen ausgesetzt werden können, bevor es ein spontanes Emissionsereignis gibt, bei dem die Kohärenz zerstört wird (beispielsweise in einem Interferometer wie in Abbildung 11.7 beschrieben). Zugegebenermaßen ist diese Berechnung grob, doch sie liefert einen Hinweis auf die Relevanz der kohärenten Raman-Übergänge und der Anregung des Zwischenniveaus durch Ein-Photon-Prozesse. (Und sie demonstriert beispielhaft die Abschätzung der Größenordnungen, die einer Rechnung vorausgehen sollte.) Die gleichen Approximationen liefern die Dauer eines π-Pulses:

$$t_\pi = \frac{\pi}{\Omega_{\text{eff}}} \simeq \frac{\pi\Delta}{\Omega^2} \simeq \frac{2\pi\Delta}{\Gamma^2} \frac{I_{\text{sat}}}{I} \tag{E.14}$$

Dabei wurde (7.86) verwendet, um Ω^2 mit der Intensität in Beziehung zu setzen. Bei einem Raman-Experiment, das mit zwei Laserstrahlen der Frequenz $3I_{\text{sat}}$ durchgeführt wird, und mit den oben angegebenen Werten für Δ und Γ für Natrium hat der Puls also eine Dauer von $t_\pi = 10\,\mu\text{s}$.

E.2 Zwei-Photonen-Übergänge

Die intuitive Beschreibung von Raman-Übergängen durch zwei aufeinanderfolgende Ergebnisse zeitabhängiger Störungsrechnung erster Ordnung für Ein-Photon-Übergänge kann auch auf Zwei-Photonen-Übergänge zwischen den Niveaus 1 und 2 über i angewendet werden, wobei $\omega_2 > \omega_i > \omega_1$. Die Zwei-Photonen-Rate zwischen Niveau 1 und

---

[7] Die Verallgemeinerung auf den Fall $\Omega_{i1} \neq \Omega_{2i}$ liegt auf der Hand.

[8] Die Hyperfeinaufspaltung ist $\omega_2 - \omega_1 = 2\pi \times 1{,}7\,\text{GHz}$, was wir für diese Berechnung jedoch nicht wissen müssen.

Niveau 2 ist

$$R_{12} = \left| \sum_i \left\{ \frac{\langle 2 \left| e\mathbf{r} \cdot \mathbf{E}_{L2} \right| i \rangle \langle i \left| e\mathbf{r} \cdot \mathbf{E}_{L1} \right| 1 \rangle}{\hbar^2 \left(\omega_i - \omega_1 - \omega_{L1} \right)} \right. \right.$$
$$\left. \left. + \frac{\langle 2 \left| e\mathbf{r} \cdot \mathbf{E}_{L1} \right| i \rangle \langle i \left| e\mathbf{r} \cdot \mathbf{E}_{L2} \right| 1 \rangle}{\hbar^2 \left(\omega_i - \omega_1 - \omega_{L2} \right)} \right\} \right|^2 \times g \left(\omega_{L1} + \omega_{L2} \right)$$

$$(E.15)$$

Dies hat die Form „Betragsquadrat einer Summe von Amplituden mal Linienformfunktion $g\left(\omega_{L1} + \omega_{L2}\right)$. Es gibt zwei beitragende Amplituden: (a) aus dem Prozess, bei dem das Atom zuerst mit dem Strahl wechselwirkt, dessen elektrisches Feld $\mathbf{E}_{L1}$ ist, und dann mit dem Strahl, dessen Feld $\mathbf{E}_{L2}$ ist; (b) aus dem Prozess, bei dem das Atom in umgekehrter Reihenfolge aus den beiden Strahlen Photonen absorbiert.[9] Die Energie wächst um $\hbar(\omega_{L1} + \omega_{L2})$, unabhängig von der Reihenfolge, in der das Atom die Photonen absorbiert. Die Amplitude im angeregten Zustand ist die Summe der Amplituden für diese beiden Möglichkeiten. Bei der dopplerfreien Zwei-Photon-Spektroskopie (Abschnitt 8.4) haben die beiden gegenläufig propagierenden Laserstrahlen die gleiche Frequenz, $\omega_{L1} = \omega_{L2} = \omega$, und wir nehmen außerdem an, dass sie den gleichen Betrag des elektrischen Feldes haben (was für den in Abbildung 8.8 gezeigten Versuchsaufbau der Fall ist). Dies führt auf eine Anregungsrate von

$$R_{12} \simeq \left| 2 \sum_i \frac{\Omega_{2i}\Omega_{i1}}{\omega_i - \omega_1 - \omega} \right|^2 \cdot \frac{\widetilde{\Gamma}/\left(2\pi\right)}{\left(\omega_{12} - 2\omega\right)^2 + \widetilde{\Gamma}^2/4} \qquad (E.16)$$

Die Größen Ω_{i1} und Ω_{2i} wurden im letzten Abschnitt definiert. Der Übergang hat eine homogene Breite $\widetilde{\Gamma}$, die größer oder gleich der natürlichen Breite des oberen Niveaus ist, also $\widetilde{\Gamma} \geq \Gamma$. Diese lorentzsche Linienformfunktion hat einen ähnlichen Verlauf wie durch (7.77) beschrieben. Ihr Maximum liegt bei der Zwei-Photonen-Resonanzfrequenz $\omega_{12} = \omega_2 - \omega_1$ (wie in Abschnitt 8.4). Die Nebenbedingung, dass die beiden Photonen die gleiche Frequenz haben, bedeutet, dass die Frequenzverstimmung gegenüber dem Zwischenniveau $\Delta = \omega_i - (\omega_1 + \omega)$ allgemein wesentlich größer ist als bei Raman-Übergängen. Beispielsweise ist für den 1s–2s-Übergang in Wasserstoff das nächste Niveau, das als Zwischenzustand dienen kann, 2p, und dieses ist beinahe entartet mit dem 2s-Niveau (siehe Abbildung 8.4); somit gilt $\omega_i \simeq \omega_2$ und $\Delta \simeq \omega = 2\pi \times 10^{15}\,\mathrm{s}^{-1}$ (was 4×10^5-mal größer ist als die Frequenzverstimmung, die im letzten Abschnitt in dem Beispiel für einen Raman-Übergang verwendet wurde). Es gibt zwei wichtige Konsequenzen dieser großen Frequenzverstimmung: (a) in realen Atomen gibt es viele Niveaus mit vergleichbaren Frequenzverstimmungen, und die Berücksichtigung dieser anderen Wege $(1 \rightarrow i \rightarrow 2)$ führt in (E.16) auf eine Summation über i; (b) die Rate der Zwei-Photonen-Übergänge ist selbst für große Intensitäten klein (vgl. erlaubte Ein-Photon-Übergänge).[10]

---

[9] Nur einer dieser Wege ist für Raman-Übergänge in der Nähe der Resonanz, da $\omega_{L1} - \omega_{L2} \neq \omega_{L2} - \omega_{L1}$.
[10] Eine grobe Schätzung der Zwei-Photonen-Rate kann in ähnlicher Weise durchgeführt werden wie bei den Berechnungen für Raman-Übergänge im letzten Abschnitt (siehe Demtröder 1996).

F Die statistische Mechanik der Bose-Einstein-Kondensation

In diesem Anhang wird erst gar nicht der Versuch unternommen, die Standardbehandlung der Bose-Einstein-Kondensation zu reproduzieren, wie sie in Büchern zur statistischen Mechanik zu finden ist. Vielmehr bietet er eine komplementäre Sichtweise, die die Beziehung zwischen Photonen und Atomen betont. Außerdem wird die Bose-Einstein-Kondensation in einem harmonischen Potential beschrieben.

F.1 Die statistische Mechanik von Photonen

Die Planck-Formel für die Energiedichte der Strahlung bezogen auf die Bandbreite, $\rho(\omega)$, die in Einsteins Behandlung von Strahlung verwendet wird (siehe (1.29)), kann als Produkt von drei Faktoren beschrieben werden:

$$\rho(\omega)\,\mathrm{d}\omega = \hbar\omega \times f_{\mathrm{ph}}(\omega) \times D_{\mathrm{ph}}(\omega)\,\mathrm{d}\omega \tag{F.1}$$

Hierbei ist $\hbar\omega$ die Energie des Photons; die Funktion $f_{\mathrm{ph}}(\omega) = 1/\left(e^{\beta\hbar\omega} - 1\right)$ mit $\beta = 1/k_{\mathrm{B}}T$ bestimmt die Anzahl der Photonen je Energieniveau und $D_{\mathrm{ph}}(\omega)$ ist die Dichte der Zustände je Bandbreiteneinheit.[1] Zwar wird die Verteilung f_{ph} bei $\omega \to 0$ sehr groß (Infrarotdivergenz), doch führt die Integration über die Frequenzverteilung (unter Verwendung der Substitution $x = \beta\hbar\omega$) für die Gesamtenergie der Strahlung im Volumen V auf ein endliches Ergebnis:

$$E = V \int_0^\infty \rho(\omega)\,\mathrm{d}\omega \propto VT^4 \tag{F.2}$$

Dieses Ergebnis folgt aus der Betrachtung der Einheiten, es ist nicht nötig, das Integral auszuwerten.[2] Dieses Integral für E ist ein Spezialfall des allgemeinen Ausdrucks aus der statistischen Mechanik für die Energie des Systems, die man durch Summation der Energien aller besetzten Niveaus erhält:

$$E = \sum_i f(\varepsilon_i)\,\varepsilon_i \tag{F.3}$$

---

[1] Die Anzahl der Zustände im Phasenraum mit Wellenvektoren zwischen k und $k + \mathrm{d}k$ ist gleich dem Volumen einer Kugelschale der Dicke $\mathrm{d}k$ mal der Dichte der Zustände im k-Raum, $4\pi k^2\,\mathrm{d}k \times V/(2\pi)^3$. Für Photonen brauchen wir wegen der unterschiedlichen Möglichkeiten der Polarisierung einen zusätzlichen Faktor 2 sowie die Substitution $k = \omega/c$.

[2] Die Energiedichte E/V hat die gleiche T^4-Abhängigkeit wie das Stefan-Boltzmann-Gesetz für die Leistung je Flächeneinheit, die von einem schwarzen Körper abgestrahlt wird, denn der Ausdruck $c\,E/V$ hat die Einheit Leistung geteilt durch Fläche.

Hierbei ist $f(\varepsilon_i)$ die Verteilung über alle Niveaus der Energie ε_i. Das Integral (F.2) für den Spezialfall von Photonen liefert eine gute Näherung für diese Summe, wenn das System viele Niveaus besetzt, sodass sich eine nahezu kontinuierliche Verteilung einstellt. Die Dichte der Zustände in dem Integral repräsentiert eine Summation über die Anzahl der Niveaus in jedem Frequenzintervall $d\omega$ (oder Energieintervall $d\varepsilon/\hbar$).

F.2   Bose-Einstein-Kondensation

Aus dem Blickwinkel der statistischen Mechanik besteht der wesentliche Unterschied zwischen Photonen und Teilchen darin, dass Photonen einfach verschwinden, wenn die Temperatur gegen null geht. Dies spiegelt sich auch in (F.2) wider. Für ein System aus Teilchen dagegen, also etwa für ein Gas aus Atomen oder Molekülen in einem Kasten, bleibt die Teilchenzahl konstant. Dies führt eine zweite Zwangsbedingung an die Verteilungsfunktion ein, nämlich dass die Summe der Populationen in allen Energieniveaus gleich der Gesamtteilchenzahl $\mathcal{N}$ sein muss. Beachten Sie, dass wir hier das Symbol $\mathcal{N}$ verwenden, da N in Kapitel 7 für die Teilchenzahldichte benutzt wurde (eine Konvention, die in der Laserphysik üblich ist). Hier verwenden wir dagegen n für die Teilchenzahldichte, wie in der statistischen Mechanik üblich. Somit gilt

$$\mathcal{N} = \sum_i f\left(\varepsilon_i\right) \tag{F.4}$$

Diese Gleichung für die Erhaltung der Teilchenzahl und (F.3) für die Gesamtenergie gilt für jedes System von Teilchen. Wir betrachten Teilchen mit ganzzahligem Spin, die der Bose-Einstein-Verteilung

$$f_{\text{BE}}\left(\varepsilon\right) = \frac{1}{e^{\beta(\varepsilon-\mu)} - 1} \tag{F.5}$$

genügen. Diese Funktion hat zwei Parameter β und μ, die aus den Zwangsbedingungen bestimmt werden können. Für Bosonen bei tiefen Temperaturen hat das chemische Potential nur wenig Einfluss, *außer* für Atome im niedrigsten Energiezustand, sodass $f_{\text{BE}}\left(\varepsilon\right)$ für höher liegende Niveaus stark an die Verteilung von Photonen erinnert! Diese Behauptung wird plausibel, wenn wir die Eigenschaften eines Systems betrachten, in dem sich eine signifikante Population $\mathcal{N}_0$ im Grundzustand befindet.[3] Die Anzahl der Atome im niedrigsten Niveau mit der Energie ε_0 ist gegeben durch

$$\mathcal{N}_0 = \frac{1}{e^{\beta(\varepsilon_0-\mu)} - 1} \tag{F.6}$$

Folglich ist

$$\frac{\varepsilon_0 - \mu}{k_{\text{B}}T} = \ln\left(1 + \frac{1}{\mathcal{N}_0}\right) \simeq \frac{1}{\mathcal{N}_0} \tag{F.7}$$

---

[3] Dies mag wie ein Zirkelschluss erscheinen, da die starke Besetzung des niedrigsten Niveaus eine Signatur der Bose-Einstein-Kondensation ist, die wir gerade untersuchen wollen! In diesem Abschnitt wird gezeigt, dass eine konsistente Lösung der Gleichung für Bosonen existiert, und die Gültigkeit dieser Behandlung lässt sich besser verstehen, nachdem die Gleichungen hergeleitet wurden.

Einstein betrachtete ursprünglich Gase mit einer großen Gesamtanzahl von Atomen, $\mathcal{N} \sim 10^{23}$, sodass selbst in dem Fall, dass $\mathcal{N}_0$ nur ein kleiner Bruchteil von $\mathcal{N}$ ist, die Differenz $\varepsilon_0 - \mu$ vernachlässigbar ist im Vergleich zur thermischen Energie $k_B T$. (Diese thermodynamische Näherung, die für große Teilchenzahlen gut ist, liefert auch schon für Proben aus 10^6 magnetisch festgehaltenen Atomen brauchbare Ergebnisse.[4]) Die Gleichung zeigt, dass das chemische Potential kleiner ist als ε_0, das niedrigste Energieniveau im System.[5] Für das erste angeregte Niveau erhalten wir

$$\varepsilon_1 - \mu = (\varepsilon_1 - \varepsilon_0) + (\varepsilon_0 - \mu) \simeq \hbar\omega + \frac{k_B T}{\mathcal{N}_0} \simeq \hbar\omega$$

Folglich kann μ *außer für die Population im Grundzustand* vernachlässigt werden und f_{BE} wird identisch mit der Verteilung für Photonen:

$$f(\varepsilon) \simeq \frac{1}{e^{\beta\varepsilon} - 1} \qquad (F.8)$$

Nach dem oben Gesagten fragen Sie sich vielleicht, wie die Vernachlässigung des chemischen Potentials konsistent sein kann mit der Erhaltung der Teilchenzahl in Gleichung (F.4). Diese Gleichung kann mithilfe eines Integrals über $f(\varepsilon)$ mal der Dichte der Zustände *für Teilchen* $D(\epsilon)$ ausgedrückt werden:

$$\mathcal{N} = \mathcal{N}_0 + \int_0^\infty f(\varepsilon)\, D(\varepsilon)\, d\varepsilon \qquad (F.9)$$

Die Anzahl im Grundzustand, $\mathcal{N}_0$, muss explizit eingesetzt werden, da das Integral diese Atome nicht richtig zählt. Effektiv haben wir den Parameter μ_0 durch $\mathcal{N}_0$, ersetzt (beide hängen über (F.7) zusammen). Die beiden Terme in (F.9) geben die Anzahl der Teilchen in den beiden Teilen oder Untersystemen an, die das Ganze bilden. Aus dieser Perspektive betrachten wir die $\mathcal{N} - \mathcal{N}_0$ Teilchen in den angeregten Zuständen ($\varepsilon > \varepsilon_0$) als Untersystem, das Teilchen mit dem Kondensat (Atome im Grundzustand) austauscht. Atome im angeregten Zustand verhalten sich also so, als ob es keine Erhaltung der Teilchenzahl gäbe: $\mathcal{N} - \mathcal{N}_0 \to 0$ für $T \to 0$, wie im Falle von Photonen.

Das Integral in (F.9) enthält die Verteilungsfunktion aus (F.8) mal die Dichte der Zustände für Teilchen, die durch

$$D(\varepsilon) = A V \varepsilon^{1/2}\, d\varepsilon \qquad (F.10)$$

gegeben sind, wobei A eine Konstante ist.[6] Mit der Substitution $x = \beta\varepsilon$ wird Gleichung (F.9) zu

$$\mathcal{N}_0 = \mathcal{N} - A V (k_B T)^{3/2} \zeta \qquad (F.11)$$

---

[4] Wie nehmen an, dass die thermische Energie viel größer ist als der Abstand zwischen den Energieniveaus. Ansonsten sitzen die Teilchen im Grundzustand, weil für den Boltzmann-Faktor $\exp\{-\beta(\varepsilon_1 - \varepsilon_0)\} \ll 1$ gilt, wobei ε_1 die Energie des ersten angeregten Niveaus ist (Abschnitt 12.9).

[5] Andernfalls gäbe es eine Energie, für die $\varepsilon - \mu = 0$ gilt, sodass der Nenner in (F.5) null wird und somit $f(\varepsilon) \to \infty$.

[6] $D(\omega)$ unterscheidet sich fundamental von $D_{ph}(\omega)$ in (F.1), da die Energie eines Teilchens proportional zum Quadrat seines Wellenvektors ist, $\varepsilon \propto k^2$, also $\varepsilon = p^2/2M$ mit den Impuls $p = \hbar k$.

wobei ξ den Wert des Integrals repräsentiert, der in Büchern über statistische Mechanik
als

$$\zeta = \int_0^\infty \frac{x^{1/2}}{e^x - 1}\, dx = 2{,}6 \times \frac{\sqrt{\pi}}{2} \tag{F.12}$$

angegeben ist. Die Besetzung des Grundzustands geht an der kritischen Temperatur T_C
gegen null ($\mathcal{N}_0 = 0$), sodass

$$\frac{\mathcal{N}}{V} = A\,(k_B T_C)^{3/2}\, \zeta \tag{F.13}$$

Mit $A = 2\pi(2M)^{3/2}/h^3$ und Gleichung (F.12) für ξ führt dies auf (10.14). Bei dieser
Diskussion wird vorausgesetzt, dass es eine große Population im niedrigsten Niveau
gibt (das Bose-Einstein-Kondensat), um dann die Temperatur zu bestimmen, bei der
$\mathcal{N}_0$ gegen null geht. (Eine andere, häufig eingenommene Perspektive besteht in der
Betrachtung von Atomen, die bis T_C heruntergekühlt werden.) Indem wir (F.11) durch
(F.13) teilen, erhalten wir die Fraktion der Teilchen im Grundzustand für ein Bose-Gas
in einem Kasten:

$$\frac{\mathcal{N}_0}{\mathcal{N}} = 1 - \left(\frac{T}{T_C}\right)^{3/2} \tag{F.14}$$

Beachten Sie, dass die Stärke der Wechselwirkung zwischen den Atomen bei dieser
Behandlung nicht vorkommt – der Wert von T_C hängt nicht von der Streulänge ab.
Dies zeigt, dass die Bose-Einstein-Kondensation aus der Quantenstatistik resultiert. In
realen Experimenten muss es Wechselwirkungen geben, sodass Atome einen endlichen
Stoßquerschnitt haben; anderenfalls gäbe es keinen Mechanismus, der für die Herstellung
des thermischen Gleichgewichts sorgt, und es wäre keine Verdampfungskühlung möglich.
(Ein nicht wechselwirkendes Bose-Gas hat einige merkwürdige Eigenschaften.)

F.2.1 Bose-Einstein-Kondensation in einer harmonischen Falle

Das Volumen der festgehaltenen Atomwolke hängt wie $V \propto T^{3/2}$ von der Temperatur
ab (siehe (10.16)). Die zu (F.11) äquivalente Gleichung für ein eingefangenes Atom ist
demnach

$$\mathcal{N} - \mathcal{N}_0 \propto T^3 \tag{F.15}$$

Diese Abhängigkeit von der dritten Potenz von T tritt auf, weil die Dichte der Zustände für Teilchen in einer harmonischen Falle sich von der eines Gases in einem
Kasten mit gegebenem Volumen unterscheidet (vgl. (F.10). Dies beeinflusst die Art
und Weise, wie die Zustände gefüllt werden und damit die Bedingungen für die Bose-
Einstein-Kondensation. Ein Argument analog zu dem, welches auf (F.14) führte, liefert
die Fraktion im Grundzustand:

$$\frac{\mathcal{N}_0}{\mathcal{N}} = 1 - \left(\frac{T}{T_C}\right)^3 \tag{F.16}$$

Dies ist eine stärkere Abhängigkeit von T/T_C als in einem homogenen Gas. Bei $T = 0{,}99\,T_C$ sagt diese Gleichung einen Kondensatanteil von $\mathcal{N}_0/\mathcal{N} = 0{,}03$ voraus, sodass bereits direkt unterhalb von T_C eine Wolke von $\mathcal{N} \sim 10^6$ eingefangenen Atomen $1/\mathcal{N}_0 \ll 1$ liefert. Dies bestätigt einen Teil der Annahmen, die nach Gleichung (F.7) gemacht wurden. Typischerweise wurden Experimente bei etwa $T/T_C \sim 0{,}5$ oder darunter durchgeführt, wobei nur eine Fraktion von $(0{,}5)^3 = 0{,}125$ der Atome in der thermischen Wolke blieb. Dies liefert für die meisten Zwecke ein hinreichend reines Kondensat, und fortgesetzte Verdampfungskühlung würde tief in das Kondensat schneiden und $\mathcal{N}_0$ reduzieren.[7]

---

[7] Ein großes Kondensat hat ein chemisches Potential, das erheblich größer ist als die Energie des Grundzustands des harmonischen Oszillators; es zeigt sich jedoch, dass dies Ergebnisse wie (F.16) nicht ernsthaft berührt.

Literaturverzeichnis

Acheson, D. (1997). *From calculus to chaos—an introduction to dynamics.* Oxford University Press.

Allen, L. and Eberly, J. H. (1975). *Optical resonance and two-level atoms.* New York: Wiley.

Amoretti, M., Amsler, C., Bonomi, G., Bouchta, A., Bowe, P., Carraro, C., Cesar, C. L., Charlton, M., *et al.*; The ATHENA Collaboration (2002). Production and detection of cold antihydrogen atoms. *Nature*, **419**, 456.

Anderson, M. H., Ensher, J. R., Matthews, M. R., Wieman, C. E. and Cornell, E. A. (1995). Observation of Bose–Einstein condensation in a dilute atomic vapor. *Science*, **269**, 198.

Andrews, M. R., Townsend, C. G., Miesner, H.-J., Durfee, D. S., Kurn, D. M. and Ketterle, W. (1997). Observation of interference between two Bose condensates. *Science*, **275**, 637.

Annett, J. F. (2004). *Superconductivity, superfluids and condensates.* Oxford University Press.

Annett, J. F. (2011). *Supraleitung, Suprafluidität und Kondensate.* Oldenbourg Verlag.

Arndt, M., Nairz, O., Vos-Andreae, J., Keller, C., van der Zouw, G. and Zeilinger, A. (1999). Wave–particle duality of C-60 molecules. *Nature*, **401**, 680.

Ashkin, A. (1997). Optical trapping and manipulation of neutral particles using lasers. *Proc. Natl. Acad. Sci. USA*, **94**, 4853.

Ashkin, A., Dziedzic, J. M., Bjorkholm, J. E. and Chu, S. (1986). Observation of a single-beam gradient force optical trap for dielectric particles. *Optics Lett.*, **11**, 288.

Atkins, P. W. (1983). *Molecular quantum mechanics*, 2nd edn. Oxford University Press.

Atkins, P. W. (1994). *Physical chemistry*, 5th edn. Oxford University Press.

Baird, P. E. G., Blundell, S. A., Burrows, G., Foot, C. J., Meisel, G., Stacey, D. N. and Woodgate, G. K. (1983). Laser spectroscopy of the tin isotopes. *J. Phys. B*, **16**, 2485.

Bardou, F., Bouchaud, J.-P., Aspect, A. and Cohen-Tannoudji, C. (1991). *Levy statistics and laser cooling: how rare events bring atoms to rest.* Cambridge University Press.

Barnett, S. M. and Radmore, P. M. (1997). *Methods in theoretical quantum optics.* Oxford University Press.

Basdevant, J.-L. and Dalibard, J. (2000). *The quantum mechanics solver*. Berlin: Springer.

Berkeland, D. J., Miller, J. D., Bergquist, J. C., Itano, W. M. and Wineland, D. J. (1998). Laser-cooled mercury ion trap frequency standard. *Phys. Rev. Lett.*, **80**, 2089.

Berman, P. R. (ed) (1997). *Atom interferometry*. San Diego: Academic Press.

Bethe, H. A. and Jackiw, R. (1986). *Intermediate quantum mechanics*, 3rd edn. Menlo Park, CA: Benjamin/Cummings.

Bethe, H. A. and Salpeter, E. E. (1957). *Quantum mechanics of one- and two-electron atoms*. Berlin: Springer.

Bethe, H. A. and Salpeter, E. E. (1977). *Quantum mechanics of one- and two-electron atoms*. New York: Plenum.

Bleaney, B. I. and Bleaney, B. (1976). *Electricity and magnetism*, 3rd edn. Oxford University Press.

Blundell, S. (2001). *Magnetism in condensed matter*. Oxford University Press.

Blythe, P. J., Webster, S. A., Margolis, H. S., Lea, S. N., Huang, G., Choi, S.-K., Rowley, W. R. C., Gill, P. and Windeler, R. S. (2003). Subkilohertz absolute-frequency measurement of the 467-nm electric-octupole transition in ^{171}Yb$^+$. *Phys. Rev. A*, **67**, 020501.

Boshier, M. G., Baird, P. E. G., Foot, C. J., Hinds, E. A., Plimmer, M. A., Stacey, D. N., Swan, J. B., Tate, D. A., Warrington, D. M. and Woodgate, G. K. (1989). Laser spectroscopy of the 1s–2s transition in hydrogen and deuterium: determination of the 1s Lamb shift and the Rydberg constant. *Phys. Rev. A*, **40**, 6169.

Bransden, B. H. and Joachain, C. J. (2003). *Physics of atoms and molecules*, 2nd edn. London: Longman.

Brink, D. M. and Satchler, G. R. (1993). *Angular momentum*, 3rd edn. Oxford: Clarendon Press.

Brooker, G. A. (2003). *Optics*. Oxford University Press.

Budker, D., Kimball, D. F. and DeMille, D. P. (2003). *Atomic physics an exploration through problems and solutions*. Oxford University Press.

Butcher, L. S., Stacey, D. N., Foot, C. J. and Burnett, K. (1999). Ultracold collisions for Bose–Einstein condensation. *Phil. Trans. R. Soc. Lond., Ser. A*, **357**, 1421.

Carnal, O. and Mlynek, J. (1991). Young's double-slit experiment with atoms: a simple atom interferometer. *Phys. Rev. Lett.*, **66**, 2689.

Chapman, M. S., Ekstrom, C. R., Hammond, T. D., Schmiedmayer, J., Wehinger, S. and Pritchard, D. E. (1995). Optics and interferometry with Na$_2$ molecules. *Phys. Rev. Lett.*, **74**, 4783.

Chu, S., Hollberg, L., Bjorkholm, J. E., Cable, A. and Ashkin, A. (1985). 3-dimensional viscous confinement and cooling of atoms by resonance radiation pressure. *Phys. Rev. Lett.*, **55**, 48.

Chu, S., Bjorkholm, J. E., Ashkin, A. and Cable, A. (1986). Experimental-observation of optically trapped atoms. *Phys. Rev. Lett.*, **57**, 314.

Cohen-Tannoudji, C., Diu, B. and Laloë, F. (1977). *Quantum mechanics*. New York: Wiley.

Cohen-Tannoudji, C., Dupont-Roc, J. and Grynberg, G. (1992). *Atom–photon interactions: basic processes and applications*. New York: Wiley.

Condon, E. U. and Odabasi, H. (1980). *Atomic structure*. Cambridge University Press.

Corney, A. (2000). *Atomic and laser spectroscopy*. Oxford University Press.

Cowan, R. D. (1981). *The theory of atomic structure and spectra*. Berkeley: University of California Press.

Cummins, H. K. and Jones, J. A. (2000). Nuclear magnetic resonance: a quantum technology for computation and spectroscopy. *Contemporary Phys.*, **41**, 383.

Dalibard, J. and Cohen-Tannoudji, C. (1985). Dressed-atom approach to atomic motion in laser-light—the dipole force revisited. *J. Optical Soc. Amer. B*, **2**, 1707.

Dalibard, J. and Cohen-Tannoudji, C. (1989). Laser cooling below the Doppler limit by polarization gradients: simple theoretical models. *J. Optical Soc. Amer. B*, **6**, 2023.

Davis, C. C. (1996). *Lasers and electro-optics*. Cambridge University Press.

Dehmelt, H. (1990). Less is more: experiments with an individual atomic particle at rest in free space. *Amer. J. Phys.*, **58**, 17.

Demtröder, W. (1996). *Laser spectroscopy*, 2nd edn. Berlin: Springer.

Dieckmann, K., Spreeuw, R. J. C., Weidemüller, M. and Walraven, J. T. M. (1998). Two-dimensional magneto-optical trap as a source of slow atoms. *Phys. Rev. A*, **58**, 3891.

Diedrich, F., Bergquist, J. C., Itano, W. M. and Wineland, D. J. (1989). Laser cooling to the zero-point energy of motion. *Phys. Rev. Lett.*, **62**, 403.

Dirac, P. A. M. (1981). *The principles of quantum mechanics*, 4th edn. Oxford University Press.

Einstein, A. (1917). Zur Quantentheorie der Strahlung. *Physikalische Zeitschrift*, **18**, 121.

Eisberg, R. and Resnick, R. (1985). *Quantum physics of atoms, molecules, solids, nuclei, and particles*, 2nd edn. New York: Wiley.

Feynman, R. P., Leighton, R. B. and Sands, M. (1963–1965). *The Feynman lectures on physics*. Reading, MA: Addison-Wesley.

Feynman, R. P., Leighton, R. B., Sands, M., Gottlieb, M. A. (2009). *Feynman-Vorlesungen über Physik. Definitive Edition*. Oldenbourg Verlag.

Foot, C. J., Couillaud, B., Beausoleil, R. G. and Hänsch, T. W. (1985). Continuous-wave two-photon spectroscopy of the 1S–2S transition in hydrogen. *Phys. Rev. Lett.*, **54**, 1913.

Fox, M. (2001). *Optical properties of solids*. Oxford University Press.

French, A. P. and Taylor, E. F. (1978). *An introduction to quantum physics*. London: Chapman and Hall.

Gallagher, T. F. (1994). *Rydberg atoms*. Cambridge monographs on atomic, molecular, and chemical physics. Cambridge University Press.

Gerstenkorn, S., Luc, P. and Verges, J. (1993). *Atlas du spectre d'absorption de la molécule d'iode: $7220\,cm^{-1}$–$11\,200\,cm^{-1}$*. Laboratoire Aimé Cotton: CNRS, Orsay, France.

Ghosh, P. K. (1995). *Ion traps*. Oxford University Press.

Godun, R., D'Arcy, M. B., Summy, G. S. and Burnett, K. (2001). Prospects for atom interferometry. *Contemporary Phys.*, **42**, 77.

Grant, I. S. and Phillips, W. R. (2001). *The elements of physics*. Oxford University Press.

Greenhow, R. C. (1990). *Introductory quantum mechanics*. Bristol: Institute of Physics Publishing.

Griffiths, D. J. (1995). *Introduction to quantum mechanics*. Englewood Cliffs, NJ: Prentice Hall.

Griffiths, D. J. (1999). *Introduction to electrodynamics*. Englewood Cliffs, NJ: Prentice Hall.

Grisenti, R. E., Schöllkopf, W., Toennies, J. P., Hegerfeldt, G. C. and Köhler, T. (1999). Determination of atom–surface van der Waals potentials from transmission-grating diffraction intensities. *Phys. Rev. Lett.*, **83**, 1755.

Haar, R. R. and Curtis, L. J. (1987). The Thomas precession gives $g_e - 1$, not $g_e/2$. *Amer. J. Phys.*, **55**, 1044.

Hartree, D. R. (1957). *The calculation of atomic structures*. New York: Wiley.

Hechenblaikner, G. (2002). *Mode coupling and superfluidity of a Bose-condensed gas*. D. Phil., University of Oxford.

Heilbron, J. L. (1974). *H. G. J. Moseley: the life and letters of an English physicist, 1887–1915*. Berkeley: University of California Press.

Holzwarth, R., Udem, Th. , Hänsch, T. W., Knight, J. C., Wadsworth, W. J. and Russell, P. St. J. (2000). Optical frequency synthesizer for precision spectroscopy. *Phys. Rev. Lett.*, **85**, 2264.

Itano, W. M., Bergquist, J. C., Bollinger, J. J. and Wineland, D. J. (1995). Cooling methods in ion traps. *Physica Scripta*, **T59**, 106.

Jennings, D. A., Petersen, F. R. and Evenson, K. M. (1979). Direct frequency measurement of the 260 THz (1.15 μm) ^{20}Ne laser: and beyond. In *Laser Spectroscopy IV* (eds. H. Walter and K. W. Rothe). Springer series in optical sciences, vol. 21. Berlin: Springer.

Kinoshita, T. (1995). New value of the α^3 electron anomalous magnetic moment. *Phys. Rev. Lett.*, **75**, 4728.

Kinoshita, T. and Nio, M. (2003). Revised α^4 term of lepton g?2 from the Feynman diagrams containing an internal light-by-light scattering subdiagram. *Phys. Rev. Lett.*, **90**, 021803.

Kittel, C. (2004). *Introduction to solid state physics*, 8th edn. New York: Wiley.

Kittel, C. (2006). *Einführung in die Festkörperphysik*, 14. Auflage. Oldenbourg Verlag.

Kronfeldt, H. D. and Weber, D. J. (1991). Doppler-free two-photon spectroscopy in Eu: fine structure, hyperfine structures, and isotope shifts of odd levels between 34 400 and 36 700 cm^{-1}. *Phys. Rev. A*, **43**, 4837.

Kuhn, H. G. (1969). *Atomic spectra*, 2nd edn. London: Longmans.

Lang, M. J. and Bloch, S. M. (2003). Resource letter: laser-based optical tweezers. *Amer. J. Phys.*, **71**, 201.

Letokhov, V. S. and Chebotaev, V. P. (1977). *Nonlinear laser spectroscopy*. Berlin: Springer.

Lewis, E. L. (1977). Hyperfine structure in the triplet states of cadmium. *Amer. J. Phys.*, **45**, 38.

Loudon, R. (2000). *Quantum optics*, 3rd edn. Oxford University Press.

Lyons, L. (1998). *All you wanted to know about mathematics but were afraid to ask*. Vol. 2. Cambridge University Press.

Mandl, F. (1992). *Quantum mechanics*. New York: Wiley.

Maragò, O., Hechenblaikner, G., Hodby, E. and Foot, C. (2001). Temperature dependence of damping and frequency shifts of the scissors mode of a trapped Bose–Einstein condensate. *Phys. Rev. Lett.*, **86**, 3938.

Margolis, H. S., Huang, G., Barwood, G. P., Lea, S. N., Klein, H. A., Rowley, W. R. C. and Gill, P. (2003). Absolute frequency measurement of the 674-nm ^{88}Sr$^+$ clock transition using a femtosecond optical frequency comb. *Phys. Rev. A*, **67**, 032501.

Mathews, J. and Walker, R. L. (1964). *Mathematical methods of physics*. New York: Benjamin.

McIntyre, D. H., Beausoleil, R. G., Foot, C. J., Hildum, E. A., Couillaud, B. and Hänsch, T. W. (1989). Continuous-wave measurement of the hydrogen 1s–2s transition frequency. *Phys. Rev. A*, **39**, 4591.

Meschede, D. (2004). *Optics, light and lasers: an introduction to the modern aspects of laser physics, optics and photonics*. New York: Wiley-VCH.

Metcalf, H. J. and van der Straten, P. (1999). *Laser cooling and trapping*. Berlin: Springer.

Morse, P. M. and Feshbach, H. (1953). *Methods of theoretical physics*. International series in pure and applied physics. New York: McGraw-Hill.

Munoz, G. (2001). Spin–orbit interaction and the Thomas precession: a comment on the lab frame point of view. *Amer. J. Phys.*, **69**, 554.

Nairz, O., Arndt, M. and Zeilinger, A. (2003). Quantum interference experiments with large molecules. *Amer. J. Phys.*, **71**, 319.

Nasse, M. and Foot, C. J. (2001). Influence of background pressure on the stability region of a Paul trap. *Euro. J. Phys.*, **22**, 563.

Nielsen, M. A. and Chuang, I. L. (2000). *Quantum computation and quantum information*. Cambridge University Press.

Pais, A. (1982). *'Subtle is the Lord'—the science and life of Albert Einstein*. Oxford University Press.

Pais, A. (1986). *Inward bound*. Oxford University Press.

Pathra, R. K. (1971). *Statistical mechanics*. Monographs in natural philosophy, vol. 45. Oxford: Pergamon.

Pethick, C. J. and Smith, H. (2001). *Bose–Einstein condensation in dilute gases*. Cambridge University Press.

Phillips, W. D., Prodan, J. V. and Metcalf, H. J. (1985). Laser cooling and electromagnetic trapping of neutral atoms. *J. Optical Soc. Amer. B*, **2**, 1751.

Pitaevskii, L. P. and Stringari, S. (2003). *Bose–Einstein condensation*. Oxford University Press.

Rae, A. I. M. (1992). *Quantum mechanics*, 3rd edn. Bristol: Institute of Physics.

Ramsey, N. F. (1956). *Molecular beams*. Oxford University Press.

Rioux, F. (1991). Direct numerical integration of the radial equation. *Amer. J. Phys.*, **59**, 474.

Roberts, M., Taylor, P., Barwood, G. P., Gill, P., Klein, H. A. and Rowley, W. R. C. (1997). Observation of an electric-octupole transition in a single ion. *Phys. Rev. Lett.*, **78**, 1876.

Sakurai, J. J. (1967). *Advanced quantum mechanics*. Reading, MA: Addison-Wesley.

Sandars, P. G. H. and Woodgate, G. K. (1960). Hyperfine structure in the ground state of the stable isotopes of europium. *Proc. R. Soc. Lond., Ser. A*, **257**, 269.

Schöllkopf, W. and Toennies, J. P. (1994). Nondestructive mass selection of small van-der-Waals clusters. *Science*, **266**, 1345.

Segrè, E. (1980). *From X-rays to quarks: modern physicists and their discoveries*. San Francisco: Freeman.

Series, G. W. (1988). *The spectrum of atomic hydrogen*. Singapore: World Scientific.

Slater, J. C. (1960). *Quantum theory of atomic structure*. Vol. II. New York: McGraw-Hill.

Sobelman, I. I. (1996). *Atomic spectra and radiative transitions*, 2nd edn. Berlin: Springer.

Softley, T. P. (1994). *Atomic spectra*. Oxford chemistry primers. Oxford University Press.

Steane, A. (1991). *Laser cooling of atoms*. D. Phil., University of Oxford.

Steane, A. (1997). The ion trap quantum information processor. *Appl. Phys. B*, **64**, 623.

Steane, A. (1998). Quantum computing. *Rep. Prog. Phys.*, **61**, 117.

Stolze, J. and Suter, D. (2004). *Quantum computing: a short course from theory to experiment*. New York: Wiley.

Thorne, A. P., Litzén, U. and Johansson, S. (1999). *Spectrophysics: principles and applications*. Berlin: Springer.

Udem, Th., Diddams, S. A., Vogel, K. R., Oates, C. W., Curtis, E. A., Lee, W. D., Itano, W. M., Drullinger, R. E., Bergquist, J. C. and Hollberg, L. (2001). Absolute frequency measurements of the Hg$^+$ and Ca optical clock transitions with a femtosecond laser. *Phys. Rev. Lett.*, **86**, 4996.

Udem, Th., Holzwarth, R. and Hänsch, T. W. (2002). Optical frequency metrology. *Nature*, **416**, 233.

Van Dyck, Jr, R. S., Schwinberg, P. B. and Dehmelt, H. G. (1986). Electron magnetic moment from geonium spectra: early experiments and background concepts. *Phys. Rev. D*, **34**, 722.

Vannier, J. and Auduoin, C. (1989). *The quantum physics of atomic frequency standards*. Bristol: Adam Hilger.

Wieman, C. E., Pritchard, D. E. and Wineland, D. J. (1999). Atom cooling, trapping, and quantum manipulation. *Rev. Mod. Phys.*, **71**, S253.

Wineland, D. J. and Itano, W. M. (1979). Laser cooling of atoms. *Phys. Rev. A*, **20**, 1521.

Wineland, D. J., Bergquist, J. C., Bollinger, J. J. and Itano, W. M. (1995). Quantum effects in measurements on trapped ions. *Physica Scripta*, **T59**, 286.

Woodgate, G. K. (1980). *Elementary atomic structure*. Oxford University Press.

Wuerker, R. F., Shelton, H. and Langmuir, R. V. (1959). Electrodynamic containment of charged particles. *J. Appl. Phys.*, **30**, 342.

Index

Bei Fragen zur Produktsicherheit wenden Sie sich bitte an:
If you have any questions regarding product safety,
please contact:

Walter de Gruyter GmbH
Genthiner Straße 13
10785 Berlin
productsafety@degruyterbrill.com